H. R. Etzold

So wird´s gemacht

~~Luka~~

Lucas

KBA 60374

wichtige ~~Girling~~ (Bendix) 132 Tkm

Zündkerzen 131 Tkm

Ölfilter/Öl 126 Tkm

Luftfilter 127 Tkm

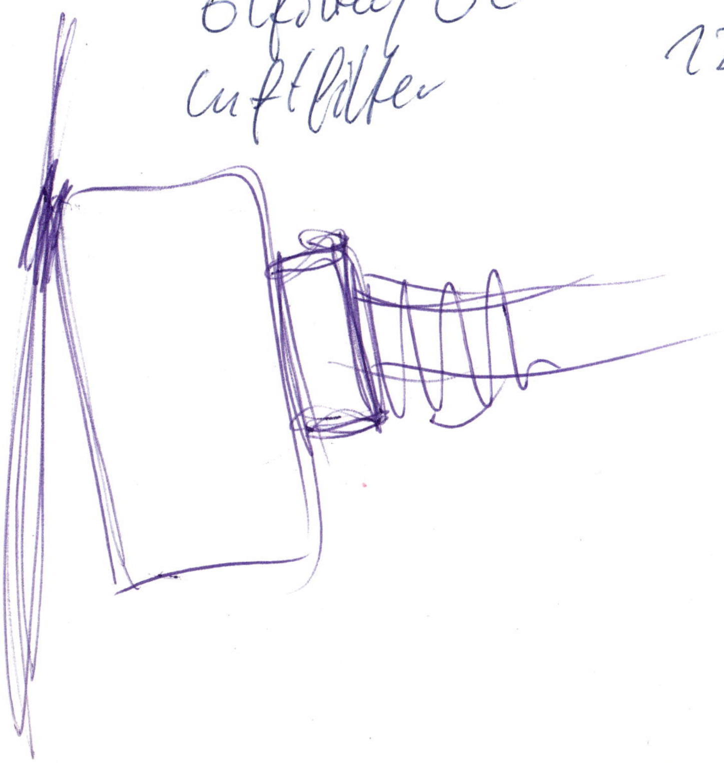

LS 571

Purflux

Scheibenwischer, Bosch 410, 20 DM (Barbo)
—//— , 8,49 DM (Bauhaus, NSU)

Sommerreifenprofil gem. 25.10.96 (Mitte; 4,0 mm) 67 tys km

Dr. Hans-Rüdiger Etzold

Diplom-Ingenieur für Fahrzeugtechnik

So wird's gemacht

pflegen – warten – reparieren

Band 71:

RENAULT 19
Fließheck und Limousine

1,4 l/43 kW (58 PS) 11/88 – 8/94
1,4 l/44 kW (60 PS) 11/88 – 1/90
1,4 l/55 kW (75 PS) ab 9/94
1,7 l/54 kW (73 PS) ab 11/88
1,7 l/55 kW (75 PS) 11/88 – 1/90
1,7 l/66 kW (90 PS) 11/88 – 8/92
1,7 l/69 kW (94 PS) 11/88 – 8/89
1,8 l/65 kW (88 PS) 9/92 – 8/94
1,8 l/66 kW (90 PS) ab 9/94
1,8 l/79 kW (107 PS) ab 9/94
1,8 l/80 kW (109 PS) 9/92 – 8/94
1,8 l/99 kW (135 PS) ab 9/90
Diesel
1,9 l/47 kW (64 PS) ab 4/89
1,9 l/66 kW (90 PS) ab 9/91

GTS G-Kat
Hubraum 1721 cm³
Motortyp F2N
Fahrzeugtyp B/C 53B
Mono-Einspritzung
Bleifreier Kraftstoff
91 oder 95 oder 98 Oktan

Delius Klasing Verlag

Redaktion:
Martin Ruch, Günter Skrobanek (Text)
Christine Etzold (Bild)

Die Deutsche Bibliothek – CIP-Einheitsaufnahme

So wird's gemacht: pflegen – warten – reparieren /
Hans-Rüdiger Etzold. – Bielefeld: Delius Klasing.
NE: Etzold, Hans-Rüdiger
Bd. 71. Renault R 19. – 3. Aufl. – 1995
ISBN 3-7688-0701-0

3. Auflage/F
ISBN 3-7688-0701-0

Printed in Germany 1995
Alle Angaben ohne Gewähr
Umschlaggestaltung: Ekkehard Schonart
Druck: Kunst- und Werbedruck, Bad Oeynhausen

Lieber Leser,

in letzter Zeit werde ich von Autofahrern öfters angesprochen und gefragt, ob man bei den modernen Fahrzeugen überhaupt noch etwas selbst reparieren kann. Das vorliegende Buch ist meine Antwort. Seite für Seite sind Arbeiten beschrieben, die von einem fachlich interessierten Autofahrer selbst durchgeführt werden können.

Selbstverständlich hat es in den vergangenen Jahren im Automobilbau erhebliche Fortschritte gegeben, so daß erfreulicherweise viele Einstell- und Kontrollarbeiten nicht mehr erforderlich sind. Weggefallen sind beispielsweise das Einstellen der Zündung und, je nach Motor, das Einstellen des Leerlaufs und des Ventilspiels. Und durch den vermehrten Einbau von langzeitstabilen Bauteilen, zu denen beispielsweise die elektronische Zündanlage oder die elektronischgesteuerte Einspritzanlage zählen, entfällt der Austausch von Verschleißteilen. Andere Arbeiten wiederum, wie das Überprüfen elektronischer Bauteile, sind nur noch mit teuren Prüfgeräten möglich, die speziell auf den betreffenden Fahrzeugtyp abgestimmt sind und deren Anschaffung sich in der Regel für den Hobbymonteur nicht lohnt.

Obwohl also das Fahrzeug technisch immer aufwendiger und komplizierter wird, greifen dennoch von Jahr zu Jahr immer mehr Heimwerker zum »So wird's gemacht«-Handbuch. Die Erklärung dafür ist einfach: Weil die Technik des Automobils komplizierter geworden ist, kommt man bei Arbeiten am Fahrzeug ohne eine spezielle Anleitung nicht mehr aus. Das gilt auch für den Fachmann. Außerdem gibt es nach wie vor am Auto eine Reihe von Verschleißteilen, die in regelmäßigen Abständen kontrolliert und gegebenenfalls ausgewechselt werden müssen. Dazu zählen vor allem Bremsbeläge, Stoßdämpfer sowie Teile der Abgasanlage.

Grundsätzlich muß sich der Heimwerker natürlich darüber im klaren sein, daß man mit Hilfe eines Handbuches nicht automatisch zum Kfz-Handwerker wird. Man sollte also nur Arbeiten durchführen, die man sich selbst zutraut. Das gilt insbesondere natürlich bei Arbeiten, die die Verkehrssicherheit des Fahrzeugs beeinträchtigen können. Gerade in diesem Punkt sorgt das »So wird's gemacht«-Handbuch für praktizierte Verkehrssicherheit. Durch die exakte Beschreibung der erforderlichen Arbeitsschritte und den nötigen Warnhinweisen wird der Heimwerker bei der Arbeit entsprechend sensibilisiert und fachlich richtig informiert. Auch wird darauf hingewiesen, im Zweifelsfall die Arbeit lieber einem Fachmann zu überlassen.

In der Öffentlichkeit wird hin und wieder von interessierten Kreisen der Vorwurf erhoben, Heimwerker würden durch ihre Eigenarbeiten am Fahrzeug die Verkehrssicherheit negativ beeinflussen. Aus den Kontakten, die ich zu Hobbymonteuren habe, kann ich nur vom Gegenteil berichten. Derjenige Fahrzeugbesitzer, der sein Fahrzeug selbst pflegt und wartet, hat ein großes Interesse an einem verkehrssicheren, gepflegten Auto.

Vor jedem Arbeitsgang empfiehlt sich ein Blick in das vorliegende Buch. Dadurch werden Umfang und Schwierigkeitsgrad der Reparatur deutlich. Außerdem erfährt man, welche Ersatz- oder Verschleißteile eingekauft werden müssen und ob unter Umständen die Arbeit nur mit Hilfe von Spezialwerkzeug durchgeführt werden kann.

Für die meisten Schraubverbindungen ist das Anzugsmoment angegeben. Bei Schraubverbindungen, die in jedem Fall mit einem Drehmomentschlüssel angezogen werden müssen (Zylinderkopf, Achsverbindungen usw.), ist der Wert **fett** gedruckt. Nach Möglichkeit sollte man jede Schraubverbindung mit einem Drehmomentschlüssel anziehen. Übrigens: Für viele Schraubverbindungen sind die neuen Innen- und Außen-Torxschlüssel erforderlich.

Auch der fachkundige Hobbymonteur, der sein Fahrzeug selbst wartet und repariert, sollte bedenken, daß der Fachmann viel Erfahrung hat und durch Weiterschulung und ständigen Erfahrungsaustausch über den neuesten Technik-Stand verfügt. Mithin kann es für die Überwachung und Erhaltung der Betriebs- und Verkehrssicherheit des eigenen Fahrzeugs sinnvoll sein, in regelmäßigen Abständen eine RENAULT-Werkstatt aufzusuchen.

Natürlich kann das vorliegende Buch nicht auf jede aktuelle, technische Frage eingehen. Dennoch hoffe ich, daß die getroffene Auswahl an Reparatur-, Wartungs- und Pflegehinweisen in den meisten Fällen die eventuell auftretenden Probleme zufriedenstellend löst.

Hans-Rüdiger Etzold

Zündkerze 131 Tkm
Motoröl mit Filter 159 Tkm
Luft Filter 160 Tkm
Kühlmittel ~120 Tkm

Inhaltsverzeichnis

Der Motor

Die wichtigsten Motordaten RENAULT 19

Motorbezeichnung	C1J	E7J	E7J	F2N	F2N	F3N	F3P	F3P	F7P	F8Q	F8Q
Motortyp	OHV	OHC	OHC	OHC	OHC	OHC	OHC	OHC	DOHC	OHC	OHC
Fertigung von–bis	11.88–1.90	11.88–8.94	9.94–	11.88–1.90	11.88–	11.88–8.92	9.92–	9.92–	9.90–	4.89–	9.91–
Hubraum cm^3	1397	1390	1390	1721	1721	1721	1794	1794	1764	1870	1870
Leistung kW bei 1/min Leistung PS bei 1/min	44/5250 60/5250	43/4750 58/4750	55/6000 75/6000	55/5000 75/5000	54/5000 73/5000	66/5250[3] 90/5250[3]	66/5750[4] 90/5750[4]	79/5500[5] 107/5500[5]	99/6500 135/6500	47/4500 64/4500	66/4250 90/4250
Drehmom. Nm bei 1/min	101/2750	100/3000	107/4000	125/3250	127/2750	140/3000	144/2750	150/2750	158/4250	118/2250	175/2250
Bohrung Ø mm	76,0	75,8	75,8	81,0	81,0	81,0	82,7	82,7	82,0	80,0	80,0
Hub mm	77,0	77,0	77,0	83,5	83,5	83,5	83,5	83,5	83,5	93,0	93,0
Verdichtung	9,0	9,5	9,5	9,2	9,5	9,5	9,7	9,8	10,0	21,5	20,5
Kraftstoff (bleifrei) / ROZ	Super 95	Normal 91	Super 95	Normal 91	Normal 91	Super 95	Super 95	Super 95	Super 95	Diesel	Diesel
Zündanlage[1]	TSZ	IEZ plus	IEZ plus	IEZ	IEZ plus	IEZ plus	IEZ plus	IEZ plus	IEZ plus	–	–
Zündfolge	1-3-4-2	1-3-4-2	1-3-4-2	1-3-4-2	1-3-4-2	1-3-4-2	1-3-4-2	1-3-4-2	1-3-4-2	1-3-4-2	1-3-4-2
Vergaser / Einspritzung[2]	Zenith 32 IF 2	Bendix SPI	SPI[6]	Solex 32x34 Z13	Bendix SPI	Bendix MPI	SPI[7]	Bendix MPI	Bendix MPI	VE-Pumpe	VE-Pumpe
Katalysator (geregelt)	–	ja	ja	ungeregelt	ja	ja	ja	ja	ja	ung. ab '91	ungeregelt
Füllmengen (Liter) Motoröl, mit Filter Kühlflüssigkeit	 3,5 5,4	 3,5 5,4	 4,0 5,2	 5,2 6,0	 5,2 6,0	 5,2 6,0	 5,5 6,5	 5,5 6,1	 4,3 7,0	 5,5 6,8	 5,5 7,1

1) IEZ = Integrierte Elektronische Zündung, RENAULT-Bezeichnung: AEI; IEZ plus = Elektronische Zündung mit Kennfeldsteuerung und Klopfsensor; TSZ = Transistorzündung mit Unterbrecherkontakt.
2) SPI = Einpunkt-Einspritzanlage (single-point injection); MPI = Mehrpunkt-Einspritzanlage (multi-point injection).
3) Im ersten Produktionsjahr auch mit 69 kW/94 PS.
4) Bis 8.94 mit 65 kW/88 PS.
5) Bis 8.94 mit 80 kW/109 PS.
6) SPI von AC Delco oder Bosch Mono-Jetronic.
7) SPI von Magneti Marelli oder Bosch Mono-Jetronic.

Motorbeschreibung

Der R 19 wird von flüssigkeitsgekühlten 4-Zylinder-Reihenmotoren angetrieben. Das Triebwerk ist im Motorraum quer zur Fahrtrichtung um 12° nach hinten geneigt eingebaut. Alle Versionen besitzen eine 5fach gelagerte Kurbelwelle in einem Motorblock aus Grauguß, während der Zylinderkopf aus Leichtmetall gefertigt ist. Die Vorteile des Leichtmetall-Zylinderkopfes liegen in der besseren Wärmeleitfähigkeit und dem geringeren spezifischen Gewicht gegenüber Grauguß.

Zum Einsatz kommen 3 grundsätzlich unterschiedliche Motortypen (der Dieselmotor hat ein eigenes Kapitel):

Motor Typ C

Der Motor Typ C (= Fertigung in **C**léon, Frankreich) mit 1,4 l Hubraum wurde in Deutschland nur im ersten Produktionsjahr in Vergaserausführung (ohne Katalysator) angeboten. Kennzeichnendes Merkmal ist die seitlich im Motorgehäuse befindliche Nockenwelle. Diese Konstruktion wird allgemein auch als OHV-Motor bezeichnet (OHV = Over-Head-Valves = Ventile befinden sich oben im Zylinderkopf). Der Antrieb der Nockenwelle von der Kurbelwelle erfolgt über eine Einfachrollenkette. Die Nockenwelle betätigt über lange Stößelstangen und Kipphebel die hängenden Ein- und Auslaßventile.

In den aus Grauguß bestehenden Motorblock sind die Kolbenlaufbuchsen eingelassen. Zwischen den Laufbuchsen bewegt sich die Kühlflüssigkeit, daher werden sie auch nasse Laufbuchsen genannt. Bei hohem Verschleiß oder Riefen an den Zylinderwänden können die Laufbuchsen ausgewechselt werden. Anschließend müssen dann allerdings neue Kolben eingebaut werden. Im unteren Teil des Motorblocks befindet sich die Kurbelwelle, die von den Kurbelwellenlagern abgestützt wird. Über Gleitlager sind die Pleuel, die die Verbindung zu den Kolben herstellen, mit der Kurbelwelle verbunden. Den unteren Abschluß des Motors bildet die Ölwanne, in der sich das für die Schmierung und Kühlung erforderliche Motoröl sammelt. Oben auf den Motorblock ist der Zylinderkopf aufgeschraubt.

Abgas- und Ansaugkrümmer sitzen platzsparend auf einer Seite am Zylinderkopf.

Für die Motorschmierung sorgt eine Ölpumpe, die sich in der Ölwanne befindet und über eine Schrägverzahnung durch die Nockenwelle angetrieben wird. Das im Ölsumpf angesaugte Öl gelangt über Bohrungen und Leitungen zu den Lagern der Kurbel- und Nockenwelle sowie in die Zylinderlaufbahnen und zur Kipphebellagerung.

Die Kühlmittelpumpe ist vorn am Zylinderkopf angeflanscht. Der Antrieb der Pumpe erfolgt durch die Nockenwelle über einen Keilriemen. Zu beachten ist, daß der Kühlmittelkreislauf ganzjährig mit einer Mischung aus Kühlerfrost- und Korrosionsschutzmittel sowie kalkarmem Wasser befüllt sein muß.

Für die Aufbereitung eines zündfähigen Kraftstoffluftgemisches steht ein Vergaser zur Verfügung, der Zündfunke wird durch eine Transistorzündanlage erzeugt.

E-Motor

Der 1,4-l-Motor der Einspritzversionen ist, wie auch die hubraumstärkeren Versionen, nach dem OHC-Prinzip gefertigt (OHC = Over-Head-Camshaft = Nockenwelle befindet sich oben im Zylinderkopf). Der Motor wurde für den R 19 völlig neu entwickelt und »**E**nergy-Motor« (E-Motor) genannt. Die Nockenwelle wird über einen Zahnriemen von der Kurbelwelle angetrieben. Über Kipphebel werden die V-förmig gegenüber liegenden Ein- und Auslaßventile betätigt. Der Zylinderkopf ist nach dem Querstrom-Prinzip konstruiert. Das heißt, frisches Kraftstoff-Luftgemisch wird auf der einen Seite angesaugt und verbranntes Gas auf der gegenüberliegenden Seite in den Abgaskrümmer ausgestoßen. Dadurch ist ein schneller Gaswechsel sichergestellt.

Wie beim C-Motor sind in den Motorblock nasse Kolbenlaufbuchsen eingelassen. Bei hohem Verschleiß oder Riefen an den Zylinderwänden können die Laufbuchsen ausgewechselt werden. Anschließend müssen dann allerdings neue Kolben eingebaut werden.

Die Zahnradölpumpe ist im Zylinderblock integriert und wird über eine Rollenkette von der Kurbelwelle angetrieben.

Die Kühlmittelpumpe wird durch den Zahnriemen angetrieben, der auch die Nockenwelle antreibt, auch sie sitzt direkt im Motorblock.

Der Zündverteiler der wartungsfreien, elektronischen Zündung ist am Zylinderkopf angeflanscht und wird von der Nockenwelle angetrieben.

F-Motor (1,7-/1,8-l-Benzinmotoren und 1,9-l-Dieselmotor)

Der F-Motor wurde erstmals 1983 in verschiedene RENAULT-Modelle eingebaut. Der Motorblock ist aus Grauguß gefertigt, die Zylinderlaufbahnen sind Bestandteil des Motorblocks. Bei hohem Verschleiß oder Riefen in den Zylinderwänden können die Zylinder von einer Fachwerkstatt gehont, also ausgeschliffen werden. Anschließend müssen dann allerdings Kolben mit Übermaß eingebaut werden.

Oben im Leichtmetall-Zylinderkopf befindet sich die Nockenwelle. Sie wird über einen Zahnriemen von der Kurbelwelle angetrieben. Die Nockenwelle betätigt über Tassenstößel die senkrecht hängenden Ein- und Auslaßventile. Das Ventilspiel wird an den Tassenstößeln durch Einlegen von Scheiben unterschiedlicher Stärke eingestellt.

Beim 99 kW/135 PS-Motor sind zwei obenliegende Nockenwellen jeweils für die Ein- oder Auslaßventile zuständig. Für jeden Zylinder sind 4 Ventile vorhanden, je 2 Einlaß- und Auslaßventile. Die in V-Form angeordneten Ventile werden über Hydrostößel geöffnet. Da das Ventilspiel von den Hydrostößeln automatisch ausgeglichen wird, ist bei diesem Motor das Einstellen des Ventilspiels nicht mehr nötig; der Ventiltrieb ist wartungsfrei. Die Auslaßventile sind mit Natrium gefüllt, dadurch erhöht sich deren Standfestigkeit.

Die in der Ölwanne angeordnete Ölpumpe wird durch eine Nebenwelle angetrieben. Der Antrieb der Nebenwelle erfolgt durch den Zahnriemen, der auch die Nockenwelle antreibt.

Die Kühlmittelpumpe ist im Motorblock integriert und wird von dem Keilriemen angetrieben, der auch den Generator antreibt.

Zündung und Einspritzanlage arbeiten vollelektronisch und sind bis auf Zündkerzen- und Filterwechsel wartungsfrei.

Motoridentifizierung

1,7-/1,8-l-Motor und Dieselmotor (F-Motor)

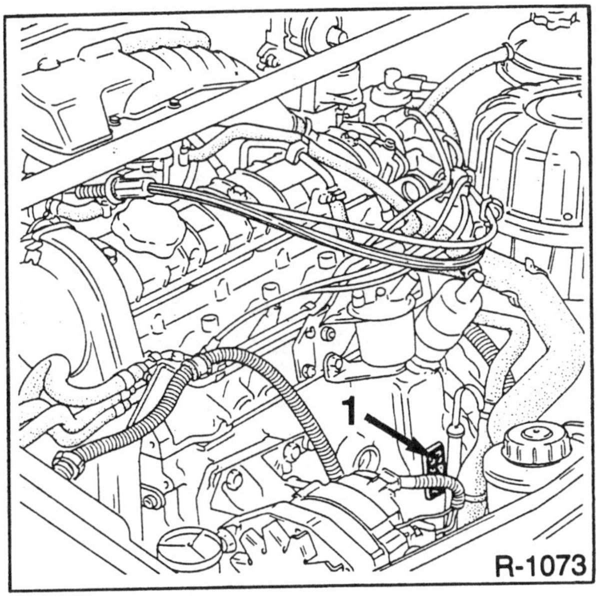

1,4-l-Einspritzmotor (E-Motor)

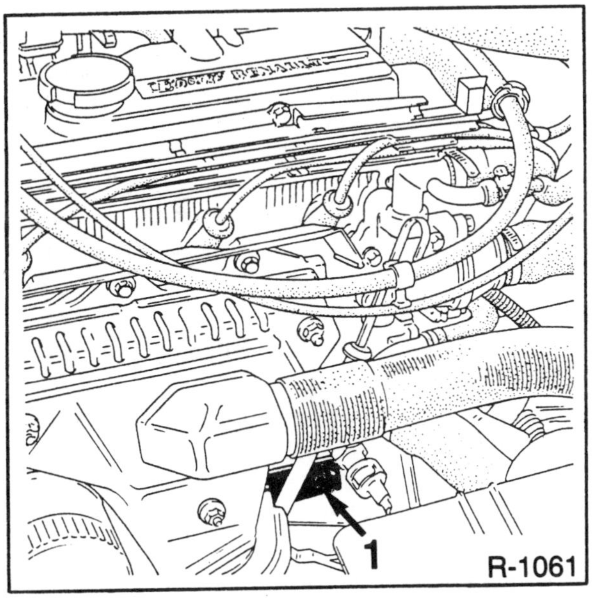

Zur Identifizierung des Motors ist an der Vorderseite ein rechteckiges Schild angenietet. Beim 1,4-l-Vergasermotor sitzt die Nummer am Motorblock seitlich zwischen Zündverteiler und Ölfilter.

In der oberen Zeile stehen der Motortyp, gefolgt von der Motor-Kennummer und in der unteren Zeile die fortlaufende Fabrikationsnummer des Motors.

Die Bezeichnung des Motortyps erfolgt durch eine Kombination von 2 Buchstaben und 1 Zahl, zum Beispiel: **F3N**.

Aufschlüsselung

1. Buchstabe **Motortyp**	2. Zahl **Zylinderkopftyp**	3. Buchstabe **Hubr. in cm³**
C Cléon-Motor (nasse Laufbuchsen)	2 Ventile in Reihe nebeneinander, Register-Vergaser bzw. SPI*	C 901 – 975 E 1051 – 1125 J 1351 – 1425 M 1576 – 1650 N 1651 – 1750 P 1751 – 1850 Q 1851 – 1950
E Energy-Motor (Neuentwicklung, nasse Laufbuchsen)	3 Ventile in Reihe nebeneinander, Einspritzanlage	
F Graugußgehäuse, trockene Laufbuchsen	7 Halbkugelförmige Brennräume, Einspritzanlage	
	8 Dieselmotor	

*) SPI = Einpunkt-Einspritzanlage

Motor aus- und einbauen

Nur C-Motor (1,4-l-Vergaser)

Der C-Motor kann ohne Getriebe nach oben ausgebaut werden. Abgas- und Ansaugkrümmer sowie Vergaser und Generator bleiben am Motor angebaut. Zum Ausbau des Motors wird ein Flaschenzug oder Kran benötigt.

Da auch auf der Wagenunterseite einige Verbindungen gelöst werden müssen, werden vier Unterstellböcke sowie zum Aufbocken des Wagens ein Rangierheber benötigt. Vor der Montage im Motorraum sollten die Kotflügel mit Decken geschützt werden.

Es empfiehlt sich, alle elektrischen Kabel und Unterdruckleitungen vor dem Abziehen mit Tesaband zu kennzeichnen, damit sie beim Einbau wieder richtig aufgesteckt werden.

Ausbau

- Massekabel und Pluskabel von der Batterie abklemmen.
- Luftfilter ausbauen, siehe Seite 88.
- Kühlmittel ablassen und Kühler ausbauen, siehe Seite 64.
- Heizungsschläuche von der Kühlmittelpumpe abziehen, vorher Schellen ganz öffnen und zurückschieben.
- Keilriemen ausbauen, siehe Seite 38.
- Kraftstoffzulauf- und Rücklaufleitung trennen. Dazu Verbindungsschläuche unterhalb des Thermoschalters abziehen. Leitungen mit geeigneten Stopfen verschließen. Eventuell auslaufenden Kraftstoff mit Lappen auffangen.
- Motor-Massekabel am Zylinderkopf abschrauben.
- Sämtliche Kabel und Schläuche, die zum Motor führen, mit Tesaband kennzeichnen und abklemmen. Zum Beispiel vom: Anlasser, Temperaturfühler, Verteiler (von Klemme 1 der Zündspule und mittleres Zündkabel der Verteilerkappe), Generator, Öldruckschalter.

- Unterdruckschlauch für Bremskraftverstärker am Ansaugrohr abziehen. Falls eine Klemmschelle vorhanden ist, Schelle mit Seitenschneider trennen und beim Einbau geeignete Schraubschelle verwenden.
- Gaszug und Starterzug ausbauen, siehe Seite 73.
- Fahrzeug aufbocken, siehe Seite 110.
- Verbindungsstrebe Motor/Getriebe ausbauen.
- Schutzblech für Schwungrad abschrauben.

R-1042

- Motor an der Kurbelwellenriemenscheibe so verdrehen, daß der Keil für die Befestigung der Riemenscheibe an der Kurbelwelle nach oben zeigt.
- Kurbelwellen-Riemenscheibe mit Nabe abschrauben.
- Vorderes Abgasrohr am Krümmer abschrauben.
- Anlasser ausbauen, siehe Seite 221.
- Verbindungsschrauben Motor/Getriebe herausdrehen.

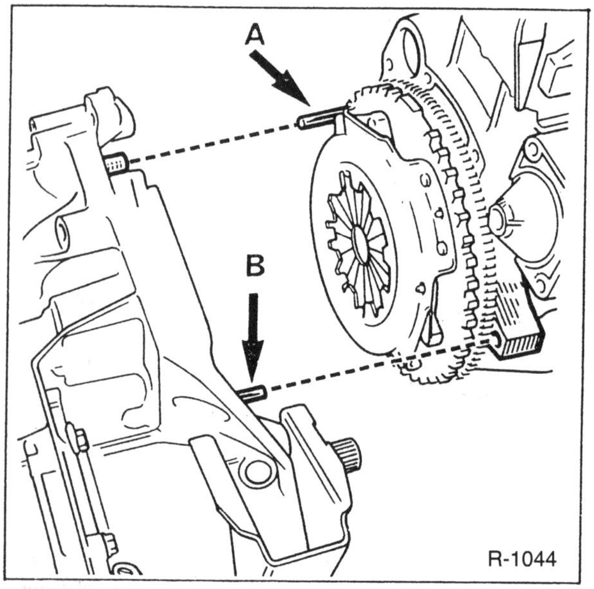

R-1044

- Bolzen –A– und –B– ausbauen.
- Untere Befestigungsmutter des rechten Motorlagers abschrauben.
- Getriebe mit Werkstattwagenheber abstützen, dabei Holz- oder Gummizwischenlage zwischen Heber und Getriebe einsetzen.

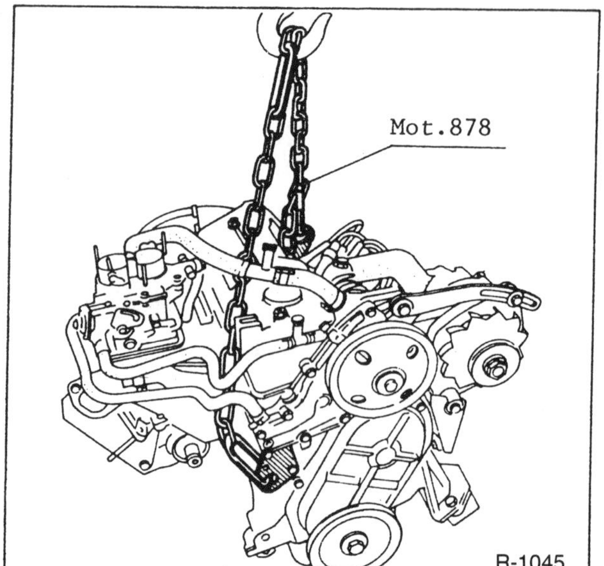

R-1045

- Motor anseilen. Dazu geeignetes Seil oder eine Kette an der Aufhängeöse des Motorträgers einhängen. Motor mit Werkstattkran leicht anheben.
- Motor mit Montierhebel vom Getriebe abdrücken.
- Prüfen, ob sämtliche Schläuche und Leitungen, die vom Motor zum Aufbau führen, abgezogen sind. Anschließend Motor herausheben.

Achtung: Der Motor muß beim Herausheben sorgfältig geführt werden, um Beschädigungen am Aufbau und insbesondere an der rechten Antriebswelle zu vermeiden.

Einbau

- Motorlager, Kühlmittel-, Öl- und Kraftstoffschläuche auf Porosität oder Risse prüfen, falls erforderlich erneuern.
- Kupplungsausrücklager auf leichten Lauf und Ausrückhebel auf Leichtgängigkeit prüfen.
- Kupplungs-Mitnehmerscheibe auf ausreichende Belagdicke sowie Belagzustand prüfen.
- Verzahnung der Kupplungswelle reinigen und mit MoS_2-Schmierfett leicht schmieren.
- Motor vorsichtig in den Motorraum absenken und am Getriebe anflanschen, dabei beide Zentrierbolzen einsetzen.

Achtung: Falls die Verzahnung der Kupplungswelle nicht in das Schwungrad eingreift, Kurbelwelle des Motors mit Stecknuß an der Zentralschraube der Kurbelwellen-Riemenscheibe etwas verdrehen.

- Verbindungsschrauben Motor/Getriebe einsetzen und festschrauben.
- Untere Befestigungsmutter für rechtes Motorlager anschrauben, nicht festziehen.
- Motor durch Schüttelbewegungen spannungsfrei einrichten. Anschließend Befestigungsmutter für Motorlager mit **40 Nm** festziehen.
- Anlasser mit Montagehülsen anschrauben, siehe Seite 221.

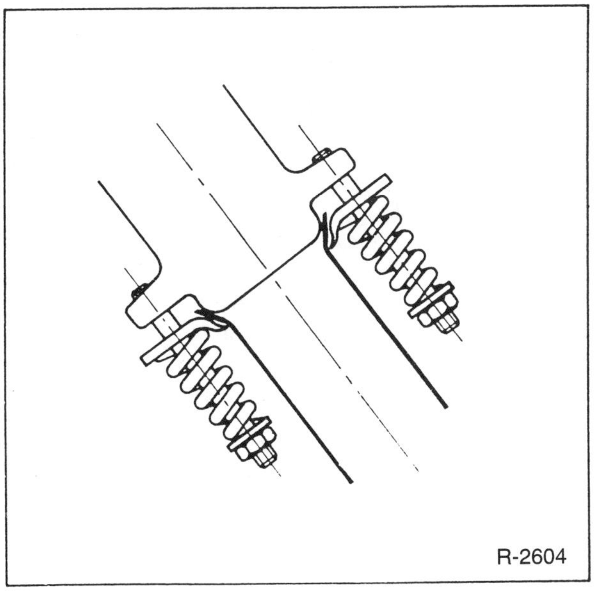

- Vorderes Abgasrohr am Krümmer anschrauben.

Achtung: Die Halteschrauben sind mit Distanzhülsen versehen, die die Spannung der Federn bestimmen. Muttern festziehen, bis sie an den Distanzhülsen anliegen, die Federn haben dann die richtige Spannung.

- Kupplungsschutzblech anschrauben.
- Verbindungsstrebe Motor/Getriebe anschrauben.
- Kurbelwellen-Riemenscheibe mit **110 Nm** anschrauben. Vorher Schraube mit Sicherungsmittel, zum Beispiel Loctite, bestreichen. Damit die Riemenscheibe beim Festziehen arretiert ist, 1. Gang einlegen und Fußbremse betätigen.
- Fahrzeug ablassen, siehe Seite 110.
- Keilriemen einbauen und spannen.
- Gaszug und Starterzug einbauen und einstellen, siehe Seite 73.
- Sämtliche Kabel und Schläuche entsprechend der angebrachten Markierungen aufschieben.
- Kühler einbauen, siehe Seite 64.
- Ölstand in Motor und Getriebe prüfen, gegebenenfalls auffüllen.
- Kühlmittel auf Gefrierschutz prüfen und auffüllen, siehe Seite 68.
- Luftfilter einbauen, siehe Seite 88.
- Massekabel und Pluskabel an die Batterie anklemmen.
- Zündzeitpunkt prüfen, falls erforderlich einstellen, siehe Seite 48.
- Leerlauf prüfen, gegebenenfalls einstellen, siehe Seite 72.
- Motor auf Betriebstemperatur bringen, Kühlmittelstand überprüfen und sämtliche Schlauchanschlüsse auf Dichtheit prüfen.
- Ventilspiel prüfen, siehe Seite 34.

Motor mit Getriebe aus- und einbauen

Einspritzmotoren, Dieselmotor (E- und F-Motoren)

Der Motor kann nicht vom Getriebe getrennt ausgebaut werden, die Aggregate werden zusammen nach oben ausgebaut. Vor dem Motorausbau deshalb auch das Kapitel »Getriebe aus- und einbauen« durchlesen. Abgas- und Ansaugkrümmer sowie Einspritzanlage und Generator/Anlasser bleiben am Motor angebaut. Zum Ausbau des Motors wird ein Kran benötigt.

Da auch auf der Wagenunterseite einige Verbindungen gelöst werden müssen, werden vier Unterstellböcke sowie zum Aufbocken des Wagens ein Rangierheber benötigt. Vor der Montage im Motorraum sollten die Kotflügel mit Decken geschützt werden.

Je nach Baujahr und Ausstattung können die elektrischen Leitungen beziehungsweise Unterdruck- oder Kühlmittelschläuche unterschiedlich im Motorraum verlegt sein. Da im einzelnen nicht auf jede Variante eingegangen werden kann, empfiehlt es sich, die jeweilige Leitung mit Tesaband zu kennzeichnen, bevor sie abgezogen wird.

Elektrische Steckverbindungen sind in der Regel mit Metallklammern gesichert. Vor dem Lösen Klammern an den seitlichen Bügeln zusammendrücken.

Ausbau

- Batterie-Massekabel (−) abklemmen.
- Kühlmittel ablassen und auffangen. Dazu unteren Kühlmittelschlauch vom Kühler abziehen, siehe Seite 61.
- Kühler ausbauen.
- Fahrzeuge mit Servolenkung: An den Schläuchen zum Hydraulikbehälter Schlauchklemmen anbringen, anschließend die Leitungen des Behälters ausbauen.
- Luftansaugschlauch vom Luftfiltergehäuse abziehen. Luftfilter mit Halterung ausbauen.
- Sämtliche Kabel, die zum Motor führen, mit Tesaband kennzeichnen und abziehen.
- Unterdruckschlauch für Bremskraftverstärker am Saugrohr abziehen.
- Gaszug der Einspritzanlage am Drosselklappenhebel aushängen.
- Tachowelle und Kupplungsseilzug am Getriebe abbauen, siehe Seite112 .
- Querstrebe oben zwischen den Stoßdämpferdomen abschrauben.
- Radkappe abhebeln, Radschrauben bei auf dem Boden stehendem Fahrzeug lösen.
- Scheibenrad zur Radnabe mit Farbe kennzeichnen. Dadurch kann das ausgewuchtete Rad wieder an gleicher Stelle montiert werden.
- Fahrzeug aufbocken, siehe Seite 110.
- Getriebeöl ablassen, siehe Kapitel »Wartung«.
- Gegebenenfalls Motoröl ablassen, siehe Kapitel »Wartung«.
- Vorderes Abgasrohr am Abgaskrümmer und am Zwischenrohr abschrauben.

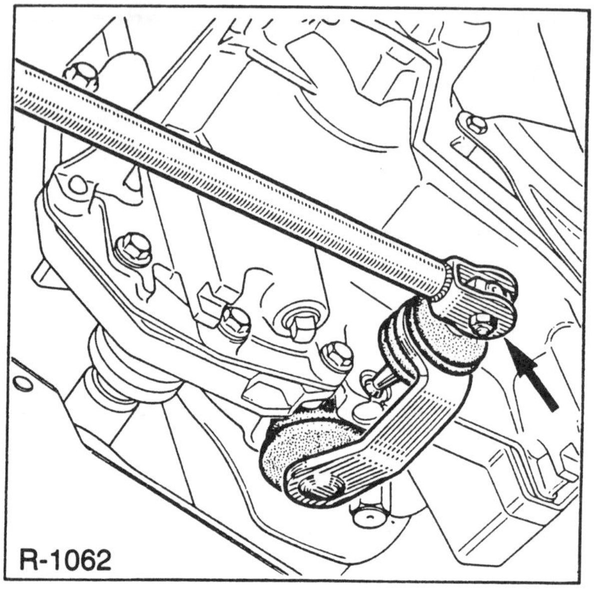

R-1062

- Schaltbetätigung am Getriebe abschrauben. Schaltstange zur Seite schwenken und mit Draht am Abgasrohr befestigen.
- Bremssättel an beiden Vorderachsen ausbauen und mit Draht am Aufbau aufhängen, siehe Seite 158.

Linke Fahrzeugseite

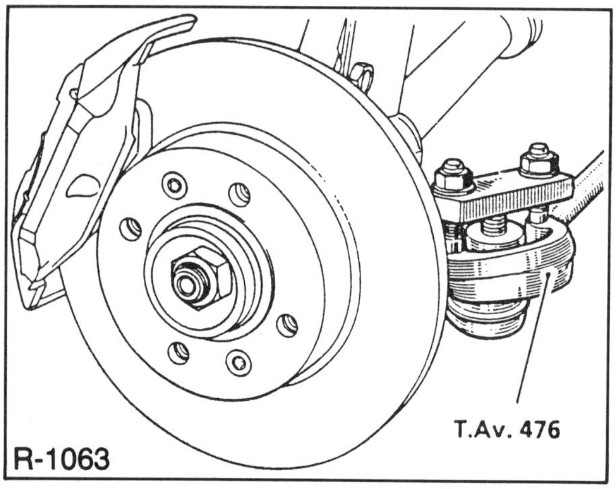

R-1063

- Linke Spurstange am Achsschenkel mit handelsüblichem Spezialwerkzeug herausdrücken.
- Die 3 Befestigungsschrauben der linken Gelenkwellenmanschette am Getriebe abschrauben.
- Schrauben der unteren Federbeinbefestigung und des unteren Kugelbolzens am Achsschenkel abschrauben.

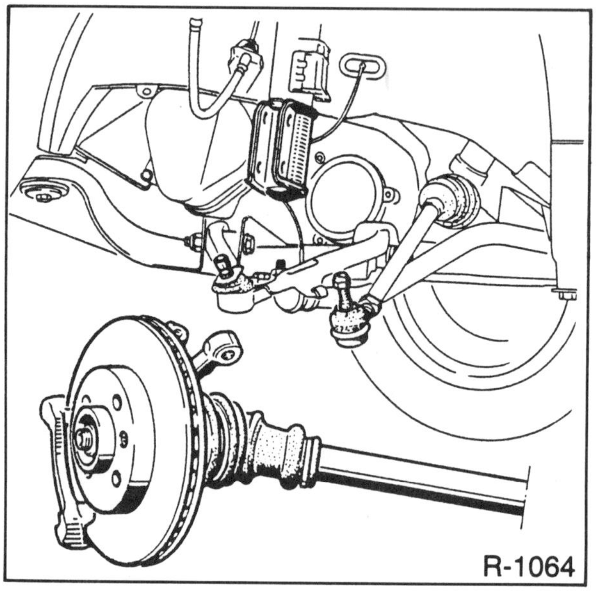

R-1064

- Achsschenkel nach außen ziehen, dabei gleitet die Gelenkwelle aus dem Getriebe. Gelenke nicht zu stark anwinkeln. Gelenke durch Überstülpen von Plastikbeuteln gegen Verschmutzung schützen.

Rechte Fahrzeugseite

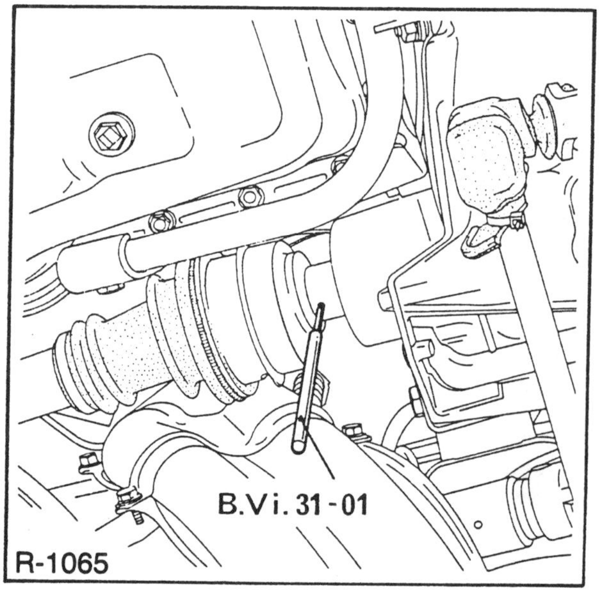

R-1065

- Spannstift der rechten Antriebswelle mit Hilfe eines geeigneten Durchschlags heraustreiben.

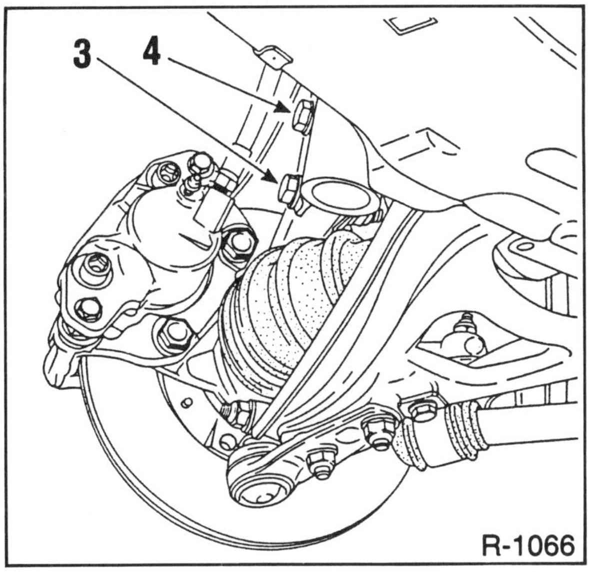

R-1066

- Schraube –3– und –4– der unteren Federbeinbefestigung lösen und Bolzen herausziehen.
- Achsschenkelträger nach außen schwenken, dabei trennt sich die Gelenkwelle vom Getriebe.
- Motor an den Haltelaschen anseilen und leicht vorspannen (anheben).

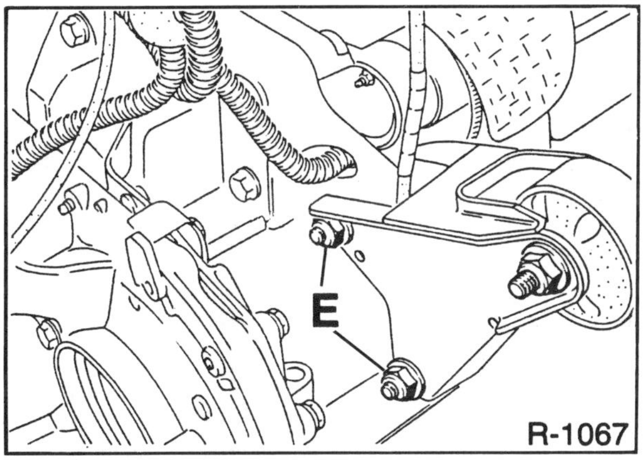

R-1067

- Benzinmotoren: Schrauben –E– für hinteres Getriebelager lösen und Bolzen herausziehen.

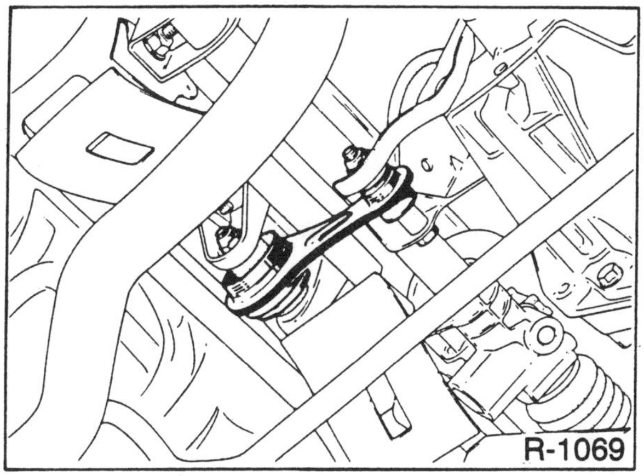
R-1069

- Dieselmotor: Getriebestütze abschrauben.

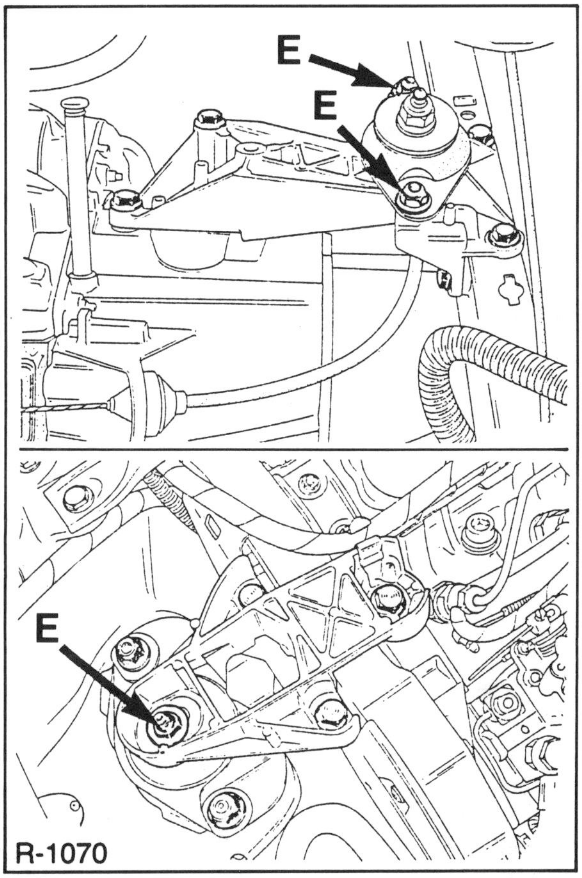

R-1070

- Motor-/Getriebelager oben links und rechts lösen, dazu Schrauben –E– abschrauben.

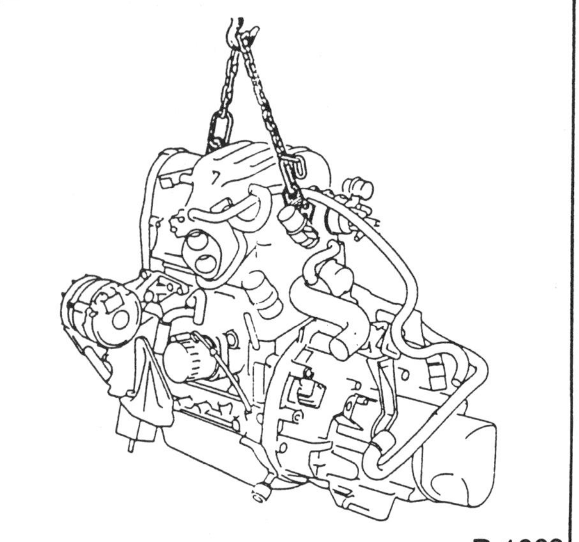

R-1068

- Motor nach oben vorsichtig herausheben, dabei führen, damit der Aufbau nicht beschädigt wird.

Einbau

- Motorlager, Kühlmittel-, Öl- und Kraftstoffschläuche auf Porosität oder Risse prüfen, falls erforderlich erneuern.
- Wurden Motor/Getriebe getrennt, Kupplungs-Mitnehmerscheibe auf ausreichende Belagdicke sowie Belagzustand prüfen. Bei fortgeschrittenem Verschleiß beziehungsweise hoher Kilometerleistung Kupplung komplett austauschen. Falls das Kupplungsausrücklager beim Treten des Kupplungspedals Geräusche verursachte, Lager auswechseln.
- Kupplungsausrücklager und Verzahnung der Antriebswelle reinigen und dünn mit MoS_2-Fett schmieren.
- Prüfen, ob die beide Zentrierbolzen zur Zentrierung von Motor und Getriebe im Motorblock vorhanden sind, gegebenenfalls Paßhülsen einsetzen.
- Der Einbau erfolgt in umgekehrter Reihenfolge. Die Schrauben –Motor/Getriebe– müssen mit **45 Nm** für M-10-Schrauben und **55 Nm** für M-12-Schrauben festgezogen werden.
- Motor mit Getriebe vorsichtig in den Motorraum einführen. Beim Absenken darauf achten, daß der Motor sorgfältig geführt wird, um Beschädigungen am Aufbau zu vermeiden.
- Motor durch Schüttelbewegungen spannungsfrei ausrichten und hintere Getriebestütze festziehen.
- Vordere Motorlager mit **40 Nm** festziehen.

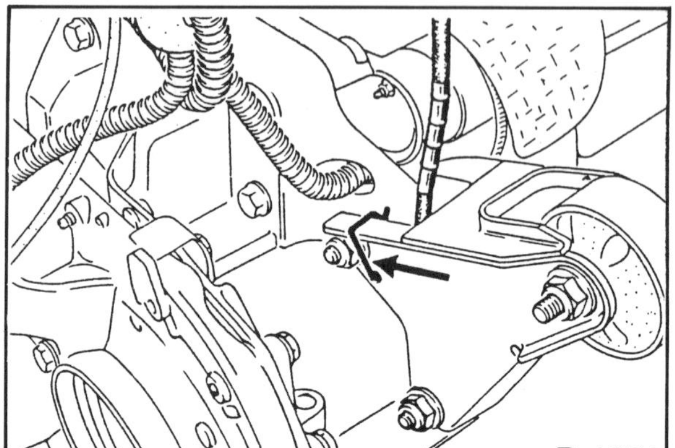

R-1071

- Tachowelle am Getriebe einstecken und mit Klammer sichern.
- Kupplungszug einhängen und einstellen, siehe Seite 114.
- Schaltbetätigung anschrauben, siehe Seite 121.

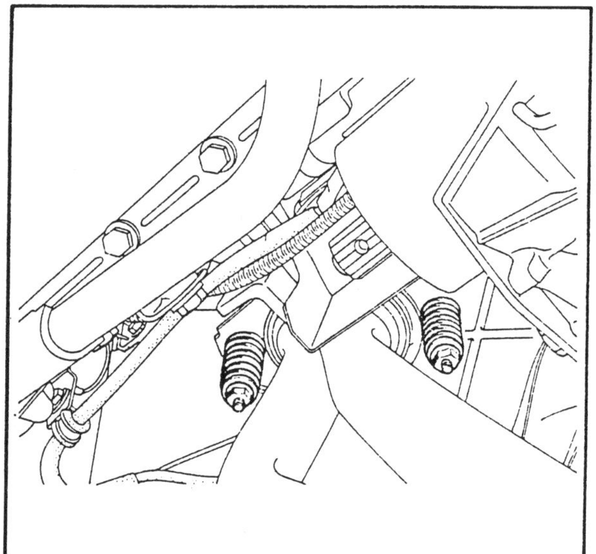

R-1072

- Vorderes Abgasrohr am Krümmer festschrauben. Muttern festziehen, bis größerer Widerstand spürbar wird, das heißt, Muttern liegen an den Distanzhülsen an. Die Federn sind dann automatisch richtig gespannt.
- Linke und rechte Gelenkwelle einbauen, siehe Seite 133.
- Bremssättel einbauen, siehe Seite 158.

Achtung: Bremspedal nach Einbau der Bremssättel/Bremsbeläge mehrmals betätigen, damit die Bremsbeläge an der Bremsscheibe anliegen.

- Rad anschrauben, dabei auf Markierung zur Radnabe achten. Fahrzeug ablassen und Radschrauben mit 80 Nm über Kreuz festziehen.
- Unterdruckschlauch vom Bremskraftverstärker am Saugrohr aufschieben, mit Schraubschelle sichern.
- Gaszug anklemmen und einstellen, siehe Seite 82.

- Kraftstoffleitungen entsprechend den angebrachten Markierungen aufschrauben.
- Elektrische Leitungen an Einspritzanlage, Temperaturgeber, Öldruckschalter, Klopfsensor, Anlasser und Generator anschließen. Dabei darauf achten, daß der jeweilige Stekker einrastet und der Sicherungsbügel an der richtigen Stelle sitzt.
- Kühler einbauen, Kühlmittelschläuche anbringen und mit Schellen sichern.
- Kühlmittel auf Gefrierschutz prüfen und auffüllen, siehe Seite 68.

Dieselmotor:

- Kraftstoffvorlauf und Rücklauf an der Einspritzpumpe anschrauben. Dabei **Hohlschrauben nicht vertauschen,** da sie unterschiedliche Bohrungen besitzen. Die Schraube für die Rücklaufleitung ist mit »OUT« auf dem Sechskantkopf gekennzeichnet. Vertauschte Schrauben verursachen folgende Beanstandungen: Motorleistung unbefriedigend; nebelartige Rauchgase im Vollastbereich; Höchstdrehzahl wird nicht erreicht; Motor sägt im Leerlauf.
- Elektrische Leitungen an Absteller und Glühkerzen anklemmen.
- Förderbeginn der Einspritzpumpe überprüfen lassen (Werkstattarbeit).

- **Ölstand in Motor und Getriebe prüfen**, gegebenenfalls auffüllen.
- Luftfiltereinsatz und -gehäuse reinigen, gegebenenfalls Einsatz erneuern.
- Luftfilter einbauen, siehe Seite 88.
- Querstrebe zwischen den Federbeindomen anschrauben.
- Falls vorhanden, Servolenkung befüllen und entlüften, siehe Kapitel »Wartung«.
- Batterie-Massekabel anklemmen.
- Zündzeitpunkt und Leerlauf prüfen (nicht einstellbar).
- Motor auf Betriebstemperatur bringen, Kühlmittelstand überprüfen und sämtliche Schlauchanschlüsse auf Dichtheit prüfen.

Zylinderkopf aus- und einbauen

Benzin- und Dieselmotoren bis 69 kW/94 PS

Zylinderkopf nur bei abgekühltem Motor ausbauen. Abgas- und Ansaugkrümmer bleiben angeschlossen. Ausführlich beschrieben wird der Ausbau am 1,4-l-Einspritzmotor (E-Motor), für die anderen Motor-Versionen werden spezielle Hinweise gegeben. Motortypenaufschlüsselung, siehe Seite 12.

Zylinderkopf-Anzugsdrehmoment für den 16-Ventil-Motor, siehe Kapitelende.

Eine defekte Zylinderkopfdichtung ist an einem oder mehreren der folgenden Merkmale erkennbar:

- Leistungsverlust.
- Kühlflüssigkeitsverlust. Weiße Abgaswolken bei warmem Motor.
- Ölverlust.
- Kühlflüssigkeit im Motoröl, Ölstand nimmt nicht ab, sondern zu. Graue Farbe des Motoröls, Schaumbläschen am Peilstab, Öl dünnflüssig.
- Motoröl in der Kühlflüssigkeit.
- Kühlflüssigkeit sprudelt stark.
- Keine Kompression auf 2 benachbarten Zylindern.

Ausbau

- Batterie-Massekabel (–) abklemmen.
- Distanzstrebe zwischen den Stoßdämpferdomen abschrauben.
- Kühlmittel ablassen, siehe Seite 68.
- Luftfilter ausbauen, siehe Seite 88.
- Zahnriemen ausbauen, siehe Seite 27.

1,4-l-Vergasermotor (C-Motor)

- Kühlmittel- und Heizungsschläuche von der Kühlmittelpumpe abziehen.
- Keilriemen und Generator ausbauen, siehe Seite 218.
- Zündverteiler ausbauen, siehe Seite 50.
- Kraftstoffschlauch am Vergaser abziehen.

Dieselmotor

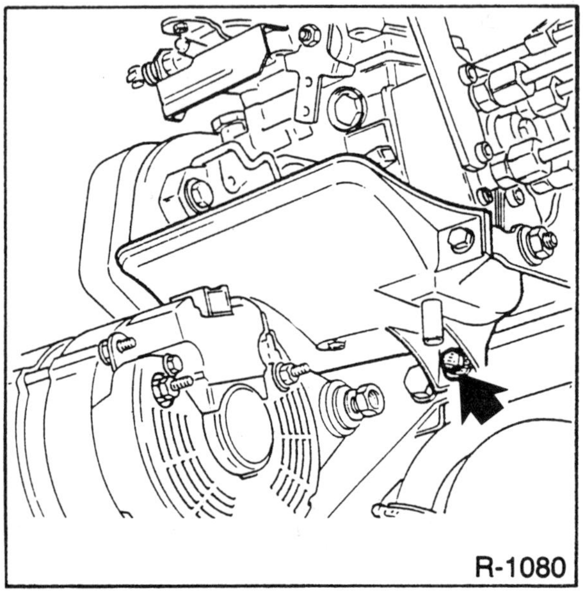

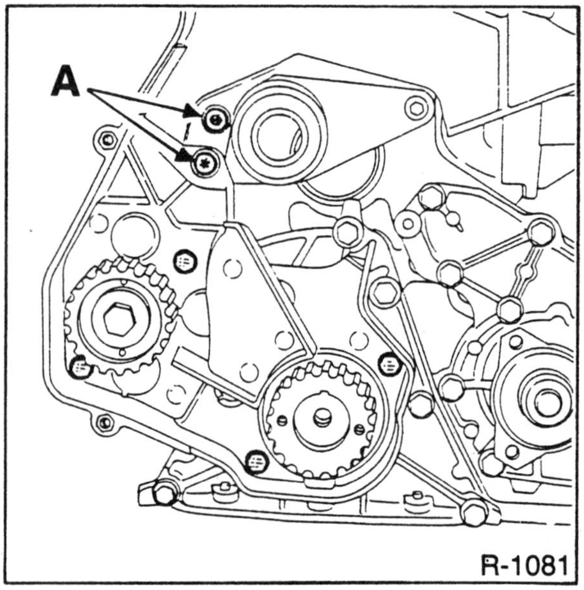

- Untere Befestigungsschraube der Abdeckung des Generators –obere Abbildung–, sowie Schrauben –A– an der Zahnriemenseite abschrauben.
- Anschlußkabel von den Glühkerzen abnehmen.

- Alle Zündkabel an den Kerzensteckern und dem Zündverteiler abziehen.
- Vorderes Abgasrohr am Krümmer abschrauben, siehe Seite 106.
- Elektrische Leitungen zum Zylinderkopf mit Tesaband kennzeichnen und abziehen. Zum Beispiel: Leitung vom Temperaturfühler, Masseband am Zylinderkopf, Kabel zur Einspritzanlage, Klopfsensor.
- Kraftstoffleitungen an der Einspritzanlage abschrauben. Auslaufenden Kraftstoff mit Lappen auffangen, Leitungen gegen Verschmutzung schützen.
- Gaszug ausbauen, siehe Seite 82.
- Unterdruckschlauch vom Bremskraftverstärker am Ansaugrohr abziehen. Klemmschelle gegebenenfalls mit Seitenschneider durchschneiden und beim Einbau geeignete Schraubschelle verwenden.

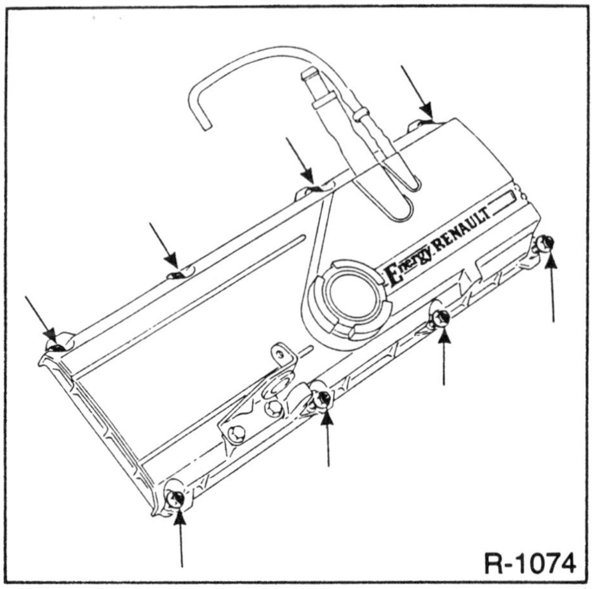

- Zylinderkopfdeckel abschrauben. Beim 1,7-/1,8-l-Motor ab 90 PS (mit Mehrpunkt-Einspritzung) muß zuvor das Oberteil vom Ansaugkrümmer abgeschraubt und nach vorn geklappt werden, siehe Seite 30.

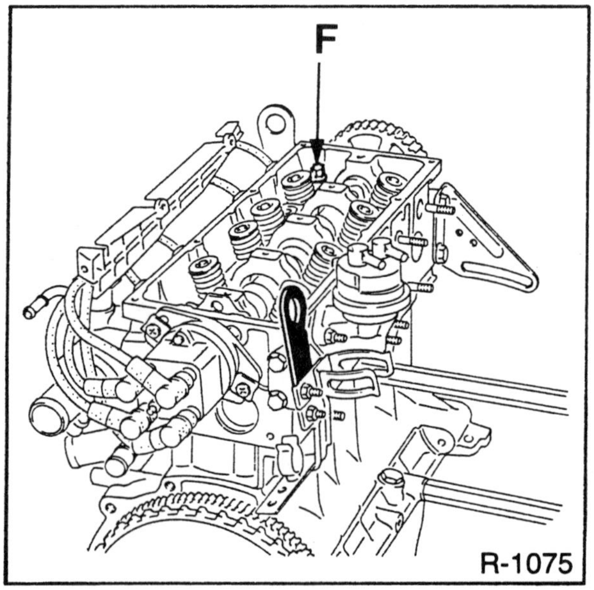

- **1,4-l-Einspritzmotor (E-Motor):** Sämtliche Zylinderkopfschrauben abschrauben, nur die Schraube –F– nicht herausnehmen, sondern lediglich lösen. Für die Schrauben wird eine Torx-Stecknuß E 12 benötigt.

- Zylinderkopf lösen und leicht anheben. Beim E-Motor wird der Zylinderkopf um die Schraube –F– herum nach außen geschwenkt.

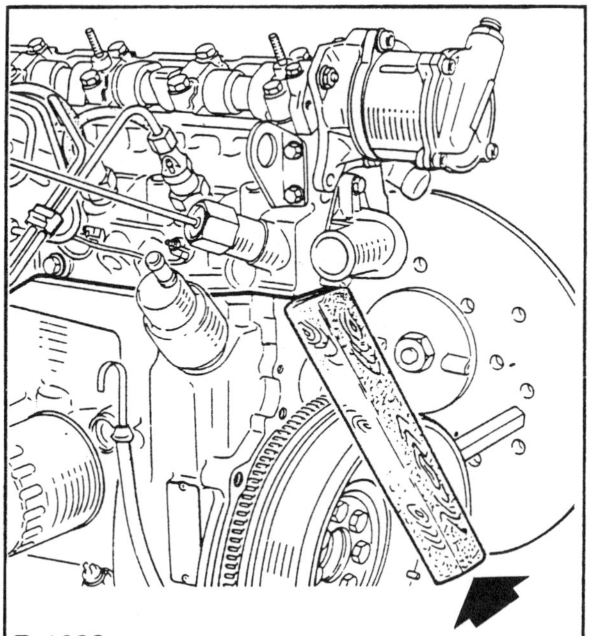

R-1082

- Läßt sich der Zylinderkopf nicht abheben, Holzkeil ansetzen und mit Hammer vorsichtig nach oben schlagen.
- **Vergasermotor (C-Motor):** Stößelstangen herausnehmen und so ablegen oder kennzeichnen, daß sie beim Einbau an der gleichen Stelle wieder eingesetzt werden können.

Achtung: Zylinderkopf nach dem Ausbau nicht auf der Dichtfläche absetzen, dabei könnten voll geöffnete Ventile beschädigt werden. Deshalb Zylinderkopf auf 2 Holzleisten ablegen.

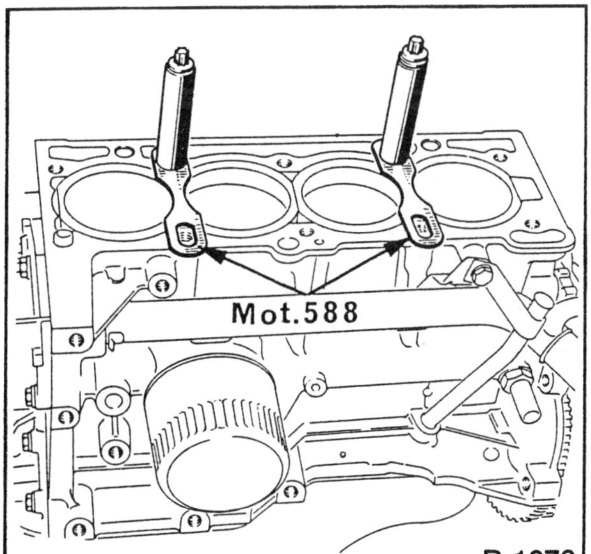

R-1076

- In der Werkstatt werden die Laufbuchsen mit den beiden RENAULT-Laufbuchsenhaltern fixiert, damit sich die Laufbuchsen beim Bewegen des Fahrzeugs beziehungsweise beim Durchdrehen des Motors nicht verkanten können. Wird das Fahrzeug nicht bewegt und die Kurbelwelle nicht verdreht, kann dieser Arbeitsgang entfallen.

Einbau

- Vor dem Einbau Zylinderblock mit geeignetem Schaber von Dichtungsresten freimachen. **Darauf achten, daß keine Dichtungsreste in die Bohrungen fallen.** Bohrungen mit Lappen verschließen.

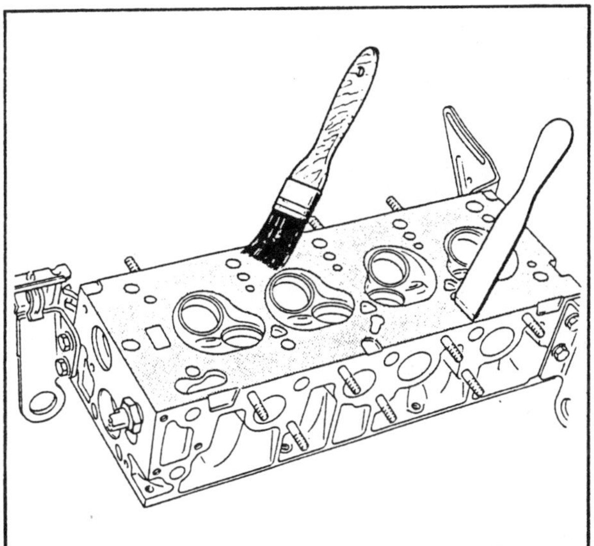

R-1077

Achtung: Die Dichtfläche vom Leichtmetall-Zylinderkopf niemals mit einem Metallschaber reinigen. Eventuell Reinigungsmittel »Décabloc«, erhältlich bei RENAULT, aufstreichen. 10 Minuten einwirken lassen, dann Dichtungsreste mit einem Holzspachtel entfernen.

- **1,4-l-Motoren:** Überstand der Laufbuchsen prüfen, siehe Seite 24.
- Falls vorhanden, Laufbuchsenhalter demontieren.

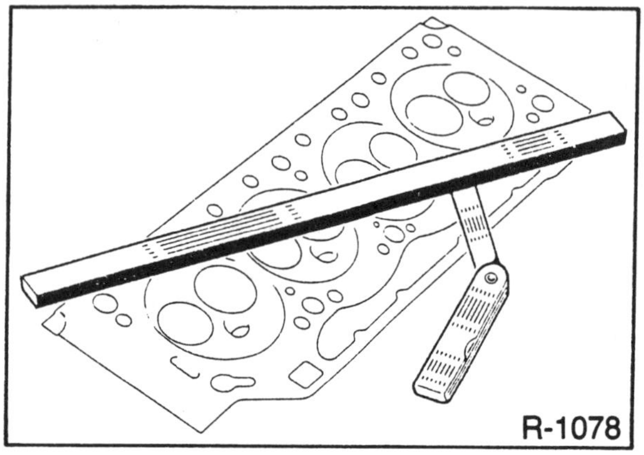
R-1078

- Zylinderkopf mit Stahllineal in Längs- und Querrichtung sowie diagonal auf Planheit prüfen. Die maximal zulässige Verformung darf 0,05 mm betragen, andernfalls Zylinderkopf ersetzen. **Achtung:** Die Dichtfläche vom Zylinderkopf darf nicht nachgearbeitet werden. Nur beim C-Motor (1,4-l-Vergasermotor) darf der Zylinderkopf bis maximal 0,5 mm nachgearbeitet werden (Werkstattarbeit). In diesem Fall muß eine um 0,5 mm stärkere Zylinderkopfdichtung eingebaut werden.
- Zylinderkopf auf Risse, Zylinderlauffläche auf Riefen überprüfen.
- Bohrungen der Zylinderkopfschrauben im Motorblock sorgfältig von Öl und anderen Rückständen reinigen, am besten mit Preßluft ausblasen.
- Zylinderkopfdichtung grundsätzlich ersetzen. Kein zusätzliches Dichtmittel verwenden.

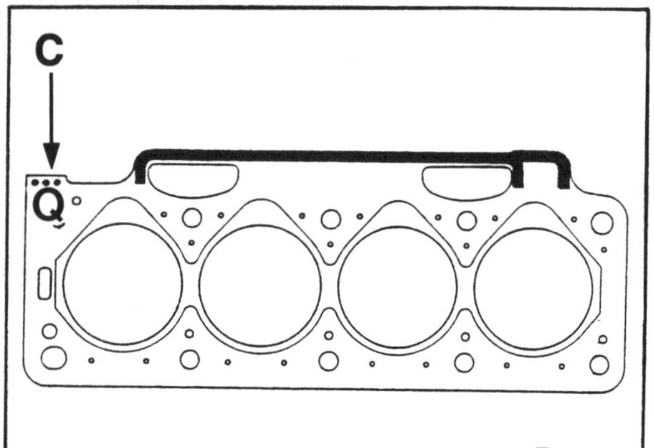

R-1084

Achtung: Beim **Dieselmotor** sind je nach Kolbenüberstand Dichtungen in 3 unterschiedlichen Dicken eingebaut. Die Dichtungsstärken sind durch 1, 2 oder 3 Punkte an Stelle –C– gekennzeichnet. Bei Ersatz nur Dichtung mit gleicher Punktezahl wie ausgebaut verwenden.
Außerdem ist darauf zu achten, daß beim Auflegen der Dichtung/des Zylinderkopfs alle Kolben auf halber Höhe befinden, also kein Kolben auf OT (oberem Totpunkt) steht, sonst können Motorschäden entstehen. Gegebenenfalls Kurbelwelle 1/4 Umdrehung weiterdrehen, nach Einbau wieder auf ursprüngliche Stellung zurückdrehen, siehe auch Kapitel »Zahnriemen aus- und einbauen«.

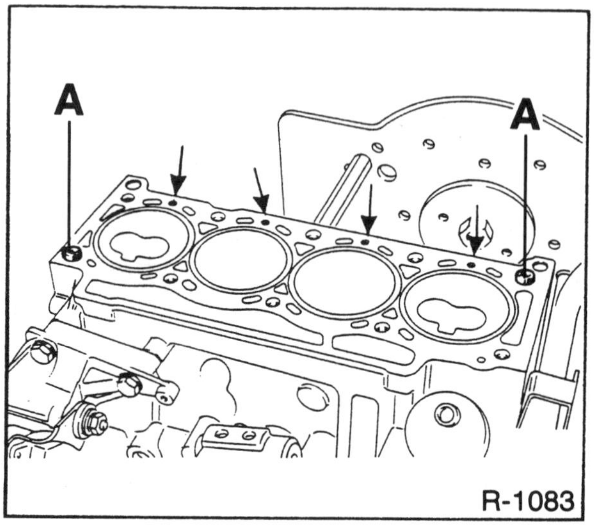

R-1083

- Neue Dichtung so auflegen, daß keine Bohrungen verdeckt werden, insbesondere Ölbohrungen –Pfeile– beim Dieselmotor beachten.
- Prüfen, ob beide Zentrierhülsen –A– im Zylinderkopf vorhanden sind, gegebenenfalls einsetzen.
- Zylinderkopf aufsetzen.
- **1,4-l-Vergasermotor (C-Motor):** Stößelstangen einsetzen.
- Grundsätzlich **neue** Zylinderkopfschrauben verwenden. Zylinderkopfschrauben leicht einölen.
- Alle Zylinderkopfschrauben einsetzen und handfest anziehen.

Achtung: Das Anziehen der Zylinderkopfschrauben ist mit größter Sorgfalt durchzuführen. Vor dem Anziehen der Schrauben sollte der Drehmomentschlüssel auf seine Genauigkeit überprüft werden. Außerdem ist die Anzugsreihenfolge genau einzuhalten.

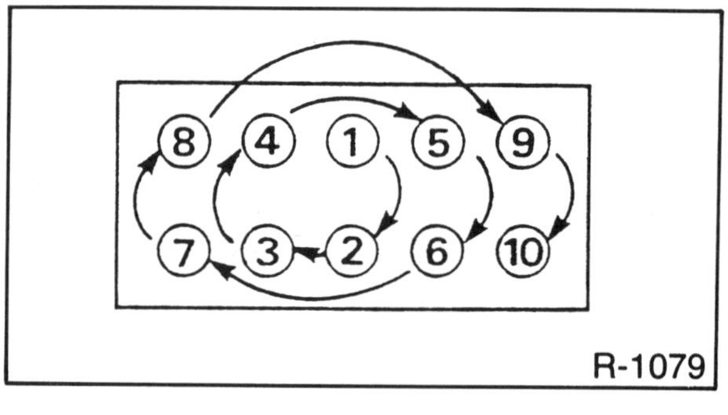

R-1079

1,4-l-Einspritzmotor (E-Motor)

- Zylinderkopfschrauben in der Reihenfolge von 1 bis 10 mit einem Drehmomentschlüssel und **20 Nm** anziehen.
- Mit starrem Schlüssel die Zylinderkopfschrauben in der richtigen Reihenfolge um den Winkel **97° ± 2°** weiterdrehen. Anschließend mindestens 3 Minuten warten, damit sich die Schrauben setzen können.

Achtung: Um die 97° beim Anziehen einzuhalten, ist es sinnvoll, entsprechende Markierungen am Zylinderkopf anzubringen. Dazu Schlüssel auf Schraube aufsetzen und im Abstand von 97° eine Markierung mit Kreide anbringen, oder aus Pappe eine 97°-Winkelscheibe ausschneiden. Es kann auch eine Winkelscheibe, zum Beispiel HAZET 6690, für den Schraubenanzug verwendet werden.

- Schrauben 1 und 2 lösen, bis sie frei drehbar sind.
- Schrauben 1 und 2 zuerst mit Drehmomentschlüssel auf **20 Nm** anziehen, dann mit starrem Schlüssel um den Winkel **97° ± 2°** weiterdrehen.
- Schrauben 3, 4, 5 und 6 lösen, bis sie frei drehbar sind.
- Schrauben 3, 4, 5 und 6 zuerst mit Drehmomentschlüssel auf **20 Nm** anziehen, dann mit starrem Schlüssel um den Winkel **97° ± 2°** weiterdrehen.
- Schrauben 7, 8, 9 und 10 lösen, bis sie frei drehbar sind.
- Schrauben 7, 8, 9 und 10 zuerst mit Drehmomentschlüssel auf **20 Nm** anziehen, dann mit starrem Schlüssel um den Winkel **97° ± 2°** weiterdrehen.
- Zahnriemen einbauen, siehe Seite 27.

1,4-l-Vergasermotor (C-Motor)

- Zylinderkopfschrauben in der Reihenfolge von 1 bis 10 mit einem Drehmomentschlüssel und **25 Nm** anziehen. Anschließend alle Kopfschrauben in der richtigen Reihenfolge mit **60 Nm** festziehen.

1,7-/1,8-/1,9-l-Motoren (F-Motor)

Achtung: Beim **Dieselmotor** gelten folgende Werte nur, wenn Zylinderkopfschrauben mit **Innensechskantkopf** eingebaut sind. Sind Torxschrauben (Schlüsselgröße T55) eingebaut, andere Werte beachten.

- Zylinderkopfschrauben in der Reihenfolge von 1 bis 10 mit einem Drehmomentschlüssel und **30 Nm** anziehen. Anschließend alle Kopfschrauben in der richtigen Reihenfolge mit **70 Nm** festziehen.
- Zum Setzen der Schrauben eine Pause von mindestens 3 Minuten einlegen und anschließend alle Schrauben vollständig lösen.
- Zylinderkopfschrauben in richtiger Reihenfolge mit Drehmomentschlüssel und **20 Nm** anziehen.
- Sämtliche Schrauben in der vorgeschriebenen Reihenfolge mit **starrem Schlüssel** um den Winkel **123° ± 2°** in einem Zug weiterdrehen.

Achtung: Um die 123° beim Anziehen einzuhalten, ist es sinnvoll, entsprechende Markierungen am Zylinderkopf anzubringen. Gegebenenfalls aus Pappe eine 123°-Winkelscheibe ausschneiden. Es kann auch die Winkelscheibe HAZET 6690 für den drehwinkelgesteuerten Schraubenanzug verwendet werden.

- Dieselmotor: Schrauben an Generatorabdeckung und Zahnriemenseite anbringen, siehe unter »Ausbau«.
- Zahnriemen einbauen, siehe Seite 27.

Dieselmotor mit Torx-Zylinderkopfschrauben

- Zylinderkopfschrauben in der Reihenfolge von 1 bis 10 mit einem Drehmomentschlüssel und **30 Nm** anziehen.
- Mit starrem Schlüssel die Zylinderkopfschrauben in der richtigen Reihenfolge um den Winkel **50° ± 4°** weiterdrehen.
- Zum Setzen der Schrauben eine Pause von mindestens 3 Minuten einlegen und anschließend alle Schrauben vollständig lösen.
- Zylinderkopfschrauben in richtiger Reihenfolge mit Drehmomentschlüssel und **25 Nm** anziehen.
- Sämtliche Schrauben in der vorgeschriebenen Reihenfolge mit **starrem Schlüssel** um den Winkel **213° ± 7°** in einem Zug weiterdrehen.

Achtung: Beim **Turbodieselmotor (90 PS)** müssen die Zylinderkopfschrauben nach Montage und Warmlauf des Motors nochmals nachgezogen werden. Dazu Motor starten und warmfahren, bis der Kühlerventilator einschaltet, danach noch mindestens 2,5 Stunden fahren. Zylinderkopfdeckel abschrauben und Zylinderkopfschrauben in der Reihenfolge von 1 bis 10 mit **starrem Schlüssel** um den Winkel **120° ± 7°** weiterdrehen.

- Zündverteiler einbauen, siehe Seite 50.
- Ventilspiel einstellen, siehe Seite 34.
- Zylinderkopfdeckel einbauen.
- 1,7-l-Motor mit Mehrpunkt-Einspritzung: Ansaugrohr-Oberteil mit neuer Dichtung ansetzen, mit 20 Nm anschrauben.
- Falls ausgebaut, Generator und Keilriemen einbauen, siehe Seite 218.

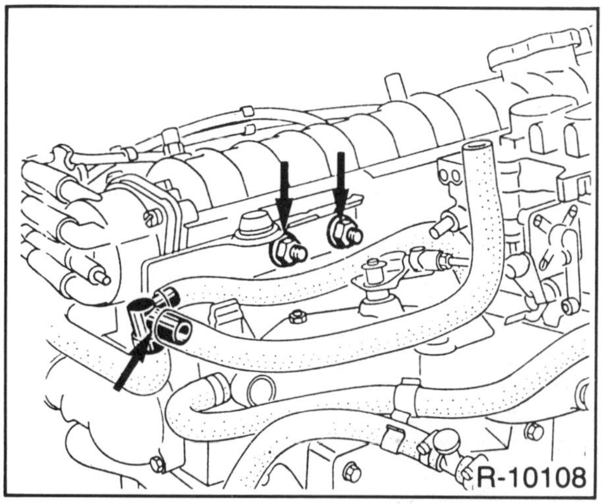

- Halter für Motorentlüftungsschläuche/Zündkabel am Zylinderkopf anschrauben.

- Vorderes Abgasrohr am Abgaskrümmer anschrauben.
- Sämtliche Kühlmittel-, Kraftstoffschläuche aufschieben und mit Schellen sichern.
- Elektrische Leitungen entsprechend der angebrachten Markierungen anklemmen.
- Gaszug einbauen und einstellen.
- Unterdruckschlauch vom Bremskraftverstärker am Saugrohr aufschieben.
- Kühlmittel auffüllen, siehe Seite 68.
- Ölstand im Motor prüfen, gegebenenfalls Öl nachfüllen. Wurde der Zylinderkopf abgebaut aufgrund einer defekten Zylinderkopfdichtung, empfiehlt sich ein vorgezogener Ölwechsel einschließlich eines Ölfilterwechsels, da sich im Motoröl Kühlflüssigkeit befinden kann.
- Batterie-Massekabel anklemmen.
- Luftfilter einbauen, siehe Seite 88.
- Vergasermotor: Zündzeitpunkt prüfen, gegebenenfalls einstellen.
- Vergasermotor: Leerlauf und CO-Gehalt prüfen, gegebenenfalls einstellen, siehe Seite 72.

16-Ventil-Motor (99 kW/135 PS)

- Zylinderkopfschrauben in der Reihenfolge von 1 bis 10 (siehe Abbildung R-1079) mit einem Drehmomentschlüssel und **30 Nm** anziehen. Anschließend alle Kopfschrauben in gleicher Reihenfolge mit **50 Nm** festziehen.
- Zum Setzen der Schrauben eine Pause von mindestens 3 Minuten einlegen und anschließend alle Schrauben vollständig lösen, sie müssen frei drehbar sein.
- Zylinderkopfschrauben von 1 bis 10 mit Drehmomentschlüssel und **25 Nm** anziehen.
- Sämtliche Schrauben in der vorgeschriebenen Reihenfolge mit **starrem Schlüssel** um den Winkel **107° ± 2°** in einem Zug weiterdrehen.

Überstand der Laufbuchsen prüfen

1,4-l-Motoren

- Zylinderkopf ausbauen.

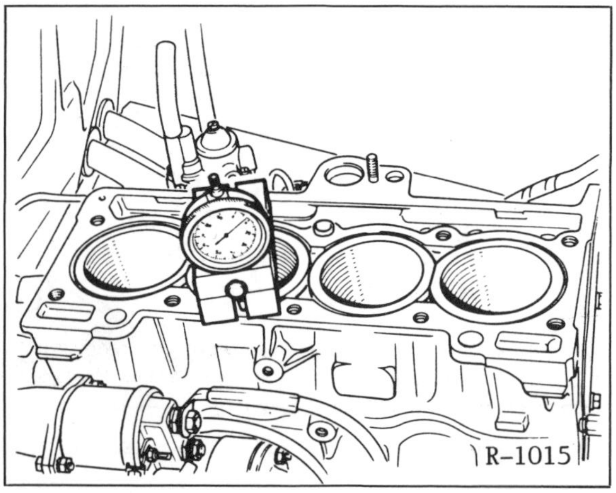

- Auflageplatte mit handelsüblicher Meßuhr am Motorblock anschrauben.
- Mit der Meßuhr Überstand der Laufbuchsen gegenüber dem Motorblock messen.
- Der Überstand muß beim 1,4-l-Motor zwischen 0,02 mm und 0,09 mm betragen.
- Werden neue Laufbuchsen montiert, Messung ohne Dichtring (am Fuß der Laufbuchse) vornehmen.
- Die Differenz des Überstehmaßes zwischen zwei nebeneinanderliegenden Laufbuchsen darf nicht über 0,05 mm betragen.

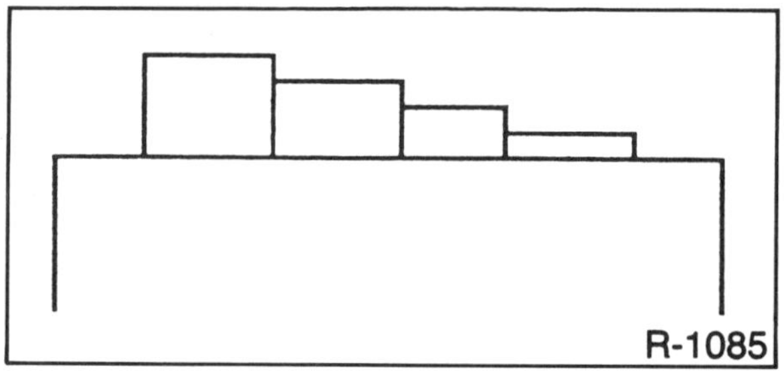

- Der Wert der Überstehmaße muß von Zylinder 1 bis 4 ständig ansteigen oder abfallen, sonst müssen die Laufbuchsen neu geordnet werden (Werkstattarbeit).

Steuerkette aus- und einbauen

C-Motor (1,4-l-Vergasermotor)

Ausbau

- Motor auf OT stellen, siehe Seite 50.
- Ölwanne ausbauen, siehe Seite 58.
- Kraftstoffleitungen ausbauen.
- Steuergehäusedeckel abschrauben.
- Kettenspanner ausbauen, siehe folgendes Kapitel.

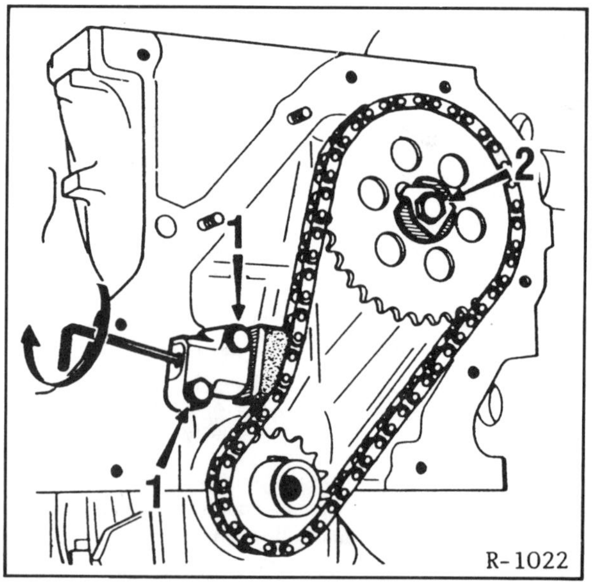

- Befestigungsschraube –2– für Nockenwellenrad abschrauben. Falls vorhanden, vorher Sicherungsblech zurückbiegen.
- Nockenwellenrad zusammen mit der Steuerkette abnehmen.

Einbau

- Dichtfläche für Steuergehäusedeckel reinigen.

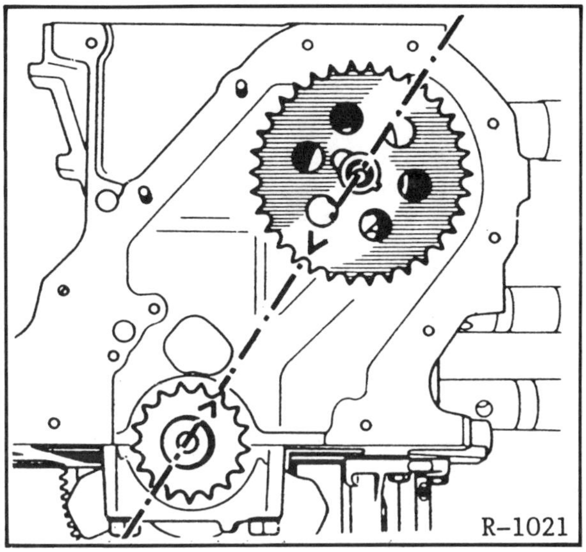

R-1021

- Nockenwellenrad mit der Markierung nach außen (sichtbar) aufschieben.
- **Steuerräder von Nockenwelle und Kurbelwelle so drehen, daß sich die Markierungen auf den Rädern und die Mittelpunkte der Wellen auf einer Linie befinden.**
- Nockenwellenrad abziehen. **Achtung:** Dabei Nockenwelle nicht verdrehen.
- Steuerkette auf Nockenwellen- und Kurbelwellenrad auflegen.
- Nockenwellenrad aufschieben und Stellung der Steuerräder zueinander nochmals überprüfen. **Die Markierungen müssen auf einer Linie liegen.**

Achtung: Das Nockenwellenrad kann mit unterschiedlichen Schrauben befestigt werden. 1. Schraubenlänge = 20 mm, mit 4 mm starker Distanzscheibe und Blechsicherung, Anzugsdrehmoment: **20 Nm**. 2. Schraubenlänge = 30 mm, mit 5 mm starker Distanzscheibe, ohne Sicherungsblech, Anzugsdrehmoment: **30 Nm**.

- Nockenwellenrad mit Drehmomentschlüssel festschrauben. Falls erforderlich, vorher Sicherungsblech auflegen.
- Gegebenenfalls Schraube mit Sicherungsblech sichern.
- Kettenspanner einbauen und Steuergehäusedeckel anschrauben.
- Kraftstoffleitungen einclipsen.
- Ölwanne einbauen, siehe Seite 58.

Kettenspanner aus- und einbauen

C-Motor (1,4-l-Vergasermotor)

Der Kettenspanner spannt die Steuerkette durch die Federkraft einer Druckfeder. Um die Steuerkette ausbauen zu können, muß vorher der Kettenspanner ausgebaut werden.

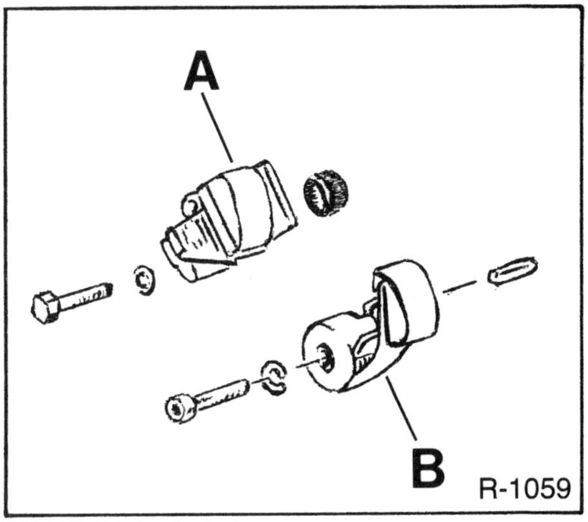

R-1059

Achtung: Je nach Modell können 2 unterschiedliche Ausführungen –A/B– des Kettenspanners eingebaut sein.

Ausbau

- Ölwanne ausbauen, siehe Seite 58.
- Kurbelwellen-Riemenscheibe ausbauen, siehe Seite 14.
- Steuergehäusedeckel abschrauben. Dichtfläche reinigen.

Ausführung –A–

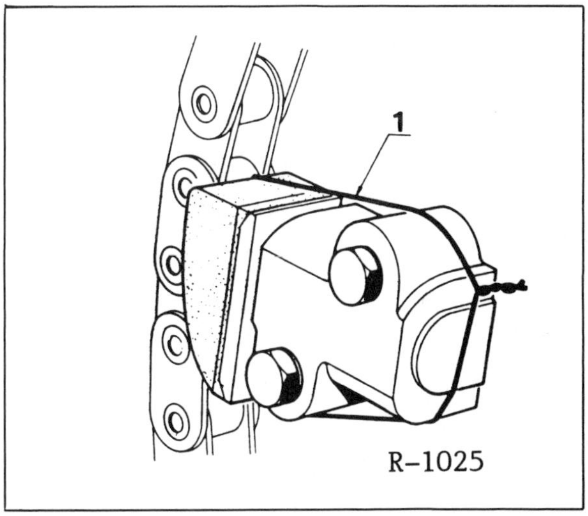

R-1025

- Falls nur die Steuerkette ausgebaut werden soll, empfiehlt es sich, den Kettenspanner mit einem Draht –1– im zusammengedrückten Zustand zu fixieren.

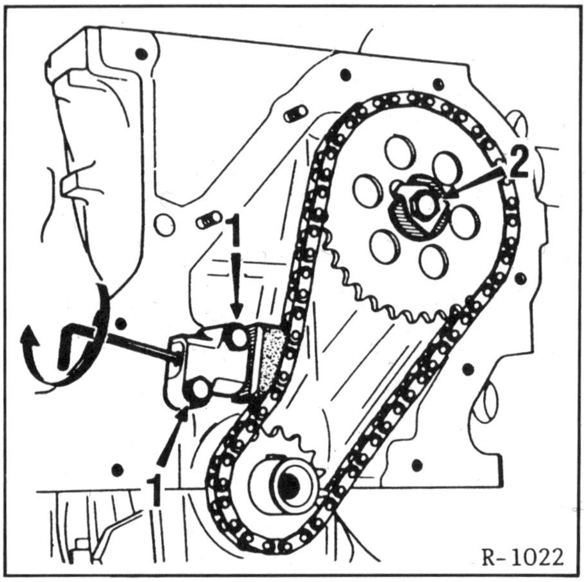

- Kettenspanner abschrauben, dazu Schrauben –1– lösen.

Zerlegen

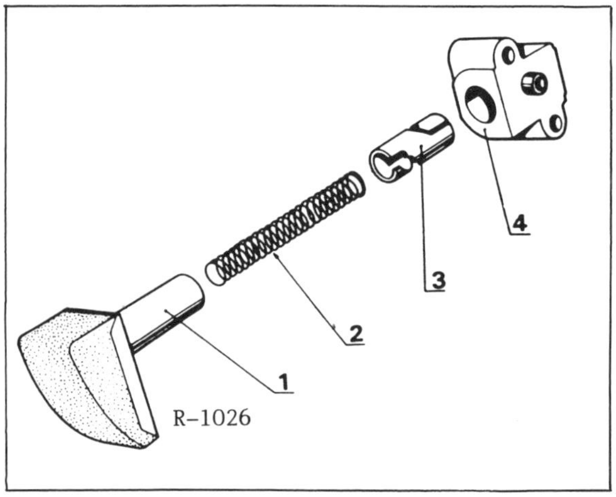

- Um den Kettenspanner zu prüfen, Draht langsam lösen und Druckstößel –1–, Kolben –3– und Spannfeder –2– aus dem Gehäuse –4– herausnehmen.

Zusammenbauen

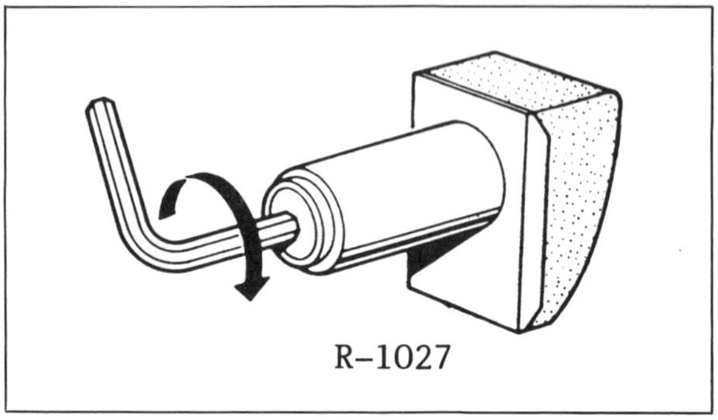

- Kolben mit Feder in den Druckstößel einsetzen und mit der Hand drehen, bis er einrastet. Zum Drehen kann auch ein 3 mm-Inbusschlüssel verwendet werden.
- Druckstößel in das Spannergehäuse einsetzen. Dabei zwischen Stößel und Gehäuse eine ca. 2 mm starke Distanzplatte einsetzen.
- Kettenspanner am Motorblock anschrauben.

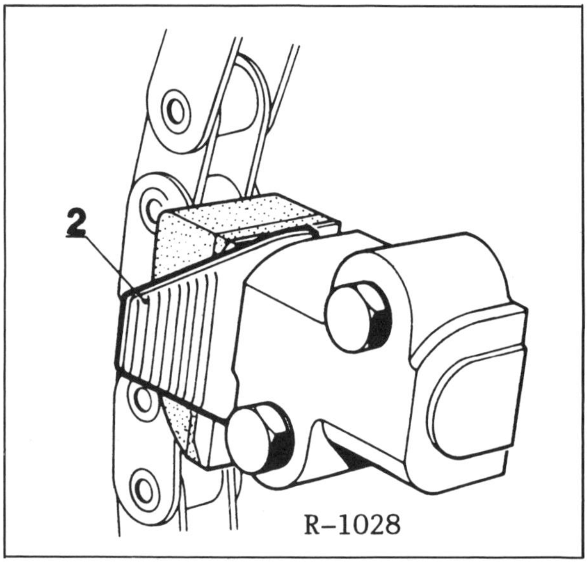

- Distanzplatte –2– herausnehmen und Druckstößel an das Spannergehäuse andrücken. Dadurch entriegelt sich der Kolben des Kettenspanners automatisch und spannt die Steuerkette.

Achtung: Neue Kettenspanner werden zusammen mit einer Distanzplatte aus Kunststoff geliefert.

Ausführung –B–

Achtung: Der Kettenspanner kann nur mit dem RENAULT-Werkzeug Mot.761 aus- und eingebaut werden.

- Zylinderförmigen Teil des Werkzeuges so über die Führungsachse des Kettenspanners schieben, daß der Schlitz in den federbelasteten Arm des Spanners eingreift.
- Kettenspanner mit Werkzeug nach außen drehen und Spannfeder einrasten.
- Befestigungsschraube für Kettenspanner abschrauben.
- Kettenspanner abnehmen.
- Kettenspanner mit Montagewerkzeug so am Motorblock einsetzen, daß die Federenden eingreifen und der Schlitz in der Hülse über den Stift am Motorblock greift.
- Schraube mit Unterlegscheibe ansetzen und festschrauben.
- Montagewerkzeug abnehmen, dabei muß sich der Federspanner an die Steuerkette anlegen.

- Steuergehäusedeckel anschrauben. Wenn beim Ausbau eine Korkdichtung vorhanden war, Dichtung erneuern. Andernfalls Dichtfläche mit einer Raupe Dichtmasse bestreichen, siehe auch Ölwanne einbauen auf Seite 58.
- Ölwanne einbauen, siehe Seite 58.
- Kurbelwellen-Riemenscheibe anschrauben.
- Fahrzeug ablassen.

Zahnriemen aus- und einbauen

Benzinmotoren mit Zahnriemen (E- und F-Motor), außer 16V-Motor

Achtung: Zahnriemenausbau beim Dieselmotor, siehe Seite 94.

Zum Prüfen der exakten Zahnriemenspannung wird das RENAULT-Prüfgerät Elé 346-04 benötigt, das auch zum Prüfen der Keilriemenspannung verwendet wird, siehe Seite 38.

Ausbau

- Keilriemen ausbauen, siehe Seite 38.

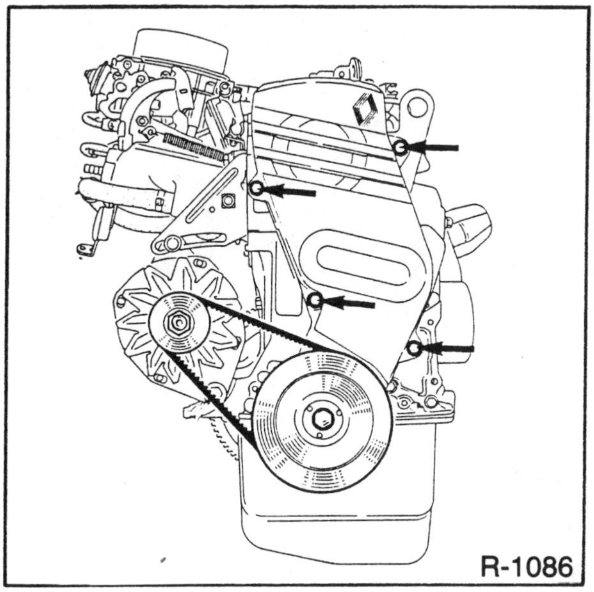
R-1086

- Zahnriemenschutz ausbauen. Die Abbildung zeigt den 1,4-l-Motor. Bei den Motoren ab 1,7 l Hubraum ist darauf zu achten, daß die Distanzhülsen der Schrauben an gleicher Stelle wieder eingebaut werden.

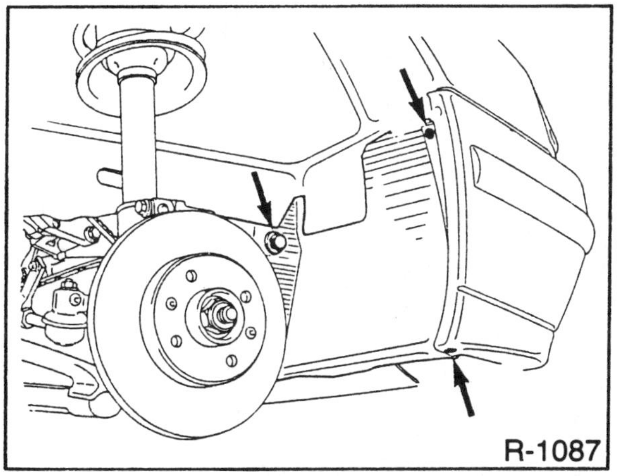
R-1087

- Abdeckung im rechten Radhaus abschrauben. Das Vorderrad kann dabei eingebaut bleiben.
- Kurbelwellen-Riemenscheibe abschrauben und abnehmen. Damit sie beim Lösen der Schraube nicht mitdreht, 1. Gang einlegen, Handbremse anziehen und dadurch Motor blockieren.

- Kurbelwelle verdrehen, bis die Markierung an der Nockenwellen-Riemenscheibe mit der Markierung am Zylinderkopfdeckel übereinstimmt. Der Motor steht dann auf OT für Zylinder 1.

Zum Verdrehen des Motors 5. Gang einlegen und Fahrzeug auf ebener Fläche verschieben. Eine andere Möglichkeit, den Motor zu verdrehen: Ein Vorderrad anheben, den 5. Gang einlegen und das Rad von Hand verdrehen.

- Spannrolle mit Maulschlüssel halten und Klemmutter mit Ringschlüssel lösen.
- Zahnriemen entspannen, dazu Spannrolle nach rechts drehen. Zum Spannen des Zahnriemens wird die Spannrolle nach links gedreht.
- Zahnriemen abnehmen, anschließend Stellung der Zahnräder nicht mehr verändern.

Einbau

Achtung: Zahnriemen nicht knicken oder verdrehen. Verschmutzten Zahnriemen auf jeden Fall erneuern.

1,4-l-Motor

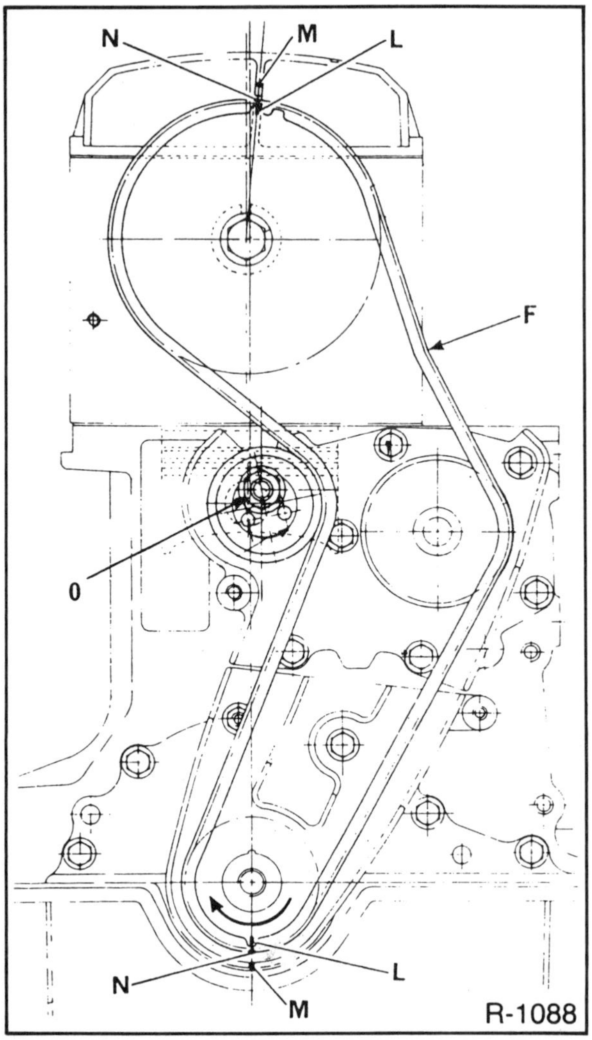

Auf der Außenseite des Zahnriemens befinden sich ein Pfeil, der die Laufrichtung des Zahnriemens angibt, sowie zwei Einstellmarkierungen.

- Zahnriemen auflegen. Dabei Montagerichtung (Pfeile) beachten, siehe Abbildung. Markierungen –N– des Zahnriemens müssen mit denen der Zahnräder –L– und der Gehäusemarkierungen –M– übereinstimmen.

1,7-/1,8-l-Motor

R-1089

- Zahnriemen zuerst auf Kurbelwellen- und Zwischenwellenrad, dann auf Nockenwellenrad auflegen.

Achtung: Beim Auflegen des Zahnriemens darf weder die Nockenwellen- noch die Kurbelwellenstellung verändert werden. Sonst können schwerwiegende Schäden am Motor entstehen, beziehungsweise der Motor gibt nicht mehr seine volle Leistung ab. **Nachdem der Zahnriemen gespannt wurde, Einstellung von Nockenwelle und Kurbelwelle nochmals kontrollieren.**

- Sicherstellen, daß sich die Nockenwelle in OT-Stellung für Zylinder 1 befindet. Gleichzeitig müssen die Markierungen am Schwungrad übereinstimmen. Der Motor befindet sich dann in OT-Stellung für Zylinder 1. **Achtung:** Falls die Nokkenwelle über einen größeren Winkel verdreht werden muß, darauf achten, daß kein Kolben im oberen Totpunkt (OT) steht, sonst können Ventile oder Kolben beschädigt werden. Gegebenenfalls Kurbelwelle ca. 90° (¼ Umdrehung) vor oder nach OT stellen. Dabei Riemenscheibe jedoch insgesamt nicht weiter als 90° verdrehen.

Zahnriemen spannen:

- Spannrolle nach links drehen und Klemmutter festziehen.

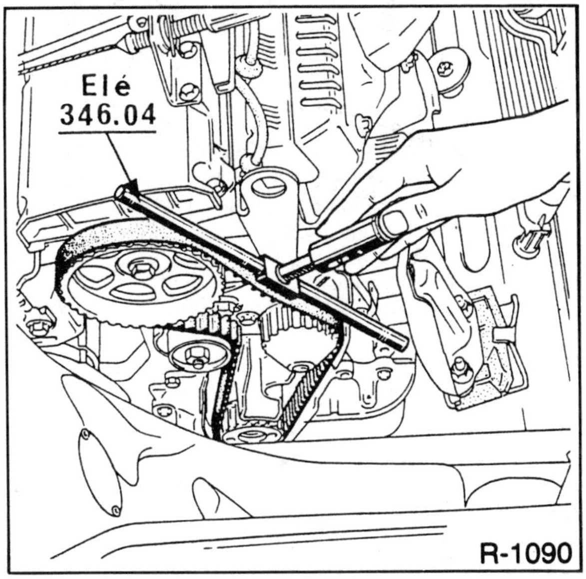

R-1090

- Zahnriemenspannung mit dem RENAULT-Spezialwerkzeug prüfen. Das Werkzeug wird beim 1,4-l-Motor in der Mitte zwischen Nockenwellen- und Kühlmittelpumpenrad (Abbildung), beim 1,7- und 1,8-l-Motor zwischen Zwischenwellenrad und Spannrolle angesetzt. Der Stößel des Werkzeugs drückt mit 30 Nm auf den Zahnriemen und mißt die Durchbiegung.

  Sollwert beim 1,7-/1,8-l-Benzinmotor: 7,5 mm ± 0,5 mm; beim 1,4-l-Motor: 6,0 mm ± 0,5 mm.

  Achtung: Behelfsmäßig kann die Spannung so eingestellt werden, daß sich der Zahnriemen zwischen Umlenkrolle und Kühlmittelpumpenrad (1,4-l-Motor) beziehungsweise Zwischenwellenrad (1,7-/1,8-l-Motor) von Hand gerade um ca. 90° verdrehen läßt, siehe auch Abbildung 13-081. Die Zahnriemenspannung muß dann jedoch umgehend in einer Werkstatt überprüft werden. Bis dahin sind hohe Motordrehzahlen zu vermeiden.

- Kurbelwelle zweimal in Motordrehrichtung durchdrehen und Einstellung nochmals überprüfen.
- Mutter der Zahnriemenspannrolle mit **50 Nm** festziehen.
- Kurbelwellen-Riemenscheibe aufsetzen und mit **85 Nm** festschrauben.
- Zahnriemenschutz einbauen.
- Keilriemen einbauen und spannen, siehe Seite 38.
- Abdeckung im rechten Radhaus wieder anbringen.

Nockenwelle aus- und einbauen

1,7-/1,8-l-Benzinmotor (außer 16V), 1,9-l-Dieselmotor

Die Nockenwelle muß bei diesen Motoren zum Ventilspieleinstellen sowie dem Ausbau der Ventile demontiert werden.

Ausbau

- Benzinmotor ab 66 kW/90 PS (Mehrpunkteinspritzung): Ansaugkrümmer-Oberteil am Unterteil abschrauben, damit der Zylinderkopfdeckel erreicht werden kann, siehe Abbildung unter »Einbau«.
  Ansaugkrümmer-Oberteil mit angeschlossenem Ansaugschlauch nach vorn klappen.
- Oberen Zahnriemenschutz ausbauen.

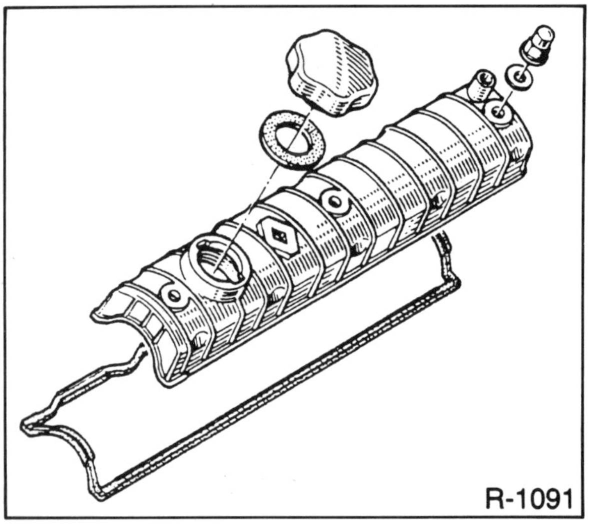

R-1091

- Zylinderkopfdeckel ausbauen und mit Dichtung abnehmen.
- Kurbelwelle auf OT Zylinder 1 stellen, siehe Seite 27.

Achtung: Motorstellung nicht mehr verändern.

- Zahnriemen entspannen und nur oben vom Nockenwellenrad abnehmen, siehe Seite 27.

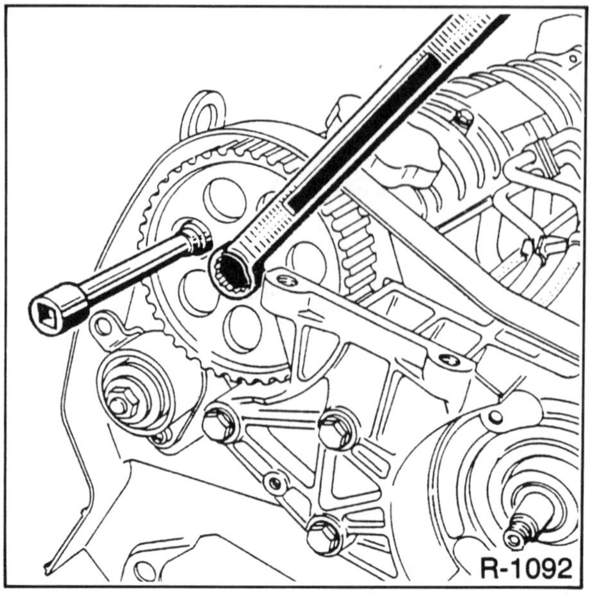

R-1092

- Nockenwellenrad von vorn mit einem 10er Steckschlüssel arretieren. Nockenwellenrad abschrauben und abnehmen, gegebenenfalls mit leichten Schlägen eines Gummihammers abtreiben. Scheibenfeder für Nockenwelle entfernen.
- **Dieselmotor:** Unterdruckpumpe ausbauen, siehe Seite 101.
- **Benzinmotor:** Zündverteiler ausbauen, siehe Seite 50.

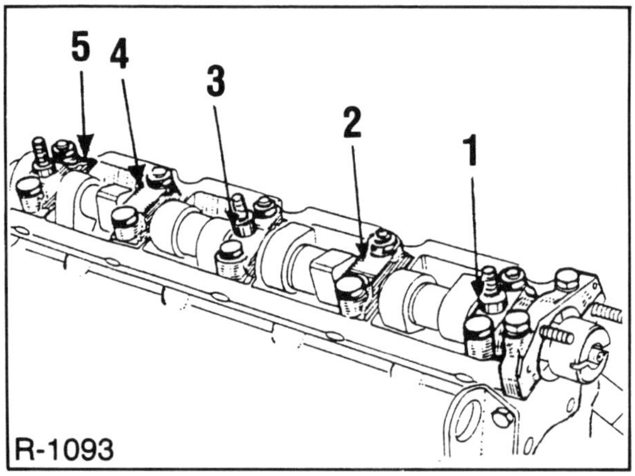

R-1093

- Sämtliche Lagerdeckel in Reihenfolge und Einbaurichtung kennzeichnen, siehe Abbildung.
- Zuerst Lagerdeckel 5, 1 und 3 ausbauen, dann Lagerdeckel 2 und 4 abwechselnd über Kreuz lösen.
- Nockenwelle herausnehmen.

R-1094

Achtung: Falls die Tassenstößel herausgenommen werden, diese kennzeichnen, damit sie an gleicher Stelle wieder eingesetzt werden können.

Einbau

- Vor dem Einbau kann die Nockenwelle gegebenenfalls von einer Werkstatt auf Schlag und Axialspiel geprüft werden.
- Neuen Dichtring für Nockenwelle einsetzen. Vorher Dichtlippe und äußeren Rand des Dichtringes leicht einölen.
- Falls die Tassenstößel herausgenommen waren, Tassenstößel an der gleichen Stelle wieder einsetzen. Tassenstößel leicht einölen und beim Einsetzen nicht verkanten.

Achtung: Die Tassenstößel dürfen nicht vertauscht werden.

- Nockenwelle einölen und in den Zylinderkopf einlegen. **Achtung:** Dabei müssen die Nocken für Zylinder 1 nach oben zeigen.
- Gegebenenfalls Ventilspiel prüfen, siehe Kapitel »Wartung«.

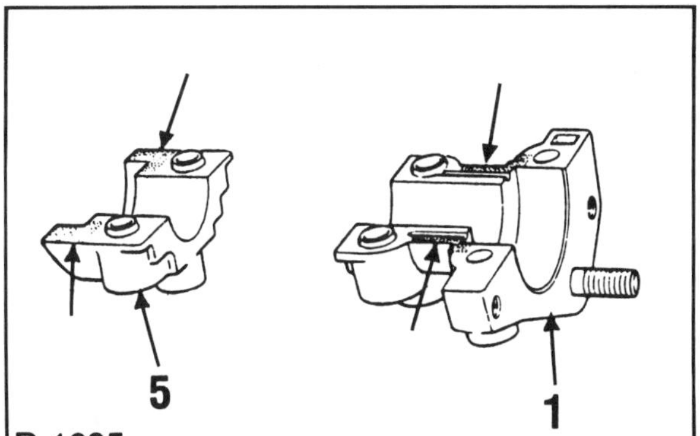

R-1095

- Lagerdeckel entsprechend der Markierung einsetzen. **Achtung:** Auf die dunkel markierten Bereiche der Lagerdeckel Nr. 1 und Nr. 5 etwas Dichtmittel, zum Beispiel CAF 4/60 THIXO von RENAULT, oder Curil auftragen.
- Befestigungsschrauben der Lagerdeckel mit Drehmomentschlüssel festziehen. Das Anzugsmoment richtet sich nach dem Gewindedurchmesser: Schrauben mit ∅ **6 mm: mit 10 Nm**, ∅ **8 mm: mit 20 Nm** anziehen.
- Scheibenfeder für Nockenwellenrad einsetzen. Nockenwellenrad aufsetzen und mit **50 Nm** festziehen. Dabei Nokkenwellenrad mit Dorn gegenhalten.
- Zahnriemen auf Nockenwellenrad auflegen. Auf richtige Stellung der Kurbelwelle, beim Dieselmotor zusätzlich der Einspritzpumpe achten, siehe Seite 94.
- Zahnriemen spannen, siehe Seite 27.
- **Dieselmotor:** Unterdruckpumpe einbauen, siehe Seite 101.
- **Benzinmotor:** Zündverteiler einbauen, siehe Seite 50.
- Zylinderkopfdeckel mit Deckeldichtung aufsetzen und Schrauben für Zylinderkopfdeckel vorsichtig mit 10 Nm festziehen. Poröse oder zerquetschte Deckeldichtung ersetzen.
- Zahnriemenschutz einbauen.

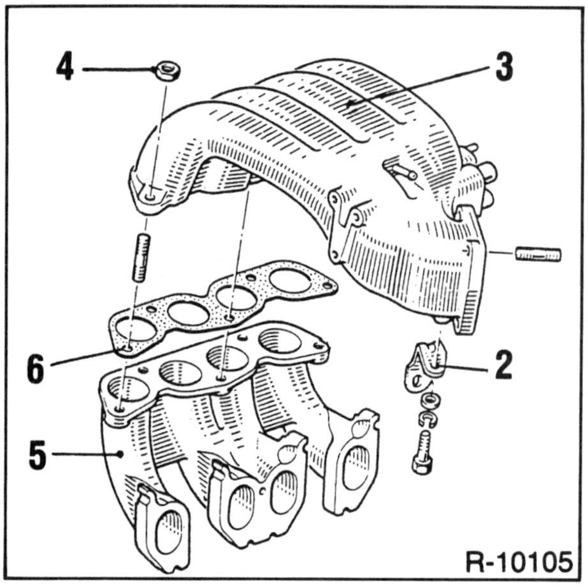

- **Benzinmotor ab 66 kW/90 PS:** Ansaugkrümmer-Oberteil –3– mit neuer Dichtung –6– am Saugrohr-Unterteil anschrauben, Schrauben über Kreuz mit 25 Nm anziehen. Dann Schraube am Haltewinkel –2– anziehen.

Ventil aus- und einbauen

Beschrieben wird der Aus- und Einbau beim »E-Motor« (1,4-l-Einspritzmotor). Auf Unterschiede zu den anderen 8-Ventil-Motoren wird hingewiesen.

Ausbau

- Zylinderkopf ausbauen, siehe Seite 19.
- Zylinderkopfdeckel abschrauben.

Achtung: Werden Teile der Ventilsteuerung wieder verwendet, müssen diese an gleicher Stelle eingebaut werden. Damit keine Verwechslungen vorkommen, empfiehlt es sich, ein entsprechendes Ablagebrett anzufertigen.

1,7-/1,8-l-Benzinmotor, Dieselmotor (F-Motoren)

- Nockenwelle ausbauen, siehe Seite 30.
- Tassenstößel markieren und herausnehmen.

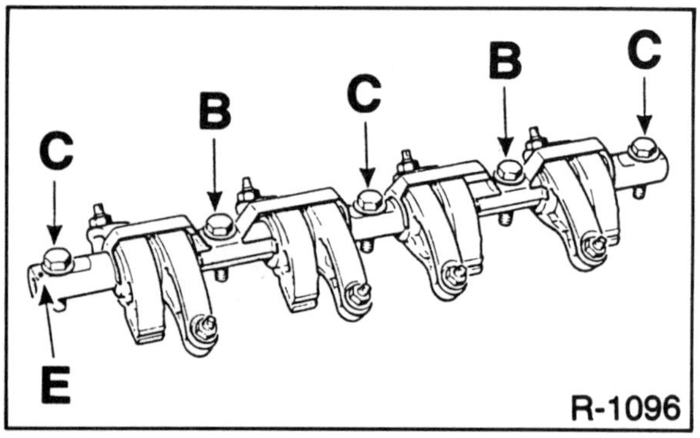

- **E-Motor:** Die Kipphebelachse mit Kipphebeln ausbauen. Vorher den Sitz der Schrauben markieren, damit sie an gleicher Stelle wieder eingebaut werden. Die beiden gelben Schrauben –B– sind aus Vollmaterial, die drei schwarzen Schrauben –C– sind Hohlschrauben (Ölkanäle).

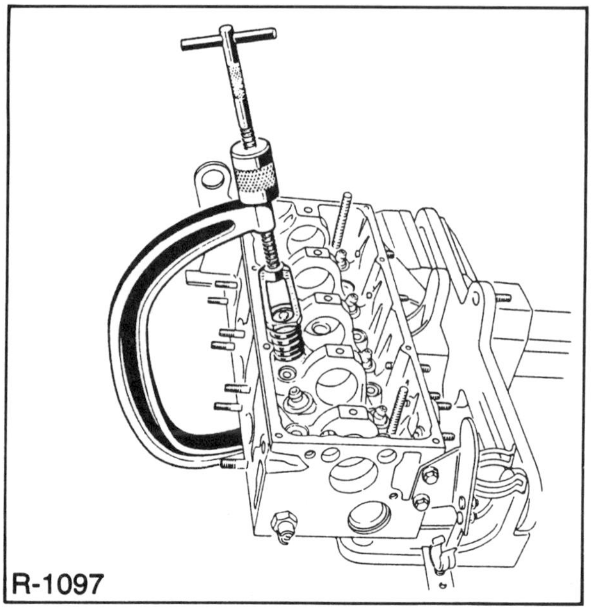

- Ventilfedern ausbauen. Hierzu benutzen die Werkstätten ein Spezialwerkzeug (FACOM U43L). Man kann die Ventilkegelstücke – und damit die Ventile einschließlich der Ventilfedern – auch mit Hilfe einer handelsüblichen Ventilfederzange ausbauen.

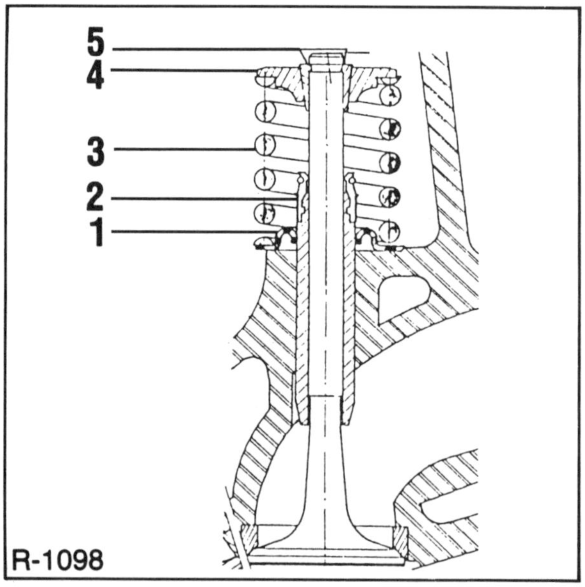

1 – Unterer Ventilteller, 2 – Ventilschaftabdichtung (nicht vorhanden beim 1,4-l-Vergasermotor), 3 – Ventilfeder, 4 – Oberer Ventilfederteller, 5 – Ventilkegelstücke.

- Ventilfedern zusammendrücken und Ventilkegelstücke herausnehmen. Ventilfederteller oben und Ventilfedern abnehmen. Ventil herausziehen.
- Ventilschaftabdichtung herausziehen. Zum Ausbau benutzen die Werkstätten eine Spezialzange (zum Beispiel HAZET 791-2).
- Untere Federauflage herausnehmen.

Einbau

- Ventilschaft leicht einölen und jedes Ventil an gleicher Stelle wie vor dem Ausbau einsetzen. Neue Ventile auf ihren Sitzen leicht mit Schleifpaste einschleifen, siehe Seite 34.
- Alle Teile sorgfältig reinigen und bewegliche Teile mit Motoröl schmieren.

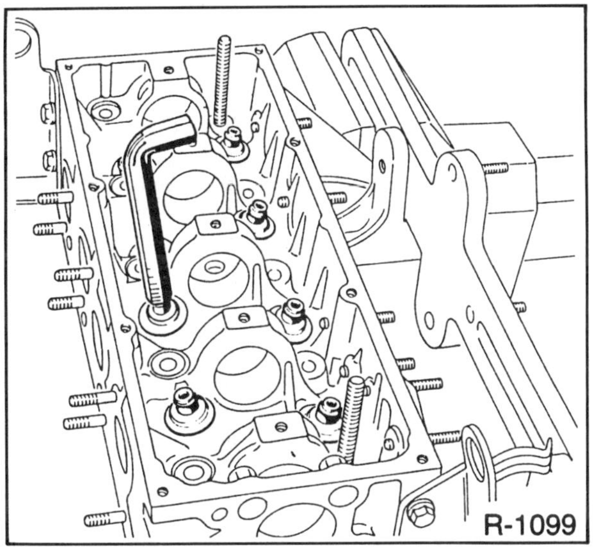

- Ventilschaftabdichtungen **grundsätzlich erneuern.** Neue Ventilschaftabdichtung mit einem 11er (E-Motor) beziehungsweise 12er (F-Motoren) Rohrschlüssel, Typ Nervus, aufschieben.
- Ventile einsetzen.
- Untere Federauflage einsetzen.
- Ventilfedern und Ventilteller oben einsetzen.
- Ventilfedern mit Ventilfederzange zusammendrücken und Ventilkegelstücke so einsetzen, daß sie in den Nuten des Ventils einrasten. Ventilfederzange entspannen und nächstes Ventil einsetzen. Die Keile der Aus- und Einlaßventile sind baugleich.

1,7-/1,8-l-Benzinmotor, Dieselmotor

- Alle Tassenstößel mit Motoröl einölen und nach der Kennzeichnung in die Bohrung einsetzen.
- Nockenwelle einbauen, siehe Seite 30.

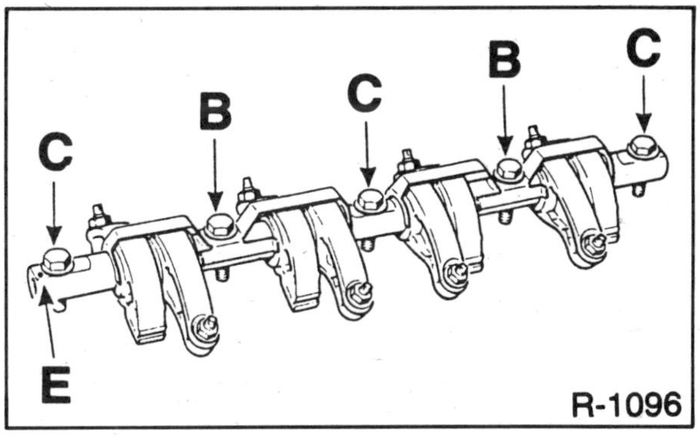

- **E-Motor:** Kipphebelrampe einsetzen, die beiden gelben Schrauben in –B– und die drei schwarzen Schrauben in –C– einsetzen und mit **25 Nm** festziehen. Dabei sicherstellen, daß die Einstellschrauben der Kipphebel auf den Ventilschäften aufliegen. **Achtung:** Kipphebelrampe nicht seitenverkehrt einsetzen. Die Markierung –E– muß zur Zahnriemenseite des Motors zeigen.
- Zylinderkopfdichtung erneuern, Zylinderkopf einbauen, siehe Seite 19.
- Ventilspiel einstellen, siehe Seite 34.

Ventilführungen prüfen

Bei Instandsetzungsarbeiten an einem Zylinderkopf mit undichten Ventilen genügt es nicht, die Ventile und Ventilsitze zu bearbeiten beziehungsweise zu erneuern. Es ist außerdem dringend erforderlich, die Ventilführungen auf Verschleiß zu prüfen. Besonders wichtig ist die Prüfung an Motoren mit längerer Laufzeit. Verschlissene Ventilführungen gewährleisten keinen zentrischen Ventilsitz und führen zu hohem Ölverbrauch. Ist der Verschleiß zu groß, sind die Ventilführungen zu erneuern (Werkstattarbeit).

- Ventil ausbauen.
- Ventilführung mit einer Zylinderbürste reinigen.

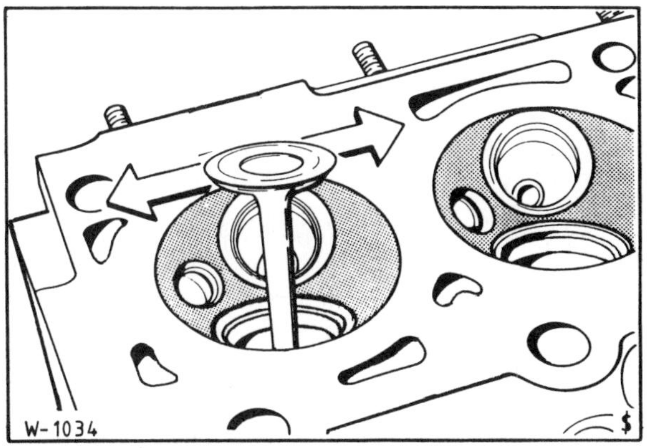

- Ventil von der Brennraumseite her in die Ventilführung einführen und Spiel durch seitliches Hin- und Herbewegen des Ventils prüfen.

- Zum Prüfen Stahllineal anlegen. Es darf normalerweise kein Spiel vorhanden sein.
- Gegebenenfalls Ventilführungen erneuern lassen (Werkstattarbeit).

Ventilsitz im Zylinderkopf nacharbeiten

Ventilsitze mit Verschleiß- oder Verbrennungsspuren können nachgearbeitet werden, solange die Korrekturwinkel und Sitzbreiten eingehalten werden. Andernfalls muß der Zylinderkopf ersetzt werden. Ventilsitzringe können mit den üblichen Werkstattmitteln erneuert werden. Für das Nacharbeiten wird ein Ventilsitz-Drehgerät benötigt. Diese Arbeiten sollte man von einer Fachwerkstatt durchführen lassen. Motoridentifizierung, siehe Seite 13.

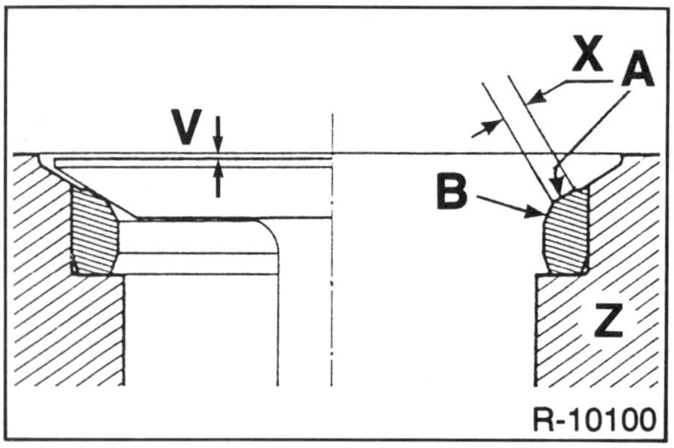

X – Ventilsitzbreite
B – Korrekturfase
V – Ventilversatz
A – Ventilsitz
Z – Zylinderkopf

Motor	1,4 l	Diesel	1,7-/1,8 l*
Ventilschaft-Ø:	7 mm	8 mm	8 mm
Sitzwinkel Einlaßventil: Auslaßventil:	60° 45°	60° 60°	60° 45°
Sitzbreite:	1,7 mm	1,8 mm	1,7 mm
Korrekturfasenwinkel Einlaß: Auslaß:	37,5° 30°	30° 30°	– –

*) außer 16-Ventil-Motor

- Die Dichtflächen an Ventilsitz und Ventil müssen in ganzer Breite aufliegen.
  Die Breite der Sitzfläche wird durch die Korrekturfase reguliert, bis die Sitzbreite X erzielt wird.
- Beim **Dieselmotor** muß nach der Bearbeitung der Ventilversatz –V– kontrolliert werden. Dazu Ventil einsetzen und Ventilversatz im Verhältnis zur Zylinderkopffläche mit Tiefenmaß ausmessen. Sollwerte Einlaßventil: 0,7 – 1,0 mm; Auslaßventil: 1,2 – 1,5 mm. Sonst Ventilsitzring erneuern.
- Anschließend Ventile/Ventilsitz einschleifen.

Ventilsitz einschleifen

Selbst einwandfrei bearbeitete Ventilsitzringe und neue Ventile sollten aufeinander eingeschliffen werden, damit sie optimal abdichten. Dies ist insbesondere beim Dieselmotor zu beachten.

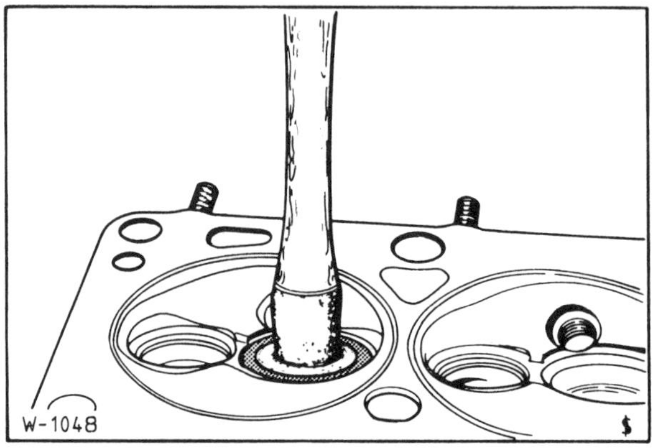

- Die Ventile dürfen nur mit feinkörniger Schleifpaste eingeschliffen werden. Für die notwendigen Drehbewegungen wird ein Gummisauger auf den Ventilteller gesetzt. Rillenbildung auf den Sitzflächen beim Einschleifen läßt sich durch häufiges Anheben und gleichmäßiges Weiterdrehen des Ventils während des Schleifvorgangs vermeiden.

Achtung: Die Schleifpaste ist nach dem Einschleifen sorgfältig zu entfernen.

- Geprüft werden kann der Schleifvorgang am Tragbild sowie mit Kraftstoff; Ventil lose einsetzen, Kraftstoff in Brennraum einfüllen, Kraftstoff darf nicht aus der Ventilführung auslaufen. Sonst Schleifvorgang wiederholen.

Ventilspiel prüfen/einstellen

Alle Motoren außer 16-Ventil-Motor (99 kW/135 PS)

Um unterschiedliche Wärmeausdehnungen im Ventiltrieb zu kompensieren, muß ein gewisses Ventilspiel vorhanden sein.

Bei zu geringem Spiel verändern sich die Steuerzeiten, die Verdichtung ist schlecht, die Motorleistung nimmt ab, der Motorlauf ist unregelmäßig. In extremen Fällen können sich die Ventile verziehen oder die Ventile beziehungsweise Ventilsitze verbrennen.

Bei zu großem Spiel stellen sich starke mechanische Geräusche ein, die Steuerzeiten verändern sich, der Motor gibt wegen mangelhafter Zylinderfüllung weniger Leistung ab, der Motorlauf ist unregelmäßig.

Das Einstellen der Ventile hat nur dann den gewünschten Erfolg, wenn die Ventile einwandfrei abdichten, diese kein unzulässiges Spiel in den Ventilführungen haben und am Schaftende nicht eingeschlagen sind.

Das Ventilspiel ist jeweils nach Reparaturen, oder wenn Geräusche am Ventiltrieb auftreten, zu prüfen beziehungsweise einzustellen. Eine Prüfung im Rahmen der Wartung ist nicht vorgesehen.

Das Ventilspiel soll bei kaltem Motor geprüft beziehungsweise eingestellt werden. **Achtung:** Beim 16-Ventil-Motor kann das Ventilspiel nicht eingestellt werden, da es durch automatische Ventilspielausgleicher konstant gehalten wird.

Prüfen

Achtung: Das Prüfen und Einstellen des Ventilspiels wird zunächst an den 1,4-l-Motoren (C- und E-Motoren) beschrieben. Abweichende Arbeitsschritte für die 1,7-/1,8-l-Benzin- und 1,9-l-Dieselmotoren (F-Motoren) stehen am Ende des Kapitels. Motoridentifizierung, siehe Seite 13.

1,4-l-Motoren

- Zylinderkopfdeckel ausbauen, siehe Seite 19.
- Zum Prüfen und Einstellen des Ventilspiels müssen die jeweiligen Ventile entlastet werden. Das geschieht durch Verdrehen der Nockenwelle. Dazu 4. Gang einlegen, Handbremse lösen und Fahrzeug auf einer ebenen Fläche etwas vor- oder zurückschieben.
- Fahrzeug so verschieben, daß das **Auslaßventil** für Zylinder 1 voll geöffnet ist. Der 1. Zylinder befindet auf der rechten Seite beim Keilriementrieb. Die Zylinder werden der Reihe nach von 1 bis 4 vom Keilriemen zum Getriebe hin gezählt. Die Reihenfolge der Ventile im Zylinderkopf ist:

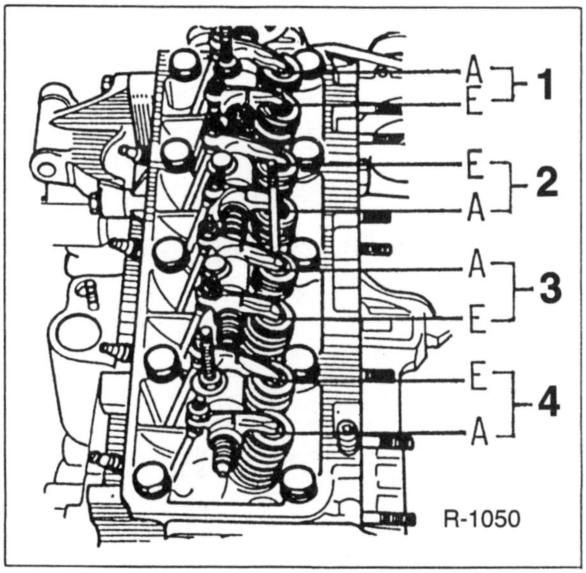

R-1050

- **C-Motor (1,4-l-Vergasermotor bis 1/90): AE-EA-AE-EA,** wobei **A** für **Auslaßventil** und **E** für **Einlaßventil** steht.

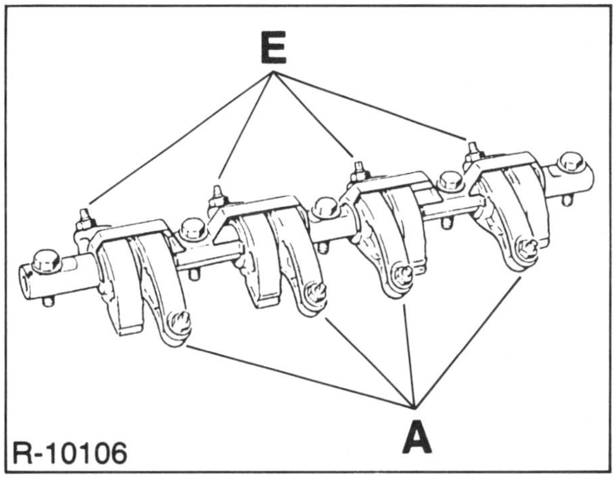

R-10106

- **E-Motor (1,4-l-Einspritzmotor): EA-EA-AE-AE,** wobei **A** für **Auslaßventil** und **E** für **Einlaßventil** steht. Die Anordnung ist bei diesem Motor leicht erkennbar, da eine Einlaßseite und eine Auslaßseite (Abgaskrümmer) besteht.

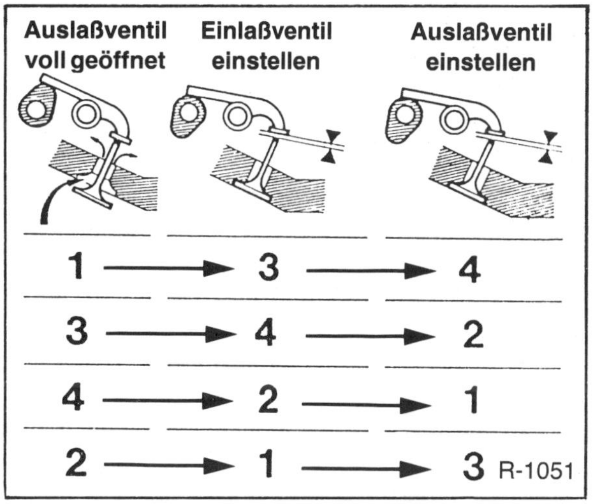

R-1051

- Das Ventil ist voll geöffnet, wenn der Kipphebel das Ventil so tief wie möglich nach unten gedrückt hat; wie in der Abbildung ganz links.
- In dieser Motorstellung können das **Einlaßventil** für Zylinder **3** und das **Auslaßventil** für Zylinder **4** eingestellt werden, siehe Tabelle.
- Ventilspiel mit Fühlerblattlehre zwischen Kipphebel und Ventilschaftende messen.
- Das Ventilspiel ist richtig eingestellt, wenn sich die Fühlerblattlehre stramm durchziehen läßt.

- Fahrzeug wieder etwas verschieben, bis das Auslaßventil für Zylinder 3 voll geöffnet ist, dann Einlaßventil für Zylinder 4 und Auslaßventil für Zylinder 2 einstellen, siehe Tabelle.
- Auf diese Weise das Ventilspiel für sämtliche Ventile prüfen beziehungsweise einstellen.

1,4-l-Motor	Ventilspiel in mm			
	Einlaßventil		Auslaßventil	
	kalt	warm	kalt	warm
C-Motor*	0,15	0,18	0,20	0,25
E-Motor*	0,10	–	0,25	–

*) Motoridentifizierung, siehe Seite 13.
Wenn die Motortemperatur der Umgebungstemperatur entspricht, bezeichnet man den Motor als »kalt«. Zum Einstellen des Ventilspiels bei »warmem Motor« (nur erlaubt bei C-Motor) soll der Motor nach Erreichen der Betriebstemperatur ca. 50 Minuten abgestellt sein.

Einstellen

- Falls der Sollwert nicht erreicht wird, Kontermutter mit einem Gabel- oder Ringschlüssel SW 10 ca. 1/2 Umdrehung lösen. Dabei an der Einstellschraube mit einem kleinen Gabelschlüssel oder einer Kombizange gegenhalten.
- Einstellschraube mit dem Gabelschlüssel oder einer Kombizange verdrehen und dadurch das Ventilspiel einstellen.
- Anschließend Einstellschraube mit Kontermutter sichern.
- Ventilspiel nochmal kontrollieren, dann Motor weiterdrehen.
- Auf dieselbe Weise Spiel für sämtliche Ventile prüfen beziehungsweise einstellen.

Achtung: Zweckmäßigerweise die Kipphebel der bereits eingestellten Ventile mit Kreide markieren.

- Nach dem Einstellen der Ventile prüfen, ob die Befestigungsschrauben beziehungsweise Befestigungsklammern der Kipphebelachse richtig eingesetzt und nicht gelöst sind.
- Zylinderkopfdeckel einbauen, siehe Seite 19.

F-Motoren (1,7-l-Benzinmotor, 1,9-l-Dieselmotor)

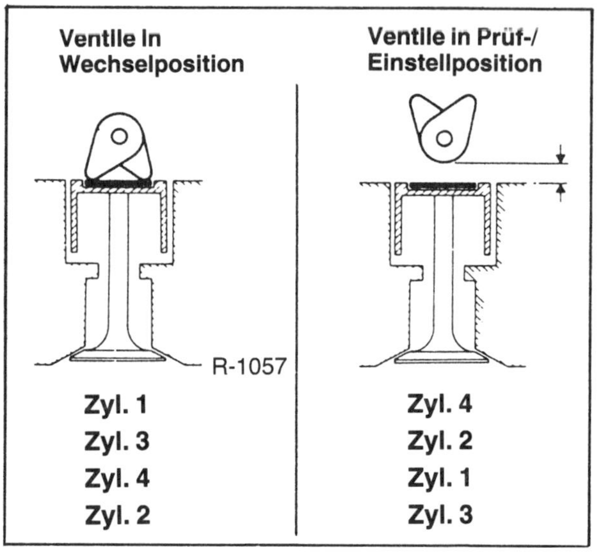

- Fahrzeug so verschieben, daß die Nocken für die Ventile des 1. Zylinders gleichmäßig nach unten zeigen, siehe linken Teil der Abbildung. Die Ein- und Auslaßventile für Zylinder 1 befinden sich dann in Wechselposition.
- Die Nocken für die Ventile des 4. Zylinder stehen nun gleichmäßig nach oben, siehe rechten Teil der Abbildung.
- In dieser Stellung Ventilspiel für die Ventile des 4. Zylinders prüfen. Dazu Fühlerblattlehre zwischen Einstellscheibe des Tassenstößels und Nockengrundkreis der Nockenwelle einführen.
- Die Lehre muß sich saugend durchschieben lassen, andernfalls Ventilspiel einstellen.
- Falls das Ventilspiel eingestellt werden muß, Stärke der Fühlerblattlehre so lange wechseln, bis der Istwert des Ventilspiels ermittelt ist. Meßwert notieren.

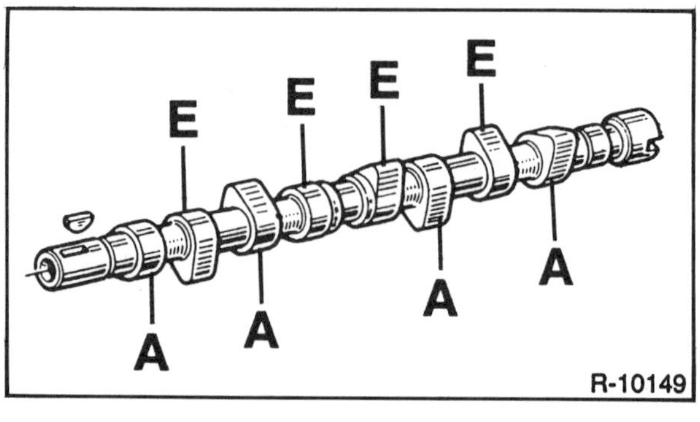

Achtung: Reihenfolge von Ein- und Auslaßventilen beachten. E=Einlaßventilnocken, A=Auslaßventilnocken.

F-Motoren*	Ventilspiel in mm			
	Einlaßventil		Auslaßventil	
	kalt	warm	kalt	warm
1,7-/1,8-/1,9-l	0,20	–	0,40	–

*) Motoridentifizierung, siehe Seite 13.

- Fahrzeug weiter verschieben bis sich die Ventile für Zylinder 3 in Wechselposition befinden. In dieser Stellung Ventilspiel für Zylinder 2 prüfen, siehe Abbildung.
- Ventilspiel für die restlichen Zylinder in der Reihenfolge prüfen, wie in der Abbildung angegeben.

Einstellen

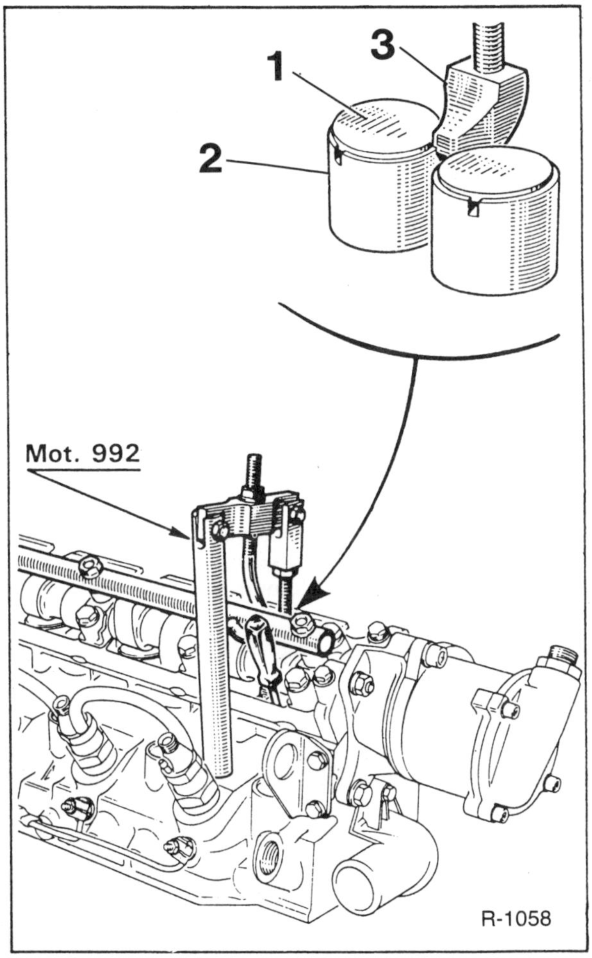

- Das Ventilspiel wird eingestellt durch Auswechseln der Einstellscheiben –1– auf den Tassenstößeln –2–. Dazu müssen die Tassenstößel mit einem Niederhalter –3– heruntergedrückt werden. **Achtung:** Da der Niederhalter genau zwischen die Abstände der Tassenstößel passen muß, ist hierfür das Spezialwerkzeug RENAULT Mot.992 erforderlich. Das RENAULT-Werkzeug wird in ähnlicher Ausführung von verschiedenen Firmen angeboten, zum Beispiel von MABECO, Postfach 130307, Remscheid.
- Tassenstößel niederdrücken und Einstellscheibe herausnehmen und stattdessen neue Einstellscheibe einlegen.

Beispiel:

Ventil	Einlaß	Auslaß
Sollwert Ventilspiel	0,20 mm	0,40 mm
Istwert Ventilspiel (gemessen)	0,25 mm	0,35 mm
Spiel ist um	0,05 mm zu groß	0,05 mm zu klein
Vorhandene Einstellscheibe	3,80 mm	3,95 mm
Erforderliche Einstellscheibe	3,85 mm	3,90 mm

- Die Stärke der Einstellscheibe ist an der Unterseite eingraviert. Zur Kontrolle muß die Einstellscheibe also herausgenommen werden.
- Neue Einstellscheibe so einsetzen, daß die eingravierte Stärke zum Stößel zeigt. Lieferbar sind Scheiben in folgenden Stärken: 3,25 mm bis 4,30 mm im Abstand von 0,05 mm, sowie 4,40 mm und 4,50 mm.
- Auf diese Weise sämtliche Ventile einstellen.
- Zylinderkopfdeckel aufsetzen und ganz leicht mit 3 – 6 Nm festschrauben.

Kompression prüfen

Die Kompressionsprüfung erlaubt Rückschlüsse über den Zustand des Motors. Und zwar läßt sich bei der Prüfung feststellen, ob die Ventile oder die Kolben (Kolbenringe) in Ordnung beziehungsweise verschlissen sind. Außerdem zeigen die Prüfwerte an, ob der Motor austauschreif ist beziehungsweise komplett überholt werden muß. Für die Prüfung wird ein Kompressionsdruckprüfer benötigt, der für Benzinmotoren recht preiswert in Fachgeschäften angeboten wird.

Achtung: Für den Dieselmotor wird ein Kompressionsdruckprüfer mit größerem Meßbereich, bis ca. 40 bar, benötigt.

Der Druckunterschied zwischen den einzelnen Zylindern darf maximal 1,5 bar betragen. Falls ein oder mehrere Zylinder gegenüber den anderen einen Druckunterschied von mehr als 1,5 bar haben, ist dies ein Hinweis auf defekte Ventile, verschlissene Kolbenringe beziehungsweise Zylinderlaufbahnen.

- Vor Prüfung der Kompression Motor betriebswarm fahren.
- Benzinmotor mit Katalysator: Kraftstoffpumpenrelais abziehen, damit beim Starten kein Benzin eingespritzt wird, siehe Seite 85.
- Sämtliche Zündkerzenstecker abziehen. Hierzu gibt es eine spezielle Zange, zum Beispiel HAZET 1849.
- Anschließend Zündkerzen-Nischen im Zylinderkopf mit Preßluft ausblasen, und alle Zündkerzen mit geeignetem Kerzenschlüssel herausschrauben.
- Motor mit Anlasser ein paarmal durchdrehen, damit Rückstände und Ruß herausgeschleudert werden. **Achtung:** Getriebe in Leerlaufstellung und Handbremse angezogen.
- Kompressionsdruckprüfer entsprechend der Bedienungsanleitung in die Zündkerzenöffnung drücken oder einschrauben.
- Von Helfer Gaspedal ganz durchtreten lassen und während der ganzen Prüfung mit dem Fuß festhalten.
- Motor ca. 8 Umdrehungen drehen lassen, bis kein Druckanstieg mehr auf dem Meßgerät erfolgt.
- Nacheinander sämtliche Zylinder prüfen und Prüfwerte miteinander vergleichen.
- Kraftstoffpumpenrelais aufstecken.
- Zündkerzen einschrauben und Zündkabel aufstecken, siehe Seite 247.

Keilriemen für Generator aus- und einbauen/spannen

Ausbau

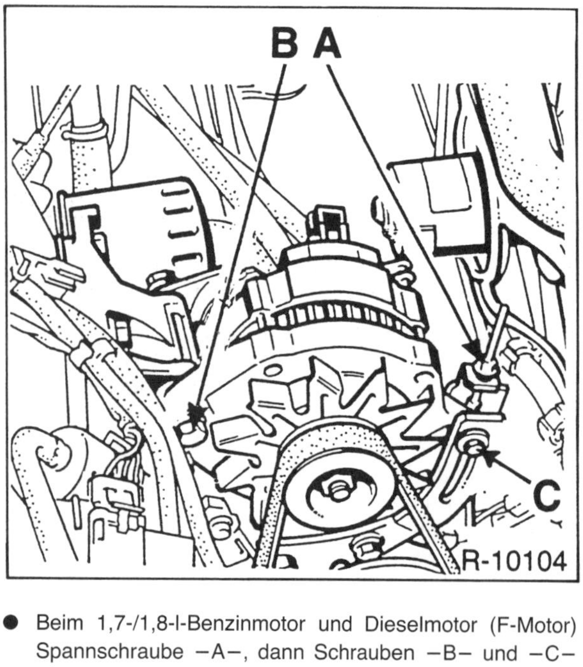

- Beim 1,7-/1,8-l-Benzinmotor und Dieselmotor (F-Motor) Spannschraube –A–, dann Schrauben –B– und –C– lösen.

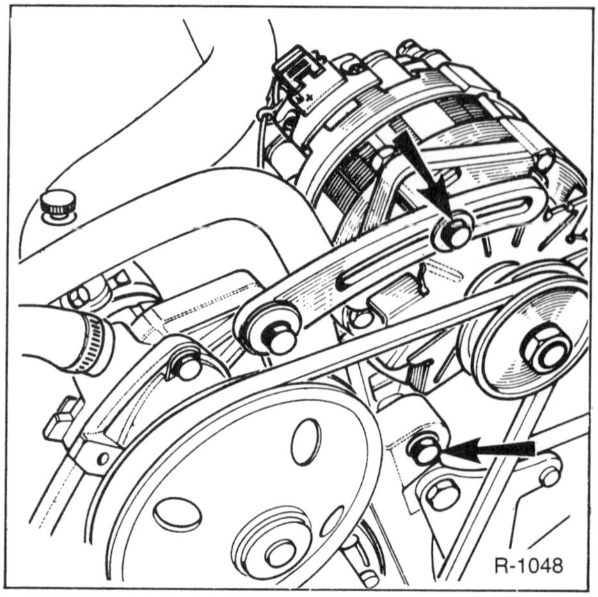

- Untere Befestigungsschraube für Generator lösen. Abbildung zeigt den 1,4-l-Motor mit Vergaser (C-Motor). Klemmschraube am Spannbügel lösen und Generator zum Motor schwenken.
- Keilriemen von den Riemenscheiben abnehmen.

Einbau

- Vor dem Einbau Keilriemen überprüfen. Sind die Flanken ausgefranst, Risse oder Bruchstellen vorhanden, Keilriemen in jedem Fall ersetzen.
- Keilriemen auf die Riemenscheiben auflegen und spannen.
- Zum Spannen Generator mit Montierhebel vom Motor wegdrücken, beziehungsweise bei den 1,7-/1,8-/1,9-l-Motoren Spannschraube anziehen. In dieser Stellung Klemmschraube festziehen.
- Befestigungsschraube am Gegenlager festziehen.

Keilriemenspannung prüfen

- In der Werkstatt wird die Keilriemenspannung mit dem RENAULT-Werkzeug Elé.346-04 geprüft. Steht das Spezialwerkzeug nicht zur Verfügung, Keilriemen zwischen den Riemenscheiben mit dem Daumen eindrücken und Durchbiegung abschätzen.
- **Sollwert:** ca. 4 mm.

Achtung: Bei einem neuen Keilriemen Spannung erst nach ca. 10 Minuten Laufzeit prüfen.

Spannung mit Spezialwerkzeug prüfen

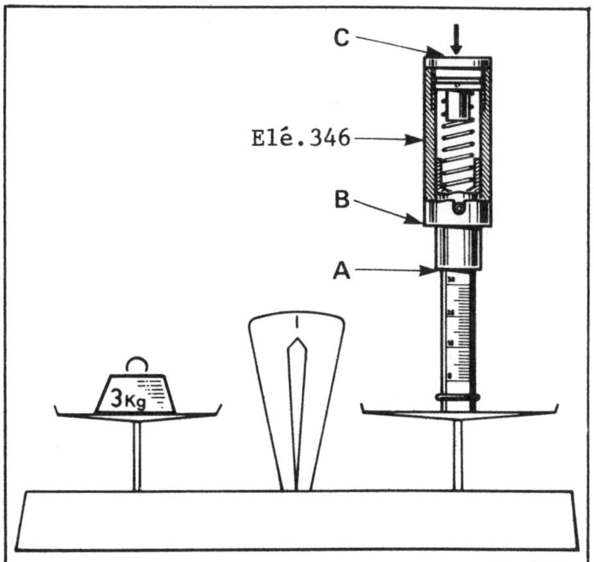

R-1053

- Werkzeug Elé.346 folgendermaßen eichen: Auf den Druckstößel eine Kraft von 30 N (≙ 3 kg) ausüben. Daraufhin muß der Bund –A– des Stößels mit der Hülse –B– fluchten, andernfalls mit der Schraube –C– den Federdruck entsprechend erhöhen oder erniedrigen.

R-10103

- Meßschiene auf den Keilriemen auflegen, und zwar so, daß der Stößel von beiden Riemenscheiben gleich weit entfernt ist. Beim 1,4-l-Einspritzmotor muß vorher gegebenenfalls die Abdeckung im rechten Radhaus demontiert werden, damit der Keilriemen erreicht werden kann.
- Druckstößel so weit herunterdrücken, bis der Bund –A– mit dem Bund der Hülse übereinstimmt.
- In dieser Stellung ablesen, um welches Maß der Keilriemen nachgibt.

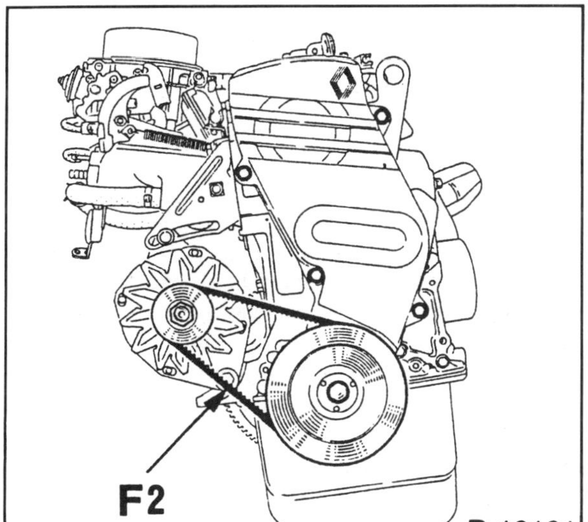

R-10101

- E-Motor (1,4-l-Einspritzmotor): An der Stelle F2 darf der Keilriemen bei einem Druck von 3 kg um **3 mm** nachgeben.

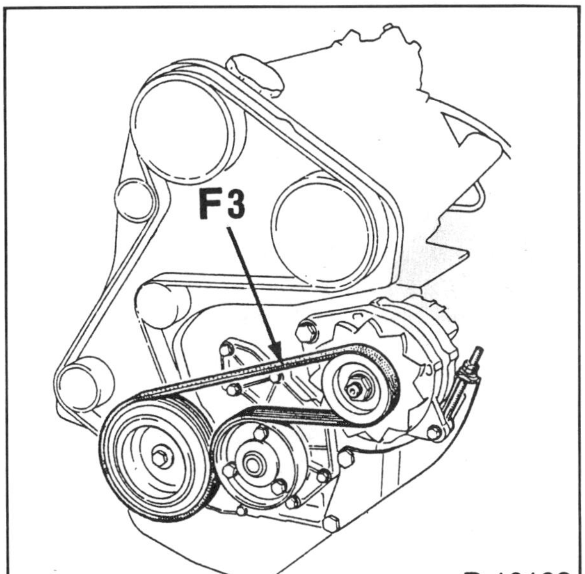

R-10102

- F-Motoren (1,7-/1,8-l-Benzinmotor, Dieselmotor): An der Stelle F3 darf der Keilriemen um **3,5 mm** nachgeben.
- C-Motor (1,4-l-Vergasermotor): Keilriemenspannung oben zwischen den Riemenrädern für Kühlmittelpumpe und Generator messen. Sollwert: **4 mm** Durchbiegung.

Starthilfe

Bei der Starthilfe mit einem Starthilfekabel sind einige Punkte zu beachten:

- Der Leitungsquerschnitt der Starthilfekabel soll bei Ottomotoren bis ca. 2,5 l Hubraum mindestens 16 mm^2 (Durchmesser ca. 5 mm) betragen. Bei Dieselmotoren oder Ottomotoren über ca. 2,5 l Hubraum soll der Leitungsquerschnitt mindestens 25 mm^2 betragen. Maßgebend ist dabei jeweils das Fahrzeug mit der entladenen Batterie. Der Leitungsquerschnitt ist in der Regel auf der Packung der Starthilfekabel angegeben. Beim Neukauf ist grundsätzlich ein Starthilfekabel mit isolierten Kabelzangen und 25 mm^2 Querschnitt empfehlenswert, da es sich auch für Motoren mit geringerem Hubraum eignet.
- Beide Batterien müssen eine Spannung von 12 Volt haben.
- Eine entladene Batterie kann bereits bei −10° C gefrieren. Vor Anschluß der Starthilfekabel muß eine gefrorene Batterie unbedingt aufgetaut werden.
- Die entladene Batterie muß ordnungsgemäß am Bordnetz angeklemmt sein.

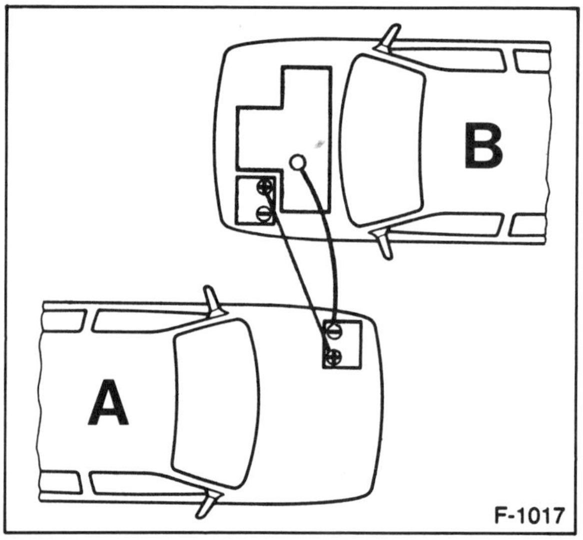

F-1017

- Fahrzeuge so weit auseinanderstellen, daß kein metallischer Kontakt besteht. Andernfalls könnte bereits beim Verbinden der Pluspole (+) ein Strom fließen.
- Bei beiden Fahrzeugen Handbremse anziehen. Schaltgetriebe in Leerlaufstellung, automatisches Getriebe in Parkstellung »P« schalten.
- Alle Stromverbraucher ausschalten.
- Motor des stromgebenden Fahrzeuges −A− im Leerlauf laufen lassen.
- Starthilfekabel in folgender Reihenfolge anschließen:
  1. Rotes Kabel an den Pluspol (+) der entladenen Batterie anklemmen.
  2. Das andere Ende des roten Kabels an den Pluspol (+) der stromgebenden Batterie anklemmen.
  3. Schwarzes Kabel an den Minuspol (−) der stromgebenden Batterie anklemmen.
  4. Das andere Ende des schwarzen Kabels an eine gute Massestelle (−), zum Beispiel den Motorblock des Empfängerfahrzeuges, anschließen. Dadurch werden Masseverluste vermieden. Unter ungünstigen Umständen könnte beim Anschließen des Kabels an den Minuspol (−) der leeren Batterie, durch Funkenbildung und Knallgasentwicklung, die Batterie explodieren.
- Polzangen nochmals auf festen Sitz prüfen. Darauf achten, daß die Starthilfekabel nicht durch sich drehende Teile, wie etwa durch den Kühlerventilator, beschädigt werden können.

Achtung: Die Klemmen der Starthilfekabel dürfen bei angeschlossenen Kabeln nicht in Kontakt miteinander kommen, beziehungsweise die Plusklemmen (+) dürfen keine Massestellen (−) wie Karosserie oder Rahmen berühren.

- Grundsätzlich Motor des Spenderfahrzeuges während des Startvorganges mit Leerlaufdrehzahl drehen lassen. Dadurch wird eine eventuelle Beschädigung des Generators durch Spannungsspitzen beim Startvorgang vermieden. Sinkt allerdings die Leerlaufdrehzahl stark ab, kann etwas Gas gegeben werden.
- Motor des Empfängerfahrzeuges (leere Batterie) starten und laufen lassen. Beim Starten Anlasser nicht länger als 15 Sekunden ununterbrochen betätigen, da sich durch die hohe Stromaufnahme Polzangen und Kabel erwärmen. Deshalb zwischendurch eine »Abkühlpause« von mindestens 1 Minute einlegen.
- Ist der Motor angesprungen, beide Fahrzeuge mit verbundenen Starthilfekabeln noch 2 bis 3 Minuten im Leerlauf weiterlaufen lassen.
- Während des Starthilfevorganges offene Flammen in der Nähe der Batterie vermeiden, weil aus der Batterie brennbare Gase austreten können.

Achtung: Bevor die Starthilfekabel abgeklemmt werden, am Empfängerfahrzeug −B− die heizbare Heckscheibe einschalten sowie das Heizgebläse auf die höchste Stufe schalten, um eine Überspannung vom Regler zu den Verbrauchern zu vermeiden.

- **Nach der Starthilfe** Kabel in **umgekehrter** Reihenfolge abklemmen, also zuerst vom Spenderfahrzeug.

Achtung: Werden die vorgeschriebenen Anschlußhinweise nicht genau eingehalten, besteht die Gefahr der Verätzung durch austretende Batteriesäure. Außerdem können Verletzungen oder Schäden durch eine Batterieexplosion entstehen. Zudem können Defekte an den elektrischen Anlagen beider Fahrzeuge auftreten.

Störungsdiagnose Motor

Wenn der Motor nicht anspringt, Fehler systematisch einkreisen. Damit der Motor überhaupt anspringen kann, müssen beim Benzinmotor immer zwei Grundvoraussetzungen erfüllt sein. Das Kraftstoff-Luftgemisch muß bis in die Zylinder gelangen und der Zündfunke muß an den Zündkerzen vorhanden sein. Als erstes ist deshalb immer zu prüfen, ob überhaupt Kraftstoff gefördert wird. Wie man dabei vorgeht, steht in den Kapiteln »Kraftstoff-« und »Einspritzanlage«. **Achtung:** Bei Fahrzeugen mit **Katalysator** darf der Anlasser nicht unnötig lange betätigt werden, da sonst der Katalysator beschädigt wird, siehe auch Seite 105.

Störung: Der Motor springt schlecht oder gar nicht an

Ursache		**Abhilfe**
Bedienungsfehler beim Starten	**Vergasermotor:**	■ **Bei kaltem Motor:** Starterzug ganz herausziehen. Gaspedal einmal leicht niederdrücken und dann loslassen. Kupplung ganz durchtreten und Motor starten. ■ Springt der Motor nach 3 Startversuchen nicht an, Starterzug um 1/3 Weg einschieben und Startversuch wiederholen. ■ **Bei warmem Motor:** Starterzug nicht herausziehen. Beim Starten etwas Gas geben. Nur wenn Motor schlecht anspringt, Starterzug halb herausziehen. ■ **Bei heißem Motor:** Starterzug ganz eingeschoben. Gaspedal ganz durchtreten und in dieser Stellung halten – nicht pumpen – und Motor starten. Nach dem Anspringen des Motors Gaspedal mit steigender Drehzahl langsam entlasten.
	Einspritzmotor:	■ Gaspedal beim Starten etwas niedertreten.
	Dieselmotor:	■ **Bei kaltem Motor:** Zündung einschalten und sobald die Kontrollampe erlischt, Gas- und Kupplungspedal ganz durchtreten und Motor starten. ■ **Bei warmem Motor:** Es braucht nicht vorgeglüht zu werden, der Motor kann sofort angelassen werden. Springt der Motor nicht sofort an, kurz warten und Startvorgang wiederholen. Vor dem Gasgeben Motor kurze Zeit im Leerlauf drehen lassen.
Zündanlage defekt oder verschmutzt		■ Zündanlage entsprechend Störungsdiagnose überprüfen
Kraftstoffanlage defekt, verschmutzt		■ Kraftstoffanlage entsprechend Störungsdiagnose überprüfen
Anlasser dreht zu langsam		■ Batterie laden. Falls Einbereichs-Motoröl eingefüllt ist, in der kalten Jahreszeit Winteröl einfüllen. Anlasser überprüfen
Ventilspiel falsch		■ Ventilspiel korrigieren*
Motorsteuerung verstellt		■ Zahnriemen korrekt einbauen
Kompressionsdruck zu niedrig		■ Ventilspiel einstellen, Motor überholen
Zylinderkopfdichtung defekt		■ Dichtung ersetzen
Dieselmotor: Vorglühanlage defekt		■ Vorglühanlage entsprechend Störungsdiagnose überprüfen
Einspritzdüsen defekt		■ Einspritzdüsen überprüfen
Einspritzpumpe defekt		■ Einspritzpumpe ersetzen

*) Alle außer 16 Ventil-Motor: Ventilspiel kann nicht korrigiert werden, da dieses Modell wartungsfreie Hydrostößel mit automatischem Ventilspielausgleich hat. Bei Defekt erneuern.

Die Zündanlage

Die Zündanlage erzeugt den Zündfunken, der das angesaugte Kraftstoffluftgemisch in Brand setzt. Um einen kräftigen Zündfunken erzeugen zu können, wird in der Zündspule die Batteriespannung von 12 Volt auf 30000 Volt umgeformt.

Der Dieselmotor besitzt keine Zündanlage, da sich aufgrund der hohen Verdichtung die Luft so weit erwärmt, daß nach Einspritzen des Kraftstoffes die Zündung von selbst erfolgt.

Alle Benzinmotoren – außer dem 44 kW (60 PS)-Motor ohne Katalysator – sind mit einer integrierten elektronischen Zündung (IEZ, die RENAULT-Bezeichnung dafür ist: AEI) ausgestattet.
Der 44 kW (60 PS)-Motor besitzt eine kontaktgesteuerte Transistor-Spulenzündung (TSZ). Während bei der TSZ-Anlage in regelmäßigen Abständen der Unterbrecherkontakt gewechselt werden muß, ist die IEZ-Anlage wartungsfrei.

Die Zündanlage besteht aus

- der Zündspule
- den Zündkerzen
- dem Zündverteiler mit Verteilerläufer und Unterbrecherkontakt sowie automatischer Zündzeitpunktverstellung bei der **TSZ**-Anlage
- dem Zündverteiler nur mit Verteilerläufer bei der **IEZ**-Anlage
- dem elektronischen TSZ- beziehungsweise IEZ-Steuergerät
- den Zündkabeln

Bei der **Transistor-Zündanlage** hat der Zündverteiler die Aufgabe, mit Hilfe des Unterbrecherkontaktes die Zündspannung in der Zündspule zu induzieren. Dabei wird der Primärstrom für die Zündspule nicht durch den Unterbrecher geschaltet, sondern durch einen Transistor. Über den Unterbrecher fließt nur der geringe Steuerstrom für den Transistor, daher ist der Abbrand am Unterbrecherkontakt wesentlich geringer als bei herkömmlichen Zündungen mit Unterbrecherkontakt, wodurch sich die Lebensdauer des Unterbrecherkontaktes erhöht. Außerdem unterbricht der Transistor den Primärstrom rascher und verbessert dadurch die Zündleistung.

Die in der Zündspule erzeugte Zündspannung wird über den Zündverteiler-Läufer und das Zündkabel zu der jeweiligen Zündkerze geleitet. An den Zündkerzen-Elektroden springt der Zündfunke über, der das Kraftstoffluftgemisch im Zylinder entzündet.

Der Zündzeitpunkt muß sich bei steigender Motordrehzahl automatisch in Richtung –Frühzündung– verstellen. Diese Zündverstellung erfolgt bei der TSZ-Anlage im Zündverteiler durch Fliehgewichte und durch Unterdruck (Unterdruckschlauch vom Saugrohr zum Zündverteiler).

Bei der **elektronischen Zündanlage** errechnet der Zündungsrechner den günstigsten Zündzeitpunkt in Abhängigkeit von Motordrehzahl und Lastzustand des Motors. Außerdem sorgt der Rechner für die Auslösung der Zündung. Die Aufgabe des Zündverteilers besteht lediglich darin, den Zündstrom in der vorgegebenen Reihenfolge an die einzelnen Zündkerzen zu verteilen. Ein am Motor-Schwungrad angebrachter Impulsgeber übermittelt dem Zünd-Steuergerät die aktuelle Drehzahl. Den Lastzustand des Motors erkennt das Steuergerät durch Messen des Unterdruckes im Ansaugrohr. Da bei dieser Zündanlage eine Zündverstellung nicht mehr möglich ist, kann der Zündzeitpunkt nur noch geprüft, aber nicht eingestellt werden.

Die Zündanlage in den **Motoren mit Einspritzanlage** hat eine erweiterte IEZ. Ein zusätzliches Zünd-Steuergerät ist mit der Einspritzsteuerung gekoppelt und mit dieser im gleichen Gehäuse untergebracht. Über die Sensoren der Einspritzanlage werden zusätzlich Luft- und Kühlflüssigkeitstemperatur, Luftdruck und Batteriespannung berücksichtigt. Der Rechner steuert den Zündzeitpunkt nach einem eingespeicherten Zündkennfeld.

Außerdem wird der Zündzeitpunkt noch von einem Klopfsensor beeinflußt. Durch die hohe Verdichtung der Einspritzmotoren kann es zu einer unkontrollierten Verbrennung kommen, man spricht dann vom Motorklopfen. Das Motorklopfen kann auf Dauer zu Motorschäden führen. Um das zu vermeiden, ist ein Klopfsensor erforderlich, der die falsche Verbrennung registriert und dafür sorgt, daß die Zündung in Richtung spät verändert wird.

Achtung: Bei Arbeiten an der Zündanlage sind verschiedene Sicherheitsmaßnahmen zu beachten.

Sicherheitsmaßnahmen zur Zündanlage

Bei den im RENAULT 19 eingebauten elektronischen Zündanlagen beträgt die Zündspannung bis zu 30 kV (Kilovolt). Unter ungünstigen Umständen, zum Beispiel bei Feuchtigkeit im Motorraum, können Spannungsspitzen die Isolation durchschlagen. Werden in einem solchen Moment die spannungsführenden Teile berührt, kann dies zum Elektroschock führen.

Um Verletzungen von Personen und/oder die Zerstörung der elektronischen Zündanlage zu vermeiden, ist bei Arbeiten an Fahrzeugen mit elektronischer Zündanlage folgendes zu beachten:

- Zündkabel nicht bei laufendem Motor bzw. bei Anlaßdrehzahl mit der Hand berühren bzw. abziehen.
- Leitungen der Zündanlage nur bei ausgeschalteter Zündung abklemmen. Bei eingeschalteter Zündung kann durch Erschütterung des Verteilers ein Hochspannungsstoß ausgelöst werden.
- Das An- und Abklemmen von Meßgeräteleitungen (Drehzahlmesser/Zündungstester) nur bei ausgeschalteter Zündung vornehmen.
- Am Masseanschluß der Zündspule dürfen kein Entstörkondensator und keine Prüflampe angeschlossen werden.
- Meßgeräte und Zündblitzlampen nicht bei laufendem Motor an Plusanschluß der Zündspule anklemmen.
- Die Zündspule darf nicht durch eine andere Ausführung ersetzt werden.
- Das Fahrzeug darf nicht auf mehr als +80° C erwärmt werden (z. B. Lackieren, Dampfstrahlen). Motor erst starten, wenn das Fahrzeug etwas abgekühlt ist.
- Die Motorwäsche ist nur bei abgeschalteter Zündung durchzuführen.
- Bei Elektro- und Punktschweißarbeiten ist die Batterie komplett abzuklemmen.
- Personen mit einem Herzschrittmacher sollen keine Arbeiten an der elektronischen Zündanlage durchführen.

Die elektronische Zündanlage (IEZ)

Alle Motoren mit Katalysator

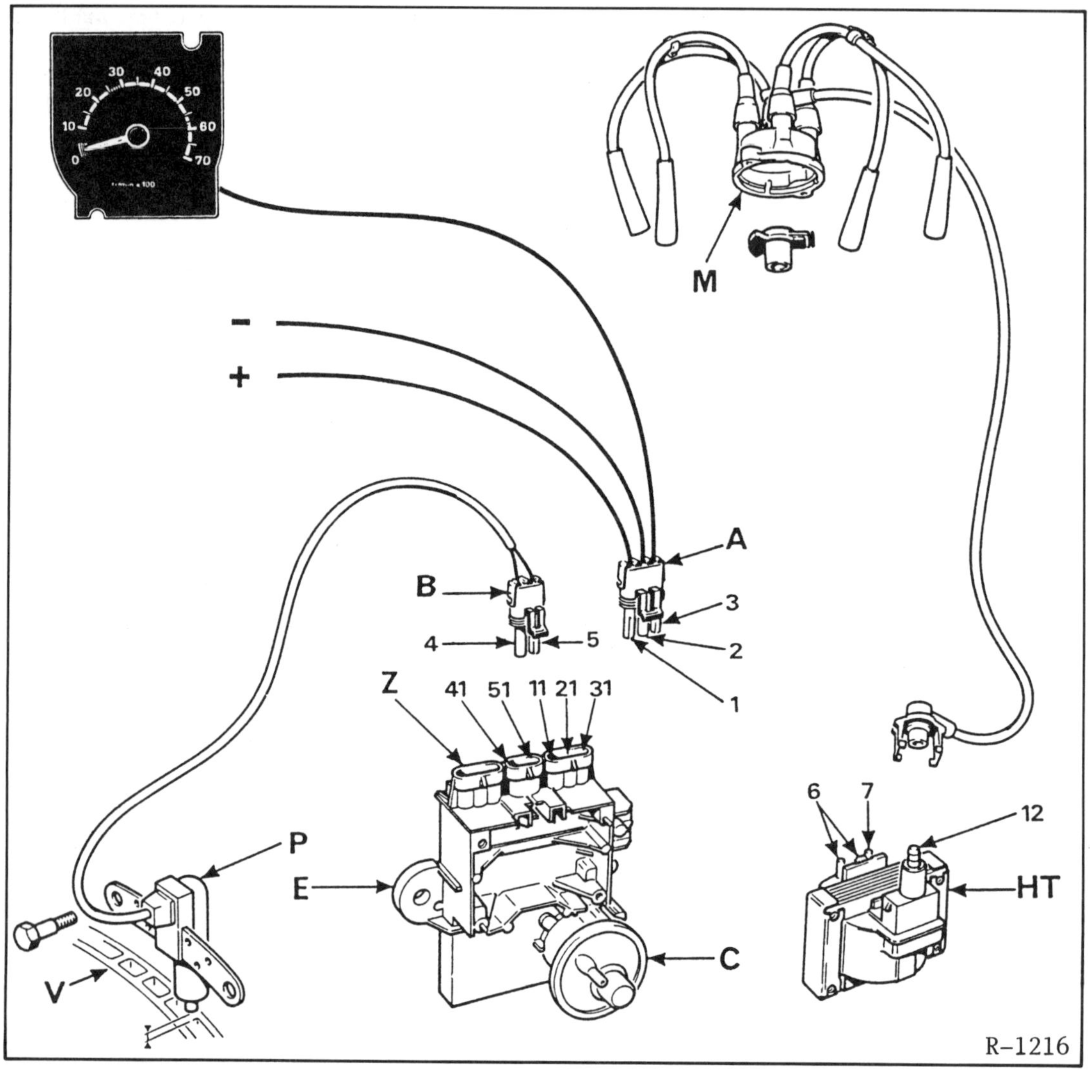

1 – Pluskontakt von der Batterie
2 – Masse
3 – Drehzahlmesser
4 – Wicklung des Impulsgebers
5 – Wicklung des Impulsgebers
6 – Plusanschluß für Zündspule und Entstörkondensator
7 – Masseanschluß für Zündspule
8 – Pluskontakt zur Zündspule
9 – Massekontakt zur Zündspule
11 – Batterie-Plus-Eingang am Steuergerät
12 – Hochspannungsausgang an der Zündspule
21 – Masse Steuergerät
31 – Ausgang Drehzahlmesser
41 – Vergasermotor: Signal Impulsgeber*
51 – Vergasermotor: Signal Impulsgeber*
A – Anschlußstecker für Steuergerät

B – Anschlußstecker Impulsgeber*
M – Zündverteilerkappe
HT – Zündspule
C – Unterdruckdose (nur Vergasermotor)
E – Elektronisches Steuergerät
P – OT-Impulsgeber
V – Schwungrad
Z – Anschluß für Zündverstellkorrektur (nur 1,7-l-Vergasermotor, zum Thermoschalter für Kühlerventilator)

Achtung: Die Anschlüsse 8 und 11 sind innerhalb des Steuergerätes miteinander verbunden.

*) Bei Motoren mit Einspritzanlage ist der Stecker –B– des OT-Impulsgebers am zusätzlichen Steuergerät für Zünd-/Einspritzanlage angeschlossen. Von dort geht das Steuersignal auf Klemme 51; Klemme 41 ist hier Fahrzeugmasse.

Elektronische Zündanlage (IEZ) prüfen

Die elektronische Zündanlage ist zu prüfen, wenn der Motor nicht anspringt und kein Zündfunke vorhanden ist. Die Bezeichnungen der Anschlüsse beziehen sich auf die Abbildung R-1216.

- Zündkerzen prüfen, siehe Kapitel »Wartung«.
- Zündkabel und Verteilerkappe prüfen.
- Bei ausgeschalteter Zündung Stecker –A– und –B– am Steuergerät mehrfach abziehen und aufstecken um geringfügige Korrosion an den Kontakten zu beseitigen.
- Voltmeter an Anschluß –6– und Masse anschließen, Zündung einschalten. Spannung muß 9,5 Volt übersteigen, andernfalls Batteriespannung und Stromzufuhr zum Steuergerät kontrollieren. Zündung ausschalten.
- Stecker –A– abziehen und Voltmeter zwischen Kontakt –1– und Masse anschließen. Zündung einschalten und Anlasser betätigen. Sollwert: Spannung >9,5 Volt, sonst Stromzufuhr zum Steuergerät prüfen.
- Zündung ausschalten.
- Ohmmeter an Anschluß –2– und Masse anschließen. Sollwert: 0 Ω, andernfalls Massekabel des Steuergerätes prüfen.
- Ohmmeter an die Kontakte –11– und –6– anschließen. Sollwert: 0 Ω, andernfalls Steuergerät ersetzen.
- Stecker –A– aufschieben. Voltmeter an Kontakt –6– und Fahrzeugmasse anschließen. Zündung einschalten, Sollwert: Spannung >9,5 Volt, sonst Kontakte des Steckers –A– sowie Zündspule prüfen, gegebenenfalls Stecker auswechseln.
- Zündung ausschalten, Stecker –B– abziehen. Mit Ohmmeter Widerstand des Impulsgebers an den Klemmen –4– und –5– prüfen. Sollwert: 200 ± 50 Ω, andernfalls Impulsgeber auswechseln.
- Abstand Impulsgeber – Schwungrad messen, Sollwert 1 ± 0,5 mm, andernfalls Impulsgeber auswechseln.
- Stecker –B– wieder aufschieben.
- Zündspule prüfen, siehe nächstes Kapitel.
- Zündung ausschalten.
- Stecker –A– abziehen und Ohmmeter an die Klemmen –2– und –3– anschließen. Sollwert: 20 kΩ, andernfalls Kabelstrang oder Drehzahlmesser instand setzen.
- Falls bisher kein Fehler gefunden wurde, ist in der Regel das Steuergerät defekt.

Zündspule prüfen

Achtung: Prüfung in der angegebenen Reihenfolge durchführen. **Zündkabel während des Startens nicht mit der Hand halten. Hierzu gut isolierte Zange verwenden oder Kabel in der angegebenen Lage mit Tesaband am Motorblock befestigen.** Der Zündfunke darf auf keinen Fall am Gehäuse des Steuergerätes überspringen, da ansonsten das Steuergerät zerstört würde.

Die Ziffern in der folgenden Beschreibung beziehen sich auf die Abbildung R-1216.

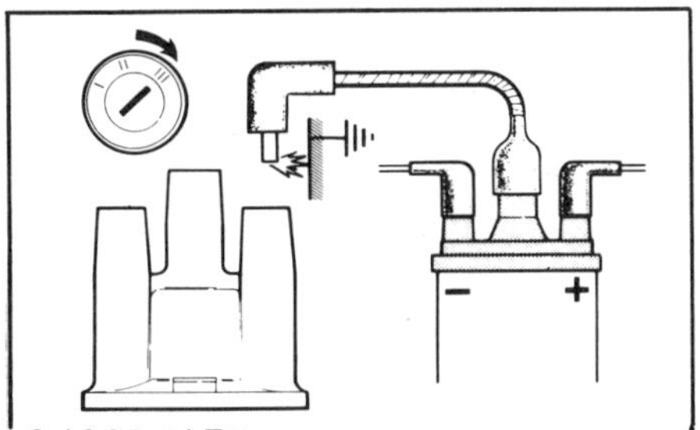
S/22B/17B

- Hochspannungskabel aus der Mitte des Verteilerkopfes herausziehen und mit isolierter Zange in einer Entfernung von etwa 10 mm gegen Masse halten. Von Hilfsperson Motor mit dem Anlasser durchdrehen lassen. Es müssen Funken vom Leitungsende überspringen. Kabel wieder auf den Verteilerkopf aufstecken.

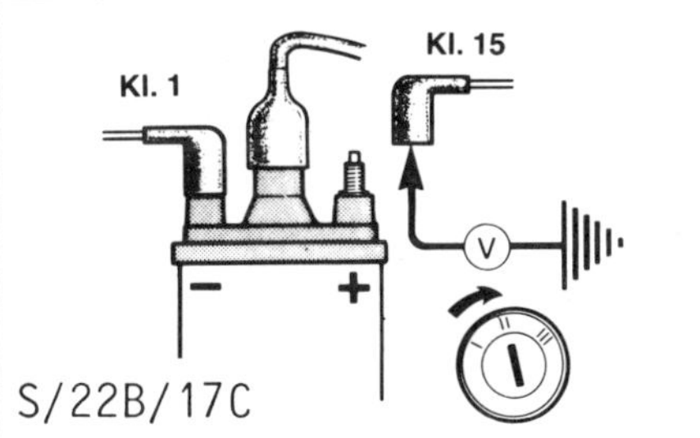

S/22B/17C

- Springt kein Funke über, zunächst Spannung mit Voltmeter an Klemme 15 der Zündspule bei eingeschalteter Zündung überprüfen. Sie muß mindestens 9,5 Volt betragen. Die Klemme 15 ist in der Abbildung R-1216 mit der Ziffer –6– bezeichnet.

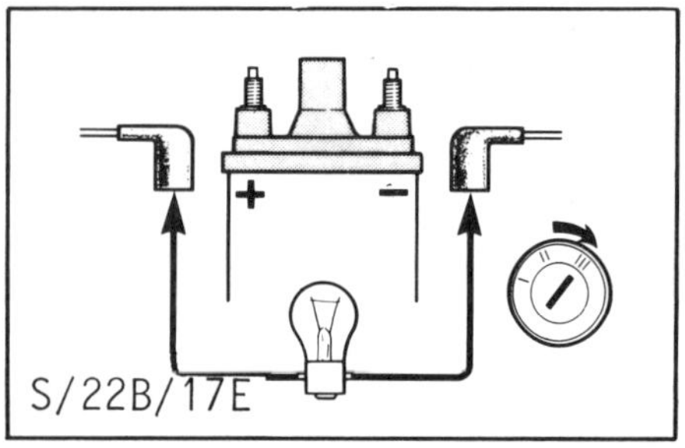

- Beide Niederspannungsanschlüsse, also die Stecker der Kontakte –6– und –7– in Abbildung R-1216, von der Zündspule abziehen. Glühlampe 12 V/21 W mit Hilfsleitung zwischen die beiden Kabelstecker anschließen und Anlasser betätigen. Die Glühlampe muß bei Anlasserdrehzahl aufblitzen, sonst Steuergerät ersetzen.
- Widerstand der Sekundärwicklung prüfen, dazu Ohmmeter an die Kontakte –7– und –12– anschließen. Sollwert: 2 – 12 kΩ.
- Widerstand der Primärwicklung prüfen, dazu Ohmmeter an die Kontakte –6– und –7– anschließen. Sollwert: 0,4 – 0,8 Ω.
- Falls eine oder beide Widerstandsprüfungen nicht erfüllt werden, Zündspule ersetzen.

Zündkabel prüfen

Bei zu hohem Widerstand in den Zündkabeln kann es zu Startschwierigkeiten und Zündaussetzern kommen.

- Massekabel von der Batterie abklemmen.
- Zündkabel am Verteiler und an den Zündkerzen abziehen. **Achtung:** Dabei am Stecker und nicht am Kabel ziehen.
- Widerstand zwischen dem Steckerkontakt der Verteilerkappe und dem Kontakt des Zündkerzensteckers prüfen. Sollwert: max. 10 kΩ.
- Zündkabel an der Zündspule abziehen und Widerstand zwischen Zündspulenkontakt und Kontakt in der Verteilermitte prüfen. Sollwert: ca. 1 kΩ.
- Bei zu hohem Widerstand Kabelanschlüsse reinigen und Prüfung wiederholen, gegebenenfalls Kabel erneuern.
- Zündleitungen im Bereich der Kerzenstecker in engem Radius biegen und auf Risse kontrollieren, gegebenenfalls alle Zündkabel ersetzen.
- Verteilerläufer prüfen.
- Massekabel an Batterie anklemmen.

Zündverteilerläufer prüfen

Für einen einwandfreien Zündfunken darf der Widerstand (in Ohm gemessen) nicht zu hoch sein.

- Batterie-Massekabel abklemmen.
- Zündverteilerkappe ausbauen, dazu seitliche Halteklammern mit Schraubendreher abhebeln und Verteilerkappe abnehmen.

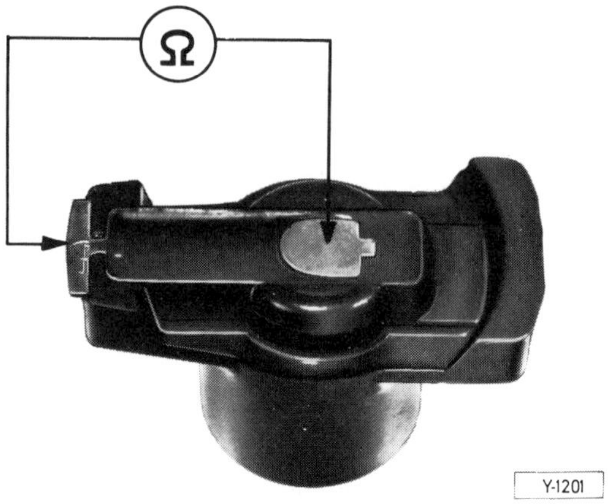

- Ohmmeter an Zündverteilerläufer anschließen. Der Sollwert beträgt ca. 5 kΩ.
- Zündverteilerkappe einsetzen und festclipsen.
- Batterie-Massekabel anklemmen.

Unterbrecherkontakt ersetzen

Nur 44 kW/60 PS-Motor (TSZ-Anlage)

Im Laufe der Zeit bilden sich an den Unterbrecherkontaktflächen Abbrandstellen, die sich als kleine Höcker und Krater bemerkbar machen. Außerdem nutzt sich das Kunststoffgleitstück ab. Dadurch verringert sich der Kontaktabstand. Die Folge: schwache Zündfunken. Durch die Transistorzündung hat der Unterbrecherkontakt eine recht lange Lebensdauer und ist daher im Rahmen der Wartung nur zu prüfen und erst bei entsprechendem Verschleiß zu ersetzen.

Ausbau

- Batterie-Massekabel (–) abklemmen.
- Verteilerkappe abnehmen und zur Seite legen. Dazu 2 Sicherungsklammern seitlich am Verteiler mit Schraubendreher von der Kappe abhebeln.
- Verteilerläufer mit der Hand nach oben von der Verteilerwelle abziehen.
- Falls vorhanden, Kondenswassersperre von der Verteilerwelle abnehmen.

Achtung: Die Befestigungsteile dürfen nicht in den Zündverteiler fallen, andernfalls muß der Zündverteiler ausgebaut werden und das Teil herausgeholt werden.

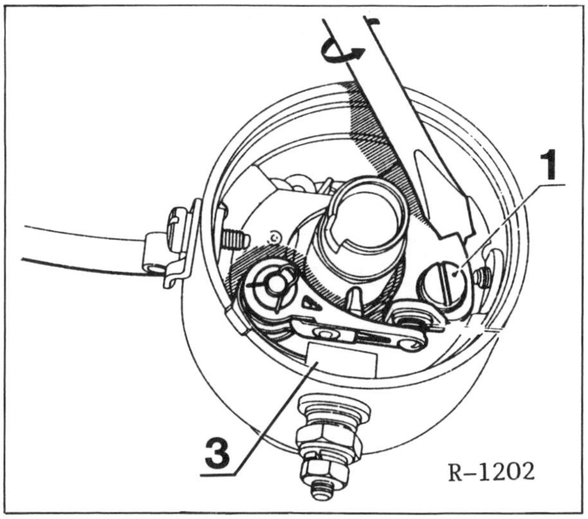

- Schraube –1– herausschrauben.
- Niederspannungskabel –3– abziehen.
- Unterbrecherkontakt herausnehmen.

Einbau

- Unterbrecherkontakt einsetzen und Befestigungsschraube –1– eindrehen, nicht festziehen.
- Kabel aufstecken.
- Nockengleitbahn und Kunststoffgleitstück hauchdünn mit Zündverteilerfett schmieren. Das Fett liegt in der Regel dem Kontaktsatz bei, ansonsten BOSCH-Zündverteilerfett verwenden.

Achtung: Versehentlich auf die Kontaktflächen gelangtes Öl oder Fett sorgsam entfernen, sonst springt der Motor nicht an. Zum Entfernen kann saugfähiges Papier, zum Beispiel Löschpapier, verwendet werden.

- Kontaktabstand (Schließwinkel) einstellen und Befestigungsschraube –1– anziehen.
- Falls vorhanden, Kondenssperre einsetzen.
- Verteilerläufer aufstecken. Durch leichtes Hin- und Herdrehen des Läufers prüfen, ob er in die Verteilerwelle eingerastet ist.
- Verteilerkappe aufsetzen, dabei muß die Nase in die Nut am Rand des Verteilers eingreifen. Sicherungsklammern aufdrücken.
- Batterie-Massekabel anklemmen.

Schließwinkel prüfen/einstellen

Nur 44 kW/60 PS-Motor (TSZ-Anlage)

Für eine exakte Einstellung des Unterbrecherkontaktes benutzen die Werkstätten ein Schließwinkel-Meßgerät. Dieses Gerät bietet auch den Vorteil, daß bei leicht abgebrannten Kontaktflächen der Schließwinkel dennoch genau eingestellt werden kann. Bei Verwendung eines Schließwinkel-Meßgerätes, Gerät nach Bedienungsanweisung des Herstellers anschließen. Behelfsmäßig kann der Kontaktabstand jedoch auch mit einer Fühlerblattlehre eingestellt werden.

Prüfen mit Schließwinkel-Meßgerät

- Schließwinkel-Meßgerät nach Herstellerangabe anschließen.
- Motor mit ca. 1500/min laufen lassen. Schließwinkel ablesen.
- Anschließend Motor mit etwa der doppelten Drehzahl laufen lassen, ca. 3000/min. Der Zeiger des Schließwinkel-Meßgerätes muß im Toleranzbereich des Sollwertes bleiben. Größere Abweichungen gegenüber dem Wert bei Leerlaufdrehzahl deuten auf Verschleiß der Verteilerwelle hin. In einem solchen Fall ist der Zündverteiler zu ersetzen.
- Gemessenen Wert mit Sollwert vergleichen: **Sollwert 54° bis 60°**. Bei Geräten mit Prozentangabe beträgt der Sollwert: **60 % bis 66 %).**
- Gegebenenfalls Schließwinkel einstellen.

Einstellen mit Schließwinkel-Meßgerät

- Motor starten und im Leerlauf drehen lassen.

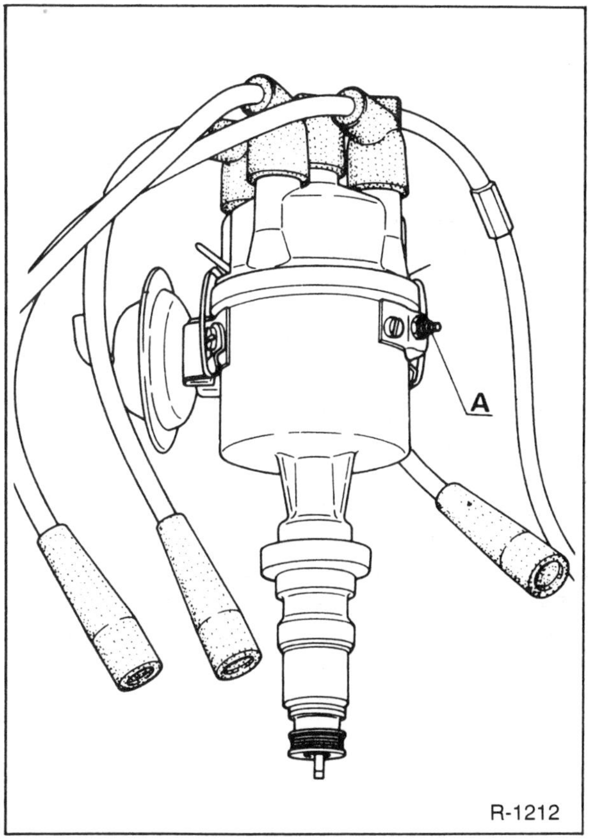

- Schließwinkel durch Verdrehen der Schraube –A– am Zündverteiler einregulieren.

Einstellen mit Fühlerblattlehre

Steht kein Schließwinkel-Meßgerät zur Verfügung, kann der Schließwinkel auch mit einer Fühlerblattlehre behelfsmäßig eingestellt werden. Anschließend sollte der Schließwinkel mit einem Schließwinkelmeßgerät eingestellt werden.

- Verteilerkappe abnehmen, Verteilerläufer abziehen.
- 4. Gang einlegen und Fahrzeug auf einer ebenen Fläche verschieben, bis das Kunststoffgleitstück des Unterbrecherkontaktes am höchsten Punkt des Zündverteilernokkens anliegt.

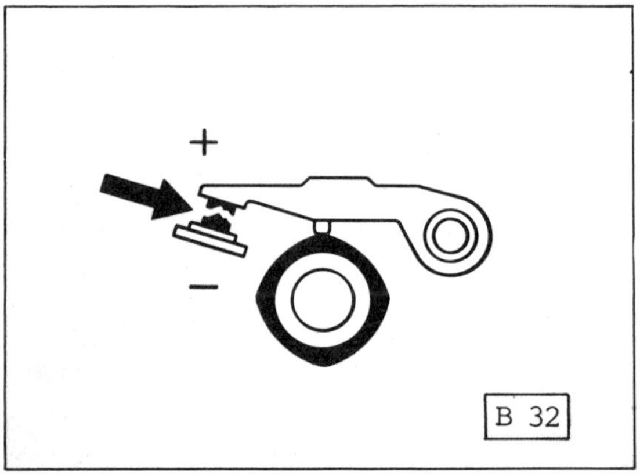

- Bei abgehobenem Unterbrecherkontakt Kontaktabstand mit einer Fühlerblattlehre messen. Die Lehre muß sich bei richtig eingestelltem Abstand stramm zwischen die Kontaktflächen schieben lassen. Bei einem Kontakt mit Abbrand nur am Rand messen – in der Mitte würde der Abstand durch die Höckerbildung zu groß.
  Sollwert Kontaktabstand: 0,4 bis 0,5 mm.
- Falls der Abstand zu groß oder zu klein ist: Einstellschraube –A– am Zündverteiler entsprechend verdrehen, bis die Fühlerblattlehre stramm zwischen die Kontaktflächen paßt.
- Fahrzeug nochmals verschieben, bis der Unterbrecherhebel voll abhebt. Kontaktabstand nochmals prüfen, gegebenenfalls einstellen.

Achtung: Da die Einstellung mit der Fühlerblattlehre weniger genau ist, Schließwinkel mit Meßgerät überprüfen lassen.

- Verteilerläufer auf die Zündverteilerwelle aufstecken, dabei muß die Nase des Verteilerläufers in die Aussparung der Welle eingreifen.
- Zündverteilerkappe aufsetzen und die beiden Haltelaschen einrasten.
- Zündzeitpunkt einstellen.

Zündzeitpunkt prüfen/einstellen

Nur 44 kW/60 PS-Motor (TSZ-Anlage)

Beim Motor mit TSZ-Anlage ist der Zündzeitpunkt nach Einstellung des Unterbrecherkontaktes und entsprechend den Wartungsintervallen zu kontrollieren und gegebenenfalls einzustellen. Wurde der Zündverteiler ausgebaut, muß der Zündzeitpunkt ebenfalls eingestellt werden.

Alle anderen Motoren besitzen eine elektronische Zündanlage. Hier kann der Zündzeitpunkt nicht eingestellt werden. Eine Prüfung des Zündzeitpunktes ist auch nicht erforderlich, da er vom OT-Sensor am Motorschwungrad konstruktiv vorgegeben ist.

Zum Prüfen und Einstellen des Zündzeitpunktes werden ein Drehzahlmesser und eine Zündblitzlampe benötigt.

- Schließwinkel einstellen, siehe entsprechendes Kapitel.
- Motor auf Betriebstemperatur bringen und abstellen.
- Leerlaufdrehzahl prüfen, gegebenenfalls einstellen, siehe Seite 72.
- Unterdruckschlauch vom Zündverteiler abziehen.

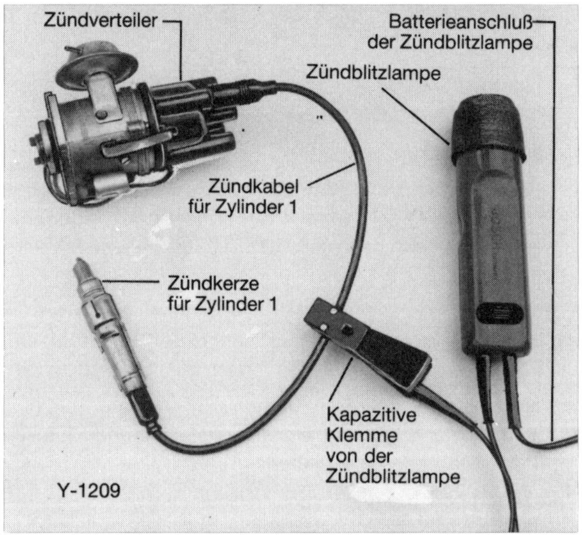

- Zündblitzlampe nach Bedienungsanleitung des Herstellers anschließen.
- Motor starten und im Leerlauf drehen lassen.

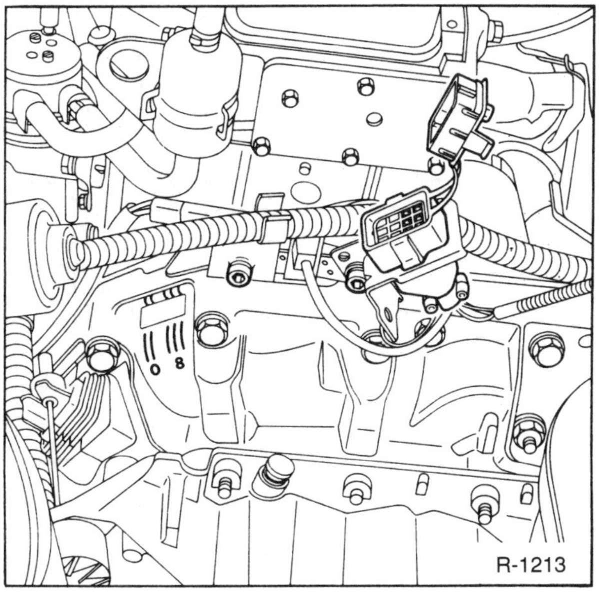

- Mit Zündblitzlampe OT-Markierung auf der Schwungscheibe anblitzen.
- Im Kupplungsgehäuse ist ein Schauloch, durch das das Schwungrad zu sehen ist. Der Zündzeitpunkt ist richtig eingestellt, wenn die Kerbe auf dem Schwungrad gegenüber der richtigen Markierung am Kupplungsgehäuse scheinbar stillsteht.

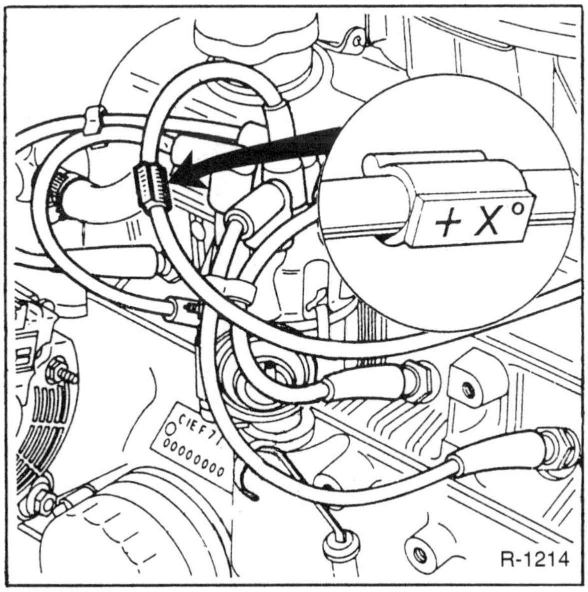

- Der Zündzeitpunkt kann je nach Modell unterschiedlich sein. Der jeweilige Zündzeitpunkt ist an einer Klemme am mittleren Zündkabel in Grad vor OT angegeben. Er beträgt in der Regel 10° ± 1° vor OT.

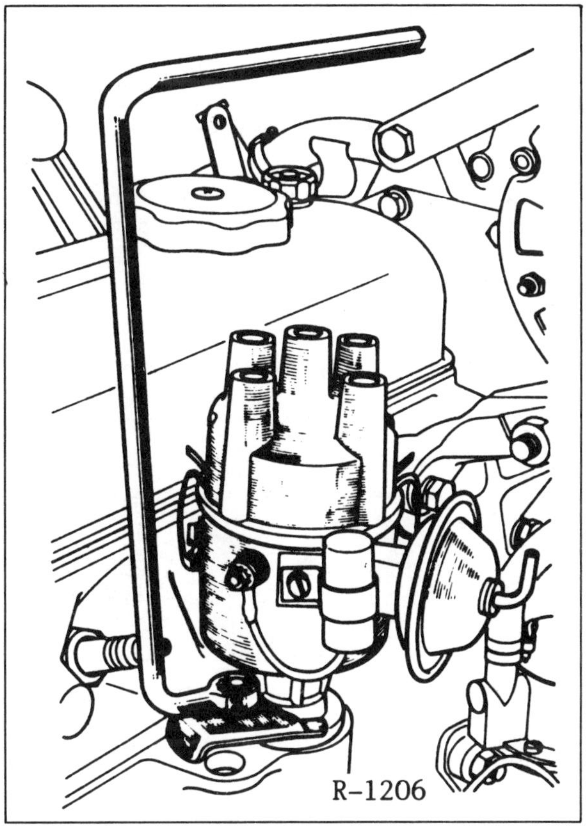

- Stimmt der Zündzeitpunkt nicht überein, Klemmschraube am Zündverteiler lösen und Zündzeitpunkt durch Verdrehen des Zündverteilers korrigieren. Die RENAULT-Werkstätten benutzen zum Lösen der Klemmschraube den gezeigten Spezialschlüssel, es geht auch mit einem normalen Ringschlüssel.
- Klemmlasche am Zündverteiler festziehen.
- Falls vorhanden, Unterdruckschlauch am Zündverteiler aufstecken.
- Die Werkstatt kann zusätzlich Fliehkraft- und Unterdruckverstellung des Verteilers bei unterschiedlichen Drehzahlen prüfen. Das ist jedoch nur bei Störungen in der Zündanlage erforderlich.
- Leerlauf prüfen, gegebenenfalls korrigieren, siehe Seite 72.

Zündverteiler aus- und einbauen

Der Zündverteiler wird durch die Nockenwelle angetrieben und ist bei den Motoren mit Katalysator (E- und F-Motoren) an der Schwungradseite an den Zylinderkopf angeflanscht. Motorzuordnung, siehe Seite 13.

Beim 60 PS-Motor ohne Katalysator (C-Motor) sitzt der Zündverteiler senkrecht an der Längsseite im Motorblock.

Ausbau

- Batterie-Massekabel abklemmen.

Motoren mit Katalysator (E- und F-Motoren)

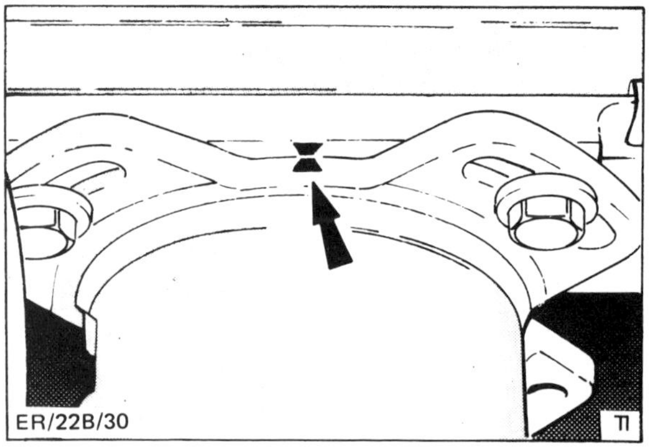

- Vor dem Ausbau Stellung des Verteilers zum Motorblock mit Filzstift oder Reißnadel markieren. Dazu Strich über Verteiler und Motorblock ziehen.

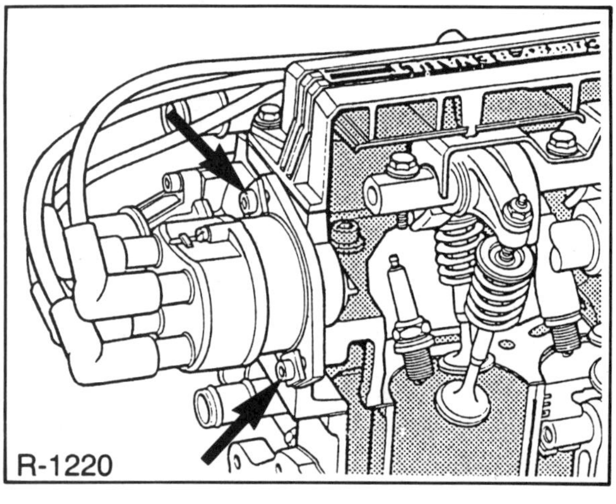

- Befestigungsschrauben herausdrehen, mit Unterlagen abnehmen. Damit die untere Schraube erreicht werden kann, muß vorher gegebenenfalls der Halter für Zündkabel/Motorentlüftungsschlauch am Zylinderkopf abgeschraubt werden.
- Verteiler aus dem Zylinderkopf herausziehen.

60 PS-Motor ohne Katalysator (C-Motor)

- Verteilerkappe abnehmen und zur Seite legen. Dazu 2 Sicherungsklammern seitlich am Verteiler mit Schraubendreher von der Kappe abhebeln. Je nach Modell kann die Verteilerkappe auch mit 2 Schrauben angeschraubt sein.

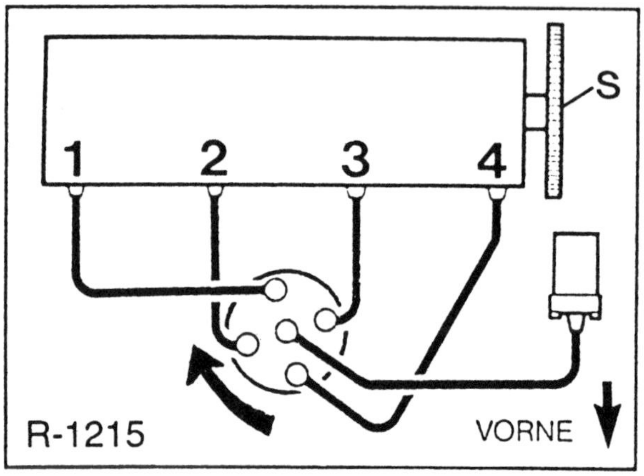

- 5. Gang einlegen. Fahrzeug bei eingelegtem Gang verschieben, bis der Verteilerläufer von oben gesehen in Zylinderstellung 1 steht, also zum Motor zeigt. Der Pfeil zeigt in Drehrichtung des Verteilerläufers.
- Gleichzeitig muß die Markierung am Schwungrad –S– mit der Markierung am Kupplungsgehäuse übereinstimmen, siehe »Zündzeitpunkt einstellen«. In dieser Stellung steht der Kolben des 1. Zylinders im Zünd-OT (OT = Oberer Totpunkt).
- Unterdruckleitung vom Zündverteiler abziehen.

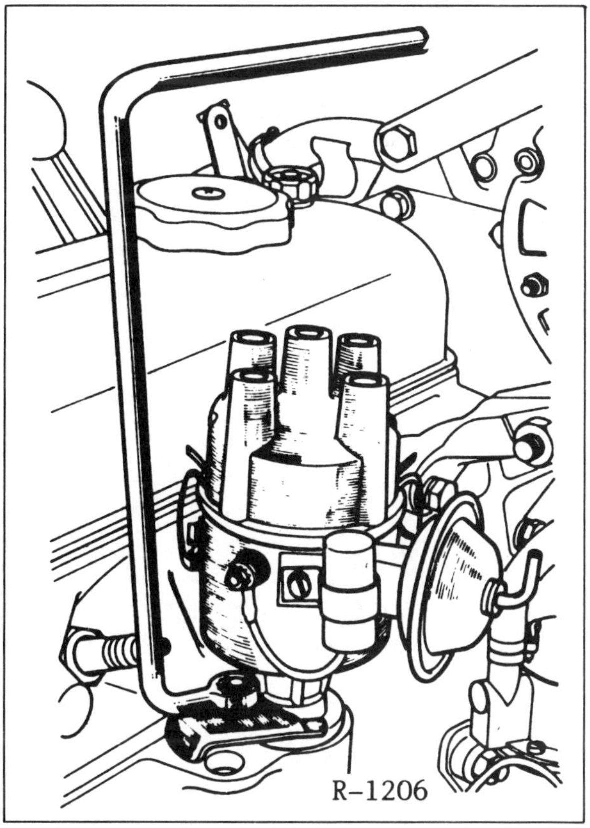

R-1206

- Haltemutter für Befestigungsklemme am Fuß des Zündverteilers abschrauben.

Achtung: Um den Einbau zu erleichtern, vor dem Ausbau Stellung des Verteilers zum Motorblock mit Filzstift oder Reißnadel markieren. Dazu Strich über Verteiler und Motorblock ziehen.

- Zündverteiler nach oben aus dem Motorblock herausziehen. **Achtung: Kurbelwelle bei ausgebautem Verteiler nicht mehr verdrehen.**

Einbau

Motoren mit Katalysator (E- und F-Motoren)

- Dichtring für Zündverteiler auf Beschädigung prüfen, gegebenenfalls ersetzen.
- Verteiler einsetzen, dabei Mitnehmerklaue am Verteiler so ausrichten, daß sie in die Nuten der Nockenwelle paßt. **Achtung:** Die Mitnehmerklaue ist außermittig versetzt und paßt nur in einer Stellung in die Nockenwelle.
- Halteschrauben anziehen, noch nicht festziehen. Unterlegscheiben nicht vergessen.
- Zündverteiler verdrehen, bis sich die beiden angebrachten Markierungen decken. Anschließend Verteiler festziehen.

Achtung: Falls Zylinderkopf oder Verteiler ersetzt werden, Verteiler so drehen, daß sich die Schrauben mittig in den Langlöchern befinden. Anschließend Schrauben festziehen.

- Verteilerkappe innen reinigen, aufsetzen und mit 2 Schrauben anschrauben.
- Batterie-Massekabel anklemmen.

Einbau 60 PS-Motor ohne Katalysator (C-Motor):

- Zündverteilerwelle so drehen, daß der Verteilerläufer auf die Markierung am Zündverteiler für Zylinder 1 zeigt.
- In dieser Stellung Verteiler einsetzen und Klemmutter anziehen, nicht festziehen.
- Batterie-Massekabel anklemmen.
- Schließwinkel prüfen, gegebenenfalls einstellen.
- Zündzeitpunkt prüfen, gegebenenfalls einstellen.
- Halteschraube für Verteiler festziehen.

Impulsgeber prüfen/ersetzen

Der Impulsgeber sitzt am Motor-Schwungrad, an der Verbindungsstelle Motor/Getriebe. Er liefert dem Zünd-Steuergerät und der Einspritzanlage die Information über augenblickliche Drehzahl und Kurbelwellen-Position des Motors. Bei der TSZ-Anlage (Vergasermotor) ist kein Impulsgeber vorhanden.

Prüfen

- Stecker des Impulsgebers am Zünd-Steuergerät abziehen, dabei Drahtsicherung drücken.
- Widerstand messen. Sollwert: 200 ± 50 Ω.

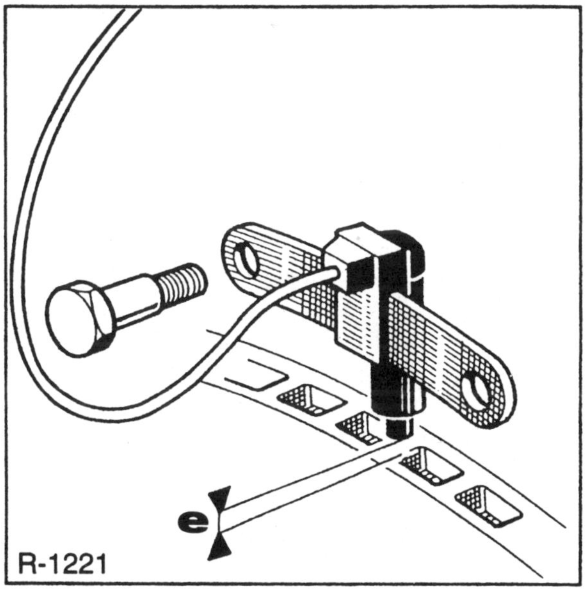

R-1221

- Abstand –e– mittels Fühlerblattlehre prüfen. Sollwert: 1 ± 0,5 mm.
- Werden die Sollwerte nicht erreicht, Geber auswechseln.

Ersetzen

- 2 Paßschrauben lösen und mit Unterlegscheiben abnehmen, Impulsgeber herausziehen.
- Neuen Impulsgeber einsetzen. Paßschrauben mit Unterlegscheiben einsetzen, mit 20 Nm anschrauben.
- Stecker am Steuergerät einrasten lassen.

Klopfsensor aus- und einbauen

Der Klopfsensor sitzt an der Vorderseite des Zylinderkopfs. Er ermöglicht dem Zünd-Steuergerät die Erkennung und Vermeidung der schädlichen klopfenden Verbrennung.

Ausbau

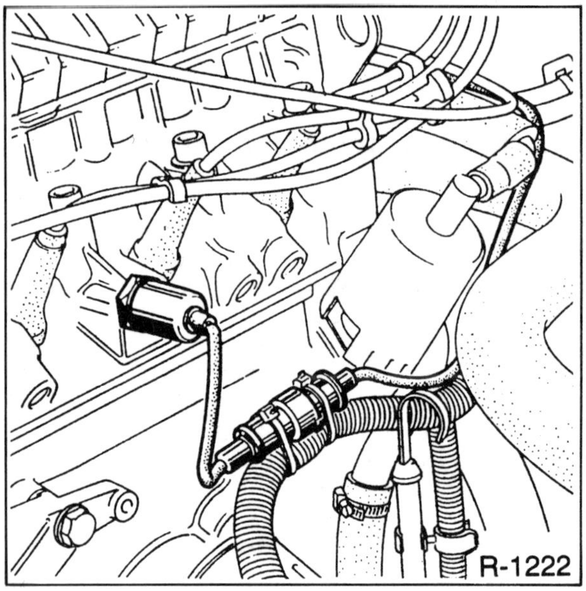

- Stecker der elektrischen Kabelverbindung abziehen. Bei Fahrzeugen mit Mehrpunkteinspritzung (ab 66 kW/90 PS) Kabelstecker direkt am Sensor abziehen.
- Sensor herausschrauben.

Einbau

- Sensor einschrauben und Kabelstecker zusammenfügen. Zuleitung korrekt verlegen.

Die Zündkerzen

Die Zündkerze besteht aus der Mittel-Elektrode, dem Isolator mit Gehäuse und der Masse-Elektrode. Die Masse-Elektrode ist gasdicht im Isolator befestigt, der Isolator ist fest mit dem Gehäuse verbunden. Zwischen Mittel- und Masse-Elektrode springt der Zündfunke über, der das Kraftstoffluftgemisch entzünden soll. Von der Zündkerze hängen Startbereitschaft, Leerlaufverhalten, Beschleunigung und Höchstgeschwindigkeit ab. Man sollte deshalb nicht ohne Grund von dem vom Werk vorgeschriebenen Zündkerzentyp abweichen, der unter anderem von der Wärmewert-Kennzahl bestimmt wird.

Die Wärmewert-Kennzahl gibt den Grad der Wärmebelastbarkeit einer Zündkerze an. Je niedriger die Wärmewert-Kennzahl einer Kerze ist, desto höher ist die Wärmebelastbarkeit. Die Kerze kann also die Wärme besser ableiten, wodurch schädliche Glühzündungen (Motorklopfen) verhindert werden. Eine Kerze mit hoher Wärmebelastbarkeit hat allerdings den Nachteil, daß ihre Selbstreinigungstemperatur ebenfalls höher liegt. Sie neigt daher schneller zum Verrußen, insbesondere dann, wenn der Motor häufig seine Betriebstemperatur während der Fahrt nicht erreicht (Stadtverkehr, Kurzstreckenverkehr im Winter). In der Regel werden »kalte« Zündkerzen (Wärmewert-Kennzahl ab 06) bei »heißen« Motoren eingesetzt, also bei Triebwerken denen hohe Motorleistung abgefordert wird.

Die Wärmewert-Kennzahl ist im Zündkerzencode enthalten. Der Code schlüsselt sich wie folgt auf:

Bosch-Zündkerze

Beispiel W R 7 D C
① ② ③ ④ ⑤

① W = Gewinde M 14 x 1,25 mit Flachdichtsitz, SW 21; F = Gewinde M 14 x 1,25 mit Flachdichtsitz, SW 16; M = Gewinde M 18 x 1,5 mit Flachdichtsitz, SW 25; H = Gewinde M 14 x 1,25 mit Kegeldichtsitz, SW 16; D = Gewinde M 18 x 1,5 mit Kegeldichtsitz, SW 21; SW = Schlüsselweite.
② R = Mit Widerstand, zur Entstörung. Die Funktion der Zündanlage wird dadurch nicht beeinflußt.
③ Wärmewert-Kennzahl. Die Wärmewertskala wird von 06 (»kalt«) bis 13 (»warm«) angegeben. Dabei entspricht die Kennzahl 7 dem alten Wärmewert 175 (frühere Bezeichnung), 6 – 200,5 – 225 usw.
④ A = Gewindelänge 12,7 mm, normale Funkenlage; B = Gewindelänge 12,7 mm, vorgezogene Funkenlage; C = Gewindelänge 19 mm, normale Funkenlage; D = Gewindelänge 19 mm, vorgezogene Funkenlage.
⑤ = Elektrodenwerkstoff der Mittelelektrode: Ohne Angabe = Cr-Ni-Legierung, C = Ni-Cu-Verbund-Mittelelektrode, S = Silber-Mittelelektrode, P = Platin-Mittelelektrode, O = Standard-Zündkerze mit verstärkter Mittelelektrode.

Durch den Kupferkern (Cu) in der Mittelelektrode und noch mehr durch die Silber-Mittelelektrode wird die Wärmeleitfähigkeit und damit die Wärmebelastbarkeit erhöht.

Beru-Zündkerze

Beispiel 14 R 7 D U
① ② ③ ④ ⑤

① Gewindedurchmesser in mm, hier M 14 x 1,25.
② Konstruktionsmerkmal, z. B. K für Konussitz, R für Entstörwiderstand.
③ Wärmewert-Kennzahl (wie bei Bosch).
④ Gewindelänge (wie bei Bosch).
⑤ Elektrodenwerkstoff, z. B. U für Kupferkern.

BERU bietet für den RENAULT 19 eine Langzeitzündkerze mit Silber-Mittelelektrode an, die nur noch alle 50 000 km erneuert werden muß. Diese Zündkerze wird je nach erforderlichem Wärmewert mit »S 5« oder »S 7« benannt.

Serienmäßig wird der R 19 meist mit Zündkerzen von AC, CHAMPION, oder EYQUEM ausgestattet. Die Normierung ist von Hersteller zu Hersteller unterschiedlich. Bei Ersatz können jedoch auch die Zündkerzen von BOSCH und BERU verwendet werden.

Die richtige Zündkerze für den RENAULT 19

Achtung: Die technische Entwicklung geht ständig weiter. Es kann daher sein, daß inzwischen für einzelne Motoren andere Zündkerzenwerte gelten. Daher empfiehlt es sich, vor einem Neukauf zu prüfen, welche Kerzen eingebaut sind. Im Zweifelsfall aktuelle Zündkerzenwerte bei der Fachwerkstatt erfragen.

Motorleistung	Motorbezeichnung	BOSCH	BERU	CHAMPION	NGK
44 kW/60 PS ohne Katalysator	C1J	W8DC	14-8DU	N281YC	–
43 kW/58 PS	E7J	–	14F-7DUO	–	BCP5ES
55 kW/75 PS (1,4 l)	E7J	F7DCOR	–	–	BCP5ES
55 kW/75 PS (1,7 l, Vergaser)	F2N	W6DC	14-6DU	N279YC	–
54 kW/73 PS	F2N	–	14R-7DU	RN9YCC	–
66 kW/90 PS (1,7 l)	F3N	W6DC	14R-6DU	N6YCC	–
65 kW/88 PS 66 kW/90 PS (1,8 l) 79 kW/107 PS 80 kW/109 PS	F3P	W7DCO	14-7DUO[1)]	RN7YCC	–
99 kW/135 PS	F7P	W7DCO	14F-6DUOR	C7BMC[2)]	–

Elektrodenabstand der Zündkerzen, wo nicht anders angegeben: 0,75 – 0,85 mm. Anzugsdrehmoment für Zündkerzen: **25 Nm**.
[1)] Elektrodenabstand 0,85 – 0,95 mm [2)] Elektrodenabstand nicht einstellbar

Störungsdiagnose Zündanlage

Störung: Der Motor springt schlecht oder gar nicht an.

Ursache	Abhilfe
Kein Zündfunke vorhanden Verteilerkappe feucht, verschmutzt	■ Verteilerkappe reinigen und trocknen, innen mit Zündspray einsprühen
Risse in der Verteilerkappe, Brandkanäle	■ Verteilerkappe erneuern
Schleifkohle in der Zündverteilerkappe abgenutzt	■ Schleifkohle erneuern
Verteilerläufer defekt	■ Verteilerläufer erneuern
Widerstand des Verteilerläufers zu hoch	■ Verteilerläufer erneuern
Widerstand in Zündkerzenleitung/Zündkerzenstecker zu hoch	■ Zündleitung/Zündkerzenstecker erneuern
Zündkerzenstecker in falscher Reihenfolge aufgesteckt	■ Zündkerzenstecker nach Zündfolge 1-3-4-2 aufstecken
Zündkerzen wegen zu vieler Startversuche naß	■ Zündkerzen ausbauen und trocknen
Zündkerzen außen feucht und verschmutzt	■ Zündkerzen reinigen, trocknen, Silikonschutzkappe auf Zündkerze und Stecker schieben
Leistung der Zündspule zu gering	■ Elektrische Leitungen an der Zündspule auf festen Sitz und guten Kontakt prüfen
Zündspule gerissen, Brandkanäle	■ Zündspule erneuern
Spannungsverlust durch Berührung elektrischer Anschlüsse bzw. Leitungen mit Schläuchen des Motors	■ Elektrische Leitungen richtig führen
Zündzeitpunkt grob verstellt[1]	■ Zündzeitpunkt korrigieren
Unterbrecherkontakt abgebrannt[1]	■ Unterbrecherkontakt erneuern
Stromversorgung des Steuergerätes $< 9,5$ Volt[2]	■ Ladezustand der Batterie kontrollieren
Impulsgeber defekt[2]	■ Impulsgeber prüfen. Stirnfläche des Impulsgebers reinigen, ggf. Impulsgeber ersetzen

[1]) Diese Fehler können nur bei der TSZ-Anlage auftreten (nur 1,4-l-Motor ohne Katalysator). [2]) Alle außer TSZ-Anlage.

Motor-Schmierung

Für die RENAULT-Motoren sollen Mehrbereichsöle verwendet werden. Das hat den Vorteil, daß das Motoröl nicht jahreszeitbedingt (Sommer/Winter) gewechselt werden muß. Mehrbereichsöle bauen auf einem dünnflüssigen Einbereichsöl (z. B. 15 W) auf. Durch sogenannte Verdickerer wird das Öl im heißen Zustand stabilisiert, so daß für jeden Betriebszustand die richtige Schmierfähigkeit gegeben ist.

Das »W« in der SAE-Bezeichnung weist das Öl als wintertauglich aus.

Bei Leichtlaufölen handelt es sich um Mehrbereichsöle, denen unter anderem Reibwertverminderer zugesetzt wurden, wodurch sich die Reibung innerhalb des Motors vermindert. Für das Leichtlauföl wird als Grundöl ein sogenanntes Synthetiköl verwendet. Beim Kauf eines Leichtlauföles sollte man darauf achten, daß es von RENAULT freigegeben wurde (steht auf dem Gebinde).

Anwendungsbereich/Viskositätsklassen

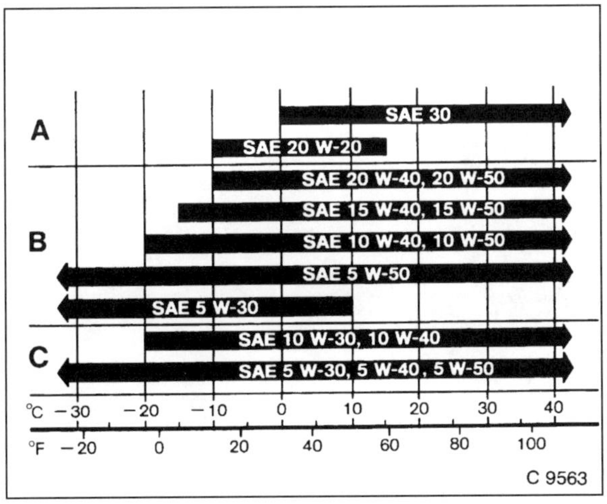

A – Einbereichsöle
B – Mehrbereichsöle
C – Leichtlauföle

Von RENAULT empfohlen wird die Verwendung von Öl der Spezifikation SAE 15W-50 (Diesel: 15W-40), bei Leichtlauföl 10W-40. Da die Einsatzbereiche benachbarter SAE-Klassen sich überschneiden, können kurzfristige Temperaturschwankungen unberücksichtigt bleiben. Es ist zulässig, Öle verschiedener Viskositätsklassen miteinander zu mischen, wenn einmal Öl nachgefüllt werden muß und die Außentemperaturen nicht mehr der Viskositätsklasse des im Motor befindlichen Öles entsprechen.

Zusatzschmiermittel – gleich welcher Art – sollen weder dem Kraftstoff noch den Schmierölen beigemischt werden.

Spezifikation des Motoröls

Die Qualität eines HD-Motoröls wird durch das amerikanische API-System gekennzeichnet (API: American Petroleum Institut). Europäische Hersteller richten sich ebenfalls nach diesem System.

Die Kennzeichnung erfolgt durch jeweils zwei Buchstaben. Der erste Buchstabe gibt den Anwendungsbereich an: **S** = Service, für **Ottomotoren** geeignet; **C** = Commercial, für **Dieselmotoren** geeignet. Der zweite Buchstabe gibt die Qualität in alphabetischer Reihenfolge an.

Von höchster Qualität sind Öle der API-Spezifikation **SH** für Ottomotoren und **CF** für Dieselmotoren. **Achtung:** Motorenöle, die vom Öl-Hersteller ausdrücklich als Öle für Diesel-Motoren bezeichnet werden, sind für Otto-Motoren nicht geeignet. Es gibt Öle, die sowohl für den Otto- wie auch für den Diesel-Motor geeignet sind. In diesem Fall sind beide Spezifikationen (Beispiel SG/CE) auf der Öldose vermerkt.

Europäische Ölhersteller geben noch zusätzlich eine »CCMC«-Spezifikation an. Die CCMC-Spezifikationen berücksichtigen insbesondere die europäische Motorentechnologie und gewinnen daher immer mehr an Bedeutung. Öle für Benzinmotoren erhalten je nach Qualität die Klassen CCMC-G1 bis -G5; Dieselmotoröle für Pkw gibt es in den Spezifikationen CCMC-PD1 und der höherwertigen Spezifikation CCMC-PD2.

Das richtige Motoröl für den RENAULT 19

RENAULT schreibt folgende Öle vor:
Benzinmotoren: Das Öl muß die Mindestnormen CCMC-G4 und API SG erfüllen. Wird Leichtlauföl verwendet, muß es die Mindestnormen CCMC-G5 und API SG erfüllen.
Dieselmotoren: Das Öl muß die Mindestnormen CCMC-PD2 und API CD erfüllen.

Ölverbrauch

Bei einem Verbrennungsmotor versteht man unter dem Ölverbrauch diejenige Ölmenge, die als Folge des Verbrennungsvorganges verbraucht wird. Auf keinen Fall ist Ölverbrauch mit Ölverlust gleichzusetzen, wie er durch Undichtigkeiten an Ölwanne, Zylinderkopfdeckel usw. auftritt.

Normaler Ölverbrauch entsteht durch Verbrennung jeweils kleiner Mengen im Zylinder; durch Abführen von Verbrennungsrückständen und Abrieb-Partikeln. Zudem verschleißt das Öl durch die hohen Temperaturen und die hohen Drücke, denen es im Motor fortwährend ausgesetzt ist.

Ferner haben auch äußere Betriebsverhältnisse, Fahrweise sowie Fertigungstoleranzen einen Einfluß auf den Ölverbrauch. Der Ölverbrauch darf höchstens 1,0 l/1000 km betragen.
Unbedingt muß Öl nachgefüllt werden, wenn die untere Markierung am Ölpeilstab erreicht ist. **Achtung:** Nicht zuviel Öl auf einmal nachfüllen. Beim 16-Ventil-Motor beispielsweise beträgt die Ölmenge zwischen Min.- und Max.-Markierung am Ölpeilstab nur 0,6 Liter. Wurde zuviel Öl eingefüllt, muß das überschüssige Öl abgelassen werden. Sonst kann der Katalysator beschädigt werden, da unverbranntes Öl in die Abgasanlage gelangt.

Der Ölkreislauf

1,4-l-Einspritzmotor (E-Motor)

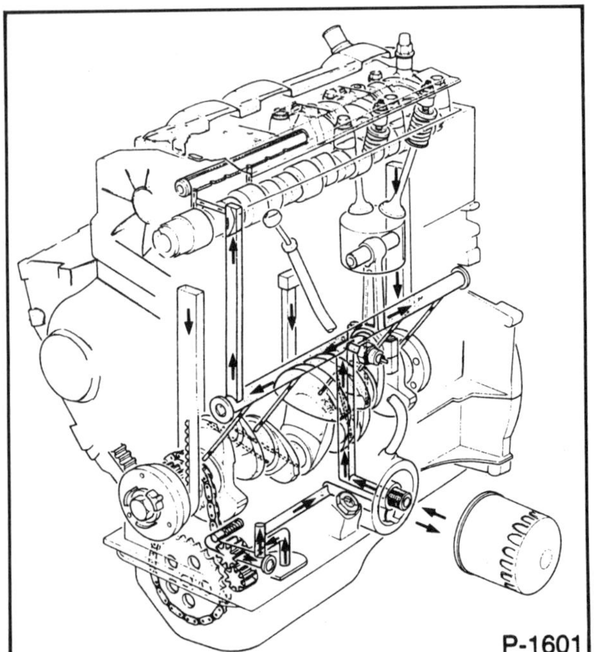

P-1601

Die Ölpumpe saugt das Motoröl aus der Ölwanne an und drückt es in den Hauptstromölfilter. An der Druckseite der Ölpumpe befindet sich ein Überdruckventil (Öldruckregelventil). Bei zu hohem Öldruck öffnet das Ventil, und ein Teil des Öls kann in die Ölwanne zurückfließen.

Durch die Mittelachse der Filterpatrone gelangt das gefilterte Öl in den Hauptölkanal. Dort sitzt auch der Öldruckschalter, der über die Öldruck-Kontrollampe im Schalttafeleinsatz dem Fahrer zu niedrigen Öldruck signalisiert. Bei verstopftem Ölfilter leitet ein Kurzschlußventil das Öl direkt und ungefiltert in den Hauptölkanal.

Vom Hauptölkanal zweigen Kanäle ab zur Schmierung der Kurbelwellenlager. Durch schräge Bohrungen in der Kurbelwelle wird das Öl an die Pleuellager geleitet.

Gleichzeitig gelangt Motoröl über Steigleitungen in den Zylinderkopf und versorgt dort Nockenwellenlager, Kipphebel und Ventilschaft-Enden.

1,7-/1,8 l-Benzin- und 1,9 l-Dieselmotor (F-Motoren)

Auch diese Motoren besitzen eine Zahnradölpumpe in der Ölwanne. Diese wird jedoch nicht wie beim 1,4-l-Motor über eine Rollenkette direkt von der Kurbelwelle, sondern vom Motor-Zahnriemen über die Zwischenwelle angetrieben. Ölfilter und Öldruckregelventil sitzen an gleicher Stelle wie beim 1,4-l-Motor.

Öldruck überprüfen

- Ölstand kontrollieren.
- Fahrzeug warmfahren, die Öltemperatur soll ca. +80° C betragen.

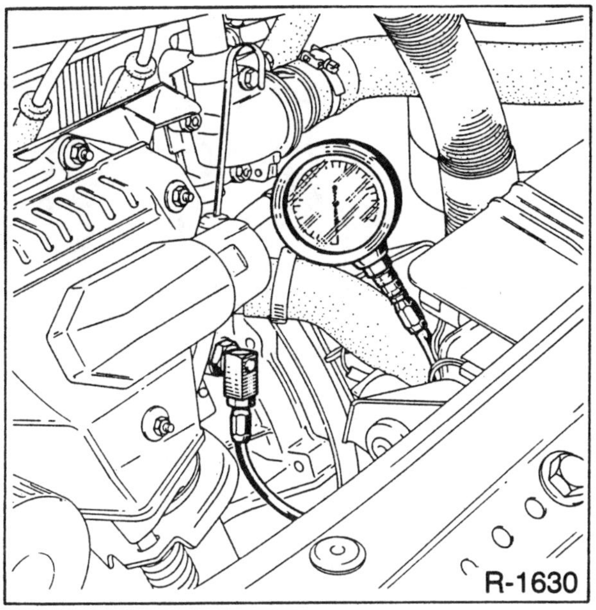

R-1630

- Kabel vom Öldruckschalter abziehen und Öldruckschalter herausschrauben. Die Abbildung zeigt den 1,4-l-Einspritzmotor. Bei den 1,7-/1,8-/1,9-l-Motoren sitzt der Öldruckschalter links am Motorblock in der Nähe des Generators.
- Anstelle des Öldruckschalters geeignetes Manometer einschrauben.
- Motor starten, mit Prüfdrehzahl laufen lassen und Öldruck ablesen.

Mindest-Öldruck in bar

Achtung: Motortypenaufschlüsselung, siehe Seite 13.

Motor	Prüfdrehzahl 1/min				
	700	750	1000	3000	4000
1,4 l (C-Motor)	0,7	–	–	–	3,5
1,4 l (E-Motor)	–	1,0	–	–	3,0
1,7-/1,8 l	–	–	2,0	3,5	–
1,9-l-Diesel	–	–	2,0	3,5	–

- Öldruckschalter mit neuem Dichtring einsetzen und mit 35 Nm festziehen.
- Falls der Öldruck vom Sollwert abweicht, siehe »Störungsdiagnose Ölkreislauf«.

Öldruckschalter prüfen

- Batterie-Massekabel abklemmen.
- Elektrisches Kabel vom Öldruckschalter abziehen. Öldruckschalter herausschrauben. Der Öldruckschalter befindet sich am Motorblock neben der Kraftstoffpumpe.

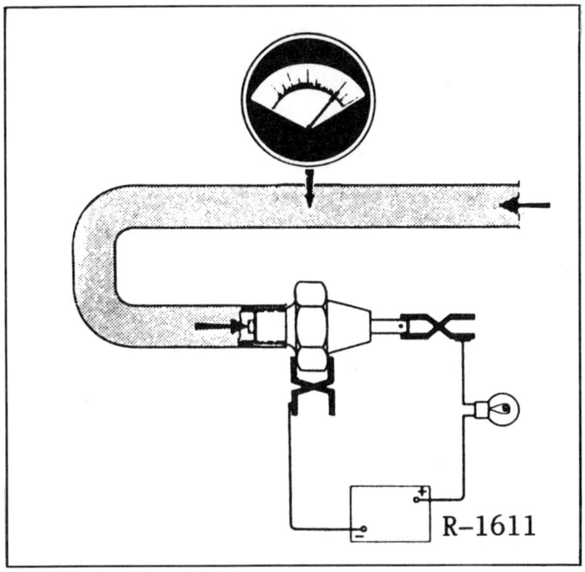

R-1611

- Öldruckschalter mit Hilfsleitungen und Prüflampe an die Batterie anschließen. Die Prüflampe muß aufleuchten. Anstelle von Batterie und Prüflampe kann auch ein Ohmmeter angeschlossen werden, das Ohmmeter muß Durchgang, also 0 Ω, anzeigen. Andernfalls Öldruckschalter ersetzen.
- Schlauch mit Manometer und Druckluftanschluß auf das Gewinde vom Schalter aufschieben. Der Schlauch muß dicht sitzen. Druck von 0 bar an langsam erhöhen. Bei einem Druck von mehr als 0,35 bar muß die Prüflampe erlöschen, beziehungsweise das Ohmmeter ∞ (unendlich) anzeigen. Ansonsten Öldruckschalter ersetzen.
- Öldruckschalter mit neuem Dichtring und 35 Nm festschrauben.

Ölwanne aus- und einbauen

Motortypenaufschlüsselung, siehe Seite 13.

Ausbau

- Batterie-Massekabel (–) abklemmen.
- Fahrzeug aufbocken, siehe Seite 110.
- Motoröl ablassen, siehe Kapitel »Wartung«.
- **1,4-l-Einspritzmotor (E-Motor) sowie 16 Ventil-Motor:** Vorderes Abgasrohr am Krümmer und Getriebehalter abschrauben, Abgasanlage absenken und mit Draht aufhängen, siehe auch Seite 106.
- Ölwanne abschrauben und abnehmen, gegebenenfalls mit Schraubendreher vorsichtig abhebeln. Falls vorhanden, Gummidichtung abnehmen.

Einbau

- Dichtflächen von Ölwanne und Motorblock reinigen. Eventuell verbogene Dichtfläche an der Ölwanne vorsichtig richten.
- Motorblock, Kurbeltrieb und Ölpumpe sorgfältig abreiben. Die Abdichtung der Ölwanne kann sonst durch herabfließendes Öl beeinträchtigt werden.
- Dichtflächen der Ölwanne und Motorblock mit Fettlöser abreiben und trocknen. Als Reinigungsmittel kann beispielsweise Spiritus oder Aceton verwendet werden.

C-Motor

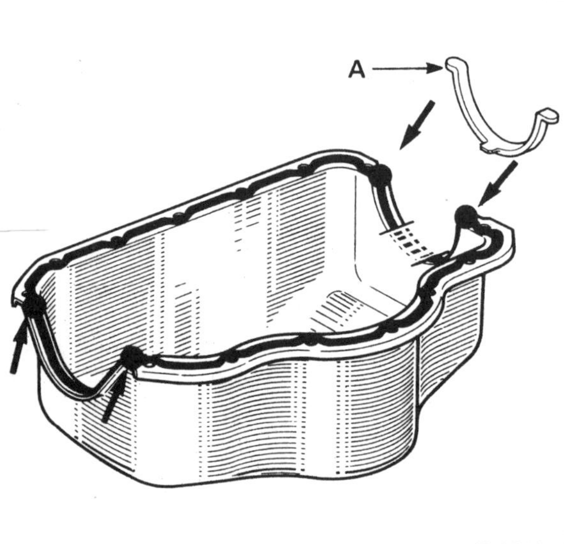

R-1619

- Abdichtpaste RENAULT-CAF-4/60-THIXO als Band mit 3 mm ∅ auf die Dichtflächen der Ölwanne und des Steuergehäusedeckels auftragen. Dabei an den Ecken –Pfeile– eine größere Menge verwenden. An der schraffierten Stelle der Ölwannendichtfläche auf eine Länge von ca. 7 cm **keine** Dichtmasse anbringen.

Achtung: Im Bereich des Hauptlagerdeckels **nicht zuviel Dichtmittel auftragen,** sonst können die Ölablaufkanäle des Hauptlagers Nr. 1 an der Schwungradseite sowie am Steuergehäuse verstopft werden und dadurch Motorschäden entstehen.

R-1620

- **Neue** Gummidichtung –A– am Hauptlager Nr. 1 auflegen.

F-Motoren (1,7-/1,8 l-Benzin-, 1,9 l-Dieselmotor)

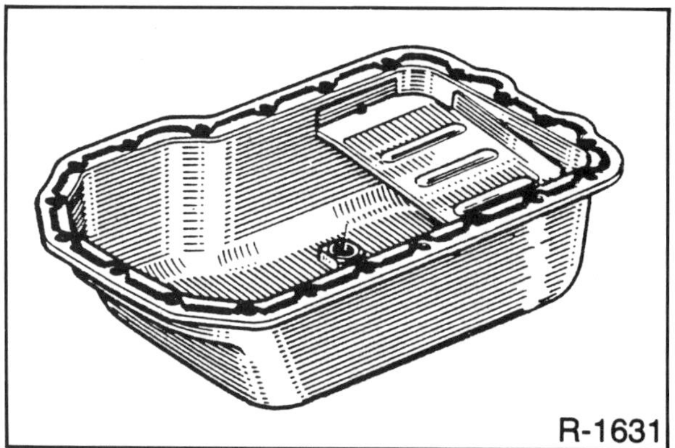

R-1631

- Abdichtpaste RENAULT-CAF-4/60-THIXO als Band mit 3 mm ∅ auf die Dichtfläche der Ölwanne auftragen. Das Dichtband muß bei den Schraubenbohrungen auf der innenliegenden Dichtfläche liegen.
- Ölwanne mit Hilfe von zwei Zentrierstiften ansetzen.

- Vor dem Ansetzen der Ölwanne prüfen, ob im Bereich der Dichtflächen Öl heruntergelaufen ist. Gegebenenfalls Öl abwischen und betreffende Stelle mit Fettlöser abreiben. **Achtung:** Nur Abwischen genügt nicht.
- **E-Motor:** Gummidichtung auflegen. Ist die alte Dichtung beschädigt oder gequetscht, Dichtung auf jeden Fall erneuern.

- Ölwanne vorsichtig ansetzen. Wenn das Dichtmittel beim Ansetzen verrutscht, Ölwanne nochmals abnehmen und betreffende Stelle mit Dichtmittel ausbessern.
- Zuerst die beiden mittleren Schrauben einsetzen und handfest anziehen. Dann die restlichen Schrauben reindrehen.
- Schrauben für Ölwanne gleichmäßig ganz leicht festziehen, Anzugsdrehmoment max. 10 Nm.
- **1,4-l-Einspritzmotor (E-Motor) sowie 16 Ventil-Motor:** Vorderes Abgasrohr einbauen, siehe Seite 106.
- Trocknungszeit für Dichtmittel von ca. 1 Stunde abwarten.
- Öl auffüllen.
- Batterie-Massekabel anklemmen.
- Probefahrt durchführen und Ölwanne auf Dichtigkeit prüfen, eventuell alle Schrauben vorsichtig nachziehen.

Ölpumpe aus- und einbauen

Motortypenaufschlüsselung, siehe Seite 13.

Die Ölpumpe aller Motoren ist als Zahnradölpumpe ausgebildet und sitzt in der Ölwanne.

Ausbau

- Batterie-Massekabel (−) abklemmen.
- Fahrzeug aufbocken, siehe Seite 110.
- Motoröl ablassen, siehe Kapitel »Wartung«.
- Ölwanne ausbauen.
- 1,4-l-Einspritzmotor (E-Motor): 3 Schrauben abschrauben, mit denen das Ritzel der Ölpumpe an der Pumpennabe befestigt ist. Ritzel und Antriebskette abnehmen.

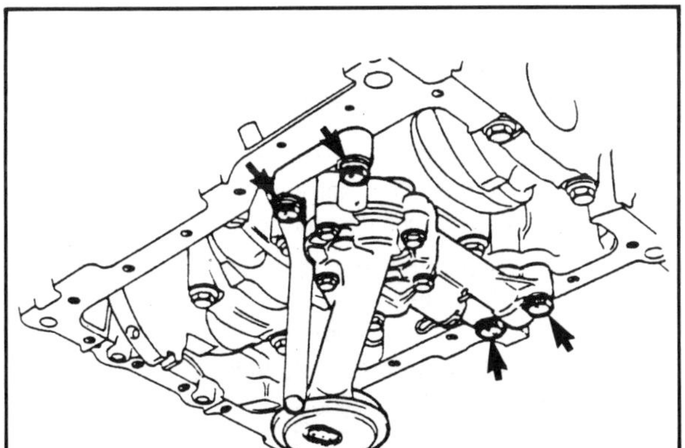

R-1632

- Befestigungsschrauben herausdrehen und Ölpumpe abnehmen. Die Abbildung zeigt die Ölpumpe der 1,7-/1,8-/1,9-l-Motoren (F-Motoren).
- Antriebswelle der Ölpumpe von Hand drehen und dadurch Ölpumpe auf Leichtgängigkeit prüfen.
- Ölsieb in Kraftstoff reinigen.

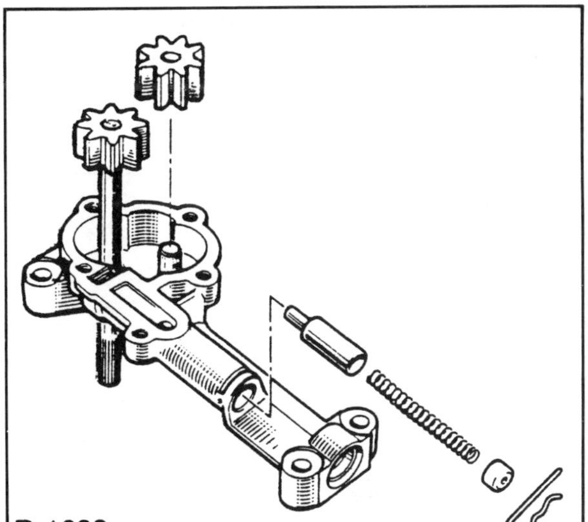

R-1633

- Ölpumpendeckel abschrauben.
- Sicherungssplint entfernen und Überdruckventil mit Feder herausnehmen.

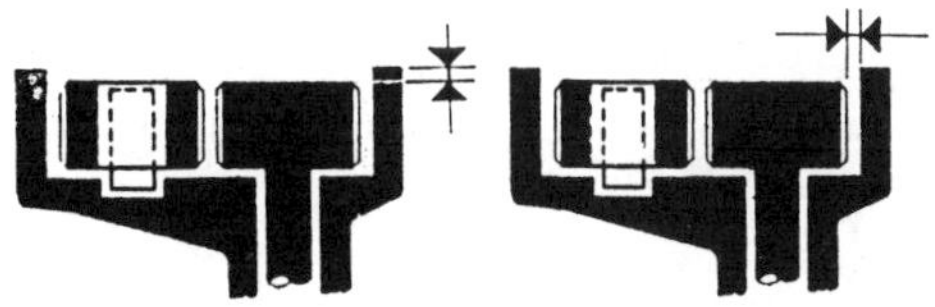

T-1612

- Radialspiel zwischen den Zahnrädern und dem Pumpengehäuse mit Fühlerlehre ausmessen. Maximales Spiel für alle Motoren: **0,24 mm**.
- Axialspiel zwischen Zahnradstirnseiten und Pumpendeckel ausmessen, es darf höchstens **0,085 mm** betragen, sonst Zahnräder oder ganze Ölpumpe ersetzen.
- Die beiden Pumpenräder mit der Antriebswelle herausnehmen. Gehäuse sowie Rotoren auf Riefen und Abnutzung prüfen. Gegebenenfalls Ölpumpe ersetzen.
- Ölpumpe zerlegen und alle Teile in Kraftstoff reinigen.

Einbau

- Überdruckventil in das Pumpengehäuse einsetzen.
- Pumpenräder einsetzen.
- Ölpumpendeckel anschrauben.

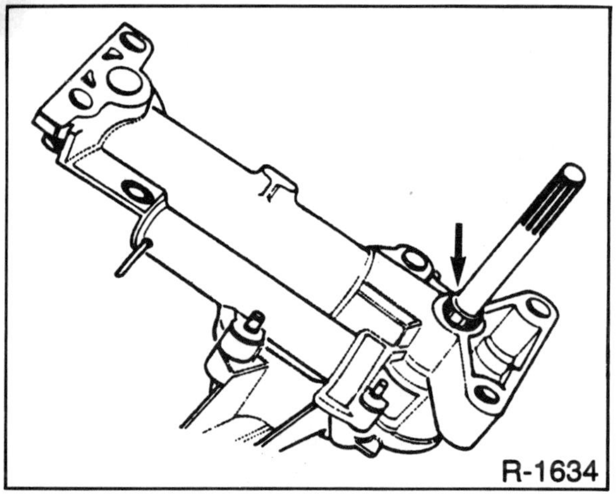

- **1,7-/1,8-/1,9-l-Motoren (F-Motoren):** Zentrierhülse –Pfeil– muß vorhanden sein, gegebenenfalls einsetzen.
- Pumpen-Antriebswelle zur Kontrolle von Hand durchdrehen und auf leichten Lauf prüfen.
- Ölpumpe in den Motor einsetzen, die Befestigungsschrauben mit 25 Nm festziehen. Beim E-Motor sind Zentrierhülsen zur Fixierung der Ölpumpe eingebaut, diese nicht vergessen.
- **E-Motor:** Antriebsritzel mit aufgelegter Antriebskette mit 3 Schrauben an der Ölpumpe anschrauben. Schrauben nicht zu fest anziehen, ca. 10 Nm.
- Ölwanne einbauen.
- Fahrzeug ablassen.
- Motoröl einfüllen.

Störungsdiagnose Ölkreislauf

Störung	Ursache	Abhilfe
Kontrollicht leuchtet nicht nach Einschalten der Zündung	Öldruckschalter defekt	■ Zündung einschalten, Leitung vom Öldruckschalter abziehen und gegen Masse halten Wenn die Lampe aufleuchtet, Schalter ersetzen
	Strom zum Schalter unterbrochen, Kontakte korrodiert	■ Elektrische Leitung und Anschlüsse prüfen
	Kontrollampe defekt	■ Kontrollampe ersetzen
Kontrollicht verlischt nicht nach Anspringen des Motors	Öl sehr warm	■ Unbedenklich, wenn Kontrollicht beim Gasgeben verlischt
Kontrollicht verlischt nicht beim Gasgeben bzw. leuchtet während der Fahrt	Öldruck zu gering	■ Ölstand prüfen, ggf. auffüllen; Öldruck nach Vorschrift prüfen
	Elektrische Leitung zum Öldruckschalter hat Kurzschluß gegenüber Masse	■ Kabel am Schalter abziehen und isoliert ablegen (nicht gegen Masse legen), Zündung einschalten. Wenn die Kontrollampe aufleuchtet, Leitung überprüfen
	Öldruckschalter defekt	■ Schalter auswechseln
Zu niedriger Öldruck im gesamten Drehzahlbereich	Zu wenig Öl im Motor	■ Motoröl nachfüllen
	Ansaugsieb in der Saugglocke verschmutzt	■ Ölwanne ausbauen, Ansaugsieb reinigen
	Ölpumpe verschlissen	■ Ölpumpe ausbauen und prüfen, gegebenenfalls ersetzen
	Lagerschaden	■ Motor demontieren
Zu niedriger Öldruck im unteren Drehzahlbereich	Öldruckregelventil klemmt in offenem Zustand durch Verschmutzung	■ Ventil ausbauen und prüfen
Zu hoher Öldruck bei Drehzahlen über 2000/min	Öldruckregelventil öffnet nicht wegen Verschmutzung	■ Ventil ausbauen und prüfen

Die Motor-Kühlung

Kühlmittelkreislauf beim 1,7-/1,8-/1,9-l-Motor

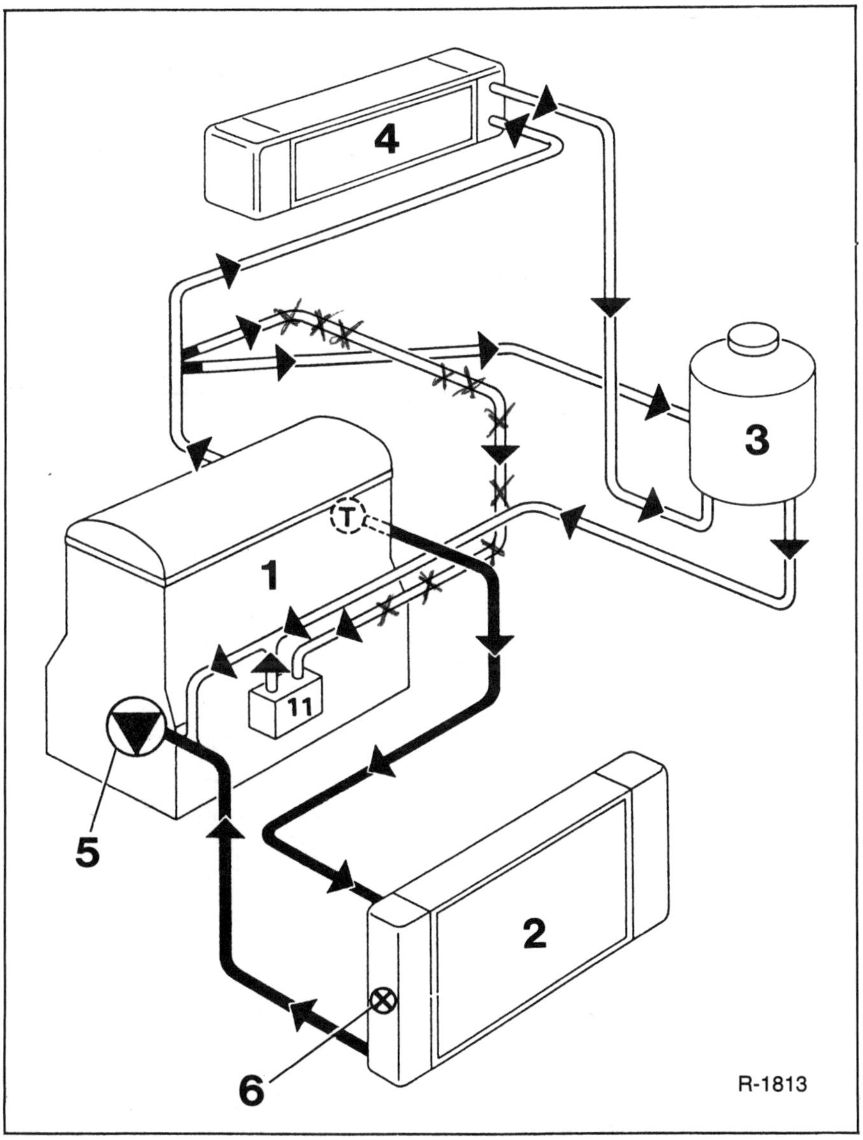

1 – Motor
2 – Kühler
3 – Ausgleichbehälter
4 – Wärmetauscher
5 – Kühlmittelpumpe
6 – Thermoschalter für Lüfter
11 – Kraftstoffvorwärmung (nur Dieselmotor)
T – Kühlmittelregler (Thermostat)

Der Kühlmittelkreislauf

Das Kühlsystem besteht im wesentlichen aus Kühler, Kühlmittelpumpe, Thermostat und elektrisch betriebenem Lüfter.

Der Kühlmittelkreislauf wird thermostatisch geregelt. Solange der Motor kalt ist, zirkuliert das Kühlmittel nur im Motorblock und im Wärmetauscher der Fahrgast-Heizung. Mit zunehmender Erwärmung öffnet der Thermostat den Kühlmittelstrom durch den Kühler. Das Kühlmittel wird von der Kühlmittelpumpe bewegt, die durch einen Keilriemen (1,4-l-Motor: durch den Zahnriemen) angetrieben wird. Die Kühlflüssigkeit durchströmt den Kühler von oben nach unten und wird dabei durch die an den Kühlrippen vorbeistreichende Luft gekühlt.

Ein elektrisch betriebener Lüfter sorgt für zusätzliche Kühlung. Sobald die Kühlmitteltemperatur auf ca. +92° C steigt, schaltet ein Thermoschalter über ein Relais den Lüfter zu. Sinkt die Kühlmitteltemperatur unter +82° C, schaltet der Thermoschalter den Lüfter wieder aus.

Der Ausgleichbehälter dient als Vorratsbehälter für Kühlmittel und fängt das sich bei Erwärmung ausdehnende Kühlmittel auf. Nachgefüllt wird das Kühlmittel nur über den Ausgleichbehälter.

Achtung: Bei Arbeiten in der Nähe des Lüfters bei warmem Motor darauf achten, daß der Lüfter unversehens einschalten kann, wenn durch Stauwärme die Temperatur im Bereich des Thermoschalters ansteigt.

Inhalt des Kühlsystems, siehe Seite 11.

Kühler-Frostschutzmittel

Die Kühlanlage wird vom Werk mit einer Mischung aus Wasser und Kühlerfrost- und Korrosions-Schutzmittel aufgefüllt. Das Kühlkonzentrat verhindert Frost- und Korrosionsschäden und hebt außerdem die Siedetemperatur des Wassers an. Deshalb muß das Kühlsystem unbedingt ganzjährig mit Kühlerfrost- und Korrosionsschutzmittel gefüllt sein.

Achtung: Nur von RENAULT freigegebene Kühlkonzentrate verwenden, zum Beispiel GLACEOL AL Typ C. Das Kühlkonzentrat muß für Aluminium-Bauteile geeignet sein.

Da der Korrosionsschutz-Anteil in der Kühlflüssigkeit nach einiger Zeit an Wirkung verliert, sollte die Kühlflüssigkeit gewechselt werden, wenn Aluminiumteile des Kühlsystems erneuert wurden.

Kühlmittel-Mischungsverhältnis

Motor	1,4 l		1,7-/1,8-/1,9 l	
Füllmenge	5,4 l		ca. 6,5 l	
Frostschutz bis	Kühlkonzentrat	Wasser	Kühlkonzentrat	Wasser
−25° C	2,0 l	3,4 l	2,3 l	4,2 l
−40° C	2,7 l	2,7 l	3,25 l	3,25 l

Der Frostschutz sollte in unseren Breiten bis ca. −25° C reichen.

Achtung: Es sollten nicht über 60% Kühlkonzentrat in der Kühlflüssigkeit verwendet werden, da sich dann der Frostschutz wieder vermindert. Außerdem verringert sich die Kühlleistung.

Kühlmittelregler aus- und einbauen/prüfen

Der Kühlmittelregler (Thermostat) öffnet mit zunehmender Erwärmung des Motors den Kühlmittelkreislauf durch den Kühler. Bleibt der Kühlmittelregler durch einen Defekt geschlossen, wird der Motor zu heiß. Erkennbar ist das am Aufleuchten der Temperatur-Kontrollampe, während gleichzeitig der Kühler kalt bleibt. Ein defekter Thermostat kann aber auch nach dem Abkühlen der Kühlflüssigkeit weiterhin geöffnet bleiben. Dies erkennt man daran, daß der Motor nicht mehr seine Betriebstemperatur erreicht beziehungsweise daß im Winter die Heizleistung nachläßt.

Achtung: Wenn der Motor nach kurzer Fahrstrecke heiß wird, kann das auch daran liegen, daß sich der Kühler aufgrund von Kalkablagerungen zugesetzt hat, der Lüfter ausgefallen ist oder der Keilriemen gerissen ist (nicht beim 1,4-l-Motor).

Ausbau

- Massekabel (−) von der Batterie abklemmen.
- Kühlmittel ablassen und auffangen, siehe Kapitel »Wartung«.

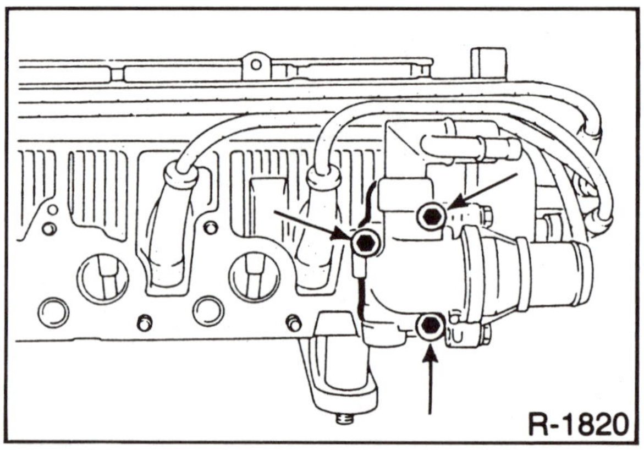

- **1,4-l-Motor (E-Motor):** Kühlmittelschlauch am Zylinderkopf abziehen, vorher Schelle lösen und zurückschieben.

Schrauben –Pfeile– herausdrehen und Thermostatgehäuse abnehmen. Beim älteren 1,4-l-Motor (C-Motor) oberen Kühlmittelschlauch zum Kühler an der Kühlmittelpumpe demontieren und Einbaulage des Kühlmittelreglers notieren. Regler aus dem Schlauch herausnehmen.

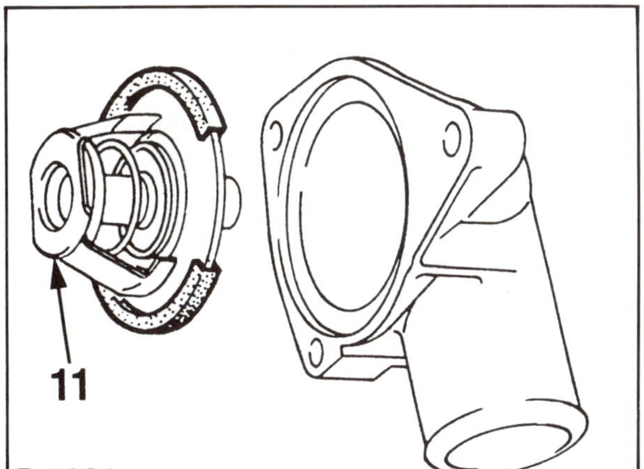

R-1821

- **1,7-/1,8-l-Motor und Dieselmotor (F-Motoren):** Der Kühlmittelregler sitzt seitlich am Zylinderkopf unterhalb vom Zündverteiler, beim Dieselmotor unterhalb der Unterdruckpumpe. Schlauchschelle ganz öffnen und zurückschieben. Serienmäßige Klemm-Schlauchschellen mit Seitenschneider durchtrennen und durch Schlauchschellen zum Schrauben ersetzen.
- 3 Schrauben lösen und Gehäuse mit Dichtung und Kühlmittelregler herausnehmen.

Prüfen

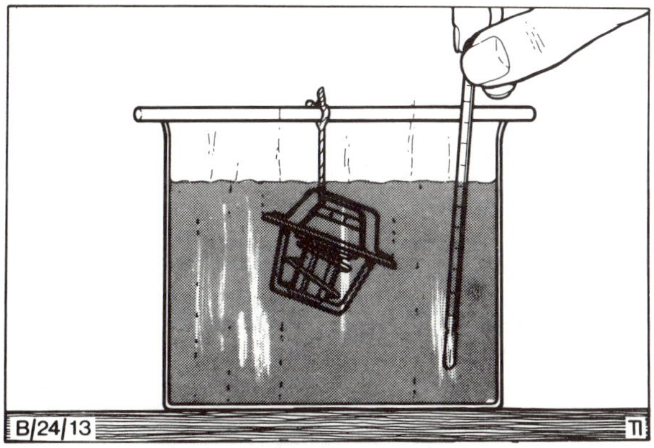

B/24/13

- Kühlmittelregler im Wasserbad langsam erwärmen. Dabei darf der Thermostat nicht die Wände des Behälters berühren. Der Thermostat muß vollständig eingetaucht sein. Temperatur mit einem geeigneten Thermometer kontrollieren.
- Bei einer Temperatur von ca. +86° C (Dieselmotor: +82° C) beginnt der Thermostat mit der Öffnung der Regelklappe. **Achtung:** Die Öffnungstemperatur kann je nach Regler unterschiedlich sein. Sie ist auf dem Regler eingeprägt.
- Die größte Öffnung erreicht der Kühlmittelregler bei ca. +98° C. Der Kühlmittelregler muß jetzt ganz geöffnet sein, das heißt die Regelklappe muß ca. 7,5 mm vom Anschlag abgehoben haben.
- Anschließend prüfen, ob sich der Regler beim Abkühlen wieder schließt, andernfalls Regler ersetzen.

Einbau

- Regler in das Gehäuse einsetzen.
- **1,7-/1,8-l- und Diesel-Motor:** Thermostatgehäuse mit neuer Gummidichtung einsetzen, 3 Schrauben mit Unterlegscheiben und 20 Nm anziehen.

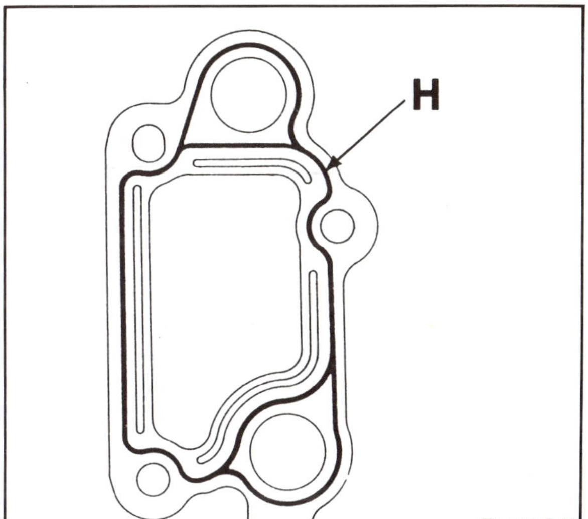

R-1822

- **1,4-l-Motor (E-Motor):** Dichtflächen am Zylinderkopf und Thermostatgehäuse reinigen. Auf die Dichtfläche eine Raupe Dichtmittel »LOCTITE 518« auftragen. Die Dichtmittelraupe –H– muß zwischen 0,6 und 1 mm breit sein und wie auf der Abbildung angegeben aufgetragen werden.
- Kühlmittelschlauch aufschieben und mit Schraubschelle sichern.
- Kühlmittel auffüllen, siehe Kapitel »Wartung«.

Thermoschalter prüfen

Der Thermoschalter ist in den Kühler eingeschraubt. Er schaltet den elektrischen Lüfter zu, wenn die Kühlflüssigkeit eine bestimmte Temperatur erreicht hat. Der Schalter ist zu prüfen, wenn bei heißem Kühler der Elektrolüfter nicht einschaltet. **Prüfvoraussetzungen:** Thermostat und Überdruckventil im Verschlußdeckel des Ausgleichbehälters sind in Ordnung. Bei einem Defekt an diesen Teilen kann der Thermoschalter den Lüfter nicht zuschalten, weil er dann nicht durch die Kühlflüssigkeit erwärmt wird.

- Stecker vom Thermoschalter abziehen und beide Kontakte im Stecker mit kurzer Prüfleitung verbinden.
- Zündung einschalten. Wenn der Lüfter jetzt anläuft, Thermoschalter ersetzen.
- Andernfalls Stecker am Lüftermotor auf festen Sitz und guten Kontakt prüfen. Elektrische Leitungen, Relais und Lüftermotor nach Schaltplan prüfen.
- Neuen Thermoschalter mit neuem Dichtring anschrauben und Funktion überprüfen. Motor warmfahren und solange im Leerlauf drehen lassen, bis der Lüfter für Kühlmittel einschaltet.

Kühler aus- und einbauen

Nach längerer Laufzeit des Fahrzeuges können sich die dünnen Kanäle im Kühler durch Rückstände im Kühlmittel und Kalkablagerungen zusetzen. Dadurch läßt die Kühlleistung stark nach und der Motor wird zu warm. In diesem Fall hilft nur ein Austauschen des Kühlers.

Ausbau

- Massekabel von Batterie abklemmen.
- Kühlmittel ablassen, siehe Seite 68.
- Oberen und unteren Kühlmittelschlauch am Kühler abziehen, vorher Schellen lösen und ganz zurückschieben.
- Schlauch zum Ausgleichbehälter vom Kühler abziehen, vorher Klemmschelle lösen.
- Kabel vom Thermoschalter am Kühler abziehen.
- Kabel für Kühlerlüfter abziehen.
- Obere Befestigungklemme für Kühler hochdrücken, Kühler nach hinten schwenken und zusammen mit Lüfter herausnehmen. Bei Platzproblemen zusätzlich den Kühlerlüfter ausbauen.

Achtung: Die Kühlerlamellen sind mitunter recht scharfkantig, es empfiehlt sich deshalb, zum Herausheben des Kühlers Arbeitshandschuhe zu verwenden.

Achtung: Falls der Kühler länger als 48 Stunden ausgebaut bleibt, Kühler mit klarem Wasser durchspülen, mit Preßluft ausblasen und Öffnungen verstopfen. Der Kühler kann auch mit Kühlflüssigkeit gefüllt und mit verschlossenen Öffnungen abgelegt werden. Sonst bildet sich Korrosion, was eine spätere Undichtigkeit zur Folge hat.

Einbau

- Falls erforderlich, Thermoschalter und Lüfter auf neuen Kühler umbauen.
- Sämtliche Kühlmittelschläuche auf Einschnitte, Risse und sonstige Beschädigungen überprüfen und, falls erforderlich, auswechseln. Gummitüllen der Kühlerhalterung auf einwandfreien Zustand prüfen.
- Kühler von oben so einsetzen, daß die Befestigungszapfen des Kühlers in die Gummitüllen unten am Halter eingreifen.
- Obere Klemme hochdrücken, Kühler nach vorn schwenken und einrasten.
- Oberen und unteren Kühlmittelschlauch aufschieben und mit Schraubschellen sichern.
- Kühlmittelschlauch zum Ausgleichbehälter aufschieben und mit Schelle sichern.
- Anschlußkabel an Thermoschalter und Lüfter aufstecken.
- Kühlmittel auffüllen, siehe Seite 68.
- Batterie-Massekabel anklemmen.
- Motor warmlaufen lassen und Schlauchanschlüsse auf Dichtheit prüfen.
- Kühlmittelstand kontrollieren, gegebenenfalls Kühlmittel nachfüllen.

Lüftermotor aus- und einbauen

Ausbau

- Batterie-Massekabel abklemmen.
- Lüfterkabel am Stecker trennen.

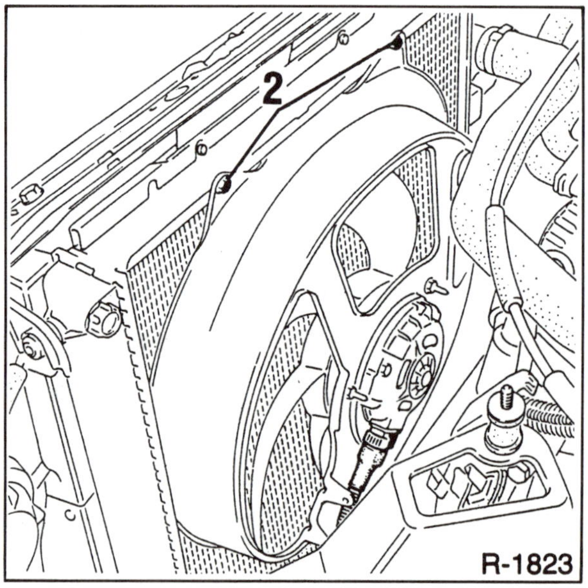

- Befestigungsschrauben –2– vom Lüfterhalter an Kühler abschrauben. Bei anderer Ausführung ist der Lüfterhalter angenietet, Nietköpfe ankörnen und abbohren.

- Lüftermotor mit Halter nach hinten schwenken und nach oben herausnehmen, dabei aus den 2 Klammern an der Unterseite herausziehen.
- Lüfterrad festhalten und Zentralschraube vom Motor abschrauben. **Achtung:** Diese Schraube hat Linksgewinde, also rechtsherum abschrauben. Lüfterrad abnehmen.
- Motor vom Halter abschrauben.

Einbau

- Lüftermotor an Halter, Lüfterrad an Motor aufschrauben. Die Zentralschraube hat Linksgewinde, also linksherum aufschrauben.
- Motor mit Halter am Kühler festschrauben.
- Lüfterkabel zusammenstecken.
- Funktion prüfen. Dazu Motor warmlaufen lassen, bis der Lüfter einschaltet.

Kühlsystem druckprüfen

Undichtigkeiten im Kühlsystem und die Funktion des Überdruckventils im Verschlußdeckel des Ausgleichbehälters, beziehungsweise des Kühlers können mit einem speziellen Druckprüfer überprüft werden.

Beschrieben wird die Prüfung mit dem RENAULT-Prüfgerät.

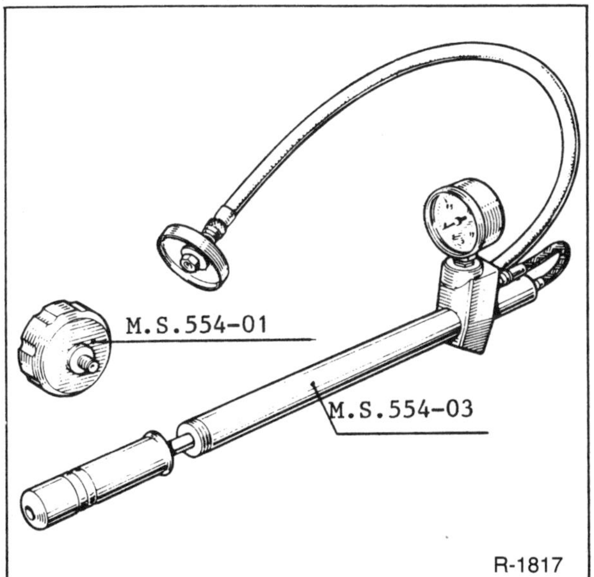

R-1817

- Anstelle des Verschlußdeckels für den Ausgleichbehälter das Anschlußstück M.S.554-01 anschrauben.
- Motor auf Betriebstemperatur bringen, der untere Schlauch am Kühler muß warm sein.
- Motor abstellen und Batterie-Massekabel abklemmen.
- Druckprüfgerät M.S.554-03 am Anschlußstück M.S.554-01 anschrauben.
- Kühlsystem durch Pumpen unter Druck setzen. Und zwar muß der Druck um 0,1 bar über dem Öffnungsdruck des Ausgleichventils im Deckel liegen. Der Öffnungsdruck steht auf dem Verschlußdeckel und beträgt in der Regel: 1,2 bar (braunes Ventil). Ist ein weißes Ventil eingebaut, beträgt der Öffnungsdruck 0,8 bar.
- Der aufgebaute Druck muß ca. 2 Minuten konstant gehalten werden. Fällt der Druck ab, undichte Stelle im Kühlsystem ermitteln. Durch den erhöhten Druck läuft an der Leckstelle Kühlflüssigkeit aus.
- Anschlußstück M.S.554-01 langsam abschrauben und dadurch Druck entweichen lassen. Zur Sicherheit Lappen um Anschlußstück legen, Verbrühungsgefahr durch heiße Kühlflüssigkeit.

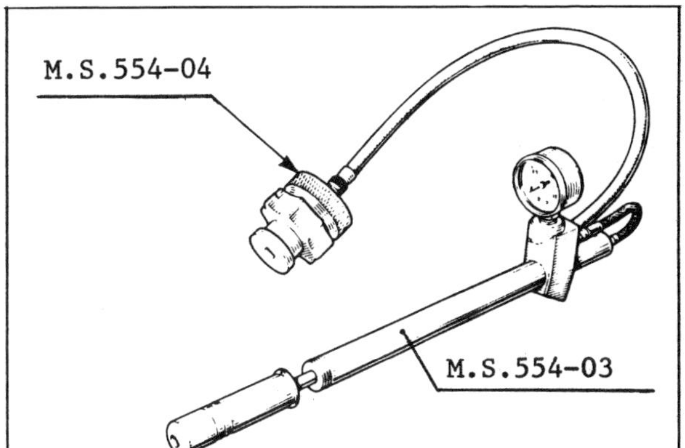

R-1818

- Ausgleichventil prüfen. Das Ausgleichventil sitzt im Deckel des Ausgleichbehälters. Es hat die Aufgabe, ab einem bestimmten Überdruck das Kühlsystem zu öffnen, damit Schäden vermieden werden. Der Öffnungsdruck ist an der Farbe erkennbar, siehe oben.
- Zur Prüfung Anschlußstück M.S.554-04 auf Prüfgerät schrauben und dann Verschlußdeckel wie in der Abbildung gezeigt anschließen.
- Druck aufbauen. Der Druck muß sich im Bereich des Öffnungsdruckes ± 0,1 bar stabilisieren. Andernfalls Deckel ersetzen.
- Verschlußdeckel am Ausgleichbehälter anschrauben, Gummidichtring bei Beschädigung erneuern.
- Batterie-Masseband anklemmen, Motor laufen lassen und Kühlmittelstand kontrollieren.

Kühlmittel-Temperaturfühler prüfen/aus- und einbauen

Der Temperaturfühler mißt die Motortemperatur und gibt sie an das Benzineinspritz-Steuergerät weiter. Der Fühler beinhaltet ein NTC-Element (NTC = Negativer Temperatur-Coeffizient), das seinen Widerstand bei steigender Temperatur verringert. Bei defektem Fühler nimmt das Steuergerät als Ersatzwert eine Kühlmitteltemperatur an, die dem betriebswarmen Motor entspricht. Das führt bei niedrigen Außentemperaturen und kaltem Motor zu Startschwierigkeiten und unruhigem Motorlauf.

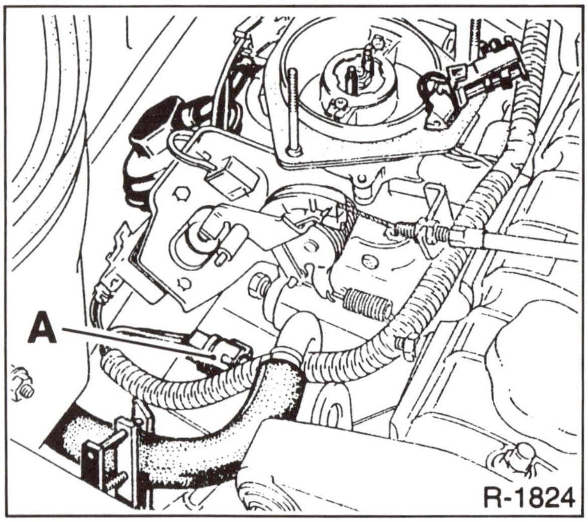

Einbaulage bei Bendix-Einpunkt-Einspritzanlage (SPI): Im Ansaugrohr des Motors (Kühlmittelbeheizt). Bei sonstigen SPI-Einspritzanlagen liegt der Temperaturfühler seitlich am Motorblock unterhalb des Zündverteilers.

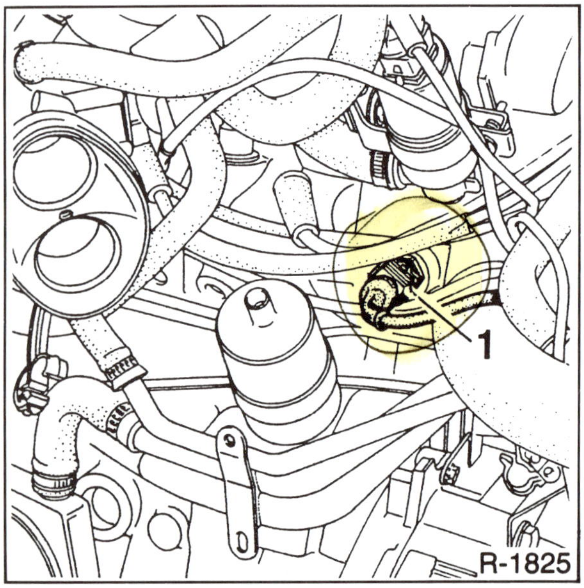

Einbauort bei Mehrpunkt-Einspritzanlage (MPI): Am Zylinderkopf in der Nähe von Ölabscheider/Leerlaufregulierventil.

Temperaturfühler prüfen

- Mehrfachstecker abziehen. Dabei am Stecker, nicht am Kabel ziehen.
- Voltmeter zwischen Stecker des Temperaturfühlers und Masse anschließen.
- Zündung einschalten und prüfen, ob Spannung anliegt. Liegt keine Spannung an, Leitung auf Durchgang prüfen.
- Ohmmeter an die beiden Kontakte des Temperaturfühlers anschließen. Meßwert bei vorhandener Temperatur mit Sollwert vergleichen:
  Bei einer Motortemperatur von +4° C muß der Widerstand am Temperaturfühler ca. 7,5 kΩ betragen.
  Sollwerte bei +20° C: 3,5 ± 0,5 kΩ; bei +80° C: 335 ± 35 Ω; bei +90° C: 240 ± 30 Ω.
- Wenn der Widerstand des Temperaturfühlers unterbrochen ist, die Anzeige des Meßgerätes ist dann ∞ (unendlich), muß der Temperaturfühler ersetzt werden.
- Stimmt der Meßwert nicht mit dem Sollwert überein, Fühler herausschrauben.

Achtung: Damit beim Ausbau des Fühlers kein Kühlmittel ausläuft, Kühlmittel vorher zum Teil ablassen und auffangen.

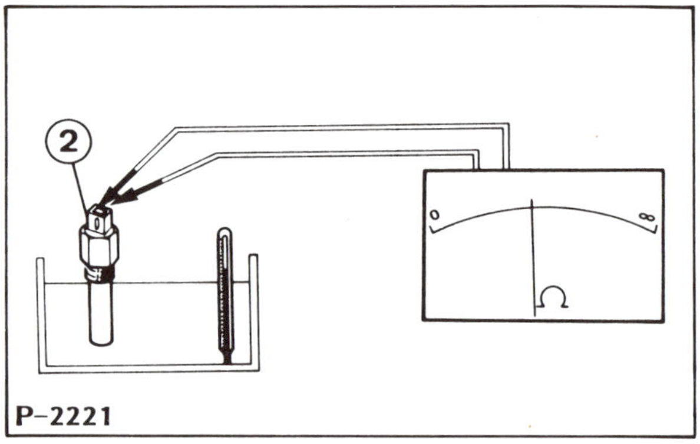

- Temperaturfühler in ein mit Wasser gefülltes Gefäß tauchen. Dabei Temperaturfühler mit Draht aufhängen, ohne daß er mit der Gefäßwand in Berührung kommt.
- Ohmmeter anklemmen.
- Wasser im Gefäß allmählich erwärmen und bei den angegebenen Temperaturen Widerstandswerte mit Sollwerten vergleichen.
- Falls die Werte nicht übereinstimmen, Temperaturfühler ersetzen.
- Temperaturfühler einschrauben und nicht zu fest anziehen. Stecker aufschieben.
- Kühlmittel auffüllen und entlüften.
- Probefahrt durchführen und Temperaturfühler-Anschluß auf Dichtigkeit überprüfen.

Kühlmittelpumpe aus- und einbauen

Motoridentifizierung, siehe Seite 13.

Die Kühlmittelpumpe kann nicht instand gesetzt werden. Bei einem Defekt ist die gesamte Pumpe auszutauschen. Bei einem Defekt der Wellendichtung läuft vor allem bei laufendem Motor Kühlflüssigkeit am Motorblock herunter.

Ausbau 1,4-l-Einspritzmotor (E-Motor)

Die Kühlmittelpumpe wird hier vom Zahnriemen der Motorsteuerung angetrieben.

- Batterie-Massekabel (–) abklemmen.
- Kühlmittel ablassen.
- Zahnriemenabdeckung ausbauen und Zahnriemen entspannen, siehe Seite 27.
- Spannrolle für Zahnriemen abschrauben.

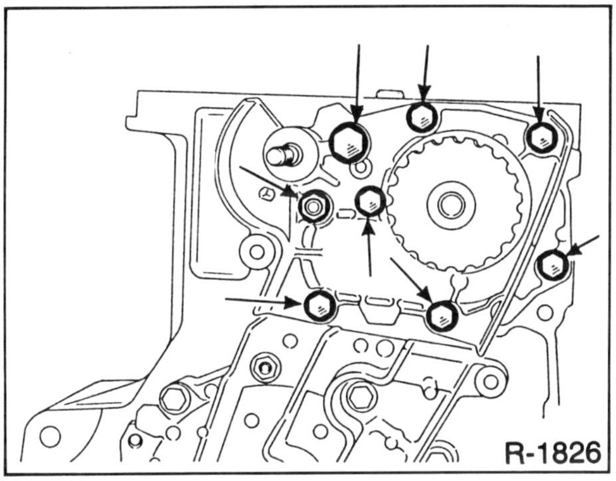

- Kühlmittelpumpe abschrauben –Pfeile–. Pumpe aus dem Motorblock herausnehmen.

Einbau

- Dichtflächen an Motorblock und Kühlmittelpumpe zuerst mit einer scharfen Klinge reinigen, dann mit trockenem Lappen abwischen, damit Dichtungsreste und andere Rückstände entfernt werden.

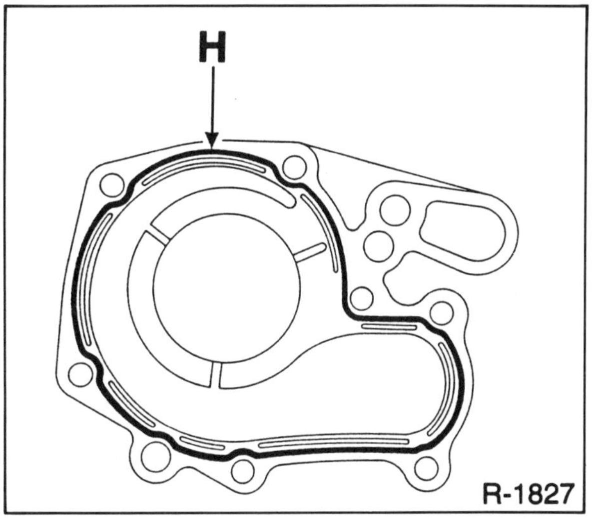

- In einem Stück (ohne Unterbrechung) auf dem Pumpengehäuse einen Strang von Dichtmasse »LOCTITE 518« mit einem Durchmesser von ungefähr 0,6 bis 1 mm anbringen und darauf achten, daß die beiden Enden des Strangs gut miteinander verbunden sind.
- Neue Pumpe vorsichtig einsetzen, die Pumpe darf im Motorblock nicht verdreht werden. Schrauben nicht zu fest anziehen, Drehmoment 15 Nm.
- Spannrolle einsetzen und Mutter für Spannrolle aufschrauben.
- Zahnriemen einbauen und spannen, siehe Seite 27.
- Mindestens 1 Stunde warten, bis Kühlmittel eingefüllt wird, damit das Dichtmittel erhärten kann. Erst dann Kühlmittel auffüllen.
- Batterie-Massekabel (–) anklemmen.
- Motor warmfahren. Danach Fahrzeug auf trockener Fläche abstellen und Kühlanlage auf Dichtheit prüfen.

1,7-/1,8 l-Benzinmotoren, Dieselmotor (F-Motoren)

Ausbau

- Die Kühlmittelpumpe sitzt seitlich im Motorblock. Sie wird vom Keilriemen angetrieben, der auch den Generator antreibt.
- Batterie-Massekabel (–) abklemmen.
- 3 Schrauben für Riemenscheibe an der Kühlmittelpumpe lockern.
- Rillen-Keilriemen ausbauen, siehe Seite 38.
- Riemenscheibe an der Kühlmittelpumpe abschrauben.
- Kühlmittel ablassen.

R-1828

- Befestigungsschrauben –Pfeile– für Kühlmittelpumpe am Motorblock abschrauben, Kühlmittelpumpe mit Dichtung abnehmen.
- Dichtungsreste entfernen.

Einbau

- Dichtung ersetzen, kein zusätzliches Dichtmittel verwenden. Dichtflächen müssen trocken und sauber sein.
- Kühlmittelpumpe einsetzen, Schrauben mit 20 Nm festziehen.
- Keilriemen einbauen, siehe Seite 38.
- Kühlmittel auffüllen und Kühlsystem entlüften, siehe Seite 68.
- Batterie-Massekabel anklemmen.
- Nach Probefahrt Dichtigkeit der Kühlanlage prüfen.

Kühlmittel wechseln

Alle 3 Jahre oder 50000 km sollte das Kühlmittel im Rahmen der Wartung gewechselt werden.

Achtung: Wird die Kühlflüssigkeit im Rahmen einer Reparatur abgelassen, sollte sie zur Wiederverwendung aufgefangen werden, da die Kühlflüssigkeit ein Frost- und Korrosionsschutzmittel enthält. Wird allerdings die Kühlmittelpumpe, der Kühler oder der Zylinderkopf ersetzt, Kühlflüssigkeit grundsätzlich erneuern. Nur von RENAULT freigegebenen Kühlmittelzusatz verwenden, siehe Seite 62.

Ablassen

- Verschlußdeckel vom Ausgleichbehälter abschrauben.

Achtung: Bei heißem Motor vor dem Öffnen des Deckels einen dicken Lappen auflegen, um Verbrühungen durch heiße Kühlflüssigkeit oder Dampf zu vermeiden. Deckel nur bei Kühlmitteltemperaturen unter +90° C abnehmen.

- Verschlußdeckel am Einfüllstutzen des Kühlers herausschrauben.
- Sauberes Auffanggefäß unter Kühler und Motor stellen.
- Unteren Schlauch vom Kühler abziehen, vorher Klemmschelle lösen und ganz zurückschieben.
- Falls auch das Kühlmittel aus dem Motor abgelassen werden muß, beispielsweise bei Motorreparaturen, Ablaßschraube am Motorblock herausdrehen. Lage der Ablaßschrauben, siehe folgende Abbildungen.

E-Motor (1,4-l-Einspritzmotor)

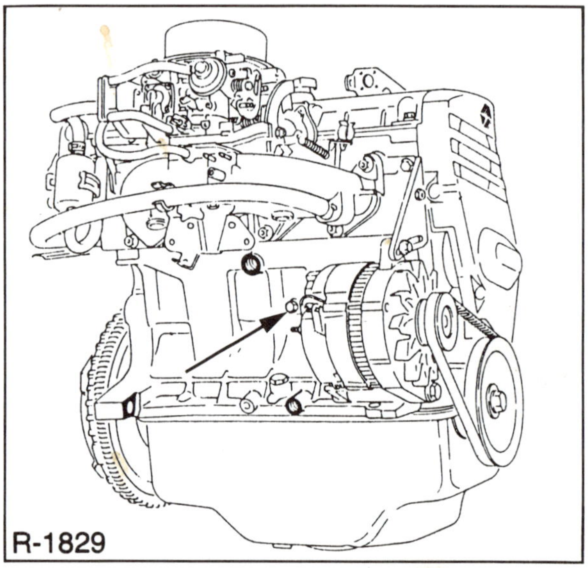

R-1829

F-Motoren (alle ab 1,7-l-Hubraum)

R-1830

Beim F-Motor sitzt die Ablaßschraube an der Motorblockrückseite oberhalb der Zwischenwelle.

- Kühlmittel ganz ablaufen lassen.
- Ablaßschraube am Motorblock mit neuem Dichtring einschrauben.
- Unteren Kühlmittelschlauch am Kühler aufschieben und mit Schraubschelle sichern.

Auffüllen

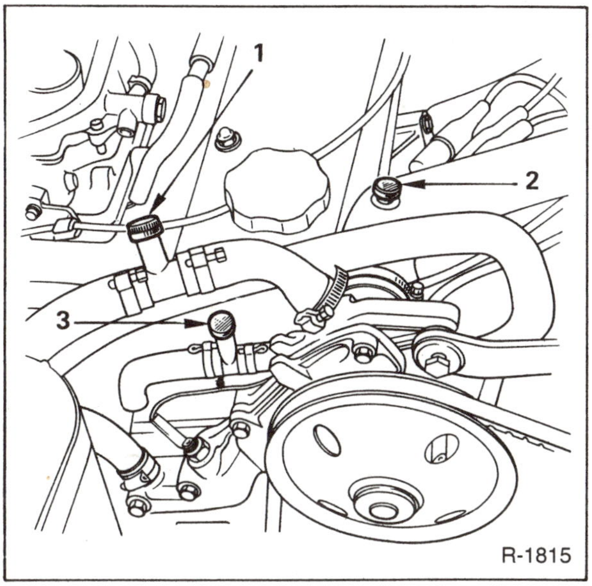

- **C-Motor (1,4-l-Vergasermotor bis 1/90):** Entlüftungsschrauben –1–, –2–, –3– öffnen. Dann Kühlsystem über den Einfüllstutzen am Kühler füllen. Verschlußdeckel aufsetzen und festdrehen.

- Alle Motoren außer C-Motor: Entlüftungsschraube oben am Kühler öffnen. Je nach Version befindet sich die Entlüftungsschraube links oder rechts am Kühler.
- Kühlmittel über den Ausgleichbehälter auffüllen bis es an den Entlüftungsöffnungen austritt. Sobald die Kühlflüssigkeit in einem gleichmäßigen Strahl austritt, Entlüfterschrauben schließen.
- Kühlmittel im Ausgleichbehälter bis zur Markierung »MAXI« auffüllen. Verschlußdeckel mit Ausgleichventil aufsetzen und festschrauben. Vorher kontrollieren, ob die Gummidichtung am Deckel intakt ist.
- Motor anlassen und ca. 10 Minuten mit 1500/min laufen lassen. Der Motor muß Betriebstemperatur erreichen, der Kühlventilator muß sich eingeschaltet haben. Während des Warmlaufens Kühlmittelstand beobachten, gegebenenfalls zwischendurch nachfüllen.
- Nach dem Abkühlen des Motors Flüssigkeitsstand im Ausgleichbehälter prüfen. Falls erforderlich, Kühlmittel bis zur Markierung »MAXI« auffüllen.

Achtung: Entlüftungsschrauben niemals bei laufendem Motor öffnen. Bei unzureichend entlüftetem Kühlsystem kann es in einigen Bereichen zu Überhitzungen kommen.

- Kühlsystem, insbesondere Schlauchanschlüsse sowie Ablaßschraube und Kühlmittelpumpe, auf Dichtheit prüfen.

Störungsdiagnose Motorkühlung

Störung: Die Kühlmitteltemperatur ist zu hoch, Anzeige steht im roten Bereich

Ursache	Abhilfe
Zu wenig Kühlflüssigkeit im Kreislauf	■ Ausgleichbehälter muß bis zur Markierung voll sein. Gegebenenfalls Kühlmittel nachfüllen. Kühlsystem auf Dichtheit prüfen.
Kühlmittelregler (Thermostat) öffnet nicht, Kühlflüssigkeit zirkuliert nur im kleinen Kreislauf	■ Prüfen, ob der obere Kühlmittelschlauch warm wird. Wenn nicht, Regler ausbauen und prüfen, ggf. Regler ersetzen. Unterwegs: Thermostat ausbauen. Ohne Thermostat erreicht der Motor seine normale Betriebstemperatur später oder gar nicht, deshalb defekten Thermostat alsbald ersetzen.
Keilriemenspannung für Kühlmittelpumpe zu gering	■ Spannung prüfen und einstellen (gilt nicht beim 1,4-l-Motor).
Kühlerlamellen verschmutzt	■ Kühler von der Motorseite her mit Preßluft durchblasen.
Kühler innen durch Kalkablagerungen oder Rost zugesetzt, unterer Kühlerschlauch wird nicht warm	■ Kühler erneuern.
Elektrolüfter läuft nicht	■ Stecker an Thermoschalter und Lüftermotor auf festen Sitz und guten Kontakt prüfen. ■ Thermoschalter prüfen. Unterwegs: Thermoschalter überbrücken. Der Lüfter läuft dann immer mit, solange die Zündung eingeschaltet ist. In der Regel ist die Zusatzkühlung durch den Lüfter nur im Stadt- und Kurzstreckenverkehr erforderlich. ■ Prüfen, ob Spannung am Stecker für Lüftermotor anliegt (Zündung eingeschaltet, Stecker für Thermoschalter überbrückt). Wenn ja, Lüftermotor ersetzen.
Kühler-Verschlußdeckel defekt	■ Druckprüfung durchführen lassen (Werkstattarbeit).
Kühlmitteltemperaturanzeige defekt	■ Anzeigegerät/Geber überprüfen lassen.

Der Vergaser

Der RENAULT 19 wurde in Deutschland nur von November 1988 bis Januar 1990 mit Vergaser angeboten. Vergasermotoren haben keinen oder nur einen ungeregelten Katalysator, siehe auch Seite 13.

Vergaserzuordnung

Der 1,4-l-Motor (C-Motor) mit 44 kW/60 PS hat den Vergaser Zenith 32 IF 2, der 1,7-l-Motor (F-Motor) mit 55 kW/75 PS ist mit dem 2-Stufen-Vergaser Solex 32x34 Z 13 ausgerüstet. Motorenzuordnung, siehe Seite 13.

Vergasereinstellung

Jeder Vergaser wird im Werk geprüft und eingestellt. An dieser Einstellung sollte nichts verändert werden. Sehr hoher Kraftstoffverbrauch und schlechte Motorleistung haben nämlich fast immer andere Ursachen, wobei Fahrweise und Betriebsbedingungen eine besonders große Rolle spielen. Man kann sich für gewöhnlich auf ein sorgfältiges Einstellen des Leerlaufs beschränken. Eine korrekte Leerlaufeinstellung ist überhaupt wichtiger als man gemeinhin glaubt, denn sie beeinflußt noch bis zu mittleren Drehzahlen hinauf den Übergang des Motors.

Hinweis: In Deutschland muß die Schraube am Vergaser, mit der die Abgaszusammensetzung verändert werden kann, aufgrund gesetzlicher Bestimmungen mit einer Sicherungskappe eingriffsicher gemacht werden.

Die Sicherungskappe läßt sich mit einer Zange oder einem Schraubendreher entfernen. Bei manchen Kappen ist es zweckmäßig, eine Blechschraube mit einem Durchmesser von ca. 2 mm in die Kunststoffkappe einzuschrauben; dann mit einer Zange die Schraube mitsamt Kappe herausziehen. Die Sicherungskappen werden dabei zerstört. Nach einer Einstellung muß die Einstellschraube mit einer neuen Kappe (Ersatzteil für den betreffenden Vergaser) gesichert werden.

Sofern die Abgas-Werte nicht den gesetzlichen Vorschriften entsprechen, erlischt die ABE (Allgemeine Betriebserlaubnis). Fehlen am Vergaser die Sicherungskappen, kann dies bei einer polizeilichen Überprüfung des Fahrzeugs zu einem Bußgeldverfahren führen.

Achtung: Bei Arbeiten am Vergaser und der Kraftstoffzufuhr müssen bestimmte Sauberkeitsregeln beachtet werden, siehe Seite 79.

Störungen in der Kraftstoffzufuhr

Bei Störungen in der Kraftstoffzufuhr ist die Anlage in folgender Reihenfolge zu prüfen:

- Prüfen, ob Kraftstoff im Tank ist.
- Kraftstoffschlauch zwischen der (mechanischen) Kraftstoffpumpe und Vergaser am Vergaser abziehen und in geeignetes Gefäß halten. Anlasser kurz betätigen, dabei muß aus dem Schlauch stoßweise Kraftstoff austreten. **Achtung:** Brandgefahr, kein offenes Feuer!
- Wenn Kraftstoff gefördert wird, Vergaserdeckel ausbauen. Erweist sich das Schwimmergehäuse als leer, Schwimmernadelventil auf freien Durchgang prüfen, gegebenenfalls ersetzen.
- Förderdruck der Kraftstoffpumpe prüfen.
- Wird kein Kraftstoff gefördert, Zuleitung zur Kraftstoffpumpe abziehen.
- Wenn dort Kraftstoff herausläuft, das heißt die Zuleitung ist durchgängig, Pumpe auf Undichtigkeiten sichtprüfen. Anschließend Deckel der Kraftstoffpumpe mit einer Schraube abschrauben und das innenliegende Sieb in Kraftstoff reinigen.
- Läuft kein Kraftstoff heraus, Kraftstoffzufuhrleitung vom Tank ausbauen und durchblasen.
- Tankbelüftung auf Durchgang prüfen, reinigen.

Leerlaufdrehzahl und CO-Gehalt prüfen/einstellen

- Motor warmfahren und abstellen. Der untere Kühlmittelschlauch am Kühler muß warm sein. Beim Warmfahren muß der Motor mehrmals über 2000/min erreichen, da sich sonst der CO-Wert verfälscht.
- Elektrische Verbraucher ausschalten.
- Kaltstartzug (Chokeknopf), falls vorhanden, darf nicht betätigt sein, muß ganz eingeschoben sein.
- Luftfiltereinsatz muß sauber sein, Einstellung am bestem bei neuem Luftfiltereinsatz vornehmen.
- Drehzahlmesser und CO-Meßgerät nach Vorschrift anschließen; Luftfilter aufgeschraubt lassen.
- Betriebswarmen Motor starten und im Leerlauf drehen lassen.
- 1,4-l-Motor (44 kW/60 PS): Zündzeitpunkt und Schließwinkel prüfen, gegebenenfalls einstellen.
- Ansaugtrakt auf Dichtheit prüfen. Dazu alle Dichtstellen der Ansauganlage mit einem Pinsel und Benzin bestreichen. Wenn sich dabei kurzfristig die Drehzahl erhöht, dann saugt der Motor Nebenluft an. Undichte Stelle lokalisieren und beseitigen.

Achtung: Kraftstoffdämpfe nicht einatmen – giftig! Benzin nicht auf glühende Teile oder Zündanlage spritzen. Feuergefahr!

- Leerlaufdrehzahl prüfen, Sollwerte: 1,4-l-Motor: 700 ± 50/min; 1,7-l-Motor: 800 ± 50/min.

Zenith 32 IF2-Vergaser

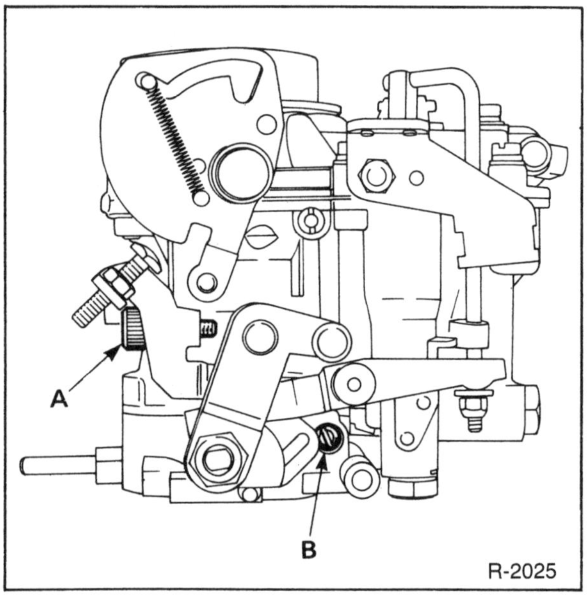

Solex 32x34 Z 13-Vergaser

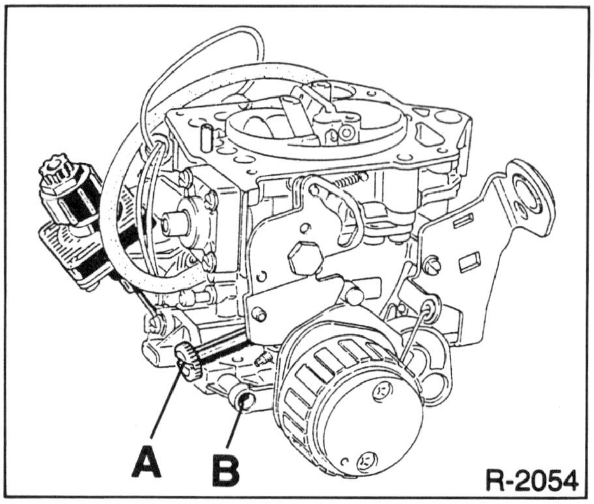

- Wird der Sollwert nicht erreicht, Leerlaufdrehzahl mit der Einstellschraube –A– einregulieren.
- CO-Gehalt prüfen. Sollwert: 1,5 ± 0,5 Vol.%.
- Bei Abweichung des CO-Wertes, Sicherungskappe an der Stelle –B– oberhalb der CO-Einstellschraube entfernen. Dazu Plastikstopfen in der Mitte lochen, geeignete Holz- oder Blechschraube reindrehen und Schraube mitsamt der Sicherungskappe herausziehen, oder Sicherungskappe mit Zange abziehen. Wenn nötig, Luftfilter abnehmen und anschließend wieder aufsetzen.
- CO-Gehalt durch Verdrehen der CO-Einstellschraube –B– auf den Sollwert einstellen, siehe Abbildungen. **Achtung:** CO-Einstellschraube nur sehr vorsichtig verstellen.
- Anschließend Leerlaufdrehzahl nochmals kontrollieren und gegebenenfalls einstellen. Leerlaufdrehzahl und CO-Wert durch wechselweises Verdrehen der Einstellschrauben auf die Sollwerte einstellen.
- Neuen Sicherungsstopfen einsetzen. Bestellnummer für Stopfen beim Zenith-Vergaser: Nr. 7701 200 835; für Solex-Vergaser: Nr. 7701 200 831.
- Meßgeräte entfernen.

Kraftstoffdruck prüfen

Zur Prüfung der Leistungsfähigkeit der Kraftstoffpumpe muß der Kraftstoffdruck geprüft werden. Dazu wird das Manometer in die Leitung zwischen Kraftstoffpumpe und Vergaser eingesetzt. Wenn ein Durchflußmengenmesser oder ein Ausgleichbehälter mit Entlüftung nachgeschaltet ist, Manometer am Eingangsschlauch des Vergasers anschließen.

- Motor starten und ca. 3 Minuten im Leerlauf drehen lassen. Damit ist sichergestellt, daß die Schwimmerkammer im Vergaser gefüllt ist.
- Motor abstellen.
- Kraftstoffschlauch am Pumpenausgang – zum Vergaser – abziehen. Vorher Leitung abklemmen, damit kein Kraftstoff ausläuft.

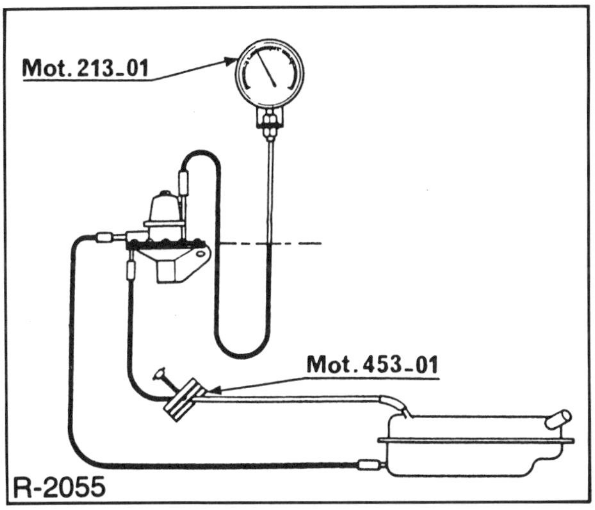

- Manometer auf »0« stellen und mit einem durchsichtigen Schlauch an den Pumpenausgang anschließen. Der Schlauch soll möglichst kurz sein.
- Rücklaufschlauch zum Tank mit einer Quetschklemme abklemmen.
- Manometer so hoch wie möglich halten (annähernd senkrecht) und durch einen Helfer den Motor starten und im Leerlauf drehen lassen.
- Sobald sich der Kraftstoffspiegel in der Leitung stabilisiert hat, Motor abstellen und Manometer so weit herunternehmen, bis sich der Kraftstoffstand in Höhe der Pumpenmembrane befindet.
- In dieser Stellung den statischen Druck ablesen.
  Sollwert: 0,170 – 0,325 bar.
- Quetschklemme am Rücklaufschlauch abnehmen, daraufhin muß der Druck um 0,01 – 0,02 bar abfallen. Fällt er nicht ab, ist die Rücklaufleitung verstopft; reinigen.
- Meßgerät abnehmen und Kraftstoffleitung anschließen.

Vergaser aus- und einbauen

Ausbau

- Batterie-Massekabel abklemmen.
- Luftfilter ausbauen, siehe Seite 88.
- Falls vorhanden, Halter für Luftfilter abschrauben.
- Gas- und Starterzug ausbauen. Vorher Einbaulage der Zughülle gegenüber der Klemmschelle mit Filzstift markieren. **Achtung:** Der Gaszug darf nicht geknickt werden, sonst bricht er im späteren Fahrbetrieb. Geknickte Bowdenzüge auf jeden Fall ersetzen.
- Unterdruckschlauch vom Vergasergehäuse abziehen.
- Schläuche für Kurbelgehäuse-Entlüftung am T-Stück abziehen.
- Kraftstoffleitung abziehen und verschließen, vorher Schelle lösen und zurückschieben. Zum Verschließen der Leitung kann eine saubere Schraube mit entsprechendem Durchmesser in den Schlauch gesteckt werden.
- Falls vorhanden, Kühlmittelschläuche für Vergaservorwärmung abziehen. Vorher Schläuche mit Klemmschellen abklemmen, damit kein Kühlmittel ausläuft, oder Kühlmittel ablassen.
- Befestigungsmuttern für Vergaser abschrauben und Vergaser abheben.
- Ansaugrohr mit sauberem Lappen abdecken, damit kein Schmutz hineinfallen kann.

Einbau

- Lappen entfernen, Vergaser mit neuer Dichtung am Flansch aufsetzen und festschrauben.
- Unterdruckleitung vom Zündverteiler am Vergasergehäuse aufschieben.
- Kraftstoffschlauch aufschieben und mit Schelle sichern.
- Gegebenenfalls Kühlmittelschläuche aufschieben und mit Schraubschellen sichern. Waren Quetschklemmen eingebaut, diese entfernen.
- Gas- und Starterzug einbauen. Zughülle entsprechend der angebrachten Markierungen anklemmen.
- Schläuche für Kurbelgehäuse-Entlüftung aufschieben und, wo vorhanden, mit Schelle sichern.
- Falls vorhanden, Halter für Luftfilter anschrauben.
- Luftfilter einbauen, siehe Seite 88.
- Batterie-Massekabel anklemmen.
- Leerlauf und CO-Gehalt prüfen, gegebenenfalls einstellen.
- Gegebenenfalls Kühlkreislauf entlüften und Kühlflüssigkeitsstand prüfen, siehe Seite 68.

Schwimmerstand einstellen

Der Schwimmer hat die Aufgabe, zusammen mit dem Schwimmernadelventil die Kraftstoffzufuhr zum Vergaser zu regeln. Bei laufendem Motor wird durch den Vergaser aus der Schwimmerkammer Kraftstoff entnommen. Der Kraftstoffspiegel in der Schwimmerkammer sinkt, worauf das mit dem Schwimmer verbundene Schwimmernadelventil öffnet und der von der Kraftstoffpumpe geförderte Kraftstoff in die Schwimmerkammer eintreten kann. Sobald der Kraftstoffspiegel in der Schwimmerkammer eine bestimmte Höhe erreicht hat, schließt das Schwimmernadelventil die Kraftstoffzufuhr zur Schwimmerkammer. Durch diesen Regelvorgang wird der Kraftstoffspiegel in der Schwimmerkammer nahezu konstant gehalten.

Wenn der Schwimmerstand und damit das Kraftstoffniveau zu hoch oder zu niedrig ist, können folgende Störungen auftreten: Kraftstoffverbrauch sehr hoch; ruckelnder Motor wegen zu mageren Gemisches; schlechte Gasannahme im Teillastbereich. Normalerweise verstellt sich der Schwimmerstand nicht. Er ist aber einzustellen, wenn der Vergaser zerlegt wurde. Ein klemmendes Schwimmernadelventil führt zum Motorausfall, da entweder die Kraftstoffzufuhr zum Vergaser unterbrochen wird oder der Vergaser überflutet wird.

Achtung: Die folgende Einstellung gilt nur für Nadelventile mit Kugel.

- Luftfilter ausbauen, siehe Seite 88.
- Halter für Luftfilter vom Vergaserdeckel abschrauben.
- Vergaseroberteil abschrauben.

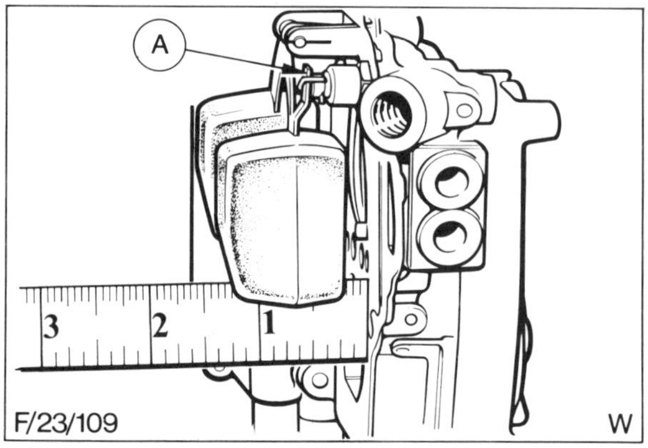

F/23/109

- Vergaserdeckel senkrecht halten, damit das Nadelventil geschlossen wird. **Achtung:** Die Nadelventilkugel darf nicht eingedrückt sein.
- Abstand von der Dichtung des Vergaseroberteils bis zur Oberkante des Schwimmers messen. Sollwert für Schwimmerstand, siehe Tabelle.
- Solex-Vergaser: Gegebenenfalls Anschlagzunge –A– am Schwimmer entsprechend verbiegen.
- Zenith-Vergaser: Falls der Abstand zu groß war, Schraube für Schwimmernadelventil weiter hineindrehen. Dadurch wird die Scheibe unter dem Ventil zusammengedrückt. Bei zu kleinem Abstand, Scheibe unter dem Nadelventil ersetzen.
- Vergaseroberteil mit neuer Dichtung ansetzen und anschrauben, dabei Schrauben nicht zu fest anziehen.
- Halter für Luftfilter anschrauben.
- Luftfilter einbauen, siehe Seite 88.

Vergaserdaten I

Vergaser Zenith 32 IF2

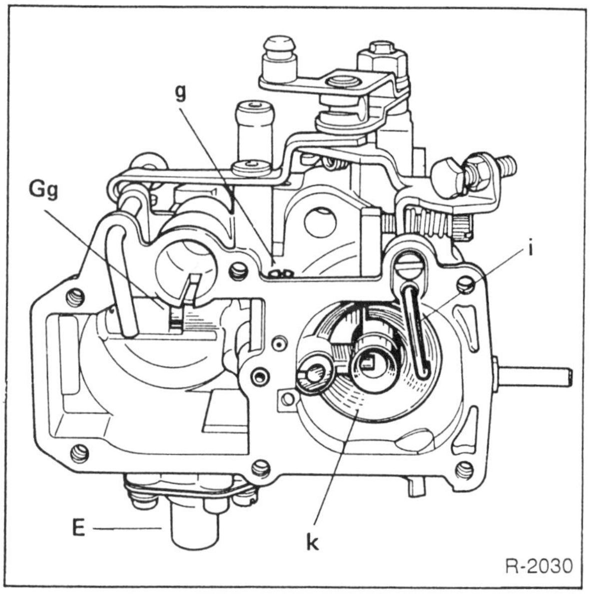

R-2030

Kennzahl		V 10522
Lufttrichter (K)	mm	24
Hauptdüse (Gg)		130
Leerlaufdüse (g)		53
Luftkorrekturdüse (a)		90x160
Pneumatische Anreicherungsdüse (E)		74
Beschleunigerpumpe Hub	mm	28,3
Beschleunigerpumpendüse (i)		50
Höhe des Einspritzrohres der Beschleunigerpumpe	mm	60
Nadelventil	mm	1,25
Schwimmerstand	mm	13,65
Anreicherungsdüse		110
Höhe des Anreicherungsrohres	mm	0,6
Belüftungsklappenöffnung	mm	mind. 2
Mindestöffnung der Drosselklappe	mm	0,90
Öffnungsspalt (pneumatisch) der Starterklappe	mm	2,6
Leerlaufdrehzahl	1/min	700 ± 50
CO-Gehalt	Vol.%	1,5 ± 0,5

Vergaserdaten II

Solex 32 x 34 Z 13 (Registervergaser)

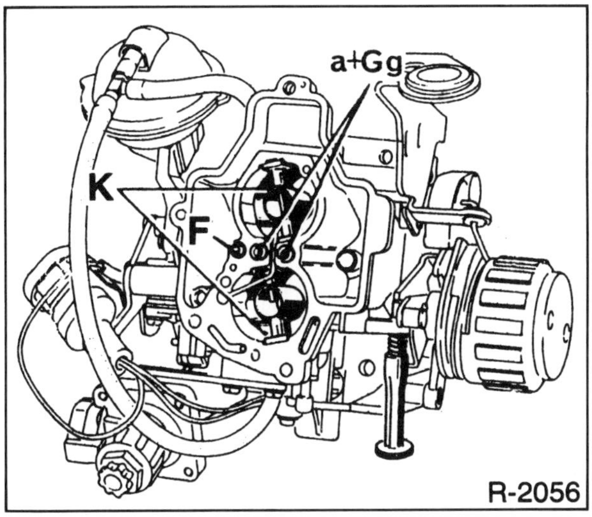

Vergaser		Solex 32x34 Z13	
Kennzahl		928 C	
Registervergaser		1.Stufe	2.Stufe
Lufttrichter (K)	mm	24	27
Hauptdüse (Gg)		115	137,5
Leerlaufdüse		43	50
Luftkorrekturdüse (a)		165	190
Anreicherungsdüse		50	–
Econometer		–	120
Beschleunigerpumpendüse		40	,35
Beschleunigerpumpenhub		mit Exzenter	
Nadelventil	mm	1,8	
Schwimmerstand*	mm	33,5±0,5	
Entlüftungsventil	mm	0,30	
Starterklappenspalt mechanisch Starterzug ganz gezogen	mm	3,5	
Mindestöffnung der Drosselklappe	mm	0,75 oder 22°30′	
Leerlaufdrehzahl	1/min	800 ± 50	
CO-Gehalt	Vol.%	1,5 ± 0,5	

*) Stärke der Dichtung für Schwimmernadelventil beachten.

Störungsdiagnose Vergaser

Voraussetzungen für das Abstellen von Fehlern anhand dieser Tabelle sind eine einwandfreie Einstellung und Funktion des Motors, aller Nebenaggregate sowie ein dichtes Saugrohr und eine korrekte Steuerung der Vorwärmung im Luftfilter. Außerdem ist zu prüfen, ob Kraftstoff mit dem vorgesehenen Druck zum Vergaser gefördert wird. Bedienungsfehler beim Starten müssen ausgeschlossen sein, siehe unter Störungsdiagnose Motor.

Störung	Ursache	Abhilfe
1. Der kalte Motor springt nicht an	1. Starterklappe schließt nicht	■ Einstellung des Starterzuges prüfen
	2. Starterklappe oder Gestänge ist schwergängig	■ Gangbar machen
	3. Starterklappenachse und/oder Betätigungshebel lose	■ Vergaserdeckel ausbauen. Neue Achse einpressen, ggf. Betätigungshebel, Kugel und Feder ersetzen
	4. Drosselklappe nicht weit genug geöffnet	■ Drosselklappenspalt einstellen
	5. Kraftstoffzufuhr unterbrochen	■ Kraftstofförderung prüfen
	a) Tank leer	■ Tank auffüllen
	b) Kraftstoffleitungen undicht, gequetscht	■ Leitungen prüfen, ggf. erneuern
	c) Kraftstoffpumpe undicht	■ Schrauben für Pumpe oder Pumpendeckel festziehen
	d) Membrane der Kraftstoffpumpe eingerissen	■ Membrane ersetzen
	6. Schwimmer, Schwimmernadelventil undicht	■ Ersetzen, Schwimmerstand prüfen
	7. Düsen verschmutzt, verstopft	■ Reinigen, erneuern
2. Motor bleibt nach dem Kaltstart stehen	1. Starterklappe öffnet nicht, schwergängig	■ Gangbar machen
	2. Nicht genügend Kraftstoff in der Schwimmerkammer durch Ausdampfen bei heiß abgestelltem Motor	■ Durchstarten, Gaspedal mehrmals durchtreten, dann bei niedergetretenem Pedal starten
3. Motor bleibt vor Erreichen der Betriebstemperatur stehen	1. Wie unter 2.1	■ Wie unter 2.1
	2. Leerlaufeinstellung nicht wie vorgesehen	■ Drehzahl und CO-Gehalt einstellen
	3. Motor saugt Nebenluft an	■ Ansaugtrakt auf Dichtheit prüfen
	4. Falsche Kurbelgehäusebelüftung	■ Kalibrierung prüfen
	5. Drosselklappenwelle ausgeschlagen	■ Vergaser ersetzen
	6. Düsen im Vergaser locker	■ Festziehen
	7. Vergaser locker	■ Befestigungsmuttern festziehen, ggf. neue Vergaserdichtung einsetzen
4. Heißstart schwierig	1. Überfetten durch Ausdampfen und Tropfen von Kraftstoff infolge Hitzestaus	■ Mit Vollgas starten (Gaspedal festhalten)
	2. Dampfblasenbildung in der Kraftstoffzufuhr	■ Mit Vollgas starten und mit erhöhter Drehzahl anfahren. Bei wiederholtem Auftreten, Kraftstoffmarke wechseln, Markenbenzin tanken
5. Endleistung wird nicht erreicht, Aussetzer bei Vollast	1. Kraftstoff-Luftgemisch zu mager oder viel zu fett	
	a) Kraftstoff-Filter verschmutzt	■ Erneuern
	b) Kraftstoffzufluß mit Rücklauf verwechselt	■ Anschluß korrigieren
	c) Düsenbestückung nicht nach Vorschrift	■ Düsen nach Tabelle einbauen
	d) Düsen verschmutzt	■ Reinigen
	e) Kraftstoffniveau zu tief/zu hoch	■ Schwimmer einstellen
	f) Tankbelüftung zu	■ Reinigen
	g) Anreicherungsventil defekt	■ Gangbar machen, erneuern
	h) Drosselklappe öffnet nicht vollständig	■ Gasbetätigung einstellen
	2. Luftdurchsatz zu klein	
	a) Starterklappe öffnet nicht vollständig	■ Starterzug einstellen
	b) Luftfiltereinsatz verschmutzt	■ Reinigen, ggf. erneuern

Die Benzin-Einspritzanlage

Die RENAULT 19-Benzinmotoren mit geregeltem Katalysator sind mit einer elektronischen Zünd- und Einspritzanlage unterschiedlicher Ausführung ausgerüstet, siehe Tabelle auf Seite 11.

Die Regelung des Zünd- und Einspritzsystems wird von einem gemeinsamen Steuergerät übernommen. In diesem Kapitel wird hauptsächlich auf den Einspritzteil des Systems eingegangen.

Alle Teile der Einspritzanlage sind langzeitstabil, Reparaturen sind daher äußerst selten. Bei Ausfall von Sensoren schaltet das Steuergerät auf ein Notlaufprogramm um. In diesem Fall ruckelt der Motor stark, und es treten Mängel im Fahrverhalten auf. Selbst kurzfristige Störungen werden im Steuergerät gespeichert. Die Werkstatt kann die aufgetretenen Fehler mit einem Diagnosegerät abfragen und gezielt beheben. Ein Großteil der systematischen Überprüfungsarbeiten ist nur mit einem teueren Prüfgerät von RENAULT

Schemazeichnung der BENDIX-Einpunkt-Einspritzanlage (SPI)

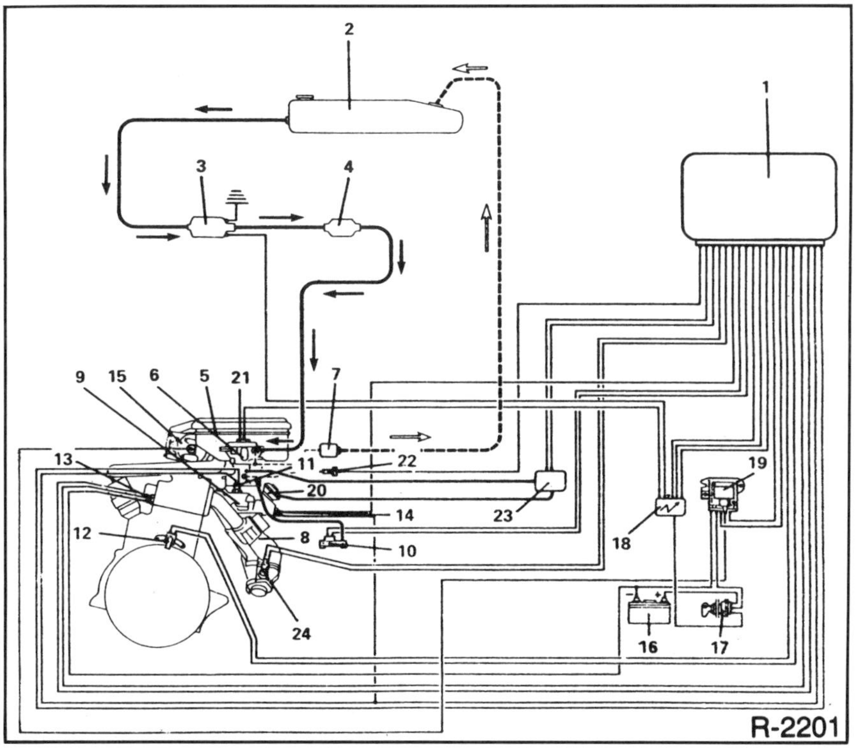

1 – **Steuergerät**
Einbauort: Vor dem linken Stoßdämpferdom.

2 – **Kraftstoffbehälter**

3 – **Elektrische Kraftstoffpumpe**

4 – **Kraftstoffilter**

5 – **Luftfilter**

6 – **Drosselklappengehäuse**

7 – **Kraftstoffdruckregler**

8 – **Abgaskrümmer**

9 – **Ansaugkrümmer**

10 – **Fühler für Saugrohrdruck**

11 – **Fühler für Gemischtemperatur**

12 – **Impulsgeber für Drehzahl/OT**

13 – **Klopfsensor**

14 – **Temperaturfühler Ansaugkrümmer**

15 – **Zündverteiler**

16 – **Batterie**

17 – **Zündschloß**

18 – **Relaiseinheit**
Einbauort: Vor dem linken Stoßdämpferdom. Enthält Kraftstoffpumpenrelais sowie Schutzrelais.

19 – **Zünd-Leistungsmodul**

20 – **Abgasrückführungsventil (EGR)**

21 – **Einspritzventil**

22 – **Drosselklappenschalter**

23 – **Elektro-Steuerventil**
Für Abgasrückführung und Absaugung Aktivkohlefilter der Tankentlüftung.

24 – **Lambda-Sonde**

und entsprechenden Fachkenntnissen möglich. Daher ist hier nur eine Auswahl an grundlegenden Arbeiten beschrieben.

Die BENDIX Mehrpunkt-Einspritzung MPI (MPI = multi-point-injection)

Die BENDIX Mehrpunkt-Einspritzung ist eine elektronische Benzineinspritzung, die den Kraftstoff intermittierend, also stoßweise in das Ansaugrohr vor die Einlaßventile einspritzt. Dabei werden alle 4 Einspritzdüsen gleichzeitig einmal pro Kurbelwellenumdrehung betätigt.

Der Kraftstoff wird aus dem Kraftstoffbehälter von der elektrischen Kraftstoffpumpe angesaugt und über den Kraftstoffilter zum Verteilerrohr und dann zu den Einspritzdüsen gefördert. Ein Druckregler am Verteilerrohr sorgt dafür, daß der Druck im Kraftstoffsystem in Abhängigkeit vom Ansaug-Unterdruck konstant gehalten wird. Die Luftmenge wird vom Motor über den Luftfilter angesaugt.

Der Unterdruck im Ansaugrohr hängt von der Drosselklappenstellung (Gaspedalstellung) sowie der Motordrehzahl ab. Der Unterdruck im Ansaugkrümmer wird über einen Fühler erfaßt und dient dem Steuergerät zusammen mit der momentanen Motordrehzahl als Maß für die angesaugte Luftmenge. Der Fühler für Saugrohrdruck sitzt an der Spritzwand und ist mit einer Unterdruckleitung mit dem Saugrohr verbunden. Die Drehzahl wird über den induktiven Impulsgeber, der auch für die Zündung benötigt wird, am Schwungrad abgenommen.

Das Steuergerät der Zünd-/Einspritzanlage regelt entsprechend der gemessenen Luftmenge und der jeweiligen Motordrehzahl die Einspritzzeit und dadurch die Einspritzmenge nach einem vorgegebenen Kennfeld. Bei längerer Öffnung des Einspritzventils wird pro Kurbelwellenumdrehung mehr Kraftstoff eingespritzt. Das Steuergerät befindet sich in einem Gehäuse vorn rechts im Motorraum.

Zusätzliche Fühler und Bauteile sorgen bei allen Fahrsituationen für die richtig bemessene Luft-/Kraftstoffmenge:

- Der Drosselklappenschalter sitzt direkt an der Drosselklappenwelle. Er übermittelt dem Steuergerät die Leerlauf- und die Vollaststellung der Drosselklappe. Dadurch wird insbesondere die Schubabschaltung gesteuert, denn so lange der Leerlaufkontakt des Schalters geschlossen ist und gleichzeitig die Drehzahl über ca. 1300/min liegt, wird vom Steuergerät die Kraftstoffzufuhr für den Motor gesperrt.
- Der Leerlaufsteller (Magnetventil) regelt die Luftzufuhr des Motors unter Umgehung der Drosselklappe. Dadurch wird vor allem während der Warmlaufphase die Motordrehzahl stabilisiert.
- Die Lambda-Sonde (Sauerstoffsensor) mißt den Sauerstoffgehalt im Abgasstrom und schickt entsprechende Spannungssignale an das Steuergerät. Daraufhin verändert das Steuergerät das angesaugte Kraftstoff-/Luftverhältnis, so daß die Abgase im Katalysator optimal nachverbrannt werden.
- Der Ansaugluft-Temperaturfühler am Luftfilter mißt die Temperatur der angesaugten Luft, ein zweiter Temperaturfühler am Zylinderkopf mißt die Kühlmitteltemperatur.
- Das Magnetventil für Tankentlüftung wird je nach Betriebszustand des Motors angesteuert. Auftretende Kraftstoffdämpfe im Tank werden von einem Aktivkohlefilter gespeichert und über das Ventil der Verbrennung zugeführt. Die Kraftstoffdämpfe werden also durch den Aktivkohlefilter größtenteils wirtschaftlich genutzt und gelangen nicht ins Freie.

Einpunkt-Einspritzanlagen SPI (SPI = single-point-injection)

Auch die Einpunkt-Einspritzanlage ist eine elektronische Benzineinspritzung, die den Kraftstoff intermittierend, also stoßweise in das Ansaugrohr einspritzt. Dabei hat die Einpunkt-Einspritzung, im Gegensatz zum Mehrpunkt-Einspritzsystem, nur **ein** zentrales Einspritzventil für alle Zylinder. Die Verteilung des Kraftstoffs auf die einzelnen Zylinder erfolgt wie bei einem herkömmlichen Vergaser durch das Sammelsaugrohr.

Die Luftmenge wird vom Motor über den Luftfilter angesaugt und gelangt in die Einspritzeinheit. In der Einspritzeinheit sitzt das Einspritzventil über der vom Gaszug betätigten Drosselklappe. Die Zumessung des Kraftstoffs durch das Steuergerät geschieht in ähnlicher Weise wie bei der Mehrpunkt-Einspritzanlage, nämlich durch Zuordnung von Saugrohr-Unterdruck und Motordrehzahl. Hier die wesentlichen Unterschiede der Steuerung:

- Der Drosselklappenschalter übermittelt dem Steuergerät die Leerlaufstellung der Drosselklappe. Das Steuergerät öffnet oder schließt über einen Stellmotor die Drosselklappe und regelt dadurch die Leerlaufdrehzahl auf den Sollwert ein. Im Schiebebetrieb oberhalb 1300/min wird die Kraftstoffzufuhr gesperrt.
- Mono-Jetronic und Magneti Marelli: Der Ansaugluft-Temperaturfühler sitzt oben in der Einspritzeinheit.
- Bendix- und AC Delco-Einspritzung: Der Gemischtemperaturfühler im Ansaugkanal mißt die Temperatur des in den Motor kommenden Kraftstoff-/Luftgemisches. Es ist kein weiterer Ansaugluft-Temperaturfühler vorhanden.
- Bendix-Einspritzung: Je nach Betriebszustand des Motors regelt das Steuergerät zusätzlich ein Magnetventil, das einen Teil der Abgase zurück ins Ansaugsystem (Abgasrückführung) leitet. Die Abgasrückführung dient vor allem dazu, die bei hoher Motorbelastung vermehrt auftretenden Stickoxide (NO_x) in den Abgasen zu reduzieren.

Sauberkeitsregeln bei Arbeiten an der Kraftstoffversorgung

Bei Arbeiten an der Kraftstoffversorgung sind die folgenden Regeln zur Sauberkeit sorgfältig zu beachten:

- Verbindungsstellen und deren Umgebung vor dem Lösen gründlich reinigen.
- Ausgebaute Teile auf einer sauberen Unterlage ablegen und abdecken. Folien oder Papier verwenden. Keine fasernden Lappen benutzen!
- Geöffnete Bauteile sorgfältig abdecken bzw. verschließen, wenn die Reparatur nicht umgehend ausgeführt wird.
- Nur saubere Teile einbauen.
- Ersatzteile erst unmittelbar vor dem Einbau aus der Verpakkung nehmen.
- Keine Teile verwenden, die unverpackt (z. B. in Werkzeugkästen usw.) aufgehoben wurden.
- Bei geöffneter Kraftstoff-Anlage möglichst nicht mit Druckluft arbeiten. Das Fahrzeug möglichst nicht bewegen.

Sicherheitshinweise zur Einspritzanlage

- Motor nicht starten ohne fest angeschlossene Batterie.
- Zum Starten des Motors **keinen** Schnellader verwenden.
- Nie bei laufendem Motor die Batterie vom Bordnetz trennen.
- Beim Schnelladen Batterie vom Bordnetz trennen.
- Bevor eine Prüfung der elektronischen Einspritzanlage erfolgt, muß gewährleistet sein, daß die Zündung in Ordnung ist, das heißt Zündung und Zündkerzen müssen den Vorschriften entsprechen.
- Bei Temperaturen über +80° C (Trockenofen), Steuergerät ausbauen.
- Auf einwandfreien Sitz der Anschlußstecker achten.
- Mehrfachstecker des Steuergerätes nicht bei eingeschalteter Zündung abziehen oder aufstecken.
- Bei einer Kompressionsdruckprüfung Stromversorgung für Kraftstoffpumpenrelais unterbrechen, Relaisstecker ziehen. Lage des Relais, siehe Seite 85.

Teile der Kraftstoffeinspritzung: Bendix MPI

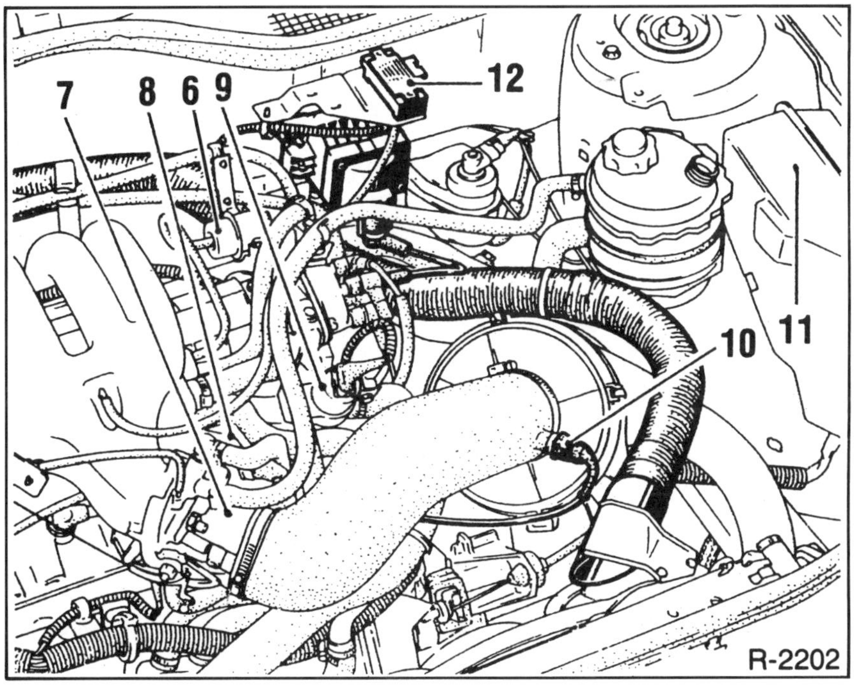

6 – Kraftstoffdruckregler
7 – Drosselklappengehäuse
8 – Drosselklappenschalter
9 – Leerlaufregulierventil
10 – Fühler für Ansauglufttemperatur
11 – Relaiskasten
12 – Fühler für Saugrohrdruck

Nicht abgebildet:

Steuergerät

Einbauort: Am Radhaus vor dem rechten Federbeindom.

Aktivkohlebehälter mit Magnetventil

Einbauort: Hinter dem Steuergerät.

Leerlauf und CO-Gehalt prüfen

Achtung: Leerlaufdrehzahl und CO-Gehalt müssen zusammen geprüft werden. Sie sind **nicht** einstellbar.

Prüfvoraussetzung: Abgasanlage prüfen, dazu bei laufendem Motor das Endrohr mit einem Lappen zuhalten. Alle Rohranschlüsse müssen dicht sein.

- Motor warmfahren. Motoröltemperatur beträgt mindestens +80° C.
- Alle elektrischen Verbraucher ausschalten.

Achtung: Prüfgeräte nur bei ausgeschalteter Zündung anschließen.

- Drehzahlmesser nach Bedienungsanleitung anschließen.
- CO-Meßsonde am Endrohr anschließen.
- Motor starten und im Leerlauf drehen lassen.
- Leerlaufdrehzahl prüfen.

Sollwerte: 1,4-l-Motor: 650 bis 850/min;
1,7-/1,8-l-Motor: 700 bis 900/min.
1,8-l-Motor, 16-Ventiler: 850 bis 950/min.

- Ist die Leerlaufdrehzahl nicht korrekt, Fehler in folgender Reihenfolge suchen und beheben: Drosselklappenschalter, Leerlauf-Regulierventil.
- CO-Gehalt mit CO-Meßgerät prüfen. **Sollwert** (alle Motoren): max. 0,5 Vol. % (Volumen-Prozent).
- CO-Wert und Leerlaufdrehzahl können nicht eingestellt werden. Bei Abweichung des CO-Gehaltes vom Sollwert Katalysator prüfen.
- Kann kein Fehler gefunden werden, Fachwerkstatt aufsuchen.
- Prüfgeräte bei ausgeschalteter Zündung abklemmen.

Leerlaufanhebung prüfen

Bendix-Einspritzanlagen

Die Leerlaufanhebung sorgt dafür, daß die Leerlaufdrehzahl unter Last, wenn zum Beispiel mehrere elektrische Verbraucher eingeschaltet werden oder der Motor noch kalt ist, die Leerlaufdrehzahl nicht zu weit abfällt. Die Drehzahlanhebung verhindert, daß der Motor abstirbt oder störende Vibrationen des Motors in den Fahrgastraum übertragen werden. Bei der Mehrpunkt-Einspritzanlage wird die Leerlaufregulierung durch Öffnen eines Luft-Nebenkanals unter Umgehung der Drosselklappe vorgenommen; bei der Einpunkt-Anlage wird die Drosselklappe mittels eines Elektromotors verstellt.

Mehrpunkt-Einspritzanlage

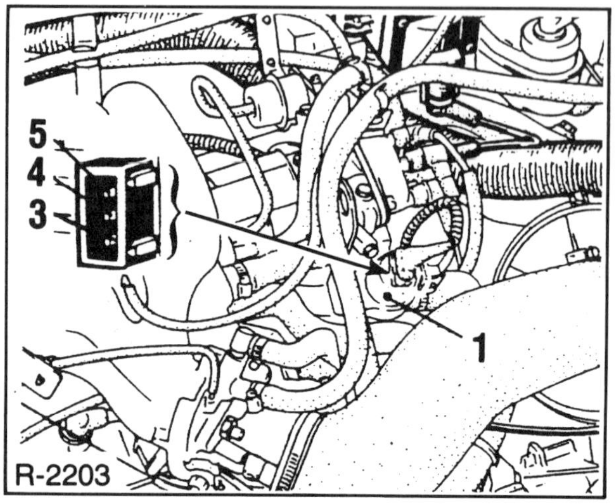

- Motor im Leerlauf drehen lassen. Ventil für Leerlaufstabilisierung –1–, siehe Abbildung, muß vibrieren und summen.
- Summt das Ventil nicht, Funktionskontrolle durchführen. Dazu Stecker vom Ventil abziehen und mit Hilfskabel Batterie-Plus (+) an den Kontakt –4– des Ventils legen.
- Bei im Leerlauf drehenden Motor Kontakt –3– mit zweitem Hilfskabel an Fahrzeugmasse (–), zum Beispiel Motorblock, legen. Das Ventil muß schließen, das heißt die Motordrehzahl fällt eindeutig ab. Hilfskabel wieder entfernen.
- Zweites Hilfskabel an Kontakt –5– anschließen. Das Ventil muß jetzt öffnen, die Motordrehzahl muß auf über 2000/min ansteigen, sonst Ventil ersetzen. Zum Ausbau des Leerlaufregulierventils Schlauchschellen lösen und Schläuche sowie Kabelstecker abziehen.
- Wurde kein Fehler gefunden, Stromversorgung bei laufendem Motor prüfen: Dazu Hilfskabel entfernen und Anschlußstecker am Ventil wieder aufschieben.
- Gummischutzkappe –1– anheben und die Spannung zwischen Fahrzeugmasse (–) und folgenden Klemmen messen:
  – Masse und Klemme 4: Sollwert 12 V.
  – Masse und Klemme 3 oder 5: je nach Steuergerät konstant zwischen 0 und 12 V oder Wechselzyklus zwischen 0 und 12 V.
- Ist keine Spannung meßbar, ist wahrscheinlich das Steuergerät defekt, Fachwerkstatt aufsuchen.
- Meßgeräte entfernen, Gummischutzkappe aufschieben.

Einpunkt-Einspritzanlage (SPI)

- Luftfilter ausbauen, siehe Seite 88.

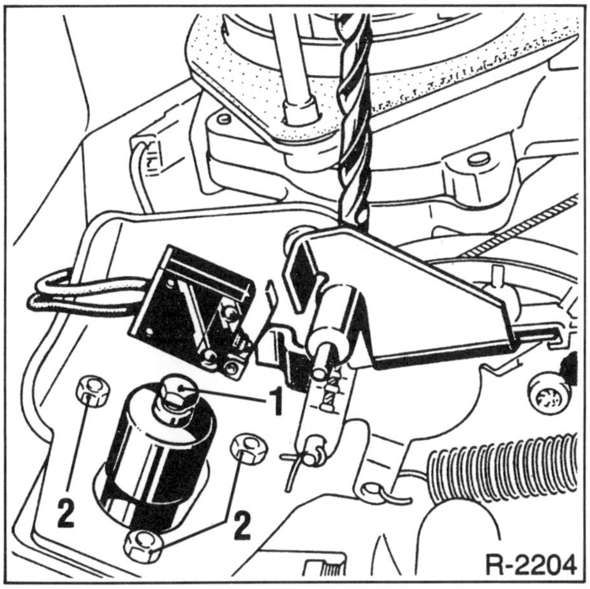

R-2204

Der Stellmotor für Leerlaufregulierung sitzt am Drosselklappenhebel und reguliert die Leerlaufdrehzahl durch Ein- und Ausfahren des Stößels –1–.

- Gummikappe am Anschlußstecker des Stellmotors abziehen. Der Anschlußstecker bleibt aufgesteckt.

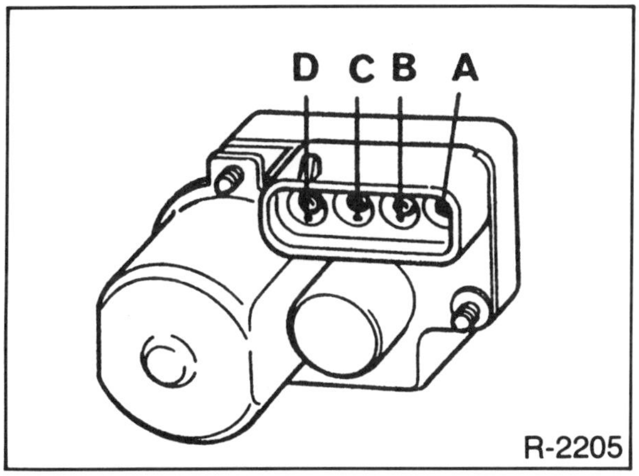

R-2205

- Voltmeter mit Hilfsleitungen an den Leitungen zu den Steckkontakten –A– und –B– anschließen.
- Zündung einschalten.
- Drosselklappe betätigen, damit der Stößel des Motors frei wird. Spannung messen; Sollwert: mindestens 2 V.
- Stößel des Motors mit dem Daumen zurückdrücken und dabei Spannung ablesen; Sollwert: nahe bei 0 Volt.
- Alternative Prüfmethode: Stellmotor ausbauen, dazu Anschlußstecker abziehen Schrauben –2– lösen, siehe Abbildung R-2204. 12 Volt-Batterie zwischen Kontakten –D– und –C– anschließen, dann umgekehrt polen. Der Stößel des Motors muß je nach Polung ein- beziehungsweise ausfahren.

Achtung: Wird ein neuer Stellmotor eingebaut, muß der Stößel –1– des Motors grundeingestellt werden, dazu Fachwerkstatt aufsuchen.

- Luftfilter einbauen.

Drosselklappenschalter prüfen/einstellen/ersetzen

Bendix-Einspritzanlagen

Die Drosselklappenschalter übermitteln dem Steuergerät die Stellungen »Vollast« und »Leerlauf«. Ein defekter oder falsch eingestellter Schalter führt zu Störungen in diesen Betriebsbedingungen. Voraussetzung für die korrekte Funktion des Drosselklappenschalters ist ein korrekt eingestellter Gaszug.

Mehrpunkt-Einspritzanlage

Prüfen

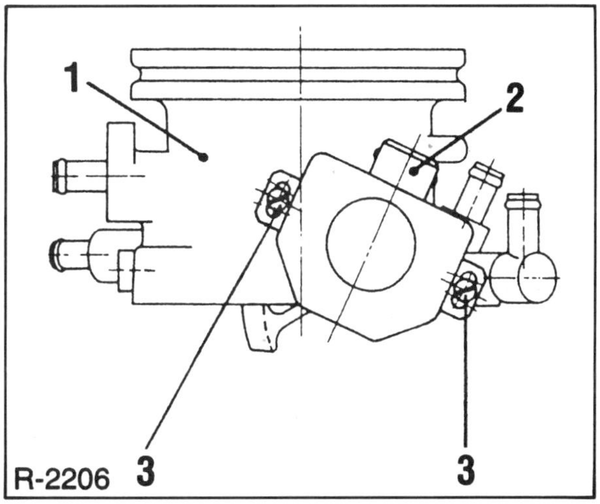

R-2206

- Stecker vom Drosselklappenschalter abziehen.
- Ohmmeter zwischen die Klemmen 2 und 18 am Drosselklappenschalter anschließen. Sollwert: ca. 0Ω.
- Am Drosselklappenhebel etwas Gas geben. Der Schalter muß klicken und der Widerstand nun ∞Ω (unendlich) betragen.
- Ohmmeter zwischen die Klemmen 3 und 18 am Drosselklappenschalter anschließen. Sollwert: ∞Ω.
- Am Drosselklappenhebel Vollgas geben. Der Schalter muß klicken und der Widerstand nun 0Ω betragen.

Einstellen

- Befestigungsschrauben –3– lockern, nicht abschrauben.
- Fühlerblattlehre der Stärke 0,25 mm zwischen Anschlag und Drosselklappenhebel halten.
- Schalter so verschieben, daß er an der Fühlerblattlehre anliegt. Wird die Drosselklappe jetzt um 0,25 mm geöffnet, klickt der Schalter. Schrauben in dieser Stellung festziehen.
- Sobald die Drosselklappe etwas geöffnet wird, muß der Widerstand auf ∞Ω ansteigen.
- Beim Loslassen muß der Widerstandswert wieder auf ca. 0Ω abfallen.

Ersetzen

- Dreifachstecker abziehen.
- Befestigungsschrauben –3– herausdrehen und Schalter von der Drosselklappenwelle abziehen.
- Schalter auf Drosselklappenwelle aufschieben, einstellen und Schrauben festziehen.
- Dreifachstecker aufschieben.

Einpunkt-Einspritzanlage

Die Leerlaufstellung wird vom Stößel des Leerlauf-Stellmotors übermittelt, siehe »Leerlaufanhebung prüfen«.

Vollastschalter prüfen/einstellen

- Luftfilter ausbauen.

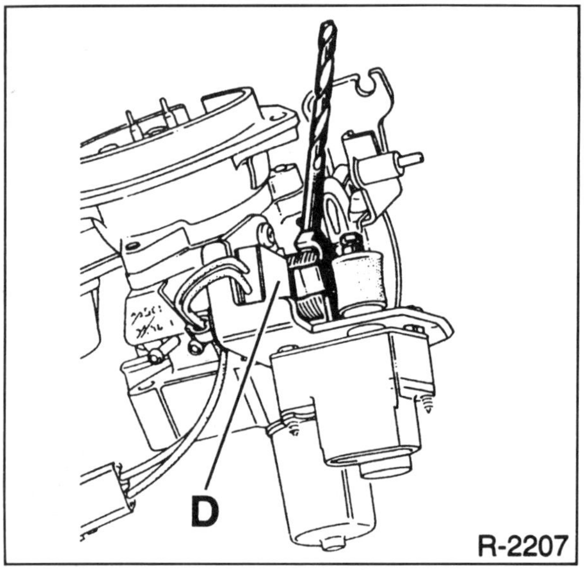

- Kabelstecker vom Vollastschalter –D– abziehen.
- Ohmmeter an die beiden Steckerkontakte des Vollastschalters anschließen. Sollwert: ∞Ω.
- Drosselklappe am Hebel für Gaszug öffnen. Bis 6 ± 1 mm vor Vollgasanschlag muß der Widerstand ∞Ω betragen. Bei weiterer Öffnung muß der Schalter klicken und der Widerstand auf ca. 0Ω abfallen.

  Die Öffnung kann mit Hilfe eines 6 mm-Bohrers gemessen werden, der zwischen Vollastanschlag und Drosselklappenbetätigung gehalten wird, siehe Abbildung.
- Gegebenenfalls Befestigungsschrauben lösen und Vollastschalter entsprechend verschieben, beziehungsweise ersetzen.
- Luftfilter einbauen.

Gaszug einstellen

- Gaspedal voll durchtreten lassen (Helfer).

Mehrpunkt-Einspritzanlage

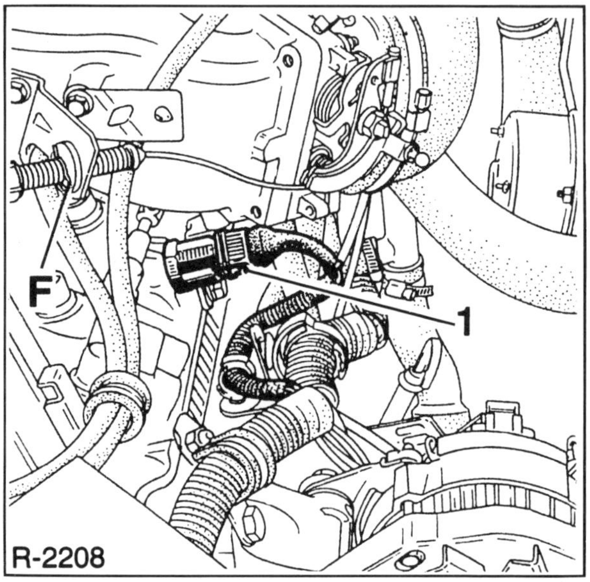

- Gaszug durch Umstecken der Steckraste –F– am Widerlager so einstellen, daß am Drosselklappenhebel die Vollgasstellung gerade erreicht wird.
- Drosselklappenhebel mit der Hand bis zum Vollgasanschlag drücken. Es muß ein geringes Spiel vorhanden sein. Das Spiel darf jedoch nicht größer als 1 mm sein.

Einpunkt-Einspritzanlage

- Luftfilter ausbauen.

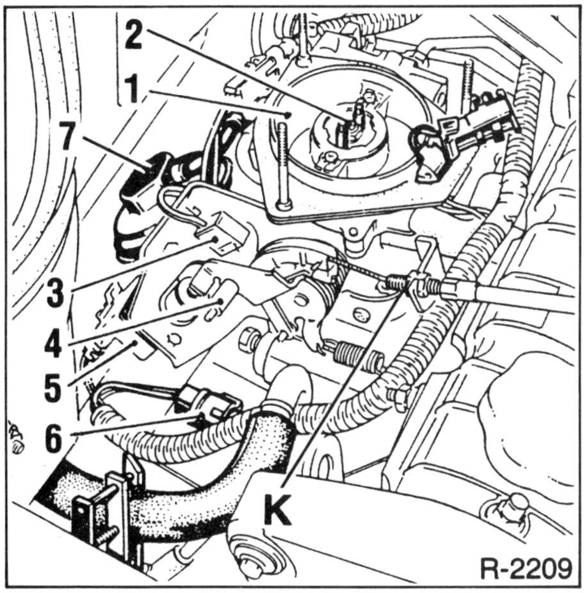

- Kontermutter –K– lösen. Drosselklappenhebel in Vollgasstellung drücken und Einstellmutter am Widerlager so weit reindrehen, bis der Gaszug gespannt ist. Es muß jedoch noch ein Spiel von ca. 1 mm vorhanden sein. Bei Mono-Jetronic, anstelle der Mutter Steckraste umstecken. (Weitere Bauteile in der Abbildung, Bendix-SPI: 1–Einspritzeinheit, 2–Einspritzventil, 3–Vollastschalter, 4–Leerlaufschalter, 5–Leerlauf-Stellmotor, 6–Fühler für Kühlflüssigkeittemperatur, 7–Abgas-Rückführventil).
- Kontermutter festziehen.
- Luftfilter einbauen.

Katalysator/Lambda-Regelung prüfen

Achtung: Funktionserklärung und Regeln im Umgang mit Katalysatorfahrzeugen, siehe Kapitel »Abgasanlage«.

Wenn bei der Kontrolle des CO-Wertes der Höchstwert überschritten wurde, muß der Katalysator in folgender Reihenfolge überprüft werden.

- Vergewissern, daß kein bleihaltiger Kraftstoff getankt wurde. Die RENAULT-Werkstatt kann mit Hilfe eines Diagnosegeräts die Funktion der Lambda-Sonde prüfen und abklären, ob der Motor mit bleihaltigem Benzin betrieben wurde. Wurde bleihaltiger Kraftstoff getankt, vor Ersatz von Bauteilen mindestens 2 Tankfüllungen unverbleiten Kraftstoff fahren, damit Einspritzsystem und Abgasanlage durchgespült werden.
- CO-Meßgerät anschließen und bei kaltem Motor CO-Gehalt im Abgas messen und notieren. Da der Katalysator noch nicht anspricht, liegt der CO-Gehalt wesentlich über 0,5 Vol.%.
- Motor auf Betriebstemperatur bringen, bis der Kühlerlüfter sich zweimal ein- und wieder ausgeschaltet hat.
- Abgase im Leerlauf und bei einer Drehzahl von 2500 bis 3000/min messen. Maximal zulässiger CO-Wert: 0,2 Vol.%.
- Liegt der CO-Wert über 0,2 Vol.%, Kabel für Lambda-Sonde abziehen. Ist der CO-Wert bei abgezogener und angeschlossener Lambda-Sonde gleich, Lambda-Sonde ersetzen, siehe Seite 108.
- Prüfung mit neuer Lambda-Sonde wiederholen. Ist der CO-Wert immer noch zu hoch, folgende Bauteile des Fahrzeugs prüfen:
  – Batteriespannung
  – Kraftstoffversorgung
  – Zündanlage
  – Fahrleistungen (Probefahrt)
  – Dichtigkeit der Abgasanlage
- Wurde kein Fehler gefunden, Katalysator ausbauen und kontrollieren:
  – auf Schäden am Katalysatorgehäuse (Sichtkontrolle);
  – Katalysatorgehäuse kippen. Sind dabei Geräusche hörbar, ist der Katalysatorkern gebrochen.
- Wurden Schäden festgestellt, Katalysator auswechseln.

Ansaugluft-/Ansauggemisch-Temperaturfühler prüfen/aus- und einbauen

Bendix-Einspritzanlagen

Achtung: Kühlmittel-Temperaturfühler prüfen/ersetzen, siehe Seite 66.

Der Temperaturfühler mißt die Temperatur des angesaugten Kraftstoffluftgemischs (Einpunkt-Einspritzung), beziehungsweise der Ansaugluft (Mehrpunkt-Einspritzung) und gibt sie an das Benzineinspritz-Steuergerät weiter. Der Fühler beinhaltet ein NTC-Element (NTC = Negativer Temperatur-Coeffizient), das seinen Widerstand bei steigender Temperatur verringert. Bei defektem Fühler nimmt das Steuergerät als Ersatzwert einen Durchschnittswert der Lufttemperatur an. Das führt vor allem bei niedrigen Außentemperaturen zu unruhigem Motorlauf und schlechter Motorleistung.

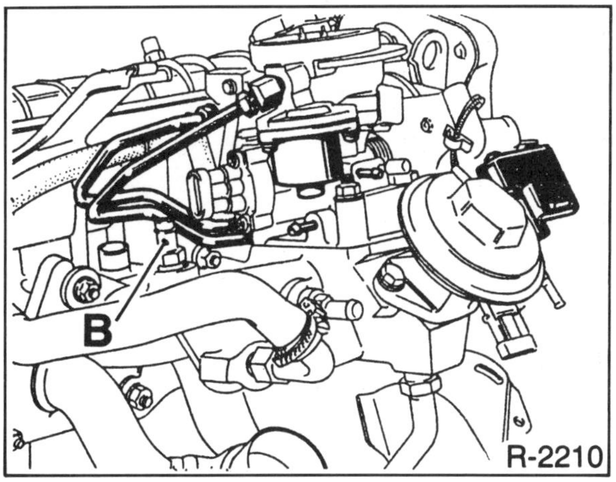

Einbaulage bei Einpunkt-Einspritzanlage (SPI): Senkrecht im Ansaugrohr des Motors.

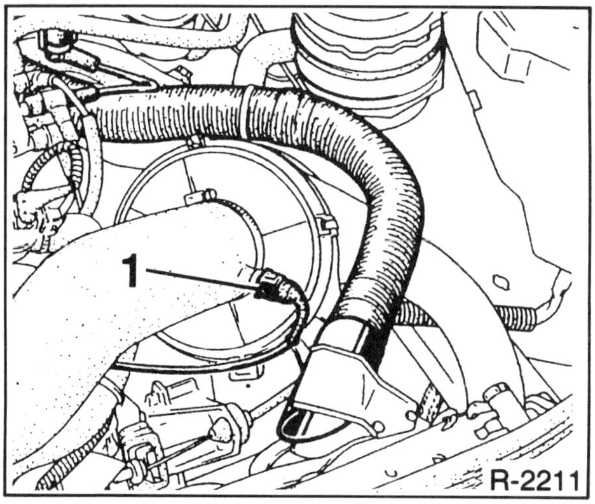

Einbauort bei Mehrpunkt-Einspritzanlage (MPI): Am Ansaugschlauch hinter dem Luftfilter.

Temperaturfühler prüfen

- Mehrfachstecker abziehen. Dabei am Stecker, nicht am Kabel ziehen.
- Voltmeter zwischen Stecker des Temperaturfühlers und Masse anschließen.
- Zündung einschalten und prüfen, ob Spannung anliegt. Liegt keine Spannung an, Leitung auf Durchgang prüfen.
- Ohmmeter an die beiden Kontakte des Temperaturfühlers anschließen. Meßwert bei vorhandener Temperatur mit Sollwert vergleichen:
  Bei einer Motortemperatur von +4° C muß der Widerstand am Temperaturfühler ca, 7,5 kΩ betragen.
  Sollwerte bei +20° C: 3,5 ± 0,5 kΩ; bei +80° C: 335 ± 35 Ω; bei +90° C: 240 ± 30 Ω.
- Wenn der Widerstand des Temperaturfühlers unterbrochen ist, die Anzeige des Meßgerätes ist dann ∞ (unendlich), muß der Temperaturfühler ersetzt werden.
- Stimmt der Meßwert nicht mit dem Sollwert für die jeweilige Umgebungstemperatur überein, Fühler herausschrauben.
- Temperaturfühler je nach gewünschter Temperatur in den Kühlschrank oder auf eine Heizung legen. Genaues Thermometer danebenlegen.
- Ohmmeter anklemmen.
- Temperaturfühler allmählich erwärmen und bei den angegebenen Temperaturen Widerstandswerte mit Sollwerten vergleichen. Der Temperaturfühler sollte vor jeder Messung mindestens 10 Minuten lang bei konstanter Temperatur gehalten werden, damit er sich stabilisieren kann.
- Falls die Werte nicht mit den Sollwerten übereinstimmen, Temperaturfühler ersetzen.
- Temperaturfühler einschrauben und nicht zu fest anziehen. Stecker aufschieben.

Fühler für Saugrohrdruck prüfen

Der Fühler für Saugrohrdruck liefert dem Steuergerät den wichtigsten Bezugswert neben der Motordrehzahl für die Zumessung des Kraftstoffs.

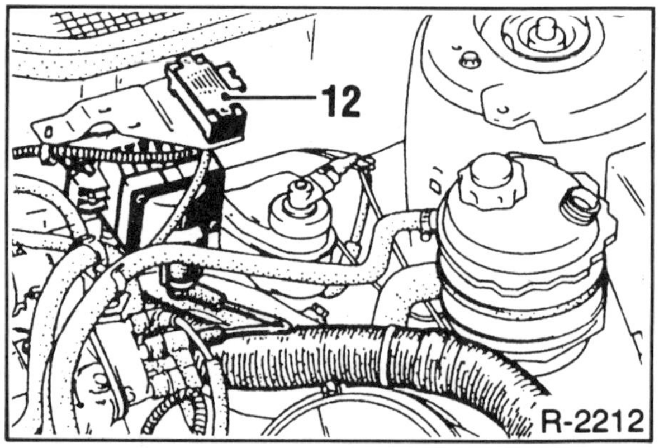

Der Fühler –12– sitzt an der Stirnwand oberhalb der Zündspule. Er ist durch eine Unterdruckleitung mit dem Saugrohr verbunden.

Prüfen

- Unterdruckschlauch zum Ansaugrohr auf Porosität und festen Sitz prüfen, gegebenenfalls ersetzen. **Achtung:** Schlauch niemals abziehen, damit er nicht gedehnt wird. Falls er ausgebaut werden soll, Schlauchende mit Schraubendreher vom Anschlußstutzen abhebeln.

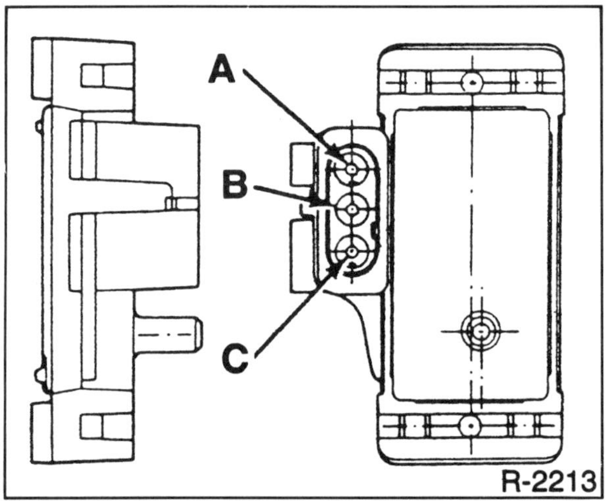

A – Masse, B – Ausgangsspannung, C – +5 Volt.

- Dreifach-Anschlußstecker am Druckfühler abziehen. Steckerbelegung, siehe Abbildung.
- Zündung einschalten. Spannung an Zuleitung des Fühlers zwischen Klemmen –A– und –C– messen. **Sollwert:** 5 Volt.
- Spannung am Fühler zwischen Klemmen –A– und –B– messen. **Sollwert:** Zwischen 0 und 5 Volt. Die Spannung variiert je nach anliegendem Unterdruck.

Steuergerät aus- und einbauen

Das Steuergerät der Zünd-/Einspritzanlage befindet sich in einem Kunststoff-Schutzgehäuse im Motorraum am rechten Kotflügel-Verstärkungsblech. (Hinter dem Steuergerät ist auch der Aktivkohlebehälter der Tankentlüftung mit Regelventilen eingebaut.)

Ausbau

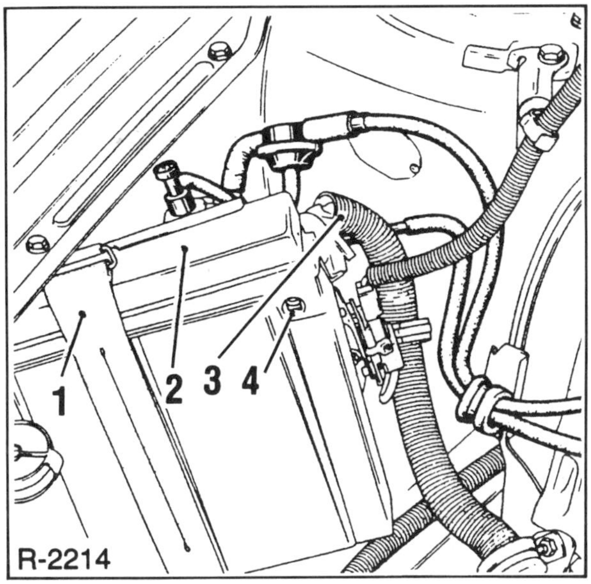

1 – Halteband, 2 – Deckel, 3 – Kabelstrang, 4 – Befestigungsschraube.

- Halteband lösen und das Gehäuse herausnehmen.
- Deckel vom Gehäuse abnehmen und den Stecker lösen, der das Steuergerät mit dem elektrischen Kabelstrang verbindet. Bei AC Delco-Einspritzanlage, vorher Sicherungsklammer vom Stecker abziehen.
- Die Befestigungsschrauben entfernen und das Steuergerät aus dem Gehäuse herausnehmen.

Einbau

- Der Einbau erfolgt in umgekehrter Reihenfolge wie der Ausbau. Darauf achten, daß der Kabelstecker richtig sitzt. Falls vorhanden, Stecker mit Sicherungsklammer sichern.

Kraftstoffpumpe/ Kraftstoffpumpenrelais prüfen

- Batterie muß geladen sein (ca. 12,5 Volt).
- Anschlußstecker vom Steuergerät der Zündung/Einspritzung abziehen.

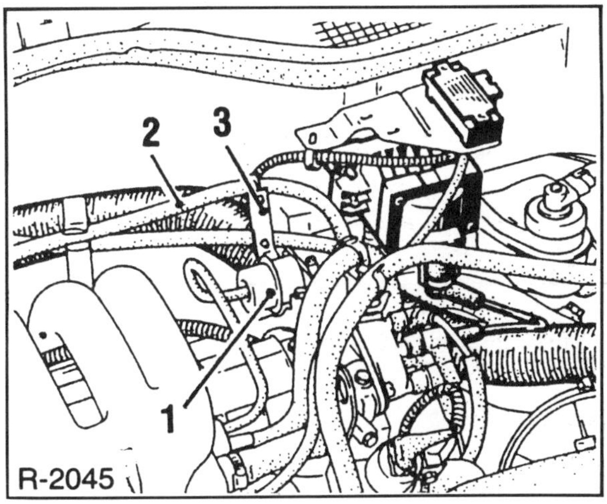

- Kraftstoff-Rücklaufleitung –2– zum Tank am Druckregler –1– abziehen und Schlauch in ein ca. 2 l großes Meßgefäß führen. Die Abbildung zeigt die Mehrpunkt-Einspritzung (MPI). Bei Einpunkt-Einspritzung (SPI) ebenfalls Rücklaufschlauch am Druckregler der Einspritzeinheit abziehen.

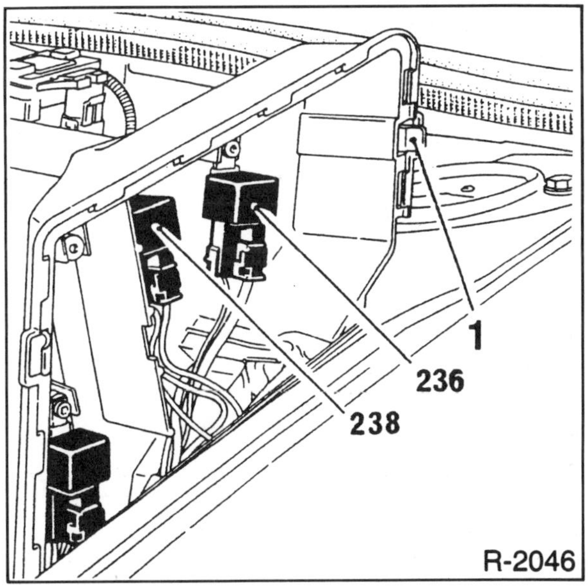

Das Kraftstoffpumpenrelais –236– befindet sich im Relaiskasten links im Motorraum. Es versorgt die elektrische Kraftstoffpumpe mit Strom. Über eine Sicherheitsschaltung unterbricht es die Stromzufuhr, wenn bei eingeschalteter Zündung keine Drehzahlimpulse mehr erfolgen (Motor abgewürgt). Zum Öffnen des Relaiskastens Klammer –1– lösen und den Deckel des Schutzgehäuses abheben. Das Relais ist an den dicken Anschlußdrähten erkennbar.

Fördermenge prüfen

- Da zur Prüfung der Einspritzmenge die Kraftstoffpumpe laufen soll, ohne daß der Motor läuft, Relais –236– abziehen und die Klemmen 3 und 5 am Relaissockel mit Prüfleitung von 1,5 mm ∅ verbinden. Kraftstoffpumpe ca. 30 Sekunden laufen lassen.
- Die Fördermenge muß in 30 Sekunden je nach Einsprizanlage folgende Mengen erreichen.

Sollwerte: Bendix-Einspritzung: 1,0 l;
Mono-Jetronic: 1,4-l-Motor: 0,4 l; 1,8-l-Motor: 0,5 l;
AC Delco- und Magneti Marelli-Einspritzung: 0,4 l.

- Wird zu wenig Kraftstoff gefördert, Stromversorgung an den Kontakten der Kraftstoffpumpe prüfen. Sollwert: 12 Volt (Batteriespannung). Der Leistungsverlust beträgt ca. 10% bei einem Spannungsabfall von 1 Volt.
- Ist die Stromversorgung ausreichend, die Fördermenge jedoch zu gering, kann das an einem verstopften Kraftstofffilter liegen. Filter erneuern, siehe Kapitel »Wartung«.
- Die Werkstatt kann zusätzlich eine Druckprüfung durchführen, Sollwert für Pumpendruck bei abgeklemmter Rücklaufleitung: über 3 bar. Wurde kein anderer Fehler gefunden, Kraftstoffpumpe ersetzen.
- Kraftstoffpumpenrelais aufschieben.
- Stecker am Steuergerät anschließen.

Kraftstoffpumpe aus- und einbauen

Bendix-Einspritzanlagen

Die elektrische Kraftstoffpumpe befindet sich am Fahrzeugunterboden vor dem Kraftstofftank am rechten Längsträger. Bei den anderen Einspritzanlagen befindet sich die Pumpe zusammen mit dem Tankgeber im Kraftstofftank. **Achtung:** Bei Montagearbeiten kein offenes Feuer, Brandgefahr!

Ausbau

- Batterie-Massekabel abklemmen.

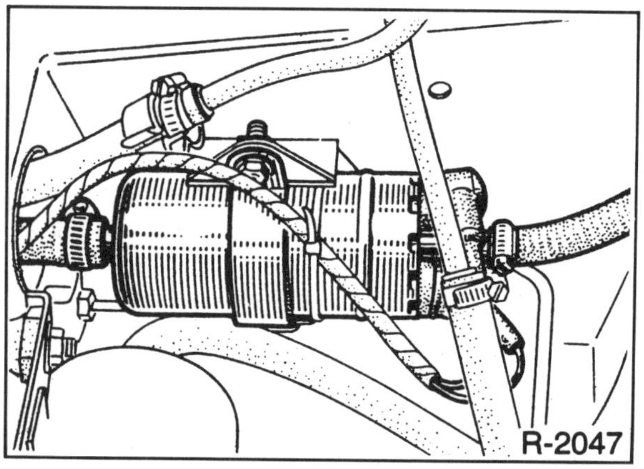

- Elektrische Leitungen von der Pumpe abschrauben, vorher Schutzkappen zurückklappen.
- Schlauchschellen lösen und Kraftstoffschläuche abziehen. Damit kein Kraftstoff ausläuft, Schläuche vorher mit Quetschklemmen abklemmen, oder nach dem Abziehen geeignete Schrauben in die Schlauchenden stecken. Eventuell austretenden Kraftstoff mit saugfähigem Lappen auffangen.
- Mutter abschrauben und Kraftstoffpumpe abnehmen.

Einbau

- Kraftstoffschläuche sowie Gummilager auf Porosität oder Beschädigung prüfen, gegebenenfalls ersetzen.
- Kraftstoffpumpe am Halter einsetzen und anschrauben.
- Kraftstoffschläuche aufschieben und mit Schellen sichern. **Achtung:** Es dürfen nur Schraubschellen verwendet werden.
- Abklemmwerkzeuge abnehmen.
- Elektrische Leitungen anschrauben. Plus und Minus sind auf dem Pumpengehäuse angegeben. Gummikappen über die Anschlüsse stülpen.
- Batterie-Massekabel anklemmen.

Kraftstofftank/Tankgeber/ Kraftstoffpumpe aus- und einbauen

Der Kraftstofftank hat ein Fassungsvermögen von 55 Litern und ist aus Stahlblech gefertigt. Er ist unter dem Kofferraum-Bodenblech zwischen Reserverad und Hinterachse angebracht. Der Tankgeber sitzt oben im Kraftstoffbehälter. Bei Mono-Jetronic-, AC Delco- und Magneti Marelli-Einspritzanlagen befindet sich die Kraftstoffpumpe zusammen mit dem Tankgeber im Kraftstofftank.

Mit sinkendem Kraftstoffspiegel sinkt auch der Schwimmer im Tankgeber ab. Durch einen Schleifkontakt am Schwimmer erhöht sich dabei der elektrische Widerstand des Gebers. Dadurch sinkt die Spannung am Anzeigeinstrument, und der Zeiger der Kraftstoffanzeige geht in Richtung »leer« zurück. Sinkt der Schwimmer weiter ab, wird ab einer bestimmten Stellung der Warnkontakt geschlossen und am Schalttafeleinsatz leuchtet die Reserve-Warnleuchte auf. Der Geber/die Kraftstoffpumpe kann auch ohne Demontage des Kraftstofftanks durch eine Aussparung im Kofferraumboden ausgebaut werden.

Ausbau

Achtung: Kein offenes Feuer, Brandgefahr! Zum Ausbau des Tankgebers muß der Kraftstofftank **leer** sein. Tank weitestgehend leerfahren, oder Kraftstoff mit einer Pumpe absaugen.

- Batterie-Masseband abklemmen.
- Fahrzeug aufbocken, siehe Seite 110.
- Reserverad mit Halterung am Unterboden abnehmen.

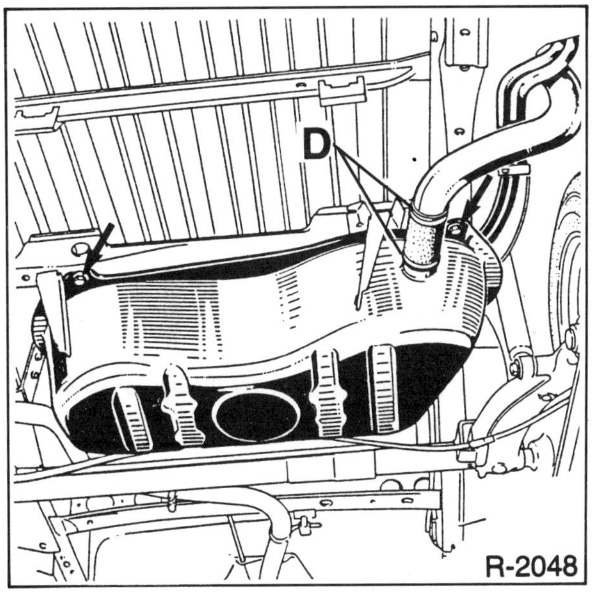

- Schellen –D– des Verbindungsschlauches zum Kraftstoffeinfüllrohr lösen und Schlauch am Kraftstoffbehälter abziehen.

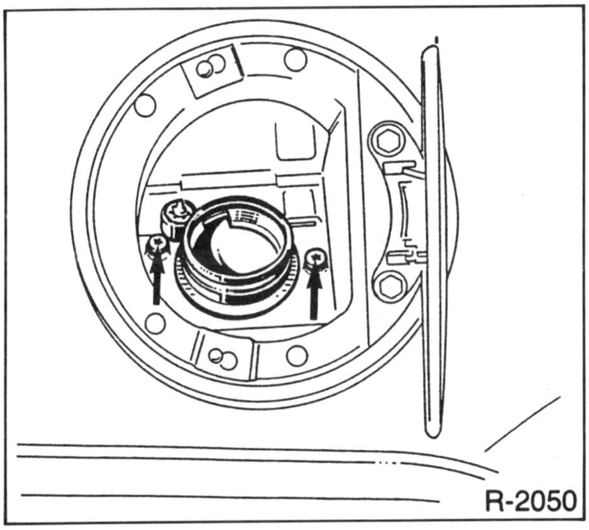

- Soll auch das Einfüllrohr ausgebaut werden: 2 Befestigungsschrauben lösen und Tankstutzen nach unten abnehmen.
- Kraftstoffbehälter abstützen.
- Befestigungsschrauben des Kraftstofftanks entfernen, dann langsam ablassen.

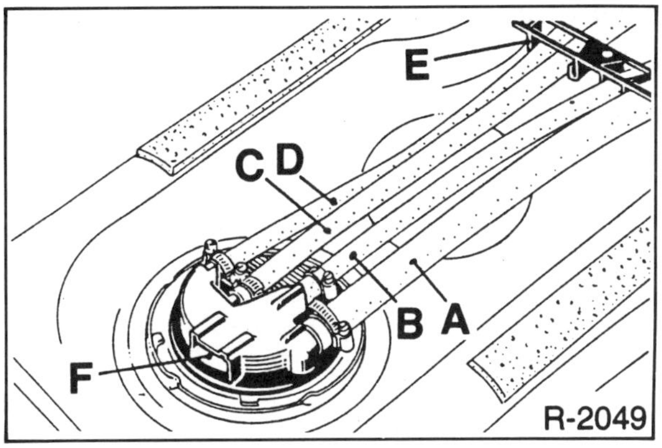

- Auf halber Höhe Halteklammern –E– von Kraftstoffzu- und -rücklauf der Einspritzanlage lösen. Kraftstofftank weiter ablassen.
- Elektrische Steckverbindung für Tankgeber –F– abziehen.
- Schellen lösen, Belüftungs- und Kraftstoffschläuche abziehen. Vorher alle Schläuche und Anschlußstutzen mit Farbe oder Tesaband kennzeichnen, damit sie beim Einbau wieder an richtiger Stelle aufgesteckt werden können.
- Tankgeber linksherum lösen.
- Tankgeber hochziehen, zur Seite schwenken und herausnehmen. Dabei Lappen unterlegen und eventuell austretenden Kraftstoff auffangen.

Einbau

- Sieb am Tankgeber auf Verschmutzung prüfen, gegebenenfalls reinigen.
- Tankgeber mit neuem Dichtring einsetzen.
- Tankgeber so ansetzen, daß nach dem Festziehen die Kraftstoffschläuche aufgeschoben werden können. Schläuche mit neuen Schlauchschellen sichern.
- Elektrischen Stecker aufschieben.
- Kraftstoff- und Entlüftungsschläuche nach Markierung am Tankgeber anklemmen.
- Batterie-Masseband anklemmen.
- Kraftstoffanzeige an der Armaturentafel auf Funktion prüfen.
- Kraftstofftank ansetzen und Klammer –E– anbringen.
- Kraftstofftank anschrauben. Die Leitungen so verlegen, daß sie nicht gequetscht oder geknickt werden.
- Einfüllrohr mit neuen Schlauchschellen am Kraftstofftank befestigen.
- Reserverad mit Halterung wieder montieren.

Luftfilter aus- und einbauen

Ausbau Einpunkt-Einpritzanlage (SPI) sowie Vergasermotoren

- Luftfiltereinsatz ausbauen, siehe Kapitel »Wartung«.

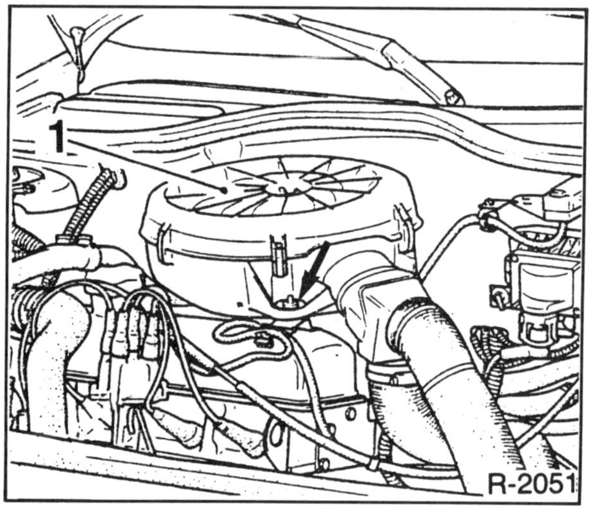

- **Vergasermotoren:** 2 Befestigungsmuttern –Pfeil– für Luftfiltergehäuse herausdrehen. Unterdruckschlauch unten am Luftfiltergehäuse abziehen.

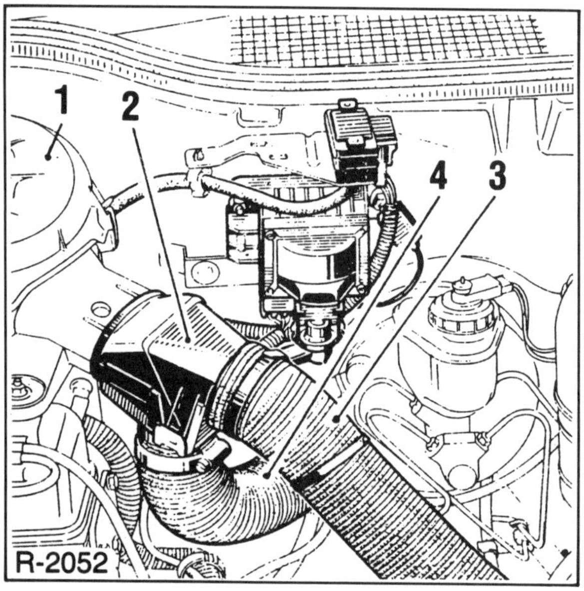

- Frischluftschlauch –3– und Warmluftschlauch –4– abziehen, vorher Schellen ganz lösen.
- Luftfiltergehäuse abnehmen.

Einbau

- Schlauch unten am Filtergehäuse aufschieben.
- Luftfiltergehäuse ansetzen.
- Ansaugstutzen am Halter festschrauben.
- Frischluft- und Warmluftschlauch aufschieben und mit Schelle sichern.
- Filtereinsatz einlegen.
- Deckel mit Schnellverschlüssen sichern und anschrauben.

Ansaugluftvorwärmung prüfen

Einpunkt-Einspritzanlage (SPI)

Die Ansaugluftvorwärmung wird temperaturabhängig über eine Luftklappe im Luftansaugstutzen geregelt. Bei defekter Ansaugluftvorwärmung können folgende Beanstandungen auftreten:

- Schlechter Leerlauf in der Warmlaufphase.
- Übergangsstörungen.
- Schlechte Leistung, Höchstgeschwindigkeit wird nicht erreicht.
- Hoher Kraftstoffverbrauch.

Stellung der Luftklappe prüfen

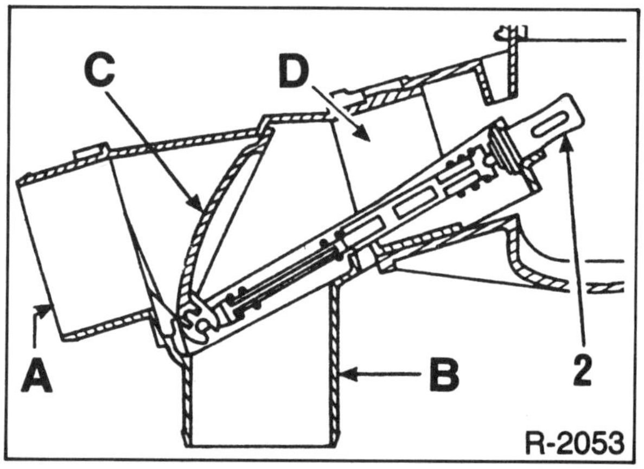

- Die Stellung der Luftklappe wird durch ein Thermoelement –2– gesteuert, das im Ansaugkanal sitzt.
- Bei laufendem, kaltem Motor muß die Klappe den Warmluftkanal –B– öffnen, damit Warmluft vom Abgaskrümmer zum Luftfilter geleitet wird.
- Wenn der Motor wärmer wird, schließt die Luftklappe langsam den Warmluftkanal und öffnet gleichzeitig den Frischluftkanal –A–.
- Bei betriebswarmem Motor muß der Warmluftkanal vollständig verschlossen sein. Der Motor saugt dann nur noch Frischluft an. Andernfalls Thermoelement prüfen.

Thermoelement prüfen

- Filtergehäuse ausbauen und im Bereich des Thermoelementes in ein Wasserbad tauchen.
- Wasser langsam erwärmen, dabei Temperatur messen. Bei einer Temperatur von +26° C muß der Kaltluftstutzen –A– verschlossen sein, siehe Abbildung R-2053.
- Bei einer Temperatur von +36° C muß die Luftklappe die Warmluftansaugung –B– verschlossen haben.
- Werden die Sollwerte nicht erreicht, Luftklappe und Thermoelement ersetzen. Sie können nicht repariert oder eingestellt werden.

Störungsdiagnose Benzin-Einspritzanlage

Bevor anhand der Störungsdiagnose der Fehler aufgespürt wird, müssen folgende Prüfvoraussetzungen erfüllt sein: Bedienungsfehler beim Starten ausgeschlossen. Sowohl für den kalten wie warmen Motor gilt: Gaspedal während des Startvorgangs etwas niederdrücken. Kraftstoff im Tank, Motor mechanisch in Ordnung, Ventilspiel richtig, Batterie geladen, Anlasser dreht mit ausreichender Drehzahl, Zündanlage ist in Ordnung, keine Undichtigkeiten an der Kraftstoffanlage, Verschmutzungen im Kraftstoffsystem ausgeschlossen, Kurbelgehäuse-Entlüftung in Ordnung, elektrische Masseverbindung (Motor-Getriebe-Aufbau) vorhanden. **Achtung:** Wenn Kraftstoffleitungen gelöst werden, müssen diese vorher mit Benzin gesäubert werden.

Störung	Ursache	Abhilfe
Motor springt nicht an	Elektro-Kraftstoffpumpe läuft beim Betätigen des Anlassers nicht an	■ Prüfen, ob Spannung an der Pumpe anliegt. Elektrische Kontakte auf gute Leitfähigkeit überprüfen
	Kraftstoffpumpenrelais defekt	■ Kraftstoffpumpenrelais überprüfen. Das Relais befindet sich im Relaiskasten links im Motorraum
	Einspritzventile verklebt*	■ Ventile prüfen lassen, ggf. ersetzen
	Saugrohr-Druckfühler defekt	■ Druckfühler überprüfen
	Stecker am Steuergerät defekt	■ Stecker prüfen ggf. ersetzen
Der kalte Motor springt schlecht an, läuft unrund	CO-Gehalt falsch	■ CO-Gehalt und Leerlauf prüfen
	Temperaturfühler defekt	■ Temperaturfühler prüfen
	Kraftstoffdruck zu niedrig	■ Kraftstoffdruck prüfen lassen
Der warme Motor springt schlecht an, läuft unrund	Luftansaugsystem undicht	■ Dichtstellen und Anschlüsse im Ansaugsystem prüfen
Der Motor setzt aus	Elektrische Verbindungen zur Kraftstoffpumpe zeitweise unterbrochen	■ Steckverbindungen und Anschlüsse von elektrischen Leitungen an der Kraftstoffpumpe und dem Kraftstoffpumpen-Relais auf feste und widerstandslose Verbindung prüfen. Sicherung und Kontaktstellen am Kraftstoffpumpen-Relais prüfen. Kontakte reinigen bzw. erneuern.
	Stecker für Steuergerät defekt	■ Stecker prüfen ggf. erneuern
	Schlechte Kraftstoffqualität, Dampfblasenbildung	■ Marken-Kraftstoff tanken
	Kraftstoff-Fördermenge zu gering	■ Fördermenge prüfen
	Kraftstoffilter defekt	■ Kraftstoffilter erneuern
	Motor-Temperaturfühler defekt	■ Temperaturfühler prüfen
	Einspritzventil defekt*	■ Einspritzventile prüfen lassen
	Drosselklappenschalter defekt	■ Drosselklappenschalter prüfen
Der Motor hat Übergangsstörungen	Luftansaugsystem undicht	■ Dichtstellen und Anschlüsse im Ansaugsystem prüfen
	Leerlaufregelung fehlerhaft	■ Leerlaufsteller, Katalysator (Lambdaregelung) prüfen
	Vollastschalter defekt oder falsch eingestellt	■ Drosselklappenschalter prüfen

Störung	Ursache	Abhilfe
Der heiße Motor springt nicht an	CO-Gehalt falsch	■ CO-Gehalt und Leerlauf prüfen
	Druck im Kraftstoffsystem zu hoch	■ Kraftstoffdruck prüfen lassen, ggf. Druckregler ersetzen
	Rücklaufleitung zwischen Druckregler und Tank verstopft, geknickt	■ Leitung reinigen oder ersetzen
	Motortemperaturfühler defekt	■ Temperaturfühler prüfen
	Einspritzventile undicht*	■ Ventile ausbauen, Leitungen angeschlossen lassen, Starter kurz betätigen, innerhalb der nächsten Minute dürfen nicht mehr als 2 Tropfen Kraftstoff pro Ventil austreten
	Kraftstoffsystem undicht	■ Sichtprüfung an allen Verbindungsstellen im Bereich des Motors und der elektrischen Kraftstoffpumpe. Alle Anschlüsse nachziehen
	Luftansaugsystem undicht	■ Dichtstellen und Anschlüsse im Ansaugsystem prüfen

*) Einstelleneinspritzung hat nur **ein** zentral angeordnetes Einspritzventil.

Technische Daten Einspritzanlagen

Einpunkt-Einspritzanlage BENDIX mit geregeltem Katalysator

Bauteil / Einbauort	Fabrikat / Technische Daten
Kraftstoffpumpe: an der hinteren Traverse (vor dem Tank)	Spannung: 12 Volt Druck: 3 bar Fördermenge: 130 l/Std
Kraftstoffilter: an der hinteren Traverse	Austausch: alle 50000 km
Papierfiltereinsatz im Luftfilter	Austausch: alle 20000 km
Kraftstoff-Druckregler: im Drosselklappengehäuse integriert	Druck: 1,2 ± 0,05 bar
Elektromagnetisches Einspritzventil	Spannung: 12 Volt Widerstand: 1,4 Ω, maximal 10 Ω.
Drosselklappengehäuse	BENDIX, Nr. 8933003684 (Schaltgetriebe) Nr. 8933003685 (Automatikgetriebe)
Katalysator	Kennzeichnung: C10
Lambda-Sonde	AUTOLITE, Nr. 8933002455 Meßwerte bei +800° C: fettes Gemisch: 625 bis 1100 mV (Millivolt) armes Gemisch: 0 bis 150 mV
Abgas-Rückführventil (EGR)	Nr. 8933003184
Entlüftungssystem für Kraftstoffdämpfe	über PUROLATOR-Aktivkohlebehälter

Mehrpunkt-Einspritzanlage BENDIX mit geregeltem Katalysator

Bauteil / Einbauort	Fabrikat / Technische Daten
Kraftstoffpumpe	Spannung: 12 Volt Druck: 3 bar Fördermenge: 95 l/Std
Kraftstoffilter	Austausch: alle 50000 km
Papierfiltereinsatz im Luftfilter	Austausch: alle 20000 km
Kraftstoff-Druckregler	Druck: bei Unterdruck 0: 3,0 ± 0,2 bar bei Unterdruck 500 mbar: 2,5 ± 0,2 bar
Elektromagnetische Einspritzventile (Funktion nur mit Steuergerät)	Spannung: 12 Volt Widerstand: 2,5 ± 0,5 Ω.
Drosselklappengehäuse	WEBER: Doppelgehäuse, ∅ 32 x 36 CFR 2 Kennzahl 103, ET-Nr. 7700740554
Leerlaufregulierventil	BOSCH, Spannung 12 Volt
Katalysator	Kennzeichnung: C10
Lambda-Sonde, beheizt im Katalysatorgehäuse	BOSCH, ET-Nr. 7700746375 Meßwerte bei +800° C: fettes Gemisch: 625 bis 1100 mV (Millivolt) armes Gemisch: 0 bis 150 mV
Abgas-Rückführventil (EGR)	nicht vorhanden
Entlüftungssystem für Kraftstoffdämpfe	über PUROLATOR-Aktivkohlebehälter

Der Dieselmotor

Der Dieselmotor des RENAULT 19 ist als wassergekühlter Reihen-Vierzylinder konzipiert, der vorn quer zur Fahrtrichtung eingebaut ist. Der Motorblock besteht aus Grauguß, der Zylinderkopf aus Leichtmetall.

Die Ventile werden von der obenliegenden Nockenwelle über Tassenstößel aufgestoßen. Das Ventilspiel wird über Einstellscheiben in den Tassenstößeln eingestellt und muß bei Geräuschen im Ventiltrieb oder nach Motorreparaturen überprüft, gegebenenfalls nachreguliert werden. Der Zahnriemen, der die Nockenwelle antreibt, treibt auch die Diesel-Einspritzpumpe an.

Da der Dieselmotor weitgehend ähnlich dem 1,7-l-Benzinmotor aufgebaut ist, sind einzelne Arbeitsanweisungen für den Dieselmotor in folgende Benzinmotor-Kapitel integriert: Motorausbau, Zylinderkopfausbau, Ventilspieleinstellung, Ventilsitzmaße, Kompression prüfen, Starthilfe, Motorschmierung, Motorkühlung.

Das Diesel-Prinzip

Beim Dieselmotor wird reine Luft in die Zylinder angesaugt und dort sehr hoch verdichtet. Dadurch steigt die Temperatur in den Zylindern über die Zündtemperatur des Dieselöls an. Wenn der Kolben kurz vor dem oberen Totpunkt steht, wird in die hochverdichtete und etwa +600° C heiße Luft Dieselöl eingespritzt. Das Dieselöl zündet von selbst, Zündkerzen sind also nicht erforderlich.

Bei kaltem Motor wird allein durch die Verdichtung die Zündtemperatur nicht erreicht. In diesem Fall muß der Motor vorgeglüht werden. Dazu befindet sich in jeder Wirbelkammer eine Glühkerze, die den Brennraum aufheizt.

Der Kraftstoff wird direkt von der Verteiler-Einspritzpumpe aus dem Kraftstoff-Vorratsbehälter angesaugt. In der Einspritzpumpe wird der für die Diesel-Einspritzung erforderliche hohe Druck (ca. 130 bar) aufgebaut und der Kraftstoff entsprechend der Zündfolge auf die einzelnen Zylinder verteilt. Gleichzeitig steuert ein Regler in der Einspritzpumpe die eingespritzte Kraftstoffmenge entsprechend der Betätigung des Gaspedals. Über die Einspritzventile wird der Diesel-Kraftstoff jeweils zum richtigen Zeitpunkt in die Vorkammer des betreffenden Zylinders eingespritzt. Durch die Form der Vor- oder Wirbelkammer erhält die angesaugte Luft beim Verdichtungshub eine bestimmte Wirbelbewegung, so daß sich der eingespritzte Kraftstoff optimal mit Luft vermischt.

Bevor der Kraftstoff in die Einspritzpumpe gelangt, durchfließt er den Kraftstoffilter. Dort werden Verunreinigungen und Wasser zurückgehalten. Es ist deshalb äußerst wichtig, den Kraftstoffilter entsprechend der Wartungsvorschrift zu entwässern beziehungsweise auszuwechseln.

Die Einspritzpumpe ist wartungsfrei. Alle beweglichen Teile der Pumpe werden mit Dieselöl geschmiert. Angetrieben wird die Einspritzpumpe von der Kurbelwelle über den Zahnriemen, der auch die Nockenwelle antreibt.

Da der Dieselmotor als Selbstzünder nicht durch Spannungsunterbrechung der Zündanlage abgeschaltet werden kann, besitzt er ein Magnetventil. Durch Ausschalten der Zündung wird die Spannungsversorgung für das Magnetventil unterbrochen und das Ventil verschließt den Kraftstoffkanal. Dadurch ist sichergestellt, daß die Kraftstoffzufuhr vor Einrasten des Lenkschlosses gesperrt ist. Das Magnetventil wird beim Starten des Motors über den Zünd-Anlaßschalter mit Spannung versorgt und öffnet daraufhin den Kraftstoffkanal.

Zahnriemen aus- und einbauen/ Motorsteuerung einstellen

Die Motorsteuerung wird normalerweise nur nach Reparaturen, bei denen der Zahnriemen ausgebaut wurde, eingestellt. Soll die Motorsteuerung nur überprüft werden, sind alle Arbeitsschritte außer dem Ausbau des Zahnriemens auszuführen.

Ausbau

- Keilriemen ausbauen, siehe Seite 38.
- Motor blockieren. Dazu 5. Gang einlegen, Fußbremse von Helfer betätigen lassen. Keilriemenscheibe mit Stecknuß von der Kurbelwelle abschrauben und abziehen.

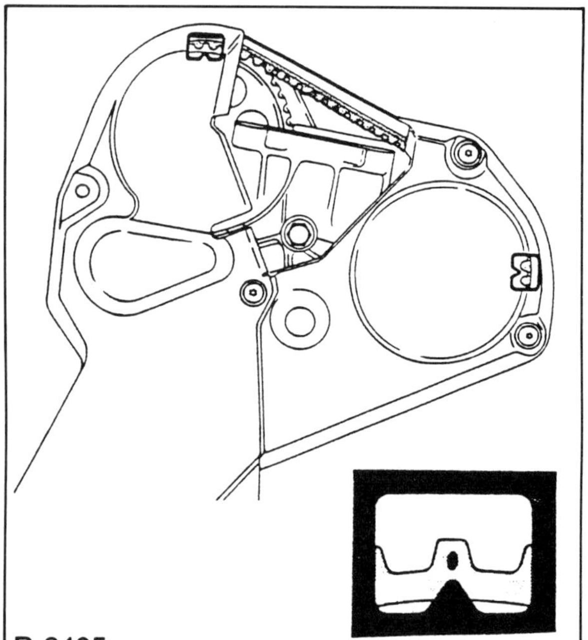

R-2405

- Kurbelwelle auf OT (oberem Totpunkt) für Zylinder 1 drehen. Dazu 5. Gang einlegen und Fahrzeug auf ebener Fläche verschieben, bis die Markierungen auf den Zahnriemenrädern der Nockenwelle und Einspritzpumpe mit der Markierung am Gehäuse übereinstimmen, siehe Abbildung.

Achtung: In keinem Fall Kurbelwelle am Zahnriemenrad der Nockenwelle oder Einspritzpumpe verdrehen, da der Zahnriemen sonst überbelastet wird.

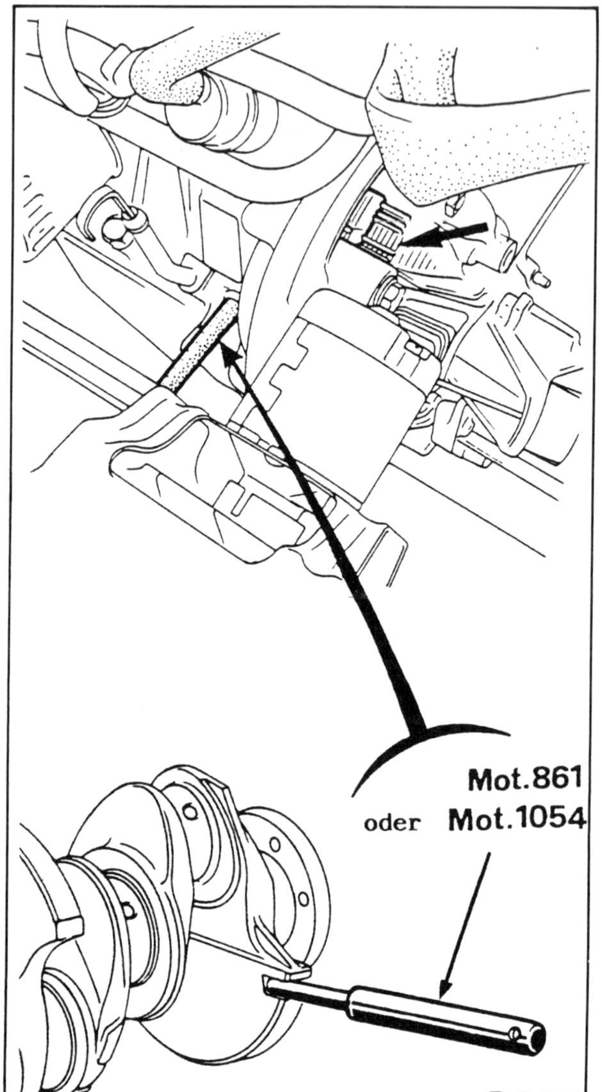

R-2407

- Die Werkstätten arretieren die Kurbelwelle, indem sie einen geeigneten Dorn in die Motorblock-Bohrung einstecken, der in die Kurbelwelle eingreift. Dies ist aber nicht unbedingt nötig, wenn der Motor bei abgenommenem Zahnriemen nicht verstellt wird. Die OT-Stellung kann auch an der Markierung im Schauloch der Kupplungsglocke –Pfeil– erkannt werden.

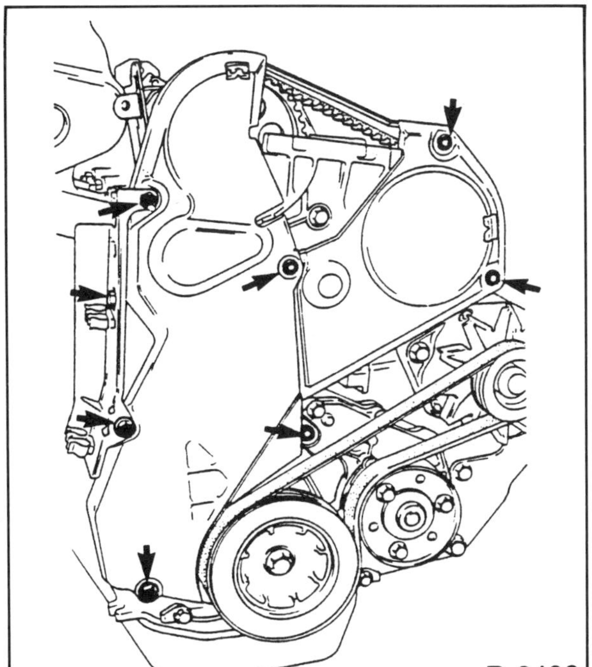

R-2406

● Oberen und unteren Zahnriemenschutz ausbauen, dazu Schrauben –Pfeile– herausdrehen.

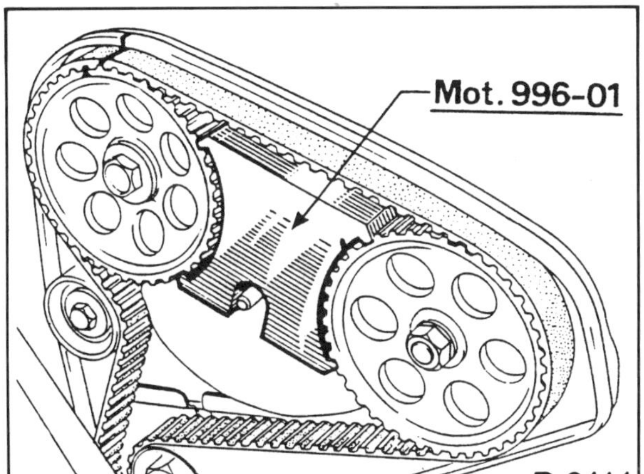

R-2411

● Die Werkstatt arretiert die Riemenräder der Nockenwelle sowie Einspritzpumpe vor dem Abnehmen des Zahnriemens mit dem abgebildeten Feststellwerkzeug. Stimmt eine Markierung nicht überein, entsprechendes Rad bei abgenommenem Zahnriemen auf Markierung drehen.

● Mutter für Spannrolle lösen und Zahnriemen entspannen.

● Zahnriemen abnehmen.

Achtung: Wenn die Nockenwelle bei abgenommenem Zahnriemen gedreht wird, darf kein Kolben auf OT stehen. Es können sonst schwerwiegende Schäden an Kolben oder Ventilen entstehen.
Soll die Nockenwelle gedreht werden, vorher alle Kolben gleichmäßig auf halbe Höhe stellen.
Dazu oben an der Kurbelwellen-Riemenscheibe einen Kreidestrich anbringen (Voraussetzung: Kurbelwelle steht in OT-Stellung für Zylinder 1), dann Kurbelwellen-Riemenscheibe um ¼ Umdrehung (90°) nach links oder rechts drehen. Die Kreidemarkierung zeigt nun nach rechts oder nach links. Falls verwendet, Feststelldorn vorher entfernen.

Nockenwellenrad mit Ringschlüssel im Uhrzeigersinn so weit drehen, daß die Markierungen auf dem betreffenden Rad mit der festen Markierung übereinstimmen.

Einbau

● Am Schauloch der Kupplungsglocke prüfen, ob die Kurbelwelle auf OT steht, OT-Markierung am Schwungrad und Bezugsmarke müssen übereinstimmen.

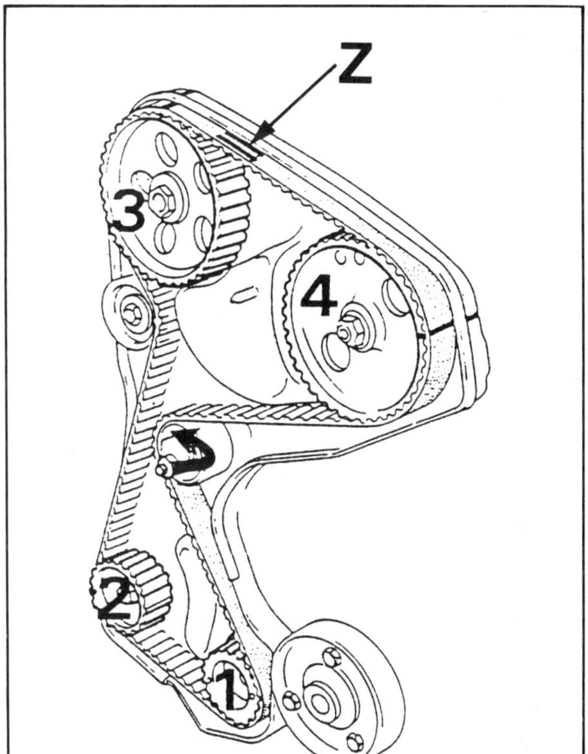

R-2408

● Zahnriemen in numerischer Reihenfolge auf die Riemenräder auflegen, dabei Laufrichtung beachten. Die Laufrichtung ist durch Pfeile –Z– auf dem Zahnriemen markiert. Die Stellung der Nebenantriebswelle –2– (für Ölpumpe) ist ohne Belang.

Spannen

- Spannrolle gegen den Zahnriemen drücken, siehe Abbildung. Mutter für Spannrolle in gespannter Stellung festziehen und Spannung überprüfen.

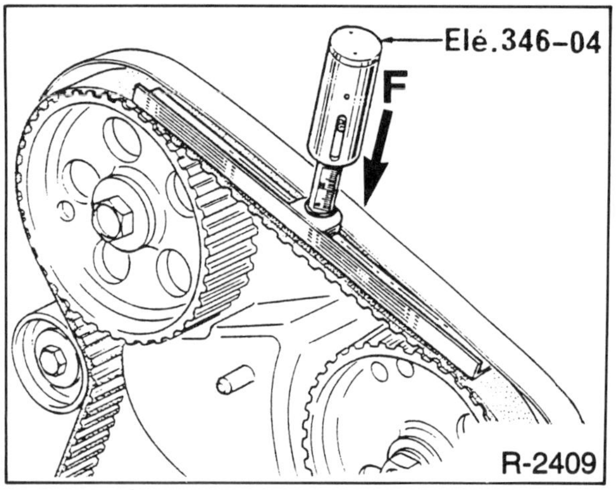

- Die Werkstatt prüft die korrekte Zahnriemenspannung mit einem Prüfgerät, mit dem auch die Keilriemenspannung geprüft wird, siehe Seite 38.

Prüfgerät eichen und mittig zwischen die beiden oberen Zahnriemenräder aufsetzen. Bei einem Druck des Prüfgeräts von 30 N (= 3 kg) auf den Zahnriemen muß der Zahnriemen um **5 bis 6,5 mm** nachgeben. Nach der Einstellung Mutter für Spannrolle mit **50 Nm** festziehen.

- Sicherstellen, daß die Markierungen an den Zahnriemenrädern mit den Bezugsmarken übereinstimmen, siehe unter »Ausbau«.
- Falls verwendet, Feststelldorn an der Kurbelwelle entfernen.
- Motor zwei Kurbelwellenumdrehungen weiterdrehen und Messung wiederholen, gegebenenfalls Einstellung wiederholen. Zum Verdrehen 5. Gang einlegen und Fahrzeug in Fahrtrichtung verschieben. Nicht rückwärts schieben, der Zahnriemen muß sich im Uhrzeigersinn drehen.
- Mutter für Spannrolle mit **50 Nm** festziehen. Nicht lockerer, sonst kann der Zahnriemen im späteren Fahrbetrieb überspringen und schwere Motorschäden verursachen.
- Behelfsmäßig kann die Zahnriemenspannung auch mit Daumendruck geprüft werden. Zwischen Nockenwellen- und Einspritzpumpenrad muß sich der Zahnriemen gerade noch um 5 bis 8 mm eindrücken lassen. In jedem Fall: **Sicherheitshalber Zahnriemenspannung baldmöglichst von einer Fachwerkstatt kontrollieren lassen.**
- Keilriemenscheibe mit **100 Nm** an der Kurbelwelle anschrauben.

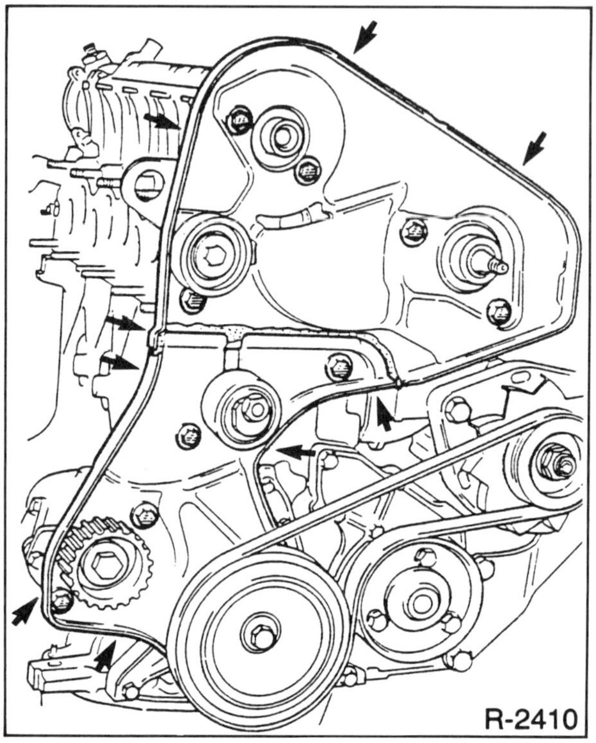

- Vor dem Anbauen der Zahnriemenabdeckung Dichtmittel, zum Beispiel Curil, auf die mit Pfeilen gekennzeichneten Kanten des Steuergehäuses auftragen.
- Zahnriemenabdeckung anschrauben.
- Keilriemen einbauen und spannen, siehe Seite 38.
- Sicherheitshalber Förderbeginn der Einspritzpumpe kontrollieren lassen (Werkstattarbeit).

Die Diesel-Vorglühanlage

Bei kaltem Motor wird die Selbstzündungstemperatur durch die Verdichtung allein nicht erreicht, deshalb muß der Motor vorgeglüht werden.

Zu diesem Zweck ist in jeden Brennraum eine Stabglühkerze eingeschraubt. Die Glühkerze besteht im wesentlichen aus einem Gehäuse mit eingepreßtem Heizstab. Sobald Spannung anliegt, heizt sich die Heizwicklung im Heizstab innerhalb weniger Sekunden bis auf über +850° C auf, wodurch die Vorglühdauer bis zum Anlassen selten länger als 10 Sekunden beträgt. Wenn die Vorglüh-Kontrolleuchte an der Armaturentafel erlischt, kann der Motor gestartet werden.

Die Dauer des Vorglühens sowie die automatische Nachglühung nach dem Start (maximal 3 Minuten) wird über ein elektronisches Steuergerät geregelt, das sich im Motorraum in Fahrtrichtung gesehen links an der Spritzwand befindet.

Durch entsprechende Geber erhält das Glühzeit-Steuergerät unter anderem Informationen über Kühlmitteltemperatur, Leerlaufstellung der Einspritzpumpe sowie Tätigkeit des Anlassers. Das Steuergerät entscheidet anhand der übermittelten Daten, wie lange und wieviel Strom den Glühkerzen zugeführt wird.

Glühkerzen prüfen

Wenn Schwierigkeiten beim Anlassen des Motors auftreten, sind sämtliche Glühkerzen auf einwandfreie Funktion zu prüfen.

Prüfvoraussetzung: Motor kalt (Umgebungstemperatur). Batterie voll geladen, Batteriespannung mindestens 11,5 Volt.

Stromzufuhr prüfen

Diese Kontrolle kann bei eingebauten Glühkerzen durchgeführt werden.

- Prüflampe parallel zwischen Stromschiene der Glühkerzen und Masse halten.
- Zündung einschalten, Motor vorglühen. Zündschlüssel auf Vorglühstellung lassen und Prüflampe beobachten.
- Die Prüflampe muß aufleuchten und nach 4 bis 5 Sekunden erlöschen.
- Zündanlaßschalter erneut in Vorglühstellung bringen. Wenn die Vorglühkontrolleuchte erlischt, Motor anlassen. **Achtung:** Die Vorglühkontrolleuchte bleibt bei einwandfreier Funktion der Vorglühanlage bei einer Umgebungstemperatur von +20° C lediglich während 4 bis 7 Sekunden erleuchtet. Dennoch bleiben die Glühkerzen länger unter Strom (Nachglühzeit), damit der Motor schneller warm wird. Prüflampe beobachten: Die Prüflampe muß bei +20° C ca. 30 Sekunden erleuchtet bleiben.
- Ist die Stromzufuhr defekt, Vorglüh-Steuergerät von Fachwerkstatt überprüfen lassen.

Glühkerzen prüfen

- Anschlußkabel und Stromschiene für Glühkerzen abnehmen.

28-074

- Ohmmeter nacheinander an jede Glühkerze anlegen und Widerstand messen. Sollwert: 0,6 ± 0,2 Ω.
- Wird der Sollwert nicht erreicht: Glühkerze defekt, austauschen; Anzugsdrehmoment: **20 Nm. Achtung:** Das Anzugsdrehmoment darf **nicht** überschritten werden, da sonst der Ringspalt zwischen Glühstab und Gewindeteil zugezogen wird und die Glühkerze vorzeitig ausfällt. Bei verbrannten Glühstiften Hinweise beachten.
- Anschlußkabel für Stromschiene anklemmen.

Achtung: Wird kein Fehler gefunden, obwohl der Motor schlecht anspringt, Glühkerzen beim Vorglühen sichtprüfen. Dazu Einspritzdüsen ausbauen und durch die Öffnungen Glühkerzen beobachten.

Glühkerzen mit verbrannten Glühstiften

Verbrannte Glühstifte von Glühkerzen sind häufig Folgeschäden von Düsenstörungen. Derartige Schäden sind nicht auf Mängel in oder an der Glühkerze zurückzuführen.

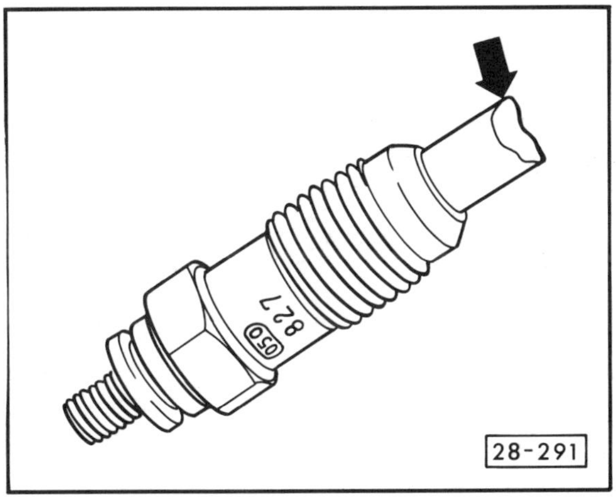

28-291

Werden im Beanstandungsfall derartige Glühkerzen gefunden –Pfeil–, genügt es nicht, diese nur zu ersetzen. Es muß auch eine Überprüfung der Einspritzdüsen auf Abspritzdruck und Dichtigkeit erfolgen (Werkstattarbeit).

Die Kraftstoffversorgung

Zur Kraftstoffanlage gehören der Kraftstoffbehälter, die Kraftstoffleitungen, die Einspritzpumpe mit den Einspritzventilen sowie der Kraftstoffilter. Der Kraftstoffbehälter liegt über der Hinterachse. Der jeweilige Kraftstoffvorrat wird dem Fahrer über die Kraftstoffanzeige angezeigt. Durch ein Belüftungssystem wird der Tank belüftet. Falls der Tank leer gefahren wird, muß die Kraftstoffanlage am Kraftstoffilter entlüftet werden, siehe Kapitel »Wartung«.

Achtung: Um bei Startschwierigkeiten zu prüfen, ob Kraftstoff zu den Einspritzventilen gefördert wird, an zwei Einspritzventilen die Überwurfmuttern lösen und den Motor ohne vorzuglühen starten, bis Kraftstoff an den Überwurfmuttern austritt. Überwurfmuttern festziehen und Motor vorschriftsmäßig starten.

Achtung: Wenn kein Kraftstoff gefördert wird, dann ist die Anlage folgendermaßen zu entlüften:

- Einspritzpumpe mit Dieselkraftstoff anfüllen.
- Kraftstoff-Filter mit Diesel anfüllen.
- Fahrzeug anschleppen.

Durch diese Maßnahmen ist eine schnelle Entlüftung sichergestellt.

Bei Arbeiten an der Einspritzanlage Sauberkeitshinweise beachten, siehe Seite 79.

Außerdem ist darauf zu achten, daß kein Dieselkraftstoff auf die Kühlmittelschläuche läuft. Gegebenenfalls müssen die Schläuche sofort wieder gereinigt werden. Angegriffene Schläuche sind zu ersetzen.

Die Diesel-Einspritzanlage

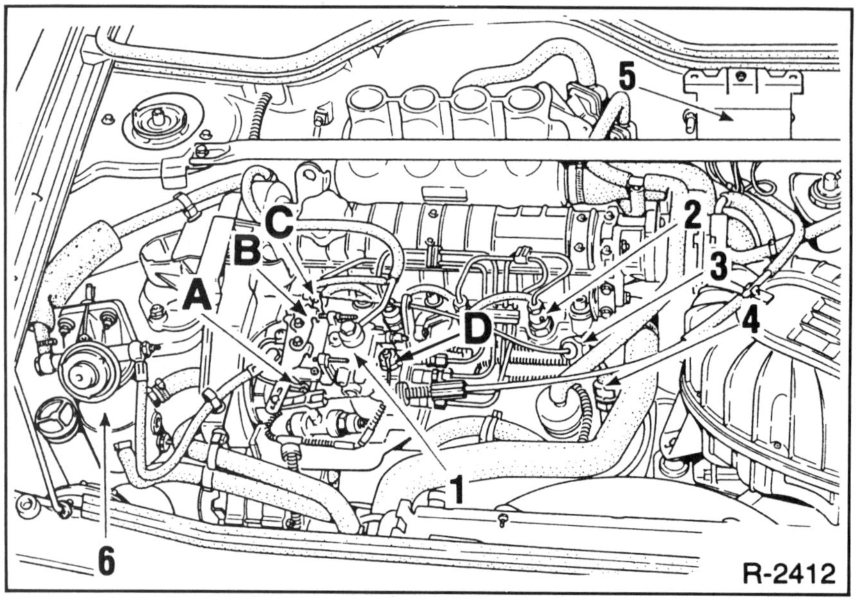

1 – **Einspritzpumpe**
A – Vollast-Mikroschalter
B – Verstellhebel
C – Hebel für Leerlauf und beschleunigter Leerlauf (wird über einen Bowdenzug vom Thermoelement gesteuert).

2 – **Einspritzdüse**

3 – **Thermoelement**
Für beschleunigten Leerlauf.

4 – **Thermoschalter**
Zur Steuerung der Nachglühung.

5 – **Vorglüh-/Nachglüh-Steuergerät**

6 – **Kraftstoffilter**
Mit Handpumpe zur Entlüftung, sowie Kühlmittelanschluß zur Dieselvorwärmung.

Elektromagnetischen Absteller prüfen/ersetzen

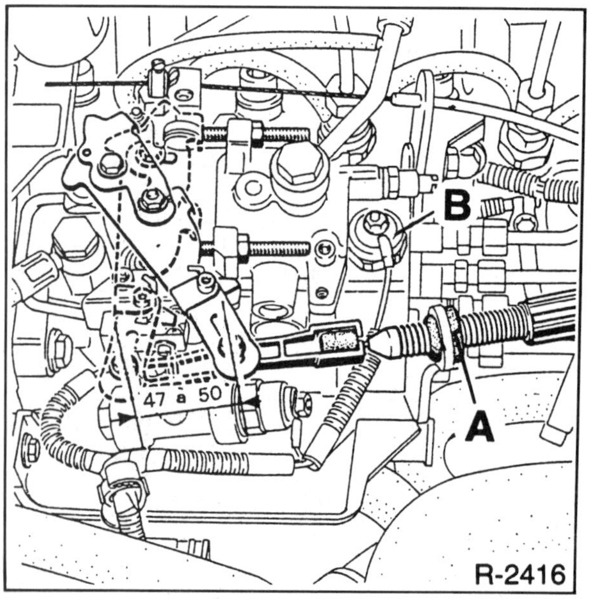

Der elektromagnetische Absteller –B– an der Einspritzpumpe gibt den Kraftstoffzulauf bei Einschalten der Zündung frei. Er ist zu prüfen, wenn der Motor nicht anspringt oder nach Ausschalten der Zündung weiterläuft.

- Zündung ein- und ausschalten. Der elektromagnetische Absteller muß dabei hörbar klicken.
- Klickt der Absteller nicht, prüfen, ob elektrische Zuleitung bei eingeschalteter Zündung Strom führt. Führt sie keinen Strom, Fehler nach Stromlaufplan suchen und beheben.
- Wurde kein Fehler gefunden, Kabel abziehen und Absteller herausschrauben.
- Neuen Absteller mit Dichtring einsetzen, mit 20 Nm festziehen. Kabel aufstecken.
- Motor starten. Die Kraftstoffanlage entlüftet sich dabei von selbst.

Gaszug einstellen

Achtung: Der Gaszug ist sehr knickempfindlich und daher beim Einbau besonders sorgfältig zu behandeln. Ein einziger leichter Knick kann zum späteren Bruch im Fahrbetrieb führen. Züge, die geknickt wurden, dürfen deswegen **nicht** eingebaut werden.

- Gaspedal von Hilfsperson ganz durchdrücken lassen (Vollgasstellung), oder in dieser Stellung mit geeignetem Brett zwischen Sitz und Pedal festklemmen.
- Bei Vollgasstellung Gaszug durch Umstecken der Steckraste (–A– in Bild R-2416) so einstellen, daß der Einspritzpumpenhebel spannungsfrei am Anschlag für Höchstdrehzahl der Einspritzpumpe liegt.

Leerlaufdrehzahl prüfen/einstellen

Da Dieselmotoren keine Zündanlage besitzen, wird ein spezieller Drehzahlmesser benötigt, der auf Fotozellenbasis arbeitet. Er ist teuer, so daß sich der Kauf nicht unbedingt lohnt.

- Motor auf Betriebstemperatur bringen, Motoröltemperatur mindestens +80° C.
- Elektrische Verbraucher (Radio, Licht) müssen ausgeschaltet sein.
- Leerlaufdrehzahl prüfen, **Sollwert:** 825 ± 25/min.

Einstellen, BOSCH-Einspritzpumpe

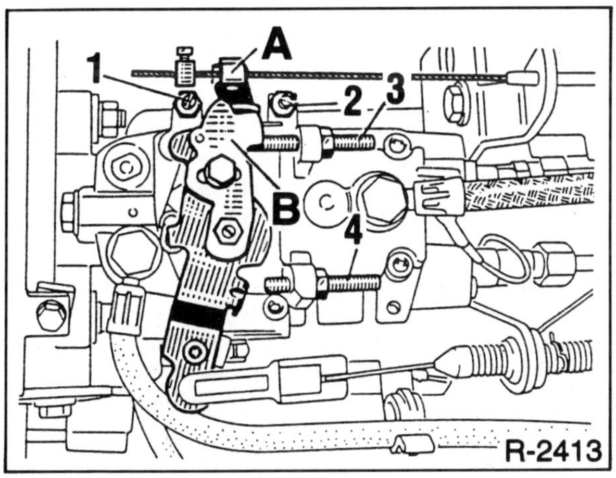

- Ist die Leerlaufdrehzahl korrekt, Fühlerblattlehre von 1 mm Stärke zwischen Anschlagschraube –3– und Regelhebel –B– schieben. Die Leerlaufdrehzahl darf sich um nicht mehr als 20 Umdrehungen pro Minute erhöhen, sonst ist die Leerlaufdrehzahl komplett neu einzustellen. Bei Drehzahlerhöhung unter 10/min Anschlagschraube –3– entkontern und verdrehen, um die Leerlaufdrehzahl um 10/min bis 20/min zu erhöhen. Einstellschraube kontern. Nach Entfernen der Fühlerblattlehre muß die Drehzahl wieder auf den Sollwert abfallen.
- Betriebswarmen Motor im Leerlauf laufen lassen.
- Kontermutter lösen und Schraube –3– zurückschrauben, bis die Leerlaufdrehzahl nicht mehr weiter abfällt. Anschließend Schraube –3– um zwei ganze Umdrehungen weiter zurückdrehen.
- Kontermutter lösen und Schraube –2– verstellen, bis die Leerlaufdrehzahl 825 ± 25/min erreicht ist. Kontermutter festziehen.

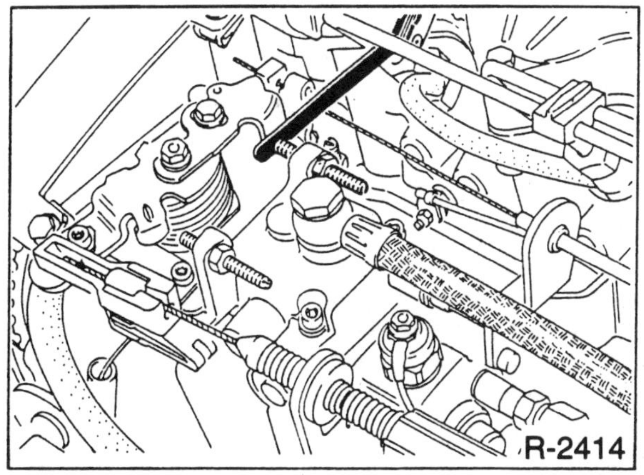

- Fühlerblattlehre mit 1 mm Dicke zwischen Anschlagschraube und Regelhebel schieben. Die Leerlaufdrehzahl darf jetzt nicht ansteigen, gegebenenfalls vorangegangene Einstellung wiederholen.
- Leerlauf-Anschlagschraube bei eingelegter Fühlerblattlehre soweit einschrauben, daß sich die Leerlaufdrehzahl um 10 bis 20/min erhöht. Kontermutter festziehen.
- Fühlerblattlehre entfernen. Die Leerlaufdrehzahl muß wieder auf den Sollwert abfallen, sonst Einstellung wiederholen.
- Einige Male Vollgas geben und dann Leerlaufdrehzahl erneut prüfen, gegebenenfalls einstellen.

Achtung: Nie länger als 5 Sekunden Vollgas geben! Falls die Leerlaufdrehzahl nicht erreicht wird, BOSCH-Kundendienst zur Einstellung aufsuchen.

Einstellen, ROTO DIESEL-Einspritzpumpe

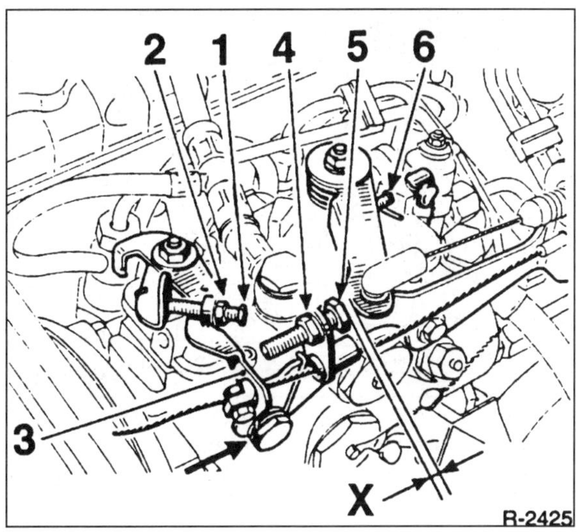

- Motor muß betriebswarm sein. Motor im Leerlauf laufen lassen. **Achtung:** Der Hebel –3– (für beschleunigten Leerlauf) muß bei betriebswarmem Motor am Mindestanschlag anliegen, gegebenenfalls zuerst einstellen.
- Fühlerblattlehre oder Unterlage von 5 mm Stärke zwischen dem Anschlag –5– und dem Regelhebel einsetzen.
- Kontermutter –4– lösen und den Anschlag –5– verstellen, bis eine Drehzahl von 1600 ± 100/min erreicht ist. Unterlage entfernen und Kontermutter –4– festziehen.
- Schraube –1– entkontern und verstellen, bis die Leerlaufdrehzahl 825 ± 25/min erreicht ist. Kontermutter –2– festziehen.
- Einige Male Vollgas geben und dann Leerlaufdrehzahl erneut prüfen:
  – läuft der Motor jetzt zu langsam, also unterhalb der vorgegebenen Leerlaufdrehzahl, die Anschlagschraube –5– entkontern und ¼ Umdrehung lösen.
  – fällt die Drehzahl nach dem Gasgeben zu langsam ab, Anschlagschraube –5– um ¼ Umdrehung anziehen.

Achtung: Nie länger als 5 Sekunden Vollgas geben! Falls die Leerlaufdrehzahl nicht erreicht wird, Kundendienst zur Einstellung aufsuchen.

- Kontermuttern anziehen.

Beschleunigten Leerlauf einstellen

Der beschleunigte Leerlauf sorgt dafür, daß der kalte Motor rund läuft. Funktion: Ein Thermoelement sitzt im Kühlmittelkreislauf und betätigt bei kaltem Motor über einen Bowdenzug einen Hebel an der Einspritzpumpe.

Einstellen, BOSCH-Einspritzpumpe

- Motor warmfahren, Kühlflüssigkeitstemperatur mindestens +80° C.
- Leerlaufdrehzahl einstellen, siehe vorhergehendes Kapitel.

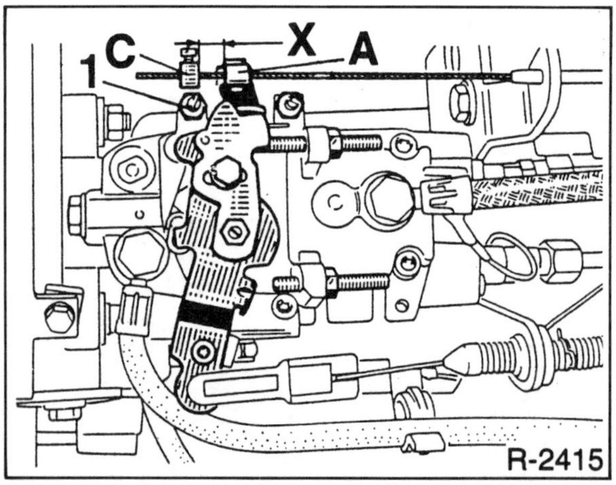

R-2415

- Hebel –A– nach rechts bis zum Anschlag drücken und Drehzahl messen. Sollwert: 1000 ± 25/min.
- Wird der Sollwert nicht erreicht, Schraube –1– verdrehen, bis der Sollwert erreicht wird, dabei Hebel –A– an den Anschlag drücken. Kontermutter vor jeder Einstellung lösen, nach der Einstellung wieder festziehen.
- Anschließend Bowdenzug des Thermoelementes prüfen/einstellen: Hebel –A– loslassen, Bowdenzug von Hand spannen. Das Klemmstück –C– muß einen Abstand von **6 mm** –Maß X– vom Hebel haben, gegebenenfalls Schraube am Klemmstück lösen und dieses entsprechend verschieben.

Einstellen, ROTO DIESEL-Einspritzpumpe

- Der Motor muß kalt sein, die Kühlflüssigkeitstemperatur unter +15° C betragen. Dies wird erst nach längerer Standzeit (über Nacht) bei entsprechenden Außentemperaturen erreicht.
- Klemmstück am Bowdenzug lösen, entsprechend –C– in Abbildung R-2415.
- Hebel, der vom Bowdenzug betätigt wird, bis zum Anschlag in Richtung Klemmstück drücken und Klemmstück bei gespanntem Bowdenzug in dieser Stellung festziehen.
- Anschließend Motor warmfahren, bis sich der Kühlerventilator mindestens einmal ein- und wieder ausgeschaltet hat. Das Spiel zwischen dem Klemmstück und dem Hebel für beschleunigten Leerlauf muß bei gespanntem Bowdenzug **2 bis 3 mm** betragen. Wird der Wert nicht erreicht, Schraube am Klemmstück lösen und dieses entsprechend verschieben.

Einspritzdüsen aus- und einbauen

Defekte Einspritzdüsen können zu starkem Klopfen des Motors führen und Lagerschäden vermuten lassen. Bei derartigen Beanstandungen Motor im Leerlauf laufen lassen und Einspritzleitungs-Überwurfmuttern der Reihe nach lösen. Verschwindet das Klopfen nach dem Lösen einer Überwurfmutter, so zeigt dies eine defekte Düse an.

Defekte Düsen macht man auch ausfindig, indem man der Reihe nach die Einspritzleitungs-Überwurfmuttern löst, während der Motor in schnellerem Leerlauf dreht. Bleibt die Motordrehzahl nach Lösen einer Überwurfmutter konstant, zeigt dies eine defekte Düse an. Geprüft werden kann die Einspritzdüse mit Hilfe eines Manometers. (Werkstattarbeit; Sollwert für Abspritzdruck: 125 – 138 bar.)

Die ersten Anzeichen von Düsenstörungen treten wie folgt auf.

- Fehlzündungen
- Klopfen in einem oder mehreren Zylindern
- Motor überhitzt
- Leistungsabfall des Motors
- Übermäßig starker schwarzer Auspuffqualm
- Hoher Kraftstoffverbrauch

Ausbau

- Einspritzleitungen sorgfältig von außen mit Kaltreiniger oder Dieselkraftstoff reinigen.
- Einspritzleitungen komplett ausbauen, dazu Überwurfmuttern an Pumpe und Einspritzdüsen mit offenem Ringschlüssel lösen. **Achtung:** Biegeform nicht verändern.

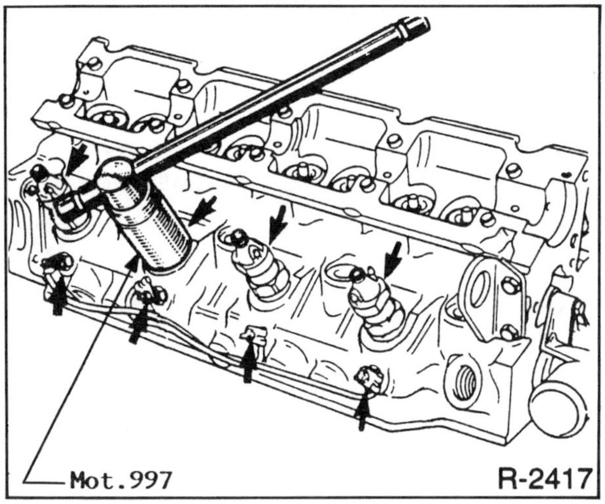

R-2417

- Einspritzdüsen mit Steckschlüsseleinsatz ausbauen. Dazu wird eine verlängerte Stecknuß benötigt.
- Jede Einspritzdüse hat zum Schutz vor Hitzeschäden ein Hitzeschild. Hitzeschilde aus den Bohrungen im Zylinderkopf nehmen.

Achtung: Beim späteren Einbau der Einspritzdüsen grundsätzlich neue Hitzeschilde verwenden.

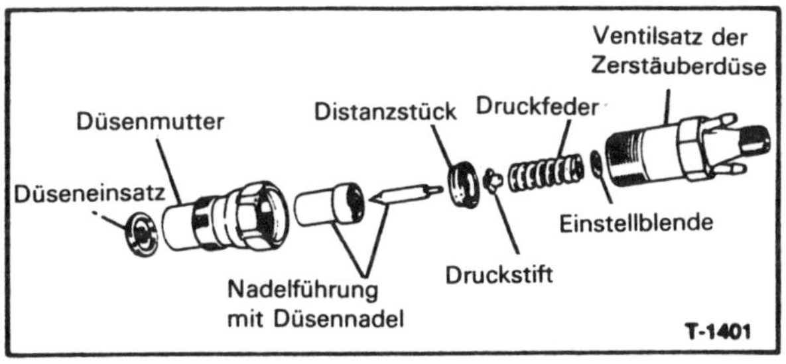

T-1401

- Düsenhalter zwischen Weichmetallbacken in den Schraubstock spannen. Einspritzdüse zerlegen.
- Düsennadel auf eingeschlagenen oder rauhen Nadelsitz, auf abgenützte oder beschädigte Düsennadeln prüfen. Spritzdüse mit einem Holzspachtel entrußen.

Achtung: Keinesfalls Düse oder Düsennadel mit Draht, Feile oder Schmirgelleinen bearbeiten. Einzelteile der Einspritzdüsen untereinander nicht vertauschen. Die Werkstatt kann durch Einbau von Einstellscheiben unterschiedlicher Dicke den Düsen-Abspritzdruck regulieren.

Einbau

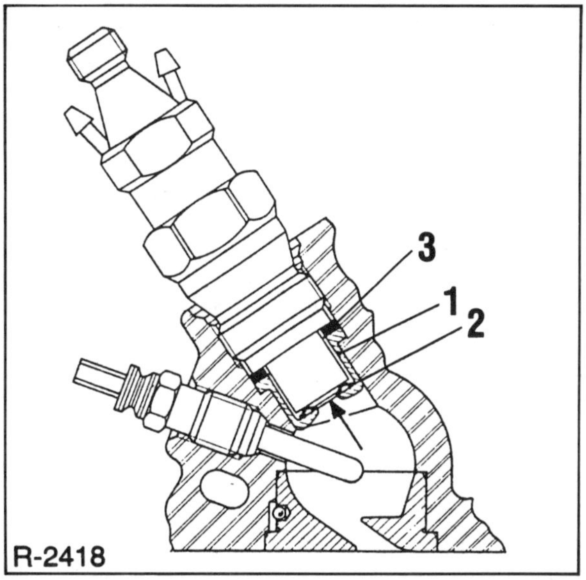

R-2418

- Im Zylinderkopf sitzt eine Flammschutzmuffe –1– mit Dichtring –3– sowie eine Flammschutzscheibe –2–. Grundsätzlich **neue** Wärmeschutzdichtungen sowie Dichtringe zwischen Zylinderkopf und Einspritzventil verwenden. Die Vertiefung der Flammschutzscheibe muß nach unten zeigen, siehe Abbildung.
- Einspritzdüsen mit **70 Nm** festziehen.
- Einspritzleitungen aufsetzen, Überwurfmuttern mit **25 Nm** festziehen.

Unterdruckpumpe prüfen/ aus- und einbauen

Die Unterdruckpumpe (Vakuumpumpe) befindet sich beim Dieselmotor seitlich am Zylinderkopf und wird von der Nockenwelle angetrieben. Die Pumpe erzeugt den nötigen Unterdruck für den Bremskraftverstärker, da beim Dieselmotor im Gegensatz zum Benzinmotor kein ausreichender Unterdruck im Saugrohr vorhanden ist.

Prüfen

- Unterdruckmanometer an die Vakuumpumpe anschließen und Motor laufen lassen.
- Die Vakuumpumpe muß bei betriebswarmem Motor bei einer Drehzahl von 4000/min nach 3 Sekunden einen Unterdruck von mindestens 700 mbar erzeugen.

Ausbau

- Vakuumpumpe mit 2 Schrauben abschrauben und herausnehmen.

Einbau

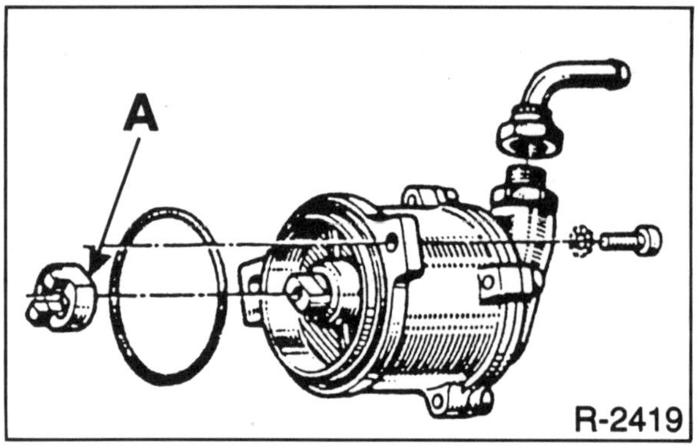

- Die Mitnehmerklaue –A– muß bei einem Austausch der Unterdruckpumpe immer ersetzt werden.
- Dichtring einsetzen. Vorher auf Beschädigung prüfen, gegebenenfalls ersetzen.
- Unterdruckpumpe anschrauben.

Technische Daten Dieselmotor

Bauteil	**Marke/Einstellwerte**	**Besondere Hinweise**
Einspritzpumpe	BOSCH VE...R317 oder VE...R458, alternativ ROTO DIESEL	Verteiler-Einspritzpumpe mit einem Pumpenkolben, mechanischem Fliehkraftregler, hydraulischem Spritzversteller, automatischer Kaltstartvorrichtung und elektromagnetischer Abstellung
Pumpeneinstellmaß (Hub des Pumpenkolbens im OT)	BOSCH-Pumpe: 0,70 ± 0,02 mm*	ROTO DIESEL: Maß »X«, am Gashebel jeder Pumpe angegeben
Kraftstoffilter		Mit Handpumpe zum Entlüften sowie Vorwärmung durch Kühlmittel
Thermoelement der Kaltstartvorrichtung (Leerlaufanhebung)	CALORSTAT	7 – 9,5 mm Hub zwischen +15°C und +45°C
Steuergerät für Vor- und Nachglühanlage	CARTIER	Mit Funktion Vorglühen und Nachglühintervall (max. 3 min.)
Glühkerzen	BERU	Stromaufnahme ca. 15 A nach 8 Sekunden Vorglühzeit
Thermoschalter für Steuerung Nachglühung		Ausschalttemperatur: +65° C ± 2° C Einschalttemperatur: +55° C ± 2° C

*) Turbodiesel: 0,82 ± 0,02 mm. Dieser Einstellwert ist am Gashebel der Einspritzpumpe angegeben.

Störungsdiagnose Diesel-Einspritzanlage

Bevor anhand der Störungsdiagnose der Fehler aufgespürt wird, müssen folgende Prüfvoraussetzungen erfüllt sein: Bedienungsfehler beim Starten ausgeschlossen. Kraftstoff im Tank, Motor mechanisch in Ordnung, Batterie geladen, Anlasser dreht mit ausreichender Drehzahl. **Achtung:** Wenn Kraftstoffleitungen gelöst werden, müssen diese vorher mit Kaltreiniger gesäubert werden.

Störung	Ursache	Abhilfe
Motor springt nicht an Motor springt schlecht an	1. Motor glüht nicht vor	■ Vorglühanlage prüfen
	2. Elektromagnetischer Absteller erhält keine Spannung	■ Spannungsprüfer an Absteller anschließen, Zündung einschalten. Leuchtdiode muß leuchten, sonst Leitungsunterbrechung ermitteln und beseitigen
	3. Elektromagnetischer Absteller lose, defekt	■ Absteller auf festen Sitz und Massekontakt prüfen. Zündung abwechselnd ein- und ausschalten, dabei muß der Absteller klicken
	4. Kraftstoffversorgung defekt.	■ Prüfen, ob Kraftstoff gefördert wird
	a) Kraftstoffleitungen geknickt, verstopft, undicht, porös	■ Kraftstoffleitungen reinigen
	b) Kraftstoffilter verstopft	■ Kraftstoffilter ersetzen
	c) Tankbelüftung verschlossen. Kraftstoffsieb im Tank verschmutzt.	■ Reinigen
	5. Einspritzdüsen defekt	■ Einspritzdüsen prüfen, Überwurfmuttern nacheinander lösen und prüfen, ob die Zylinder arbeiten
	6. Einspritzpumpe defekt	■ Versuchsweise neue Pumpe einbauen
Motor ruckelt im Leerlauf, beim Anfahren	1. Kraftstoffschläuche an der Kraftstoffpumpe bzw. am Kraftstoffilter lose	■ Kraftstoffschläuche ersetzen, mit Schlauchschellen befestigen, Hohlschrauben festziehen
	2. Wie unter 1.4–6	■ Wie unter 1.4–6
Kraftstoffverbrauch zu hoch	1. Luftfilter verschmutzt	■ Filtereinsatz ersetzen
	2. Kraftstoffanlage undicht	■ Sichtprüfung an allen Kraftstoffleitungen (Saug- Rücklauf- und Einspritzleitungen), Kraftstoffilter und Einspritzpumpe durchführen
	3. Rücklaufleitung verstopft	■ Rücklaufleitung von Einspritzpumpe zum Kraftstoffbehälter mit Luft durchblasen. Überströmdrossel in der Hohlschraube der Rücklaufleitung ersetzen
	5. Leerlaufdrehzahl zu hoch	■ Leerlaufdrehzahl einstellen
	4. Wie unter 1.5–6	■ Wie unter 1.5-6
Vorglühkontrollampe leuchtet nicht auf	1. Glühlampe im Schalttafeleinsatz defekt	■ Lampe ersetzen
	2. Vorglühung/Glühkerzen defekt	■ Glühkerzen prüfen
Vorglühkontrollampe leuchtet nicht, kalter Motor springt schlecht an	Eine oder mehrere Glühkerzen defekt	■ Glühkerzen prüfen ggf. ersetzen

Die Abgasanlage

Die Abgasanlage besteht aus dem vorderen Abgasrohr, dem Katalysator (nicht beim Dieselmodell), dem Zwischenrohr mit Mittelschalldämpfer und dem Nachschalldämpfer. Die für die Regelung des Katalysators erforderliche Lambda-Sonde ist je nach Modell in das Abgasrohr vor dem Katalysator oder direkt in das Katalysatorgehäuse eingeschraubt.

Das vordere Abgasrohr ist mit dem Abgaskrümmer über ein federbelastetes Gelenk verbunden. Alle Teile der Abgasanlage sind miteinander verschraubt und lassen sich einzeln auswechseln. Selbstsichernde Muttern und alle Dichtungen sind nach dem Ausbau zu ersetzen.

Beim Einbau einer neuen Abgasanlage empfiehlt es sich, alle Gummipuffer und Gummihalterungen ebenfalls zu erneuern.

Funktion des Katalysators

Der RENAULT 19 wird in Deutschland nur mit Abgasreinigung durch einen Katalysator angeboten. Der geregelte Katalysator erfordert einen regelbaren Gemischbildner.

Unter einem regelbaren Gemischbildner verstehen die Techniker einen Vergaser oder eine Einspritzanlage, bei der das Verhältnis von Kraftstoff zu Luft in Abhängigkeit von den Fahrzuständen und vom Sauerstoffgehalt im Abgas ständig verändert werden kann. Mit einem herkömmlichen Vergaser ist das nicht möglich, da er keine entsprechende Steuereinheit besitzt. Aus diesem Grund greifen die Techniker entweder auf einen elektronisch regelbaren Vergaser oder eine Einspritzanlage zurück.

Die Steuerungsbefehle erhält der Gemischbildner von der Lambda-Sonde, die vor dem Katalysator in der Abgasanlage sitzt und hier vom Abgasstrom umspült wird. Die Lambda-Sonde ist ein elektrischer Meßfühler, der den Restgehalt an Sauerstoff im Abgas durch elektrische Spannungsschwankungen anzeigt und Rückschlüsse auf die Zusammensetzung des Luft-/Benzin-Gemisches ermöglicht. In Bruchteilen von Sekunden kann die Lambda-Sonde entsprechende Signale an die Steuereinheit des Gemischbildners weitergeben und dadurch das Kraftstoff-Luftverhältnis ständig verändern. Das ist einerseits erforderlich, da sich ja die Betriebsverhältnisse (Leerlauf, Vollgas) ständig ändern, zum anderen aber auch, weil nur dann eine Nachverbrennung im Katalysator erfolgt, wenn noch genügend Benzin-Anteile im Motor-Abgas vorhanden sind.

Damit es also bei einer Temperatur von +300° bis +800° C im Katalysator überhaupt zu einer Nachverbrennung kommen kann, muß das Kraftstoff-Luftgemisch mehr Kraftstoffanteile aufweisen, als für die reine Verbrennung erforderlich wäre.

Bei dem allgemein verwendeten Katalysator handelt es sich um einen sogenannten 3-Wege-Katalysator. Das bedeutet, daß bei diesem Katalysator aufgrund der Lambda-Regelung die Oxidation von Kohlenmonoxid (CO) und Kohlenwasserstoffen (HC) sowie die Reduktion der Stickoxide (NO_X) gleichzeitig durchgeführt werden.

Der Umgang mit Katalysator-Fahrzeugen

Um Beschädigungen an der Lambda-Sonde und am Katalysator zu vermeiden, sind nachstehende Hinweise unbedingt zu beachten:

- Grundsätzlich **nur bleifreies Benzin** tanken.
- Wurde irrtümlich bleihaltiger Kraftstoff getankt, müssen das Abgasrohr vor dem Katalysator sowie der Katalysator erneuert werden. Vor Einbau der Neuteile müssen jedoch mindestens 2 Tankfüllungen bleifreien Kraftstoffs verfahren werden.
- Das Anlassen des Motors durch Anschieben oder Anschleppen ist nicht erlaubt. Unverbrannter Kraftstoff könnte bei einer Zündung zur Überhitzung des Katalysators und zu seiner Zerstörung führen. Starthilfekabel verwenden.
- Häufige Kaltstarts hintereinander sollten vermieden werden. Sonst sammelt sich im Katalysator unverbrannter Kraftstoff, der bei Erwärmung schlagartig verbrennt und dabei den Katalysator beschädigt.
- Bei Startschwierigkeiten nicht unnötig lange (über 1 Minute) den Anlasser betätigen. Während des Anlassens wird permanent Kraftstoff eingespritzt. Fehlerursache ermitteln und beseitigen.
- Keine Funkenprüfung mit abgezogenem Zündkerzenstekker durchführen.
- Es darf kein Zylindervergleich (Balancetest) durch Zündabschaltung eines Zylinders durchgeführt werden. Bei Zündabschaltung der einzelnen Zylinder – auch über Motortester – gelangt unverbrannter Kraftstoff in den Katalysator.
- Treten Zündaussetzer auf, hohe Motor-Drehzahlen vermeiden und Fehler umgehend beheben.
- Fahrzeug nicht an einem Ort parken oder längere Zeit anhalten, an dem brennbare Stoffe wie trockenes Gras oder Laub mit der heißen Abgasanlage in Berührung kommen können. Brandgefahr!

Abgasanlage aus- und einbauen

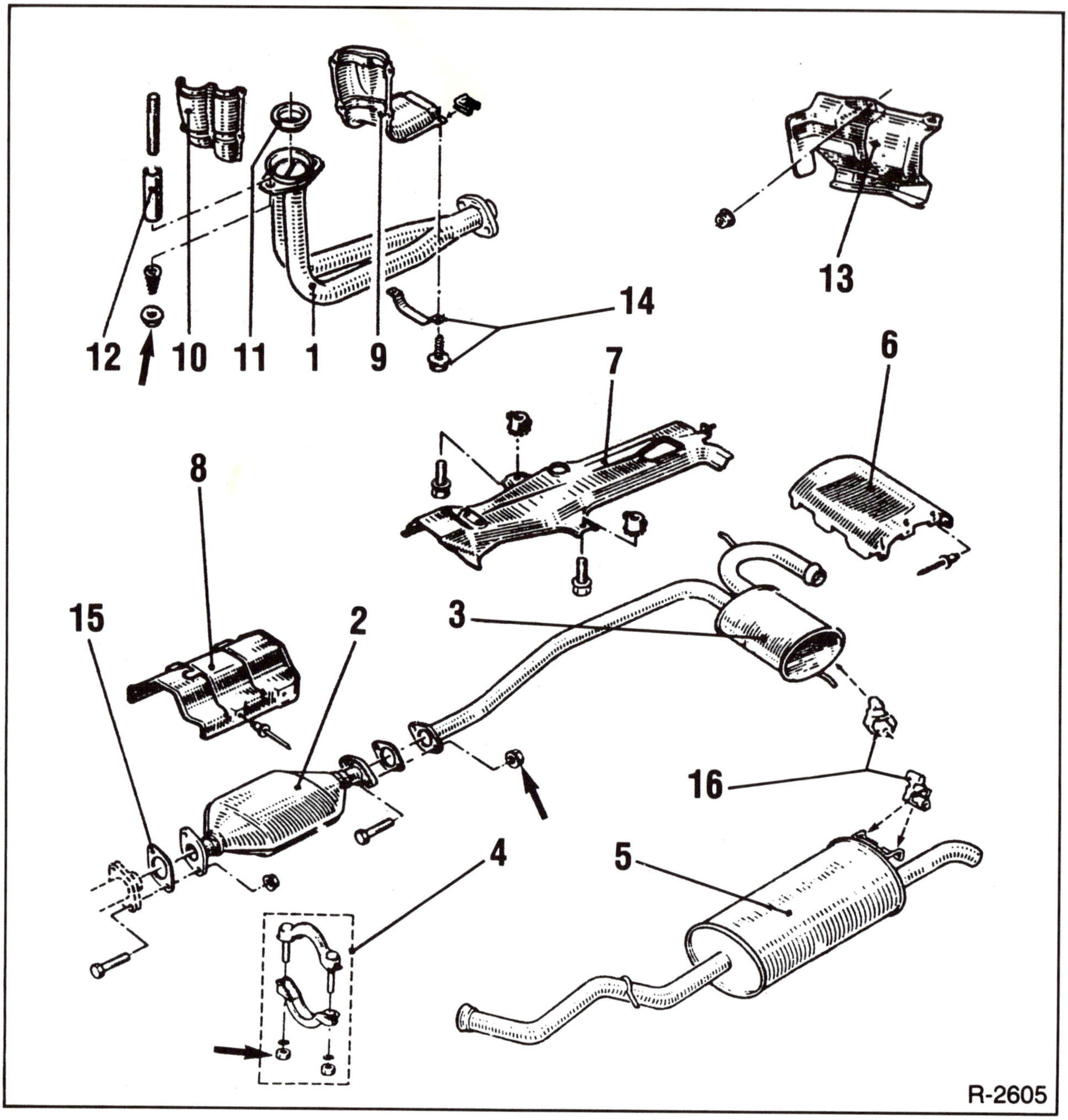

1 – **Vorderes Abgasrohr**
2 – **Katalysator (nur Benzinmotor)**
3 – **Zwischenrohr mit Vorschalldämpfer**
4 – **Befestigungsschelle**
5 – **Nachschalldämpfer**
6-8 – **Hitzeschilde**
9 – **Hitzeschild vorderes Abgasrohr**
10 – **Hitzeschild Abgaskrümmer**
11 – **Dichtring**
12 – **Distanzhülse**
Dient zur Begrenzung des Schraubenanzugs.
13 – **Hitzeschild der Stirnwand**
14 – **Befestigungsschelle**
15 – **Dichtung**
16 – **Gummihalterungen**

Hinweis: Alle mit –Pfeil– gekennzeichneten Schrauben sind zur Demontage zu lösen.

Achtung: Es wird der Ausbau der kompletten Anlage beschrieben. Allerdings läßt sich auch jedes Teil der Abgasanlage einzeln austauschen. Gummipuffer und Schellen sowie Befestigungsmuttern grundsätzlich mitersetzen.

Ausbau

- Fahrzeug aufbocken, siehe Seite 110.
- Sämtliche Schrauben und Muttern der Abgasanlage sowie die Verbindungsstellen mit rostlösendem Mittel einsprühen. Rostlöser einige Zeit einwirken lassen.
- Schelle am hinteren Schalldämpfer lösen und zurückschieben, siehe Abbildung.
- Hinteren Schalldämpfer aus dem Gummihalter aushängen und abnehmen.
- Mittleres Abgasrohr am Katalysator abschrauben, Gummihalter aushängen und herausnehmen.

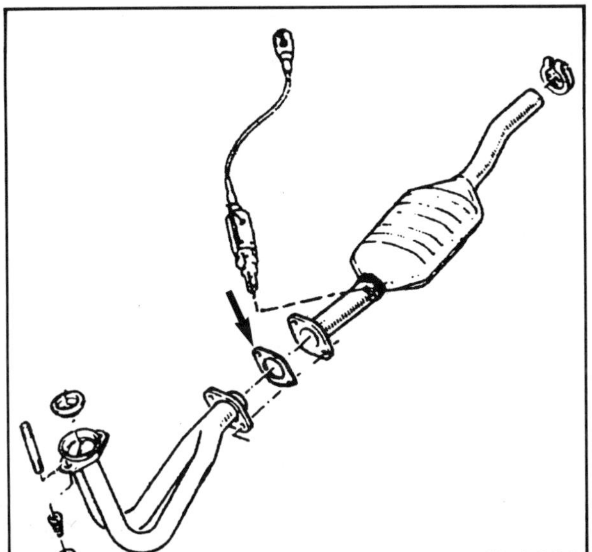

R-2606

- Katalysator ausbauen: Falls die Lambda-Sonde im Katalysatorgehäuse sitzt, muß sie herausgeschraubt werden. Vorher Steckverbindung trennen. Erst dann Katalysator am Flansch abschrauben und abnehmen. **Achtung:** Beim Aus- und Einbau darauf achten, daß der Katalysator keinen Stößen ausgesetzt wird, da er dadurch beschädigt werden kann.
- Falls erforderlich, vorderes Abgasrohr am Krümmer trennen.
- Wenn sich die Verbindungsstücke oder Schrauben nicht lösen lassen, Abgasrohr an der Verbindungsstelle mit Schweißbrenner erhitzen. Asbest unterlegen! **Achtung:** Brandgefahr!

Einbau

Achtung: Um die Muttern und Schrauben der Abgasanlage später leichter lösen zu können, empfiehlt es sich, diese mit einer Hochtemperaturpaste, zum Beispiel Liqui Moly LM-508-ASC, einzustreichen.

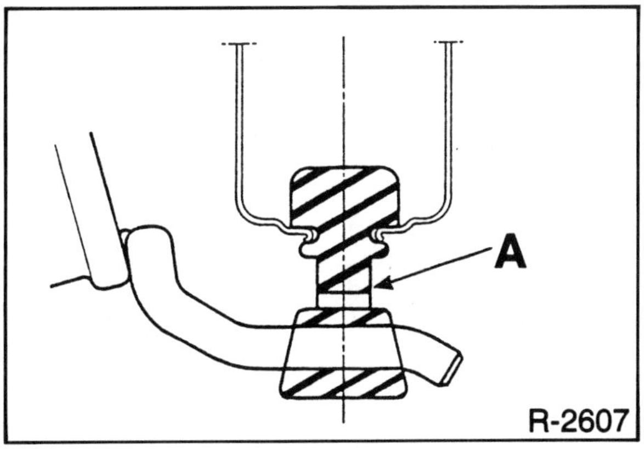

R-2607

- Die Abgasanlage wird von Gummilagern gehalten, die in länglichen Befestigungen an der Karosserie sitzen. Zum Ausbau Gummilager eine viertel Umdrehung verdrehen und abnehmen. Einbau in umgekehrter Reihenfolge.
- Falls gebrauchte Rohre der Abgasanlage wieder eingebaut werden, Anschlußstücke der Abgasrohre vor dem Zusammenfügen mit Schmirgelleinen von Verbrennungsrückständen reinigen. **Achtung:** Insbesondere bei Katalysatorfahrzeugen muß die Abgasanlage bis zum Katalysator besonders dicht sein. Daher **müssen** die ausgebauten Dichtungen durch Neuteile ersetzt werden, sonst treten Mängel im Fahrverhalten auf.
- Vorderes Abgasrohr am Krümmer ansetzen und **neue** Sechskantmuttern und Druckfedern gleichmäßig beiziehen.
- Abgasrohre und Schalldämpfer zusammenstecken, Schellen montieren, noch nicht festziehen. Klemmschellen so ausrichten, daß sie in der Mitte des geschlitzten Endstücks des Abgasrohres sitzen und der offene Bereich der Schelle gegenüber einem Rohrschlitz ausgerichtet ist.
- Vor dem Anziehen der Schrauben, Abgasrohre und Schalldämpfer durch Drehen und Verschieben ausrichten und in die Gummiaufhängungen einhängen. Dabei auf ausreichenden Abstand zum Unterboden achten (mindestens 25 mm).

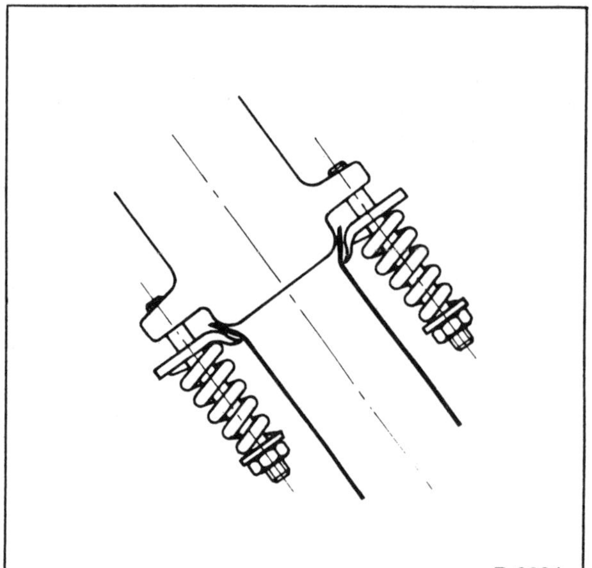

R-2604

- Muttern am vorderen Abgasrohr festziehen bis fester Widerstand spürbar wird. Die Muttern liegen dann auf den Distanzhülsen auf, die Federspannung ist automatisch korrekt.
- Befestigungsflansche von vorn nach hinten mit **20 Nm** (M 8-Schrauben) festziehen. **Achtung:** Schellen nicht zu fest anziehen, sonst können sich die Abgasrohre verformen, was zu Undichtigkeiten führt.
- Fahrzeug ablassen, siehe Seite 110.

Lambda-Sonde aus- und einbauen

Die Lambda-Sonde dient zur Regelung der Abgaszusammensetzung der Benzinmotoren. Die Lambda-Sonde ist je nach Modell in das Abgasrohr vor dem Katalysator oder direkt in das Katalysatorgehäuse eingeschraubt.

Achtung: Die Anschlußkabel der Lambda-Sonde dürfen nicht repariert oder gelötet werden. Ist ein Kabel beschädigt, Lambda-Sonde komplett ersetzen.

Ausbau

- Elektrische Steckverbindung trennen.

Bei Einpunkt-Einspritzanlage (SPI)

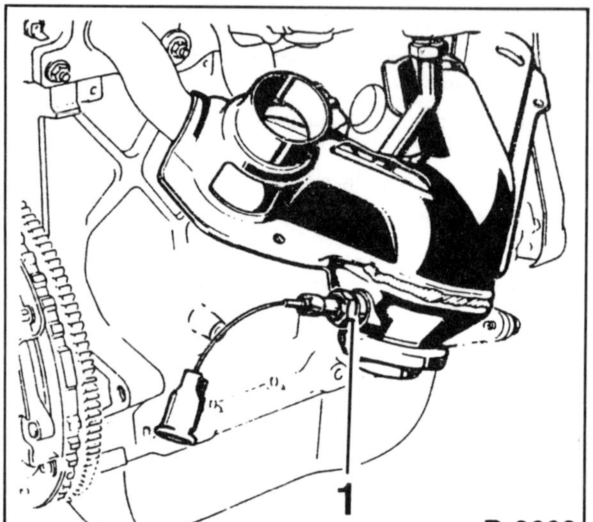

R-2608

Bei Mehrpunkt-Einspritzanlage (MPI)

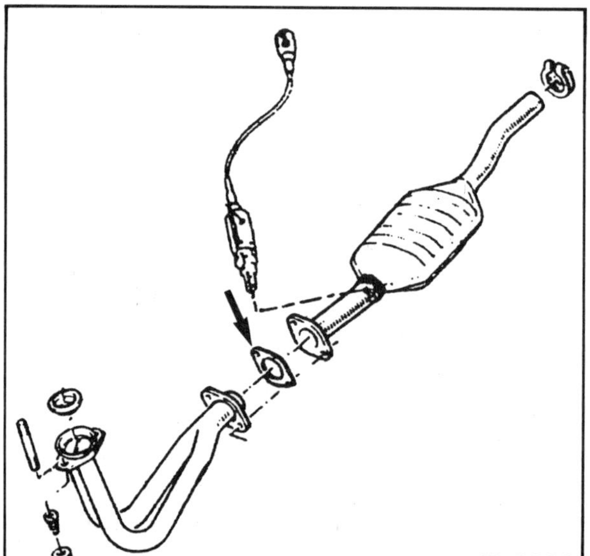

R-2606

- Lambda-Sonde am vorderen Abgasrohr, beziehungsweise Katalysatorgehäuse herausschrauben.

Einbau

Achtung: Bei Ersatz der Lambda-Sonde nur gleiche Ausführung verwenden.

- Gewinde säubern.
- **Nur** Gewinde der Lambda-Sonde mit BOSCH-Lambdasondenfett bestreichen. Neue Sonden sind schon mit diesem Fett versehen. Das Fett darf nicht an die Schlitze, beziehungsweise Bohrungen des Sondenkörpers kommen. Sondenkörper der neuen Lambda-Sonde möglichst nicht berühren, nicht verschmutzen.

Achtung: Wird die Sonde ohne das Hochtemperatur-Spezialfett eingeschraubt, frißt sich das Gewinde mit der Zeit fest. Die Lambda-Sonde kann dann später nicht mehr herausgeschraubt werden.

- Lambda-Sonde einschrauben und mit **30 Nm** festziehen.
- Stecker für Lambda-Sondenleitung zusammenfügen.

Der Abgasturbolader

Der Turbodieselmotor ist mit einem Turbolader ausgerüstet. Beim Turbolader sitzen auf einer Welle zwei Turbinenräder, die in zwei voneinander getrennten Gehäusen untergebracht sind. Für den Antrieb der Turbinenräder sorgen die ohnehin vorhandenen Abgase. Sie bringen die Laderwelle auf bis zu 120.000 Umdrehungen in der Minute. Und da Abgas- und Frischluftrotor auf gleicher Welle sitzen, wird mit gleicher Drehzahl Frischluft in die Zylinder gedrückt.

Aufgrund des guten Füllungsgrades lassen sich bei vorhandenen Motoren Leistungszuwachsraten von bis zu 100 Prozent verwirklichen. Abhängig ist der Leistungszuwachs unter anderem vom Ladedruck, der bei einem Pkw-Motor zwischen 0,4 bis 0,9 bar (Reifenfülldruck etwa 1,8 bar) liegt. Erhöht sich der Ladedruck über den vom Werk eingestellten Wert, öffnet ein Ventil am Turbolader, der Druck kann entweichen.

Neben der Motorleistung steigt bei der Verwendung eines Abgasturboladers auch das Drehmoment an, was vor allem im Hinblick auf einen elastischen Motorlauf wünschenswert ist. Voraussetzung ist allerdings, daß die Laderwelle mit ausreichender Drehzahl rotiert und somit einen guten Füllungsgrad garantiert. In der Regel muß der Motor schon mit rund 2500/min drehen, damit ein spürbarer Ladedruck einsetzt.

Gegenüber dem Ottomotor ist es beim Dieseltriebwerk nicht erforderlich, aufgrund der Aufladung die normale Verdichtung zu verringern, so daß auch im unteren Drehzahlbereich der eingespritzte Diesel-Kraftstoff vollständig ausgenutzt wird.

Der Turbolader ist ein äußerst präzise hergestelltes Bauteil. Es empfiehlt sich deshalb, eine Reparatur nur von einem Fachmann ausführen zu lassen. In der Regel wird der Turbolader bei einem Defekt komplett ausgetauscht.

Der Abgasturbolader wird vom Motorölkreislauf mit Öl versorgt. Um eine ausreichende Schmierung des Laders sicherzustellen, sind folgende Punkte zu beachten:

- Nur vorgeschriebenes Motoröl verwenden.
- Durch überaltertes Motoröl kann der Lader verkoken. Daher müssen Motoröl und Ölfilter streng nach Wartungsvorschrift gewechselt werden.
- Da bereits kleinste Schmutzpartikel zur Zerstörung des Laders führen können, Motor niemals ohne Luftfilter laufen lassen.

Fahrzeug aufbocken

Für viele Wartungs- und Reparaturarbeiten muß das Fahrzeug aufgebockt beziehungsweise hochgehoben werden. In der Werkstatt wird der Wagen in der Regel mit der Hebebühne angehoben, man kann ihn jedoch auch mit dem Fahrzeug- oder Werkstatt-Wagenheber anheben. Grundsätzlich darf das Fahrzeug nur an bestimmten Aufnahmepunkten angehoben werden.

Bei Arbeiten unter dem Fahrzeug muß dieses, falls es nicht auf einer Hebebühne steht, auf vier stabilen Unterstellböcken stehen. **Auf keinen Fall dürfen Arbeiten unter dem Fahrzeug ausgeführt werden, wenn dieses nur mit dem Bordwagenheber oder Werkstattwagenheber abgestützt ist. Lebensgefahr!**

- Hebewerkzeuge zum Anheben des Fahrzeuges dürfen nur an den nachstehend gezeigten Stellen angesetzt werden, da sonst bleibende Verformungen am Fahrzeug nicht auszuschließen sind.
- Die Räder, die beim Anheben auf dem Boden stehen bleiben, mit Keilen gegen Vor- oder Zurückrollen sichern. Nicht auf die Feststellbremse verlassen, diese muß bei einigen Reparaturarbeiten gelöst werden.
- Fahrzeug nur auf ebener, fester Fläche aufbocken. Bei weichem Untergrund breite Bretter unter den Wagenheber und die Unterstellböcke legen, damit sich das Gewicht auf eine größere Fläche verteilt.
- Durch eine geeignete Gummi- oder Holzzwischenlage werden beim Anheben Beschädigungen an der Karosserie vermieden.
- Fahrzeug mit Unterstellböcken so abstützen, daß jeweils ein Bein seitlich nach außen zeigt.
- Das Fahrzeug darf nur in unbeladenem Zustand angehoben werden.

Achtung: Keinesfalls darf der Wagen an Motor- oder Getriebeteilen angehoben oder abgestützt werden.

Anheb- und Aufbockpunkte

Werkstattwagenheber

- Fahrzeug vorn mit hydraulischem Werkstattwagenheber **nur** am Motor-/Achsträger anheben, Holzklotz zwischenlegen. Am Fahrzeugheck muß der Werkstattwagenheber wie der Bordwagenheber angesetzt werden.

Hebebühne und Bordwagenheber

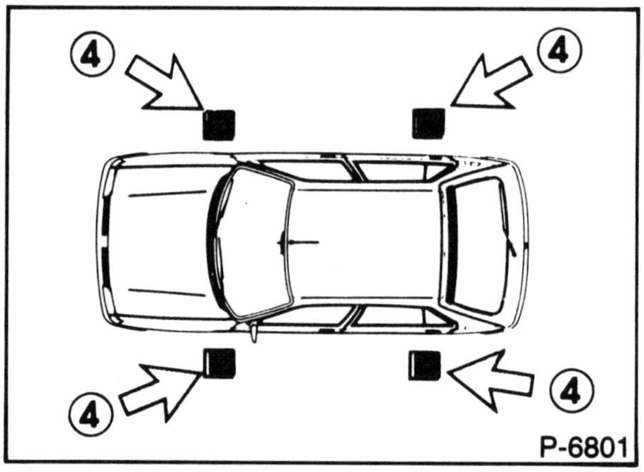

- Hebebühne links oder rechts nur im Bereich der Verstärkung vorn und hinten am Längsträger einsetzen. Hier wird auch der Bordwagenheber angesetzt. Dabei muß der Längsträger in die Aufnahme des Wagenhebers eingreifen.
- Wagenheber hochkurbeln und Fahrzeug an den abgebildeten Stellen mit Unterstellböcken abstützen.
- Bei Verwendung einer Hebebühne darauf achten, daß die gesamte Fläche der Böcke anliegt.

Die Kupplung

Die Kupplung übernimmt im Auto 2 Aufgaben: Beim Schalten der Gänge trennt sie den Kraftschluß zwischen Motor und Getriebe und beim Anfahren sorgt sie für einen ruckfreien Kraftschluß vom Motor zum Getriebe.

Die Kupplung besteht aus der Kupplungsdruckplatte, der Kupplungsmitnehmerscheibe und dem Ausrücklager.

Die Kupplungsdruckplatte ist fest mit dem Schwungrad verschraubt. Das Schwungrad wiederum ist an der Kurbelwelle des Motors angeflanscht. Zwischen Kupplungsdruckplatte und Schwungrad befindet sich die Kupplungsmitnehmerscheibe, die von der Kupplungsdruckplatte gegen das Schwungrad gepreßt wird. Die Mitnehmerscheibe wird von der mit ihr verzahnten Getriebeantriebswelle zentriert.

Beim Niedertreten des Kupplungspedals (auskuppeln) wird über das Kupplungsseil und einen Ausrückhebel das Ausrücklager gegen die Membranfeder der Kupplungsdruckplatte gedrückt. Dadurch entspannt sich die Kupplungsdruckplatte, und die Mitnehmerscheibe wird nicht mehr gegen die Schwungscheibe gepreßt. Der Kraftschluß zwischen Motor und Getriebe ist also aufgehoben.

Wird das Kupplungspedal zurückgenommen (einkuppeln), preßt die Druckplatte die Mitnehmerscheibe gegen das Schwungrad. Der Kraftschluß ist wieder hergestellt, da die angepreßte Mitnehmerscheibe über die Verzahnung fest mit der Getriebewelle verbunden ist.

Bei jedem Ein- und Auskuppeln wird durch den leichten Schleifvorgang etwas Reibbelag von der Mitnehmerscheibe abgeschliffen. Die Mitnehmerscheibe ist also ein Verschleißteil, doch hat sie eine mittlere Lebensdauer von über 100 000 Kilometern. Der Verschleiß hängt im wesentlichen von der Belastung (Anhängerbetrieb) und der Fahrweise ab. Die Kupplung besitzt eine automatische Nachstellvorrichtung, daher ist ein Einstellen des Kupplungspedalspieles im Rahmen der Wartung nicht erforderlich.

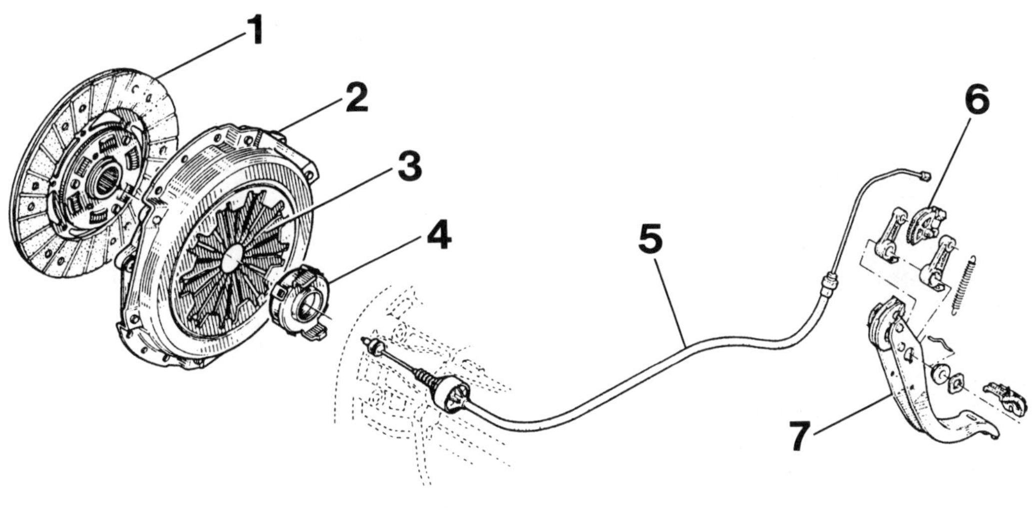

1 – Kupplungsmitnehmerscheibe
2 – Druckplatte
3 – Membranfeder
4 – Ausrücklager
5 – Kupplungszug
6 – Automatische Nachstelleinheit
7 – Kupplungspedal

R-2816

Kupplung aus- und einbauen/prüfen

Ausbau

- Getriebe ausbauen, siehe Seite 116.
- Mit Filzstift oder Reißnadel Sitz der Druckplatte auf dem Schwungrad markieren.

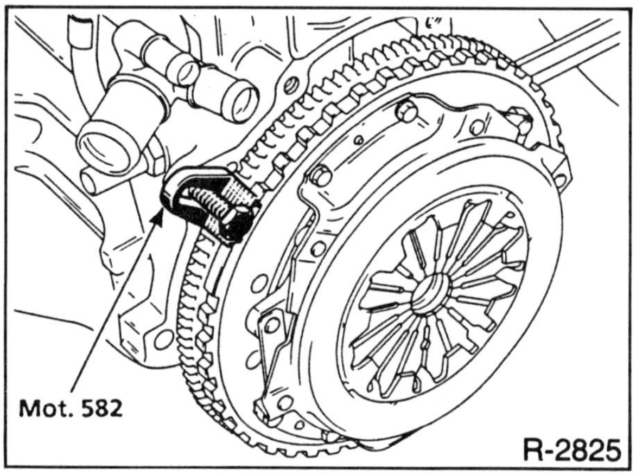

- Damit das Schwungrad beim Lösen der Schrauben nicht mitdreht, Spezialwerkzeug einsetzen, oder Schwungrad am Zahnkranz mit Schraubendreher und Dorn arretieren.
- Befestigungsschrauben der Kupplungsdruckplatte nacheinander jeweils um 1 bis 1½ Umdrehungen lösen, bis die Druckplatte entspannt ist.

Achtung: Wenn die Schrauben sofort ganz gelöst werden, kann die Membranfeder beschädigt werden.

- Anschließend Schrauben ganz herausdrehen.
- Druckplatte und Kupplungsscheibe herausnehmen. **Achtung:** Druckplatte und Kupplungsscheibe beim Herausnehmen nicht fallen lassen, sonst können nach dem Einbau Rupf- und Trennschwierigkeiten auftreten.
- Schwungrad mit benzingetränktem Lappen auswischen.

Prüfen

- Membranfeder auf Brüche untersuchen –Pfeile–.
- Federverbindungen zwischen Druckplatte und Deckel auf Risse, und die Nietbefestigungen auf festen Sitz prüfen. Kupplungen mit beschädigten oder losen Nietverbindungen ersetzen.

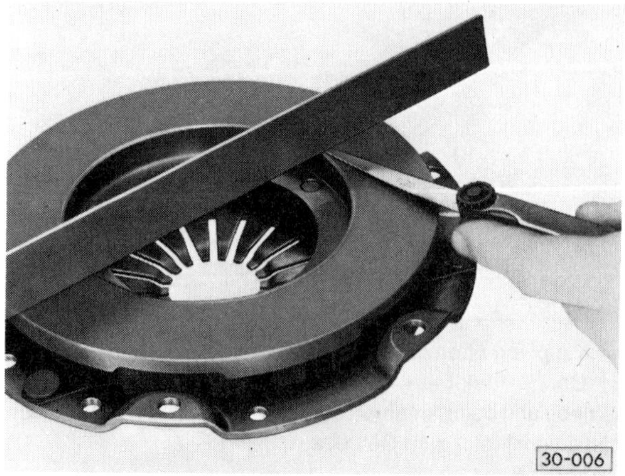

- Auflagefläche der Druckplatte auf Risse, Brandstellen und Verschleiß prüfen. Druckplatten, die bis zu 0,3 mm nach innen durchgebogen sind, dürfen noch eingebaut werden. Die Prüfung erfolgt mit Lineal und Fühlerblattlehre.
- Schwungrad auf Brandrisse und Riefen prüfen.
- Kupplungsdruckplatte und Schwungrad mit sehr feinem Schmirgelleinen abziehen.
- Verölte, verfettete oder mechanisch beschädigte Kupplungsscheiben austauschen.

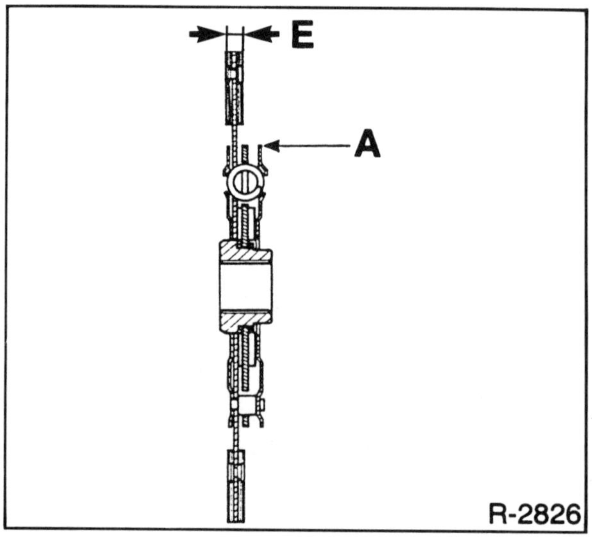

- Belagstärke der Kupplungsscheibe mit Schieblehre messen. Die Mindestbelagstärke soll E = 7,7 mm betragen, sonst Kupplungsscheibe auswechseln. Ebenso bei Belagrissen.
- Ausrücklager im Getriebegehäuse auf leichten Lauf prüfen, gegebenenfalls demontieren und durch neues Lager ersetzen.

Einbau

- Kupplungsscheibe und Druckplatte in das Schwungrad einsetzen. Dabei zeigt die erhöhte Nabenpartie –A– der Kupplungsscheibe zur Getriebeseite, siehe Abbildung. Die Kupplungsscheibe nach Augenmaß mittig in der Druckplatte zentrieren. Besser ist es jedoch, die Scheibe mit einem passenden Dorn, zum Beispiel von HAZET, oder mit einer alten Getriebe-Antriebswelle zu zentrieren. Sitzt die Kupplungsscheibe nicht zentrisch, kann die Getriebewelle nicht eingeführt werden.
- Wird die bisherige Kupplungsdruckplatte wieder eingebaut, Druckplatte nach der beim Ausbau angebrachten Markierung aufsetzen.
- Befestigungsschrauben für Kupplungsdruckplatte einschrauben. Vor dem Einsetzen Gewindedurchmesser messen, da er für das spätere Anzugsdrehmoment maßgebend ist.
- Befestigungsschrauben für Kupplungsdruckplatte nacheinander mit 1 bis 1½ Umdrehungen anziehen, bis die Druckplatte festgezogen ist. Anschließend Zentrierdorn entfernen. **Achtung:** Darauf achten, daß die Druckplatte beim Anziehen der Schrauben gleichmäßig und gratfrei in das Schwungrad eingezogen wird. Anzugsdrehmoment für die Befestigungsschrauben mit Gewindedurchmesser **7 mm: 20 Nm**; ∅ **8 mm: 25 Nm**.
- Arretierwerkzeug vom Schwungrad entfernen.
- Auflagefläche des Ausrücklagers an der Membranfeder mit MoS_2-Fett leicht einfetten.
- Keilnuten der Getriebeantriebswelle mit MoS_2-Fett leicht einfetten.
- Getriebe einbauen, siehe Seite 116.
- Anschließend Funktion der automatischen Nachstellvorrichtung prüfen, siehe »Kupplungsseilzug aus- und einbauen«.

Ausrücklager aus- und einbauen

Das Ausrücklager ist immer dann auszuwechseln, wenn beim Auskuppeln Geräusche entstehen oder wenn das Lager schwergängig ist. Bei hoher Laufleistung des Fahrzeugs ist es empfehlenswert, das Lager vorsorglich immer zusammen mit der Kupplung auszuwechseln.

Ausbau

- Getriebe ausbauen, siehe Seite 116.
- Ausrückgabel zur Seite schwenken und Ausrücklager herausnehmen.
- Gummiabdeckung und Ausrückgabel nach innen zum Kupplunggehäuse hin ausbauen.

Einbau

- Führung des Ausrücklagers und die Auflageflächen der Ausrückgabel mit MoS_2-Fett, zum Beispiel Molykote BR 2, dünn bestreichen.
- Ausrückgabel einsetzen und die Gummiabdeckung wieder anbringen.

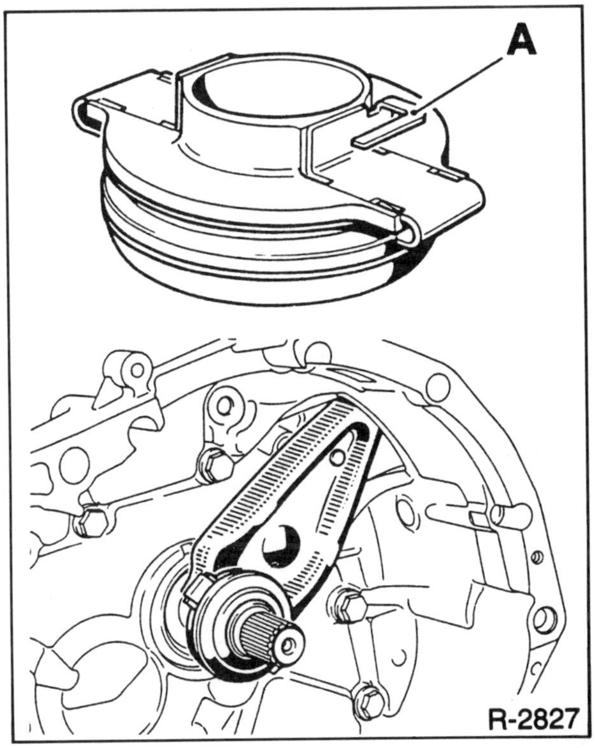

- Ausrücklager auf die Führungshülse aufsetzen und die Haltenase –A– in die Ausrückgabel einsetzen.
- Auflagefläche des Ausrücklagers an der Membranfeder an der Kupplungsdruckplatte mit MoS_2-Fett, zum Beispiel Molykote BR 2, schmieren.
- Getriebe einbauen, siehe Seite 116.
- Probefahrt durchführen.

Kupplungsseilzug aus- und einbauen/ automatische Nachstellung prüfen

Eine automatische Nachstellvorrichtung am Kupplungspedal sorgt dafür, daß das Kupplungsspiel nicht eingestellt und auch nicht bei der Wartung nachreguliert werden muß.

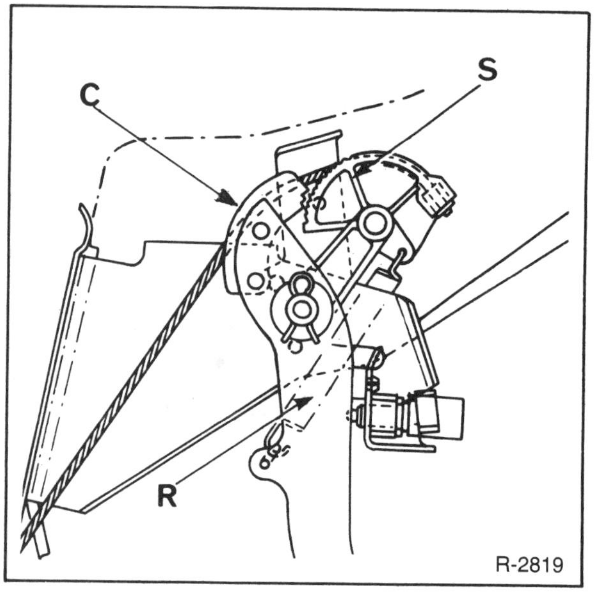

Die Feder –R– zieht ständig am Segment –S– der Nachstellvorrichtung. Dadurch ist das Kupplungsseil immer gespannt. Gleichzeitig wird die Ausrückgabel mitgezogen, wodurch das Ausrücklager in ständigem Kontakt mit der Membranfeder ist. Die Feder des Ausrückhebels bleibt hierbei ohne Wirkung.

Bei Betätigung des Pedals greift der Zahnnocken –C– in die Verzahnung des Segmentes –S– der Nachstellvorrichtung ein. Das Segment kann dadurch keine Drehbewegung mehr ausführen und das Kupplungsseil überträgt die Pedalbewegung auf die Ausrückgabel.

Die automatische Nachstellung erfolgt dadurch, daß bei Belagverschleiß das Kupplungsseil durch die Feder –R– etwas weiter gezogen wird. Dabei dreht sich das Segment –S– in Zugrichtung und bei der nächsten Betätigung des Kupplungspedals greift der Zahnnocken –C– an einer anderen Stelle in die Verzahnung des Segmentes ein.

Ausbau

- Seilzug an der Ausrückgabel aushängen.
- Pedal niederdrücken und halten. Dadurch wird der Seilzug herausgezogen.
- Seilzug am Nocken –C– von Hand festhalten und anschließend Pedal wieder loslassen. Dadurch löst sich der Nippel des Seilzuges aus seinem Sitz.
- Seilzug vom Kupplungspedal abnehmen.
- Seilzughülle am Bodenblech mit einem Schraubendreher lösen.
- Seilzug zum Motorraum hin durchziehen und herausnehmen.

Einbau

- Seilzug vom Motorraum aus in den Innenraum einführen.
- Nippel im Zahnsegment einhängen und Zug in die Nut des Nockens legen.
- Seilzugarretierung im Motorraum an der Stirnwand ausrichten. Kupplungszug in die Ausrückgabel einhängen.
- Kupplungspedal betätigen, dabei prüfen, ob die Hüllenarretierung am Stirnwandblech einrastet. Die Einstellung der Kupplung erfolgt dabei automatisch.

Nachstellung kontrollieren

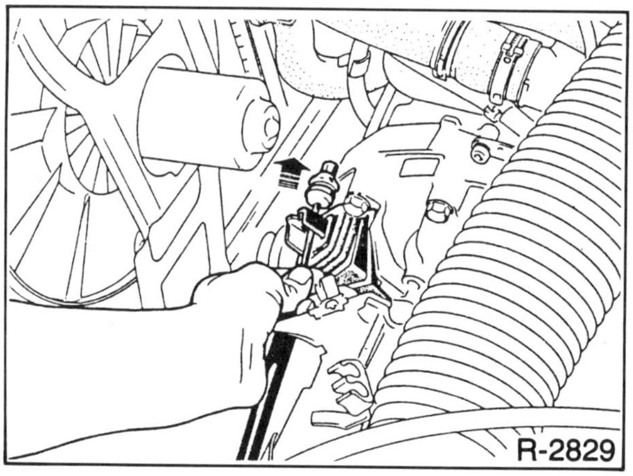

- Kupplungsseilzug am Kupplungs-Betätigungshebel von Hand in Pfeilrichtung ziehen. Der Seilzug muß sich mindestens um 2 cm herausziehen lassen. Mit dieser Kontrolle wird festgestellt, ob der Zahnnocken –C– und das Zahnsegment –S– bei nicht betätigter Kupplung freigängig sind, siehe Abbildung R-2819.

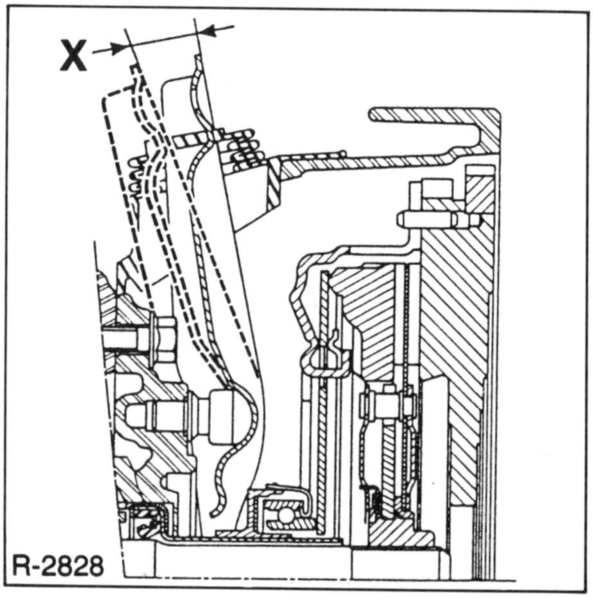

- Von Helfer Kupplungspedal voll durchtreten lassen. Dabei Kupplungs-Betätigungshebel (Ausrückgabel) beobachten. Der Weg –X– muß 17 bis 18 mm betragen.

Störungsdiagnose Kupplung

Störung	Ursache	Abhilfe
Kupplung rupft	Zu niedrige Leerlaufdrehzahl	■ Drehzahl einstellen
	Motor- und Getriebelager defekt	■ Prüfen, gegebenenfalls auswechseln
	Getriebe liegt in der Aufhängung nicht fest	■ Befestigungsschrauben nachziehen
	Druckplatte trägt ungleichmäßig	■ Druckplatte auswechseln
	Mitnehmerscheibe kein Original-Teil	■ Original-Kupplungsscheibe einbauen
	Kurbelwelle fluchtet nicht zur Getriebe-Antriebswelle	■ Zentrierflächen von Motor und Getriebe überprüfen
	Ausrücker drückt einseitig	■ Ausrücker überprüfen
	Kupplungspedal ist schwergängig	■ Achse des Pedals ölen
	Kupplungszug ist festgefressen	■ Seilzug ersetzen
	Ausrückgabel/-lager defekt	■ Ersetzen
	Kupplungsbetätigung schwergängig oder defekt, Zahnsegment oder Feder gebrochen	■ Nachstellvorrichtung gangbar machen, defekte Teile ersetzen
	Kupplungsscheibe verschlissen	■ Dicke der Kupplungsscheibe prüfen, gegebenenfalls auswechseln
	Spannung der Membranfeder zu gering	■ Druckplatte auswechseln
	Belag verhärtet oder verölt	■ Kupplungsscheibe austauschen
	Kupplung wurde überhitzt	■ Original-RENAULT-Teil einbauen
Kupplung trennt nicht, oder nicht richtig	Belag durch Abrieb verklebt	■ Kupplungsscheibe austauschen
	Kupplungsscheibe klemmt auf der Antriebswelle, Kerbverzahnung trocken oder verklebt	■ Kerbverzahnung reinigen, entgraten, ggf. Rost entfernen und neu schmieren; z. B. MoS_2-Puder einbürsten
	Kupplungsscheibe hat Seitenschlag	■ Kupplungsscheibe prüfen lassen, ersetzen
	Kupplungspedal erreicht den Begrenzungsanschlag nicht	■ Prüfen, ob Begrenzungsanschlag erreicht wird, gegebenenfalls Fußmatte ausschneiden
	Ausrücker defekt	■ Ausrücker auf Verformung prüfen
	Führungslager für die Getriebe-Antriebswelle in der Kurbelwelle defekt	■ Führungslager in der Kurbelwelle ersetzen
	Mitnehmerscheibe stark verbogen, oder Belag gebrochen	■ Mitnehmerscheibe ersetzen
	Nachstellvorrichtung schwergängig oder defekt, Zahnsegment oder Feder gebrochen	■ Nachstellvorrichtung gangbar machen, defekte Teile ersetzen
	Membranfeder gebrochen	■ Druckplatte ersetzen
Geräusch bei betätigtem Kupplungspedal	Ausrücklager defekt	■ Ausrücklager prüfen, ersetzen
	Kupplungsscheibe schlägt an die Druckplatte	■ Kupplungsscheibe auswechseln
Auf- und abschwellendes Geräusch bei Zug- oder Schubzustand, oder wenn das Fahrzeug in ausgekuppeltem Zustand rollt	Torsionsdämpfer der Kupplungsscheibe schwergängig	■ Kupplungsscheibe erneuern
	Nietverbindungen der Kupplung locker	■ Kupplung ersetzen
	Unwucht der Kupplung zu groß	■ Kupplung und Mitnehmerscheibe ersetzen
Kupplungspedal knarrt	Pedal schwergängig	■ Achse des Pedals ölen
	Achse des Pedallagers verschlissen	■ Achse und Pedallager ersetzen
Kupplungspedal kommt nicht zurück	Nachstellvorrichtung defekt	■ Nachstellvorrichtung prüfen
	Kupplungszug gerissen	■ Seilzug ersetzen
	Ausrückgabel, Ausrücklager oder Kupplung defekt	■ Überprüfen

Das Getriebe

Das Getriebe bildet mit dem Achsantrieb eine Einheit. Das komplette Aggregat kann ohne Ausbau des Motors ausgebaut werden. Ein Ausbau ist dann erforderlich, wenn die Kupplung ausgewechselt werden soll oder wenn das Getriebe überholt werden muß. Da es jedoch in keinem Fall anzuraten ist, Reparaturen am Getriebe mit Heimwerkermitteln in Angriff zu nehmen, beschreibe ich lediglich den Ausbau des Aggregates.

Getriebe aus- und einbauen

Ausbau

- Batterie-Massekabel (–) abklemmen.
- Luftfiltergehäuse ausbauen.
- Radschrauben bei auf dem Boden stehendem Fahrzeug lösen.
- Scheibenrad zur Radnabe mit Farbe kennzeichnen. Dadurch kann das ausgewuchtete Rad wieder an gleicher Stelle montiert werden.
- Fahrzeug aufbocken, siehe Seite 110.
- Vorderräder ausbauen.
- Getriebeöl ablassen.
- Linke und rechte Antriebswelle vom Getriebe trennen, siehe auch Seite 133.

Linke Fahrzeugseite

- Spurstangen-Kugelbolzen mit handelsüblichem Ausdrükker vom Radlagergehäuse trennen. Vorher Befestigungsmutter lösen.

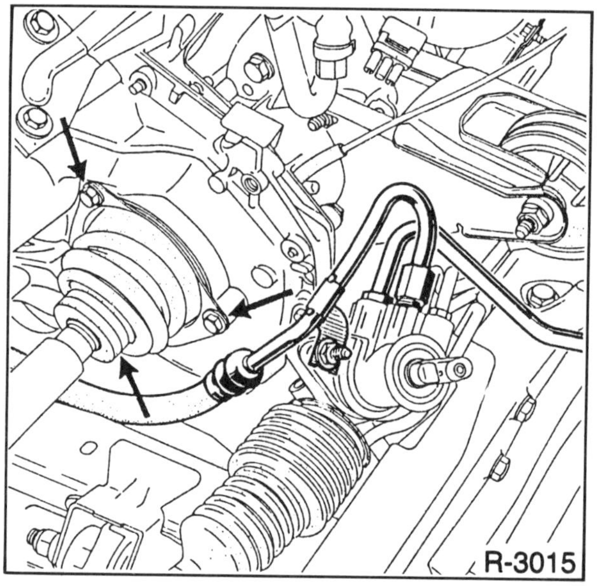

- 3 Schrauben lösen und Antriebswellenmanschette vom Getriebe abziehen.
- Bremssattel ausbauen und mit Draht am Aufbau aufhängen, siehe Seite 158.
- Seitliche Schutzabdeckung am Radhaus abbauen.

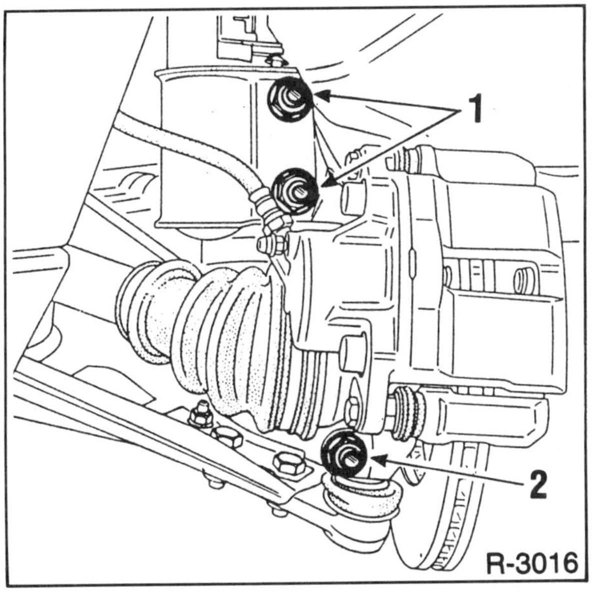

- Klemmschraube –2– lösen und herausziehen.
- Querlenker nach unten aus dem Radlagergehäuse herausziehen. Ist dies nicht von Hand möglich, Montiereisen zwischen Unterboden und Lenker ansetzen und Querlenker heraushebeln.
- 2 Bolzen der Federbeinbefestigung –1– am Radlagergehäuse lösen und herausziehen.

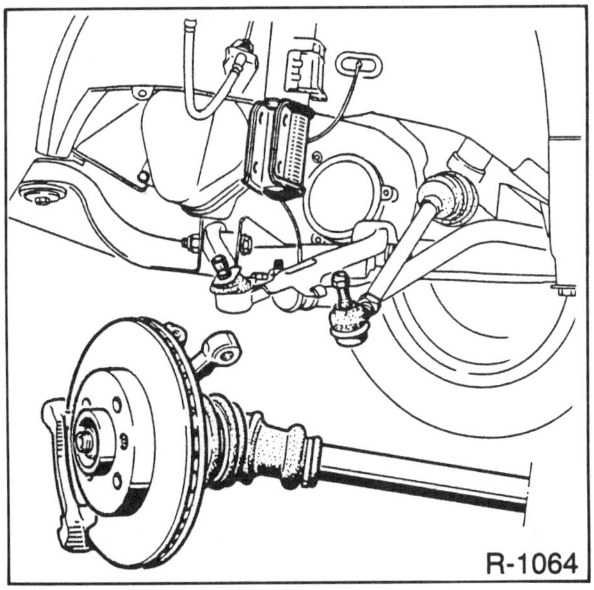

- Radträger komplett mit Antriebswelle abziehen.

Rechte Fahrzeugseite

- Spannhülse der rechten Antriebswelle an der Getriebeseite heraustreiben, siehe Seite 133.

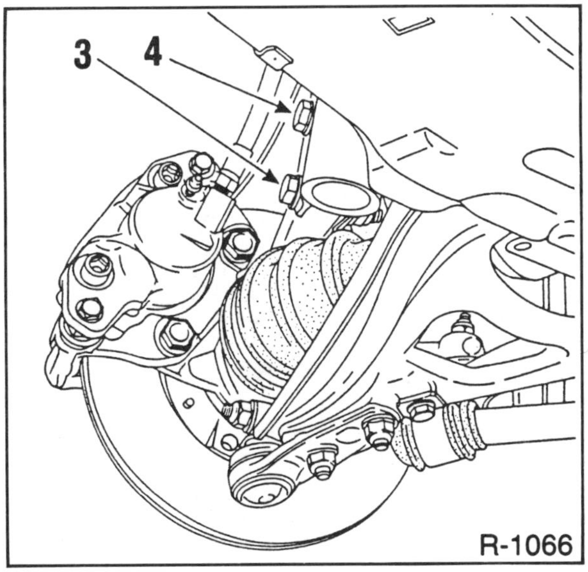

- 2 Bolzen der Federbeinbefestigung am Radlagergehäuse lösen und herausziehen.
- Achsschenkelträger schwenken, dabei trennt sich die Antriebswelle am Verbindungsstück.

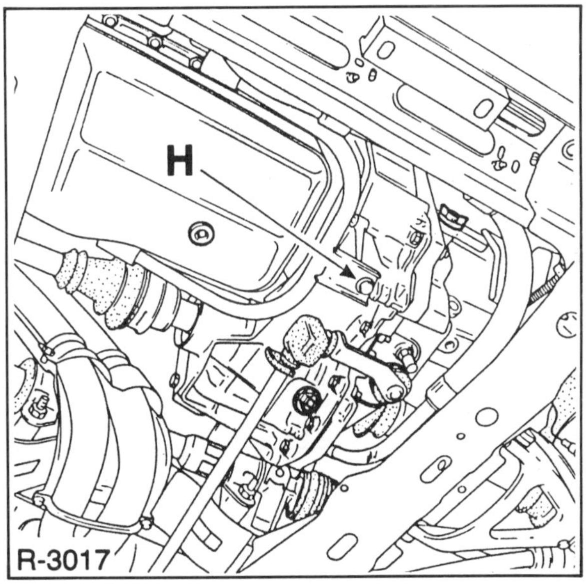

- Schraube –H– der Stabilisierungsstrebe Motor/Getriebe herausdrehen.
- 2 untere Verbindungsschrauben Motor/Getriebe lösen.

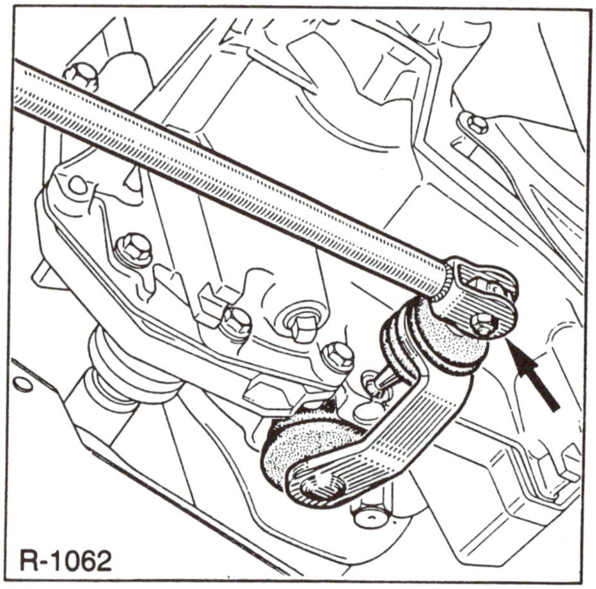

- Schaltbetätigung lösen, Schaltstange abziehen.
- Kupplungsabdeckblech abschrauben.
- Elektrische Leitung für Rückfahrscheinwerfer am Getriebe abziehen.
- Anlasser ausbauen, siehe Seite 221.
- Zünd-Impulsgeber an der Getriebeglocke abschrauben, siehe Seite 51.
- Kupplungsseilzug am Getriebe aushängen.

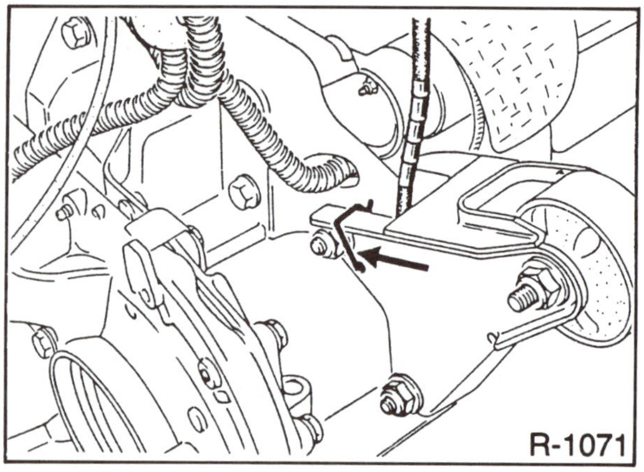

- Halteklammer seitlich abziehen und Tachowelle am Getriebe herausziehen.
- Kühlmittel-Ausgleichbehälter lösen und mit angeschlossenen Schläuchen auf dem Motor ablegen.
- Stecker vom Lüftermotor und vom Thermoschalter abziehen.
- Kühler lösen und mit angeschlossenen Schläuchen nach rechts verschieben. Die Kühllamellen mit einem Karton abdecken. Beim Dieselmotor Kühler komplett demontieren und herausnehmen.
- Motor etwas anheben bis das hintere Gummilager entlastet ist. Motor anheben, siehe Seite 15.

Benzinmotoren

- Getriebe-Masseband abschrauben.

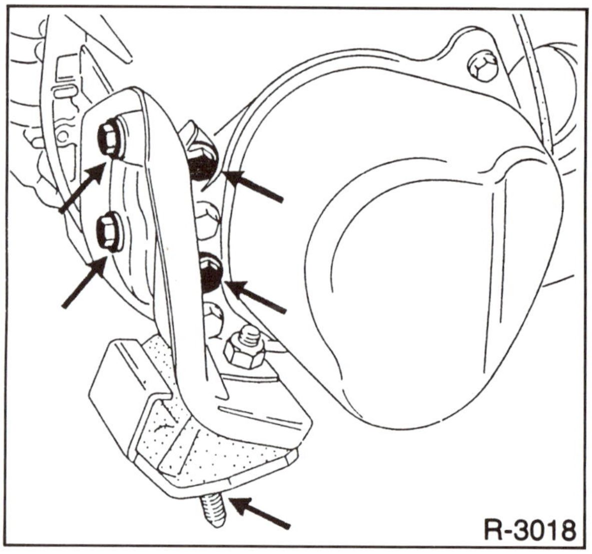

- Vordere Getriebehalterung abschrauben.

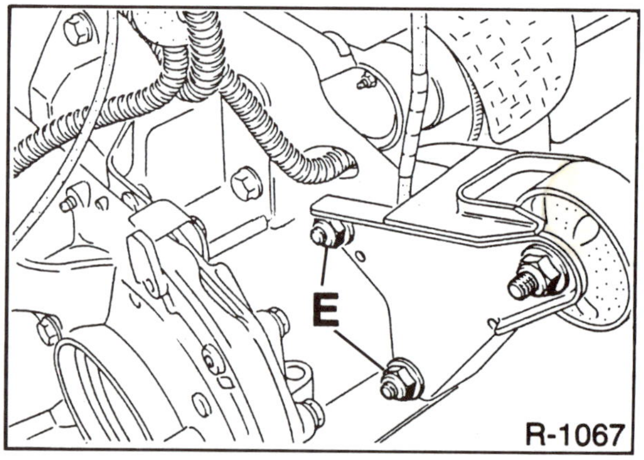

- 3 Befestigungsbolzen der hinteren Getriebeaufhängung lösen und herausziehen. Getriebe soweit wie möglich nach hinten drücken. Lassen sich die Bolzen schwer entfernen, Getriebe zusätzlich etwas mit einem Werkstattwagenheber von unten abstützen.

Dieselmotor

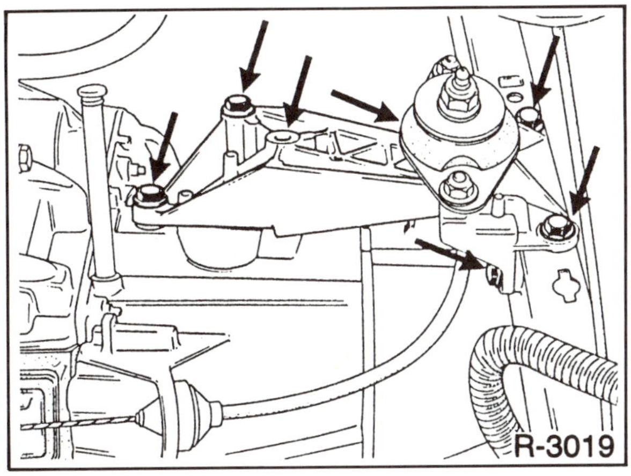

- Schrauben am oberen Getriebelager herausdrehen.

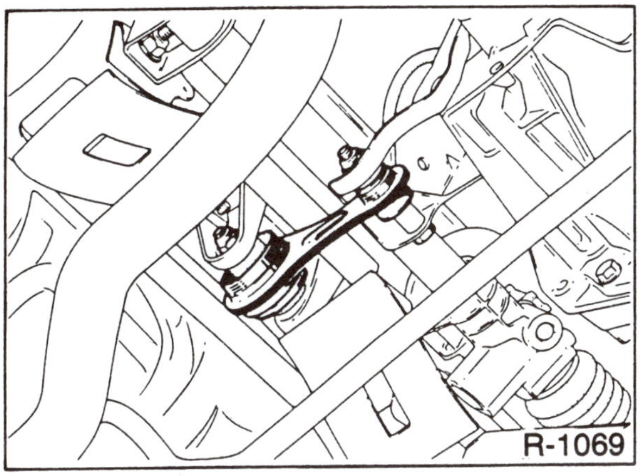

- Anschlagbegrenzer an der Getrieberückseite abschrauben.

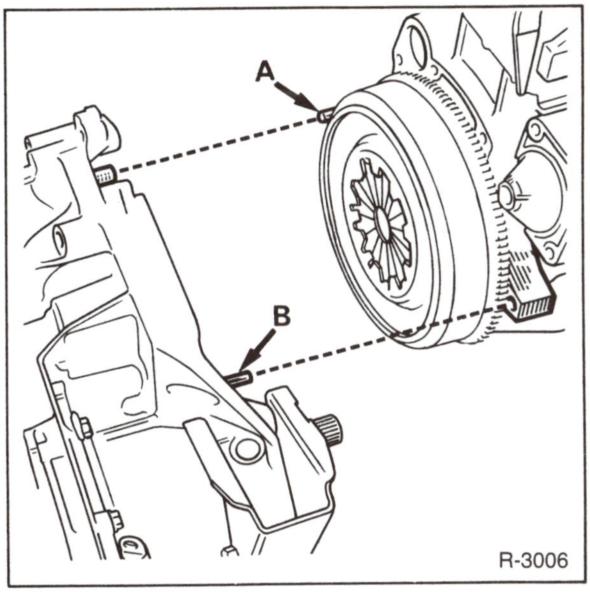

- Stehbolzen –A– und –B– abschrauben. Dazu werden 2 geeignete Muttern, ein gekröpfter Ringschlüssel und ein Gelenkschlüssel benötigt. Erste Mutter auf den Stehbolzen aufschrauben und mit zweiter Mutter kontern. Stehbolzen durch Drehen der ersten Mutter herausschrauben, dabei Kontermutter gegenhalten.

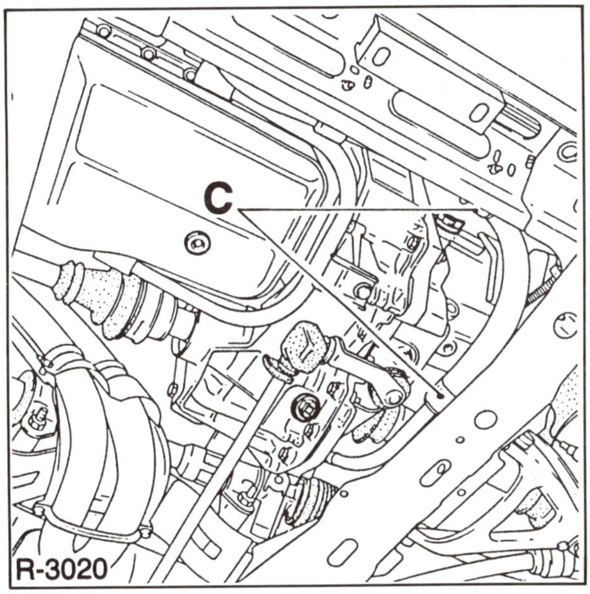

- **Fahrzeuge mit Servolenkung:** 2 Befestigungsschellen –C– des Hydraulikschlauchs entfernen.
- Motor etwas ablassen und das Getriebe mit einem Montiereisen vom Motor abdrücken. Dabei das Getriebe mit dem Gehäuse für den 5. Gang zwischen die Längsträger und den Tragrahmen schieben.
- Motor in die vorherige Lage wieder anheben.

- Getriebe mit einem geeigneten Seil anseilen. Dabei das Seil an der Haltelasche des Kupplungsseilzuges und an einer Verbindungsschraube befestigen, die anstelle des Bolzens –B– in Abbildung R-3006 angebracht wurde.
- Getriebe etwas nach links neigen, um das Achsantriebsgehäuse zu lösen und mit einem Werkstattkran oder einem Helfer herausheben.

Einbau

- Vor dem Einbau Kupplung prüfen, siehe Seite 112.
- Keilverzahnung der Getriebe-Antriebswellen und der Gelenkwellen mit MoS_2-Fett schmieren.

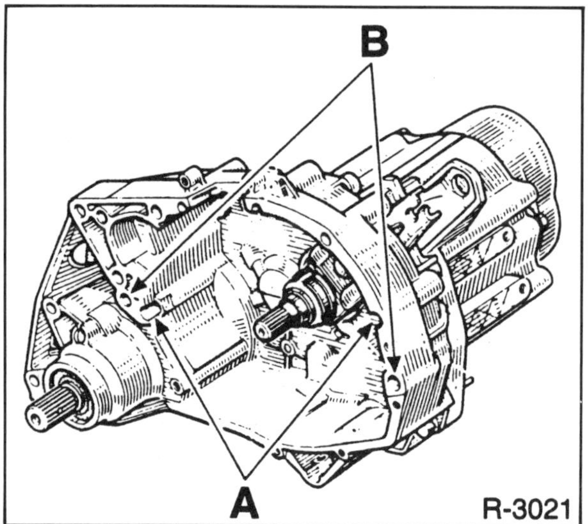

R-3021

- Darauf achten, daß die Zentrierhülsen Motor/Getriebe vorhanden sind und richtig sitzen: In –A– beim Getriebe 1,4 l-Motor; in –B– beim 1,7-/1,8-l-Benzinmotor sowie Dieselmotor.
- Getriebe in den Motorraum ablassen und waagerecht in die Kupplung einfahren. Falls beim Einsetzen die Getriebe-Antriebswelle nicht in die Kupplungsscheibe einrastet, Getriebe etwas vom Motor abziehen und an der Antriebswelle verdrehen, bis die Verzahnungen übereinstimmen. Darauf achten, daß die Zentrierbuchsen in ihre Sitze einrasten.
- Stehbolzen –A– und –B–, in Abbildung R-3006, anschrauben.
- Verbindungsschrauben Motor/Getriebe einsetzen und mit **25 Nm** festziehen.
- Hintere Gummilager mit **40 Nm** anschrauben.
- Vordere Gummilager mit **40 Nm** anschrauben.

Dieselmotor

- Obere Motorlager kontrollieren, siehe Seite 15.

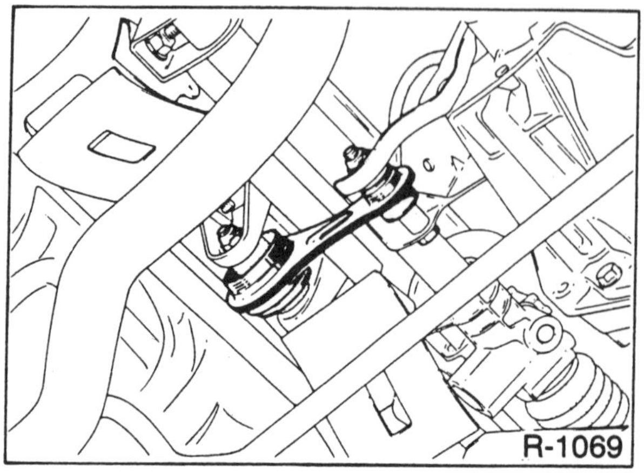
R-1069

- Anschlagbegrenzer einbauen. Dabei Montagerichtung der Schrauben beachten: Die Muttern müssen auf der Seite zum Abgasrohr liegen, siehe Abbildung.

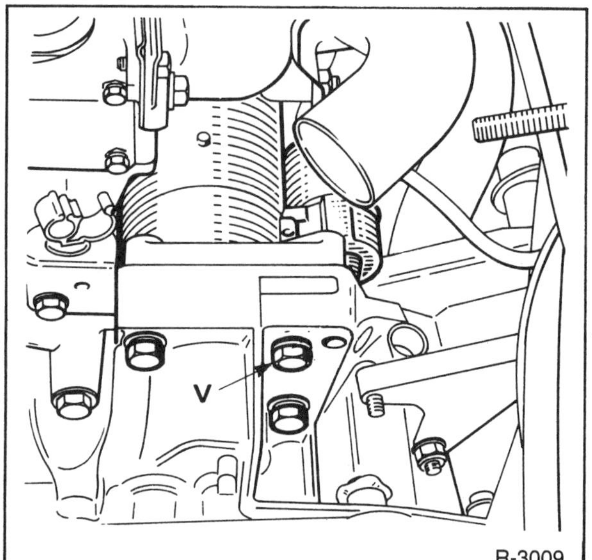

R-3009

- Anlasser einbauen und dabei die Schraube –V– richtig einsetzen, siehe Seite 220.
- Masseband an der Karosserie anschrauben.
- Tachowelle einsetzen und mit der Klammer arretieren.
- Impulsgeber für Zündanlage einsetzen und anschrauben.
- Kühler einbauen, siehe Seite 64.
- Stecker am Lüftermotor aufschieben.
- Luftfilter einbauen.
- Elektrische Leitungen am Getriebe aufschieben.
- Strebe zwischen Motor und Getriebe anschrauben.

- Schaltbetätigung einbauen.
- Kupplungsabdeckblech anschrauben.
- Gelenkwellen einbauen, Vorderachse komplettieren, siehe Seite 133.
- Bremssattel einbauen, siehe Seite 158.
- Getriebeöl auffüllen, siehe Kapitel »Wartung«.
- Servolenkung: Hydraulikschlauch verlegen und mit 2 Schellen befestigen.
- Fahrzeug ablassen, siehe Seite 110.
- Batterie-Massekabel anklemmen.

Die Schaltung

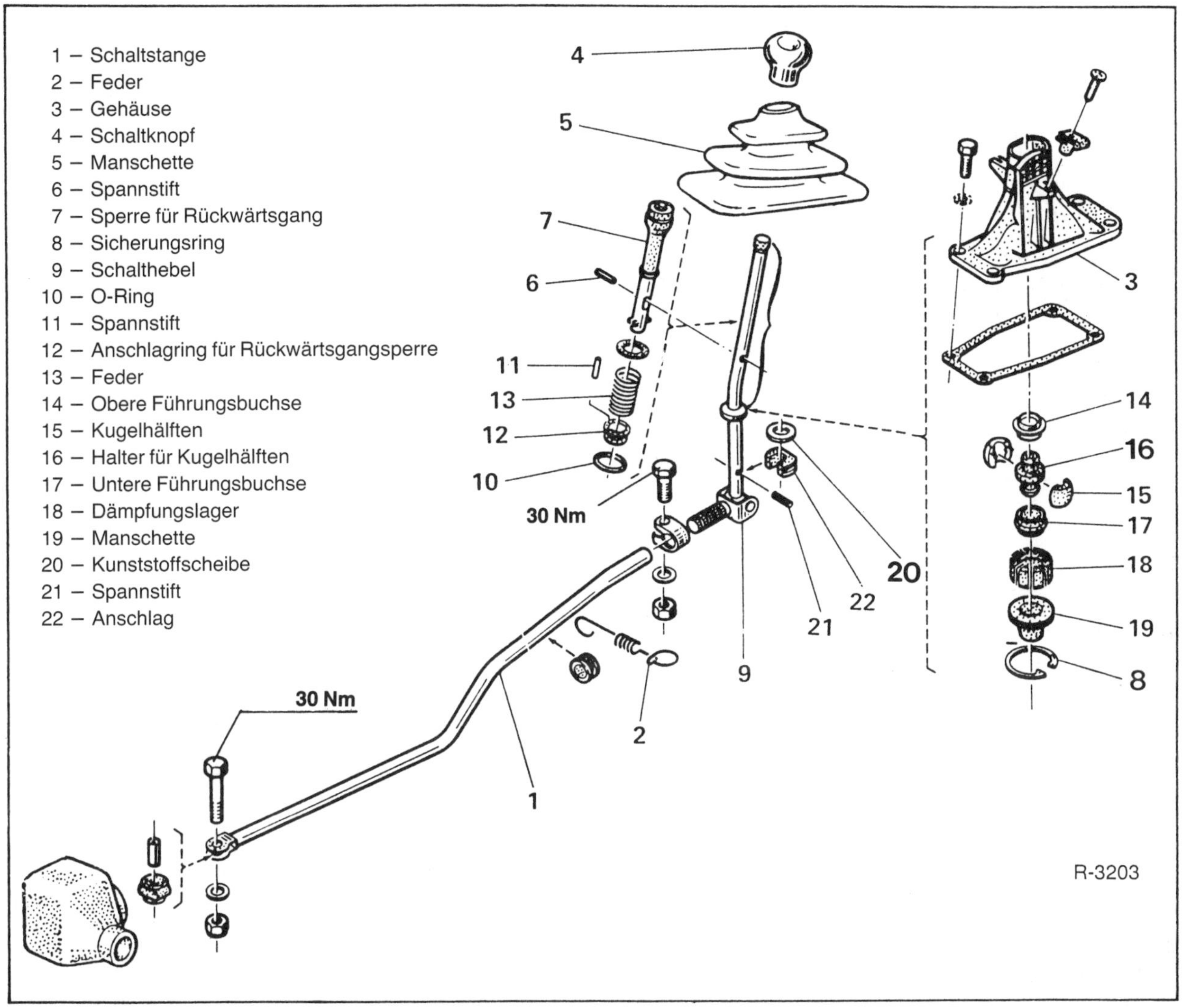

1 – Schaltstange
2 – Feder
3 – Gehäuse
4 – Schaltknopf
5 – Manschette
6 – Spannstift
7 – Sperre für Rückwärtsgang
8 – Sicherungsring
9 – Schalthebel
10 – O-Ring
11 – Spannstift
12 – Anschlagring für Rückwärtsgangsperre
13 – Feder
14 – Obere Führungsbuchse
15 – Kugelhälften
16 – Halter für Kugelhälften
17 – Untere Führungsbuchse
18 – Dämpfungslager
19 – Manschette
20 – Kunststoffscheibe
21 – Spannstift
22 – Anschlag

Schaltgestänge aus- und einbauen

Ausbau

Achtung: Die Ziffern beziehen sich auf die obige Abbildung.

- Manschette –5– von der Mittelkonsole abziehen.
- Fahrzeug aufbocken, siehe Seite 110.
- Abgasrohr-Aufhängung am Getriebe abschrauben.
- Feder –2– für Schaltstange aushängen.
- Schaltstange –1– am Gabelstück des Schalthebels –9– abschrauben.
- Befestigungsschrauben des Schalthebelgehäuses –3– abschrauben und die Einheit Hebel/Gehäuse nach unten herausnehmen, dabei das Abgasrohr zur Seite drücken.

Achtung: Falls der Schalthebel zerlegt werden soll, Gabelstück –9– in einen mit Schutzbacken versehenen Schraubstock einspannen und die einzelnen Teile in der Reihenfolge von –4– bis –22– ausbauen. Der Schaltknopf ist auf dem Schalthebel aufgeklebt.

Einbau

- Falls zerlegt, Schalthebel gemäß Abbildung R-3203 komplettieren. Gelenke des Schalthebels mit »Fett 33 Medium« von RENAULT versehen.
- Schalthebel in die Mittelkonsole von unten einsetzen und anschrauben.

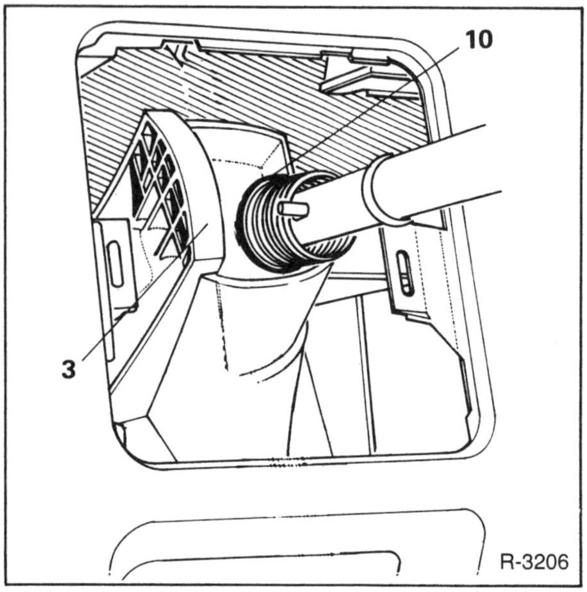

R-3206

- O-Ring –10– in das Gehäuse –3– einsetzen.
- Schaltung einstellen, siehe nächstes Kapitel.
- Klemmschelle festziehen.
- Feder für Schaltstange einhängen.
- Abgasanlage einbauen.

Schaltung einstellen

Achtung: Das Schaltgestänge muß in richtiger Stellung eingebaut werden. Die Werkstatt verwendet hierzu ein Sonderwerkzeug. Es geht jedoch auch ohne dieses Werkzeug (ungenauer). Nachfolgend jeweils Arbeitsanweisung mit und ohne Sonderwerkzeug.

- Rückholfeder –2– aushängen, siehe Abbildung R-3203.
- Abgasanlage im Bereich des Schaltgestänges aus den Gummilagern aushängen.
- Klemmschelle am Schalthebel lösen.

Einstellung ohne Sonderwerkzeug

R-3205

- Am Getriebe den 2. Gang einlegen, dazu den Hebel am Getriebeeingang in Pfeilrichtung gegen den Anschlag drücken.

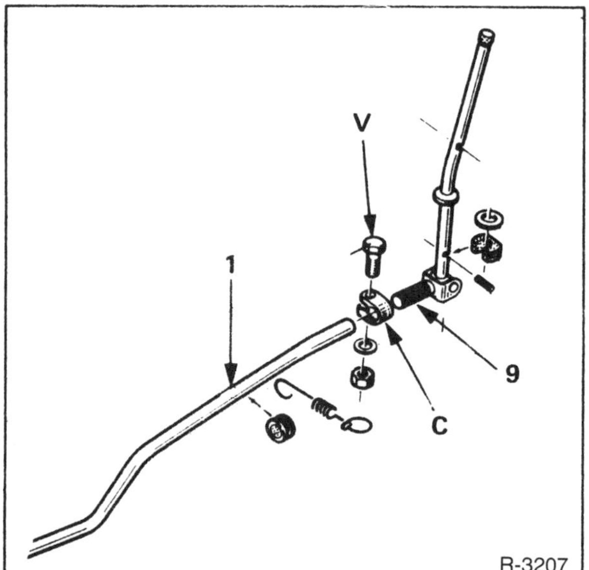

R-3207

- Schaltstange –1– mit aufgeschobener Schelle –C– am Gabelstück des Schalthebels –9– aufschieben. Dabei muß zwischen Schaltstange und Gabelstück ein Abstand von 5 mm bestehen bleiben.
- Schaltstange mit Schelle –C– und Schraube –V– mit 30 Nm festklemmen.

Einstellung mit Sonderwerkzeug

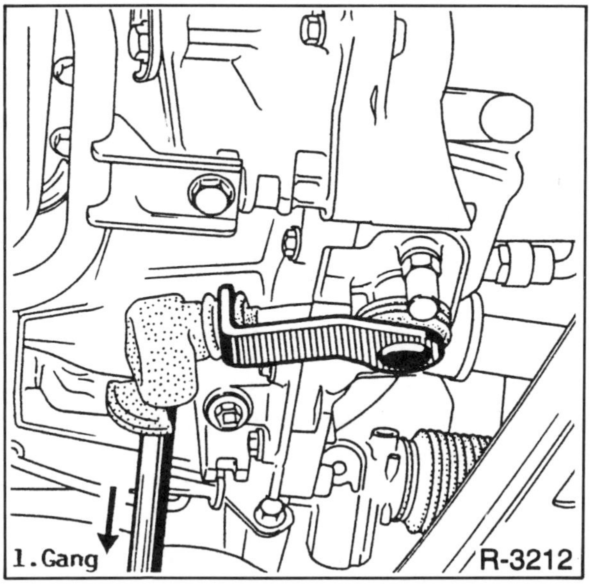

R-3212

- Am Getriebe den 1. Gang einlegen, dazu den Hebel am Getriebeeingang in Pfeilrichtung gegen den Anschlag drükken.

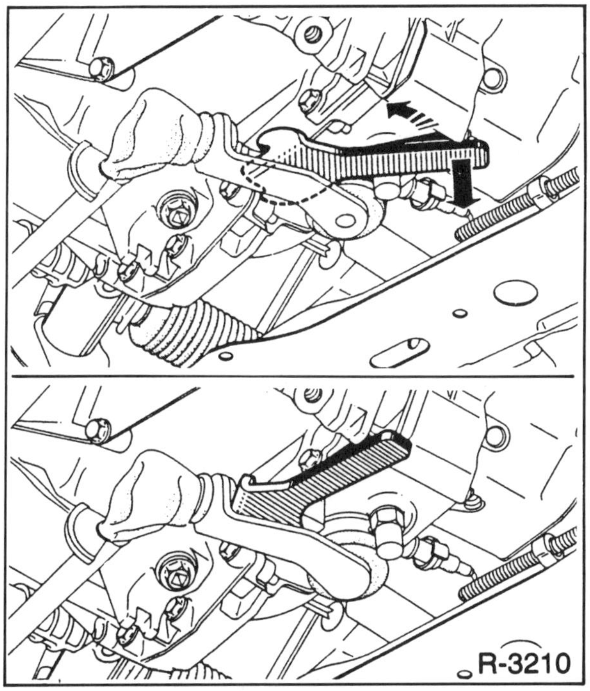

R-3210

- RENAULT-Werkzeug B.Vi.1133 einsetzen, um das Spiel einzustellen. Griffstück des Werkzeugs nach unten ziehen und um ca. 45° bis zum Anschlag am Steg des Getriebegehäuses schwenken, siehe unteren Teil der Abbildung.

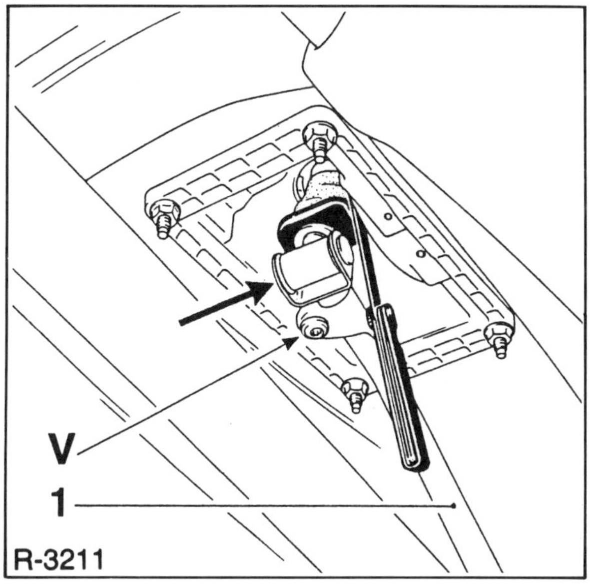

R-3211

- Schaltstange –1– auf den Zapfen des Verbindungsstücks aufschieben. Der Abstand zwischen dem Schaltstangenende und dem Gabelteil –Pfeil– soll ca. 5 mm betragen.
- Schalthebel seitlich gegen das Gehäuse drücken, dabei eine 2 mm starke Fühlerblattlehre zwischenlegen, siehe Abbildung.
- In dieser Stellung Schraube –V– des Klemmstücks der Schaltstange mit 30 Nm anziehen.
- Feststellwerkzeug und Fühlerblattlehre entfernen.

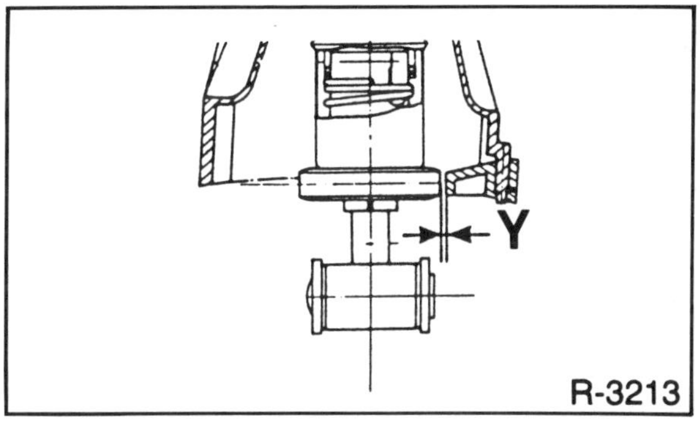

R-3213

- Spiel –Y– nochmals mit Fühlerblattlehre kontrollieren, es muß zwischen 2 und 5 mm betragen.

- Feder für Schaltstange einhängen.
- Alle Gänge durchschalten. Sie müssen sich leicht einlegen lassen, gegebenenfalls Einstellung wiederholen.
- Abgasanlage einhängen.
- Fahrzeug ablassen, siehe Seite 110.

Die Vollautomatik

Der RENAULT 19 wird auf Wunsch mit einer Getriebevollautomatik ausgestattet. Das automatische Getriebe hat je nach Ausführung 3 beziehungsweise 4 Vorwärtswählbereiche, die automatisch geschaltet werden.

Um schneller beschleunigen zu können, zum Beispiel bei Überholvorgängen, hat die Automatik einen sogenannten Kick-down-Schalter, der sich beim vollen Niedertreten des Gaspedals einschaltet. Der Kickdown-Effekt sorgt dafür, daß das Getriebe entweder länger im kürzeren Gang verweilt oder von einem höheren in einen niedrigeren Gang zurückschaltet.

Für die Beurteilung der Funktion der Getriebeautomatik und für die richtige Fehlersuche ist Erfahrung mit automatischen Getrieben und die Kenntnis der Arbeitsweise unerläßlich. Da diese Materie nur durch lange Berufserfahrung erworben werden kann, werden nur die Wartungsarbeiten (Ölstand prüfen beziehungsweise Öl wechseln) beschrieben, siehe Kapitel »Wartung«.

Abschleppen von Fahrzeugen mit Automatik

- Wählhebelstellung »N«.

3stufiges Automatikgetriebe: Maximale Schleppgeschwindigkeit: **30 km/h**; maximale Schleppentfernung: 50 Kilometer.

4stufiges Automatikgetriebe: Maximale Schleppgeschwindigkeit: **40 km/h**; maximale Schleppentfernung: 25 Kilometer.

- 3stufiges Automatikgetriebe: Über größere Entfernungen muß der Wagen vorn angehoben werden, oder in das Getriebe müssen zusätzlich 2 Liter ATF eingefüllt werden, Spezifikation siehe Kapitel »Wartung«. Grund: Bei stehendem Motor arbeitet die Getriebeölpumpe nicht, das Getriebe wird für höhere Drehzahlen und längere Laufzeiten daher nicht ausreichend geschmiert. **Achtung:** Wurde zusätzlich Öl eingefüllt, ist der Ölstand nach Instandsetzung des Fahrzeugs wieder auf Normalstand zu korrigieren.
- Zündung einschalten, damit das Lenkrad nicht blockiert ist und die Blinkleuchten, das Signalhorn und gegebenenfalls die Scheibenwischer betätigt werden können.
- Da Bremskraftverstärker und Servolenkung nur bei laufendem Motor arbeiten, muß bei nicht laufendem Motor das Bremspedal entsprechend kräftiger getreten beziehungsweise für die Lenkbewegungen entsprechend mehr Kraft aufgewendet werden!

Die Vorderachse

Die Bauweise der RENAULT 19-Vorderachse ist durch die beiden Federbeine bestimmt. Die Federbeine bestehen jeweils aus einer Schraubenfeder und einem integrierten Stoßdämpfer. Sie sind oben über Stützlager mit der Karosserie verschraubt, unten am Achsschenkelträger befestigt. Die Radführung in Längs- und Querrichtung übernehmen untere Dreiecks-Querlenker. Ein Stabilisator verbindet beide Querlenker und vermindert die Neigung des Aufbaus bei Kurvenfahrt.

Die Radlagerung erfolgt durch doppelte Kugellager. Die Übertragung der Motor-Antriebskraft erfolgt über zwei Gelenkwellen, die über jeweils zwei Gleichlaufgelenke mit den Rädern und dem Achsantrieb verbunden sind.

Achtung: Schweiß- und Richtarbeiten an tragenden und radführenden Teilen der Vorderradaufhängung sind nicht zulässig. **Selbstsichernde Muttern** im Reparaturfall **immer ersetzen.** Die Vorderachse ist wartungsfrei.

Achtung: Bei allen Arbeiten an der Vorderachse sind die Gelenke und Manschetten der Gelenkwelle gegen Beschädigungen zu schützen. Dazu grundsätzlich das äußere (radseitige) Gelenk der Gelenkwelle, unter Umständen auch das getriebeseitige Gelenk mit einem Lappen umwickeln.

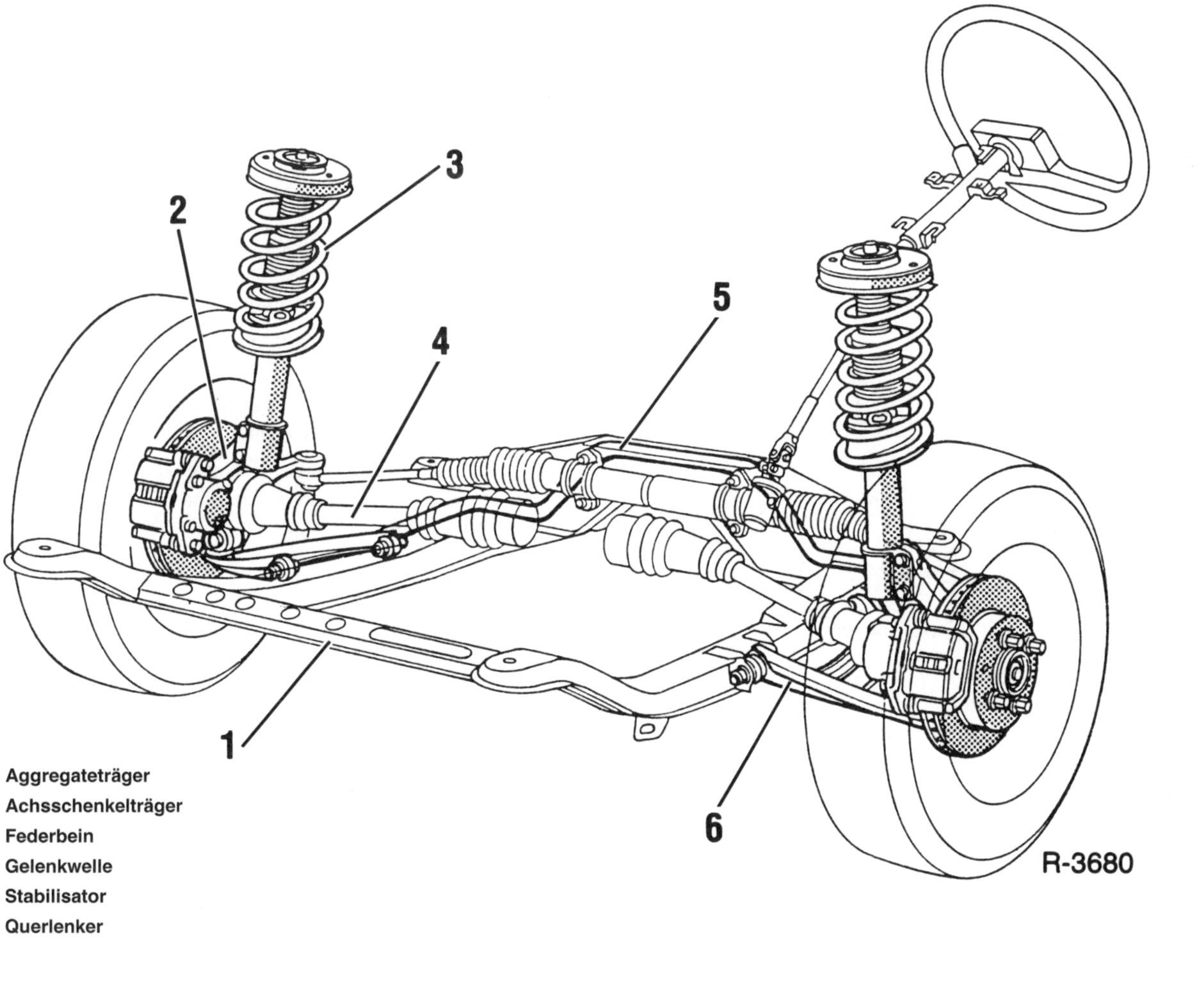

1 – Aggregateträger
2 – Achsschenkelträger
3 – Federbein
4 – Gelenkwelle
5 – Stabilisator
6 – Querlenker

Federbein aus- und einbauen

Ausbau

- Radschrauben bei auf dem Boden stehendem Fahrzeug lösen.
- Scheibenrad zur Radnabe mit Farbe kennzeichnen. Dadurch kann das ausgewuchtete Rad wieder an gleicher Stelle montiert werden.
- Fahrzeug vorn aufbocken, siehe Seite 110.
- Rad abnehmen.
- Vorderachse am Querlenker abstützen, damit die Gelenkwelle nach Ausbau des Federbeins nicht nach unten durchhängt. Dazu geeigneten Stützbock unter dem Querlenker postieren.

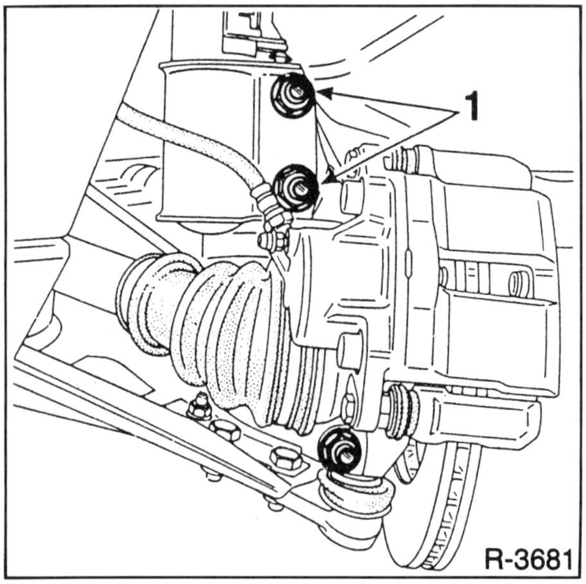

- Am Achsschenkelträger die beiden Muttern –1– abschrauben und die Bolzen herausdrücken.

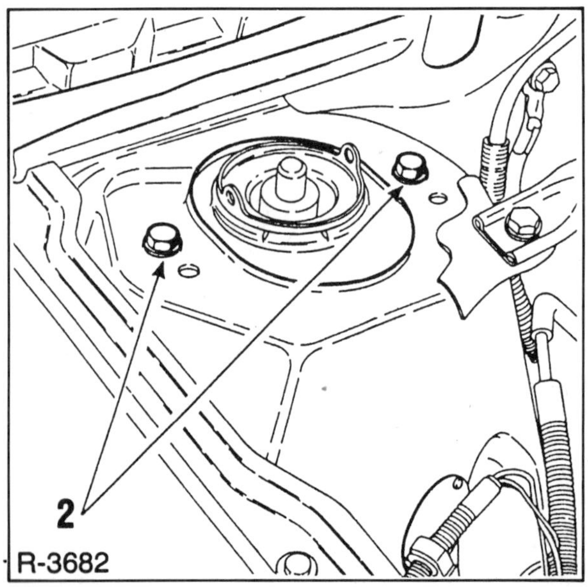

- Einbaulage des Federbeins für Wiedereinbau merken, siehe unter »Einbau«. Dann Federbein oben am Federbeindom mit 2 Schrauben –2– abschrauben. Dabei Stoßdämpfer auf den unteren Querlenker abstützen, damit die Antriebswelle durch den Dämpfer nicht beschädigt wird.

Achtung: Auf keinen Fall die Mutter in der Mitte des Stützlagers abschrauben. Unfallgefahr! Durch diese Mutter ist die Schraubenfeder im Federbein gesichert.

- Federbein herausnehmen. Dazu, falls erforderlich, Achsschenkelträger etwas absenken.

Einbau

- Federbein einsetzen.

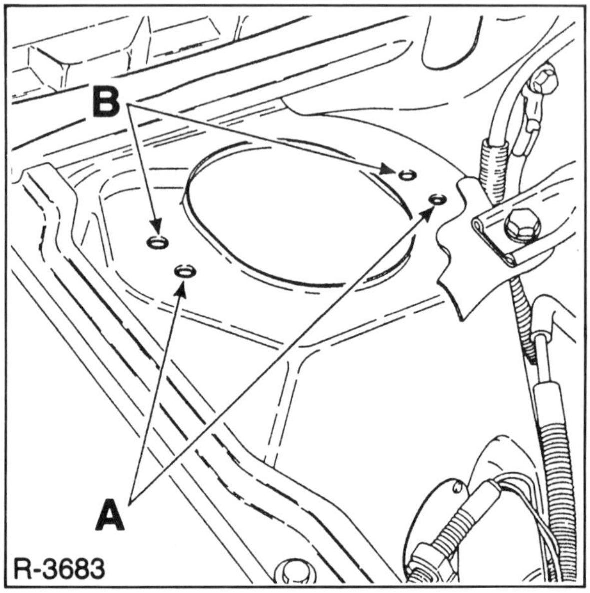

Achtung: Federbein in gleicher Position wie vor dem Ausbau einsetzen. Position –A– bei Fahrzeugen ohne Servolenkung; Position –B– für Fahrzeuge mit Servolenkung.

- Federbein oben am Federbeindom mit **30 Nm** anschrauben.
- Am Achsschenkelträger die beiden Bolzen durchschieben und Muttern mit **110 Nm** anschrauben.
- Rad anschrauben, dabei auf Markierung zur Radnabe achten. Fahrzeug ablassen und Radschrauben mit **80 Nm** über Kreuz festziehen.

Federbein zerlegen/ Stoßdämpfer aus- und einbauen

Ausbau

- Federbein ausbauen.
- Abdeckkappe von der Stoßdämpferstange abhebeln.
- Die Schraubenfeder ist vorgespannt. Zum Lösen des Stoßdämpfers muß die Schraubenfeder noch weiter gespannt werden, damit die Federteller entlastet sind. Schraubenfeder mit geeigneter Spannvorrichtung spannen. **Achtung: Die Stoßdämpfermutter darf nur bei gespannter Feder gelöst werden.**

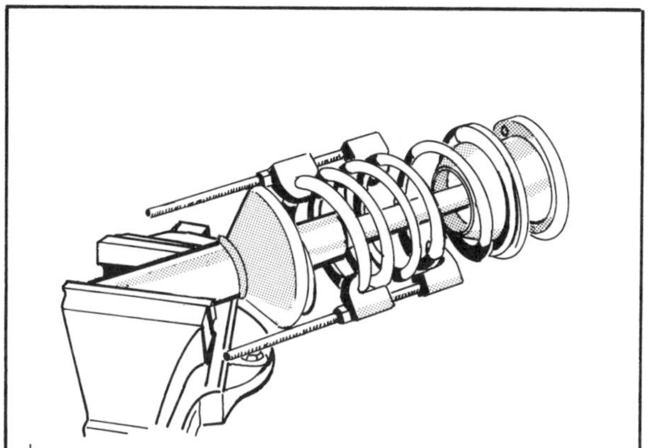

W-3603

- Federbein in einen Schraubstock einspannen und mit handelsüblichem Federspanner spannen. Dabei Feder um ca. 10 mm zusammendrücken.
  Achtung: Federspanner so in die Windungen der Feder einsetzen, daß die Federwindungen sicher umfaßt werden und der Federspanner nicht abrutschen kann. Feder grundsätzlich an 3 gegenüberliegenden Seiten spannen. Die Schraubenfeder steht unter großer Vorspannung, deshalb nur stabiles Werkzeug verwenden. Keinesfalls Feder mit Draht zusammenbinden. Unfallgefahr!

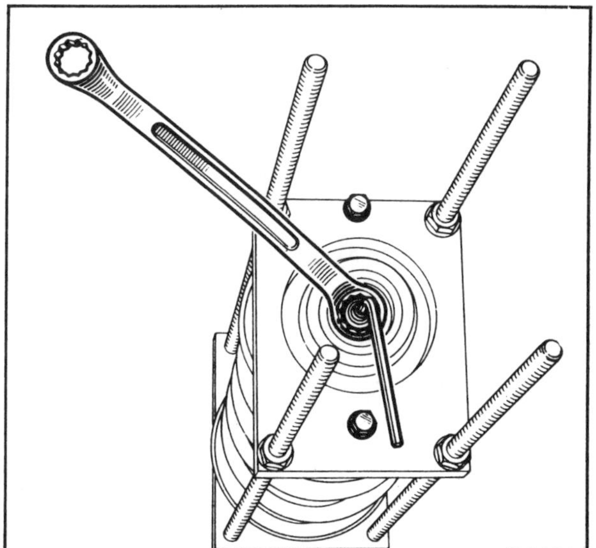

R-3651

- Haltemutter mit tiefgekröpftem Ringschlüssel abschrauben, dabei Kolbenstange mit Innensechskantschlüssel SW 6 gegenhalten.

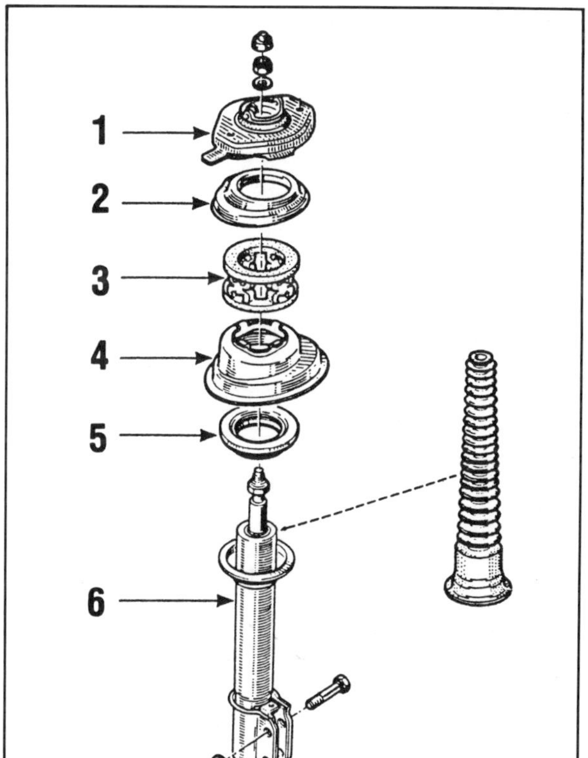

R-3684

- Einzelteile des Federbeins der Reihe nach von –1– bis –5– abnehmen. 1 – Federbeinaufnahme, 2 – oberer Federteller, 3 – Puffer, 4 – unterer Federteller, 5 – Stützlager, 6 – Stoßdämpfer. Nicht abgebildet: Schraubenfeder.
- Oberen Federteller sowie Schraubenfeder abnehmen.

Achtung: Falls die Feder ausgewechselt werden soll, Feder langsam entspannen. Soll dagegen nur der Stoßdämpfer ersetzt werden, bleibt die Feder gespannt.

Einbau

- Federbein entsprechend der Abbildung komplettieren. Darauf achten, daß die Schraubenfeder an den Ansätzen des unteren und oberen Federtellers anliegt.
- **Neue** selbstsichernde Mutter mit **60 Nm** festziehen, dabei an der Kolbenstange gegenhalten.
- Schraubenfeder langsam entspannen.
- Federbein einbauen, siehe Seite 126.

Stoßdämpfer prüfen

Folgende Fahreigenschaften weisen auf defekte Stoßdämpfer hin:

- Langes Nachschwingen der Karosserie bei Bodenunebenheiten.
- Aufschaukeln der Karosserie bei aufeinander folgenden Bodenunebenheiten.
- Aufbäumen des Fahrzeuges beim Beschleunigen.
- Springen der Räder bereits auf normaler Fahrbahn.
- Ausbrechen des Fahrzeuges beim Bremsen (kann auch andere Ursachen haben).
- Kurvenunsicherheit durch mangelnde Spurhaltung, Schleudern des Fahrzeuges.
- Poltergeräusche während der Fahrt.

Der Stoßdämpfer kann von Hand geprüft werden. Eine genaue Überprüfung der Stoßdämpferleistung ist jedoch nur mit einem Shock-Tester (Stoßdämpfer eingebaut) oder einer Stoßdämpfer-Prüfmaschine möglich.

Prüfung von Hand

- Stoßdämpfer ausbauen.
- Stoßdämpfer in Einbaulage halten, Stoßdämpfer auseinanderziehen und zusammendrücken.
- Der Stoßdämpfer muß sich über den gesamten Hub gleichmäßig schwer und ruckfrei bewegen lassen.
- Bei einwandfreier Funktion sind geringe Spuren von Stoßdämpferöl kein Grund zum Austausch.
- Bei starkem Ölverlust Stoßdämpfer austauschen.
- Die Gummilager des Stoßdämpfers dürfen nicht ausgeschlagen sein.
- Stoßdämpfer einbauen.

Querstabilisator aus- und einbauen

Ausbau

- Fahrzeug aufbocken, siehe Seite 110.
- Vorderes Abgasrohr vom Krümmer abbauen, siehe Seite 106.
- Schaltbetätigung am Getriebehebel abschrauben.

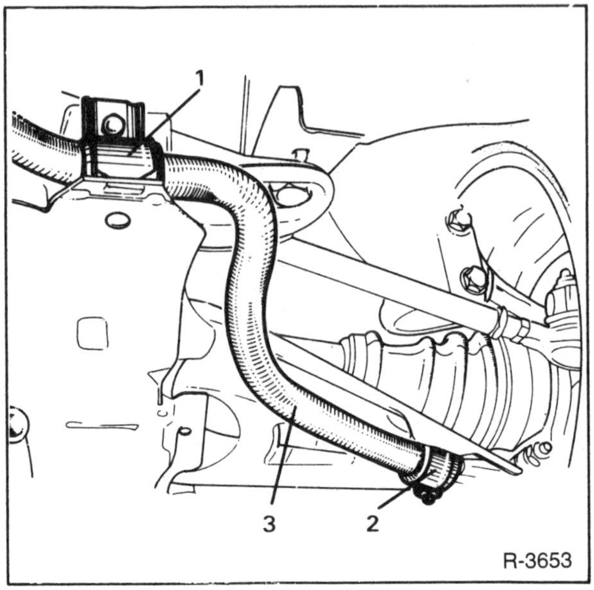

- Auf beiden Seiten die Lager –1– am Aggregateträger und die Lager –2– am Querlenker abschrauben.
- Stabilisator –3– zusammen mit den Gummilagern herausnehmen.

Einbau

- Vor dem Einbau Zustand der Gummilager prüfen, poröse oder beschädigte Lager ersetzen.
- Gummilager dünn mit MoS_2-Fett bestreichen, mit Stabilisator ansetzen und anschrauben, noch nicht festziehen.
- Abgasrohr am Krümmer anschrauben.
- Schaltstange am Getriebe anschrauben.
- Fahrzeug ablassen, damit das Fahrzeug auf den Rädern steht.
- Erst jetzt alle Befestigungsschrauben für Stabilisator mit **30 Nm** festziehen.

Querlenker aus- und einbauen/ Gummilager ersetzen

Ausbau

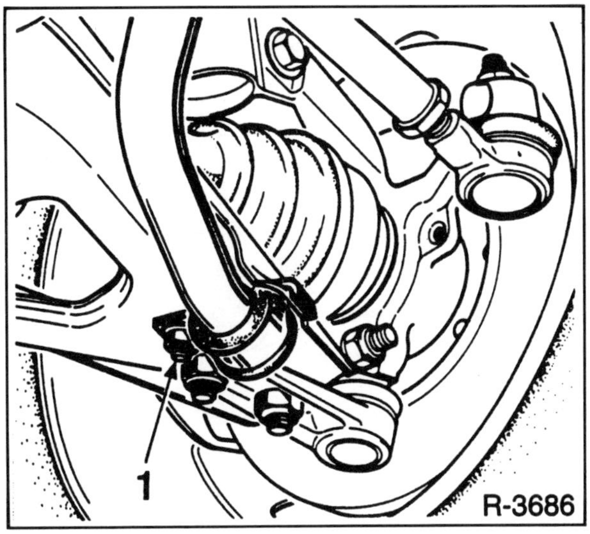

- Bei auf den Rädern stehendem Fahrzeug die Lager –1– des Querstabilisators an den Querlenkern ausbauen. Stabilisator nach unten schwenken.
- Vorderradschrauben lösen.
- Scheibenrad zur Radnabe mit Farbe kennzeichnen. Dadurch kann das ausgewuchtete Rad wieder an gleicher Stelle montiert werden.
- Vorderräder ausbauen, dazu Fahrzeug vorn aufbocken, siehe Seite 110.

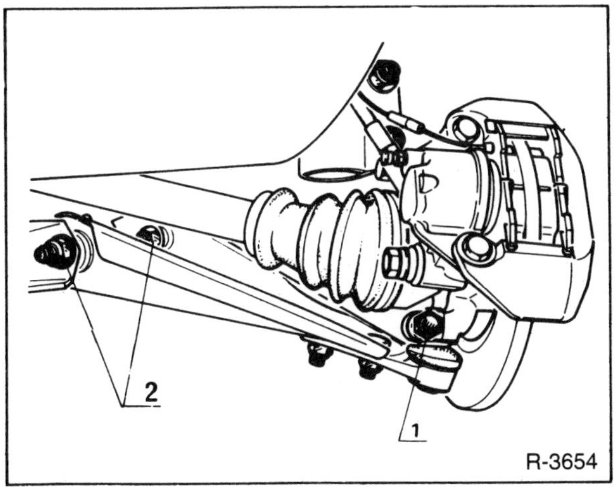

- Mutter und Klemmschraube –1– abschrauben.
- Kugelbolzen mit handelsüblichem Abdrücker herausdrükken.
- 2 Befestigungsschrauben –2– herausschrauben.
- Querlenker abnehmen.

Gummilager prüfen/ersetzen

- Gummilager für Querlenker auf Porosität und Beschädigung prüfen.

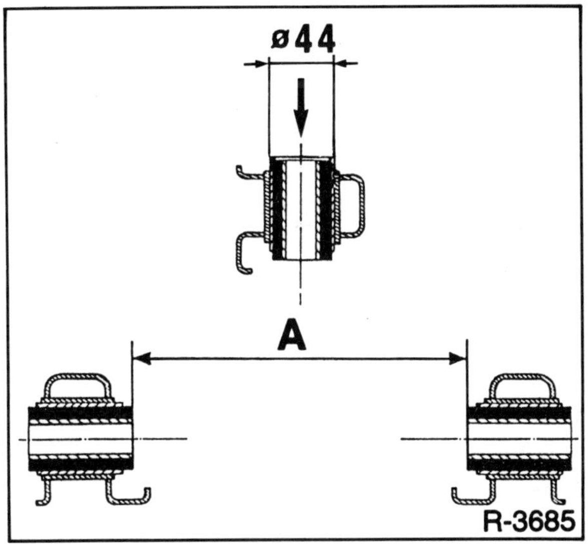

Achtung: Um die Zentrierung der Gummilager beizubehalten, Lager nur nacheinander auswechseln.

- Beschädigtes Gummilager mit einem kurzen Rohr mit einem Außendurchmesser von 44 mm auspressen.
- Neues Gummilager mit Rohr einpressen, dabei muß das Maß A = 147 ± 0,5 mm betragen.
- Anschließend 2. Lager aus- und einpressen. Dabei ebenfalls das Maß A = 147 ± 0,5 mm beachten.

Einbau

- Querlenker am Aggregateträger einsetzen, Bolzen einsetzen und mit den Muttern –2– anschrauben. Muttern noch nicht festziehen.

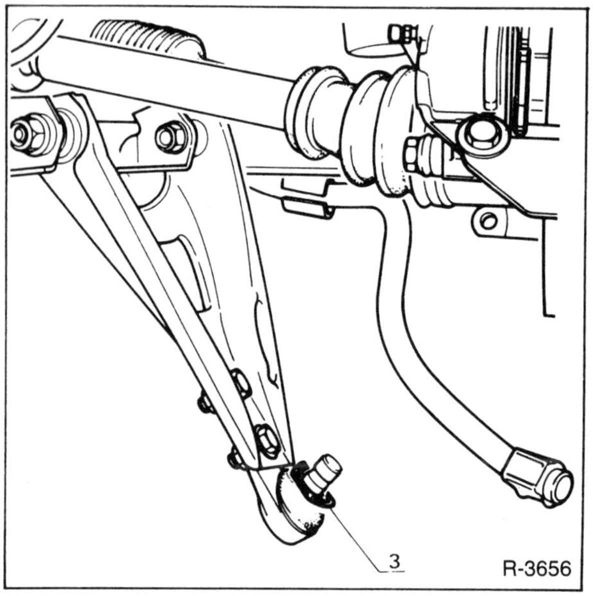

- Kunststoff-Abdeckscheibe –3– am Schaft des Kugelbolzens auflegen.
- Kugelbolzen in Achsschenkelträger einführen. Klemmschraube einsetzen und Mutter mit **55 Nm** festziehen.
- Räder montieren und Fahrzeug ablassen.
- Querstabilisator einbauen, Befestigungsschrauben noch nicht festziehen.
- Fahrzeug mehrmals ein- und ausfedern.
- Befestigungsmuttern für Querlenker mit **75 Nm** festziehen.
- Stabilisator festziehen, siehe Seite 128.
- Radschrauben mit **80 Nm** über Kreuz festziehen.

Achsgelenk aus- und einbauen

Das Achsgelenk (= Kugelgelenk zwischen Querlenker und Achsschenkelträger) muß ausgewechselt werden, wenn spürbares Spiel vorhanden ist oder wenn die Manschette beschädigt ist.

Ausbau

- Radschrauben bei auf dem Boden stehendem Fahrzeug lösen.
- Scheibenrad zur Radnabe mit Farbe kennzeichnen. Dadurch kann das ausgewuchtete Rad wieder an gleicher Stelle montiert werden.
- Fahrzeug aufbocken, siehe Seite 110.
- Vorderrad abnehmen.

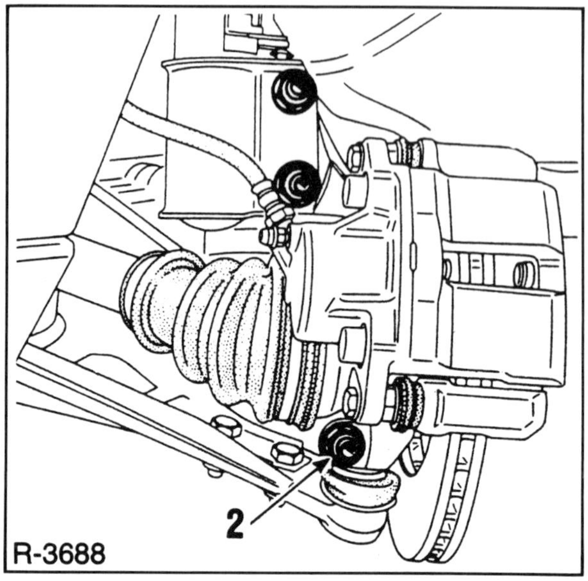

- Mutter –2– abschrauben und Klemmschraube herausdrücken. Querlenker nach unten aus dem Achsschenkelträger herausziehen.

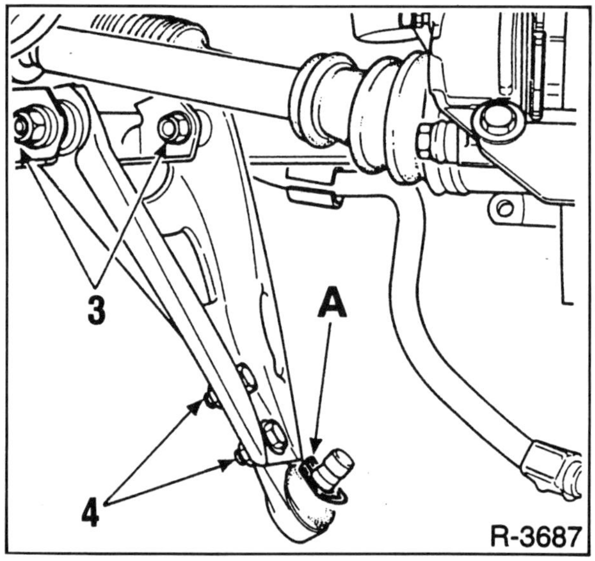

- Beide Befestigungsmuttern –3– des Querlenkers am Aggregateträger lösen, nicht abschrauben.
- 2 Befestigungsschrauben –4– für Achsgelenk herausdrehen und Kugelbolzen abnehmen.

Einbau

- Neues Achsgelenk am Querlenker mit **75 Nm** anschrauben.
- Sicherstellen, daß die Kunststoff-Schutzscheibe –A– am Schaft des Kugelbolzens vorhanden ist.
- Kugelbolzen am Achsschenkelträger einschieben und Mutter für Klemmschraube mit **55 Nm** festziehen.
- Stabilisator anschrauben, noch nicht festziehen.
- Rad anschrauben, Fahrzeug ablassen und Radschrauben über Kreuz mit **80 Nm** festziehen.
- Fahrzeug mehrmals ein- und ausfedern.
- Befestigungsmuttern für Querlenker am Aggregateträger mit **75 Nm** festziehen.
- Stabilisatorlager mit **35 Nm** festziehen.

Radlager vorn aus- und einbauen

Als Radlager sind Doppelkugellager eingebaut. Defekte Radlager machen sich folgendermaßen bemerkbar: Geräusche in engen Kurven; Schwergängigkeit des Rades bei gelöster Bremse. Die Radlager sitzen so fest im Radlagergehäuse, daß sie nur mit einer geeigneten Standpresse aus- und eingebaut werden können (Werkstattarbeit). Das Radlager nicht mit einem Dorn herausschlagen. Falls der Achsschenkelträger ersetzt werden soll, muß auch das komplette Radlager erneuert werden.

Ausbau

- Abdeckkappe für Achsmutter mit großem Schraubendreher abhebeln.
- Achsmutter mit Stecknuß SW 30 lösen. **Achtung:** Die Mutter ist mit hohem Drehmoment angeschraubt. Zum Lösen muß das Fahrzeug auf dem Boden stehen, Gang einlegen, Handbremse anziehen. Unfallgefahr! Die Fachwerkstatt löst die Mutter bei aufgebocktem Fahrzeug, siehe nächste Abbildung.
- Bremssattel ausbauen, siehe Seite 158.
- Radlagerspiel an der Radnabe mit geeigneter Meßuhr prüfen, Sollwert: 0 – 0,05 mm. Es darf also praktisch kein fühlbares Radlagerspiel vorhanden sein.
- 2 Schrauben für Bremsscheibe von der Radnabe mit Torxschlüssel T40 abschrauben, Bremsscheibe abnehmen.

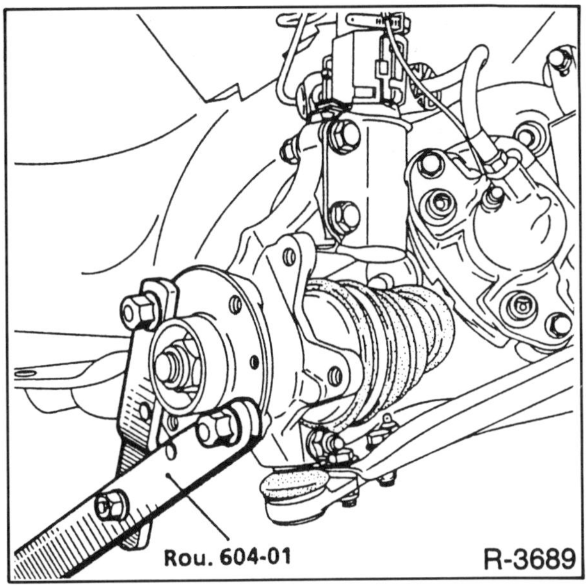

R-3689

- Achsmutter abschrauben. Die Fachwerkstatt verwendet zum Lösen der Achsmutter das Werkzeug Rou.604-01.

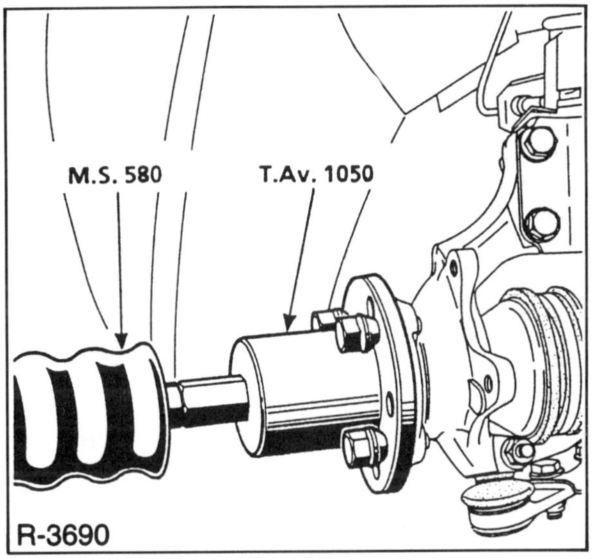

R-3690

- Radnabe mit geeignetem Abzieher von der Gelenkwelle abziehen. Vorher Achswelle mit Draht sichern, damit das Endstück nicht nach unten fällt, was zur Beschädigung der Gelenke führt.

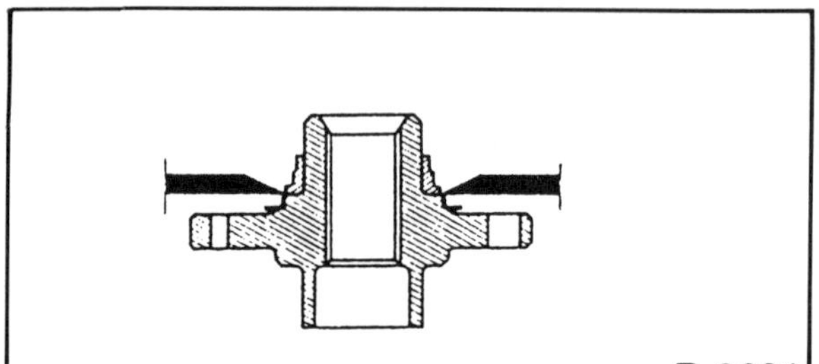

R-3691

- Inneren Lagerring mit Hilfe eines Abziehers mit Krallen, zum Beispiel RENAULT-Werkzeug Facom U53G + U53E von der Radnabe abziehen.
- Spurstangengelenk am Achsschenkelträger herausdrükken, siehe Seite 147.

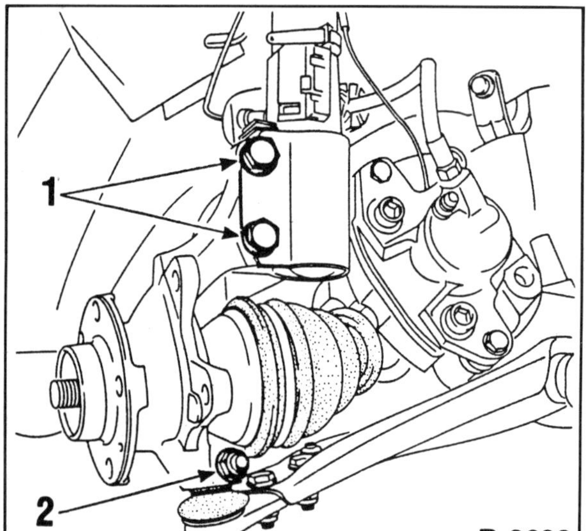

R-3692

- Querlenker am Achsschenkelträger abschrauben, dazu Schraube –2– abschrauben, Bolzen herausziehen und Querlenker nach unten drücken.
- Federbein am Achsschenkelträger abschrauben, dazu Bolzen –1– lösen und herausziehen.

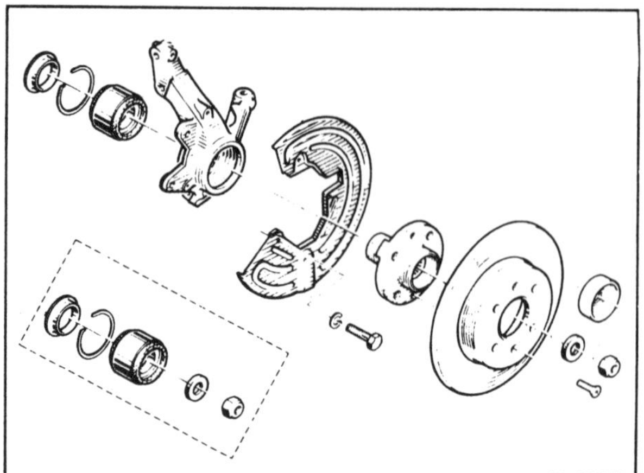

R-3659

- Sicherungsring aus dem Lagersitz der Nabenbohrung entfernen. Dazu wird eine spezielle, handelsübliche Zange benötigt, mit der der Sicherungsring zusammengedrückt wird.

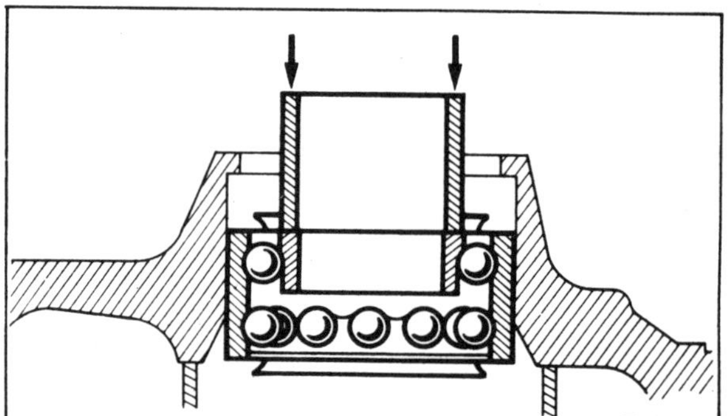

R-3660

- Außenring mit Hilfe eines der beiden Innenringe aus dem Achsschenkel auspressen. Dabei bleiben die Kugelkäfige und die Dichtringe an ihrem Platz.

Einbau

- Äußere Kunststoff-Schutzkappen vom neuen Radlager abnehmen.
- Komplettes Radlager mit der inneren Kunststoff-Haltebuchse auf den Achsschenkelträger aufsetzen und mit einer geeigneten Presse einsetzen. Hierzu wird je nach Radlagerdurchmesser ein kurzes Rohr mit folgendem Durchmesser benötigt, das am Außenring des Radlagers angesetzt wird:
  Fahrzeuge bis 55 kW/75 PS: Außendurchmesser von 63 mm, Innendurchmesser 59 mm.
  Fahrzeuge ab 66 kW/90 PS: Außendurchmesser 71 mm, Innendurchmesser 66 mm.
  Achtung: Rohr nicht am Innenring abstützen, sonst werden die Lagerkugeln durch den hohen Einpreßdruck beschädigt.
- Kunststoffbuchse herausnehmen.
- Sicherungsring ins Radlagergehäuse einfedern.
- Jede Dichtlippe mit Radlagerfett (Lithiumfett) versehen.

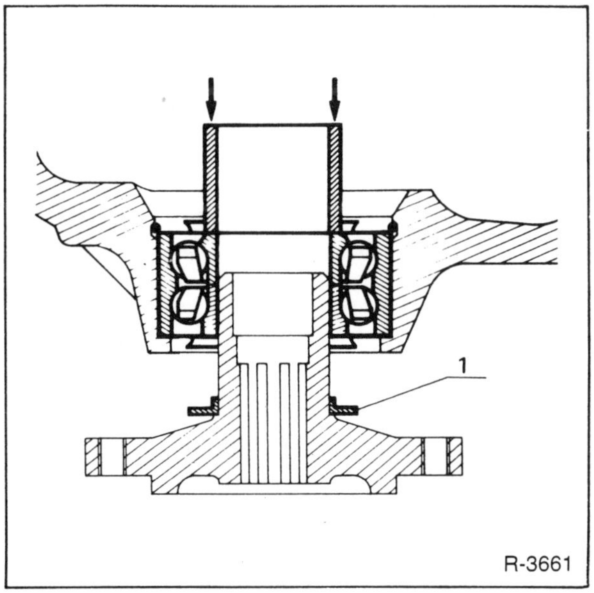

- Distanzring –1– auf die Radnabe aufschieben und Achsschenkelträger auf die Nabe aufdrücken. Hierzu wird ein kurzes Rohr benötigt, das sich am inneren Lagerring abstützt:
  Fahrzeuge bis 55 kW/75 PS: Außendurchmesser von 45 mm, Innendurchmesser 39 mm.
  Fahrzeuge ab 66 kW/90 PS: Außendurchmesser 48 mm, Innendurchmesser 43 mm.

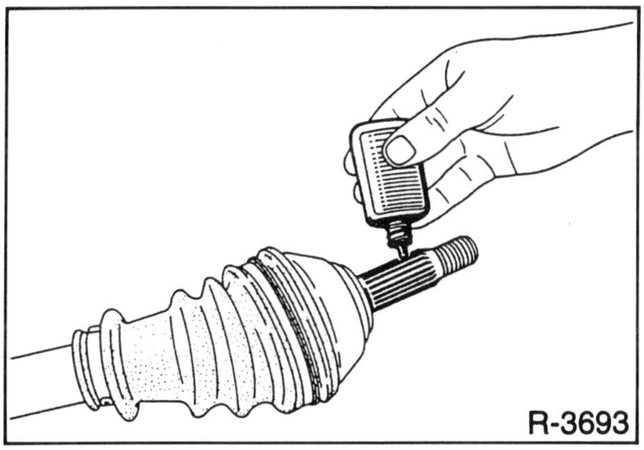

- Achsschenkelträger mit Radnabe auf die Verzahnung der Gelenkwelle aufdrücken. Vorher Sicherungsmittel LOCTITE SCELBLOC von RENAULT auf die Verzahnung auftragen.
- Neue Achsmutter anschrauben, nicht festziehen.
- Achsgelenk und Federbein anschrauben. Anzugsmomente Federbein an Achsschenkel: **110 Nm**; Achsgelenk an Achsschenkel: **55 Nm**.
- Spurstangengelenk anschrauben, siehe Seite 147.
- Bremsscheibe mit Innentorxschrauben und 20 Nm an der Radnabe anschrauben.
- Bremssattel einbauen, siehe Seite 158.
- Rad montieren, Fahrzeug ablassen und Radschrauben mit **80 Nm** über Kreuz anziehen.
- Achsmutter mit **250 Nm** festziehen. **Achtung:** Dabei muß das Fahrzeug auf dem Boden stehen, Gang einlegen, Handbremse anziehen.

Gelenkwelle aus- und einbauen

Ausbau

- Achsmutter bei auf dem Boden stehendem Fahrzeug lösen, siehe Seite 131.
- Bremssattel ausbauen und mit Draht am Aufbau aufhängen. **Achtung:** Bremsschlauch nicht lösen, sonst muß die Bremsanlage beim Einbau des Bremssattels entlüftet werden. Der Bremsschlauch darf beim Aufhängen nicht verdreht oder auf Zug beansprucht werden, siehe Seite 158.

Bei Ausbau der **linken** Gelenkwelle:

- Getriebeöl ablassen.

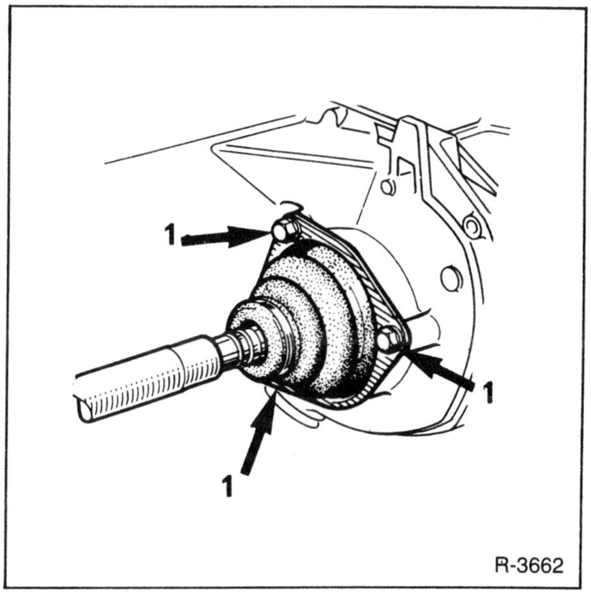

- 3 Befestigungsschrauben –1– für Manschette am Getriebe herausdrehen.

Bei Ausbau der **rechten** Gelenkwelle:

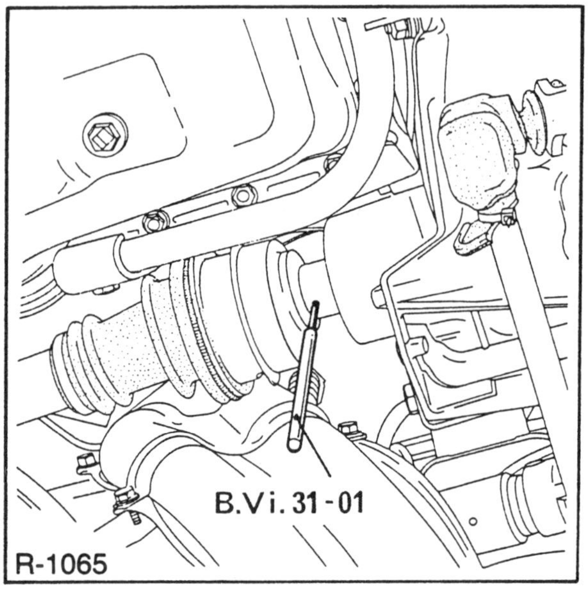

- Spannstift an der Verbindung Gelenkwelle und Planetenwelle mit geeignetem Durchschlag heraustreiben.

- Spurstangengelenk ausbauen, siehe Seite 147.
- Muttern für untere Stoßdämpferbefestigung abschrauben und Bolzen herausziehen.
- Gelenkwelle mit Draht am Aufbau aufhängen, da die Gelenke nicht stark abgewinkelt werden dürfen.
- Gelenkwelle aus der Radnabe mit passendem Abzieher ausdrücken.

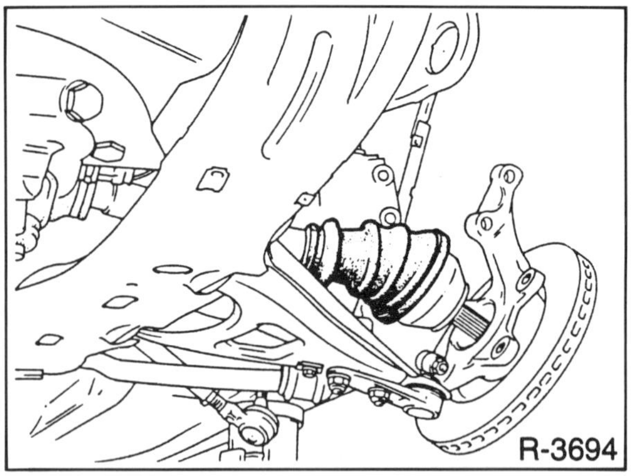

- Achsschenkelträger nach außen ziehen und dabei die Gelenkwelle am Getriebe herausziehen. Darauf achten, daß die Gelenkmanschetten nicht beschädigt werden.
- Gelenkwelle herausnehmen.

Einbau

- Neue Gelenkwellen werden mit Schutzhüllen an den Manschetten ausgeliefert. Diese bis Beendigung der Montage angebaut lassen. Die kleinste Beschädigung an einer Gelenkmanschette führt zum späteren Riß und damit zur Zerstörung des Gelenks.
- Linke Gelenkwelle mit Kreuzgelenk so waagerecht wie möglich in das Getriebe einsetzen.

Rechte Gelenkwelle:

- Verzahnungen des getriebeseitigen Gelenkes mit MoS_2-Fett, zum Beispiel Molykote BR2, dünn einstreichen.

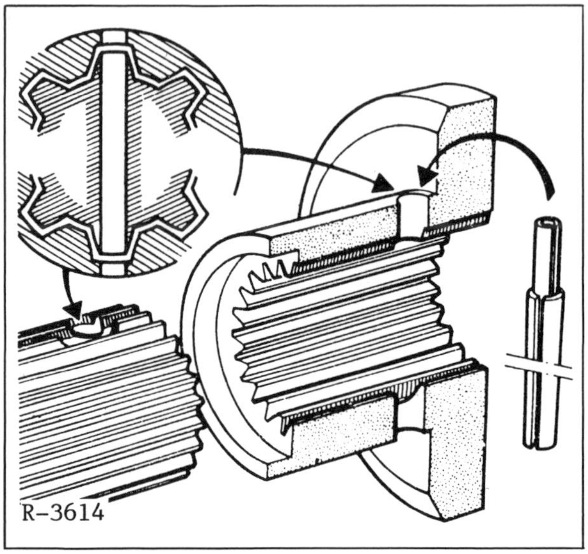

- Gelenkwelle am Getriebe ausrichten und in die Verzahnung einführen. Dabei mit einem abgewinkelten Dorn die Bohrungen von Gelenkwelle und Planetenwelle in Übereinstimmung bringen. 2 **neue** Spannstifte, wie in der Abbildung gezeigt, einsetzen und mit geeignetem Dorn eintreiben. Spannstiftbohrungen anschließend mit flüssiger Dichtungsmasse, zum Beispiel CAF 4/60 THIXO oder Curil, abdichten.

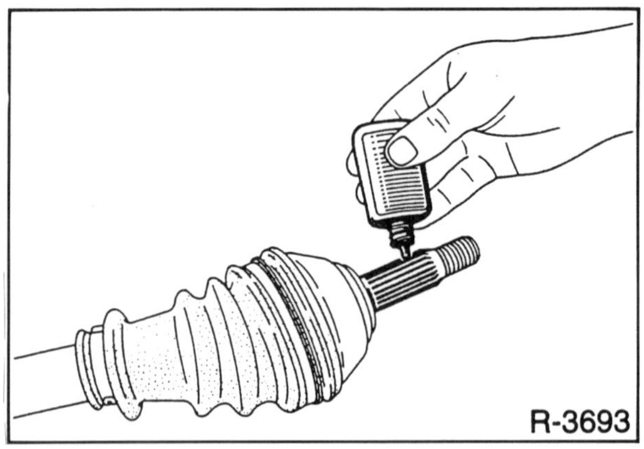

- Achszapfen der Gelenkwelle in die Verzahnung der Nabe einziehen. Vorher Verzahnung der Gelenkwelle mit Sicherungsmittel LOCTITE SCELBLOC bestreichen.

Achtung: Falls ein entsprechendes Einziehwerkzeug nicht zur Verfügung steht, Gelenkwelle in die Nabe einschieben und durch Aufschrauben der Achsmutter einziehen. Anschließend Achsmutter wieder abschrauben und mit Unterlegscheibe anschrauben, noch nicht festziehen.

- Stoßdämpfer am Achsschenkelbolzen mit **110 Nm** anschrauben.
- Spurstangenbolzen mit **neuer, selbstsichernder** Mutter und **35 Nm** anschrauben.

Linke Gelenkwelle:

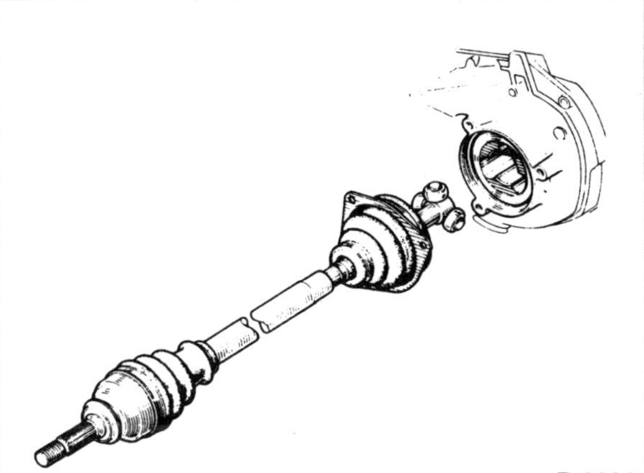

R-3664

- Auflagefläche der Manschette am Getriebe reinigen.
- Manschette mit Befestigungsplatte ansetzen, so waagerecht wie möglich ausrichten und mit **25 Nm** anschrauben.
- Getriebeöl auffüllen, siehe Kapitel »Wartung«.

- Bremssattel einbauen, siehe Seite 158.
- Falls neue Gelenkwellen eingebaut wurden, erst jetzt die Schutzhüllen der Gelenkmanschetten entfernen.
- Fahrzeug auf die Räder stellen, Gang einlegen, Handbremse anziehen und Achsmutter mit **250 Nm** festziehen.

Äußeren Faltenbalg für Gelenkwelle ersetzen

(Radseitiges Gelenk)

Soll ein Faltenbalg wegen Undichtigkeit ersetzt werden, empfiehlt es sich besonders bei Fahrzeugen mit hoher Laufleistung, auch den anderen Faltenbalg dieser Gelenkwelle zu ersetzen. Um den Faltenbalg zu erneuern, muß die Gelenkwelle zerlegt werden. **Achtung:** Es gibt 2 verschiedene Ausführungen des radseitigen Gelenks, nämlich als Sterngelenk und als Gelenk mit Kugellager.

Gelenkwelle ohne Kugellager

Ausbau

- Gelenkwelle ausbauen.

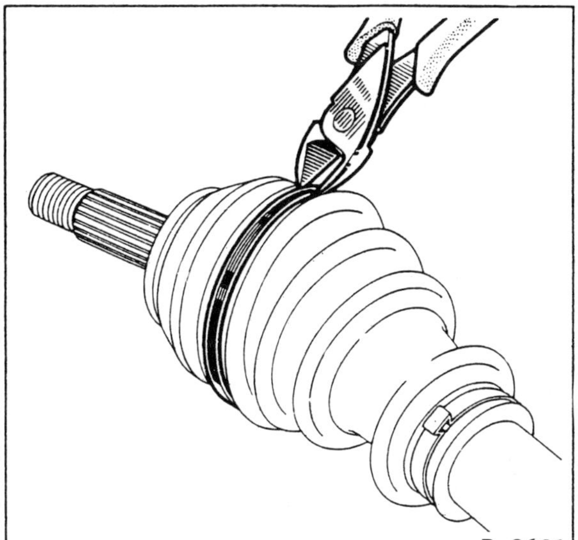

R-3621

- Spannbänder für Faltenbalg am äußeren Gleichlaufgelenk (Radseite) mit Seitenschneider durchkneifen. Dabei die Nuten an der Gelenkkapsel nicht beschädigen.
- Faltenbalg längs aufschneiden und abnehmen.
- Vorhandenes Fett entfernen. Falls Schmutz in das Gelenk eingedrungen ist, Gelenk auswaschen und mit neuem Fett schmieren. Das Fett liegt dem Reparatursatz bei.

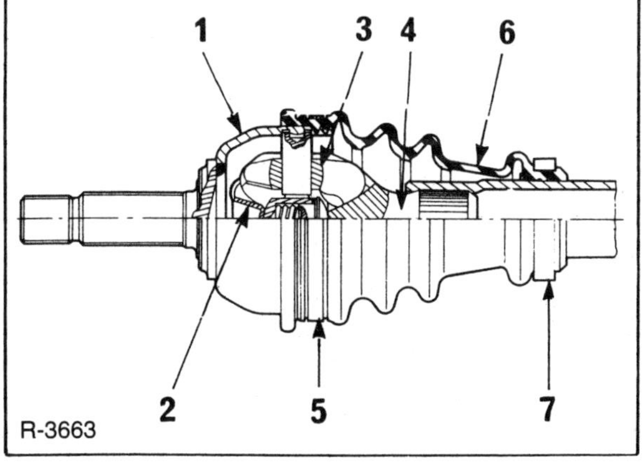

R-3663

Die Teile des äußeren Gleichlaufgelenks: 1–Gelenkkapsel, 2–Sternblech, 3–Gelenkstern, 4–Gelenkmuffe, 5–Befestigungsschelle, 6–Gummimanschette, 7–Gummiring.

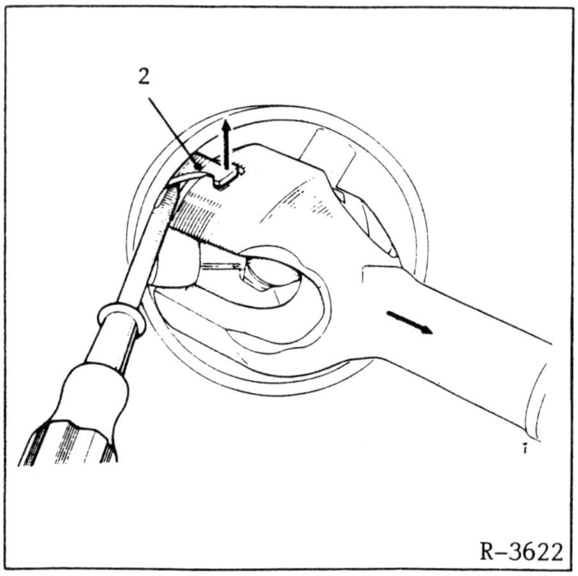

R-3622

- Lage des Sternblechs zur Achswelle mit Filzstift kennzeichnen, damit die Laschen an gleicher Stelle wieder eingebaut werden.
- 3 Laschen des Sternblechs –2– hochdrücken. **Achtung:** Dabei dürfen die Laschen nicht verdreht werden.
- Gelenkkapsel mit Achszapfen von der Gelenkwelle abziehen.

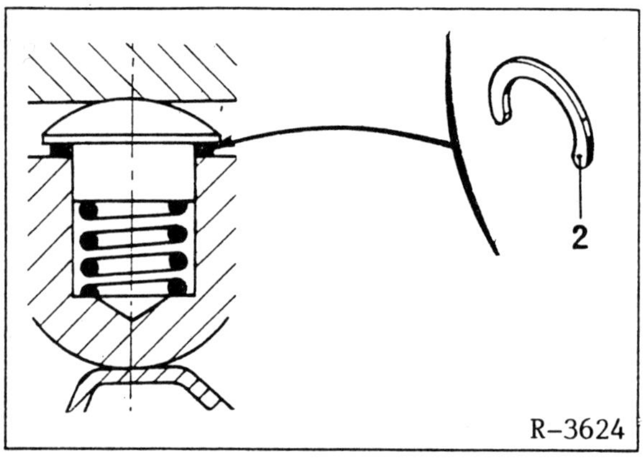

R-3624

- Feder, Druckpilz und Keil entgegennehmen. **Achtung:** Der Keil ist dem Axialspiel angepaßt. Beim Einbau ist er an gleicher Stelle wieder unterzulegen.

Einbau

- Alle Teile sorgfältig reinigen und entfetten.

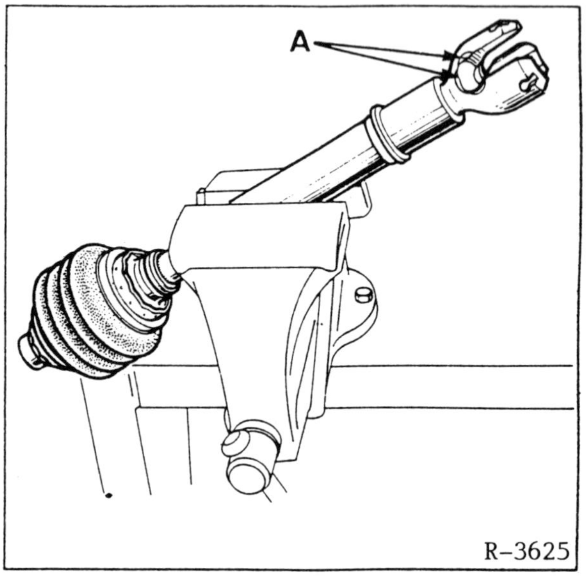

R-3625

- Gelenkwelle zwischen Schutzbacken in einen Schraubstock einspannen. Prüfen, ob Grate oder scharfe Kanten an der Gelenkmuffe –A– vorhanden sind, gegebenenfalls leicht mit Schleifpapier nacharbeiten.

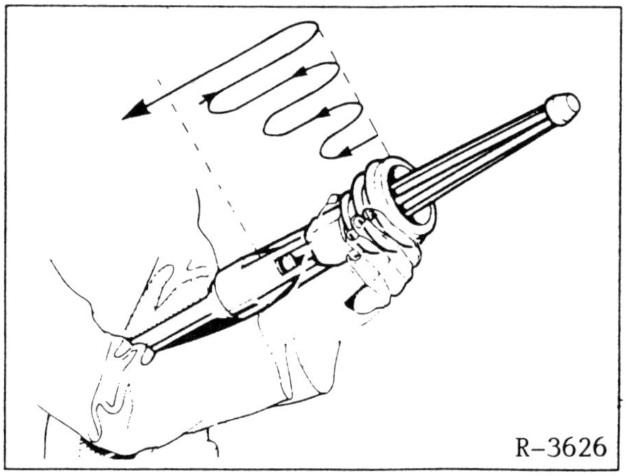
R-3626

- Die RENAULT-Werkstätten verwenden zum Aufziehen des Faltenbalges einen Spreizkonus, der auf die Gelenkwelle aufgesetzt wird und den Faltenbalg auf den erforderlichen Durchmesser dehnt. Gegebenenfalls Hilfswerkzeug anfertigen. **Achtung:** Alle verwendeten Aufziehwerkzeuge dürfen keine scharfkantigen Stellen haben, die die Manschette beschädigen können. Spreizkonus und Manschette innen mit sauberem Motoröl benetzen, damit die Manschette besser gleitet. Faltenbalg langsam dehnen, damit er nicht einreißt.

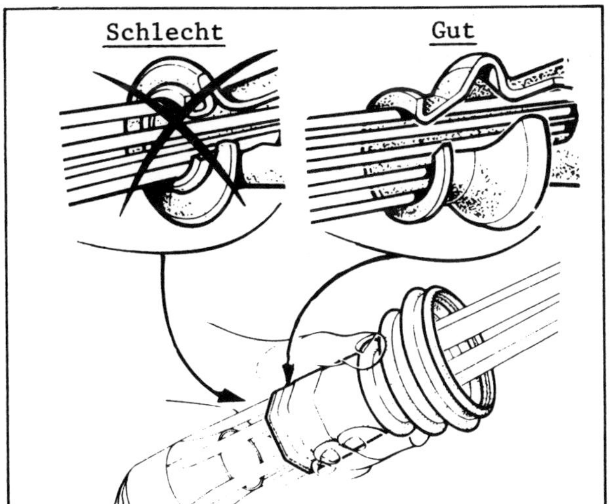

R-3677

Achtung: Manschette mit einem sauberen Lappen langsam über den Spanner (Spreizkonus) ziehen. Darauf achten, daß die Manschette gestreckt bleibt. Manschette in mehreren Durchgängen, ca. 5mal, etwas weiter aufziehen, damit die Manschette elastisch wird. Vor dem letzten Durchgang Gleitflächen nochmals ölen und Manschette in einem Zug über das Hilfswerkzeug auf die Welle schieben.

- Feder und Druckpilz in den Gelenkstern einsetzen, dabei die Rollen zum Mittelpunkt hin drücken.

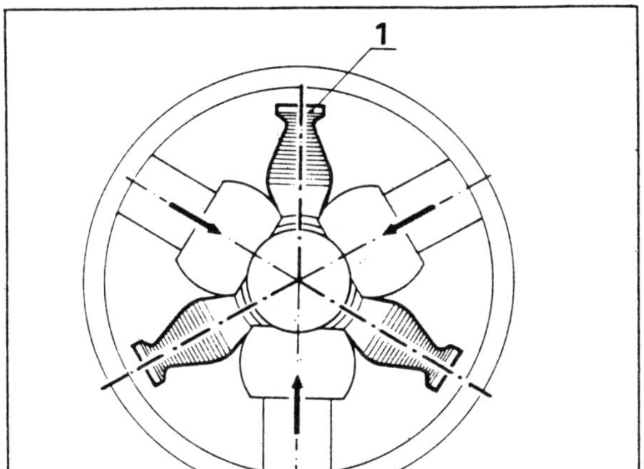

R-3627

- Laschen –1– des Sternblechs ausrichten, wie im Bild gezeigt.
- Gelenkmuffe nach der zuvor vorher angebrachten Markierung in die Gelenkkapsel einführen.

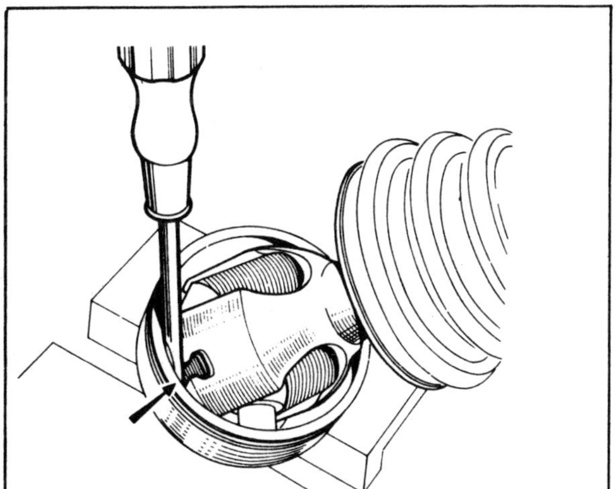
R-3665

- Welle so kippen, daß eine Lasche des Sternbleches in die zugehörige Aussparung einrastet. Anschließend die Welle zentrieren und die beiden übrigen Laschen in die Aussparungen drücken.

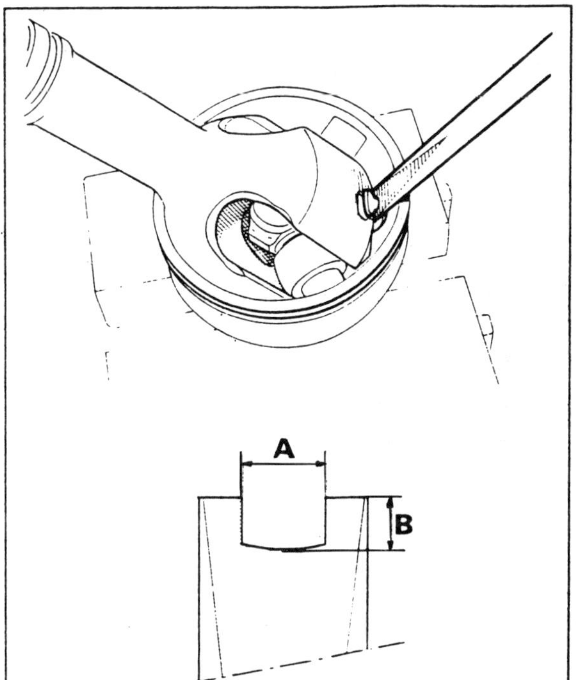

R-3628

- Zur Erleichterung bei der Montage der Laschen einen Schraubendreher verwenden, dessen Klinge gemäß der Abbildung abgeändert wurde. Maß A = 5 mm, B = 3 mm.

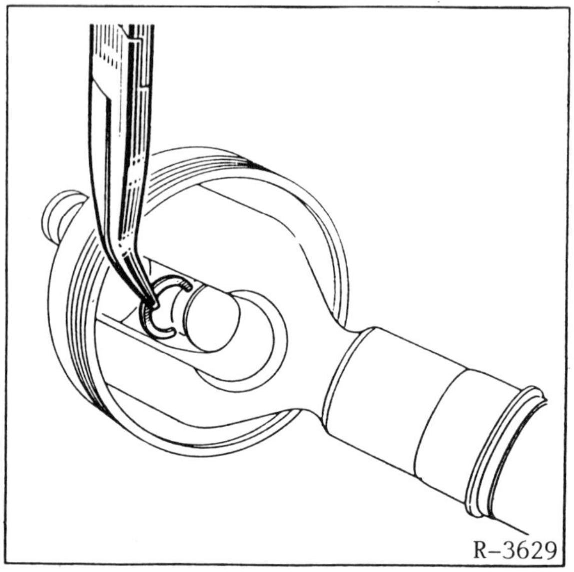

- Welle so neigen, daß eine Lasche des Sternbleches eingerastet ist. Dabei löst sich der Druckpilz durch die Federwirkung.
- In dieser Stellung den Keil seitlich unter den Druckpilz einsetzen. Der Keil darf nach dem Einsetzen nicht herausstehen.
- Gleichlaufgelenk mit der Hand auf Leichtgängigkeit überprüfen.
- Das gesamte mitgelieferte Fett aus dem Reparatursatz in Manschette und Gelenk verteilen.
- Dichtlippen des Faltenbalges in die dafür vorgesehenen Nuten einsetzen.

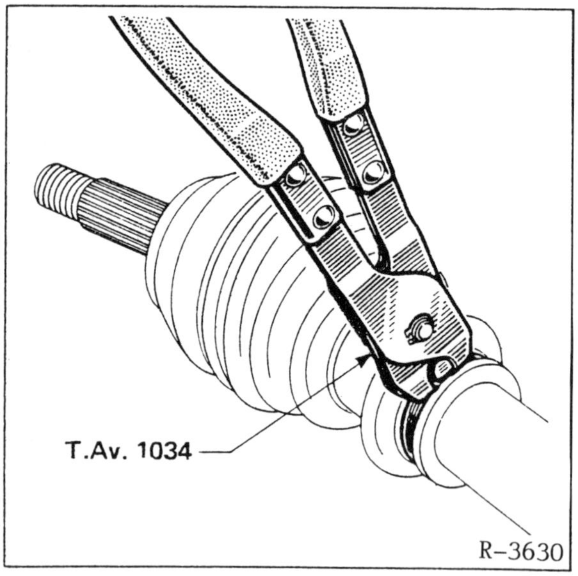

- Gelenkschutzhülle an der Welle mit Spannband befestigen, oder Schlauchschelle verwenden. Am kleinen Durchmesser Gummiring aufschieben.

Achtung: Die Gelenkschutzhülle wird beim Aufsetzen auf den Gelenkkörper häufig eingedrückt. Dadurch entsteht ein Unterdruck, der im Fahrbetrieb eine Falte nach innen zieht. Deshalb nach der Montage am kleinen Durchmesser der Schutzhülle kurz mit einem Schraubendreher anlüften und so für einen Druckausgleich sorgen.

- Gelenkwelle einbauen.

Gelenkwelle mit Kugellager

Ausbau

- Befestigungsschellen entfernen und Manschette auf der ganzen Länge aufschneiden. Manschette und vorhandenes Fett entfernen.

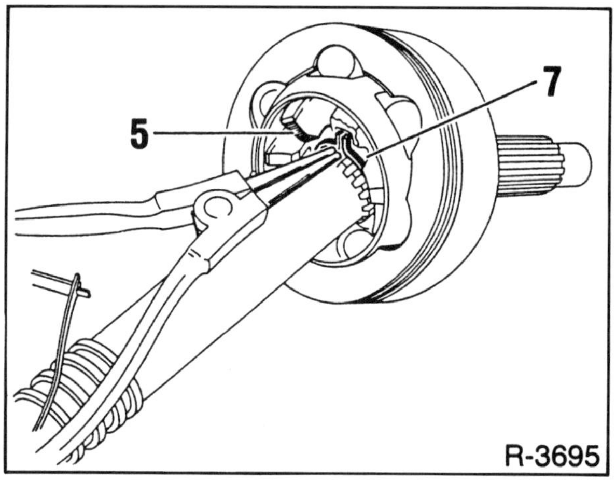

- Sicherungsring –7– mit handelsüblicher Zange für Sicherungsringe ausfedern, dabei gleichzeitig leichte Hammerschläge auf die Stirnfläche des Gehäuses ausüben. Gelenk von der Welle abnehmen.

Einbau

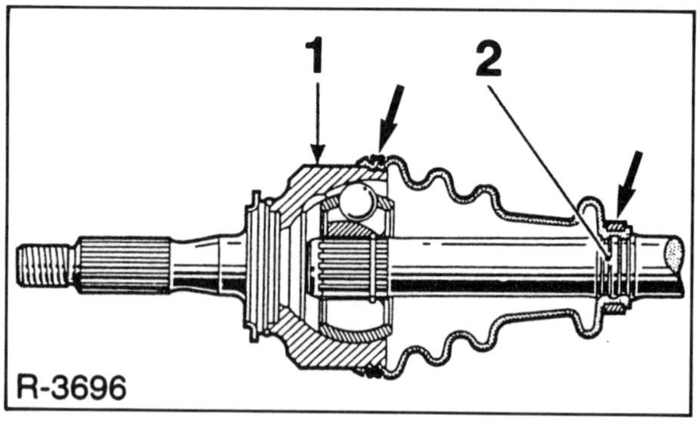

- Gummihaltering –rechter Pfeil–, dann neue Gelenkmanschette aufschieben.
- Gelenk mit eingesetztem Sicherungsring auf die Welle aufschieben, bis der Sicherungsring einrastet.

- Alles im Reparatursatz mitgelieferte Fett im Gelenk und der Manschette verteilen.
- Dichtlippen der Gelenkmanschette in die Nuten von Gelenkkapsel und Welle einsetzen. Manschette auf der Welle mit dem Gummihaltering, an der Gelenkkapsel mit dem Federring befestigen.

Inneren Faltenbalg für Gelenkwelle ersetzen

(Getriebeseitiges Gelenk)

Soll ein Faltenbalg wegen Undichtigkeit ersetzt werden, empfiehlt es sich besonders bei Fahrzeugen mit hoher Laufleistung, auch den anderen Faltenbalg dieser Gelenkwelle zu ersetzen. Es gibt 2 Ausführungen der getriebeseitigen Gelenkmanschette: mit oder ohne Kugellagerbefestigung am kleineren Durchmesser. Um den Faltenbalg zu erneuern, muß die Gelenkwelle zerlegt werden.

Gelenkwelle ohne Kugellager

Ausbau

- Gelenkwelle ausbauen.

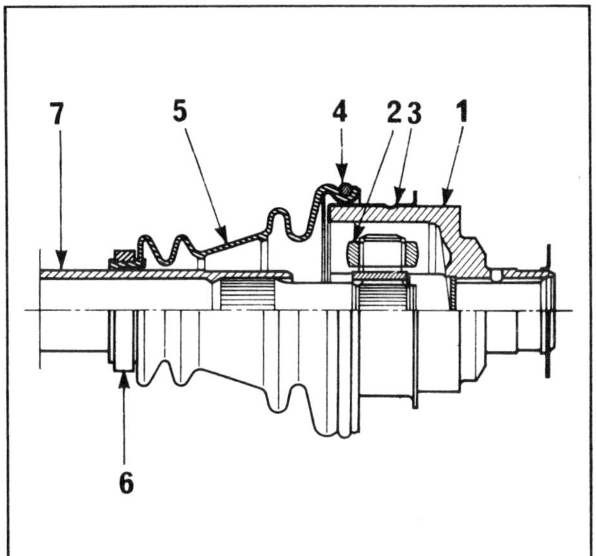

R-3666

Die Teile des inneren Gleichlaufgelenks: 1–Gelenkmuffe, 2–Gelenkstern, 3–Blechmanschette, 4–Ringfeder, 5–Gummimanschette, 6–Gummiring, 7–Gelenkwelle.

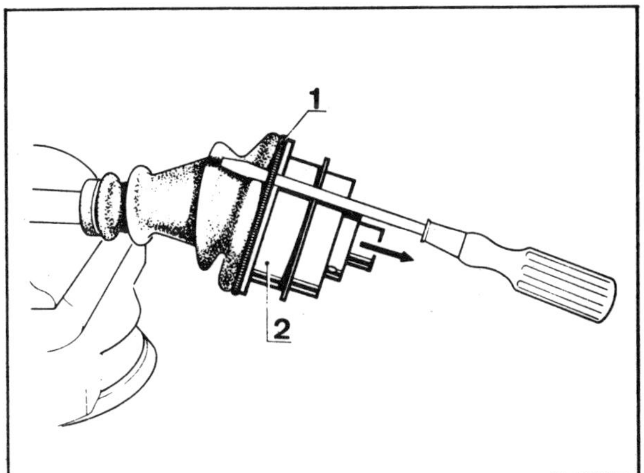

R-3667

- Ringfeder –1– der Manschette an der Gelenkmuffe –2– abhebeln. Es gibt auch Ausführungen, die anstelle der Ringfeder eine Stahlblechmanschette besitzen. Stahlblechmanschette mit Hammer und Durchschlag in Richtung Manschette heruntertreiben.
- Faltenbalg längs aufschneiden und abnehmen.
- Vorhandenes Fett entfernen, dabei kein Lösungsmittel verwenden.

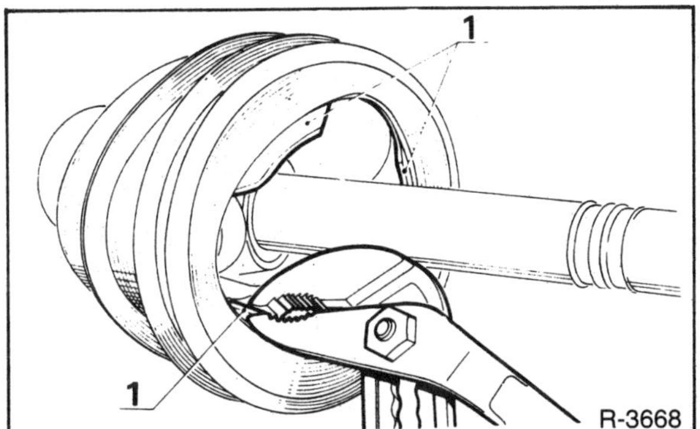

R-3668

- Zungen der Begrenzungsplatte –1– umbiegen. Bei Ausführung mit Stahlblechmanschette entfällt dieser Arbeitsgang.
- Anschließend das Gelenk auseinanderziehen.

Achtung: Dabei dürfen die Rollen nicht von ihren Lagerzapfen abrutschen. Rollen, Nadeln und Lagerzapfen sind aufeinander abgestimmt und dürfen nicht vertauscht werden. Rollen mit einem Klebeband auf dem Gelenkstern sichern.

Achtung: Zur Reinigung der Einzelteile kein fettlösendes Mittel verwenden.

- Sicherungsring abnehmen und Welle vom Gelenkstern abpressen.

Einbau

- Alle Teile sorgfältig reinigen.
- Gummiring mit Manschette auf die Gelenkwelle aufschieben. Zur Montageerleichterung Welle leicht fetten.
- Gelenkstern auf die Verzahnung der Welle aufpressen.
- Sicherungsring einsetzen.
- Das gesamte mitgelieferte Fett aus dem Reparatursatz in Manschette und Gelenk verteilen.

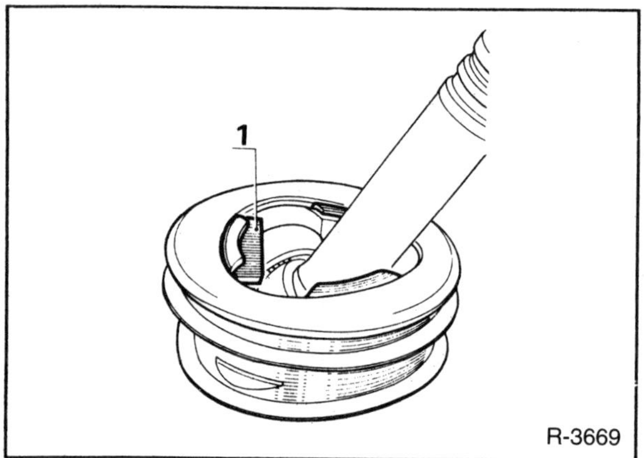

R-3669

- Falls ausgebaut, Unterlage –1– zwischen Begrenzungsplatte und Gelenkmuffe einsetzen. Unterlage entsprechend der folgenden Abbildung selbst anfertigen.

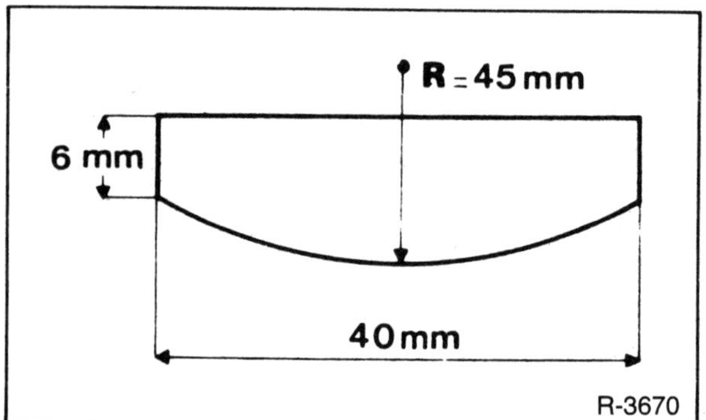

R-3670

- Unterlage mit einer Stärke von 2,5 mm nach den in der Abbildung angegebenen Maßen selbst anfertigen.
- Mit einem Bronzedorn die Begrenzungsplatte in ihre Ausgangsstellung zurückdrücken und die Unterlage –1– herausnehmen.
- Dichtlippen der Manschette in die dafür vorgesehenen Nuten an der Welle und an der Gelenkmuffe einsetzen.

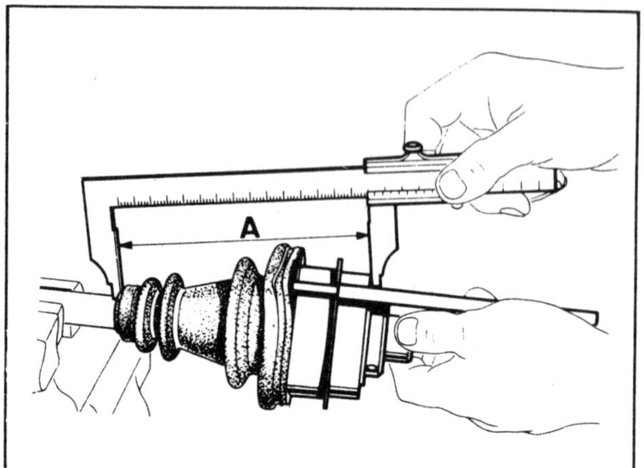

R-3671

- Abgerundeten Dorn zwischen Manschette und Gelenkmuffe einführen und dadurch die Manschette belüften.

Achtung: Die Gelenkschutzhülle wird beim Aufsetzen auf den Gelenkkörper häufig eingedrückt. Dadurch entsteht ein Unterdruck, der im Fahrbetrieb eine Falte nach innen zieht. Deshalb muß vor der Montage von Ringfeder und Gummiring die Manschette belüftet werden.

- Gelenk auseinanderziehen und zusammendrücken bis zwischen Manschette und Stirnfläche der Gelenkmuffe der Abstand A = 153,5 ± 1 mm beträgt.

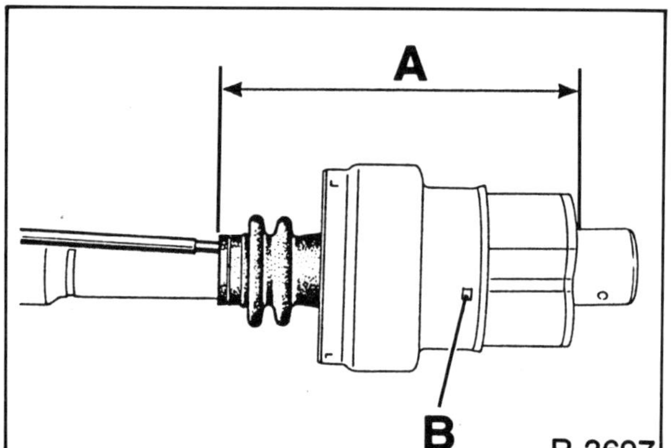

R-3697

- Bei Ausführung mit Stahlmanschette muß A = 156,5 ± 1 mm betragen.
- In dieser Stellung Dorn aus der Manschette herausziehen.
- Gummiring und Ringfeder beziehungsweise Stahlblechmanschette aufschieben. **Achtung:** Die Ringfeder darf hierbei nicht verlängert werden. Bei richtigem Sitz müssen sich die Windungen der Feder noch berühren. Bei Ausführung mit Stahlblechmanschette Stellen –B– anschließend zur Sicherung mit Durchschlag einschlagen, siehe Abbildung.

Gelenkwelle mit Kugellager

Ausbau

Der Ausbau erfolgt auf dieselbe Weise wie bei der Welle ohne Kugellager.

- Gelenkwelle mit einer Presse aus dem Kugellager herausdrücken.

Einbau

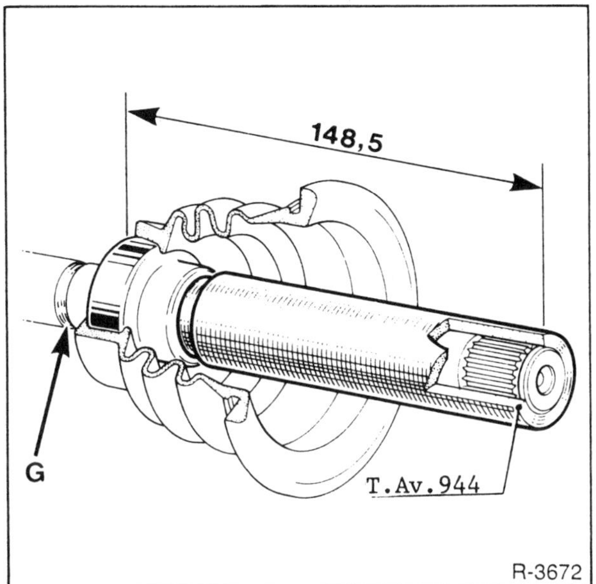

R-3672

- Neue Manschette mit Kugellager auf die Welle aufpressen. Dabei muß das Abstandsmaß von 148,5 mm zwischen hinterer Lagerkante und Wellenende eingehalten werden. In der Fachwerkstatt wird die Einhaltung des Maßes durch den Montagedorn RENAULT-T.Av.944 erleichtert.

Achtung: Kugellager auf keinen Fall mit einem Hammer auftreiben, da hierdurch Verformungen des Kugellagers auftreten können, die zu Undichtigkeiten und schnellem Verschleiß führen. Deshalb Kugellager nur langsam mit einer Presse aufdrücken.

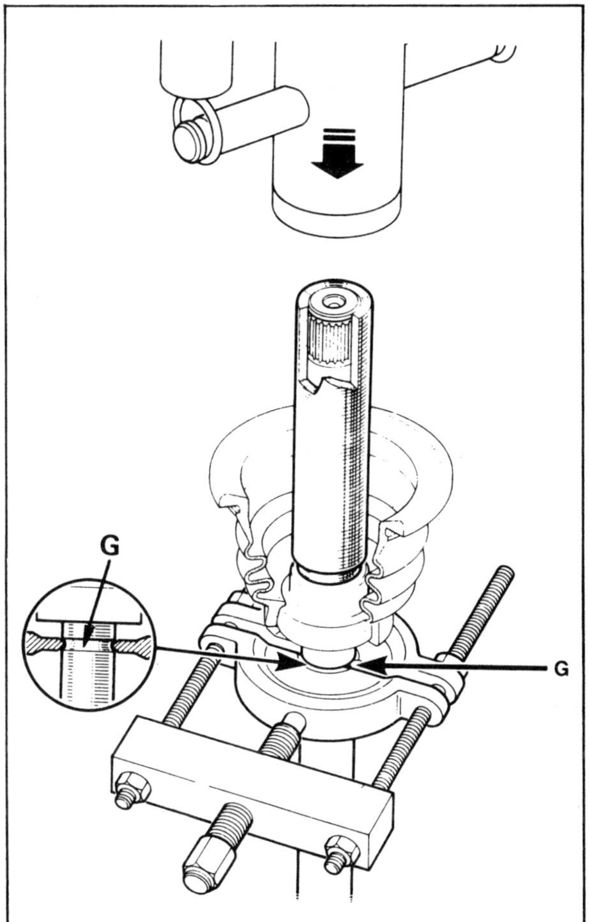

R-3678

- Um Beschädigungen des radseitigen Gelenks beim Aufpressen zu vermeiden das Haltewerkzeug, zum Beispiel FACOM U53G, in die Nut –G– der Gelenkwelle einsetzen.
- Der weitere Einbau erfolgt wie bei der Manschette ohne Kugellager.

Die Hinterachse

Je nach Motorisierung ist der R 19 mit zwei unterschiedlichen Hinterachsen ausgestattet: Fahrzeuge mit Motoren unter 90 PS besitzen eine Längslenker-Hinterachse mit Einzelradaufhängung (obere Abbildung). Die Längslenker stützen sich über wartungsfreie Gummilager an den mittleren Längsholmen ab.

Zur Abfederung dienen 2 im Achsrohr eingebaute Drehstäbe und 2 separat angeordnete hydraulisch wirkende Stoßdämpfer. Ein Stabilisator zwischen den Längslenkern vermindert die Neigung des Aufbaus in Kurven.

Die Modelle ab 90 PS besitzen eine Vierstab-Verbundlenkerachse (Abbildung unten). Die Längslenker werden durch einen V-förmigen Querträger verbunden, der zusätzlich als Stabilisator wirkt. Die Abfederung übernehmen vier in der Mitte verbundene Drehstäbe. Diese Achse hat den Vorteil von größerer Quersteifigkeit und verbessertem Federungs- und Fahrkomfort.

Die nicht einstellbaren Radlager sind direkt in die Bremstrommel eingepreßt, bei Fahrzeugen mit hinterer Scheibenbremse sitzen sie in einer Nabe. Sie besitzen eine Fettdauerfüllung und sind daher wartungsfrei.

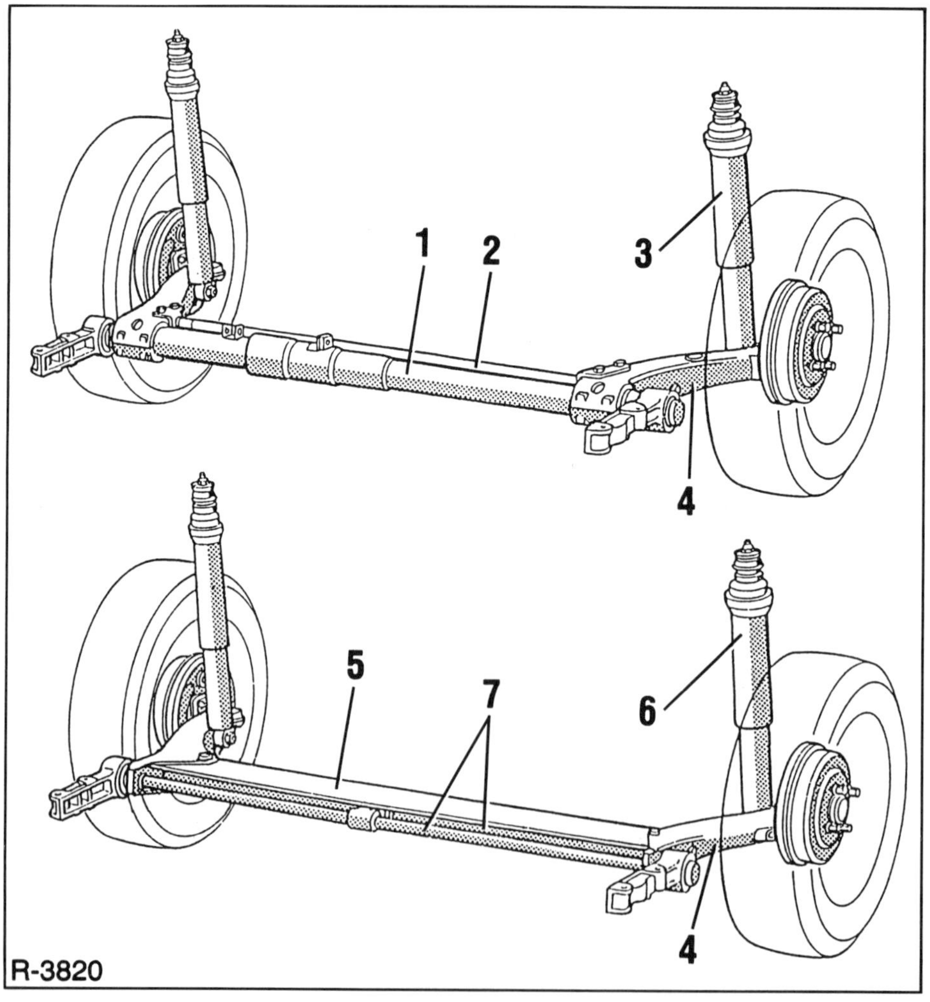

1 – **Torsionsrohr**
Mit 2 integrierten Drehstäben.
2 – **Stabilisator**
3 – **Hydraulische Stoßdämpfer**
4 – **Längslenker**
5 – **V-förmiger Querträger**
6 – **Gasdruck-Stoßdämpfer**
7 – **Geteilte Drehstäbe**

Stoßdämpfer aus- und einbauen

Achtung: Das Fahrzeug muß beim Aus- und Einbau auf den Rädern stehen.

Ausbau

- Abdeckkappe oben von der Stoßdämpferbefestigung im Laderaum abnehmen.

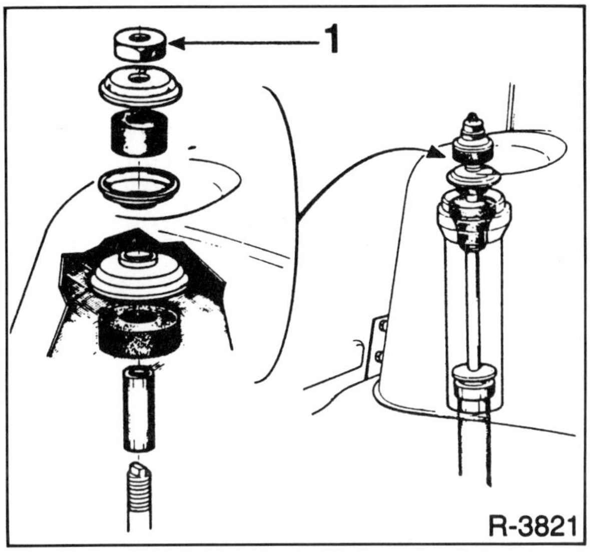

- Vom Innenraum her obere Befestigungsschraube –1– für Stoßdämpfer herausdrehen. Dabei steht das Fahrzeug auf dem Boden.
- Befestigungsteile oben abnehmen und in richtiger Reihenfolge ablegen, damit sie wieder korrekt eingebaut werden.

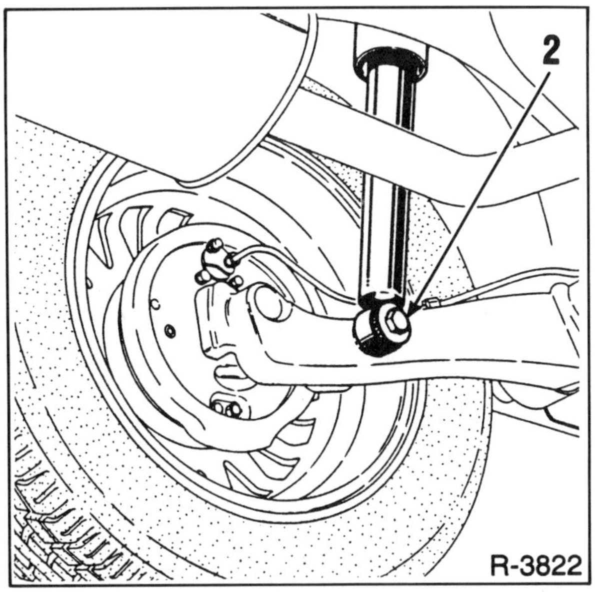

- Untere Befestigungsschraube –2– herausschrauben.
- Stoßdämpfer herausnehmen.

Einbau

- Stoßdämpfer prüfen, siehe Seite 128.

Achtung: Neuen Stoßdämpfer vor dem Einbau in senkrechter Stellung mehrmals betätigen. Dadurch erlangt er volle Funktionsfähigkeit.

- Unteren Befestigungsbolzen mit MoS_2-Fett, zum Beispiel Molykote BR2, einreiben.
- Stoßdämpfer wie vor dem Ausbau einsetzen und mit **neuen**, selbstsichernden Muttern anschrauben. Das Fahrzeug muß auf den Rädern stehen.
- Obere Befestigungsschraube mit **20 Nm** anschrauben.
- Untere Schraube mit **60 Nm** festziehen.
- Gummiabdeckung wieder oben aufdrücken.

Radlager aus- und einbauen

Ausbau

- Bremstrommel/Radnabe ausbauen, siehe nächstes Kapitel.

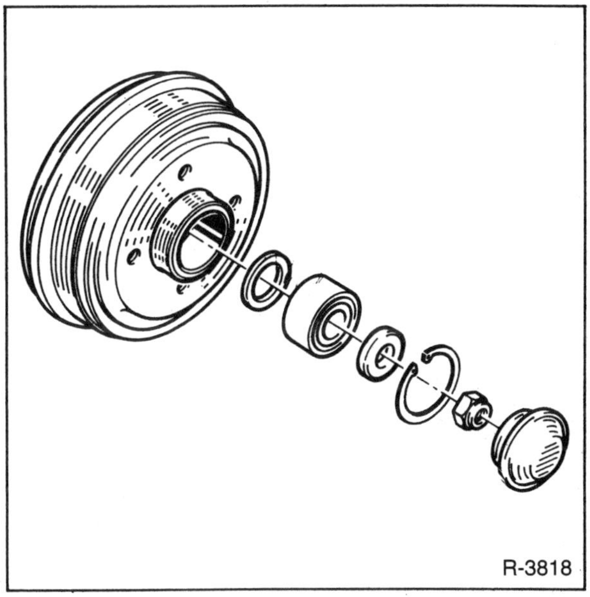

- Sicherungsring für Radlager aus der Bremstrommel ausfedern.

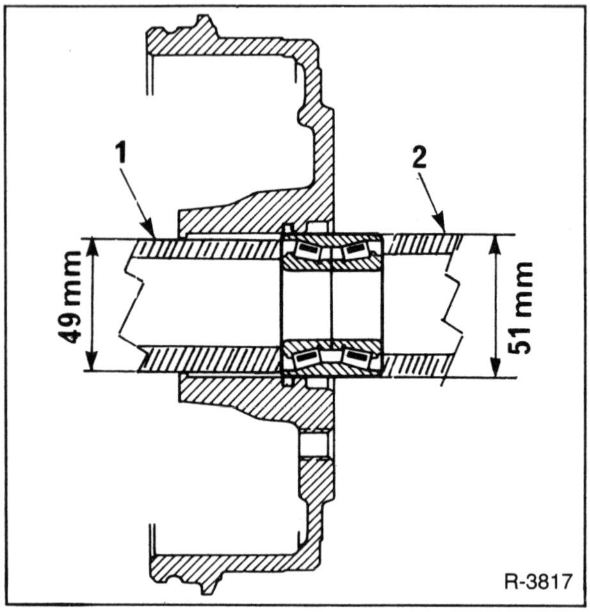

- Radlager mit einem kurzen Rohr –1– aus der Bremstrommel heraustreiben.
- Radnabe mit sauberem Lappen und Spiritus reinigen.

Einbau

- Radlager mit einer Presse und einem kurzen Rohr –2– in die Trommel eindrücken, bis es an der Nabenschulter anliegt.
- **Neuen** Sicherungsring einsetzen.
- Bremstrommel einbauen.
- Handbremse einstellen, siehe Seite 165.

Bremstrommel/Radnabe aus- und einbauen

Ausbau

- Radschrauben lösen.
- Fahrzeug hinten aufbocken, siehe Seite 110.
- Hinterrad abnehmen.
- Handbremshebel lösen.

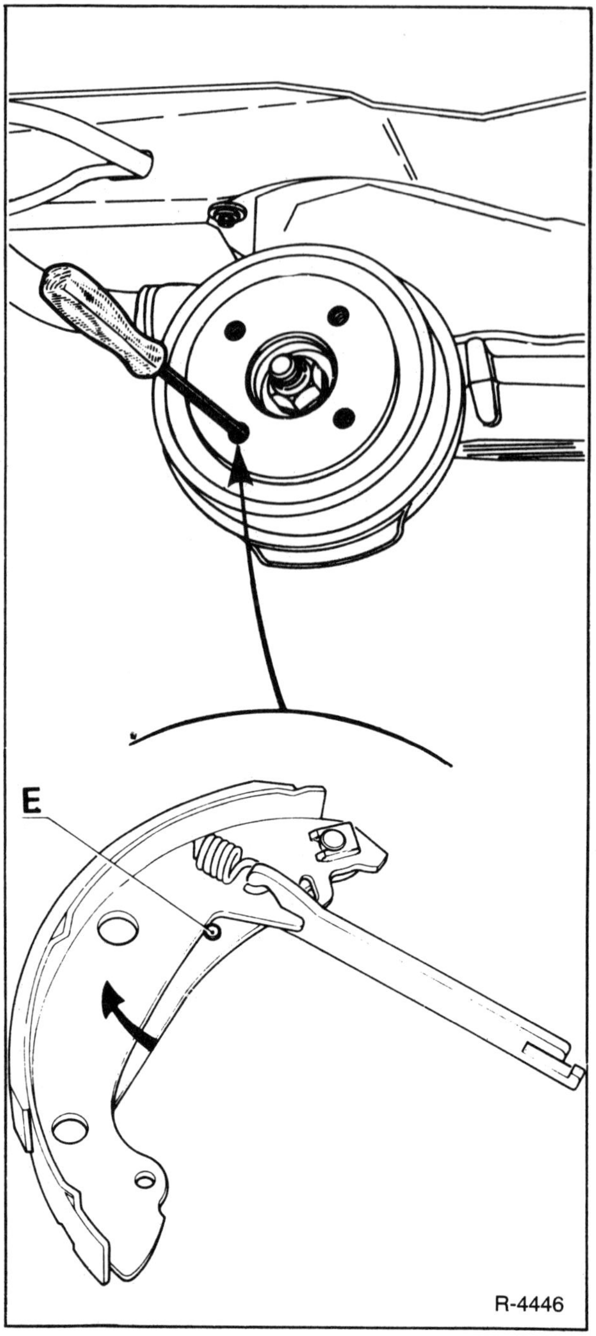

- Bremsbacken der Trommelbremse zurückstellen. Dazu mit einem Schraubendreher durch eine Gewindebohrung für die Radschrauben den Hebel der Handbremse zur Mitte drücken. Dadurch wird der Stift –E– frei und der Handbremshebel kann jetzt nach hinten gedrückt werden.
- Hebel nach außen drücken und dadurch Bremsbacken entspannen.

Fahrzeuge mit hinterer Scheibenbremse:

- Bremsbeläge hinten ausbauen, siehe Seite 160.
- Bremssattel abschrauben und mit Draht am Aufbau aufhängen, siehe Seite 158.

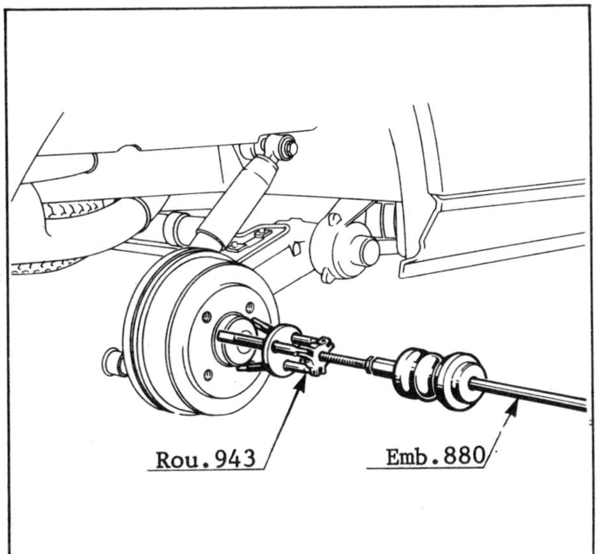

R-4447

- Nabenkappe mit geeignetem Schlag-Abzieher abziehen. Steht das Spezialwerkzeug nicht zur Verfügung, Nabenkappe vorsichtig mit einem Gummi- oder Kunststoffhammer abschlagen.
- Achsmutter abschrauben und mit Scheibe abnehmen.
- Bremstrommel abnehmen. Falls erforderlich Trommel mit einem handelsüblichen Abzieher abziehen. Hierzu Abzieher mit den Radschrauben anschrauben.

Einbau

- Bremstrommel sorgfältig reinigen. Auf Verschleiß, Beschädigungen, Maßhaltigkeit und einwandfreie Bremsfläche prüfen.
- Radnabe am Achszapfen aufstecken, falls erforderlich, mit Gummihammer aufschlagen. **Achtung:** Vorher etwas Mehrzweckfett auftragen, damit es sich nicht festfrißt.
- Anlaufscheibe aufschieben.
- **Neue** selbstsichernde Achsmutter anschrauben und mit **160 Nm** festziehen. Dabei Bremstrommel drehen, damit sich das Lager nicht verklemmt.
- Nabenkappe mit etwas Radlagerfett füllen und auf die Nabe mit einem Gummihammer aufschlagen. **Achtung:** Beschädigte Nabenkappe unbedingt ersetzen. Wenn die Kappe nicht richtig abdichtet, kann Wasser eindringen und das Radlager zerstören.
- Hinterrad montieren.
- Fahrzeug ablassen und Radschrauben über Kreuz mit **80 Nm** festziehen.
- Bremspedal mehrere Male betätigen, damit die Bremsbacken durch die Nachstellvorrichtung in die richtige Position gebracht werden.
- Handbremse einstellen, siehe Seite 165.

Die Lenkung

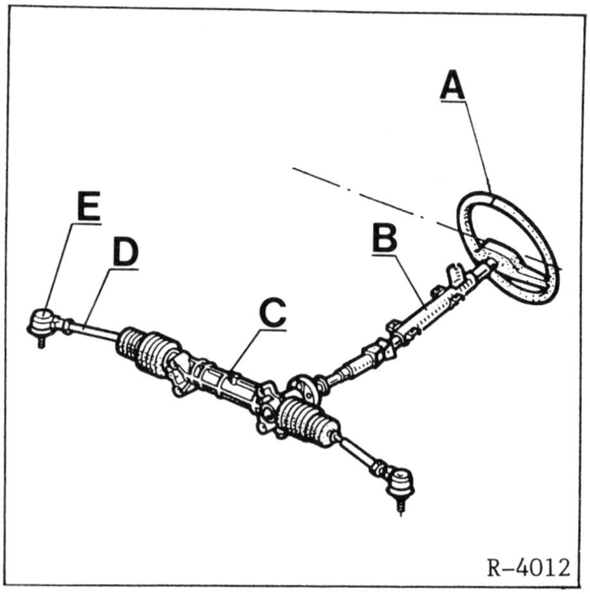

Die Lenkung besteht im wesentlichen aus dem Lenkrad –A–, der Lenksäule –B–, dem Zahnstangen-Lenkgetriebe –C–, den Spurstangen –D– und den Spurstangengelenken –E–. Das Lenkrad ist auf der Lenksäule aufgeschraubt. Über die Lenkspindel werden die Lenkbewegungen auf das Lenkgetriebe übertragen. Im Lenkgetriebe wird eine Zahnstange entsprechend dem Lenkradeinschlag nach links oder rechts bewegt. Spurstangen, die am Mitnehmer der Zahnstange befestigt sind, übertragen die Lenkkräfte über die Spurstangengelenke und Achsschenkelträger auf die Räder.

Die Zahnstangenlenkung ist leichtgängig und spielfrei von Anschlag zu Anschlag. Sie ist wartungsfrei, allerdings müssen die Abdicht-Manschetten auf einwandfreien Zustand geprüft werden.

Je nach Modell oder Ausstattung wird die Bedienung der Lenkung durch eine hydraulische Lenkhilfe erleichtert. Die hydraulische Lenkhilfe (Servolenkung) sorgt dafür, daß der Kraftaufwand beim Einschlagen der Lenkung möglichst gering gehalten wird. Die Lenkhilfe besteht aus der Ölpumpe, dem Vorratsbehälter und den Öldruckleitungen. Angetrieben wird die Ölpumpe über einen Keilriemen. Die Pumpe saugt das Hydrauliköl aus dem Vorratsbehälter an und fördert es mit hohem Druck zum Ventilkörper. Der Ventilkörper sitzt im Lenkgetriebe. Er ist mit der Lenksäule mechanisch verbunden und leitet das Öl je nach Lenkeinschlag in die entsprechende Seite des Arbeitszylinders. Dort drückt das Öl gegen den Zahnstangenkolben und unterstützt dadurch die Lenkbewegung. Gleichzeitig preßt der Kolben das Öl auf der anderen Seite des Arbeitszylinders durch die Rücklaufleitung zurück zum Nachfüllbehälter.

Achtung: Selbstsichernde Muttern immer ersetzen. Schweiß- und Richtarbeiten an Lenkungsteilen sind nicht zulässig.

Als Zusatzausstattung ist der **Airbag** erhältlich. Der zusammengefaltete Luftsack befindet sich im Lenkrad. Im Fall einer Frontalkollision wird über ein Steuergerät eine kleine Sprengladung in der Airbag-Einheit gezündet, die Abgase der Explosion blasen den Luftsack innerhalb weniger Millisekunden auf. Diese Zeit reicht aus, den Aufprall des nach vorn schnellenden Fahrers zu dämpfen. Der Airbag fällt dann innerhalb weniger Sekunden in sich zusammen, da die Gase durch Austrittsöffnungen entweichen. Arbeiten am Airbag-System sollten aus Sicherheitsgründen von einer RENAULT-Werkstatt durchgeführt werden.

Lenkrad aus- und einbauen

Ausbau

Achtung: Die Anweisungen gelten nur für Lenkräder **ohne** Airbag-Einrichtung. Der Ausbau der Airbag-Einrichtung sollte aus Sicherheitsgründen von einer Fachwerkstatt durchgeführt werden.

- Lenkrad in Mittelstellung bringen.
- Zierblende mit den Fingern von der Lenkradmitte abziehen.
- Befestigungsmutter abschrauben.
- Stellung des Lenkrades zur Lenkspindel mit Farbe oder Reißnadel kennzeichnen. Dazu einen Strich über beide Teile ziehen.
- Lenkrad von der Lenkspindel abziehen, gegebenfalls Lenkrad mit dem Handballen abschlagen.

Einbau

- Prüfen, ob sich die Vorderräder in Geradeausstellung befinden.
- Lenkrad entsprechend der angebrachten Markierungen aufsetzen. Falls ein neues Lenkrad eingebaut wird, Lenkrad in Mittelstellung aufsetzen. Lenkrad mit annähernd waagerechter Speiche so aufsetzen, daß die Stahlspeiche unterhalb der Lenkspindel verläuft.
- **Neue** Befestigungsmutter mit **40 Nm** anschrauben.
- Probefahrt durchführen und bei Geradeausfahrt Stellung des Lenkrades überprüfen. Die Speichen des Lenkrades müssen gleichmäßig nach rechts und links unten zeigen beziehungsweise waagerecht stehen.
- Falls das Lenkrad schräg steht, Lenkrad ausbauen und entsprechend versetzen. Gegebenenfalls Spur der Vorderräder überprüfen, siehe Seite 149.
- Wenn sich das Lenkrad in der richtigen Position befindet, Anzugsdrehmoment für Befestigungsmutter mit Drehmomentschlüssel prüfen. Anschließend Mutter mit einem Körnerschlag sichern.
- Zierblende aufdrücken.

Hinweis: Ein verschmutztes oder klebrig wirkendes Lenkrad kann mit neutralem Haushaltsreiniger und lauwarmem Wasser gereinigt werden, keine Scheuermittel verwenden.

Spurstange/Spurstangengelenk aus- und einbauen

Ausbau

- Radschrauben lösen.
- Fahrzeug vorn aufbocken, Rad abnehmen.

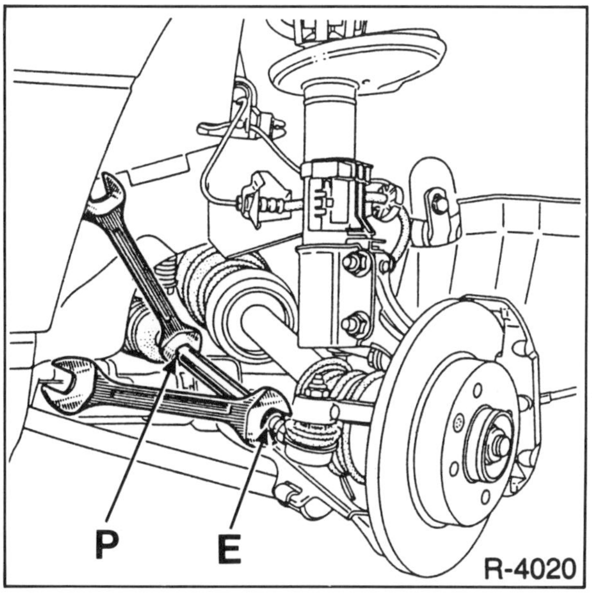

- Kontermutter –E– lösen, dabei am Sechskant –P– der Spurstange mit einem Gabelschlüssel gegenhalten.
- Befestigungsmutter am Spurstangengelenk abschrauben.

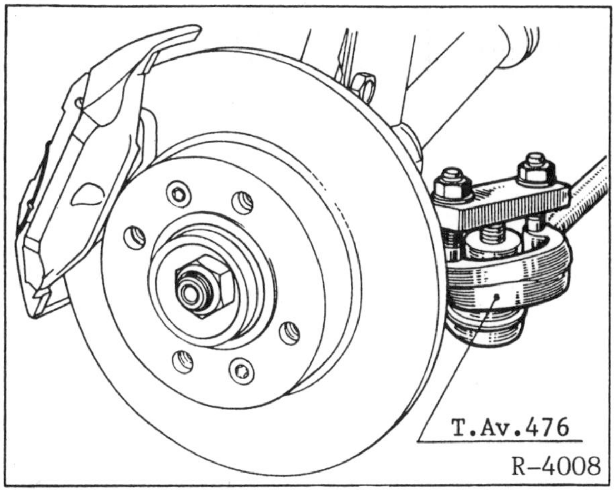

- Spurstangengelenk mit RENAULT-Werkzeug T.Av.476 oder passendem, handelsüblichen Abzieher abdrücken.
- Spurstangengelenk von der Spurstange abschrauben. **Achtung:** Dabei Umdrehungen zählen und notieren. Das ist erforderlich für die Voreinstellung der Vorderradspur beim Einbau der Spurstange.
- Zahnstangen-Manschette abziehen. Vorher Drahtklammern mit Zange entspannen und von der Manschette abheben.

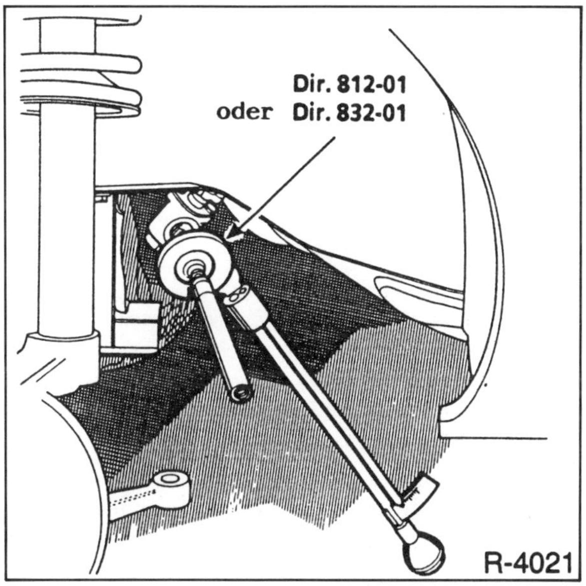

- Axialkugelgelenk mit RENAULT-Werkzeug Dir.812-01 oder Dir.832-01 vom Radlauf her lösen. Dabei die Anschlagscheibe –2–, in Abbildung R-4010, mit einem Schlüssel gegenhalten, damit sich die Zahnstange nicht mitdreht.

Prüfen

- Spurstangengelenk am Zapfen hin- und herbewegen. Bei zu großer Leichtgängigkeit oder wenn Spiel vorhanden ist, Spurstangenkopf erneuern.
- Staubmanschette auf Beschädigung und Undichtheit (Austritt der Fettfüllung) prüfen. Wenn die Manschette beschädigt ist, Spurstangenkopf erneuern.
- Zahnstangen-Manschette auf Porosität, Risse oder Schnitte prüfen, gegebenenfalls ersetzen.

Einbau

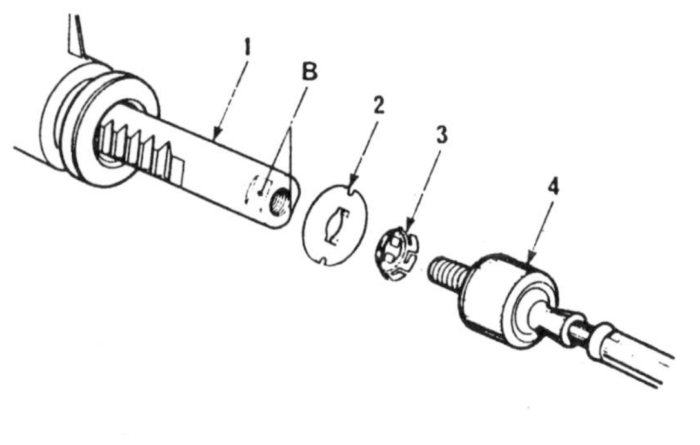

R–4010

- Neue Anschlagscheibe –2– so auf die Zahnstange –1– aufschieben, daß die Nuten –2– mit den Abflachungen –B– übereinstimmen.
- **Neue** Sicherungsscheibe –3– einsetzen.
- Axialkugelgelenk –4– mit dem RENAULT-Spezialwerkzeug in die Zahnstange einschrauben und mit **50 Nm** festziehen.
- Drahthaltering für Gummimanschette aufschieben.
- Zahnstangen-Manschette aufziehen und mit Haltering sichern.
- Spurstangengelenk mit der beim Ausbau notierten Umdrehungsanzahl einschrauben und mit Kontermutter sichern. Anzugsdrehmoment für Kontermutter: 40 Nm.
- Spurstangengelenk am Achsschenkelträger eindrücken und mit **neuer, selbstsichernder Mutter** und **35 Nm** anschrauben.
- Rad anschrauben.
- Fahrzeug ablassen.
- Radschrauben über Kreuz mit **80 Nm** anziehen.
- Vorderradspur und Spurverteilung prüfen, gegebenenfalls einstellen lassen.

Die Fahrzeugvermessung

Optimale Fahreigenschaften und geringster Reifenverschleiß sind nur dann zu erzielen, wenn die Stellung der Räder einwandfrei ist. Bei unnormaler Reifenabnutzung sowie mangelhafter Straßenlage – bei schlechter Richtungsstabilität in Geradeausfahrt sowie schlechten Lenkeigenschaften in Kurvenfahrt – sollte die Werkstatt aufgesucht werden, um den Wagen optisch vermessen zu lassen.
Die Fahrzeugvermessung kann ohne eine entsprechende Meßanlage nicht durchgeführt werden. Ich beschränke mich deshalb hier auf die Beschreibung der für die Vermessung erforderlichen Grundbegriffe mit Einstellwerten.

Spur/Sturz/Spreizung/Nachlauf

Als **Spur** bezeichnet man den seitlichen Abstand der Räder voneinander. In der Regel müssen nicht angetriebene Vorderräder Vorspur haben, weil sie – veranlaßt durch Sturz und Rollwiderstand – in Geradeausfahrt etwas nach außen laufen, da Spiel in den Radlagern, Radaufhängungen und Spurstangengelenken vorhanden ist. Die Vorspur kompensiert das Bestreben der Vorderräder, nach außen zu laufen. Für die Vorspur werden die Räder so eingestellt, daß sie – in Höhe des Radmittelpunktes gemessen – vorn etwas enger zusammenstehen als hinten.
Nachspur bedeutet, daß die Vorderräder, gemessen in Höhe des Radmittelpunktes, vorn etwas weiter auseinanderstehen als hinten. Beim RENAULT 19 werden die Vorderräder auf Nachspur eingestellt, da die angetriebenen Vorderräder das Bestreben haben, nach innen zu laufen.
Sturz und Spreizung vermindern die Übertragung von Fahrbahnstößen auf die Lenkung und halten bei Kurvenfahrt die Reibung möglichst gering.

Sturz ist der Winkel, um den die Radebene von der Senkrechten abweicht. Die Vorderräder stehen also schräg, bei positivem Sturz beispielsweise im Radaufstandspunkt mehr zusammen als oben.

Spreizung ist der Winkel zwischen der Schwenkachse des Achsschenkels und der Senkrechten im Reifenaufstandspunkt, in Längsrichtung des Wagens gesehen.

Durch den Sturz- und Spreizwinkel werden die Berührungspunkte der Räder auf der Fahrbahn näher an die Schwenkachse des Achsschenkels herangebracht. Damit wird der sogenannte Lenkrollhalbmesser klein gehalten. Je kleiner der Lenkrollhalbmesser ist, desto leichtgängiger ist die Lenkung. Auch die Fahrbahnstöße wirken sich wesentlich schwächer auf das Lenkgestänge aus.

Nachlauf ist der Winkel zwischen der Schwenkachse des Achsschenkels und der Senkrechten im Reifenaufstandspunkt in Querrichtung des Fahrzeuges gesehen. Der Nachlauf beeinflußt maßgeblich die Geradeausführung der Vorderräder. Zu geringer Nachlauf begünstigt ein Abweichen aus der Fahrtrichtung auf schlechten Straßen oder bei Seitenwind und läßt zudem nach der Kurvenfahrt die Lenkung nicht weit genug zur Mittelstellung zurücklaufen. Andererseits erhöht ein großer Nachlauf die Lenkkräfte. Der R 19 mit Servolenkung hat aus diesen Gründen einen größeren Nachlauf als Modelle ohne Lenkhilfe. Der Nachlauf wird durch unterschiedliche Befestigung des oberen Federbeinlagers festgelegt, siehe Kapitel »Federbeinausbau«.

Nachlauf und Sturz sowie Spreizung können beim R 19 nur kontrolliert, nicht eingestellt werden. Liegt ein gemessener Wert außerhalb der Toleranz, sind Teile der Radaufhängung beschädigt oder verschlissen.

Das Einstellen

Zur Fahrzeugvermessung wird eine Meßgrube oder eine Meß-Hebebühne benötigt. Bei jeder Vermessung müssen folgende Voraussetzungen erfüllt sein:

- Vorschriftsmäßiger Reifenfülldruck
- Fahrzeug vollgetankt, sonst unbeladen und ohne Fahrer
- Fahrzeug vorher kräftig durchgefedert
- Lenkrad in Mittelstellung
- Kein unzulässiges Spiel im Lenkgestänge
- Kein unzulässiges Spiel in der Radaufhängung
- Höhen- oder Seitenschlag der Felgen darf nicht mehr als 1,2 mm betragen (Felgenschlag am Meßgerät ausgleichen)

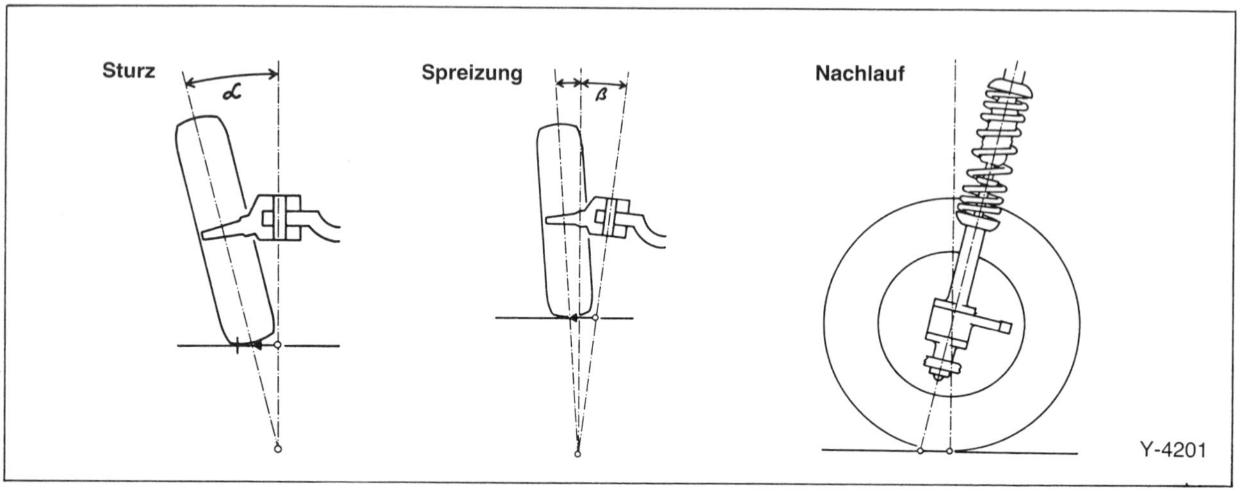

Bodenhöhe des Fahrzeugs kontrollieren

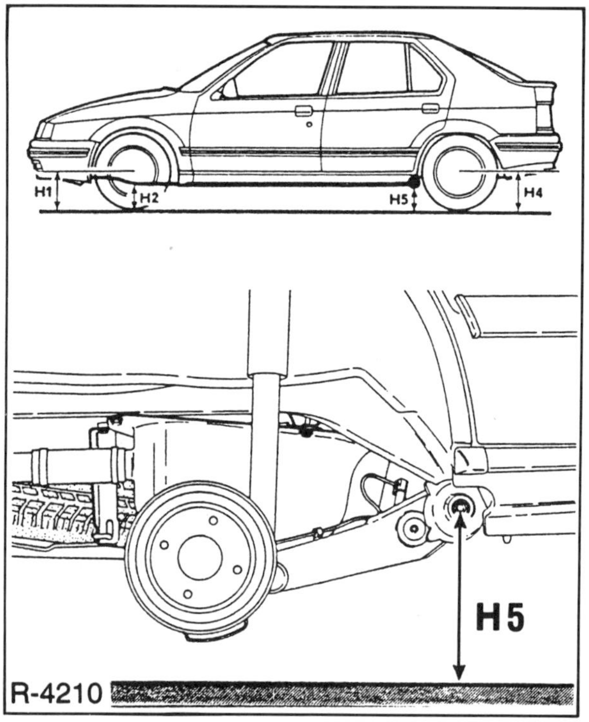

H1 und H4 = Entfernung Radmittelpunkt zum Boden; H2 = zwischen Längsträger (in Höhe der Vorderachse) und Boden; H5 = zwischen Mittelpunkt des Achsrohrs und Boden.

- Einstellbedingungen beachten. Sollwerte Fahrzeuge bis 44 kW/60 PS:
  H1 – H2 = 87 ± 7,5 mm
  H4 – H5 = 10 ± 7,5 mm
  Sollwerte für Fahrzeuge über 44 KW/60 PS bis 69 kW/94 PS*:
  H1 – H2 = 93 ± 7,5 mm
  H4 – H5 = 25 ± 7,5 mm

Maximaler Unterschied der Bodenhöhe links/rechts: 10 mm. Dabei soll die Fahrerseite höher stehen als die rechte Fahrzeugseite.

*) **Hinweis:** Beim RENAULT 19 16 V (99 kW/135 PS) ist die Karosserie vorn um 15 mm, an der Hinterachse um 20 mm tiefergelegt.

Achtung: Nur die hintere Bodenhöhe kann durch Versetzen der Drehstäbe reguliert werden (Werkstattarbeit). Nach jeder Änderung der Bodenhöhe Scheinwerfer sowie Bremskraftbegrenzer neu einstellen.

Prüfwerte Vorderachse RENAULT 19

Bei der Achsvermessung sind die Prüfbedingungen zu beachten.

Messung:	Sollwert	Meßposition des Fahrzeuges	Einstellung
Nachlauf	5° 4°30' 4° 3°30' 3° maximale Abweichung zwischen rechts und links: 1°	H5–H2 = 21 mm H5–H2 = 40 mm H5–H2 = 59 mm H5–H2 = 78 mm H5–H2 = 97 mm	nicht einstellbar
Sturz	1°35' ± 30' 0°30' ± 30' –0°5' ± 30' –0°30' ± 30' –0°45' ± 30' maximale Abweichung zwischen rechts und links: 1°	H1–H2 = 22 mm H1–H2 = 59 mm H1–H2 = 86 mm H1–H2 = 115 mm H1–H2 = 149 mm	nicht einstellbar
Spreizung	10°45' ± 30' 12°5' ± 30' 12°55' ± 30' 13°40' ± 30' 14°15' ± 30' maximale Abweichung zwischen rechts und links: 1°	H1–H2 = 22 mm H1–H2 = 59 mm H1–H2 = 86 mm H1–H2 = 115 mm H1–H2 = 149 mm	nicht einstellbar
Spur	–0°10' ± 10' (–1 mm ± 1 mm)	unbelastet	1 Umdrehung der Spurstange entspr. ca. 30' (3 mm)

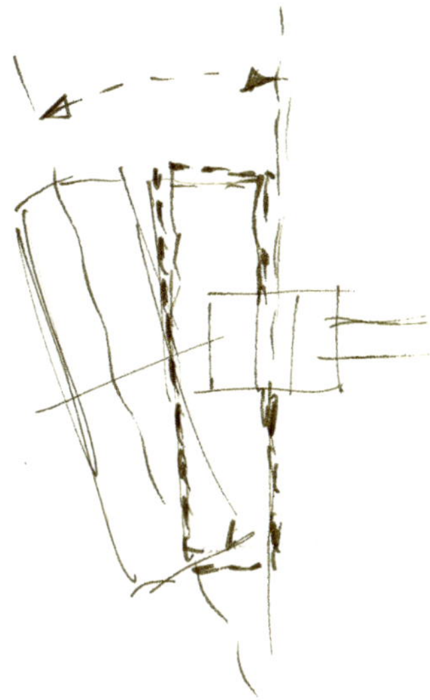

Spureinstellung

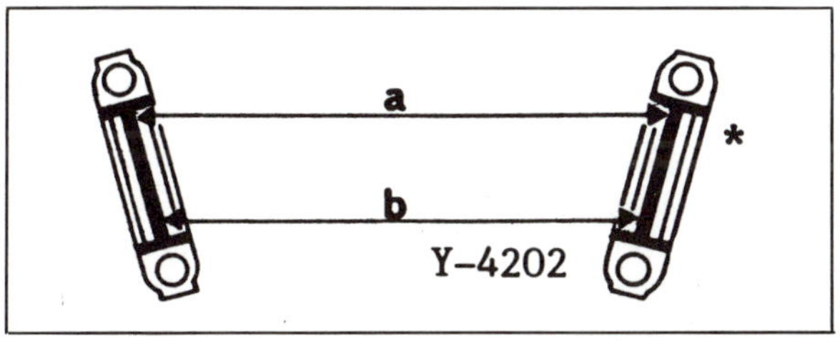

Die Abbildung zeigt die Radstellung bei Nachspur von oben gesehen. Dabei ist –a– in Fahrtrichtung gesehen vorn. Nachspur: a > b; Vorspur: a < b. Beim Einstellen der Spur ist darauf zu achten, daß die Spurverteilung links und rechts gleich groß ist, das heißt beide Spurstangen gleich weit herausgeschraubt sind.

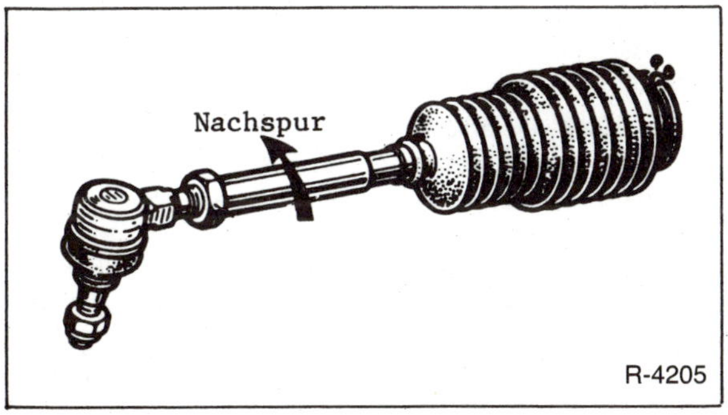

Spureinstellung an der Spurstange. Anzugsdrehmoment für Kontermutter: **40 Nm**.

Prüfwerte Hinterachse

Vorspur und Sturz der Hinterachse sind nicht einstellbar. Prüfwerte:

Vorspur: 0°5' bis 0°25' (bis 75 PS) beziehungsweise 0°10' bis 0°30' (ab 90 PS).

Sturz: –0°50' ± 30'

Die Bremsanlage

Das hydraulische Fußbremssystem besteht aus dem Hauptbremszylinder, den Scheibenbremsen für die Vorderräder und den Trommelbremsen für die Hinterräder sowie dem Bremskraftverstärker. Die Modelle mit 90 und 135 PS besitzen vorn innenbelüftete Bremsscheiben. Beim 16-Ventil-Motor sind hinten serienmäßig Scheibenbremsen eingebaut, beim 90 PS- und beim Dieselmotor nur in Verbindung mit ABS.

Das Bremssystem ist in zwei Kreise aufgeteilt, die diagonal wirken. Ein Bremskreis arbeitet vorn rechts/hinten links, der andere vorn links/hinten rechts. Dadurch bremst bei Ausfall eines Bremskreises, zum Beispiel durch Undichtigkeit, ein Vorderrad und das entgegengesetzte Hinterrad. Der Druck für beide Bremskreise wird im Hauptbremszylinder über das Bremspedal aufgebaut.

Der Bremsflüssigkeitsbehälter befindet sich über dem Hauptbremszylinder vorn im Motorraum und versorgt das ganze Bremssystem mit Bremsflüssigkeit.

Der RENAULT 19 ist mit Scheibenbremssätteln der Firmen GIRLING oder BENDIX ausgerüstet. Beim Wechseln der Bremsbeläge sind daher die unterschiedlichen Arbeitsanweisungen zu beachten.

Der Bremskraftverstärker speichert einen Teil des vom Motor erzeugten Ansaug-Unterdruckes. Über entsprechende Ventile wird dann bei Bedarf die Pedalkraft durch den Unterdruck verstärkt. Der Dieselmotor besitzt eine spezielle Unterdruckpumpe, die vom Motor angetrieben wird und den Unterdruck für den Bremskraftverstärker erzeugt.

Die Scheibenbremsbeläge an Vorder- und Hinterachse müssen grundsätzlich nicht nachgestellt werden. Auch die Hinterrad-Trommelbremse stellt sich automatisch nach, es muß dort also nur noch in den vorgeschriebenen Intervallen die Belagdicke geprüft werden. Die automatische Nachstellung der Hinterradbremse erfolgt beim Betätigen der Bremse durch einen Nachstellhebel. Liegt ein entsprechender Belagverschleiß vor, so verstellt sich der Hebel gegenüber einer Ratsche. Beim Lösen der Bremse arretiert die Ratsche den Hebel in der vorher eingenommenen Lage. Die Bremsbacke kann sich dadurch nicht mehr so weit zurückstellen. Dadurch bleibt der Leerweg des Bremspedals über die gesamte Lebensdauer der Bremsbeläge annähernd gleich groß.

Die Feststellbremse wirkt über Seilzüge auf die Bremsbeläge der Hinterräder.

Ein im Bremssystem eingebauter Bremskraftbegrenzer sorgt dafür, daß bei unterschiedlicher Wagenauslastung die Hinterräder nicht überbremsen.

Je nach Modell und Ausstattung ist der RENAULT 19 mit einem elektronischen Antiblockiersystem (ABS) ausgerüstet. Fahrzeuge mit ABS sind bei den Arbeitsbeschreibungen berücksichtigt.

Beim Reinigen der Bremsanlage fällt Bremsstaub an. Dieser Staub kann zu gesundheitlichen Schäden führen. Deshalb beim Reinigen der Bremsanlage darauf achten, daß der Bremsstaub nicht eingeatmet wird.

Die Bremsbeläge sind Bestandteil der Allgemeinen Betriebserlaubnis (ABE), außerdem sind sie vom Werk auf das jeweilige Fahrzeugmodell abgestimmt. Es empfiehlt sich deshalb, nur von RENAULT beziehungsweise vom Kraftfahrtbundesamt freigegebene Bremsbeläge zu verwenden. Diese Bremsbeläge haben eine KBA-Freigabenummer.

Das Arbeiten an der Bremsanlage erfordert peinliche Sauberkeit und exakte Arbeitsweise. Falls die nötige Arbeitserfahrung fehlt, sollten die Arbeiten an der Bremse von einer Fachwerkstatt durchgeführt werden.

Hinweis: Auf stark regennassen Fahrbahnen sollte während des Fahrens die Bremse von Zeit zu Zeit betätigt werden, um die Bremsscheiben von Rückständen zu befreien. Durch die Zentrifugalkraft wird zwar das Wasser von den Bremsscheiben geschleudert, doch bleibt teilweise ein dünner Film von Silikonen, Gummiabrieb, Fett und Verschmutzungen zurück, der das Ansprechen der Bremse vermindert.

Wird das Fahrzeug nach einer Regenfahrt abgestellt, insbesondere im Winter bei Streusalzeinwirkung, ist es zweckmäßig, die Bremse vorher mit leichter Pedalkraft bis zum Stillstand zu betätigen. Dadurch trocknen die Bremsscheiben und können nicht so leicht korrodieren.

Nach dem Einbau von neuen Bremsbelägen müssen diese eingebremst werden. Während einer Fahrtstrecke von rund 200 km sollten unnötige Vollbremsungen unterbleiben.

Korrodierte Scheibenbremsen erzeugen beim Abbremsen einen Rubbeleffekt, der sich auch durch längeres Abbremsen nicht beseitigen läßt. In diesem Fall müssen die Bremsscheiben erneuert werden.

Eingebrannter Schmutz auf den Bremsbelägen und zugesetzte Regennuten in den Bremsbelägen führen zur Riefenbildung auf den Bremsscheiben. Dadurch kann eine verminderte Bremswirkung eintreten.

Achtung: Wird nach einer Kurvenfahrt ein unterschiedlicher Pedalweg festgestellt, dann muß die Bremsscheibe auf Seitenschlag am äußeren Durchmesser geprüft werden, gegebenenfalls ist die Bremsscheibe zu erneuern.

763650 180 DM komplett

Technische Daten Bremsanlage

Motor	43 – 54 kW 59 – 73 PS		65 – 80 kW 88 – 109 PS		99 kW 135 PS	
Zustand	Neu	Verschleißgrenze	Neu	Verschleißgrenze	Neu	Verschleißgrenze
Bremsscheibendicke vorn Bremsbelagdicke[1] vorn	12 mm 18 mm	10,5 mm 6 mm	20 mm 18 mm	18 mm 6 mm	20 mm 18 mm	18 mm 6 mm
Bremsscheibendicke hinten[2] Scheibenbrems-Belagdicke[1] hinten[2]	8 mm 11 mm	7 mm 5 mm	8 mm 11 mm	7 mm 5 mm	8 mm 11 mm	7 mm 5 mm
Bremstrommel-∅ hinten Trommelbrems-Belagdicke[1] hinten	180,25 mm 6,5 mm	181,25 mm 2,5 mm	180,25 mm 6,5 mm	181,25 mm 2,5 mm	– –	– –
Radbremszylinder-∅ vorn Radbremszylinder-∅ hinten	45 mm[4] 20,6 mm[3]		45 mm[4] 20,6 mm[3]		48 mm –	
Maximaler Schlag der Bremsscheiben	0,07 mm		0,07 mm		0,07 mm	

[1]) mit Rückenplatte beziehungweise Bremsbacke
[2]) nur in Verbindung mit Antiblockiersystem (ABS). Alternativ eingebaut: 12,0 mm dicke Bremsscheiben, Verschleißgrenze 10,5 mm.
[3]) Radbremszylinder mit integriertem, fest eingestellten Bremskraftbegrenzer
[4]) Bei Fahrzeugen mit ABS: ∅ = 48 mm

Bremsbeläge vorn aus- und einbauen

GIRLING-Bremse

Ausbau

- Radschrauben lösen.
- Fahrzeug aufbocken, siehe Seite 110.
- Vorderrad abnehmen.

Achtung: Ein Wechsel der Beläge von der Außen- zur Innenseite und umgekehrt oder auch vom rechten zum linken Rad ist nicht zulässig. Der Wechsel kann zu ungleichmäßiger Bremswirkung führen. Grundsätzlich alle Scheibenbremsbeläge einer Achse gleichzeitig erneuern. Sollen die Scheibenbremsbeläge wieder montiert werden, müssen sie gekennzeichnet werden.

- Kabel für Bremsbelagverschleißanzeige trennen, Kabelbinder durchschneiden.
- Bremssattel von Hand nach außen ziehen und dadurch den Bremskolben zurückdrücken.

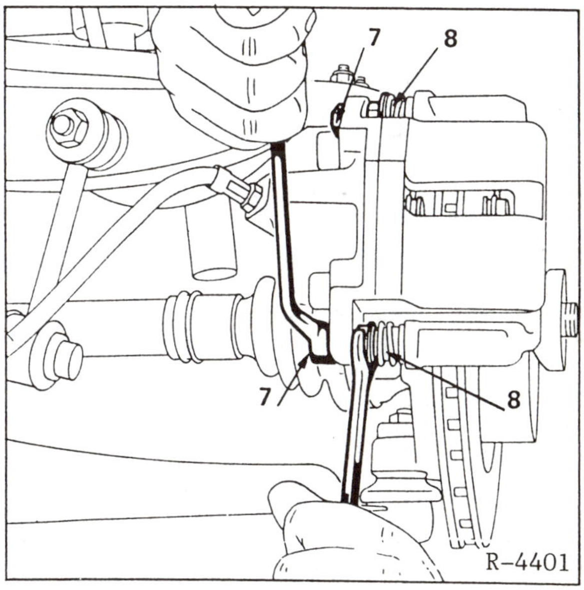

- 2 Sechskantschrauben –7– für Bremssattelgehäuse herausschrauben, dabei mit Maulschlüssel an den Führungsbolzen gegenhalten. **Achtung:** Diese Schrauben **nicht** reinigen.

- Kolbengehäuse nach oben abziehen und mit Draht am Aufbau aufhängen, damit der Bremsschlauch nicht belastet wird.

Achtung: Bremsschlauch nicht abnehmen, sonst muß die Anlage entlüftet werden.

- Bremsbeläge herausziehen.

Einbau

Achtung: Bei ausgebauten Bremsbelägen nicht auf das Bremspedal treten, sonst wird der Kolben aus dem Gehäuse herausgedrückt.

- Führungsfläche bzw. Sitz der Beläge im Gehäuseschacht mit geeigneter Weichmetallbürste reinigen oder mit einem Lappen und Spiritus auswischen. Keine mineralölhaltigen Lösungsmittel oder scharfkantigen Werkzeuge verwenden.
- Vor Einbau der Beläge ist die Bremsscheibe durch Abtasten mit den Fingern auf Riefen zu untersuchen. Riefige Bremsscheiben sind zu erneuern. Bremsscheiben mit grauer oder blauer Verfärbung vor dem Einbau neuer Beläge reinigen.
- Bremsscheibendicke messen, siehe Seite 158.
- Staubkappe und Schutzmanschetten –8– auf Anrisse prüfen. Eine beschädigte Staubkappe umgehend ersetzen, da eingedrungener Schmutz schnell zu Undichtigkeiten des Bremssattels führt. Der Bremssattel muß hierzu ausgebaut und zerlegt werden (Werkstattarbeit).

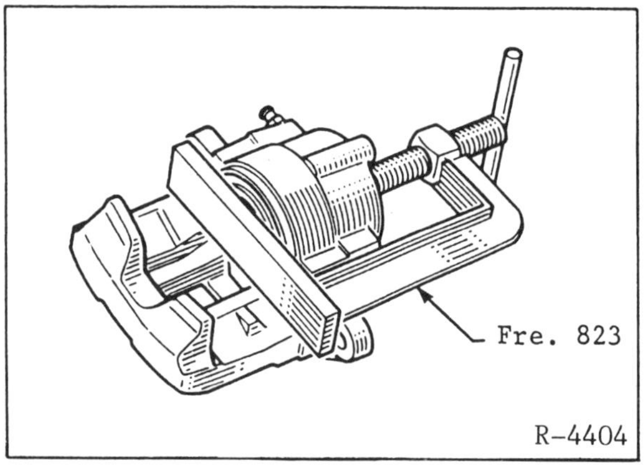

- Bremskolben mit Rücksetzvorrichtung zurückdrücken. Es geht auch mit einem Hartholzstab (Hammerstiel), dabei jedoch besonders darauf achten, daß der Kolben nicht verkantet wird und Kolbenfläche sowie Staubkappe nicht beschädigt werden.

Achtung: Beim Zurückdrücken der Kolben wird Bremsflüssigkeit aus den Bremszylindern in den Ausgleichbehälter gedrückt. Flüssigkeit im Behälter beobachten, eventuell Bremsflüssigkeit mit einem Saugheber absaugen.

Zum Absaugen eine Entlüfterflasche oder eine Plastikflasche verwenden, die nur mit Bremsflüssigkeit in Berührung kommt. Keine Trinkflaschen verwenden! **Bremsflüssigkeit ist giftig und darf auf gar keinen Fall mit dem Mund über einen Schlauch abgesaugt werden. Saugheber verwenden. Auch nach dem Belagwechsel darf die »MAXI«-Marke am Bremsflüssigkeitsbehälter nicht überschritten werden, da sich die Flüssigkeit bei Erwärmung ausdehnt. Ausgelaufene Bremsflüssigkeit läuft am Hauptbremszylinder runter, zerstört den Lack und führt zur Korrosion.**

Achtung: Bei hohem Bremsbelagverschleiß Leichtgängigkeit des Kolbens prüfen. Dazu Holzklotz in den Bremssattel einsetzen und durch Helfer langsam auf das Bremspedal treten lassen. Der Bremskolben muß sich leicht heraus- und hineindrücken lassen. Zur Prüfung muß der andere Bremssattel eingebaut sein. Darauf achten, daß der Bremskolben nicht ganz herausgedrückt wird. Bei schwergängigem Kolben Bremssattel instandsetzen (Werkstattarbeit).

- Um ein Quietschen der Scheibenbremsen zu verhindern, Rückseite der Bremsbeläge sowie Seitenteile der Rückenplatte mit Schmiermittel (z. B. Plastilube, Tunap VC 582/S, Chevron SRJ/2, Liqui Moly LM-36 oder LM-508-ASC) **dünn** einstreichen. Dabei nur die Rückenplatte bestreichen. **Die Paste darf keinesfalls auf den eigentlichen Bremsbelag oder auf die Bremsscheibe kommen.** Gegebenenfalls Paste sofort abwischen und mit Spiritus reinigen.

Achtung: Die Bremsbeläge mit Anschluß für das Kabel der Verschleißkontrolle müssen innen montiert werden.

- Beide Bremsbeläge in den Bremsträger einsetzen. Dabei darauf achten, daß die Druckfedern gleichmäßig nach oben und parallel zur Belagoberkante stehen.

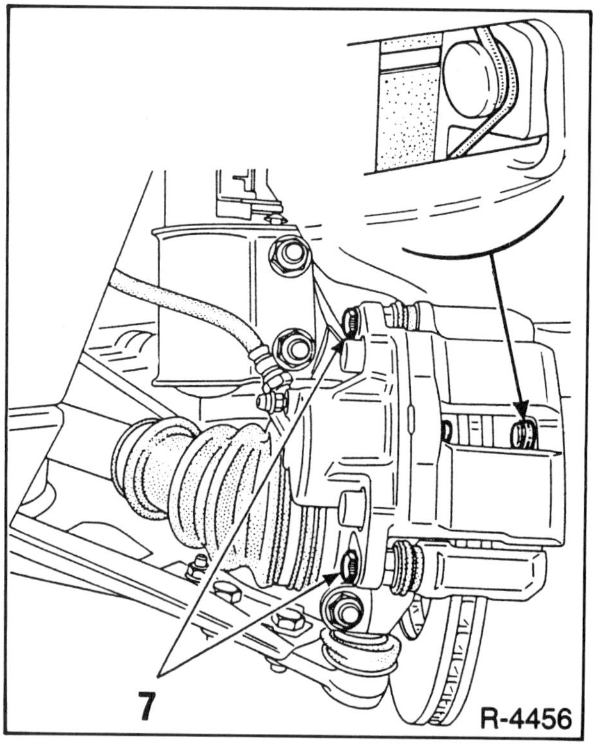

- Kolbengehäuse aufsetzen und am Bremsträger mit 2 **neuen** Schrauben –7– und **35 Nm** festschrauben. Zuerst die untere, dann die obere Schraube einsetzen. Dabei Bremssattel gegen die Federkraft der Bremsbelagfedern mit der Hand gegen den Bremsträger drücken. Darauf achten, daß die beiden Federenden oben und unten gegen das Kolbengehäuse drücken.

Achtung: Schrauben vor dem Einsetzen mit Schraubensicherungsmittel, zum Beispiel Loctite Frenbloc, einstreichen. Immer **neue** Schrauben verwenden.

- Kabel für Verschleißkontrolle am Steckverbinder aufschieben und am Bremsschlauch mit neuen Kabelbindern fixieren.
- Rad anschrauben. Fahrzeug ablassen und Radschrauben über Kreuz mit **80 Nm** festziehen.

Achtung: Bremspedal im Stand mehrmals kräftig niedertreten, bis fester Widerstand spürbar ist.

- Bremsflüssigkeit im Ausgleichbehälter prüfen, gegebenenfalls bis zur »MAXI«-Marke auffüllen.
- Neue Bremsbeläge vorsichtig einbremsen, dazu Fahrzeug mehrmals von ca. 80 km/h auf 40 km/h mit geringem Pedaldruck abbremsen. Dazwischen Bremse etwas abkühlen lassen.

Achtung: Bis zu einer Fahrstrecke von ca. 200 km sollten keine Vollbremsungen vorgenommen werden.

Bremsbeläge vorn aus- und einbauen

BENDIX-Bremse Serie IV

Ausbau

- Radschrauben lösen.
- Fahrzeug aufbocken, siehe Seite 110.
- Vorderrad abnehmen.

Achtung: Ein Wechsel der Beläge von der Außen- zur Innenseite und umgekehrt oder auch vom rechten zum linken Rad ist nicht zulässig. Der Wechsel kann zu ungleichmäßiger Bremswirkung führen. Grundsätzlich alle Scheibenbremsbeläge einer Achse gleichzeitig erneuern. Sollen die Scheibenbremsbeläge wieder montiert werden, müssen sie gekennzeichnet werden.

- Kabel für Bremsbelagverschleißanzeige an der Steckverbindung trennen, Kabelbinder durchschneiden.
- Bremssattel von Hand nach außen ziehen und dadurch den Bremskolben zurückdrücken.

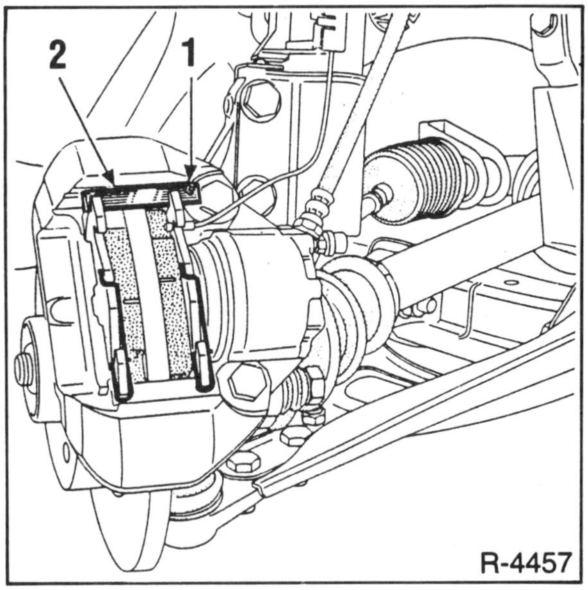

- Halteklammer –1– mit Schraubendreher heraushebeln.
- Keil –2– abnehmen.
- Bremsbeläge herausziehen.

Einbau

Achtung: Bei ausgebauten Bremsbelägen nicht auf das Bremspedal treten, sonst wird der Kolben aus dem Gehäuse herausgedrückt.

- Führungsfläche bzw. Sitz der Beläge im Gehäuseschacht mit geeigneter Weichmetallbürste reinigen oder mit einem Lappen und Spiritus auswischen. Keine mineralölhaltigen Lösungsmittel oder scharfkantigen Werkzeuge verwenden.
- Vor Einbau der Beläge ist die Bremsscheibe durch Abtasten mit den Fingern auf Riefen zu untersuchen. Riefige Bremsscheiben sind zu erneuern. Bremsscheiben mit grauer oder blauer Verfärbung vor dem Einbau neuer Beläge reinigen.
- Bremsscheibendicke messen, siehe Seite 158.

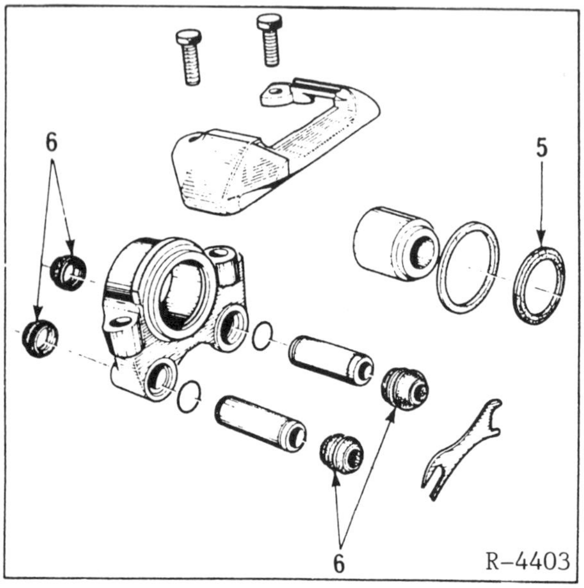

- Staubkappe –5– und Schutzmanschetten –6– auf Anrisse prüfen. Eine beschädigte Staubkappe umgehend ersetzen, da eingedrungener Schmutz schnell zu Undichtigkeiten des Bremssattels führt. Der Bremssattel muß hierzu ausgebaut und zerlegt werden (Werkstattarbeit). **Achtung:** Wenn die Staubkappe ausgetauscht wird, Kolbenende und die beiden Führungen mit Spiritus reinigen und einfetten.

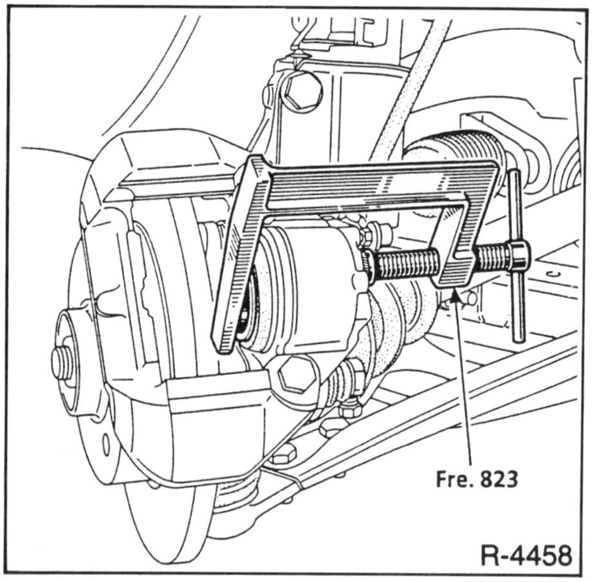

- Bremskolben mit Rücksetzvorrichtung zurückdrükken. Es geht auch mit einem Hartholzstab (Hammerstiel), dabei jedoch besonders darauf achten, daß der Kolben nicht verkantet wird und Kolbenfläche sowie Staubkappe nicht beschädigt werden.

Achtung: Beim Zurückdrücken der Kolben wird Bremsflüssigkeit aus den Bremszylindern in den Ausgleichbehälter gedrückt. Flüssigkeit im Behälter beobachten, eventuell Bremsflüssigkeit mit einem Saugheber absaugen.

Zum Absaugen eine Entlüfterflasche oder eine Plastikflasche verwenden, die nur mit Bremsflüssigkeit in Berührung kommt. Keine Trinkflaschen verwenden! **Bremsflüssigkeit ist giftig und darf auf gar keinen Fall mit dem Mund über einen Schlauch abgesaugt werden. Saugheber verwenden. Auch nach dem Belagwechsel darf die »MAXI«-Marke am Bremsflüssigkeitsbehälter nicht überschritten werden, da sich die Flüssigkeit bei Erwärmung ausdehnt. Ausgelaufene Bremsflüssigkeit läuft am Hauptbremszylinder runter, zerstört den Lack und führt zur Korrosion.**

Achtung: Bei hohem Bremsbelagverschleiß Leichtgängigkeit des Kolbens prüfen. Dazu Holzklotz in den Bremssattel einsetzen und durch Helfer langsam auf das Bremspedal treten lassen. Der Bremskolben muß sich leicht heraus- und hineindrükken lassen. Zur Prüfung muß der andere Bremssattel eingebaut sein. Darauf achten, daß der Bremskolben nicht ganz herausgedrückt wird. Bei schwergängigem Kolben Bremssattel instandsetzen (Werkstattarbeit).

- Um ein Quietschen der Scheibenbremsen zu verhindern, Rückseite der Bremsbeläge sowie Seitenteile der Rückenplatte mit Schmiermittel (z. B. Plastilube, Tunap VC 582/S, Chevron SRJ/2, Liqui Moly LM-36 oder LM-508-ASC) **dünn** einstreichen. Dabei nur die Rückenplatte bestreichen. **Die Paste darf keinesfalls auf den eigentlichen Bremsbelag oder auf die Bremsscheibe kommen.** Gegebenenfalls Paste sofort abwischen und mit Spiritus reinigen.

Achtung: Die Bremsbeläge mit Anschluß für das Kabel der Verschleißkontrolle müssen innen montiert werden.

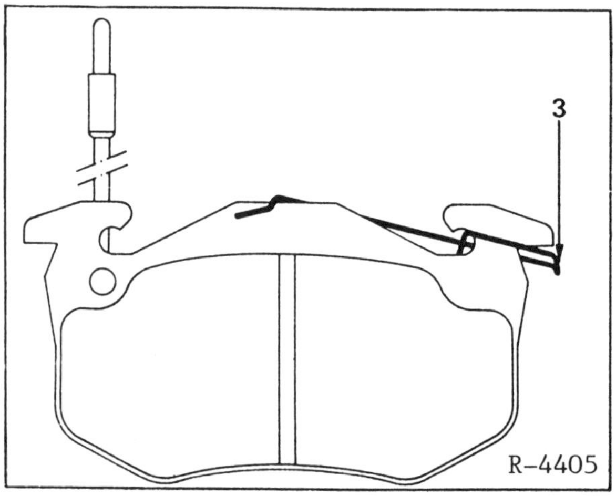

- Beide Bremsbeläge in den Bremsträger einsetzen. Dabei darauf achten, daß die Druckfedern –3– gleichmäßig nach oben und parallel zur Belagoberkante stehen.

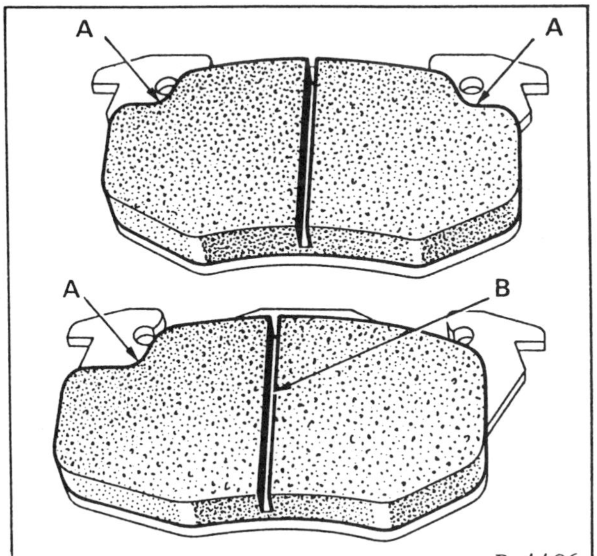

R-4406

Achtung: Die Fahrzeuge mit BENDIX-Bremse sind mit asymmetrischen Bremsbelägen ausgestattet. Asymmetrische Bremsbeläge weisen nur eine Rundung in –A– auf, anstelle der 2 Rundungen bei den symmetrischen Bremsbelägen. Außerdem sitzt die Nut –B– bei den asymmetrischen Belägen etwas außerhalb der Mitte.

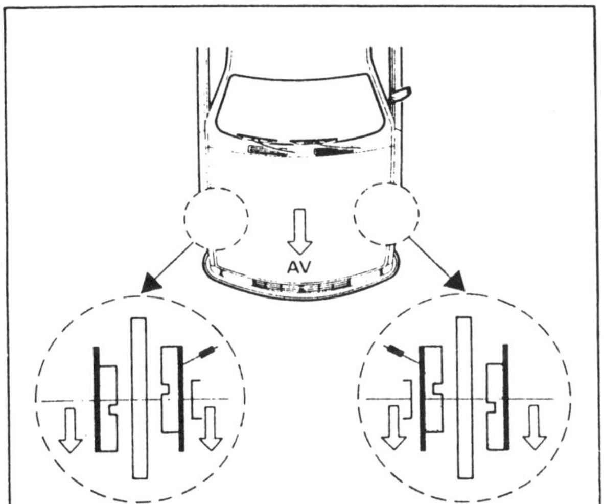

R-4407

- Bei asymmetrischen Bremsbelägen muß die Nut –B– und die Rundung –A– beim äußeren Belag nach unten zeigen, beim jeweils inneren Belag nach oben, siehe Zeichnung.

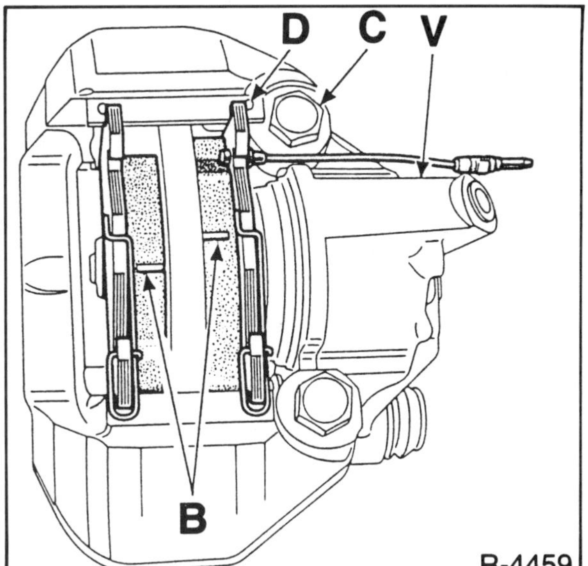

R-4459

- Bremsbeläge in den Bremssattel einsetzen und Keil –D– oben einsetzen. Die Abbildung zeigt den rechten Bremssattel. Der Bremsbelag mit dem Anschluß für die Verschleißkontrolle wird immer innen montiert.
- Anschlußkabel für Verschleißkontrolle zur Seite der Entlüfterschraube –V– ausrichten.

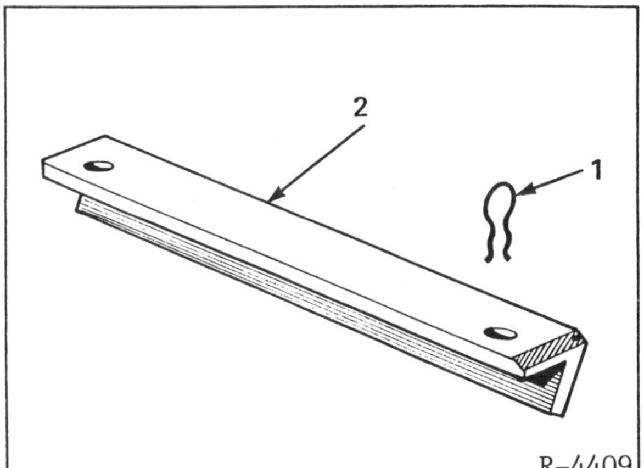

R-4409

- Klammer –1– in den Keil –2– eindrücken. Pro Bremssattel ist nur eine Klammer vorhanden. Die Klammer wird in Punkt –D–, also auf der Bremssattel-Innenseite, neben der Befestigungsschraube –C– angebracht, siehe Bild R-4459.
- Kabel für Verschleißkontrolle am Steckverbinder aufschieben und am Bremsschlauch mit neuen Kabelbindern fixieren.
- Rad anschrauben. Fahrzeug ablassen und Radschrauben über Kreuz mit **80 Nm** festziehen.

Achtung: Bremspedal im Stand mehrmals kräftig niedertreten, bis fester Widerstand spürbar ist.

- Bremsflüssigkeit im Ausgleichbehälter prüfen, gegebenenfalls bis zur »MAXI«-Marke auffüllen.
- Neue Bremsbeläge vorsichtig einbremsen, dazu Fahrzeug mehrmals von ca. 80 km/h auf 40 km/h mit geringem Pedaldruck abbremsen. Dazwischen Bremse etwas abkühlen lassen.

Achtung: Bis zu einer Fahrstrecke von ca. 200 km sollten keine Vollbremsungen vorgenommen werden.

Bremsscheibendicke prüfen

Ein Nacharbeiten der Bremsscheiben ist nicht zulässig. Bei Riefen mit über 0,5 mm Tiefe oder zu starker Abnutzung müssen die Bremsscheiben ersetzt werden. Dabei immer beide Scheiben einer Achse ersetzen.

- Radschrauben lösen.
- Fahrzeug vorn aufbocken, siehe Seite 110.
- Rad abnehmen.

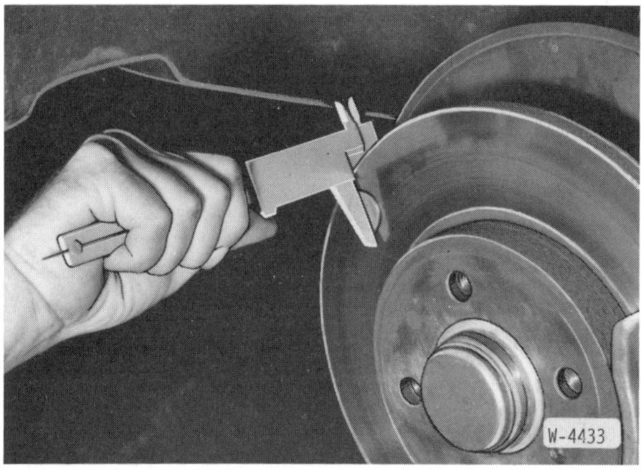

- Bremsscheibendicke messen. Die Werkstätten benutzen dazu eine spezielle Lehre oder eine Mikrometerlehre, da sich durch Abnutzung der Bremsscheibe ein Rand bildet. Man kann die Bremsscheibendicke auch mit einer normalen Schieblehre messen, allerdings muß dann auf jeder Seite der Bremsscheibe eine entsprechend starke Unterlage zwischengelegt werden (beispielsweise 2 Zehn-Pfennig-Stücke). Um die exakte Bremsscheibendicke zu haben, müssen von dem gemessenen Maß die 3,3 mm für die Zehn-Pfennig-Stücke beziehungsweise die Unterlage abgezogen werden. **Achtung:** Messung an mindestens 8 Punkten der Bremsscheibe vornehmen.
- Wenn die Verschleißgrenze erreicht ist, Bremsscheibe erneuern. Verschleißgrenze, siehe Seite 153.
- Bei größeren Rissen oder bei Riefen, die tiefer als 0,5 mm sind, Bremsscheibe erneuern.
- Rad anschrauben, Fahrzeug ablassen und Radschrauben über Kreuz mit **80 Nm** festziehen.

Bremsscheibe/Bremssattel vorn aus- und einbauen

Wenn die Bremsscheiben ersetzt werden, müssen gleichzeitig auch neue Bremsbeläge eingebaut werden.

Ausbau

- Radschrauben lösen.
- Fahrzeug vorn aufbocken, Rad abnehmen.
- Bremsbeläge ausbauen.

BENDIX-Bremse

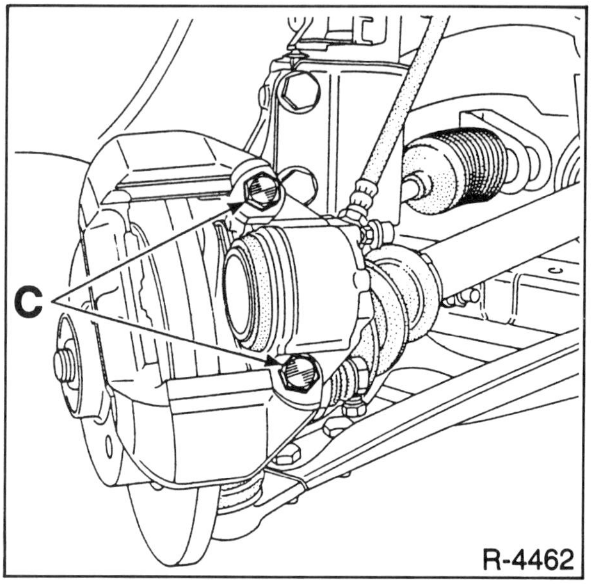

- Befestigungsschrauben –C– für Bremsträger herausschrauben.

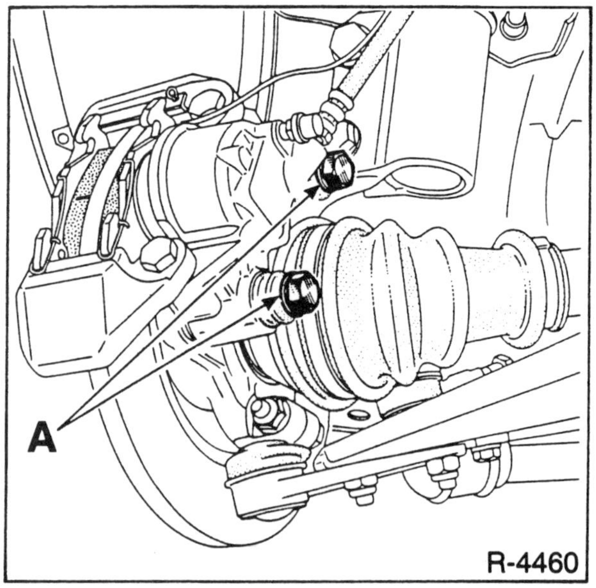

- Befestigungsschrauben –A– für Bremssattel herausdrehen und Bremssattel komplett abnehmen.

GIRLING-Bremse

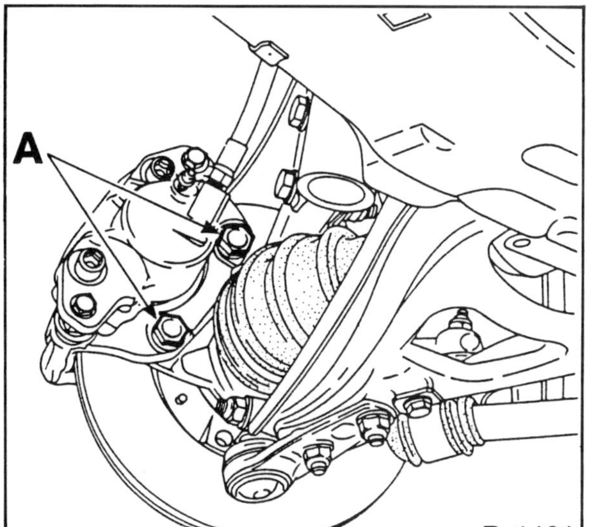

R-4461

- Befestigungsschrauben –A– für Bremsträger herausdrehen und Bremsträger zusammen mit Kolbengehäuse abnehmen.

- Bremssattel mit selbstangefertigtem Drahthaken so am Aufbau aufhängen, daß der Bremsschlauch nicht verdreht oder auf Zug beansprucht wird.

Achtung: Bremsschlauch nicht lösen, sonst muß das Bremssystem entlüftet werden.

- Soll der Bremssattel ganz abgenommen werden, muß vorher der Bremsschlauch an der Bremsschlauchkupplung abgeschraubt werden, siehe Kapitel »Bremsleitung/Bremsschlauch ersetzen«. Der Bremsschlauch kann sonst nicht am Bremssattel abgeschraubt werden. **Achtung:** Bremsflüssigkeit läuft aus. Bremsflüssigkeit in einer Flasche sammeln, die ausschließlich für Bremsflüssigkeit vorgesehen ist.

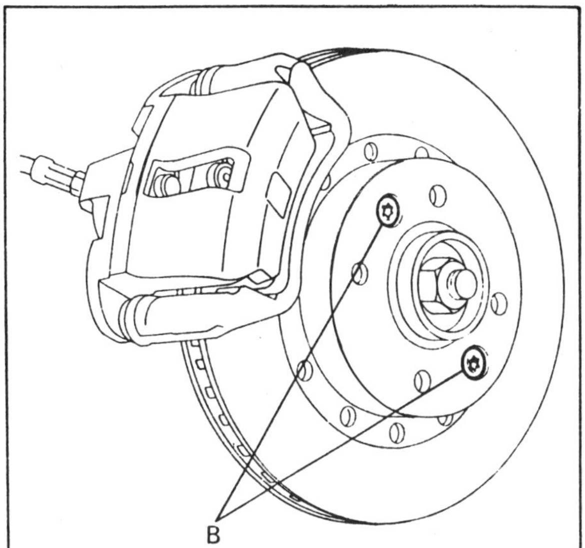

R–4431

- Befestigungsschrauben –B– für Bremsscheibe herausdrehen. Dazu wird ein Innen-Torx-Schraubendreher T40 benötigt.
- Bremsscheibe abnehmen.

Einbau

Um ein gleichmäßiges Bremsen beidseitig zu gewährleisten, müssen beide Bremsscheiben die gleiche Oberfläche bezüglich Schliffbild und Rauhtiefe aufweisen. Deshalb **grundsätzlich beide** Bremsscheiben ersetzen.

Die Werkstatt kann die Bremsscheibe auf Schlag prüfen. Maximaler Scheibenschlag (eingebaut) 0,07 mm.

- Bremsscheibendicke messen.
- Neue Bremsscheiben mit Nitro-Verdünnung vom Schutzlack reinigen.
- Bremsscheibe auf Vorderradnabe aufsetzen und mit 2 Torx-Schrauben und 25 Nm anschrauben. Bremsscheibe vorher entsprechend verdrehen, damit die Bohrungen für die Schraube übereinanderstehen.
- Bremssattel ansetzen. Dabei darf der Bremsschlauch nicht verdreht oder gedehnt werden. Freigängigkeit des Bremsschlauches bei vollem Lenkradeinschlag prüfen.

Achtung: Bei Beschädigungen an der Zylinderwandung des Bremssattels muß der komplette Bremssattel ersetzt werden.

- Bremssattel mit **100 Nm** anschrauben. Schrauben vorher mit Schraubensicherungsmittel, zum Beispiel Loctite Frenbloc, bestreichen.
- Bremsträgerschrauben (BENDIX) mit **65 Nm** festziehen.

Achtung: War der Bremsschlauch demontiert, Bremsschlauch anschrauben. Der Bremsschlauch darf beim Einbau nicht verdrillt werden.

- Bremsbeläge einbauen.
- Falls das Bremssystem geöffnet war, Bremsanlage entlüften.

- Rad anschrauben, Fahrzeug ablassen und Radschrauben über Kreuz mit **80 Nm** festziehen.

Achtung: Bremspedal im Stand mehrmals kräftig niedertreten, bis fester Widerstand spürbar ist.

- Bremsflüssigkeitsstand im Ausgleichbehälter prüfen.

Scheibenbremsbeläge hinten aus- und einbauen

Ausbau

Achtung: Bei Fahrzeugen mit Scheibenbremsen hinten kommen ausschließlich BENDIX-Bremssättel zum Einsatz. Der Ausbau der Bremsbeläge ist auf die gleiche Weise wie bei der vorderen Scheibenbremse mit BENDIX-Bremssattel durchzuführen. Beim Einbau sind allerdings einige Besonderheiten zu beachten.

Einbau

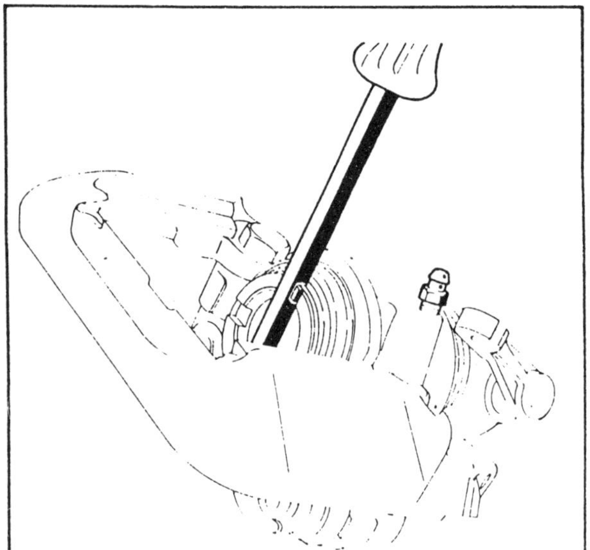

R-4453

- Bremskolben zurückdrücken. Dazu großen Schraubendreher mit eckigem Schaft wie in der Abbildung gezeigt, in die Nuten des Bremskolbens einsetzen und Kolben so weit wie möglich in den Bremssattel einschrauben. **Achtung:** Der Kolben darf **nicht** mit einer handelsüblichen Rückstellvorrichtung zurückgedrückt werden, da sonst die automatische Nachstellvorrichtung beschädigt wird.

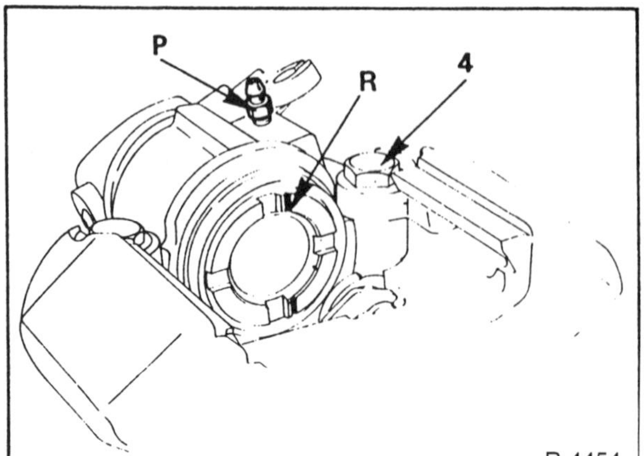

R-4454

- Kolben so ausrichten, daß der Markierungsstrich –R– zur Entlüfterschraube –P– zeigt.
- Der weitere Einbau erfolgt wie bei der vorderen BENDIX-Scheibenbremse.

Achtung: Die Halteklammer für den Keil muß neben der Befestigungsschraube –4– eingesetzt werden.

Bremsbacken hinten aus- und einbauen

Achtung: Die Einzelteile der rechten und linken Hinterradbremse sind verschieden; sie dürfen nicht untereinander ausgewechselt werden. Beim Ablegen darauf achten, daß die Teile wieder an der gleichen Stelle eingebaut werden können.

Ausbau

- Bremstrommel ausbauen, siehe Seite 144.
- Falls vorhanden, Federspange oben am Radbremszylinder anbringen, damit die Bremskolben nicht aus den Bremszylindern herausfallen. Da in den meisten Fällen die Spange nicht zur Verfügung steht, beim Ausbau der Bremsbacken darauf achten, daß die Bremskolben nicht herausgezogen werden, sonst dringt Luft in das Bremssystem ein und die Bremse muß entlüftet werden.

Achtung: Während die Bremsbacken ausgebaut sind, nicht auf die Fußbremse treten, da sonst die Bremskolben aus dem Radbremszylinder rutschen.

Vor dem Ausbau der Rückzugfedern empfiehlt es sich, deren Einbaulage zu notieren. Dadurch wird das Einsetzen beim Einbau erleichtert.

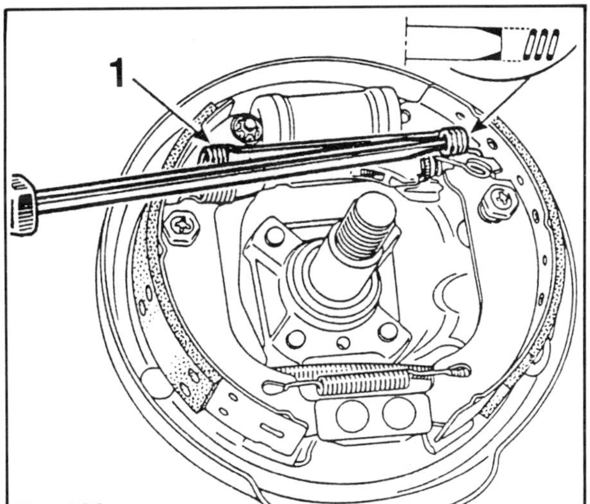

R-4463

● Obere Rückzugfeder –1– mit passendem Schraubendreher oder Bremsfedernzange aushängen.

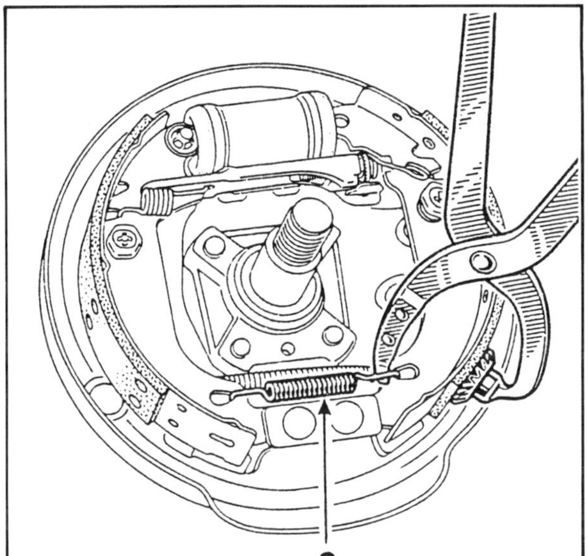

R-4464

● Untere Rückzugfeder –2– mit Bremsfedernzange, zum Beispiel HAZET 797, aushängen.

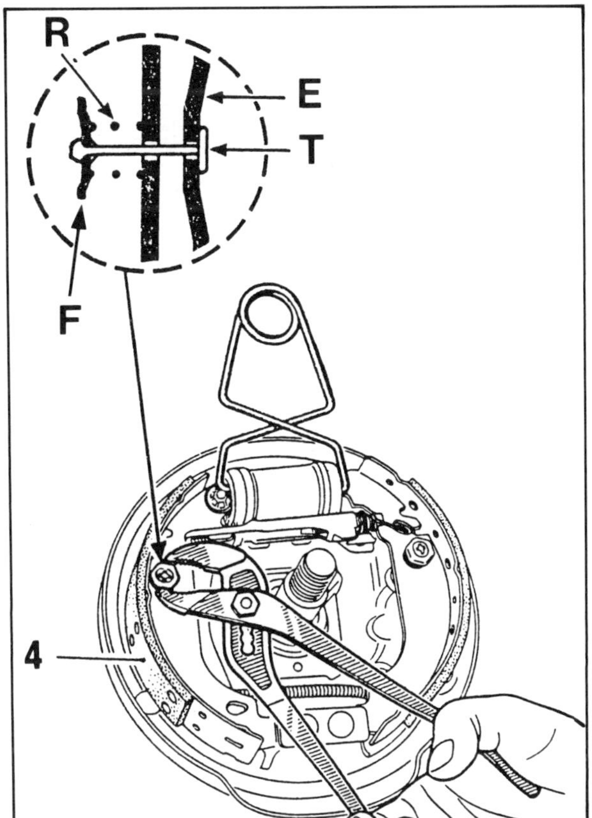

R-4465

● Federteller –F– mit Kombizange kräftig zurückdrücken (gegen die Federkraft –R–) und um 90° drehen. Während des Zurückdrückens von hinten am Bremsträger –E– den Stift –T– für Federteller gegenhalten.

● Seilzüge der Handbremse so weit wie möglich entspannen.

● Sekundärbacke –4– mit Druckstange herausnehmen, dabei den Handbremsseilzug herausziehen.

● Haltefeder –R– für Primärbacke ausbauen.

● Primärbacke zusammen mit Zahnsegment für automatische Bremsennachstellung herausnehmen.

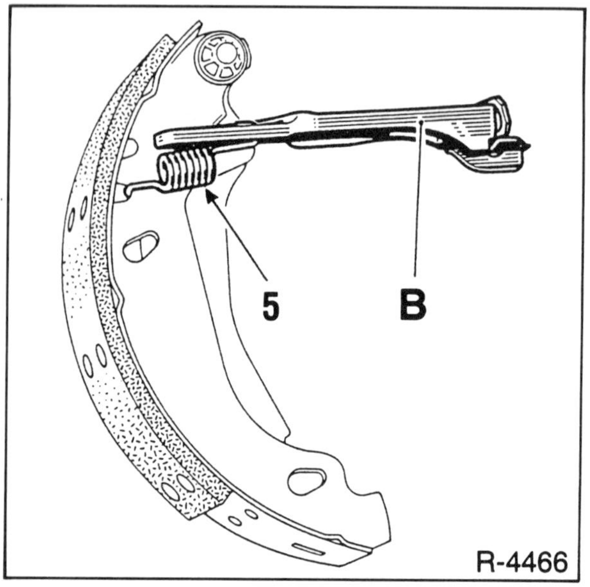

R-4466

- Druckstange –B– von der Sekundärbacke abnehmen, dabei darauf achten, daß die automatische Nachstellvorrichtung nicht beschädigt wird.
- Feder –5– aushängen.

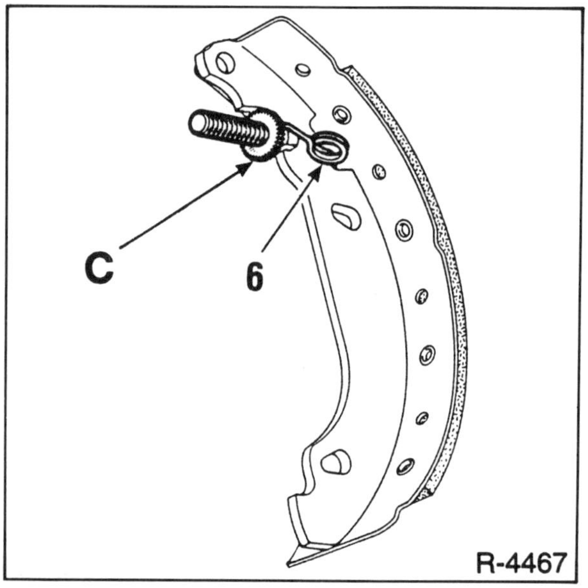

R-4467

- Feder –6– aushängen und Nachstellvorrichtung –C– von der Primärbacke abnehmen.

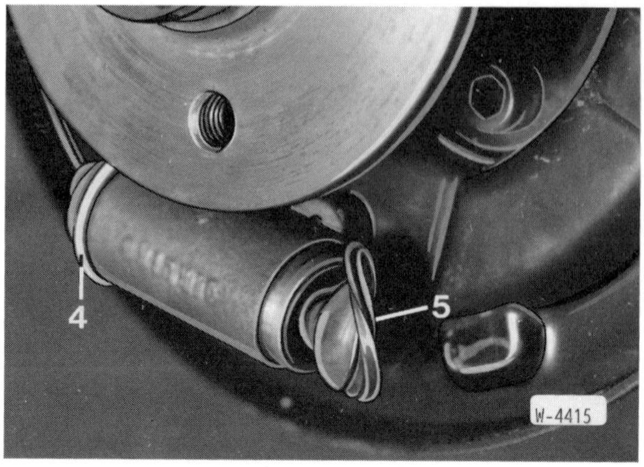

- Am Radbremszylinder Staubmanschette –5– abziehen. **Achtung: Dabei darf der Bremskolben nicht herausgezogen werden.** Kontrollieren, ob es hinter der Staubmanschette feucht ist. Gegebenenfalls Radbremszylinder austauschen.
- Staubmanschette auf Radbremszylinder aufsetzen.

Einbau

Grundsätzlich alle 4 Bremsbacken ersetzen, auch wenn nur ein Belag die Verschleißgrenze erreicht hat. Nur Bremsbacken gleicher Marke verwenden. Bremsbacken im Tausch erneuern. Bremstrommel und Bremsträger mit Staubsauger oder mit Spiritus reinigen. Falls der Radbremszylinder durch Bremsflüssigkeit feucht ist, Radbremszylinder erneuern. Gewinde der Druckstange gangbar machen und leicht mit MoS_2-Fett einfetten. Riefige Bremstrommeln ausdrehen lassen, dabei immer beide Bremstrommeln bearbeiten lassen. Die Bremstrommel darf im Durchmesser um maximal 1 mm nachgearbeitet werden.

- Bremstrommel und Bremsankerplatte mit Staubsauger absaugen.
- Druckstange an der Sekundärbacke ansetzen, Haltefeder einhängen.

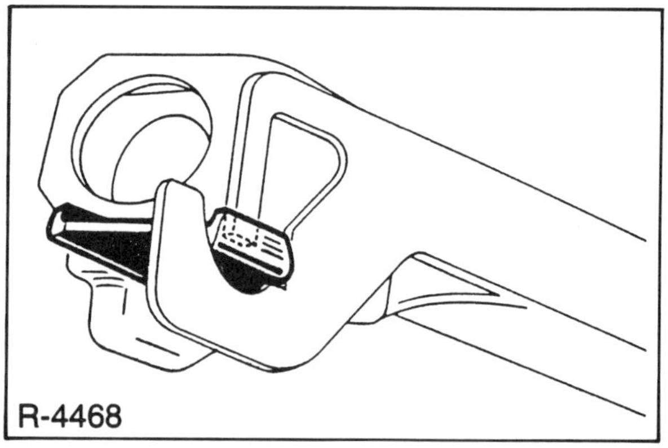

R-4468

- Prüfen, ob die Feder für die automatische Nachstellvorrichtung richtig eingebaut ist, siehe Abbildung.

- Nachstellvorrichtung auf „0“ zurückdrehen und mit Haltefeder in Primärbacke einsetzen.
- Handbremsseil am Handbremshebel der Sekundärbacke einhängen.
- Bremsbacken (zuerst Sekundärbacke) am Bremsträger ansetzen und mit Haltestiften und Druckfedern befestigen. Dabei Haltestifte von hinten gegenhalten und Federteller gleichzeitig mit Flachzange aufdrücken, um 90° drehen und dadurch arretieren.

Achtung: Beim Einsetzen der Primärbacke darauf achten, daß die Nachstellvorrichtung –C– in die Druckstange –B– einrastet, siehe Abbildung R-4466 und R-4467.

- Obere und untere Rückzugfeder in die Bremsbacken mit Bremsfedernzange einsetzen. **Achtung:** Auf richtige Lage der Rückzugfedern achten, entsprechend den beim Ausbau gemachten Notizen.
- Federspange, wo vorhanden, abnehmen.

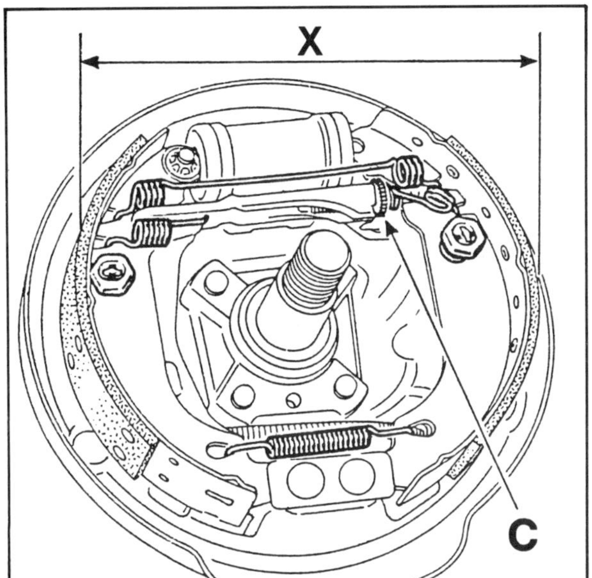

R-4469

- Druckstange einstellen. Dazu Ritzel –C– mit einem Schraubendreher verdrehen, bis an den Bremsbacken ein Außendurchmesser von 178,7 mm bis 179,2 mm erreicht wird.
- Bremstrommel einbauen, siehe Seite 144.
- Grundlüftspiel der Hinterradbremse durch mehrmaliges Betätigen der Fußbremse einstellen. Dabei ist ein Klickgeräusch an der Bremse bis zum Erreichen des Grundlüftspiels hörbar.
- Handbremse einstellen.
- Rad anschrauben.
- Fahrzeug abbocken, Radschrauben mit **80 Nm** über Kreuz festziehen.
- Probebremsung aus mittlerer Geschwindigkeit auf verkehrsfreier Straße durchführen.

Radbremszylinder aus- und einbauen

In die Radbremszylinder sind fest eingestellte Bremskraftbegrenzer integriert. Ist der Radbremszylinder defekt oder die Funktion des Bremskraftbegrenzers gestört, so muß die komplette Einheit ersetzt werden. Eine Reparatur ist nicht zulässig.

Ausbau

- Bremstrommel ausbauen, siehe Seite 144.
- Obere Rückzugfeder mit Schraubendreher oder Bremsfedernzange aushängen.
- Bremsbacken oben auseinanderziehen, damit die Kolben des Radbremszylinders frei werden. **Achtung:** Bei verschmierten Bremsbelägen Bremsbacken ersetzen.
- Lappen unter Bremsträgerblech legen.

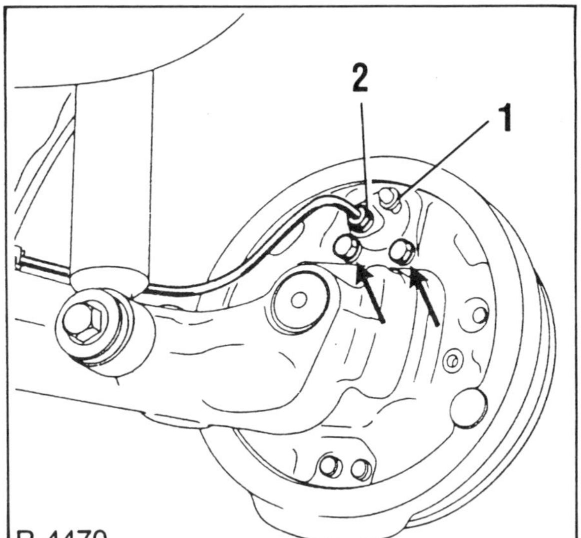

R-4470

- Überwurfmutter –2– für Bremsleitung lösen, nicht abschrauben.
- Beide Schrauben –Pfeile– für Radbremszylinder herausdrehen. 1 – Entlüfterschraube.

Einbau

- Neuen Radbremszylinder bereithalten.
- Mutter für Bremsleitung abschrauben und sofort in neuen Radbremszylinder handfest einschrauben. Dadurch ist sichergestellt, daß nur wenig Bremsflüssigkeit ausläuft.
- Schrauben für Radbremszylinder einschrauben und mit 10 Nm festziehen.
- Überwurfmutter für Bremsleitung mit 15 Nm festziehen.
- Obere Rückzugfeder einhängen.
- Bremstrommel einbauen, siehe Seite 144.
- Bremsanlage entlüften.

Die Bremsflüssigkeit

Beim Umgang mit Bremsflüssigkeit ist zu beachten:

- Bremsflüssigkeit ist giftig. Keinesfalls Bremsflüssigkeit mit dem Mund über einen Schlauch absaugen. Bremsflüssigkeit nur in Behälter füllen, bei denen ein versehentlicher Genuß ausgeschlossen ist.
- Bremsflüssigkeit ist ätzend und darf deshalb nicht mit dem Autolack in Berührung kommen, gegebenenfalls sofort abwischen und mit viel Wasser abwaschen.
- Bremsflüssigkeit ist hygroskopisch, das heißt, sie nimmt aus der Luft Feuchtigkeit auf. Bremsflüssigkeit deshalb nur in geschlossenen Behältern aufbewahren.
- **Bremsflüssigkeit, die schon einmal im Bremssystem verwendet wurde, darf nicht wieder verwendet werden. Auch beim Entlüften der Bremsanlage nur neue Bremsflüssigkeit verwenden.**
- Bremsflüssigkeits-Spezifikation: **SAE J 1703, DOT 3 oder DOT 4.**
- Bremsflüssigkeit darf nicht mit Mineralöl in Berührung kommen. Schon geringe Spuren Mineralöl machen die Bremsflüssigkeit unbrauchbar, beziehungsweise führen zum Ausfall des Bremssystems.
- Bremsflüssigkeit nach jeder größeren Bremsreparatur, wie beispielsweise Radbremszylinder ersetzen, auswechseln.
- Alte Bremsflüssigkeit bei der örtlichen Deponie für Sondermüll abgeben, nicht in die Kanalisation schütten.

Bremsanlage entlüften

Nach jeder Reparatur an der Bremse, bei der die Anlage geöffnet wurde, kann Luft in die Druckleitungen eingedrungen sein. Dann ist das Bremssystem zu entlüften. Luft ist auch dann in den Leitungen, wenn sich beim Tritt auf das Bremspedal der Bremsdruck schwammig anfühlt. In diesem Fall muß die Undichtigkeit beseitigt und die Bremsanlage entlüftet werden.

Die Bremsanlage wird durch Pumpen mit dem Bremspedal entlüftet, dazu ist eine zweite Person notwendig.

Muß die ganze Anlage entlüftet werden, jede Radbremse einzeln entlüften. Das ist immer dann der Fall, wenn Luft in jeden einzelnen Bremszylinder gedrungen ist. Falls nur ein Bremssattel beziehungsweise Radbremszylinder erneuert oder überholt wurde, genügt in der Regel das Entlüften des betreffenden Zylinders.

Die Reihenfolge der Entlüftung (außer BOSCH-ABS): 1. Radbremszylinder hinten rechts, 2. Bremssattel vorn links, 3. Radbremszylinder hinten links, 4. Bremssattel vorn rechts.

Achtung: Bei Fahrzeugen mit **BOSCH-ABS** unbedingt folgende Entlüftungsreihenfolge einhalten:

1. Bremssattel vorn links, 2. Bremssattel vorn rechts, 3. Bremssattel hinten links, 4. Bremssattel hinten rechts.

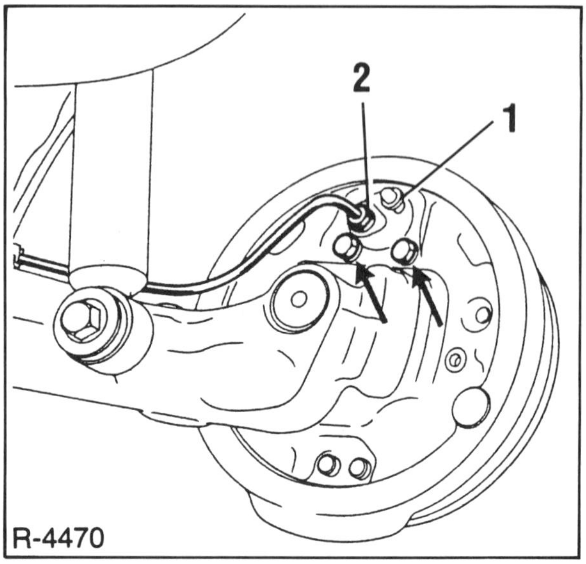

- Staubkappe vom Entlüfterventil –1– des Bremszylinders abnehmen und Ringschlüssel ansetzen. Entlüfterventil reinigen. 2 – Überwurfmutter für Bremsleitung.

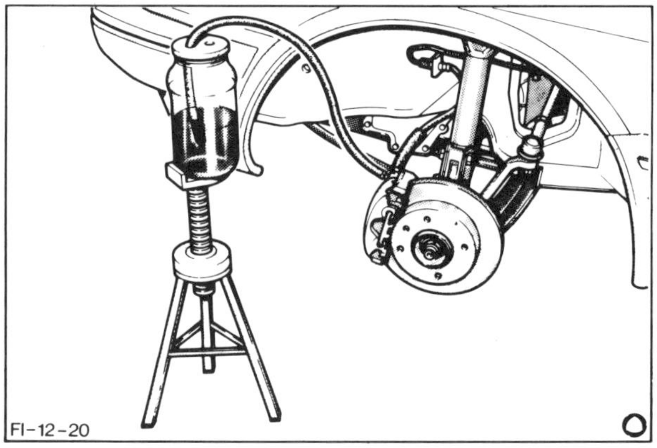

- Sauberen Schlauch aufstecken, anderes Schlauchende in eine mit Bremsflüssigkeit halbvoll gefüllte Flasche stecken. Die Auffangflasche soll mindestens 30 cm höher stehen als das Entlüfterventil. Dadurch wird verhindert, daß Luft über das Gewinde der Entlüfterschraube in das Bremssystem gelangt.
- Von einer Hilfsperson Bremspedal so oft niedertreten lassen („pumpen"), bis sich im Bremssystem Druck aufgebaut hat. Zu spüren am wachsenden Widerstand beim Betätigen des Pedals.
- Ist genügend Druck vorhanden, Bremspedal ganz durchtreten, Fuß auf dem Bremspedal halten.
- Entlüfterventil am Bremssattel etwa eine halbe Umdrehung mit Ringschlüssel öffnen. Ausfließende Bremsflüssigkeit in der Flasche sammeln. Darauf achten, daß sich das Schlauchende in der Flasche ständig unterhalb des Flüssigkeitsspiegels befindet.

- Sobald der Flüssigkeitsdruck nachläßt, Entlüfterventil schließen. **Achtung:** Entlüfterventil ganz leicht mit 8 Nm zuschrauben, sonst kann das Gewinde zerstört werden.
- Pumpvorgang wiederholen, bis sich Druck aufgebaut hat. Bremspedal niedertreten, Fuß auf dem Bremspedal lassen, Entlüfterschraube öffnen, bis der Druck nachläßt, Entlüfterschraube schließen.
- Entlüftungsvorgang an einem Bremszylinder so lange wiederholen, bis sich in der Bremsflüssigkeit, die in die Entlüfterflasche strömt, keine Luftblasen mehr zeigen.
- Nach dem Entlüften Schlauch von Entlüfterschraube abziehen, Staubkappe auf Ventil stecken.
- Die anderen Bremszylinder und den Hauptbremszylinder auf gleiche Weise entlüften.

Achtung: Während des Entlüftens ab und zu den Ausgleichbehälter beobachten. Der Flüssigkeitsspiegel darf nicht zu weit sinken, sonst wird über den Ausgleichbehälter Luft angesaugt. **Immer nur neue Bremsflüssigkeit nachgießen!**

- Nach dem Entlüften ist der Ausgleichbehälter bis zur Markierung »MAXI« aufzufüllen.

Bremsleitung/Bremsschlauch ersetzen

Für das Bremsleitungssystem, das zusammen mit den druckfesten Bremsschläuchen für die Räder die Verbindung vom Hauptbremszylinder zu den vier Radbremsen herstellt, werden Rohre verwendet.

Die Bremsschläuche stellen die flexiblen Verbindungen zwischen den starren und beweglichen Fahrzeugteilen her.

- Fahrzeug aufbocken.

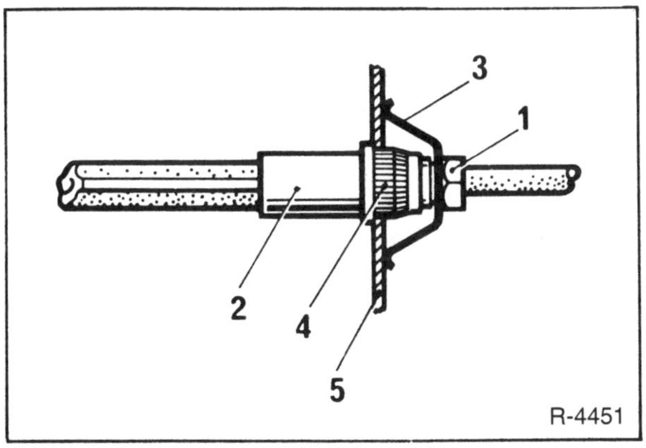

R-4451

- Überwurfmutter –1– der starren Bremsleitung lösen, bis die Feder –3– entspannt ist. Dadurch wird der Bremsschlauch –2– aus der Verzahnung –4– frei.
- Bremsschlauch am Bremssattel abschrauben und abnehmen.
- Leitungsanschluß in Richtung Hauptbremszylinder mit geeignetem Stopfen verschließen, oder vorher Bremsflüssigkeit mit Saugheber aus dem Vorratsbehälter absaugen.
- Neue Bremsleitung möglichst an gleicher Stelle verlegen.
- Soll der Bremsschlauch am Bremssattel erneuert werden, muß vorher der Bremssattel ausgebaut werden.
- Neuen Bremsschlauch so einbauen, daß er bei geradeaus stehenden Rädern ohne Drall durchhängt.
- Bremsschlauch am Bremssattel mit 15 Nm anschrauben, in die Verzahnung der Haltelasche –5– einsetzen und Überwurfmutter mit 15 Nm festziehen.
- Nur vom Werk freigegebene Bremsschläuche einbauen.
- Nach dem Einbau bei entlastetem Rad prüfen (Wagen angehoben), ob der Schlauch allen Radbewegungen folgt, ohne irgendwo anzuscheuern.

Achtung: Bremsschläuche nicht mit Öl oder Petroleum in Berührung bringen, nicht lackieren oder mit Unterbodenschutz besprühen.

- Bremsanlage entlüften.
- Fahrzeug ablassen.

Handbremse einstellen

Da sich die Hinterradbremse automatisch nachstellt, muß die Handbremse nur nach dem Auswechseln der Bremsbacken, der Bremsseile oder des Handbremshebels eingestellt werden. Einstellungen außerhalb dieser Arbeiten sind nicht zulässig. Insbesondere darf über die Handbremseinstellung kein Spielausgleich der Bremse vorgenommen werden. Bei falsch eingestellter Handbremse (Seile zu stark gespannt) wird die Funktion der automatischen Nachstellvorrichtung gestört, der Bremspedalweg ist dann zu groß.

Einstellen

- Fahrzeug hinten aufbocken, siehe Seite 110.
- Handbremshebel lösen.
- Bremspedal mehrmals betätigen, um eine richtige Selbstnachstellung zu gewährleisten.

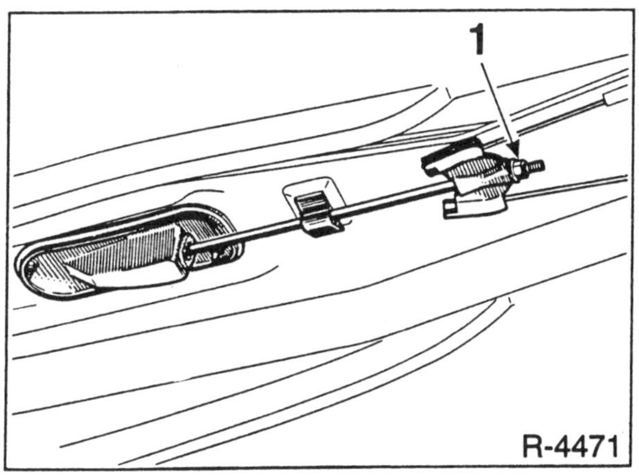

R-4471

- Kontermutter –1– lösen und bis zum Ende der Gewindestange abschrauben.

Trommelbremse

- Bremstrommel ausbauen, siehe Seite 144.

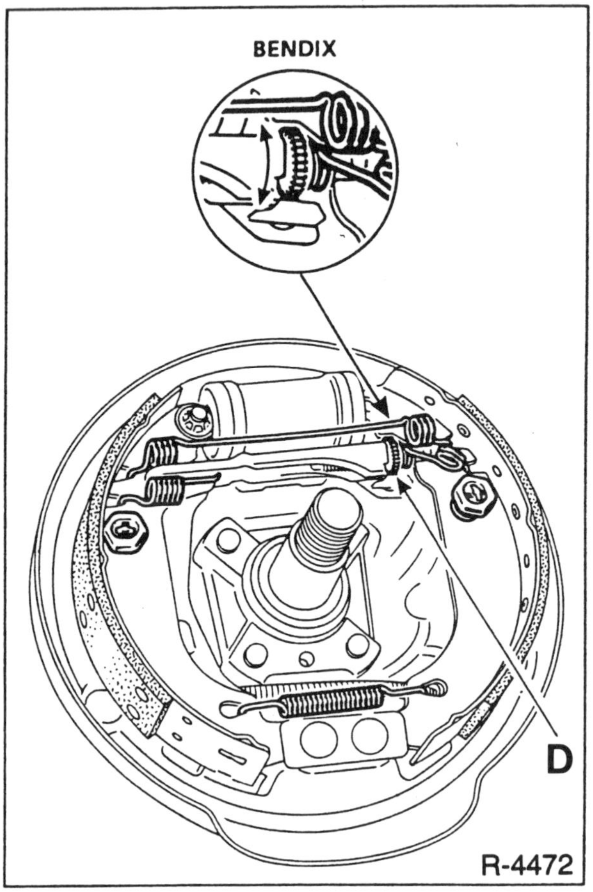

- Automatische Nachstellvorrichtung auf Leichtgängigkeit prüfen. Dazu Zahnmutter –D– in beide Richtungen drehen.
- Anschließend Zahnmutter um 5 bis 6 Zähne lockern.
- Prüfen, ob die Seilzüge freigängig sind.

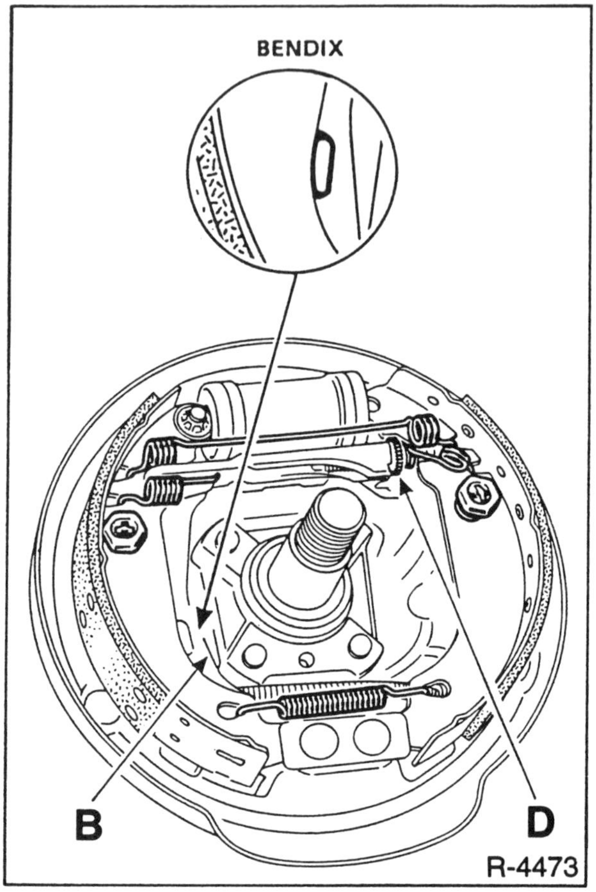

- Prüfen, ob der Betätigungshebel –B– an den Bremsbacken anliegt.
- Seilzüge langsam spannen. Dazu Mutter –1–, Abbildung R-4471, auf die Gewindestange schrauben, so daß die Hebel –B– der linken und rechten Bremse beginnen, sich zwischen dem 1. und 2. Zahn des Hebelweges zu lösen und im 2. Zahn vollständig gelöst sind.
- Bremstrommeln einbauen, siehe Seite 144.
- Fahrzeug ablassen, siehe Seite 110.
- Bremspedal mehrmals fest und langsam betätigen und dadurch Bremsbacken einstellen. Dabei prüfen, ob die Nachstellvorrichtung hörbar (klickt) arbeitet.

Scheibenbremse

- Gewindestange eindrehen, bis die Bremsseile vollständig gelöst sind.

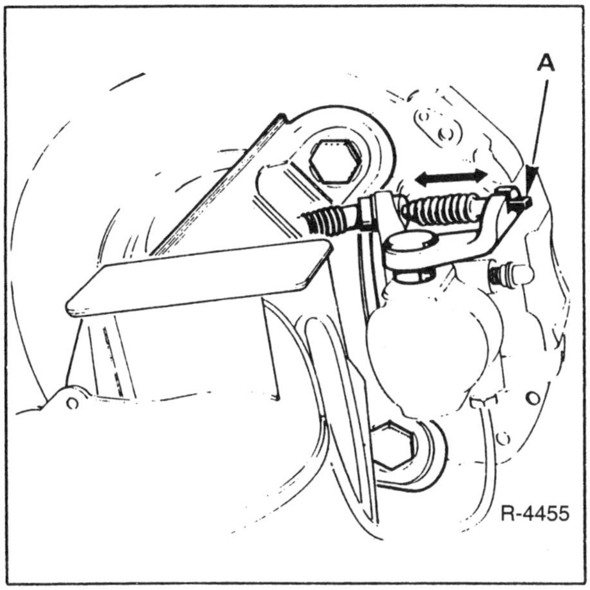

- Bremshebel an den Bremssätteln betätigen und prüfen, ob sie von selbst in die Ausgangsstellung zurückkehren.
- Bremshebel in Richtung Fahrzeugheck zur Anlage bringen.
- Bremsseilzüge spannen, bis das Endstück –A– jeweils am Bremshebel anliegt, ohne daß der Hebel betätigt wird.
- Seilzüge so einstellen, daß der Bremshebel abhebt, wenn der Handbremshebel zwischen der 1. und 2. Raste angezogen wird. Nach der 2. Raste muß der Bremshebel vollständig abgehoben sein.
- Handbremshebel 8 – 12 Rasten anziehen, die Hinterräder müssen blockiert sein.
- Handbremshebel lösen und prüfen, ob sich die Räder frei drehen ohne zu schleifen.
- Kontermutter –1– festziehen.
- Fahrzeug ablassen, siehe Seite 110.

Handbremshebel aus- und einbauen

Ausbau

- Fahrzeug hinten aufbocken, siehe Seite 110.
- Handbremshebel lösen.

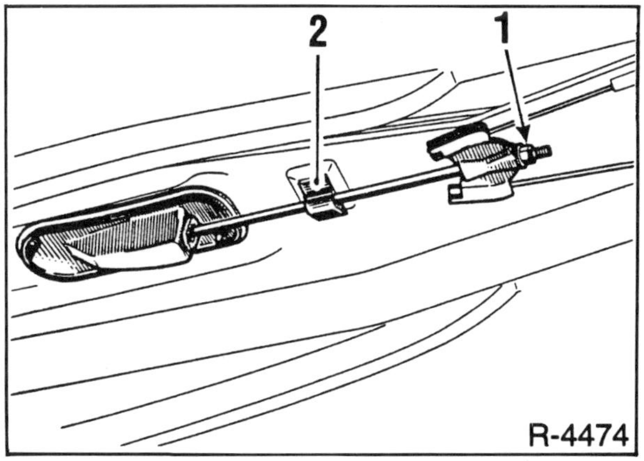

- Mutter –1– abschrauben und mit Unterlegscheibe entfernen.
- Betätigungsstange aus der Klammer –2– ausclipsen.
- Abdeckung für untere Sicherheitsgurt-Befestigung ausbauen. Dazu an der vorderen und hinteren Stirnseite je eine Schraube mit einem Torxschraubendreher T15 herausdrehen.
- Sicherheitsgurtschlösser mit einem Torx-Schlüsseleinsatz T30 abschrauben.
- Bodenteppich am hinteren Teil des Handbremshebels etwas einschneiden.
- Kabel für Handbremskontrolleuchte abklemmen.
- Hebelhalterung am Bodenblech mit 2 Schrauben abschrauben.
- Handbremshebel mit Betätigungsstange herausnehmen.

Einbau

- Handbremshebel einsetzen und anschrauben.
- Betätigungsstange einclipsen.
- Handbremsseil-Ausgleichstück aufschieben, Mutter mit Unterlegscheibe leicht auf die Gewindestange aufschrauben.
- Kabel für Handbrems-Kontrollampe anklemmen.
- Sicherheitsgurtschlösser anschrauben.
- Abdeckungen ansetzen und anschrauben.
- Handbremse einstellen.

Bremskraftverstärker prüfen

Der Bremskraftverstärker ist auf Funktion zu überprüfen, wenn zur Erzielung ausreichender Bremswirkung die Pedalkraft außergewöhnlich hoch ist.

- Bremspedal bei stehendem Motor mindestens 5mal kräftig durchtreten, dann bei belastetem Bremspedal Motor starten. Das Bremspedal muß jetzt unter dem Fuß spürbar nachgeben.
- Andernfalls Unterdruckschlauch am Bremskraftverstärker abschrauben, Motor starten. Durch Fingerauflegen am Ende des Unterdruckschlauches prüfen, ob Unterdruck erzeugt wird.
- Ist kein Unterdruck vorhanden: Unterdruckschlauch auf Undichtigkeiten und Beschädigungen prüfen, gegebenenfalls ersetzen. Sämtliche Schellen fest anziehen.
- Dieselmotor: Unterdruckschlauch von der Vakuumpumpe abziehen und mit dem Finger prüfen, ob Unterdruck am Schlauchanschluß anliegt.
- Ist Unterdruck vorhanden: Unterdruck messen, gegebenenfalls Bremskraftverstärker ersetzen lassen (Werkstattarbeit). **Achtung:** Dabei auch immer Rückschlagventil in der Unterdruckleitung ersetzen, da die Membrane im Bremskraftverstärker durch eindringende Kraftstoffdämpfe (bei defektem Rückschlagventil) beschädigt werden kann.

Die ABS-Anlage

Je nach Modell und Ausstattung besitzt der RENAULT 19 ein elektronisches Anti-Blockier-System (ABS) von BENDIX, beziehungsweise BOSCH. Ein nachträglicher Einbau des ABS ist nicht möglich.

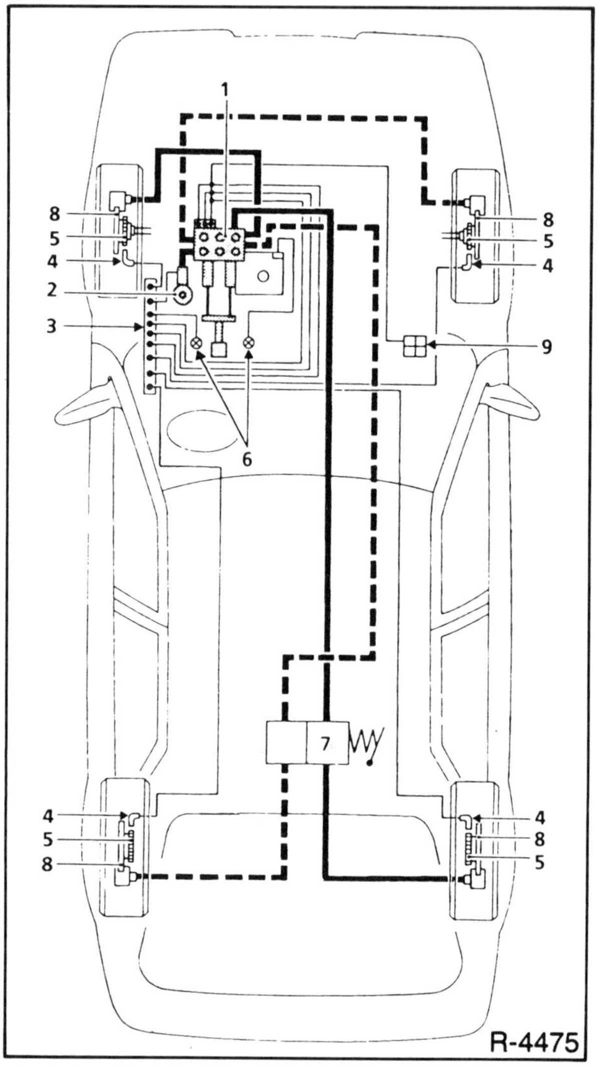

1 – Hauptbremszylindergruppe, bestehend aus 2 Hauptbremszylindern und einem Ventilblock
2 – Pumpenaggregat mit Druckspeicher
3 – Elektronisches Steuergerät
4 – Raddrehzahlgeber
5 – Impulsringe, vorn auf die Antriebswellen aufgeschrumpft, hinten fest mit den Radnaben verbunden
6 – 2 Kontrollampen im Schalttafeleinsatz
7 – Doppelter, lastabhängiger Bremskraftregler
8 – Scheibenbremsen an allen 4 Rädern
9 – Diagnosestecker

Das Antiblockiersystem (ABS) verhindert, daß bei scharfem Abbremsen die Räder blockieren. Dadurch bleibt das Fahrzeug bei einer Vollbremsung lenkbar.

Das ABS ist funktionsbereit, sobald die Zündung eingeschaltet ist und die Kontrollampen erloschen sind. Es regelt alle Bremsvorgänge im Blockierbereich.

Durch Drehzahlfühler, je zwei für die Vorder- und die Hinterräder, wird die Radgeschwindigkeit gemessen. Aus den Signalen der einzelnen Drehzahlfühler errechnet das elektronische Steuergerät eine Durchschnittsgeschwindigkeit, die in etwa der Fahrzeuggeschwindigkeit entspricht. Durch Vergleich der Radgeschwindigkeit für ein einzelnes Rad und der Durchschnittsgeschwindigkeit aller Räder erkennt das Steuergerät den Schlupfzustand des einzelnen Rades und kann dadurch feststellen, wenn sich ein Rad kurz vor dem Blockieren befindet.

Sobald ein Rad zum Blockieren neigt, der Bremsflüssigkeitsdruck im Bremssattel ist dann zu hoch im Verhältnis zur Haftfähigkeit der Reifen auf der Straße, verringert das Hydrauliksystem aufgrund von Signalen des Steuergerätes den Flüssigkeitsdruck im Bremssattel. Jedoch nur so weit, bis das Rad wieder geringfügig beschleunigt, dann schließen die Ventile wieder und der durch die Bremspedalbetätigung erzielte Druck wirkt wieder, jedoch nicht über das Maß des allgemeinen Bremsdrucks hinaus.

Dieser Vorgang wiederholt sich bei scharfem Bremsen für jedes einzelne Rad so lange, bis das Bremspedal zurückgenommen wird, beziehungsweise bis kurz vor Stillstand des Fahrzeuges.

Eine Sicherheitsschaltung im elektronischen Steuergerät sorgt dafür, daß sich das ABS bei einem Defekt selbst abschaltet. In diesem Fall leuchtet die ABS-Kontrolleuchte am Armaturenbrett während der Fahrt auf. Die herkömmliche Bremsanlage bleibt dabei in Betrieb. Das Fahrzeug verhält sich beim Bremsen dann so, als ob kein ABS eingebaut wäre. Allerdings fällt gleichzeitig auch der Bremskraftverstärker aus, so daß wesentlich stärker auf das Bremspedal getreten werden muß, um eine ausreichende Bremswirkung zu erzielen. Außerdem verlängert sich bei Ausfall des Bremskraftverstärkers der Bremspedalweg.

- Prüfungen und Reparaturen des ABS sollten der Werkstatt vorbehalten bleiben.

Achtung: Vor Schweißarbeiten mit einem elektrischen Schweißgerät muß der Stecker vom elektronischen Steuergerät abgezogen werden. Stecker nur bei ausgeschalteter Zündung abziehen.

Störungsdiagnose Bremse

Störung	Ursache	Abhilfe
Leerweg des Bremspedals zu groß	Bremsbacken teilweise oder völlig abgenutzt	■ Bremsbeläge nachstellen oder Beläge erneuern
	Ein Bremskreis ausgefallen	■ Bremskreise auf Flüssigkeitsverlust prüfen
	Trommelbremse nicht richtig eingestellt	■ Trommelbremse einstellen
	Seilzug der Handbremse zu stark gespannt	■ Handbremse einstellen, Seilzug gangbar machen
Bremspedal läßt sich weit und federnd durchtreten	Luft im Bremssystem	■ Bremse entlüften
	Zu wenig Bremsflüssigkeit im Ausgleichbehälter	■ Neue Bremsflüssigkeit nachfüllen Bremse entlüften
	Dampfblasenbildung. Tritt meist nach starker Beanspruchung auf, z. B. Paßabfahrt	■ Bremsflüssigkeit wechseln. Bremse entlüften
Bremswirkung läßt nach, Bremspedal läßt sich durchtreten	Undichte Leitung	■ Leitungsanschlüsse nachziehen oder Leitung erneuern
	Beschädigte Manschette im Haupt- oder Radbremszylinder	■ Manschette erneuern. Beim Hauptbremszylinder Innenteile ersetzen, ggf. Hauptbremszylinder ersetzen
	Dichtmanschette zwischen den beiden Bremskreisen des Hauptbremszylinders defekt	■ Manschette ersetzen
	Speziell bei Scheibenbremse: Stationärer Gummidichtring beschädigt	■ Bremssattel überholen
Schlechte Bremswirkung trotz hohen Fußdrucks	Bremsbeläge verölt	■ Bremsbeläge erneuern
	Ungeeigneter oder verhärteter Bremsbelag	■ Beläge erneuern Original RENAULT-Beläge verwenden
	Bremskraftverstärker defekt	■ Bremsservo prüfen
	Kolben klemmt	■ Bremssattel gangbar machen, Radbremszylinder ersetzen
	Hydrauliksystem verschmutzt	■ Reinigen, Bremsflüssigkeit wechseln
	Speziell bei Scheibenbremse: Bremsbeläge abgenutzt	■ Bremsbeläge erneuern
Bremsen blockieren bei leichtem Abbremsen	Bremsbeläge leicht ölig	■ Bremsbeläge ersetzen
	Rückzugfedern erlahmt	■ Federn ersetzen
Bremsen erhitzen sich während der Fahrt	Ausgleichsbohrung im Hauptbremszylinder verstopft	■ Hauptbremszylinder reinigen und Innenteile erneuern lassen
	Ungenügender Leerweg am Stößel des Hauptbremszylinders	■ Prüfen, ob der Kolben in die Endstellung zurückkommt
	Kolben klemmt oder schwergängig	■ Gangbar machen
	Bremsleitung verstopft	■ Reinigen, Bremsflüssigkeit wechseln
	Betätigung der Handbremse klemmt Handbremse falsch eingestellt	■ Handbremse einstellen
	Speziell bei Trommelbremse: Bremsbacken-Rückzugfedern erlahmt	■ Rückzugfedern erneuern

Störung	Ursache	Abhilfe
Bremsbeläge lösen sich nicht von der Bremsscheibe, Räder lassen sich schwer von Hand drehen	**Speziell bei Scheibenbremse:** Korrosion in den Bremssattelzylindern	■ Bremssattel überholen, eventuell austauschen
Ungleichmäßiger Belag-Verschleiß	**Speziell bei Scheibenbremse:** Ungeeigneter Bremsbelag	■ Bremsbeläge erneuern Original RENAULT-Beläge verwenden
	Bremssattel verschmutzt	■ Bremssattelschächte reinigen
	Kolben nicht leichtgängig	■ Kolben gangbar machen
	Bremssystem undicht	■ Bremssystem auf Dichtigkeit prüfen
Bremse zieht einseitig	Unvorschriftsmäßiger Reifendruck	■ Reifendruck prüfen und berichtigen
	Bereifung ungleichmäßig abgefahren	■ Abgefahrene Reifen ersetzen
	Bremsbeläge verölt	■ Bremsbeläge erneuern
	Teile der Radaufhängung oder Lenkung defekt	■ Prüfen
	Verschiedene Bremsbelagsorten auf einer Achse	■ Beläge erneuern. Original RENAULT-Beläge verwenden
	Schlechtes Tragbild der Bremsbeläge	■ Bremsbeläge austauschen
	Bremsleitung verstopft	■ Bremsdruck aller 4 Bremsen prüfen lassen
	Speziell bei Scheibenbremse: Verschmutzte Bremssattelschächte	■ Sitz- und Führungsflächen der Bremsbeläge im Bremssattel reinigen
	Korrosion in den Bremssattelzylindern	■ Bremssattel erneuern
	Bremsbelag ungleichmäßig verschlissen	■ Bremsbeläge erneuern (beide Räder)
	Speziell bei Trommelbremse: Kolben in den Radbremszylindern schwergängig	■ Radbremszylinder ersetzen
	Bremsbacken falsch eingestellt	■ Handbrems-Seilzug einstellen
Bremse quietscht	Oft auf atmosphärische Einflüsse (Luftfeuchtigkeit) zurückzuführen	■ Keine Abhilfe erforderlich, und zwar dann, wenn Quietschen nach längerem Stillstand des Wagens bei hoher Luftfeuchtigkeit auftrat, aber nach den ersten Bremsungen sich nicht wiederholt
	Speziell bei Scheibenbremse: Ungeeigneter Bremsbelag	■ Beläge erneuern. Original RENAULT-Beläge verwenden Rückenplatte mit Anti-Quietsch-Paste bestreichen
	Bremsscheibe läuft nicht parallel zum Bremssattel	■ Anlagefläche des Bremssattels prüfen
	Verschmutzte Schächte im Bremssattel	■ Bremssattelschächte reinigen
	Spreizfedern ausgeleiert	■ Spreizfedern erneuern
	Speziell bei Trommelbremse: Ungeeigneter Bremsbelag	■ Beläge erneuern
	Belag liegt nicht satt auf	■ Beläge erneuern
	Bremse verschmutzt	■ Radbremsen reinigen
	Rückzugfedern zu schwach	■ Rückzugfedern erneuern

Störung	Ursache	Abhilfe
Bremse pulsiert	**Speziell bei Scheibenbremse:** Seitenschlag oder Dickentoleranz der Bremsscheibe zu groß	■ Schlag und Toleranz prüfen. Scheibe nacharbeiten oder ersetzen
	Bremsscheibe läuft nicht parallel zum Bremssattel	■ Anlagefläche des Bremssattels prüfen
	Speziell bei Trommelbremse: Anlagefläche des Scheibenrades an der Bremstrommel nicht plan, dadurch Verzug der Bremstrommel	■ Es kann versucht werden, die Scheibenräder untereinander auszutauschen. Besser: Bremstrommel mit angeschraubtem Rad auf einer geeigneten Drehbank ausdrehen
Bremse zieht von selbst an	Ausgleichsbohrung im Hauptbremszylinder verstopft	■ Hauptbremszylinder reinigen und Innenteile erneuern lassen
	Spiel zwischen Betätigungsstange und Hauptbremszylinderkolben zu gering	■ Spiel prüfen
Bremsen rattern	Ungeeigneter Bremsbelag	■ Beläge erneuern Original RENAULT-Beläge verwenden
	Speziell bei Scheibenbremse: Bremsscheibe stellenweise korrodiert	■ Scheibe mit Schleifklötzen sorgfältig glätten
	Bremsscheibe hat Seitenschlag	■ Scheibe nacharbeiten oder ersetzen
	Speziell bei Trommelbremse: Bremsbeläge verschlissen	■ Beläge erneuern. Original RENAULT-Beläge verwenden
	Bremstrommel unrund	■ Bremstrommel ausdrehen, gegebenenfalls ersetzen
Keilförmiger Bremsbelag-Verschleiß	**Speziell bei Scheibenbremse:** Bremsscheibe läuft nicht parallel zum Bremssattel	■ Anlagefläche des Bremssattels prüfen
	Korrosion in den Bremssätteln	■ Verschmutzung beseitigen
	Kolben arbeitet nicht richtig	■ Kolben gangbar machen

Räder und Reifen

Räder- und Reifenmaße/Reifenfülldruck

Motor	Scheibenrad	Reifengröße	Reifenfülldruck in bar			
			leer		beladen	
			vorn	hinten	vorn	hinten
43, 54 kW (58, 73 PS)	5 B × 13	165/70 R 13 T	1,8	2,0	2,0	2,2
Diesel	5 J × 13 5.50 B × 13	165/70 R 13 T	2,0	2,0	2,2	2,2
66 kW (90 PS)	5 B × 13 5.50 B × 13 5½ J × 14	165/70 R 13 H 175/70 R 13 H 175/65 R 14 H	1,8 1,8 1,8	2,0 2,0 2,0	2,0 2,0 2,0	2,2 2,2 2,2
99 kW (135 PS)	6½ J × 15	195/50 R 15 V[1)]	2,0	2,0	2,2	2,2

[1)] Bei dieser Reifengröße dürfen keine Schneeketten montiert werden. Falls Schneeketten montiert werden sollen, muß die Räder/Reifenkombination 5 ½ J x 14 mit 165/65 R 14 M+S-Reifen verwendet werden.

Achtung: Die technische Entwicklung geht ständig weiter. Es kann sein, daß inzwischen auch für ältere Fahrzeug-Modelle andere Reifenfülldrücke beziehungsweise andere Reifen-Felgen-Kombinationen zugelassen sind. Maßgebend sind die in den Fahrzeugpapieren angegebenen Größen.

- Der Reifenfülldruck für das **Reserverad** entspricht dem maximalen Fülldruck der Hinterradreifen; z.B. beim 90-PS-Motor: 2,2 bar.
- Sämtliche Überdruckangaben beziehen sich auf kalte Reifen. Der sich bei längerer Fahrt einstellende, um ca. 0,2 bis 0,4 bar höhere Überdruck darf nicht reduziert werden.
- Für Fahrzeuge mit Automatik-Getriebe gilt vorn ein um 0,1 bar erhöhter Reifenfülldruck.
- Bei sportlicher Fahrweise empfiehlt es sich, den Reifenüberdruck an Vorder- und Hinterrädern um 0,2 bar zu erhöhen. Bei dieser Erhöhung ist vom Basisüberdruck auszugehen, wie er für die verschiedenen Belastungszustände vorgeschrieben ist.
- Winterreifen werden in der Regel mit einem um 0,2 bar höheren Überdruck gefahren. Die Luftdruckempfehlungen des jeweiligen Reifenherstellers bei Winterreifen sind zu beachten.
- Da die Winterreifen einer Geschwindigkeitsbeschränkung unterliegen, muß ein Hinweis über die zulässige Höchstgeschwindigkeit im Blickfeld des Fahrers angebracht werden (§ 36, Absatz 1 StVZO).

Scheibenrad-Bezeichnungen

Beispiel 5 ½ J x 14:

5½ = Maulweite der Felge in Zoll
J = Kennbuchstabe für Höhe und Kontur des Felgenhorns
× = Kennzeichen für einteilige Tiefbettfelge
14 = Felgen-Durchmesser in Zoll
ET36 = Einpreßtiefe 36 mm

- Der RENAULT 19 kann mit unterschiedlichen Scheibenrädern (Felgen) und Reifen bestückt sein. Es sind jedoch nur Scheibenräder mit einer Einpreßtiefe von 36 mm zulässig. Die Einpreßtiefe ist das Maß von der Felgenmitte bis zur Anlagefläche der Radschüssel an die Bremsscheibe beziehungsweise Bremstrommel.
- Zulässiger Seitenschlag am Felgenhorn: 1,2 mm; Zulässiger Höhenschlag an der Felgenschulter: 0,8 mm.

Reifenbezeichnungen

Beispiel:

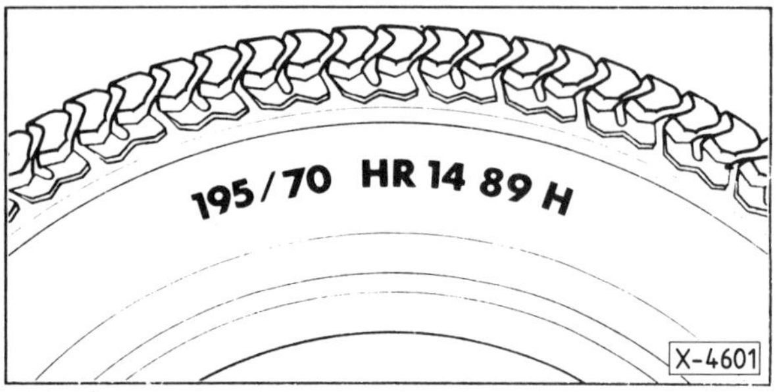

195 = Reifenbreite in mm
/70 = Verhältnis Höhe: Breite (die Höhe des Reifenquerschnitts beträgt 70 % von der Breite)

Fehlt eine besondere Angabe des Querschnittverhältnisses (z. B. 175 R 14), so handelt es sich um das „normale" Höhen-Breiten-Verhältnis. Es beträgt bei Gürtelreifen 82 %.

H = Geschwindigkeitsklasse, H: bis 210 km/h (wird bei neueren Reifen nicht immer angegeben).
R = Radial-Bauart (= Gürtelreifen).
14 = Felgendurchmesser in Zoll.
89 = Tragfähigkeits-Kennzahl.

Achtung: Steht zwischen den Angaben 14 und 89 die Bezeichnung M + S, dann handelt es sich um einen Reifen mit Winterprofil.

H = Kennbuchstabe für zulässige Höchstgeschwindigkeit.

Der Geschwindigkeitsbuchstabe steht hinter der Reifengröße. Die Geschwindigkeitssymbole gelten sowohl für Sommer- als auch für Winterreifen.

Geschwindigkeits-Kennbuchstabe

Kennbuchstabe	Zulässige Höchstgeschwindigkeit
M	130 km/h
N	140 km/h
P	150 km/h
Q	160 km/h
R	170 km/h
S	180 km/h
T	190 km/h
U	200 km/h
H	210 km/h
V	240 km/h
Z	über 240 km/h

Reifen-Herstellungsdatum

Das Herstellungsdatum steht auf dem Reifen im Hersteller-Code.

Beispiel: DOT CUL2 UM8 430 TUBELESS

DOT = Department of Transportation (US-Verkehrsministerium)
CU = Kürzel für Reifenhersteller
L2 = Reifengröße
UM8 = Reifenausführung
430 = Herstellungsdatum = 43. Produktionswoche 1990
TUBELESS = schlauchlos (TUBETYPE = Schlauchreifen)

Austauschen der Räder

Es ist nicht zweckmäßig, bei einem Austausch der Räder die Drehrichtung der Reifen zu ändern, da sich die Reifen nur unter vorübergehend stärkerem Verschleiß der veränderten Drehrichtung anpassen.

Bei deutlich stärkerer Abnutzung der vorderen Reifen empfiehlt es sich, die Vorderräder gegen die Hinterräder zu tauschen. Dadurch haben alle 4 Reifen etwa die gleiche Lebensdauer.

Zum Festziehen der Radschrauben sollte immer ein Drehmomentschlüssel verwendet werden. Dadurch wird sichergestellt, daß die Radschrauben gleichmäßig fest angezogen sind.

Reifen nicht einzeln sondern mindestens achsweise ersetzen. Dabei Reifen mit der größeren Profiltiefe immer vorn montieren.

Achtung: Beim Erneuern und Demontieren schlauchloser Reifen ist unbedingt das Gummiventil aus Sicherheitsgründen mit auszutauschen.

- Zum Schutz gegen Festrosten ist der Zentriersitz des Scheibenrades an den Radnaben vorn und hinten bei jeder Demontage des jeweiligen Rades mit Wälzlagerfett leicht einzufetten.
- Leichtmetallfelgen sind durch einen Klarlacküberzug gegen Korrosion geschützt. Beim Radwechsel darauf achten, daß die Schutzschicht nicht beschädigt wird, andernfalls mit Klarlack ausbessern.
- Verschmutzte Schrauben reinigen. Schrauben erneuern, wenn das Gewinde beschädigt oder korrodiert ist.
- Radschrauben über Kreuz in mehreren Durchgängen festziehen.

Achtung: Durch einseitiges oder unterschiedlich starkes Anziehen der Radschrauben können das Rad und/oder die Radnabe verspannt werden. **Das Anzugsdrehmoment beträgt für alle Radschrauben 80 Nm.**

Regeln zur Reifenpflege

Generell gilt, daß Reifen sozusagen ein »Gedächtnis« haben und unsachgemäße Behandlung – dazu zählt beispielsweise auch schnelles oder häufiges Überfahren von Bordstein- oder Schienenkanten – oft erst viel später zu Reifenpannen führt.

Reifen reinigen

- Reifen möglichst nicht mit einem Dampfstrahlgerät reinigen. Wird die Düse des Dampfstrahlers zu nahe an den Reifen gehalten, dann wird dessen Gummischicht innerhalb weniger Sekunden irreparabel zerstört, selbst bei Verwendung von kaltem Wasser. Ein auf diese Weise gereinigter Reifen sollte sicherheitshalber ersetzt werden.
- Ersetzt werden sollte auch ein Reifen, der über längere Zeit mit Öl oder Fett in Berührung kam. Der Reifen quillt an den betreffenden Stellen zunächst auf, nimmt jedoch später wieder seine normale Form an und sieht äußerlich unbeschädigt aus. Die Belastungsfähigkeit des Reifens nimmt aber ab.

Reifen lagern

- Reifen sollten kühl, dunkel, trocken und möglichst auch zugfrei untergebracht werden, auch dürfen sie nicht mit Fett und Öl in Berührung kommen.
- Räder liegend oder an den Felgen aufgehängt in der Garage oder im Keller lagern.
- Bevor die Räder abmontiert werden, Reifenfülldruck etwas erhöhen (ca. 0,3–0,5 bar).
- Für Winterreifen eigene Felgen verwenden, denn das Ummontieren der Reifen auf dieselben Felgen lohnt sich aus Kostengründen nicht.

Reifen einfahren

Neue Reifen haben vom Produktionsprozeß her eine besonders glatte Oberfläche. Deshalb müssen neue Reifen – das gilt auch für das neue Ersatzrad – eingefahren werden. Bei diesem Einfahren rauht sich durch die beginnende Abnutzung die glatte Oberfläche auf.

Während der ersten 300 km sollte man mit neuen Reifen speziell auf Nässe besonders vorsichtig fahren.

Auswuchten der Räder

Die serienmäßigen Räder werden im Werk ausgewuchtet. Das Auswuchten ist notwendig, um unterschiedliche Gewichtsverteilung und Materialungenauigkeiten auszugleichen.

Im Fahrbetrieb macht sich die Unwucht durch Trampel- und Flattererscheinungen bemerkbar. Das Lenkrad beginnt dann bei höherem Tempo zu zittern.

In der Regel tritt dieses Zittern nur in einem bestimmten Geschwindigkeitsbereich auf und verschwindet wieder bei niedrigerer und höherer Geschwindigkeit.

Solche Unwuchterscheinungen können mit der Zeit zu Schäden an Achsgelenken, Lenkgetriebe und Stoßdämpfern führen.

Räder etwa alle 15000 km und nach jeder Reifenreparatur auswuchten lassen, da sich durch Abnutzung und Reparatur die Gewichts- und Materialverteilung am Reifen ändert.

Gleitschutzketten

Die Verwendung von Gleitschutzketten ist nur an der Antriebsachse (Vorderachse) erlaubt.

Mit Gleitschutzketten darf nicht schneller als 50 km/h gefahren werden. Auf schnee- und eisfreien Straßen sind die Gleitschutzketten abzunehmen.

Es sollten nur von RENAULT freigegebene Gleitschutzketten verwendet werden.

Fehlerhafte Reifenabnutzung

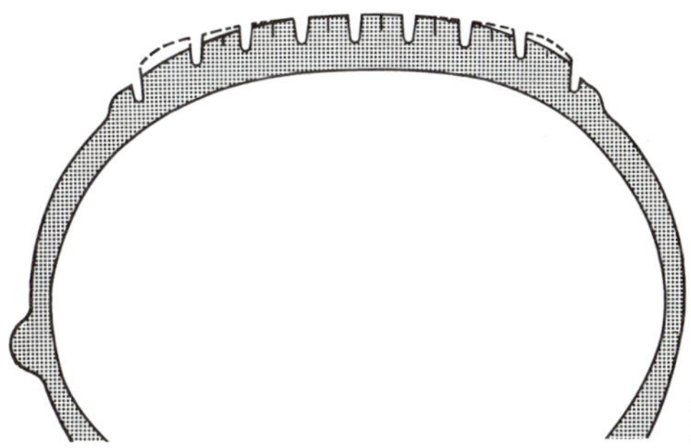
X-4603

- An den Vorderrädern ist eine etwas größere Abnutzung der Reifenschultern gegenüber der Laufflächenmitte normal, wobei aufgrund der Straßenneigung die Abnutzung der zur Straßenmitte zeigenden Reifenschulter (linkes Rad: außen, rechtes Rad: innen) deutlicher ausgeprägt sein kann.
- Ungleichmäßiger Reifenverschleiß ist zumeist die Folge zu geringen oder zu hohen Reifenfülldrucks und kann auf Fehler in der Radeinstellung oder Radauswuchtung sowie auf mangelhafte Stoßdämpfer oder Felgen zurückzuführen sein.

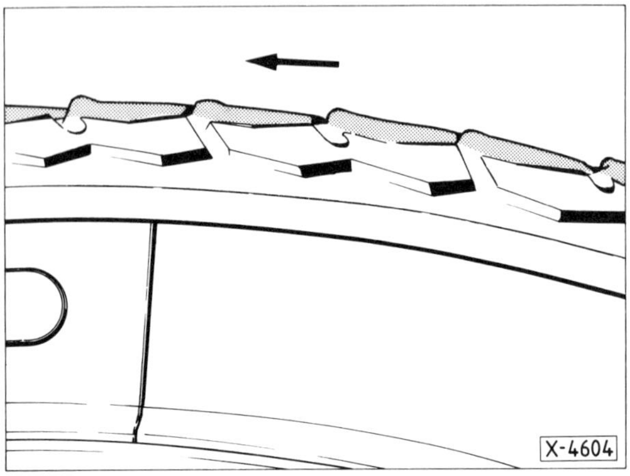

- Sägezahnförmige Abnutzung des Profils ist in der Regel auf eine Überbelastung des Fahrzeuges zurückzuführen.
- In erster Linie ist auf vorschriftsmäßigen Reifenfülldruck zu achten, wobei spätestens alle vier Wochen eine Prüfung vorgenommen werden sollte.
- Reifenfülldruck nur bei kühlen Reifen prüfen. Der Reifenfülldruck steigt nämlich mit zunehmender Erhitzung bei schneller Fahrt an. Dennoch ist es völlig falsch, aus erhitzten Reifen Luft abzulassen.
- Bei zu hohem Reifenfülldruck wird die Laufflächenmitte mehr abgenutzt, da der Reifen an der Lauffläche durch den hohen Innendruck mehr gewölbt ist.
- Bei zu niedrigem Reifenfülldruck liegt die Lauffläche an den Reifenschultern stärker auf, und die Laufflächenmitte wölbt sich nach innen durch. Dadurch ergibt sich ein stärkerer Reifenverschleiß der Reifenschultern.
- Falsche Radeinstellung und Unwucht ergeben jeweils typische Reifenverschleißbilder, auf die in der Störungsdiagnose hingewiesen wird.

Störungsdiagnose Reifen

Abnutzung	**Ursache**
Stärkerer Reifenverschleiß auf beiden Seiten der Lauffläche	■ Zu niedriger Reifenfülldruck
Stärkerer Reifenverschleiß in der Mitte der Lauffläche, über den gesamten Umfang	■ Zu hoher Reifenfülldruck
Auswaschungen der Profilseite	■ Statische und dynamische Unwucht des Rades. Eventuell zu großer Seitenschlag der Felge, zu großes Spiel in den Traggelenken
Auswaschungen in der Mitte des Reifenprofils	■ Statische Unwucht des Rades. Eventuell Folge von zu großem Höhenschlag
Starke Abnutzung an einzelnen Stellen in der Mitte der Lauffläche	■ Blockierspuren von Vollbremsungen
Schuppenförmige oder sägezahnähnliche Abnutzung des Profils. In krassen Fällen mit Gewebebrüchen verbunden, die nach einiger Zeit außen sichtbar werden	■ Überbelastung des Wagens. Innenseite der Reifen auf Gewebebrüche untersuchen!
Gummizungen an den seitlichen Profilkanten	■ Fehlerhafte Radeinstellung. Reifen radiert. Bei Hinterrädern auch Zustand der Stoßdämpfer prüfen!
Gratbildung an einer Profilseite des Vorderrades	■ Falsche Spureinstellung. Reifen radiert. Häufiges Fahren auf stark gewölbter Fahrbahn. Schnelle Kurvenfahrt
Stoßbrüche im Reifenunterbau. Anfangs nur im Inneren des Reifens sichtbar	■ Überfahren von kantigen Steinen, Schienenstößen und ähnlichem bei hohen Geschwindigkeiten
Einseitig abgefahrene Laufflächen	■ Sturzeinstellung überprüfen

Die Karosserie

Die Karosserie des RENAULT 19 ist selbsttragend. Bodengruppe, Seitenteile, Dach und die hinteren Kotflügel sind miteinander verschweißt. Größere Karosserieschäden lassen sich deshalb nur von einer Fachwerkstatt beheben.

Motorhaube, Heckklappe, Türen und die vorderen Kotflügel sind angeschraubt und lassen sich leicht auswechseln. Beim Einbau sind dann unbedingt die richtigen Luftspaltmaße einzuhalten.

Zur Befestigung der Karosserieteile verwendet RENAULT größtenteils die neuartigen TORX-Schrauben. Diese Schrauben haben anstelle des üblichen Außen- oder Innensechskantes, der Schlitze oder Kreuzschlitze im Schraubenkopf ein sternförmiges, sechszahniges Profil. Der Vorteil der neuen Formgebung ist eine bessere Übertragung der Drehkräfte. Dadurch verlängert sich die Lebensdauer von Schrauben und Schraubendreher. Insbesondere bei festsitzenden Schrauben wird der Schraubenkopf nicht mehr so leicht beschädigt. Für den RENAULT 19 empfiehlt sich ein TORX-Schlüsselsatz der Größen T8, T15, T20, T30 und T40. Die Schlüssel gibt es als Stecknüsse, in der Form bisheriger Schraubendreher oder als Winkelschraubendreher.

Sicherheitshinweise bei Schweißarbeiten

- Soweit Schweißarbeiten oder andere funkenerzeugende Arbeiten in Batterienähe durchgeführt werden, muß grundsätzlich die Batterie ausgebaut werden.

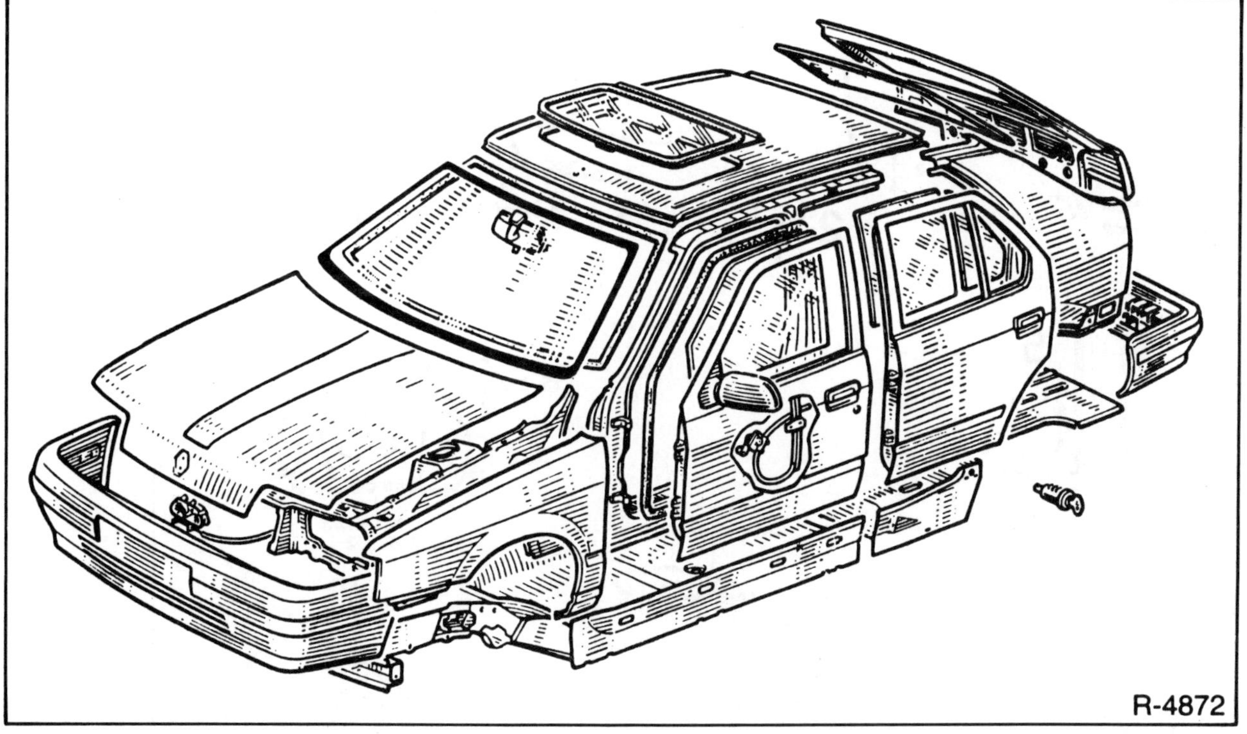

R-4872

Fugenmaße der Karosserie

Beim Einbau neuer Karosserieteile sind unbedingt die richtigen Luftspaltmaße einzuhalten, sonst klappert beispielsweise die Tür, oder es können erhöhte Windgeräusche während der Fahrt auftreten. Der Luftspalt muß auf jeden Fall parallel verlaufen, das heißt, der Abstand zwischen den Karosserieteilen muß auf der gesamten Länge des Spaltes gleich groß sein. Die einzelnen Abstände sind in der Abbildung in mm angegeben.

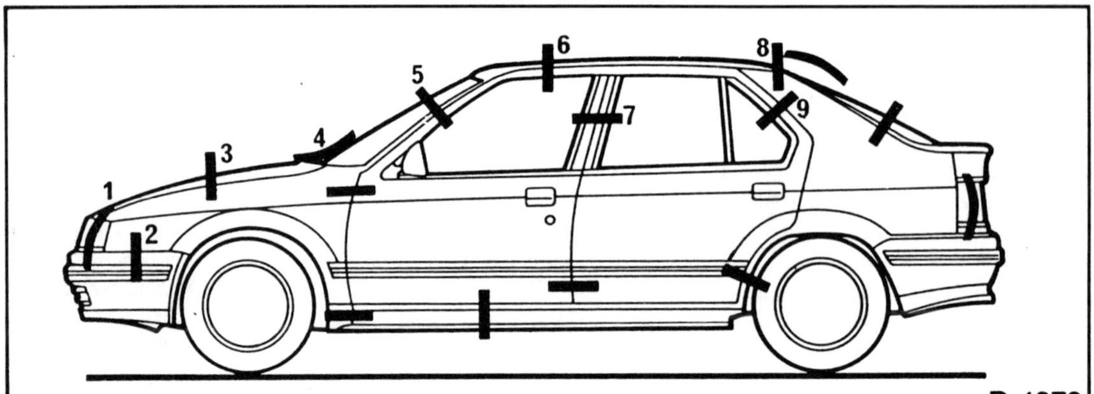

R-4873

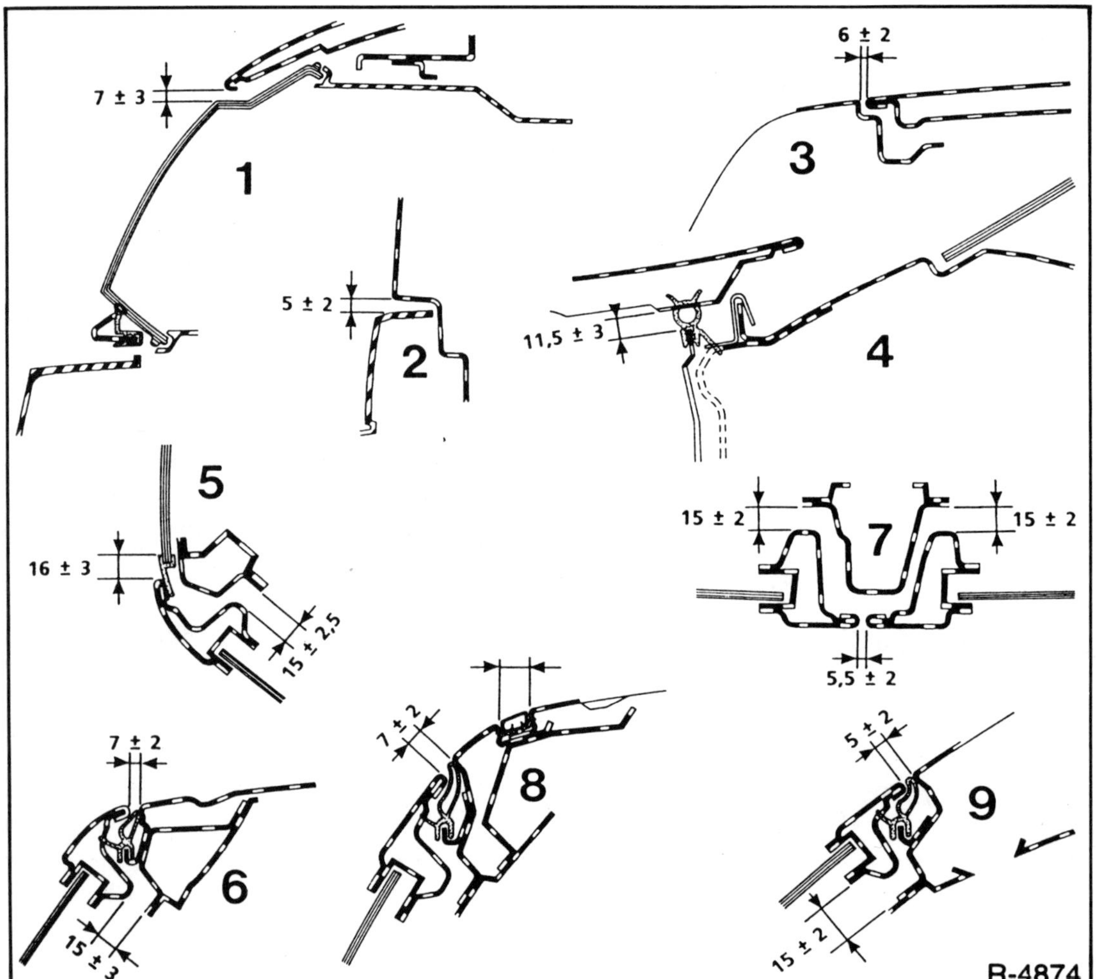

R-4874

Stoßfänger vorn aus- und einbauen

Ausbau

- Motorhaube öffnen.

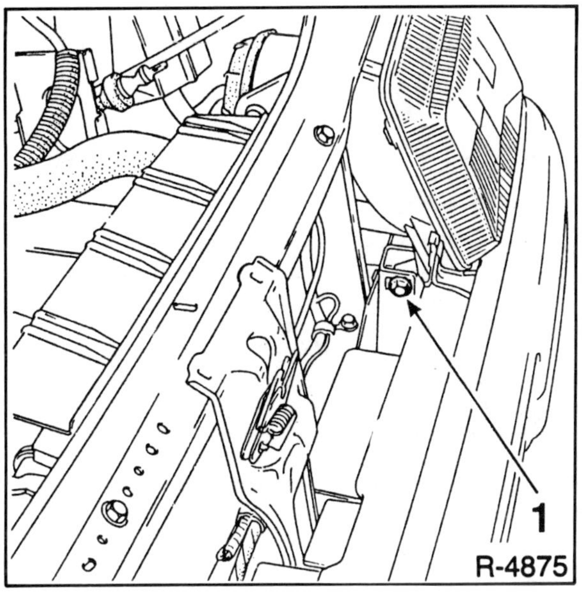

- 2 Befestigungsschrauben vorn –1– herausdrehen.

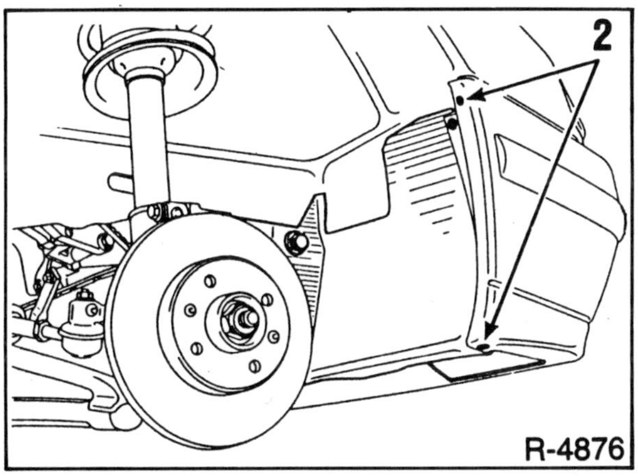

- 4 Schrauben –2– am Radkasten mit Schraubendreher T20 herausschrauben.

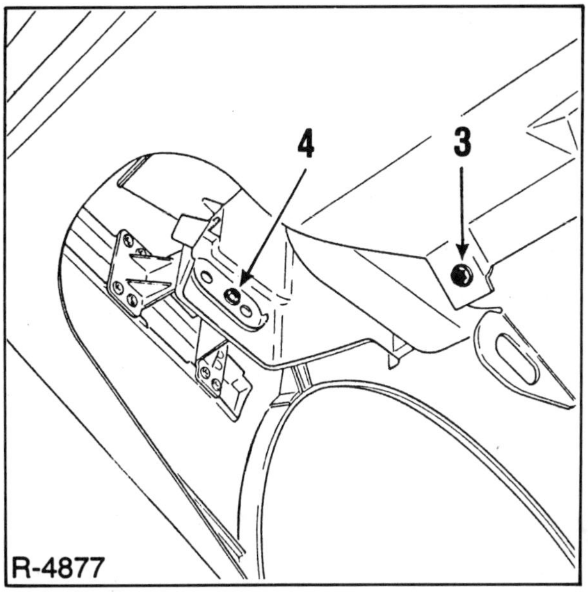

- 2 Schrauben –3– am Tragrahmen abschrauben.
- 2 Schrauben –4– für die seitliche Befestigung abschrauben.
- Stoßfänger nach vorn herausnehmen.

Einbau

- Stoßfänger ansetzen und festschrauben.
- Motorhaube schließen.

Stoßfänger hinten aus- und einbauen

Ausbau

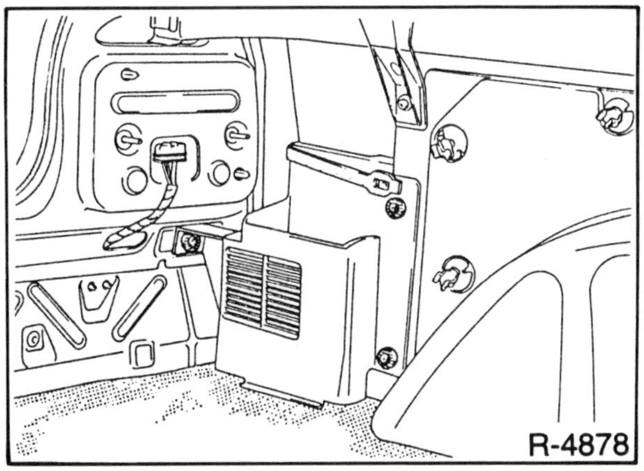

- Im Kofferraum auf der linken Seite den Träger der Ablage ausbauen.

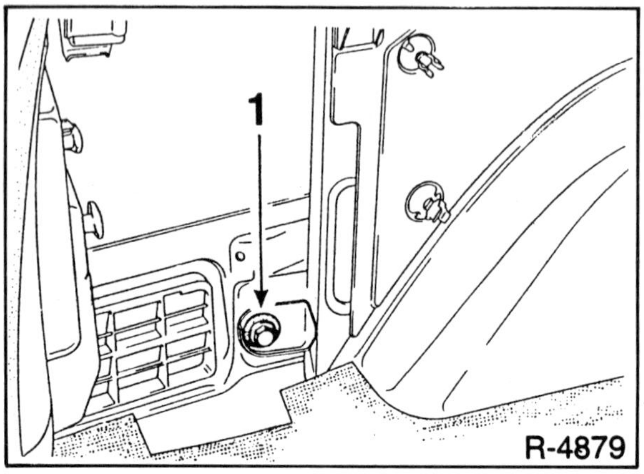

- Seitliche Schraube –1– für Stoßfänger herausdrehen.

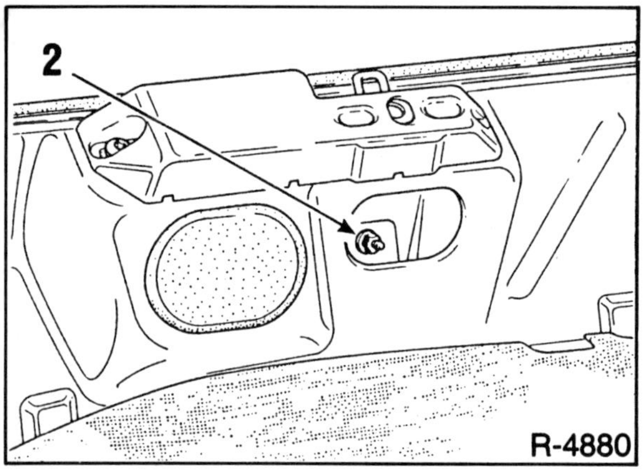

- Mittlere Mutter –2– für Stoßfänger abschrauben; vorher Abdeckstopfen abdrücken.

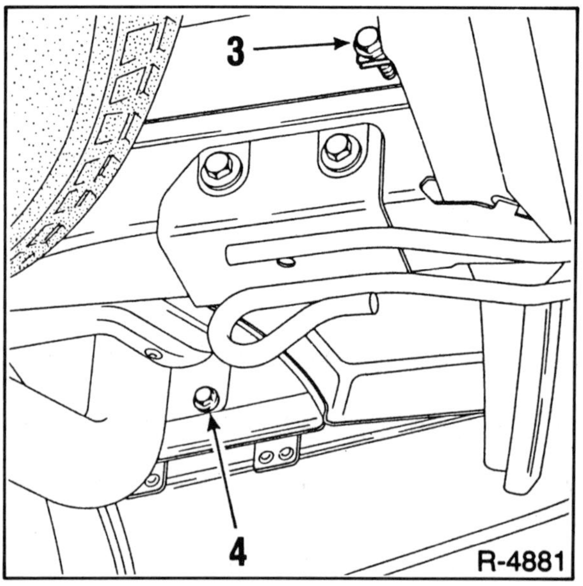

- 2 Schrauben –3– an der Traverse und die rechte Schraube –4– herausdrehen.

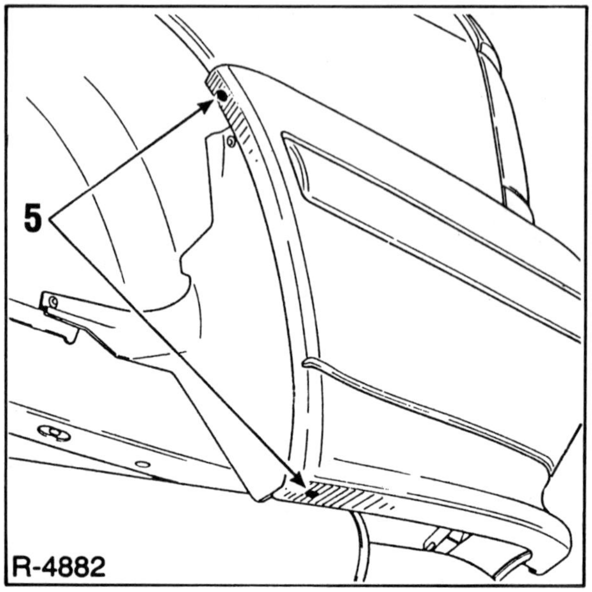

- 4 Schrauben im Radkasten abschrauben.
- Stoßfänger nach hinten herausziehen.

Einbau

- Stoßfänger mit Helfer ansetzen und festschrauben.

Kotflügel vorn aus- und einbauen

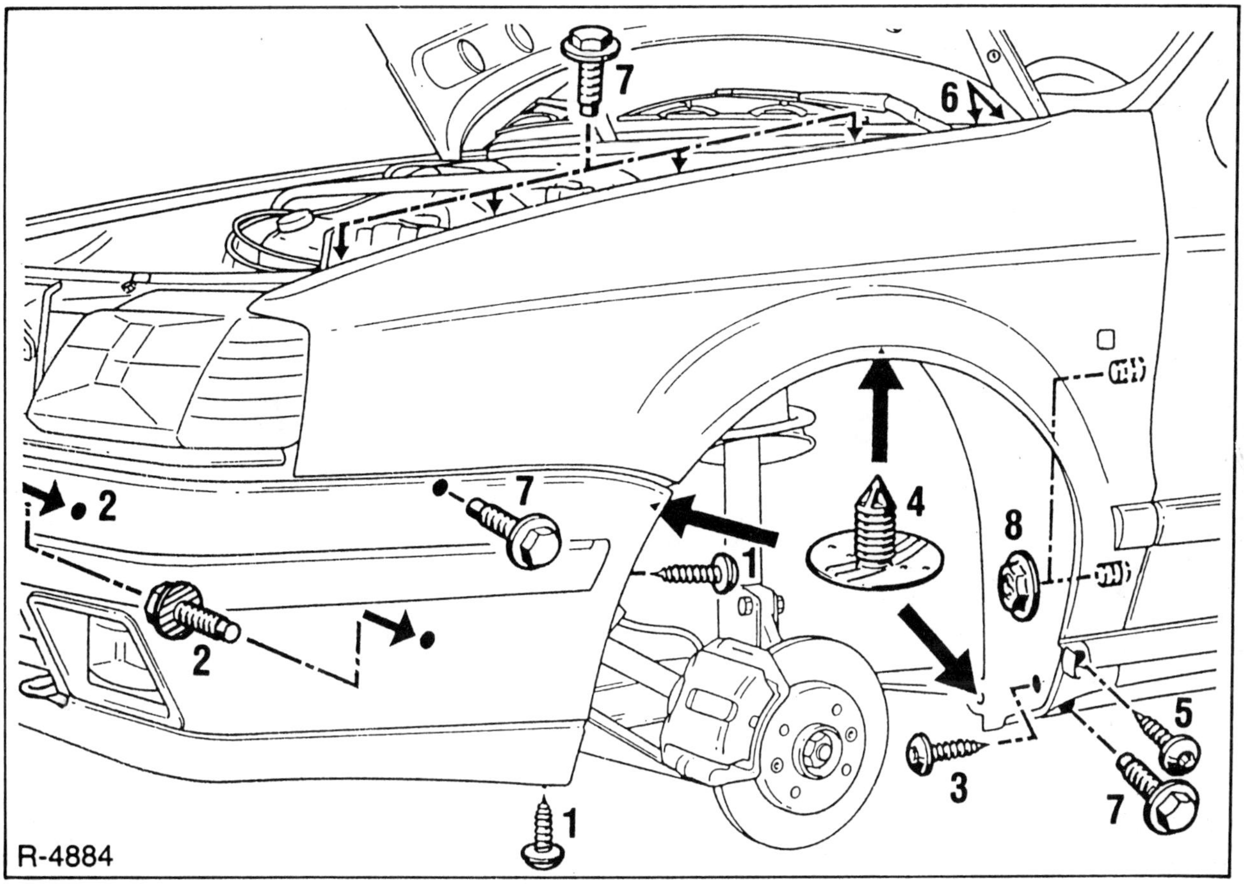

R-4884

Ausbau

- Fahrzeug aufbocken, siehe Seite 110.
- Stoßfänger vorn freilegen, nicht ausbauen. Dazu 2 Torxschrauben T20 –1– und 2 Sechskantschrauben –2–, 10 mm, herausschrauben.
- Radkastenabdeckung ausbauen, dazu 1 Torxschraube T20 abschrauben und 3 Clipse –4– mit breitem Schraubendreher heraushebeln.
- Vorderes Ende der Zierleisten vom Türschweller freilegen, dazu 1 Torxschraube T20 –5– herausschrauben.
- Befestigung für Aufstellbügel der Motorhaube mit 2 Schrauben –6–, 13 mm, abschrauben
- Kotflügel abschrauben, dazu 6 Schrauben –7–, 10 mm, und 2 Muttern –8–, 11 mm, herausdrehen.
- Durch den Unterbodenschutz sitzt der Kotflügel sehr fest. Zum Lösen des Kotflügels, insbesondere des vorderen Teiles, ist deshalb ein Fön erforderlich, der mindestens eine Temperatur von +600° C erreicht.
- Fön mit Flachdüse ausrüsten und Unterbodenschutz ringsum nacheinander aufweichen und Kotflügel Stück für Stück vorsichtig abziehen.

Einbau

- Kotflügel gegebenenfalls lackieren.
- Anlageflächen des Kotflügels reinigen, gegebenenfalls richten.
- Auf den Anlageflächen handelsübliches Kotflügelabdichtband auflegen.
- Kotflügel ansetzen, ausrichten und anschrauben. Dabei auf parallelen Spalt zwischen Kotflügel und Motorhaube sowie Tür achten.
- Kotflügel festschrauben.
- Auf der Innenseite des Kotflügels Unterbodenschutz auftragen.
- Kunststoffabdeckung ansetzen und mit 3 Clipsen fixieren und anschrauben.
- Befestigung für Aufstellbügel der Motorhaube anschrauben.
- Zierleiste vorn anschrauben.
- Stoßfänger festschrauben.
- Fahrzeug ablassen, siehe Seite 110.

Motorhaube aus- und einbauen

Ausbau

- Motorhaube öffnen und abstützen, beziehungsweise durch Helfer festhalten lassen.

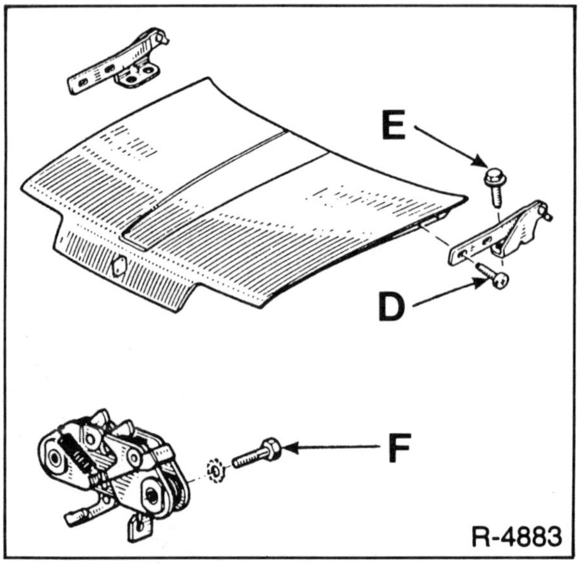

R-4883

Achtung: Einbaulage der 4 Befestigungsschrauben –D– mit Filzstift umkreisen. Dadurch wird die Einstellung der Motorhaube beim Einbau erleichtert.

- 4 Befestigungsschrauben –D– für die Motorhaube lösen. Haube durch Helfer abstützen lassen und Schrauben herausdrehen.

Einbau

- Motorhaube ansetzen und Scharniere nach den angebrachten Markierungen ausrichten.
- Haube festschrauben.

Achtung: Wird eine neue Motorhaube eingebaut, muß diese ausgerichtet werden. Dazu Schrauben –D– der Scharniere leicht beiziehen. Motorhaube so verschieben, daß sich zu den umliegenden Karosserieteilen ein gleich großer Spalt ergibt und sich die Haube auf gleicher Höhe mit den umliegenden Karosserieteilen befindet. Anschließend Muttern festziehen.

- Mit der Schraube –E– kann der hintere Teil der Motorhaube seitlich versetzt werden, ohne daß sich die Höhe verändert.
- Prüfen, ob die Haubenverriegelung einwandfrei einrastet.
- Andernfalls, oder wenn die Haube vorn nicht richtig sitzt, Schrauben –F– für Schließvorrichtung lösen und vorderen Teil der Motorhaube einstellen.
- Schrauben festziehen. **Achtung:** Die Höhenausrichtung gegenüber den Kotflügeln darf nicht über die Schließvorrichtung erfolgen.

Heckklappe aus- und einbauen

Ausbau

- Hintere Dachverkleidung ausbauen.

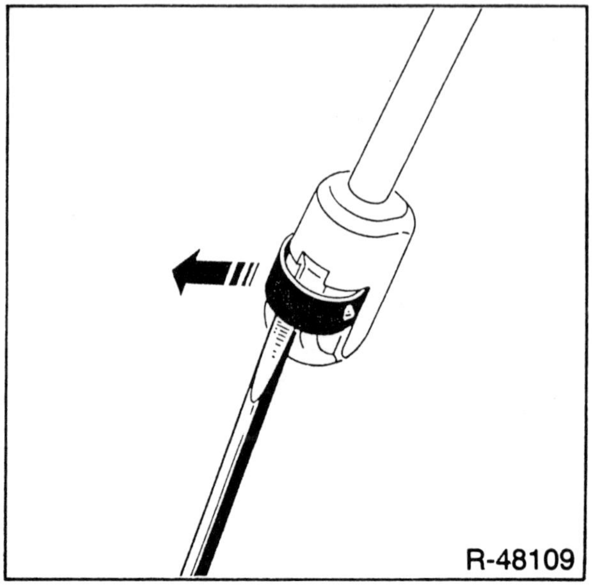
R-48109

- Aufsteller Heckklappe ausbauen. Dazu mit einem Schraubendreher die Krallen der Halteklammer beiseite drücken, ohne sie aus ihrem Sitz zu nehmen.

Achtung: Zylinderrohr und Kolbenstange vorsichtig behandeln und gegen Beschädigung sowie das Eindringen von Fremdkörpern schützen. Durch Kratzer, Lackspuren und Fett auf der Kolbenstange kann die Dichtung innerhalb kurzer Zeit schadhaft werden. Gasdruckfedern dürfen nicht länger als 20 Minuten einer Temperatur von +120° C ausgesetzt werden. Werden zur Trocknung der Lackierung Infrarotlampen eingesetzt, diese nicht direkt auf die Federn richten. Gasdruckfedern stehen unter hohem Druck, deshalb Federn nicht zerlegen. Verletzungsgefahr!

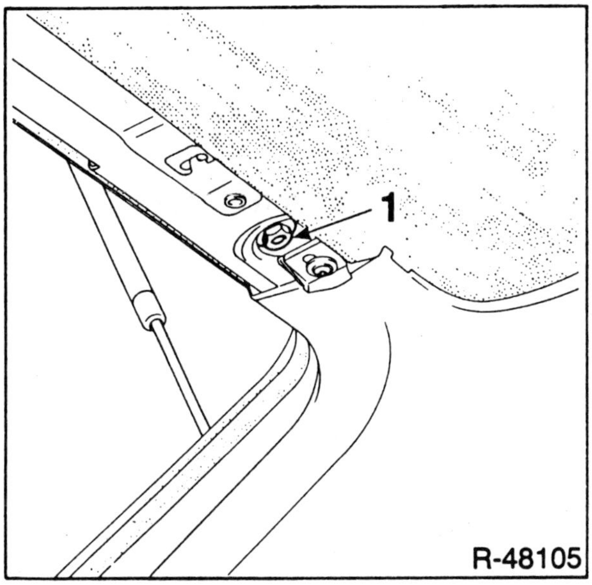

- Heckklappe durch Helfer abstützen lassen.

Achtung: Für den leichteren Einbau, Einbaulage der Muttern markieren, dazu Muttern mit Filzstift umkreisen.

- 2 Befestigungsmuttern –1– von der Innenseite her herausdrehen und Heckklappe abnehmen.

Einbau

- Heckklappe anschrauben, Schrauben nicht festziehen.

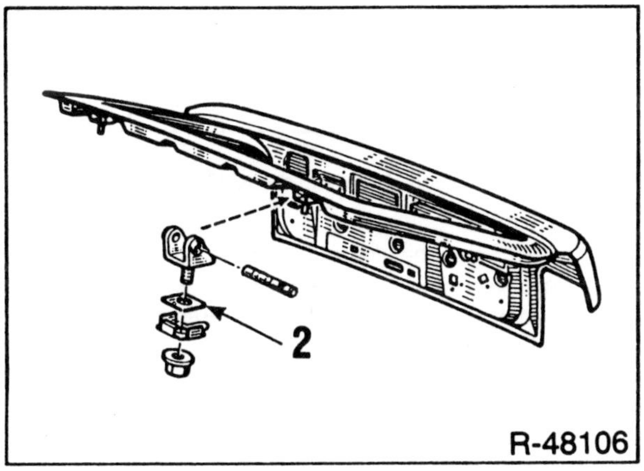

- Heckklappe ausrichten, dazu Scharniere an der Befestigung versetzen. Gegebenenfalls Distanzplatten –2– an den Scharnieren unterlegen.

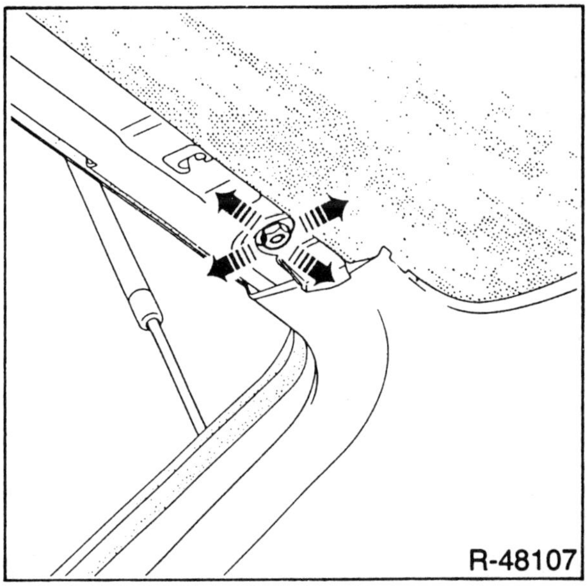

- Heckklappe mit Dach und Seitenteilen ausrichten, anschließend Muttern für Heckklappe festziehen.

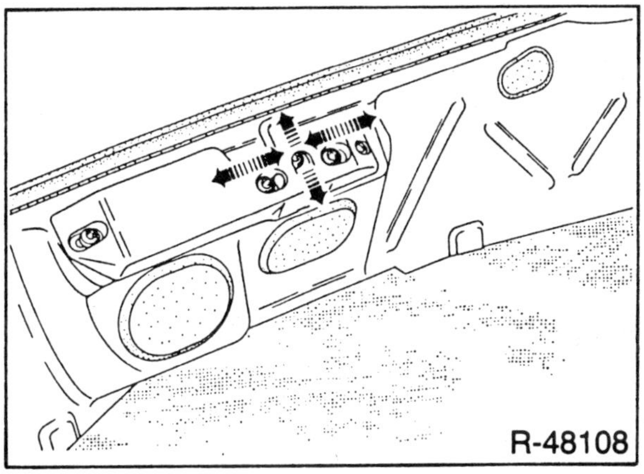

- Heckklappe mit Abschlußblech ausrichten, dazu die Befestigungsschrauben des Heckklappenschlosses lösen und Schloß entsprechend verschieben.
- Hintere Dachverkleidung einbauen.
- Gasdruckfeder einsetzen und mit Sperrzunge sichern.

Heckklappenschloß aus- und einbauen

Ausbau

- Heckklappe öffnen.

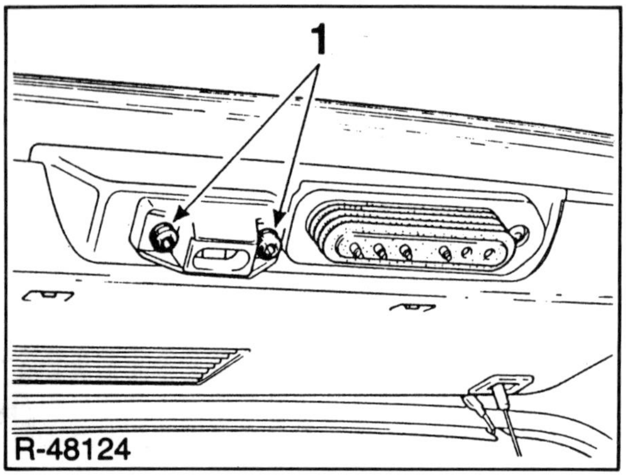

- 2 Schrauben –1– mit Schraubendreher T30 herausdrehen.
- Schloß herausziehen. Dazu muß das Schloß gekippt werden um das Gestänge freizulegen.

Einbau

- Klappenschloß einsetzen und festschrauben.
- Heckklappe schließen.

Schließzylinder für Heckklappe aus- und einbauen

Ausbau

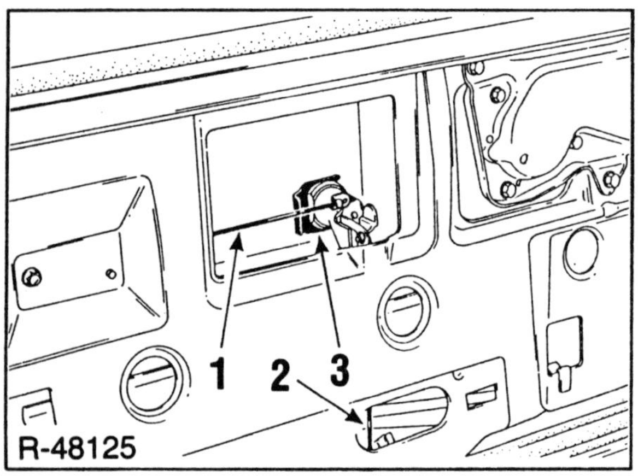

- Betätigungsstange –1– für Verriegelung aushängen.
- Betätigungsstange –2– für Öffnungsmechanismus aushängen.
- Klammer –3– für Schließzylinder seitlich abziehen und Schließzylinder herausnehmen.

Einbau

- Schließzylinder einsetzen und andrücken. Halteklammer aufschieben und einrasten.
- Betätigungsstangen einhängen.

Schutzleisten aus- und einbauen

Ausbau

Schutzleiste vorderer Kotflügel

- Vordertür öffnen.
- Kunststoffabdeckung des Radkastens teilweise abbauen.

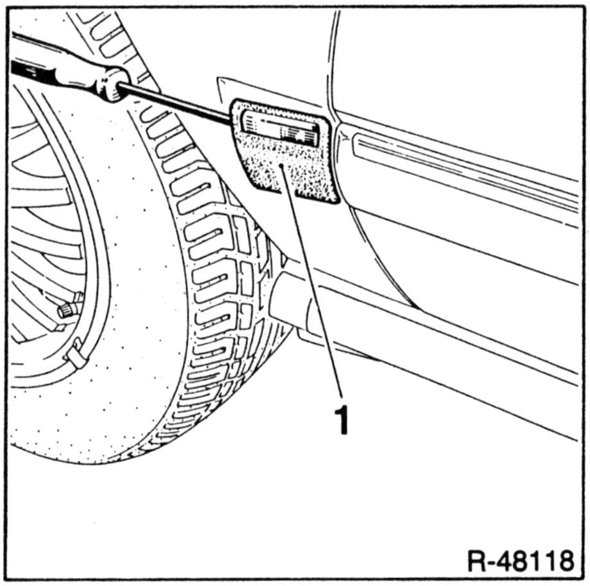

- Klemme oder Blechmutter von der Kotflügelinnenseite her abschrauben.
- Mit einem Schraubendreher den vorderen Teil der Leiste –1– anheben und dadurch den Stift der Leiste aus der Kotflügelöffnung lösen. Anschließend Leiste nach hinten schieben und abnehmen.

Schutzleiste Tür

- Tür öffnen.
- Schraube am Türkasten herausdrehen.
- Schutzleiste nach vorne drücken und abnehmen.

Schutzleiste Einstiegschweller

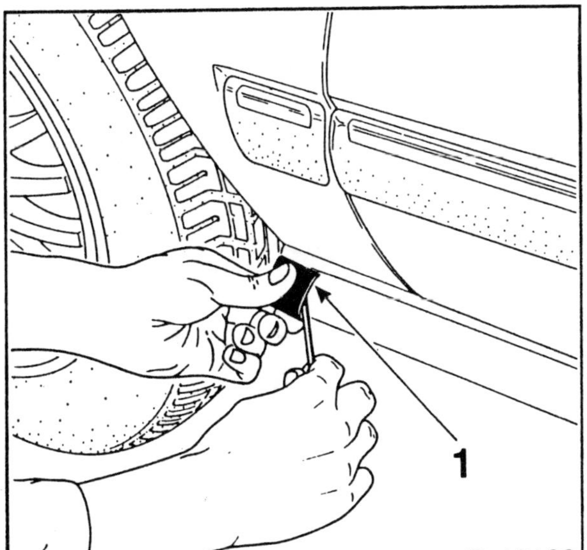

R-48120

- Mit einem flachen Schraubendreher die Abdeckung –1– an den Enden der Schutzleiste anheben.
- Darunterliegende Schrauben herausdrehen.

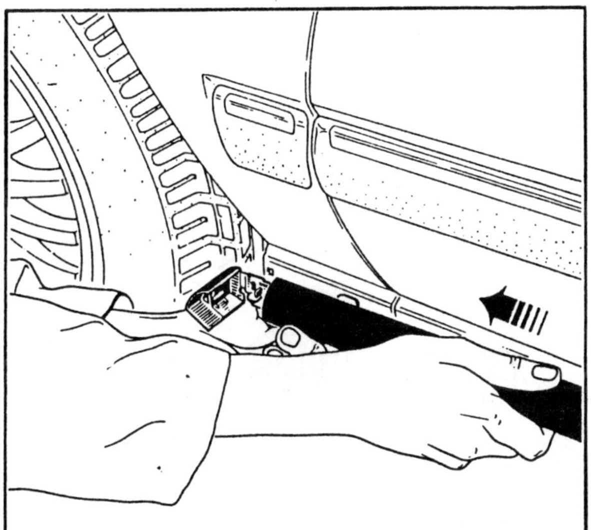

R-48121

- Schutzleiste nach vorne ziehen.

R-48122

Achtung: Die Befestigungsklammern für die Schutzleiste können wiederverwendet werden. Zum Abnehmen Klammer mit einer Zange um 1/4 Umdrehung drehen und dann abnehmen.

Einbau

- Der Einbau erfolgt in umgekehrter Reihenfolge.

Türverkleidung aus- und einbauen

Ausbau

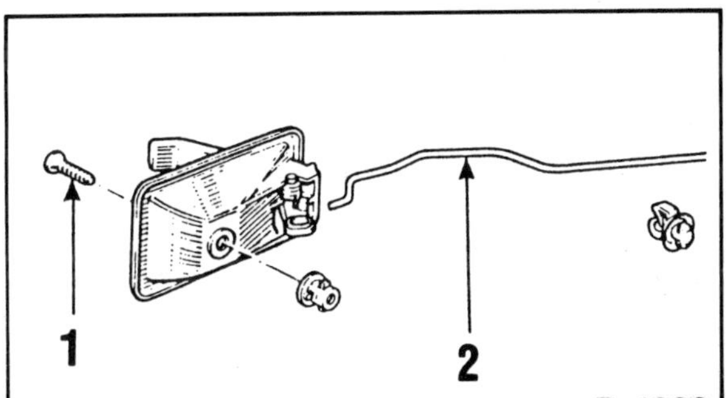

R-4893

- Türinnenbetätigung abschrauben –1– und von der Betätigungsstange –2– aushängen.

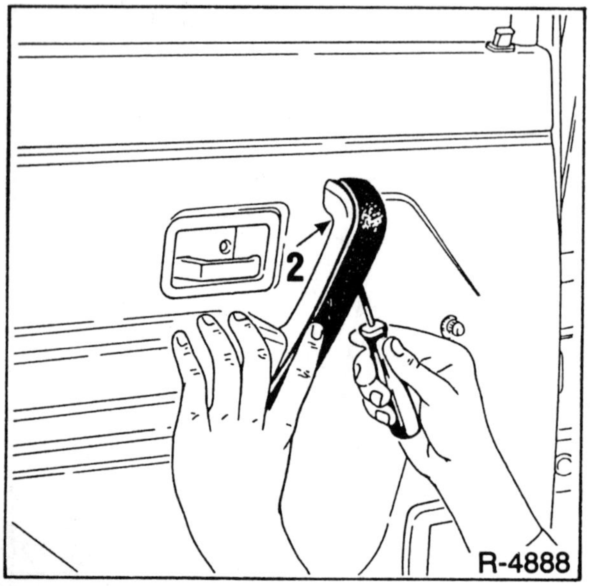

- Abdeckung für Türgriff abhebeln, dazu Schraubendreher in die Öffnung –2– einsetzen.

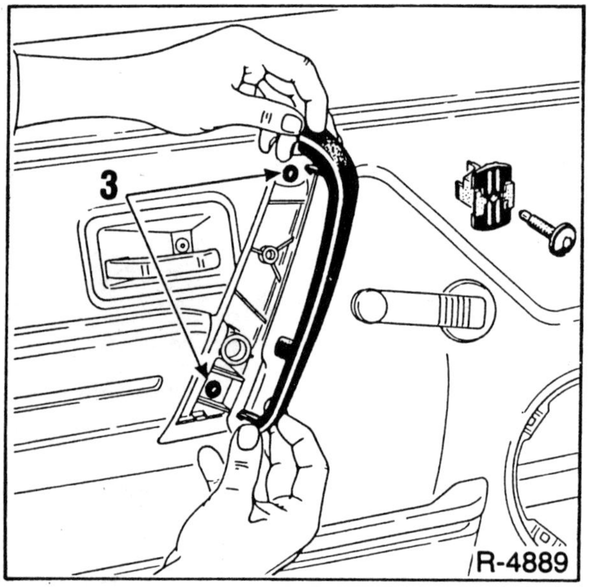

- Türgriff mit 2 Schrauben –3– abschrauben.
- Innere Abdeckung für Außenspiegel ausbauen.

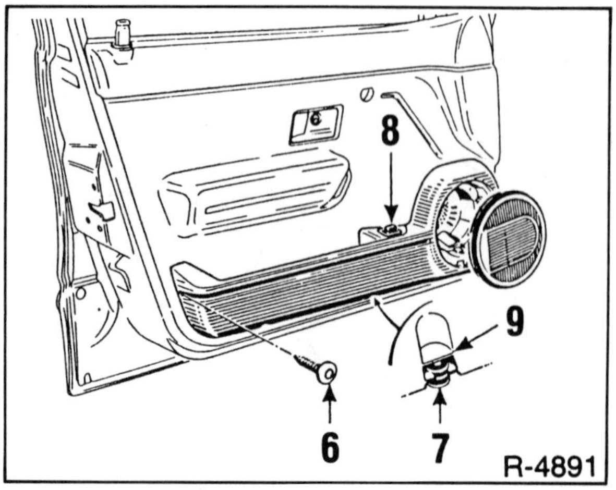

- Ablagefach unten ausbauen, dazu Abdeckung für Lautsprecher um 1/4 Umdrehung nach links drehen und abnehmen.
- Lautsprecher mit 4 Schrauben abschrauben.
- Lautsprecherhalterung abschrauben.
- Schraube –6– herausdrehen und die unteren Klammern –7– ausclipsen. Falls kein Lautsprecher vorhanden ist, zusätzliche Schraube –6– auf der anderen Seite herausdrehen.
- Ablagefach nach oben drücken, Stecker –8– abziehen und Ablagefach herausnehmen. Die Niete –9–, die die untere Klammer hält bleibt auf dem Ablagefach.

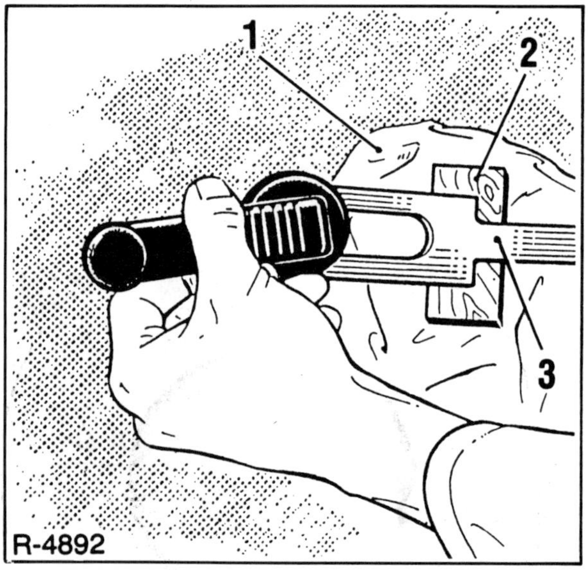

- Fensterkurbel abziehen. Die Kurbel ist recht fest auf die Achse aufgeclipst, daher eine geeignete Gabel –3– (selbst anfertigen, siehe Abbildung) hinter die Kurbel schieben und die Kurbel abhebeln. Türverkleidung mit Lappen –1– vor Beschädigung schützen. Um die Hebelwirkung zu verbessern, Holzkeil –2– unterlegen.

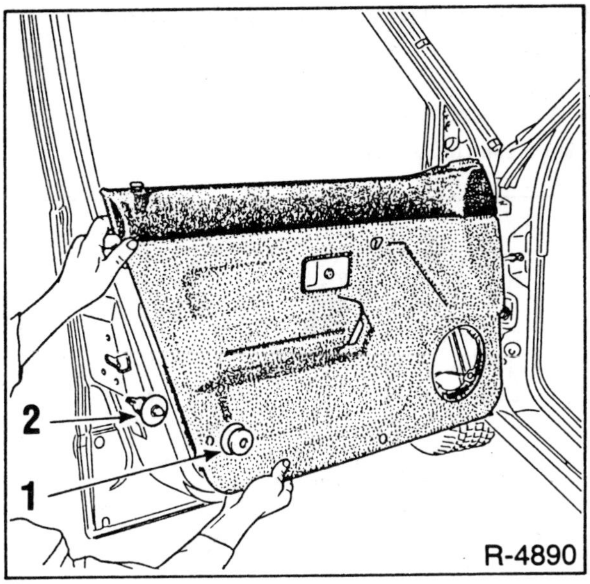

- Verkleidung ausclipsen und abnehmen. **Achtung:** Die Verkleidung ist zusätzlich zu der Clips-Befestigung direkt am Türrahmen angeklebt. Daher Türverkleidung kräftig abziehen, in der Regel verbleibt die Dichtmasse an der Verkleidung. Gegebenenfalls Dichtmasse mit einem scharfen Messer trennen.
- Obere Abstreifleiste abnehmen.

Einbau

- Obere Abstreifleiste einsetzen.
- Falls erforderlich, Dichtmasse ausbessern beziehungsweise neu auftragen (ET-Nr. 7701421049).
- Türverkleidung ansetzen und einclipsen. Dazu mit dem Handballen Verkleidung einclipsen.
- Unteren Ablagekasten einhängen und anschrauben.
- Lautsprecher anschrauben, Verkleidung einsetzen und durch Rechtsdrehung befestigen.
- Türgriff anschrauben, Verkleidung einclipsen.
- Betätigungsstange für Türinnengriff einhängen, Türinnengriff anschrauben.
- Fensterkurbel so auf die Achse schieben, daß sie bei geschlossenem Fenster schräg nach vorn oben zeigt. Kurbel mit dem Handballen aufschlagen und einrasten.
- Abdeckung für Außenspiegel einclipsen.

Türschloß aus- und einbauen

Ausbau

- Türverkleidung ausbauen, siehe Seite 185.

Elektrische Türverriegelung

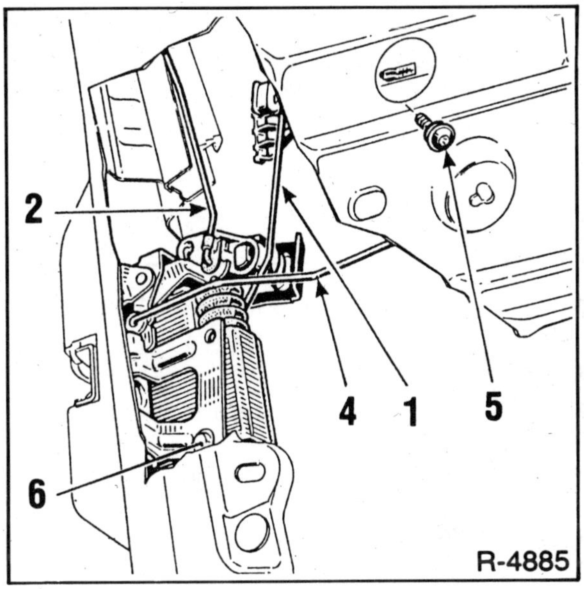

Manuelle Türverriegelung

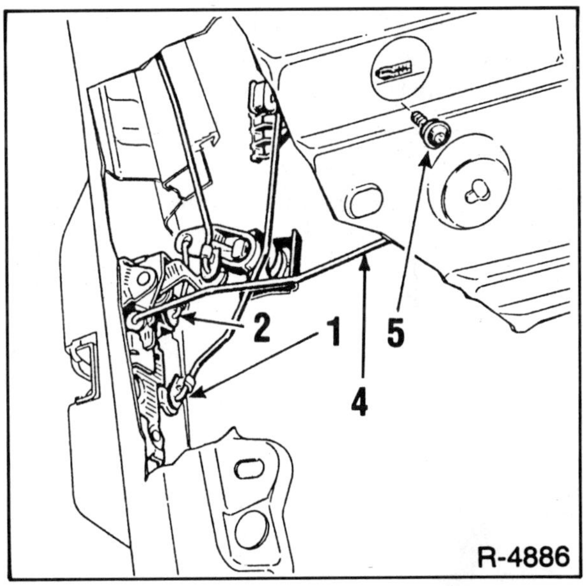

- Betätigungsstange –1– für Türaußengriff und Stange –2– für Schließzylinder aushängen.

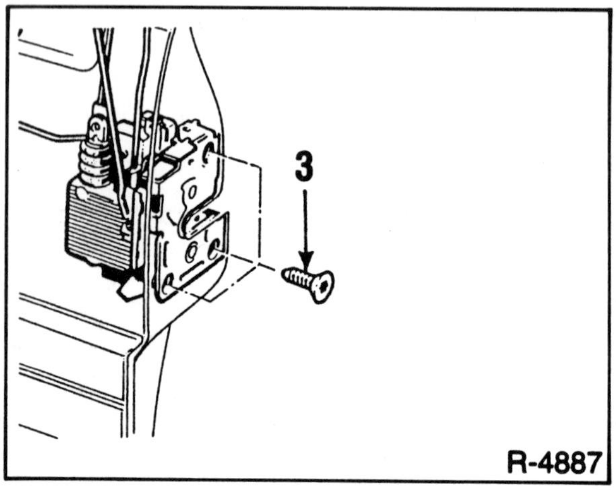

- 3 Schrauben –3– an der Stirnseite der Tür mit Torx-Schraubendreher T 30 herausdrehen.
- Kabelstrang abziehen.
- Schloß ablassen und Betätigungsstange –4– für Innenbetätigung aushängen.
- Schloß durch die Öffnung in der Türinnenseite herausnehmen.
- Falls der Motor für die Zentralverriegelung ausgebaut werden soll, Schraube –6– herausdrehen und Motor herausnehmen.

Einbau

- Falls ausgebaut, Motor für Zentralverriegelung einsetzen und anschrauben.
- Türschloß einsetzen und anschrauben.
- Gestänge einhängen.
- Mehrfachstecker aufschieben.
- Türverkleidung einbauen, siehe Seite 185.

Türaußengriff aus- und einbauen

Ausbau

- Türverkleidung ausbauen, siehe Seite 185.

Elektrische Türverriegelung

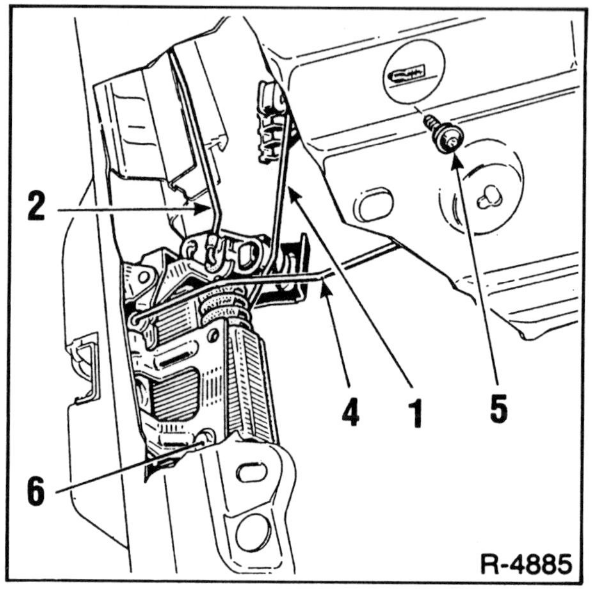

- Betätigungsstange –1– für Türaußengriff aushängen.
- Schraube –5– für Türgriff herausdrehen und Türgriff nach außen abnehmen.

Einbau

- Türgriff ansetzen und festschrauben.
- Betätigungsstange einhängen.
- Türverkleidung einbauen, siehe Seite 185.

Schließzylinder aus- und einbauen

Ausbau

- Türverkleidung ausbauen.

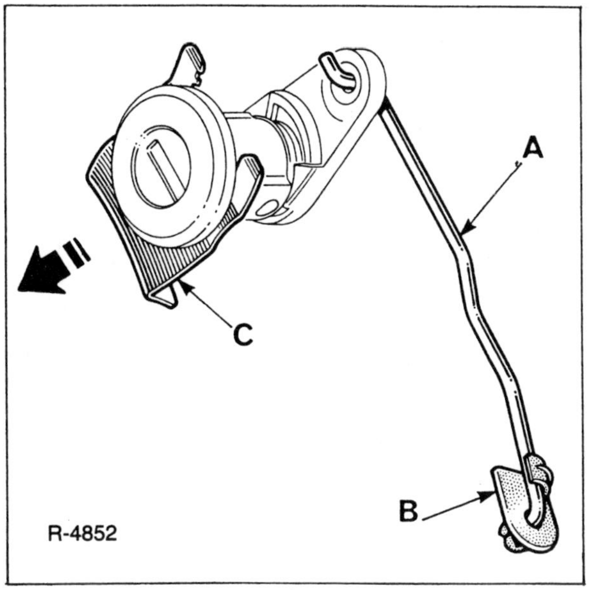

- Stange –A– für Schließzylinder ausclipsen.
- Halteklammer –C– in Pfeilrichtung abziehen.
- Schließzylinder komplett aus der Tür herausnehmen.

Einbau

- Schließzylinder mit Betätigungsstange einsetzen.
- Schließzylinder andrücken und mit der Halteklammer sichern.
- Betätigungsstange einclipsen.
- Türverkleidung einbauen.

Türfenster aus- und einbauen

Ausbau

- Türverkleidung ausbauen.
- Scheibe vollständig öffnen.

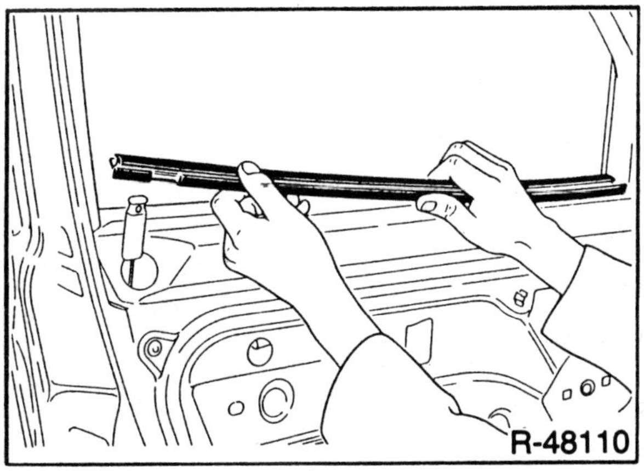

- Innere Abdichtleiste abziehen.

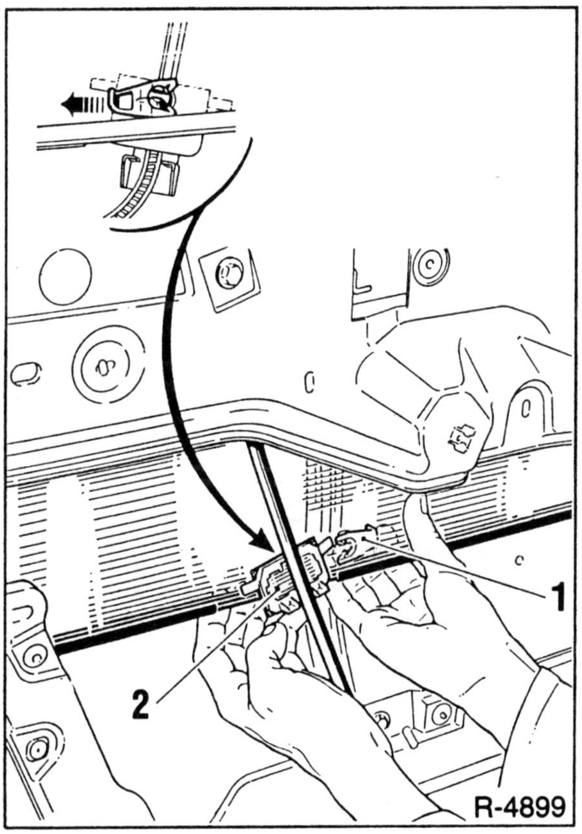

- Klammer –1– vom Zapfen des Fensterhebers abziehen; hierbei mit einem Keil gegen die Widerhaken der Klammer –1– drücken.
- Fenster vom Zapfen lösen.
- Halteplatte –2– in den Türkasten ablassen.

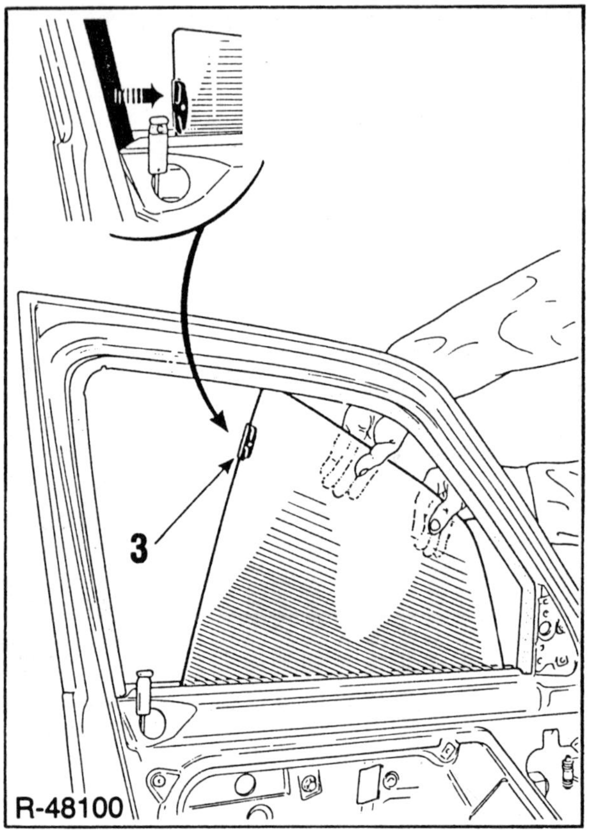

- Schieber –3– aus der Fensterführung herausnehmen.
- Scheibe nach vorn drücken und nach oben herausnehmen.

Einbau

- Scheibe einsetzen.

Achtung: Der Schieber –3– ist mit einer Niete befestigt. Er kann ausgetauscht werden, ohne daß die Scheibe ausgebaut werden muß.

- Fensterscheibe einführen und in die Halteplatte einsetzen.
- Klammer auf den Zapfen des Fensterhebers schieben.
- Innere Abdichtung einsetzen.
- Türverkleidung einbauen.

Achtung: Das Türfenster muß nicht eingestellt werden.

Fensterheber aus- und einbauen

Ausbau

- Fensterscheibe ausbauen.

Manueller Fensterheber

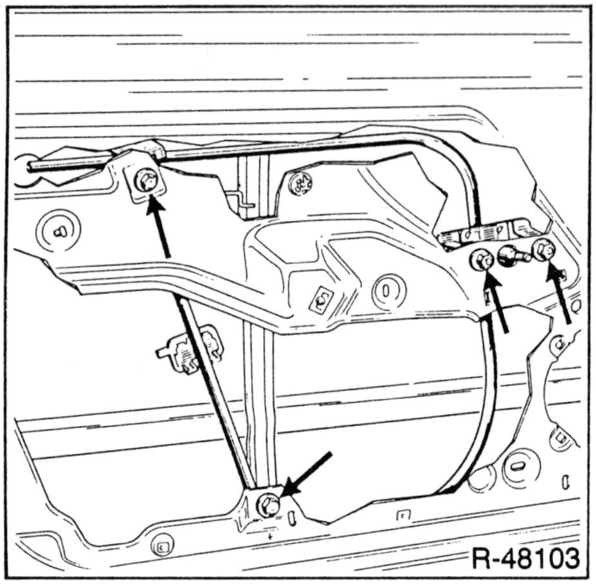

Achtung: Der manuelle Fensterheber wird auf dieselbe Weise ausgebaut wie der elektrische Fensterheber. Hier wird der Ausbau des elektrischen Fensterhebers beschrieben.

Elektrischer Fensterheber

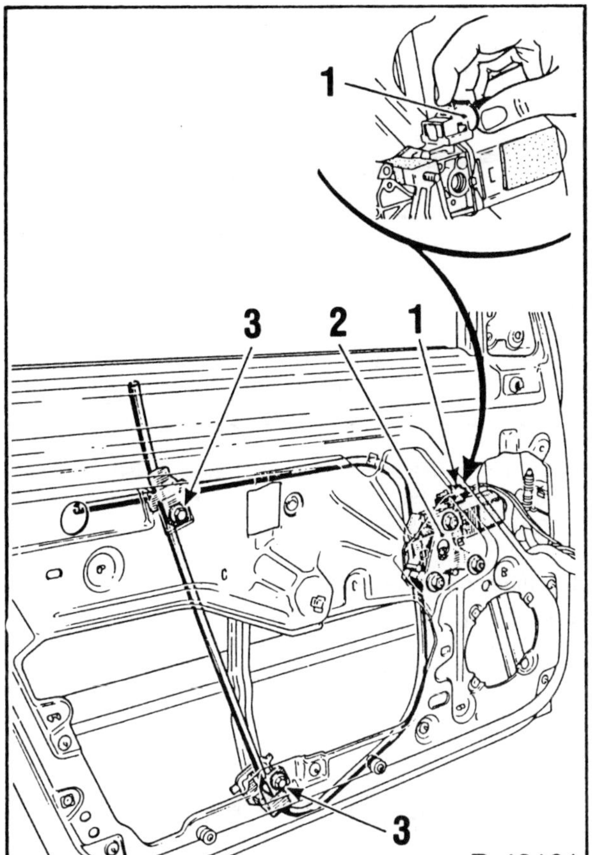

R-48101

- Mehrfachstecker für Hebermotor –1– abziehen.
- Hebeschiene abschrauben –3–.
- Hebermotor abschrauben –2–.

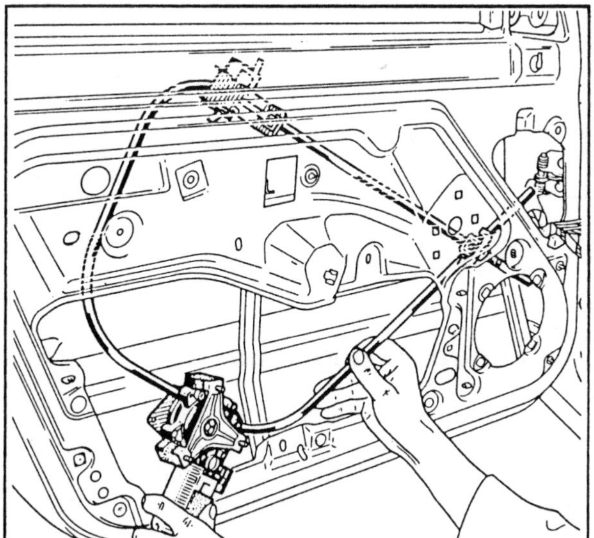
R-48102

- Fensterheber kippen und durch die Öffnung im Türrahmen herausnehmen.

Einbau

Achtung: Nach dem Einbau braucht der Fensterheber nicht eingestellt zu werden.

- Fensterheber einsetzen und anschrauben.
- Motor anschrauben und Mehrfachstecker aufschieben.
- Fensterscheibe einbauen.

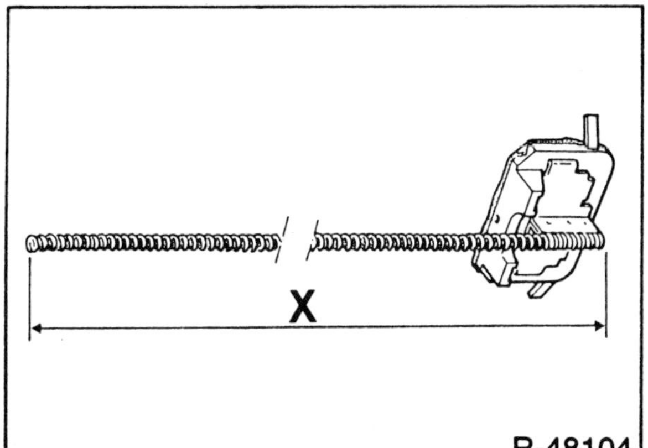

R-48104

Achtung: Falls die Spirale für den elektrischen Fensterheber ersetzt wird, ist zu beachten, daß als Ersatzteil nur die Ausführung für das 2türige Modell erhältlich ist. Bei Verwendung in Modellen mit vier Türen Spirale mit einer Trennscheibe auf folgendes Maß abschneiden: X = 1015 ± 5 mm (Maß für Zweitürer: X = 1212 ± 5 mm).

Dichtungen Vordertür ersetzen

- Außenspiegel ausbauen.

Innere Dichtung vorderer Fensterrahmen

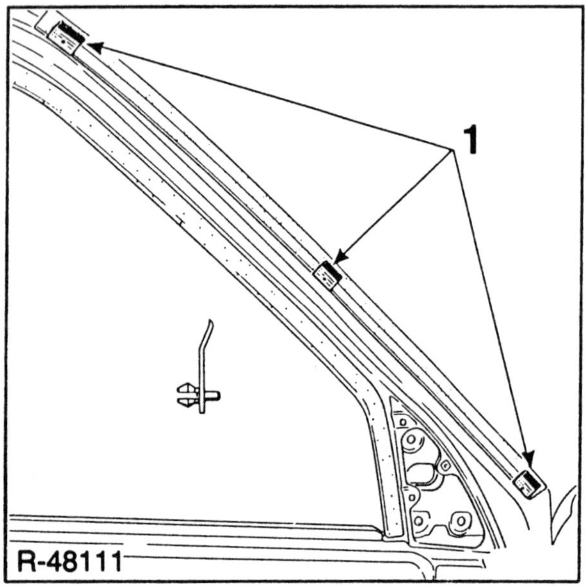

R-48111

- Die Dichtung ist angeklebt und mit 3 Klammern befestigt. Die Klammern können nicht wiederverwendet werden, daher beim Ausbau die Klammern abbrechen. Dichtung mit Heißluftfön erwärmen und abziehen.

Äußere Dichtung vorderer Fensterrahmen

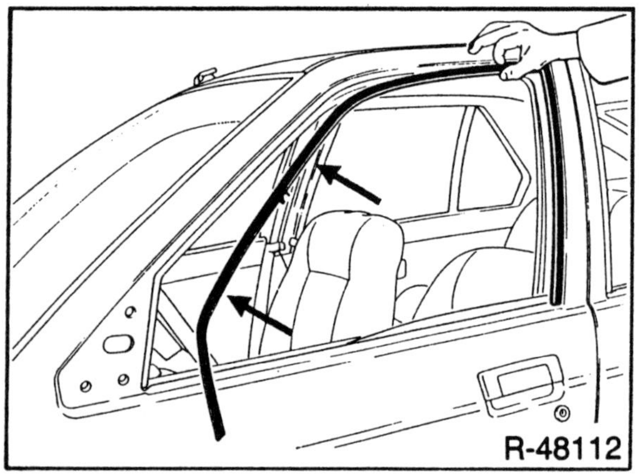

R-48112

- Fenster öffnen.
- Erst den vorderen, dann den hinteren Teil der Dichtung abziehen.

Äußere Abstreifleiste der Vordertür

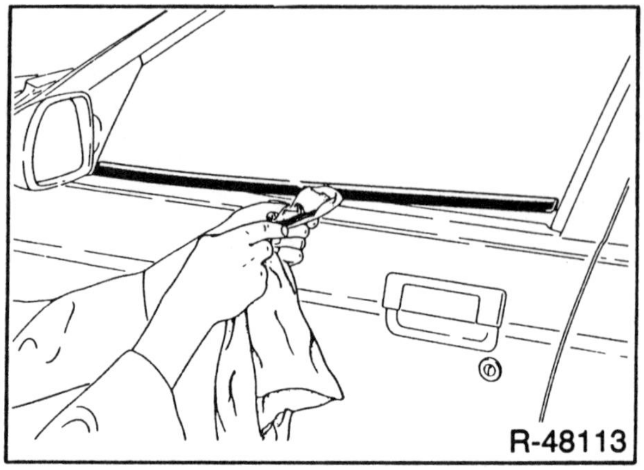

R-48113

- Mit einem besonders flachen Meißel Leiste in einem Abstand von ca. 10 cm anheben. Zum Schutz Meißel mit Tuch umwickeln.

Gleitschiene der Vordertür

- Fenster ausbauen.

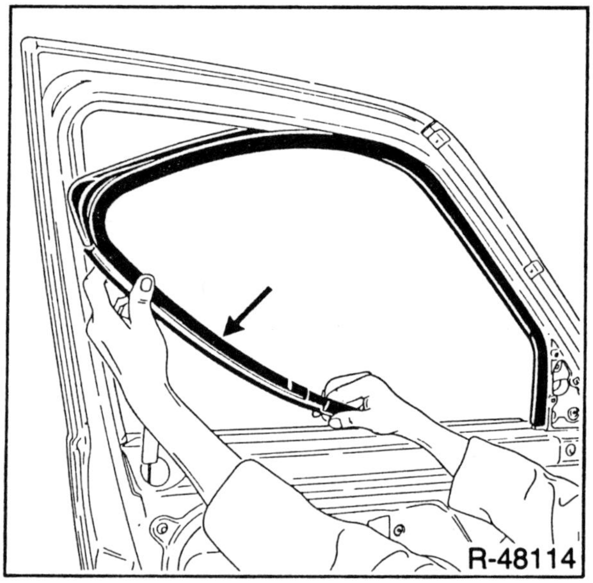

R-48114

- Gleitschiene vom Fensterrahmen abziehen. Dabei am hinteren vertikalen Teil beginnen.

Die Zentralverriegelung

Die Zentralverriegelung des RENAULT 19 besteht aus 6 Servomotoren für die 4 Türen, Heckklappe, Abdeckung Tankverschluß, dem Steuergerät und der Infrarot-Sende- und Empfangsanlage. Die Ver- und Entriegelung der Türen kann durch Ab- und Aufschließen der Fahrertür oder durch Betätigen der Fernbedienung erfolgen. Die Beifahrertür kann zwar mit dem Schlüssel auf- und abgeschlossen werden, auf die Stellung der Zentralverriegelung hat das allerdings keinen Einfluß.

Schiebedach/Scheibe aus- und einbauen/einstellen

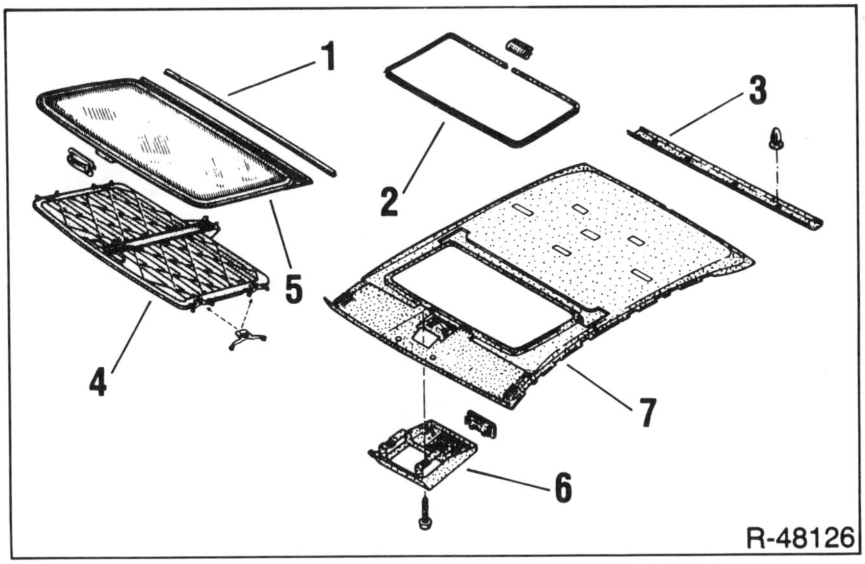

1 – Dichtung des Schiebedachs
2 – Rundumdichtung
3 – Verkleidung der hinteren Dachtraverse
4 – Sonnenschutz
5 – Scheibe des Schiebedachs
6 – Dachkonsole
7 – Dachverkleidung

Ausbau

- Schiebedach schließen.

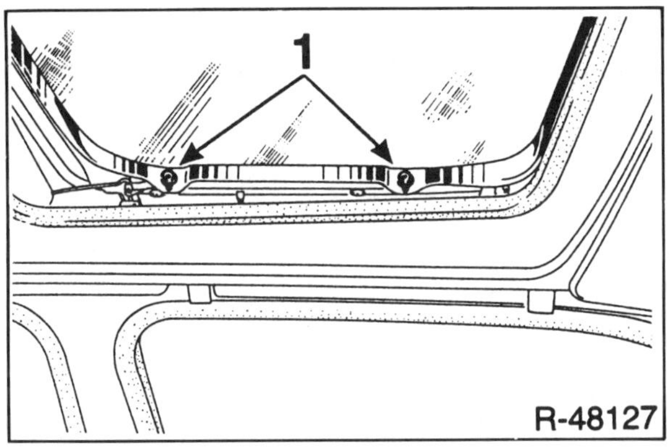

- 4 Schrauben –1– herausdrehen.
- Betätigung des Schiebedachs elektrisch zurückfahren.
- Scheibe leicht nach hinten kippen und von hinten nach vorn herausnehmen.

Einbau/Einstellen

- Scheibe auf den Betätigungsmechanismus setzen und die 4 Schrauben beiziehen, nicht festziehen.
- Schiebedach schließen.
- Rahmen des Schiebedachs mit dem Dach ausrichten.
- Anschließend die 4 Schrauben festziehen.
- Dach mehrmals auf- und zufahren lassen, um den korrekten Sitz zu kontrollieren.

Außenspiegel aus- und einbauen

Ausbau

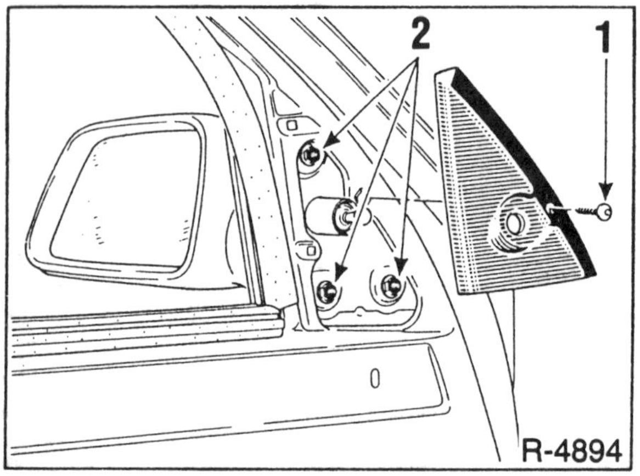

- Abdeckblende für Spiegelbetätigung ausbauen. Dazu Befestigungsschraube –1– mit Torx-Schraubendreher T20 herausdrehen. Abdeckung nach hinten klappen und ausclipsen. Gegebenenfalls vorn mit breitem Schraubendreher vom Türrahmen abhebeln. **Achtung:** Lappen oder Pappe unterlegen, damit der Lack nicht beschädigt wird.
- Abdeckblende über den Verstellknopf abnehmen.
- Elektrisch verstellbarer Spiegel: Türverkleidung ausbauen und Steckverbindung für Spiegel trennen.
- 3 Muttern –2– für Halter abschrauben, dabei Spiegel von außen gegenhalten.
- Spiegel abnehmen, dabei Betätigungsknopf durch die Öffnung im Türdreieck hindurchführen.

Einbau

- Außenspiegel ansetzen, Betätigungsknopf durch die Öffnung in der Tür einführen und Spiegel festschrauben.
- Elektrisch verstellbarer Spiegel: Mehrfachstecker verbinden und Türverkleidung einbauen.
- Blende einclipsen.
- Befestigungsschraube reindrehen.

Spiegelglas für Außenspiegel aus- und einbauen

Achtung: Das Spiegelglas kann bei eingebautem Außenspiegel gewechselt werden. Je nach Spiegelausführung ist das Glas unterschiedlich befestigt.

1. Ausführung

Ausbau

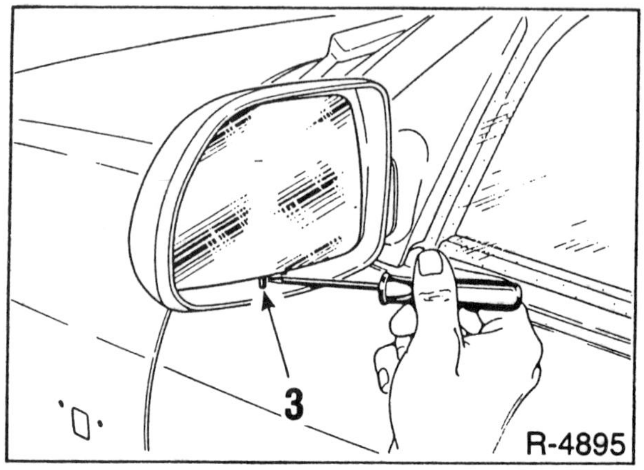

- Das Ende des Klemmringes –3– mit einem kleinen Schraubendreher lösen.
- Spiegelglas aus der Halterung herausnehmen.

Einbau

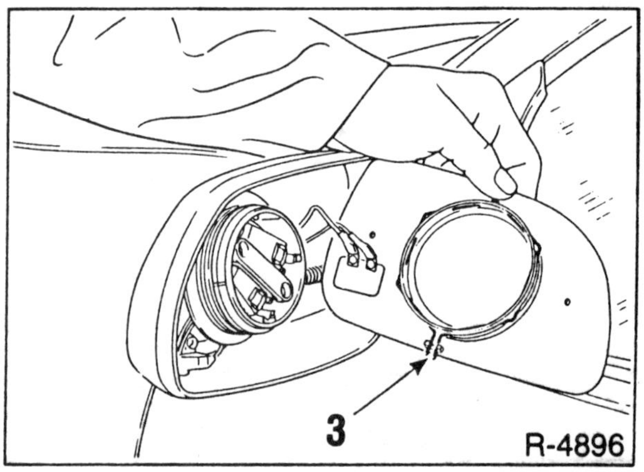

- Klemmring –3– wieder einsetzen, bevor das Spiegelglas aufgedrückt wird.
- Spiegelglas ansetzen, aufdrücken und einrasten.

2. Ausführung

Ausbau

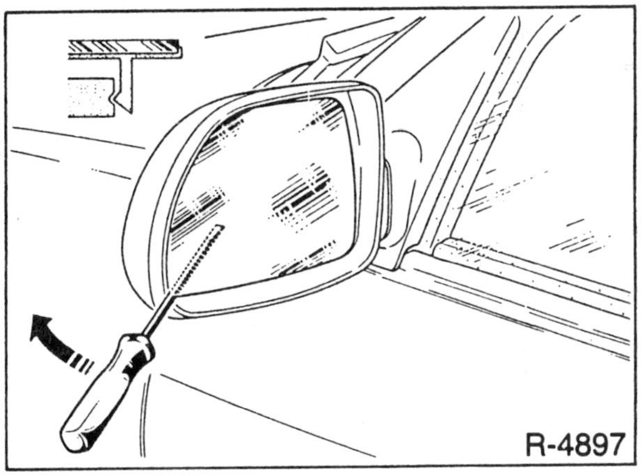

- Schraubendreher von der unteren, äußeren Ecke her hinter das Spiegelglas einführen und Glas vorsichtig von den Halteklammern abhebeln.

Einbau

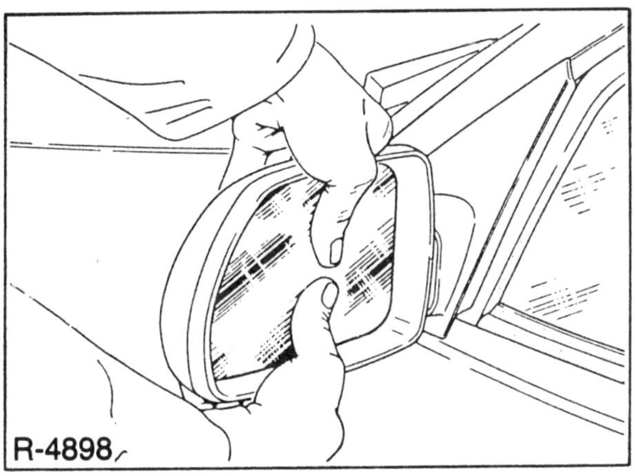

- Spiegelglas ansetzen, ausrichten und vorsichtig in die Halterung drücken.

Vordersitz aus- und einbauen

Achtung: Seit 9/93 sind an den Vordersitzen Gurtstrammer eingebaut. Ein Gurtstrammer sorgt bei einem starken Frontalaufprall durch Verkürzung des Sicherheitsgurtes für einen eng am Körper liegenden Sicherheitsgurt und verhindert, daß der Insasse unter dem Sicherheitsgurt wegrutscht.

Der Gurtstrammer ist wartungsfrei. Nach dem Auslösen muß er komplett ersetzt werden, hierzu Fachwerkstatt aufsuchen. In ausgelöstem Zustand funktioniert der Sicherheitsgurt, als wäre kein Gurtstrammer eingebaut. **Achtung:** Vor der Entsorgung eines nicht ausgelösten Gurtstrammers muß dieser zwangsausgelöst werden (Werkstattarbeit).

Ausbau

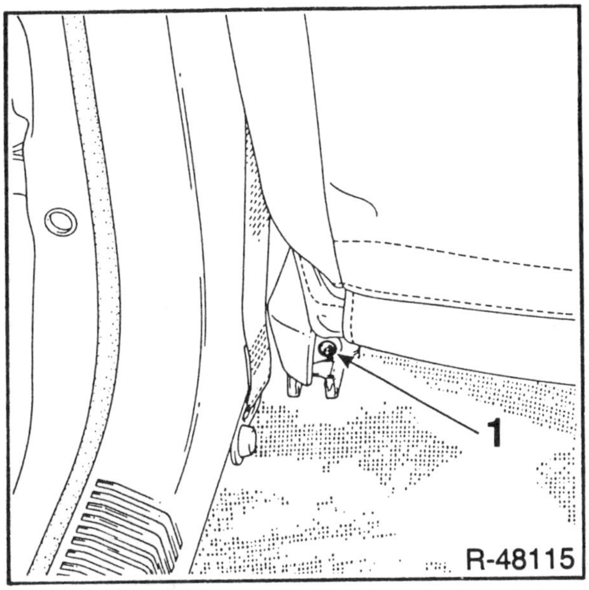

- Befestigungsschraube vorn und hinten für seitliche Abdeckung mit Torx-Schraubendreher T 15 herausdrehen.
- Abdeckung nach vorn ziehen und herausnehmen.

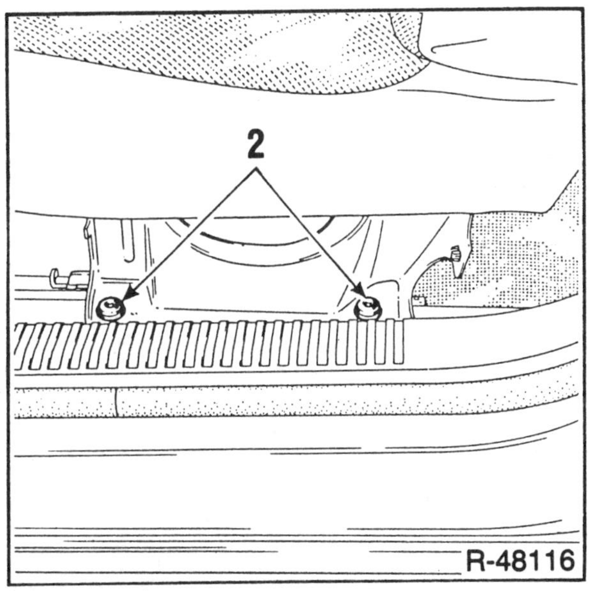

- 2 Schrauben –2– am äußeren Teil des Sitzgestells abschrauben.

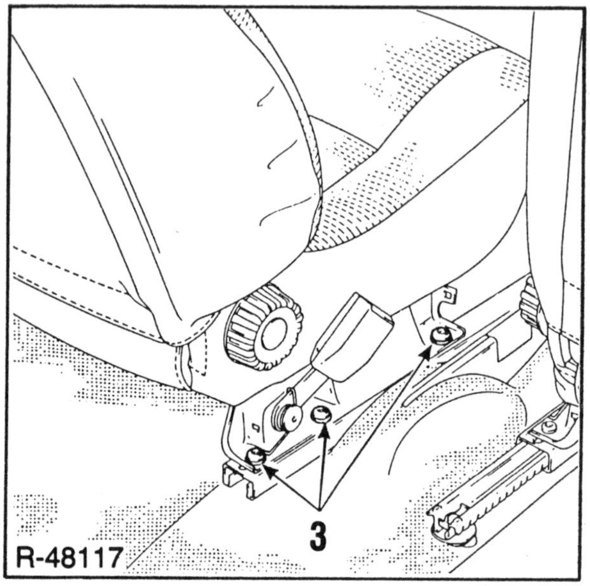

- An der inneren Seite 3 Schrauben –3– herausdrehen.
- Sitz herausheben.

Einbau

- Sitz einsetzen, ausrichten und festschrauben.
- Abdeckung für Sitzschiene ansetzen, nach hinten schieben und festschrauben.

Mittelkonsole aus- und einbauen

Ausbau

- Manschette für Schalthebel lösen.

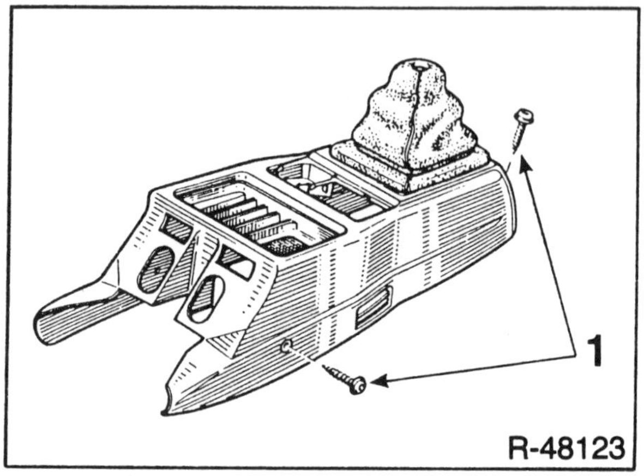

- 4 Schrauben –1– mit Torx-Schraubendreher T15/T20 herausdrehen.
- Je nach Ausführung Steckverbindungen trennen.
- Mittelkonsole herausnehmen

Einbau

- Mittelkonsole einsetzen.
- Gegebenenfalls Kabelsatz verbinden.
- Konsole anschrauben.
- Manschette für Schalthebel befestigen.

Die Lackierung

Ausbeul- und Lackierarbeiten an der Autokarosserie setzen Erfahrung über den Werkstoff und dessen Bearbeitung voraus. Derartige Fertigkeiten werden in der Regel erst durch eine langjährige Praxis vervollkommnet. Aus diesem Grund wird hier nur das Ausbessern von kleineren Karosserie- und Lackschäden erläutert.

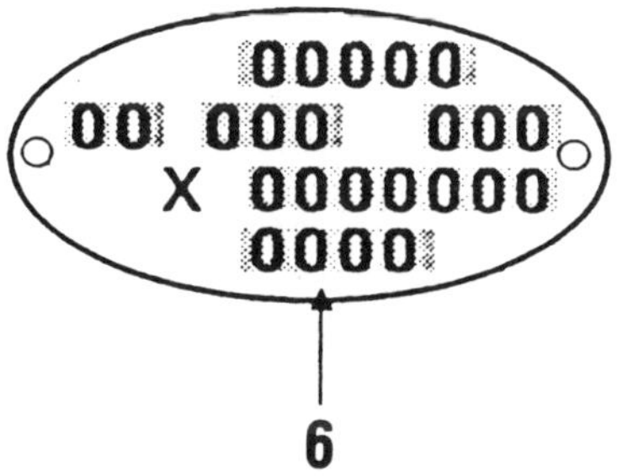

R-5002

Zum Nachlackieren wird unbedingt dieselbe Lackfarbe benötigt, denn selbst kleinste Farbunterschiede fallen nach Abschluß der Arbeiten sofort ins Auge. Der jeweilige Fahrzeug-Farbton wird vom Hersteller durch die Lack-Nummer –6– auf einem Hinweisschild vermerkt, das sich im Motorraum am rechten Federbeindom befindet. Die Lacknummer ist eine 3-stellige Ziffer, die je nach Ausführung in der untersten oder in der vorletzten Zeile steht.

Treten dennoch Differenzen zwischen dem Originallack und dem Reparaturlack auf, dann liegt das daran, daß Fahrzeug-Lackierungen sich durch Alterung, ultraviolette Sonnenbestrahlung, extreme Temperaturdifferenzen, Witterungsbedingungen und chemische Einflüsse wie beispielsweise Industrieabgase mit der Zeit verändern. Außerdem können Oberflächenschäden, Farbveränderungen und Ausbleichen des Lakkes eintreten, wenn Reinigung und Lackpflege mit ungeeigneten Mitteln durchgeführt wurden.

Die Metallic-Lackierung besteht aus 2 Schichten, dem Metallic-Grundlack und der farblosen Decklackierung. Beim Lackieren wird der Klarlack über den feuchten Grundlack gespritzt. Die Gefahr von Farbdifferenzen bei der nachträglichen Metallic-Lackierung ist besonders groß, da hier schon unterschiedliche Viskosität des Reparaturlackes gegenüber dem Originallack zu Farbverschiebungen führt.

Steinschlagschäden ausbessern

Es lohnt sich, regelmäßig auch kleinste Lackschäden zu beseitigen, da auf diese Weise Rostschäden und größere Reparaturen vermieden werden.

Für kleine Kratzer und Steinschläge, die lediglich den Decklack abgesplittert haben, also nicht bis aufs blanke Blech vorgedrungen sind, genügt im allgemeinen der Lackstift. Neben diesem Tupflack mit kleinem Pinsel hilft auch die im Zubehörhandel oft angebotene selbstklebende Lackfolie, wenn die Beschädigung sehr gering ist oder nur Grundierung aufgetragen wird.

- Tiefere Steinschlagschäden, die schon kleine Rostpickel gebildet haben, mit einem »Rostradierer« beziehungsweise einem Messer oder einem kleinen Schraubendreher auskratzen, bis das blanke Blech erscheint. Wichtig ist, daß keine auch noch so kleine Roststelle mehr sichtbar ist. Bei „Rostradierern" handelt es sich um kleine Kunststoffhülsen, die zum Auskratzen des Rostes kurze Drahtborsten besitzen.
- Die blanken Stellen müssen einwandfrei trocken und fettfrei sein. Dazu Reparaturstelle sowie umgebenden Lack mit Silikonentferner reinigen.
- Auf die blanke Metallfläche mit einem dünnen Pinsel etwas Lackgrundierung (»Primer«) auftragen. Da das Grundiermittel meist in Sprühdosen erhältlich ist, etwas Grundiermittel in den Deckel der Dose sprühen und Pinsel dort eintauchen.
- Nachdem die Grundierung trocken ist, Stelle mit Tupflack ausbessern. Bei den Tupflackdosen ist der Pinsel bereits im Deckel integriert. Falls nur eine Spraydose mit der entsprechenden Farbe zur Verfügung steht, etwas Farbe in den Deckel der Dose sprühen und anschließend Lack mit einem dünnen Wasserfarbenpinsel auftragen. Dabei in einem Arbeitsgang immer nur eine dünne Lackschicht anbringen, damit der Lack nicht herunterlaufen kann. Anschließend Farbe gut trocknen lassen. Vorgang so oft wiederholen, bis der Krater ausgefüllt ist und die ausgebesserte Stelle gegenüber der umgebenden Lackfläche keine Vertiefung mehr bildet.

Karosserie ausbeulen/ Rostlöcher ausbessern

Kleine Dellen können mit einem Ausbeulhammer sowie einem passenden Handamboß ausgebeult werden. Bei Rostlöchern in der Karosserie empfiehlt es sich, das Teil je nach Schadensumfang komplett auszutauschen oder ein Blechstück einschweißen zu lassen.

Ausbeulen

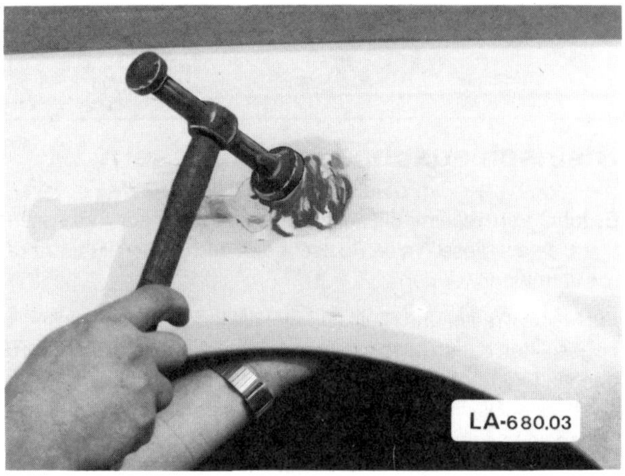

- Kleinere Dellen mit einem Ausbeulhammer zurückschlagen. Dabei auf der anderen Seite mit einem Handamboß gegenhalten. Nicht zu stark hämmern, sonst dehnt sich das Blech zu stark und man bekommt es nicht mehr glatt. Vom Rand ausgehend gleichmäßig zur Mitte hin arbeiten.
- Die ausgebeulte Fläche immer wieder mit der Hand prüfen, bis man die gewünschte Form gefunden hat. Kleinere Unebenheiten werden später ausgespachtelt.
- Roststellen und alte Lackreste sind nach dem Ausbeulen sorgsam von der Reparaturstelle zu entfernen. Entweder mit Sandpapier grober Körnung (120), das über einen Schleifblock gespannt wird, oder mit passenden Schleifblättern auf der Schwabbelscheibe. Naheliegende Zierleisten oder Kunststoffteile mit Abdeckband abkleben, damit sie bei einem Ausrutscher nicht versehentlich verkratzt werden.
- Durchgerostete Stellen in der Karosserie mit der Schleifscheibe bearbeiten, Ränder mit der Blechschere begradigen und leicht nach innen biegen.

Rostlöcher mit Glasfasermatten ausbessern: Diese Methode stellt nur eine behelfsmäßige Reparatur dar, da die Reparaturstelle meistens bald wieder durchrostet. Sie ist nur an nichttragenden Fahrzeugteilen erlaubt. Die wichtigsten Arbeitsschritte nach dem Grundieren der Reparaturstelle:

1. Provisorische Unterlage aus Holz oder dickem Karton herstellen und von hinten gegen das Rostloch spannen. Die Unterlagenform sollte der Karosseriewölbung entsprechen. Ohne Unterlage läßt sich die Glasfasermatte nur schwer in die richtige Form bringen. Da die Unterlage später wieder entfernt wird, muß sie mit einem speziellen Trennmittel präpariert werden. Sie darf sich auf keinen Fall mit dem Polyesterharz verbinden.

2. Das Glasfasergewebe in 3 Lagen auflegen, dabei soll die erste Lage die Blechränder nur geringfügig überlappen und die letzte Lage etwa 3 cm überstehen.

3. Polyesterharz mit Härter entsprechend der Gebrauchsanweisung vermischen. Dabei ist unbedingt auf die Einhaltung des genauen Mischverhältnisses zu achten, sonst trocknet das angereicherte Harz zu schnell oder zu langsam. Als Gefäß eignet sich ein Gipserbecher. Nicht zuviel Harz auf einmal anrühren, sonst trocknet es bereits im Bearbeitungsgefäß.

4. Zunächst Unterlage mit Polyesterharz einpinseln, dann die erste Lage Glasfasergewebe auflegen und Harz mit einem Pinsel auftupfen.

5. Eventuelle Lufteinschlüsse, als helle Stellen erkennbar, mit einem Scheibenroller kreuz und quer sorgfältig ausrollen, bevor die nächste Gewebeschicht aufgetragen und mit einem Pinsel angetupft wird.

6. Polyesterharz etwa 24 Stunden aushärten lassen, Unterlage abnehmen. Überstehende Glasfaserteile mit einer Feile entfernen.

7. Anschließend Lackierung vorbereiten und durchführen.

Lackierung vorbereiten

- Vor jeder Lackreparatur das Auto waschen, damit Schleifkratzer und Schmutzeinschlüsse vermieden werden.
- Nur bei Temperaturen über +12° C, aber nicht in praller Sonne und nicht bei starkem Wind arbeiten.

Entrosten

- Reparaturstelle großzügig mit Abdeckband (Tesakrepp) abkleben, damit der umliegende Lack nicht versehentlich beschädigt wird.
- Jeden sichtbaren sowie unter Rostblasen versteckten Rost mit Dreikantschaber oder Schraubendreher sowie Schleifpapier der Körnung 120 entfernen.
- Die Kante rings um die Schadenstelle anschließend mit Schleifpapier Körnung 320 zum gesunden Lack hin etwa 1 bis 2 Zentimeter breit anschleifen.
- An verzinkten Karosserieteilen sollte möglichst nur bis auf die Grundierung, nicht bis auf das Zink durchgeschliffen werden.

Rostschutzgrundierung (»Primer«) aufsprühen

- Die Reparaturstelle mit Nitroverdünnung und einem sauberen Lappen fett- und staubfrei wischen und trocknen lassen.
- Damit keine Verträglichkeitsprobleme auftreten, sollte der »Primer« und der später aufzutragende Decklack vom gleichen Hersteller sein. Sonst kann der Lack später Blasen werfen oder schrumpfen.
- Der »Primer« wird auf das entrostete Blech aus einem Abstand von etwa 25 cm extrem dünn, aber deckend aufgesprüht. Um Spritznebel auf den umgebenden Teilen zu vermeiden, Umfeld zunächst einige Zentimeter neben der Reparaturstelle mit Abdeckband und Papier (Zeitungspapier) abdecken.
- Nach 10 bis 15 Minuten Ablüftzeit kann weiter überspritzt werden. Muß die Stelle gespachtelt werden, »Primer« vorher ganz trocknen lassen.

Spachteln

Man unterscheidet 2 Spachtelarten: Zweikomponentenspachtel und Feinspachtel. Zweikomponentenspachtel wird kurz vor der Verarbeitung mit Härter vermischt. Er härtet schnell aus und muß rasch verarbeitet werden. Man benutzt ihn, um größere Unebenheiten im Blech auszugleichen. Feinspachtel ist ein Ziehspachtel, mit dem feinere Unebenheiten geglättet werden. Man kann ihn in mehreren Lagen auftragen. Beide Spachtelarten gibt es in Tuben und Dosen, Füllspachtel gibt es auch aus der Spraydose. **Achtung:** Obwohl auf der Dose oft noch direkter Spachtelauftrag auf das blanke Blech empfohlen wird, ist auf jeden Fall die Vorbehandlung mit dem »Primer« ratsam (Rostschutz).

- Auf die ausgebeulte oder mit Glasfasermatten ausgebesserte Stelle Zweikomponentenspachtel auftragen und aushärten lassen. Gebrauchsanleitung des Herstellers beachten.
- Nach dem Trocknen Unebenheiten von Hand oder mit Schwingschleifer abschleifen. Dabei sollte ein Schleifpapier mit der Körnung »180« verwendet werden. Es kann bereits Wasserschleifpapier verwendet werden. In diesem Fall die Reparaturstelle (mit Schwamm) und das Schleifpapier während des Schleifens von Zeit zu Zeit mit reichlich Wasser abspülen.
- Anschließend Reparaturstelle sauber abwischen und trocknen lassen.

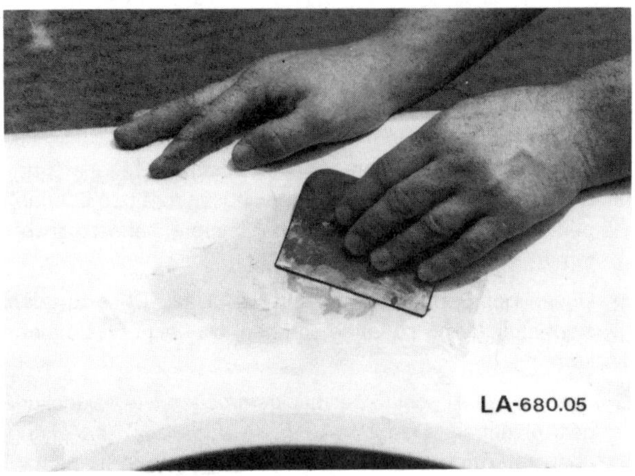

LA-680.05

- Mit breitem, elastischem Kunststoffspachtel die Reparaturstelle mit Feinspachtel überziehen und mindestens 2 Stunden lang aushärten lassen. Auf starken Rundungen und Konturen empfiehlt sich ein Feinspachtel aus der Spraydose.
- Je nach Schichtdicke muß Feinspachtel gut 2 bis 3 Stunden durchtrocknen.

Schleifen

Schleifpapier ist in verschiedenen Körnungen erhältlich. Je kleiner die Zahl, um so grober der Schliff. Zum Schleifen von Zweikomponentenspachtel empfiehlt sich Körnung 180 bis 240; Füllspachtel und alter Lack werden mit Körnung 360 naß geschliffen. Für den letzten Naßschliff vor der Lackierung empfiehlt sich 600er Schleifpapier.

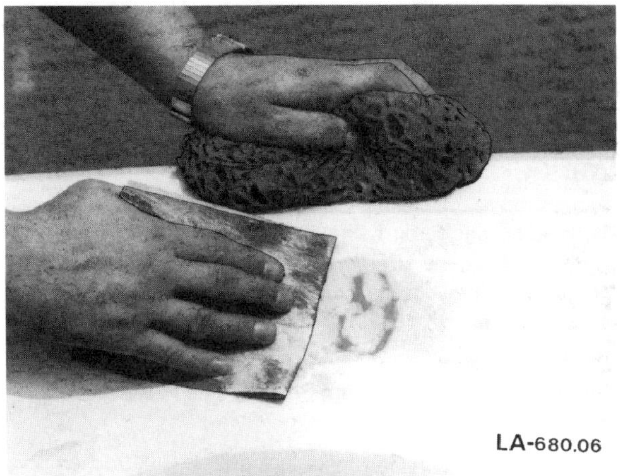

LA-680.06

- Fertige Spachtelstelle mit 360er Papier naß überschleifen, dabei ständig einen Schwamm über der Reparaturstelle ausdrücken. Schwamm von Zeit zu Zeit in sauberes Wasser tauchen und wieder vollsaugen lassen.
- Für den folgenden nassen Feinschliff eignet sich am besten spezielles Naßschleifpapier mit 600er Körnung, dabei wird auch der angrenzende und zu überspritzende Lack mit angeschliffen. Dabei nur in Fahrzeuglängsrichtung schleifen; dann sind verbleibende kleine Schleifriefen hinterher im Decklack kaum sichtbar.

Reinigen

Vor dem Spritzen muß die geschliffene Lackoberfläche sowie ein bis zwei Handbreiten des umliegenden Lacks von Fett- und Silikonresten befreit werden. Am besten eignet sich dazu Silikonentferner.

- Nach dem Schleifen Reparaturstelle sorgfältig reinigen und alle angrenzenden Fahrzeugflächen mit Zeitungspapier und Klebeband ganz exakt abkleben. Bei Lackierungen an den Kotflügeln ebenfalls die Reifen und die Stoßdämpfer sorgfältig abkleben.

LA-680.07

- Reparaturstelle möglichst immer so abkleben, daß die gespritzte Fläche bis zur nächsten Zierleiste oder Karosseriekante reicht, da am Rand der Abklebung ein Farbgrat entsteht. Falls ein annähernd fließender Übergang zum Originallack unumgänglich ist, etwa zwei Handbreit um die Reparaturstelle abkleben.

- Fußboden zur Staubbindung mit Wasser anfeuchten.

Lackieren

Damit beim Lackieren keine Probleme auftreten, sollte der zuvor aufgetragene »Primer« vom gleichen Hersteller stammen wie der Spraydosenlack. Der Lack wirft dann keine Blasen und schrumpft nicht.

Achtung: Es empfiehlt sich, den Lackiervorgang zunächst an einem geeigneten Blech, zum Beispiel einem alten Kotflügel, zu üben.

- Zum Lackieren muß das zu lackierende Teil trocken und staubfrei sein. Wenn möglich, mit Preßluft abblasen.
- Fußboden zur Staubbindung mit Wasser anfeuchten.
- Reparaturstelle über die zu lackierende Fläche hinaus mit Silikonentferner abreiben. Noch optimaleren Haftgrund für den Decklack erhält man durch Abreiben der gereinigten Fläche mit **silikonfreier** Polierpaste.
- Spraydose vor Gebrauch wenigstens 3 bis 5 Minuten lang intensiv schütteln, sonst bilden sich auf dem Blech Lacknasen.
- Bei **Metalliclack** anschließend etwas Farbe auf einen Karton sprühen, damit eventuell im Steigrohr abgesetzte Metallpartikel beseitigt werden.

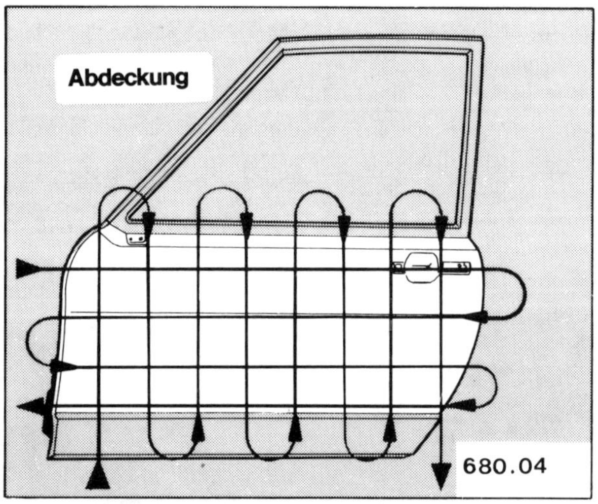

- Große Flächen, ob senkrecht oder waagerecht, werden im »Kreuzgang« gespritzt: Man beginnt außerhalb der Fläche und schwenkt den Spritzstrahl außerhalb in die andere Richtung.
- Kleine Stellen spiralförmig von außen nach innen besprühen, damit ein unnötig großes Sprühnebelfeld vermieden wird.
- Spraydose mit gleichbleibender Geschwindigkeit und gleichmäßigem Abstand über die Oberfläche führen. Der richtige Abstand liegt bei etwa 25 cm.
- Soll der Lacküberzug möglichst übergangslos zum gesunden Lack aufgetragen werden: Das gelingt am besten, wenn man ihn in mindestens vier sich überlappenden Spritzgängen aufträgt. Jeder einzelne Auftrag sollte den vorhergehenden Lackauftrag um zwei bis drei Zentimeter vergrößern.

Achtung: Wird aus nächster Nähe gesprüht oder ist die Sprühbewegung zu langsam beziehungsweise von wechselnder Geschwindigkeit, treten sogenannte Lacknasen auf. Das heißt, der Lack läuft an einigen Stellen herunter, weil dort zuviel Farbe auf einmal aufgespritzt wurde. Ebenso verhält es sich, wenn die Richtungsänderungen beim Sprühvorgang nicht über der abgedeckten Fläche durchgeführt werden.

Der Spritzvorgang ist mit ca. 5minütigen Pausen, zum Abdunsten des Lösungsmittels, so oft zu wiederholen, bis der Lack eine ausreichende Deckung erreicht hat. Besonders Metallic-Lack auch zwischen den einzelnen Spritzgängen aufschütteln, da sich die Metallic-Partikel schnell absetzen.

Achtung: Bei **Metallic-Lack** ist eine Farbübereinstimmung mit dem Original-Lack nur schwer möglich. Die Pigmentierung (Verteilung der Aluminium-Partikel) wird gleichmäßiger, wenn der letzte Spritzgang aus etwa 30 cm statt 25 cm erfolgt. Mit dieser Technik ist auch eine gewisse Farbtonangleichung möglich: Langsame Handbewegung und damit satter Auftrag macht dunkler, nach schnellerem Überspritzen scheint Metalliclack dagegen heller.

- Bei Metallic-Lackierungen den Basis-Metallic-Lack mit einem Klarlacküberzug versehen, erst danach bekommt der Metallic-Lack seinen Glanz. Gespritzt wird wieder mindestens drei– bis viermal dünn, wobei jedesmal dazwischen eine Ablüftpause von einigen Minuten eingehalten werden muß. Vor dem ersten Auftragen soll der Basislack mindestens 30 Minuten abgelüftet sein. Der Klarlack hat den neuen Basislack um etwa eine Handbreit zu überlappen, das Abdeckpapier ist vorher entsprechend zu erweitern.
- Düsen der Spraydosen freisprühen. Dazu Dose auf den Kopf stellen und so lange sprühen, bis keine Farbe mehr kommt.
- Sofort nach Abschluß der Lackierarbeiten alle Abdeckungen abziehen. Dadurch kann, falls bis zur Abdeckung gespritzt wurde, der nasse Lack am Übergang verlaufen.
- Gespritzte Fläche trocknen lassen. Der Trocknungsvorgang läßt sich mit einer Heizsonne oder einer starken Fotolampe beschleunigen. **Achtung:** Kein Gebläse-Heizgerät verwenden, dadurch würden aufgewirbelte Staubpartikel gegen den frischen Lack geblasen.
- Nach dem Aushärten der Farbe, nach mindestens 48 Stunden, Sprühnebel auf den angrenzenden Flächen mit einem milden Poliermittel und einem Wattebausch vorsichtig abtragen. Dabei nur in Fahrzeug-Längsrichtung polieren.

Die Heizung

Die Frischluft für die Heizung wird unter der Windschutzscheibe über den Wasserkasten angesaugt und gelangt über das Gebläse in den Fahrzeuginnenraum. Dabei durchströmt die Luft den Heizungskasten und wird durch verschiedene Klappen auf die einzelnen Lufteintrittsdüsen verteilt. Der Innenraum heizt sich auf, wenn die Heizungsklappe geöffnet wird und die am Wärmetauscher vorbeistreichende Luft in den Innenraum gelangt. Der Wärmetauscher befindet sich im Heizungskasten. Bei warmem Motor strömt heiße Kühlflüssigkeit durch den Wärmetauscher. Die einströmende Frischluft erwärmt sich an den heißen Lamellen des Wärmetauschers und gelangt dann in den Fahrzeuginnenraum. Die Heizleistung wird durch die Öffnung der Heizklappe gesteuert, da der Wärmetauscher permanent von Kühlflüssigkeit durchflossen wird.

Zur Verstärkung der Heizleistung dient ein dreistufiges Heizgebläse. Damit das Gebläse in den einzelnen Stufen mit unterschiedlicher Geschwindigkeit läuft, werden Widerstände vorgeschaltet. Bei Ausfall eines Widerstandes läuft der Motor in der entsprechenden Geschwindigkeitsstufe nicht.

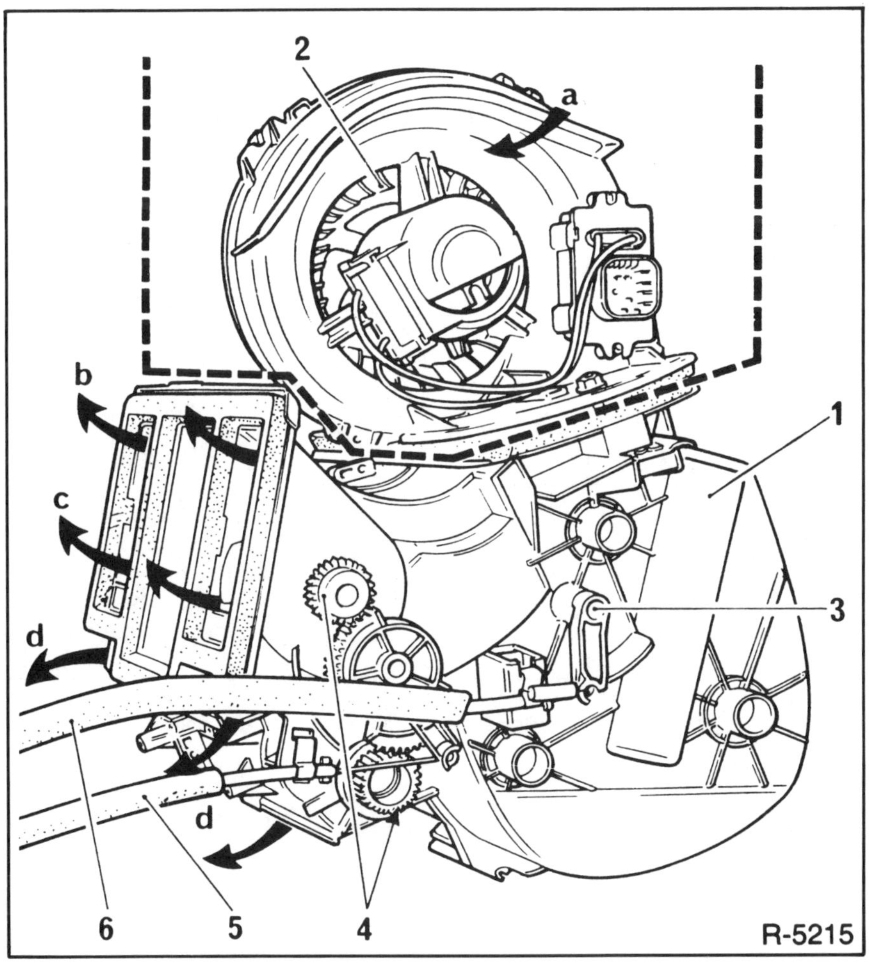

- 1 – **Wärmetauscher**
- 2 – **Gebläse**
- 3 – **Warmluft-/Kaltluftklappe**
- 4 – **Klappen für Luftverteilung oben/ unten**
- 5 – **Betätigungszug Luftverteilung**
- 6 – **Betätigungszug Mischklappe**
- a – **Lufteingang**
- b – **Ausgänge Windschutzscheiben-Belüftung**
- c – **Ausgänge Luftdüsen Armaturenbrett**
- d – **Ausgänge Luftdüsen Fußraum**
- e – **Ausgänge Luftdüsen hinten (Zusatzausstattung)**

Heizungsbetätigung aus- und einbauen

Ausbau

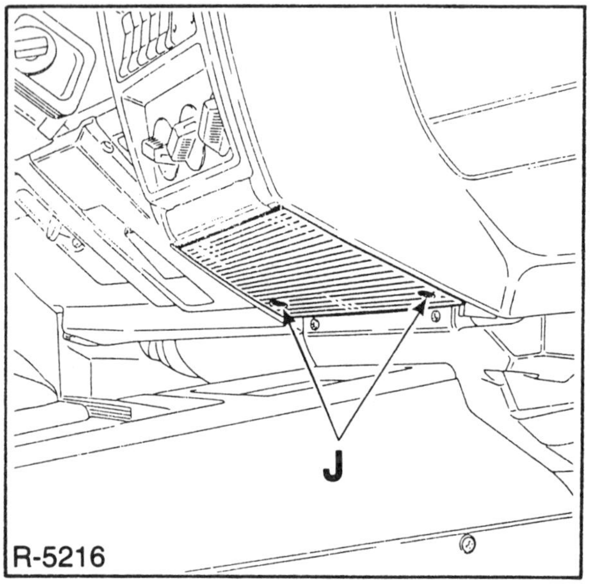

- Abdeckung unter dem Armaturenbrett abschrauben –J–.

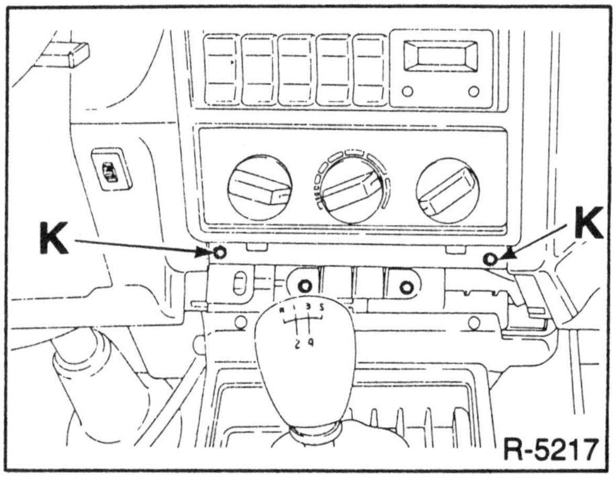

- 2 Befestigungsschrauben –K– für Betätigungseinheit herausdrehen.
- Betätigungseinheit nach innen drücken und nach unten herausnehmen.

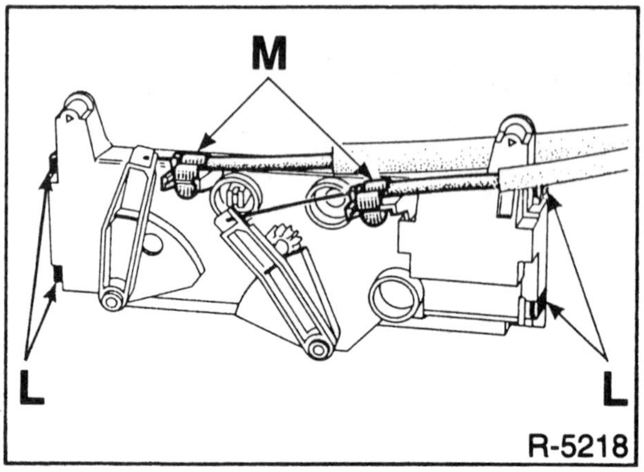

- Bevor die Frontpartie herausgenommen wird, die 4 Halteklammern –L– abnehmen.
- Heizungszüge aushängen, vorher die Halteklammern –M– mit Schraubendreher abhebeln.

Einbau

- Heizungszüge einhängen.
- Zughüllen mit Halteklammern festclipsen.
- Betätigungseinheit einsetzen und mit 2 Schrauben festschrauben.
- Untere Abdeckung anschrauben.

Heizungszüge aus- und einbauen

Ausbau

- Heizungsbetätigung ausbauen.

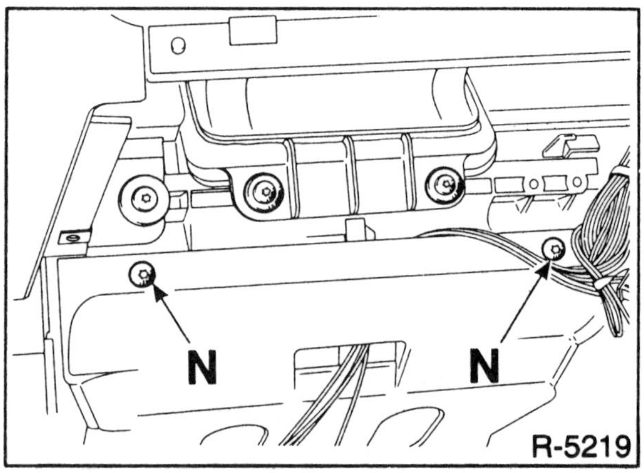

- 2 Befestigungsschrauben –N– für Luftleitvorrichtung herausdrehen.

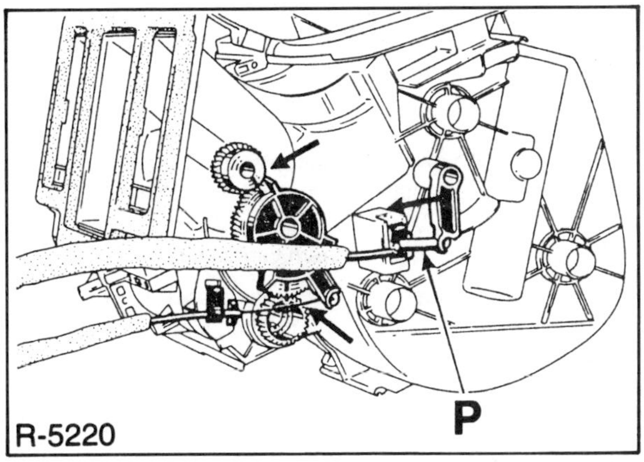

R-5220

- Heizungszüge von den Betätigungshebeln der Luftregulierklappen abnehmen. Dazu Halteklammern abdrücken, Züge um ¼ Umdrehung drehen und dadurch von den Klappen lösen –P–.

Einbau

- Heizungszüge an den Luftregulierhebeln einhängen und anklemmen.
- Drehknöpfe für Ventilation (ganz links) und Kaltluft (Mitte) bis zum Anschlag nach links drehen.
- Betätigungseinheit einbauen.
- Die Markierungen an den Hebeln für Luftregulierklappen müssen jetzt übereinstimmen –Pfeile in Abbildung R-5220–.
- Falls ausgebaut, Rückholfeder für Mischklappe einbauen.
- Luftleitvorrichtung anschrauben.
- Untere Abdeckung für Armaturenbrett anschrauben.

Gebläsemotor aus- und einbauen

Ausbau

- Dichtung für Wasserkasten abziehen.
- Einlaßvorrichtung für Außenluft ausbauen.

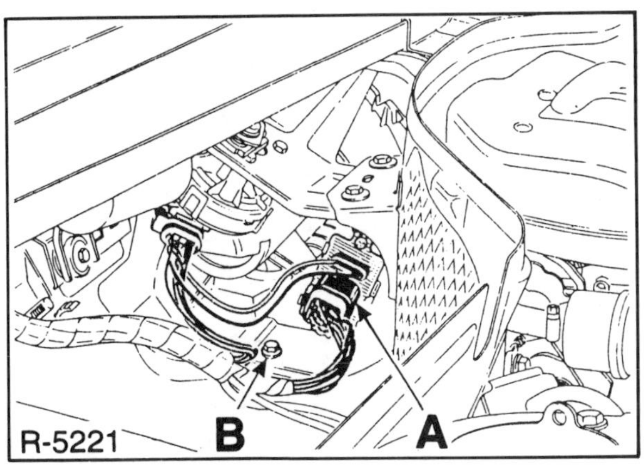

R-5221

- Mehrfachstecker –A– abziehen.
- 2 Befestigungsschrauben –B– herausdrehen.

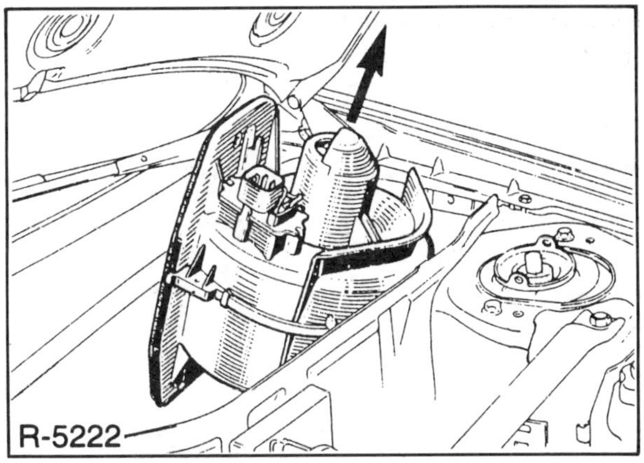
R-5222

- Gebläsemotor drehen und links am Fahrzeug herausheben. **Achtung:** Das Gebläse kann nur in einer bestimmten Position aus dem Wasserkasten ausgebaut werden.
- Stecker vom Motor abziehen.

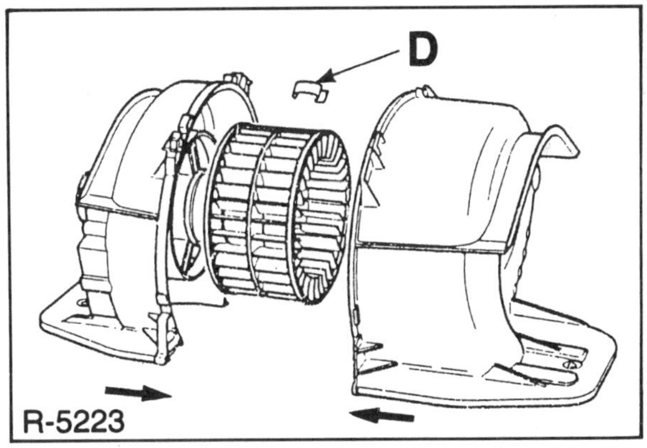

R-5223

- Die beiden Gehäusehälften trennen. Falls vorhanden, vorher die Klammern –D– abhebeln.
- Motor herausziehen.

Einbau

- Motor in seinen Sitz im Gehäuse einrasten.
- Die beiden Gehäusehälften zusammensetzen und mit Blechklammern –D– sichern.
- Stecker am Motor aufstecken.
- Motor in den Wasserkassen einsetzen und anschrauben.
- Mehrfachstecker aufschieben.
- Neue Dichtung auf den Wasserkasten aufsetzen. **Achtung:** Die Dichtung muß in einwandfreiem Zustand sein, sonst kann Wasser in den Fahrgastraum eindringen.
- Einlaßvorrichtung für Außenluft einbauen.

Widerstände aus- und einbauen

Ausbau

- Dichtung für Wasserkasten abziehen.
- Einlaßvorrichtung für Außenluft ausbauen.

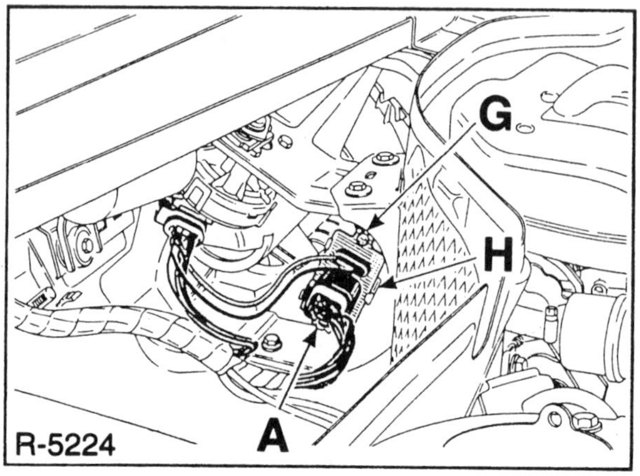

- Mehrfachstecker –A– abziehen.
- 2 Befestigungsschrauben –G– herausdrehen.
- Gehäuse mit Widerständen herausnehmen, vorher die Klemmen –H– spreizen.

Einbau

- Vor dem Einbau Freigängigkeit des Gebläsemotors prüfen.

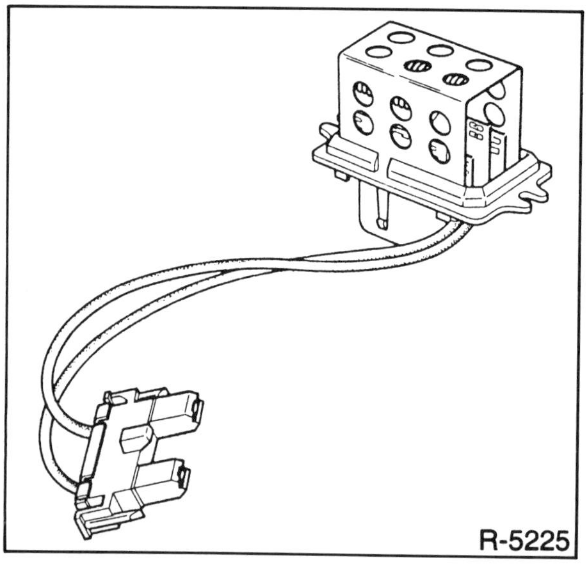

- Widerstände einsetzen und einrasten.
- Befestigungsschrauben reindrehen.
- Mehrfachstecker aufschieben.
- Neue Dichtung auf den Wasserkasten aufsetzen. **Achtung:** Die Dichtung muß in einwandfreiem Zustand sein, sonst kann Wasser in den Fahrgastraum eindringen.
- Einlaßvorrichtung für Außenluft einbauen.

Funktion der Klimaanlage

Als zusätzliche Ausstattung ist für den RENAULT 19 auch eine Klimaanlage erhältlich.

Mit Hilfe der Klimaanlage kann die Innenraumtemperatur auch unter die momentan herrschende Außentemperatur abgesenkt werden. Kühlt die Klimaanlage, wird außerdem die Luftfeuchtigkeit im Fahrzeuginnern vermindert.

Die Klimaanlage besteht aus Kältekompressor, Kondensator, Drossel, Verdampfer und den Druckleitungen.

Der **Kältekompressor** wird über einen Keilriemen durch die Kurbelwelle angetrieben. Er erhöht den Druck im Kältemittelkreislauf auf etwa 30 bar, wodurch sich das Kältemittelgas erhitzt. Im **Kondensator** nimmt die vorbeiströmende Luft die Wärme auf (Kühlluft, bleibt im Außenbereich), dadurch kühlt das heiße Kältemittelgas ab und kondensiert. Das Kältemittel wird flüssig. Es durchfließt unter weiterhin hohem Druck eine **Drossel**, die den Druck reduziert. Daraufhin verdunstet das Kältemittel im Kreislauf und gleichzeitig kühlt es nochmals stark ab. Im **Verdampfer** nimmt das Kältemittel von der vorbeiströmenden Luft Wärme auf. Dadurch wird die Luft abgekühlt. Diese kühlere Luft wird nun in den Innenraum des Fahrzeuges geleitet. Durch die aufgenommene Wärme im Verdampfer wird das Kältemittel gasförmig und wird mit niedrigem Druck zum Kompressor geleitet. Dort beginnt der Kreislauf von vorn.

Achtung: Reparaturen an der **Klimaanlage** werden nicht beschrieben. Arbeiten an der Klimaanlage sollten von einer Fachwerkstatt durchgeführt werden. Insbesondere darf der **Kältemittelkreislauf nicht geöffnet** werden, da das Kältemittel bei Hautberührung Erfrierungen hervorrufen kann und umweltschädigend wirkt.

Störungsdiagnose Heizung

Störung	Ursache	Abhilfe
Heizgebläse läuft nicht	Sicherung für Gebläsemotor defekt	■ Sicherung im Sicherungskasten prüfen, gegebenenfalls ersetzen
	Gebläseschalter defekt, Kontakte korrodiert	■ Prüfen, ob am Gebläsemotor Spannung anliegt. Wenn nicht, Gebläseschalter ausbauen und prüfen. Anschlüsse reinigen
	Schleifkohlen für Gebläsemotor abgenützt	■ Prüfen, ob bei eingeschalteter Zündung und betätigtem Gebläseschalter am Kontakt des Gebläsemotors Spannung anliegt. Wenn ja, Motor ausbauen und Schleifkohlen prüfen, gegebenenfalls erneuern
Heizgebläse läuft nur in einer Geschwindigkeitsstellung nicht	Vorwiderstand defekt	■ Vorwiderstand ersetzen
Heizleistung zu gering	Kühlmittelstand zu niedrig	■ Kühlmittelstand prüfen, gegebenenfalls Kühlmittel auffüllen
	Kühlmittelregler defekt	■ Kühlmittelregler prüfen, gegebenenfalls ersetzen
	Heizklappe öffnet nicht oder nicht ganz	■ Heizklappe gangbar machen, Heizungszug einstellen
	Heizschläuche am Wärmetauscher oder an der Kühlmittelpumpe falsch angeschlossen	■ Schläuche umstecken
Geräusche im Bereich des Heizgebläses	Eingedrungener Schmutz, Laub	■ Lüfterrad ausbauen, reinigen, Luftkanal säubern
	Lüfterrad hat Unwucht, Lager defekt	■ Gebläsemotor ausbauen und auf leichten Lauf prüfen

Die elektrische Anlage

Bei der Überprüfung der elektrischen Anlage stößt der Heimwerker in den technischen Unterlagen immer wieder auf die Begriffe Spannung, Stromstärke und Widerstand.

Die Spannung wird in Volt (V) gemessen, die Stromstärke in Ampère (A) und der Widerstand in Ohm (Ω). Mit dem Begriff Spannung ist beim Auto in der Regel die Batteriespannung gemeint. Es handelt sich dabei um eine Gleichspannung von ca. 12 Volt. Die Höhe der Batteriespannung hängt vom Ladezustand der Batterie und von der Außentemperatur ab. Sie kann etwa 10 bis 13 Volt betragen. Demgegenüber wird die Bordspannung vom Generator (Lichtmaschine) erzeugt, die bei mittleren Drehzahlen ca. 14 Volt beträgt.

Der Begriff Stromstärke taucht im Bereich der Automobil-Elektrik relativ selten auf. Die Stromstärke ist beispielsweise auf der Rückseite von Sicherungen angegeben und weist auf den maximalen Strom hin, der fließen kann, ohne daß die Sicherung durchbrennt und damit den Stromkreis unterbricht.

Überall wo ein Strom fließt, muß er einen Widerstand überbrükken. Der Widerstand ist unter anderem von folgenden Faktoren abhängig: Leitungsquerschnitt, Leitungsmaterial, Stromaufnahme usw. Ist der Widerstand mitunter zu groß, können Funktionsstörungen auftreten. Beispielsweise darf der Widerstand in Zündleitungen und Zündverteiler nicht zu hoch sein, sonst fehlt ein ausreichend starker Zündfunke an den Zündkerzen, der das Kraftstoff-Luftgemisch entzündet und damit den Motor zum Laufen bringt.

Meßgeräte

Zum Messen der Bord-Elektrik gibt es im Handel sogenannte Mehrfach-Meßgeräte. Sie vereinen in einem Gerät das Voltmeter, um Spannungen zu messen, das Ampèremeter, um die Stromstärke zu messen und das Ohmmeter, um den Widerstand zu messen. Mit einem Dreh- oder Tastschalter wird an dem Meßgerät der gewünschte Meßbereich (V,A,Ω) eingeschaltet. Die im Handel befindlichen Meßgeräte unterscheiden sich hauptsächlich im Meßbereich und in der Meßgenauigkeit. Durch den Meßbereich wird festgelegt, in welchem Bereich Spannungen oder Widerstände liegen müssen, damit sie überhaupt vom Gerät erfaßt werden können. Die Meßgenauigkeit wird in erster Linie vom Herstellungsaufwand bestimmt, der sich natürlich in den Kosten niederschlägt. Je größer die Genauigkeit, desto höher der Kaufpreis.

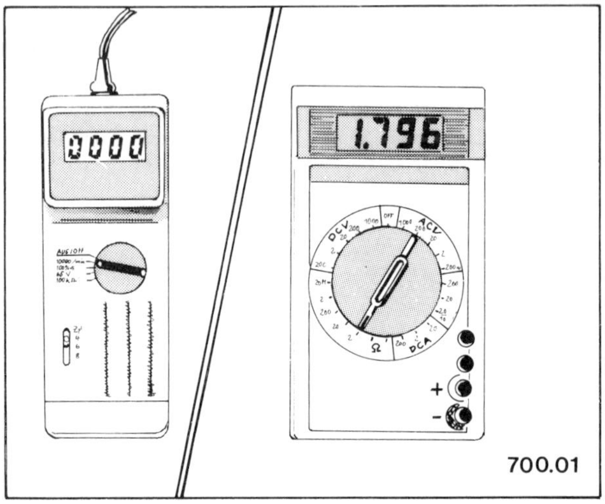

700.01

Für den Heimwerker gibt es Vielfach-Meßgeräte, die speziell für Prüfarbeiten am Auto abgestimmt sind. Mit solch einem Gerät kann man die Motordrehzahl und den Zünd-Schließwinkel messen und außerdem Spannungen bis zu 20 Volt. Bei Widerstandsmessungen beschränkt sich das Gerät in der Regel auf den Kilo-Ohm-Bereich, also etwa 1–1000 kΩ. Falls es eine Stromstärken-Messung zuläßt, dann nur im Bereich der Anlasserstromstärke.

Darüber hinaus werden Meßgeräte zur Überprüfung von elektrischen und elektronischen Bauteilen angeboten. Bei diesen Geräten fehlt naturgemäß die Meßmöglichkeit von Motordrehzahl und Zünd-Schließwinkel. Große Vorteile bietet ein solches Gerät jedoch auf dem Gebiet des Meßbereiches; denn dieser erlaubt eine umfassende Messung von kleinen Widerständen in Ohm (Ω) bis zu großen Widerständen im Mega-Ohm-Bereich (MΩ). Spannungen können bis auf drei Stellen hinter dem Komma genau gemessen werden, was vor allem bei elektronischen Bauteilen erforderlich ist.

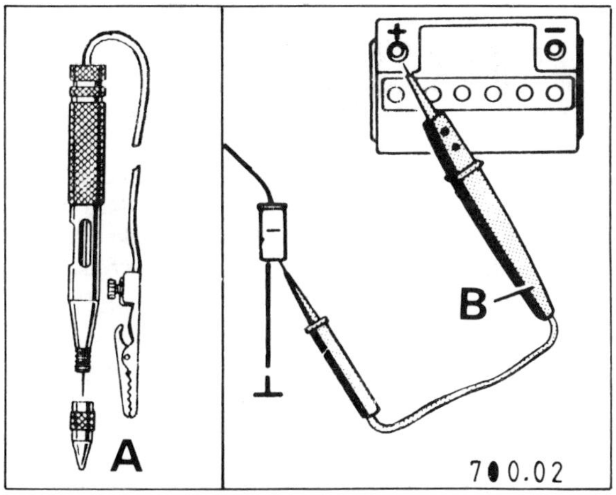

700.02

Wenn nur geprüft werden soll, ob überhaupt Spannung anliegt, eignet sich hierzu eine einfache Prüflampe –A– (Abbildung 700.02). Dies gilt allerdings nur für Stromkreise, in denen sich keine elektronischen Bauteile befinden. Denn elektronische Steuergeräte reagieren äußerst empfindlich auf zu hohe Ströme. Unter Umständen können elektronische Bauteile bereits durch das Anschließen einer Prüflampe zerstört werden. Für Fahrzeuge mit elektronischen Bauteilen, wie zum Beispiel die Transistorzündung oder die elektronisch gesteuerte Einspritzanlage, ist deshalb ein hochohmiger Spannungsprüfer –B– erforderlich. Er hat praktisch dieselben Funktionen wie die Prüflampe, ohne daß die elektronischen Bauteile geschädigt werden.

Meßtechnik

Spannung messen

Spannung kann schon mit einer einfachen Prüflampe oder einem Spannungsprüfer nachgewiesen werden. Allerdings erkennt man dann nur, ob überhaupt Spannung anliegt. Um die Höhe der anliegenden Spannung zu prüfen, muß ein Voltmeter (Spannungs-Meßgerät) angeschlossen werden. Das Voltmeter ist immer in einem Vielfachmeßgerät integriert.

Zunächst ist beim Voltmeter der Meßbereich einzustellen, in dem sich die zu messende Spannung voraussichtlich befindet. Spannungen am Fahrzeug sind in der Regel nicht höher als ca. 14 Volt. Eine Ausnahme bildet die Zündanlage; hier kann die Zündspannung bis zu 30000 Volt betragen, was sich nur mit einem speziellen Meßgerät oder einem Oszilloskop messen läßt.

Während man bei Meßgeräten, die speziell auf das Auto abgestimmt sind, am Wählschalter nur das Voltmeter einschalten muß, sind bei einem allgemeinen Vielfachmeßgerät erst eine Reihe von Entscheidungen zu fällen. Zunächst wird mit dem Wählschalter der Bereich Gleichspannung (DCV im Gegensatz zu ACV=Wechselspannung) eingestellt. Dann wird der Meßbereich gewählt. Da beim Auto außer an der Zündanlage (bis 30000 Volt) keine höheren Spannungen als ca. 14 Volt auftreten, sollte die Obergrenze des einzustellenden Meßbereiches etwas höher liegen (ca. 15 bis 20 Volt). Falls sicher ist, daß die gemessene Spannung wesentlich niedriger ist, zum Beispiel im Bereich von 2 Volt, kann der Meßbereich heruntergeschaltet werden, um eine größere Anzeigegenauigkeit zu erreichen. Liegen höhere Spannungen an, als sie vom Meßbereich des Gerätes erfaßt werden, kann das Meßgerät zerstört werden.

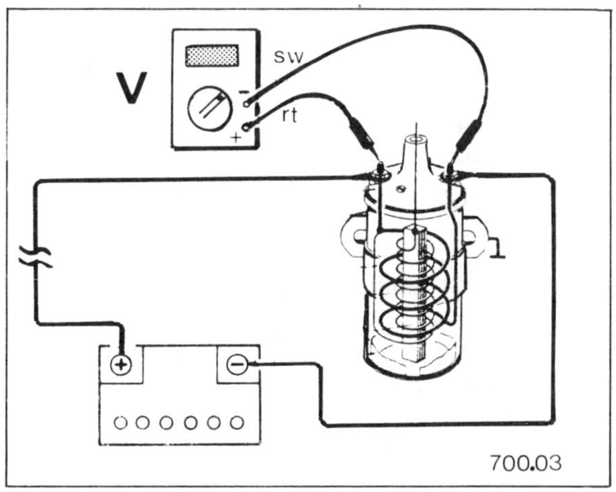

700.03

Die Kabel des Meßgerätes entsprechend der Zeichnung parallel zum Verbraucher anschließen. Dabei wird das rote Kabel an die vom Batterie-Pluspol kommende Leitung angelegt, das schwarze Kabel an die Masse-Leitung oder an Fahrzeugmasse, wie zum Beispiel den Motorblock.

Prüfbeispiel: Wenn der Motor nicht richtig anspringt, weil der Anlasser zu langsam dreht, ist es zweckmäßig, die Batteriespannung zu prüfen, während der Anlasser betätigt wird. Dazu das Voltmeter mit dem roten Kabel (+) an den Batterie-Pluspol und mit dem schwarzen Kabel an Fahrzeugmasse (–) anklemmen. Anschließend durch einen Helfer den Anlasser betätigen lassen und den Spannungswert ablesen. Liegt die Spannung unter ca. 7 Volt, muß die Batterie überprüft und eventuell vor den nächsten Startversuchen geladen werden.

Stromstärke messen

Am Auto ist es relativ selten erforderlich, die Stromstärke zu messen. Benötigt wird hierzu ein Ampèremeter, welches ebenfalls in einem Vielfachmeßgerät integriert ist.

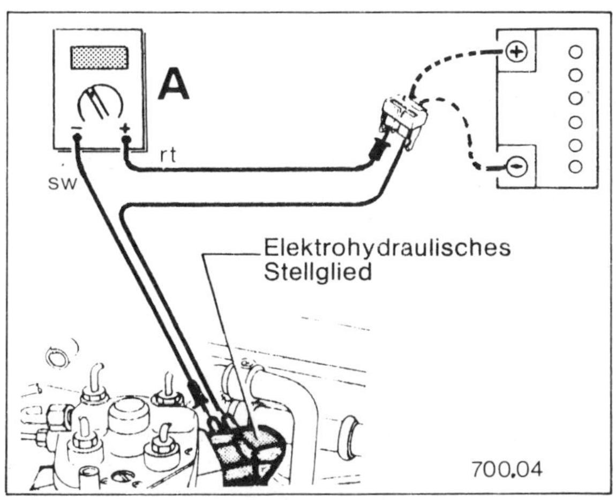

700.04

Ebenso wie beim Voltmeter wird vor der Strommessung das Meßgerät auf den Meßbereich eingestellt, in dem sich die zu messende Stromstärke voraussichtlich befindet. Falls das nicht bekannt ist, höchsten Meßbereich einstellen und, falls keine Anzeige erfolgt, nacheinander in die nächstniedrigeren Meßbereiche schalten.

Für die Messung der Stromstärke muß der Stromkreis, wie in der Zeichnung gezeigt, aufgetrennt werden und das Meßgerät –A– (Ampèremeter) wird dazwischengeschaltet. Dazu wird beispielsweise der Stecker abgezogen und das rote Kabel (+) des Ampèremeters an die stromführende Leitung angeschlossen. Das schwarze Kabel (–) wird an den Kontakt angelegt, an dem normalerweise die unterbrochene Leitung angeschlossen ist. Die Massekontakte zwischen Verbraucher und Stecker müssen dann mit einem Hilfskabel verbunden werden.

Beispiel: „Batterie entlädt sich selbständig", siehe Seite 212.

Achtung: Keinesfalls sollte mit einem normalen Ampèremeter die Stromstärke in der Leitung zum Anlasser (ca. 150 A) oder zu den Glühkerzen beim Dieselmotor (bis 60 A) gemessen werden. Durch die hierbei auftretenden hohen Ströme kann das Meßgerät zerstört werden. Die Werkstatt benutzt für diese Messungen ein Ampèremeter mit Gleichstromzange. Dabei wird eine Stromzange über das isolierte Stromkabel geklemmt und der Stromwert durch Induktion gemessen.

Widerstand messen

Vor der Prüfung des Widerstandes ist grundsätzlich sicherzustellen, daß an den Kontakten, an die das Ohmmeter angeschlossen wird, keine Spannung anliegt. Also immer vorher Stecker abziehen, Zündung ausschalten, Leitung beziehungsweise Aggregat ausbauen oder Batterie abklemmen. Andernfalls kann das Meßgerät beschädigt werden.

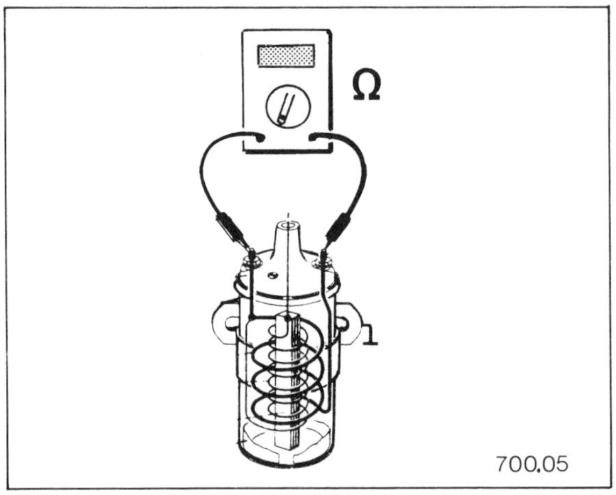

Das Ohmmeter wird an die 2 Anschlüsse eines Verbrauchers oder an die 2 Enden einer elektrischen Leitung angeschlossen. Dabei spielt es keine Rolle, welches Kabel (+/–) des Meßgerätes an welchen Kontakt angeklemmt wird.

Die Widerstandsmessung am Auto erstreckt sich weitgehend auf 2 Bereiche:

1. Kontrolle eines in den Stromkreis integrierten Widerstandes mit festem oder variablem Wert. **Beispiel:** Widerstand des Kühlmittel-Temperaturfühlers (für Einspritzanlage) prüfen. Dazu Stecker am Temperaturfühler abziehen und Ohmmeter zwischen den Kontakt am Fühler und Masse (Motorblock) anschließen. Ohmmeter in den Meßbereich schalten, in dem sich der Meßwert voraussichtlich befindet, und angezeigten Meßwert mit dem in der Tabelle angegebenen Sollwert vergleichen.

2. „Durchgangs"-Prüfung einer elektrischen Leitung, eines Schalters oder einer Heizwendel. Dabei wird geprüft, ob eine elektrische Leitung im Fahrzeug unterbrochen ist und deshalb das angeschlossene elektrische Gerät nicht funktionieren kann. Zur Messung wird das Ohmmeter an die beiden Enden der betreffenden elektrischen Leitung angeschlossen. Beträgt der Widerstand 0 Ω, dann ist „Durchgang" vorhanden, das heißt die elektrische Leitung ist in Ordnung. Bei unterbrochener Leitung zeigt das Meßgerät ∞ (unendlich) Ω an.

Elektrisches Zubehör nachträglich einbauen

Beim Bohren oder Schälen von Löchern in die Karosserie müssen die Lochränder anschließend entgratet, grundiert und lackiert werden. Die beim Bohren zwangsläufig anfallenden Späne sind restlos aus der Karosserie zu entfernen.

Bei allen Einbauarbeiten, die das elektrische Leitungssystem berühren, ist, um der Gefahr von Kurzschlüssen im elektrischen Leitungssystem vorzubeugen, grundsätzlich das Massekabel von der Fahrzeugbatterie abzuklemmen und zur Seite zu hängen.

Kabel, die beim Einbau von Zubehör zusätzlich zu dem serienmäßig eingebauten Kabelsatz im Fahrzeug verlegt werden müssen, sind nach Möglichkeit immer entlang der einzelnen Kabelstränge unter Verwendung der vorhandenen Kabelschellen und Gummitüllen zu verlegen.

Falls erforderlich, sind die neu verlegten Kabel, um entstehenden Geräuschen während der Fahrt vorzubeugen und das Scheuern von Kabeln zu vermeiden, mit Isolierband, plastischer Masse, Kabelbändern und dergleichen zusätzlich festzulegen. Hierbei ist besonders darauf zu achten, daß zwischen den Bremsleitungen und den festverlegten Kabeln ein Mindestabstand von 10 mm sowie zwischen den Bremsleitungen und den Kabeln, die mit dem Motor oder anderen Teilen des Fahrzeuges schwingen, ein Mindestabstand von 25 mm vorliegt.

Sofern zusätzliche elektrische Verbraucher eingebaut werden, ist in jedem Fall zu überprüfen, ob die erhöhte Belastung noch von dem vorhandenen Drehstromgenerator mit übernommen werden kann. Falls erforderlich, sollte ein Generator mit größerer Leistung vorgesehen werden.

Zur Befestigung und Dämpfung nachträglich eingebauter Kabelsätze oder Einzelkabel bieten sich folgende Zubehörteile an:

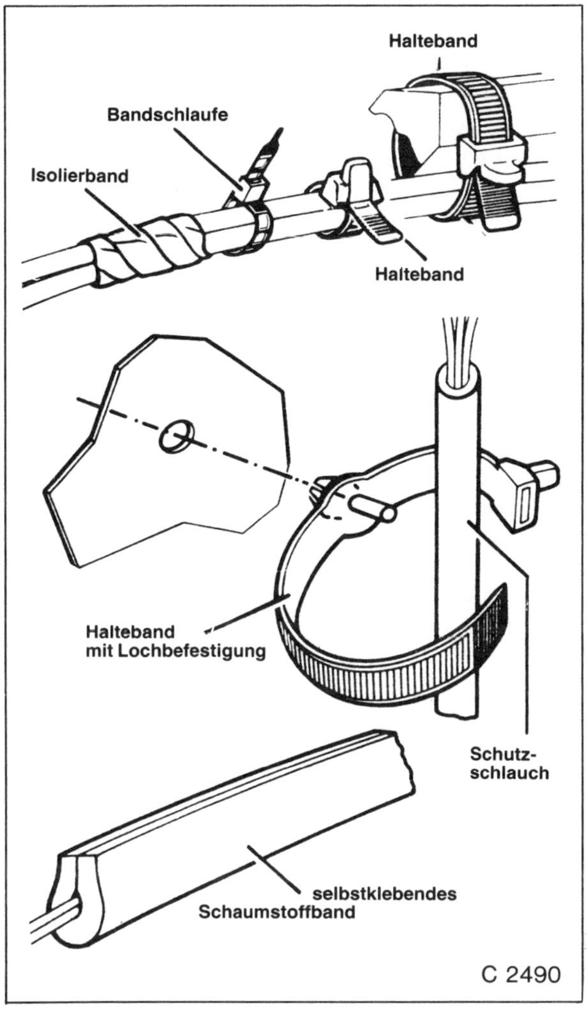

Batterie aus- und einbauen

Die Batterie befindet sich auf der rechten Seite hinter der Spritzwand.

Ausbau

- Motorhaube öffnen.

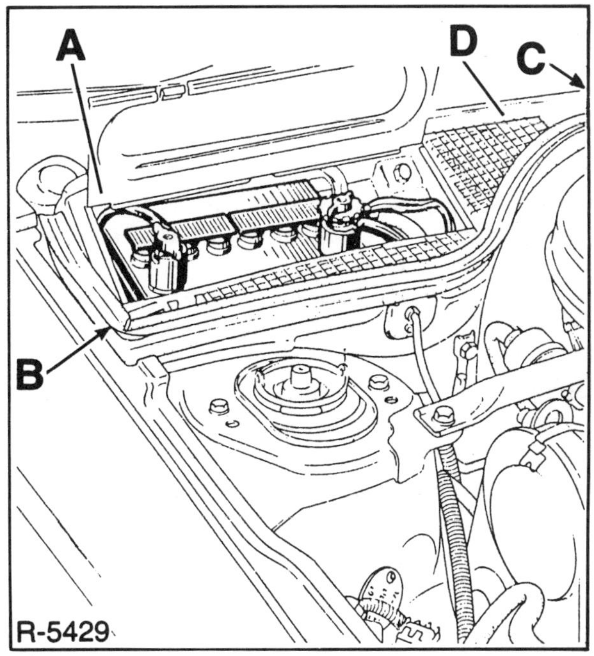

- Dichtung –B– abziehen.
- Schraube –C– herausdrehen.
- Abdeckung –D– abziehen. **Achtung:** Die Abdeckung ist seitlich an der Windschutzscheibe angeklebt, daher kräftig an der Abdeckung ziehen.

Achtung: Die Abdeckung –A– wird nur hochgeklappt, wenn die Batterie abgeklemmt werden soll, ohne daß sie ausgebaut wird.

- Batteriekabel abklemmen, zuerst Massekabel (–), dann Pluskabel (+).
- Halteplatte am Batteriefuß abschrauben und herausnehmen.
- Batterie herausheben.

Einbau

- Batterie einsetzen.
- Halteplatte ansetzen und festschrauben.
- Pluskabel am Pluspol (+), dann Massekabel (–) am Minuspol (–) anklemmen. **Achtung:** Durch eine falsch angeschlossene Batterie können erhebliche Schäden am Generator und an der elektrischen Anlage entstehen.
- Abdeckung ansetzen und an der Windschutzscheibe ankleben.
- Abdichtung aufstecken.

Hinweise zur wartungsarmen Batterie

Der RENAULT 19 kann mit einer wartungsarmen Batterie ausgestattet werden. Bei dieser Batterie muß nicht mehr wie bisher destilliertes Wasser nachgefüllt werden, dennoch sind einige Wartungspunkte zu beachten.

- Der Deckel hat eine Entlüftungsöffnung. Damit keine Batteriesäure austreten kann, darf die Batterie nicht mehr als 45° geneigt werden.
- Zum Laden können die normalen Ladegeräte verwendet werden. Die Batterie darf auch mit einem Schnelladegerät geladen werden. Der Ladestrom soll zwischen 3 und 30 Ampère liegen; die Ladespannung zwischen 14 und 14,5 Volt.

Achtung: Ladegeräte mit konstanter Stromstärke und Impulsgebung dürfen **nicht** verwendet werden. Das gilt auch, wenn die Stromstärke begrenzt ist.

- Vor dem Laden Batterie kurz schütteln. Während dem Laden Batterie in stündlichem Abstand schütteln, damit die Batteriesäure gut durchmischt wird.
- Die günstigste Lagertemperatur liegt zwischen 0° C und +27° C. Bei diesen Temperaturen hat die Batterie die günstigste Selbstentladungsrate.
- Batteriepole reinigen und mit Bosch-Polfett einreiben.
- Starthilfegeräte dürfen nur ausnahmsweise verwendet werden, da die Batterie hierdurch kurzfristig einer sehr hohen Stromstärke ausgesetzt wird.

Achtung: Starthilfegerät nicht einschalten, ohne gleichzeitig den Anlasser zu betätigen.

Batterie laden

Die mit ■ gekennzeichneten Positionen entfallen bei der wartungsarmen Batterie. Hinweise zur wartungsarmen Batterie beachten.

- ■ Vor dem Laden Säurestand prüfen, gegebenenfalls destilliertes Wasser nachfüllen.
- Batterie niemals kurzschließen. Bei Kurzschluß erhitzt sich die Batterie und kann platzen. Nicht mit offener Flamme in Batterie leuchten. Batteriesäure ist ätzend und darf nicht in die Augen, auf die Haut oder die Kleidung gelangen, gegebenenfalls mit viel Wasser abspülen.
- Plus- und Massekabel (–) von Batterie abklemmen, Massekabel zuerst.
- Gefrorene Batterie vor dem Laden auftauen. Eine geladene Batterie friert bei ca. –65° C, eine halbentladene bei ca. –30° C und eine entladene bei ca. –12° C.
- ■ Stopfen aus der Batterie herausschrauben und leicht auf die Öffnungen legen. Dadurch werden Säurespritzer auf dem Lack vermieden, während die beim Laden entstehenden Gase entweichen können.
- Batterie nur in gut belüftetem Raum laden. Beim Laden der eingebauten Batterie Motorhaube geöffnet lassen.
- Bei der Normalladung beträgt der Ladestrom ca. 10 % der Kapazität. (Bei einer 45-Ah-Batterie also etwa 4,5 A.)
- Pluspol der Batterie mit Pluspol, Minuspol der Batterie mit Minuspol des Ladegerätes verbinden.
- Die Säuretemperatur darf während des Ladens +55° C nicht überschreiten, gegebenenfalls Ladung unterbrechen oder Ladestrom herabsetzen.
- ■ So lange laden, bis alle Zellen lebhaft gasen und bei drei im Abstand von je einer Stunde aufeinanderfolgenden Messungen das spezifische Gewicht der Säure und die Spannung nicht mehr angestiegen sind.
- Die Batterie darf auch mit einem Schnell-Ladegerät geladen werden.

Achtung: Das Schnelladen einer Batterie sollte nicht zur Gewohnheit werden! Batterien, die lange unbenutzt gestanden haben oder neu sind, dürfen nicht schnellgeladen werden.

- ■ Nach der Ladung Säurestand prüfen, gegebenenfalls destilliertes Wasser nachfüllen.
- ■ Säuredichte prüfen. Liegt der Wert in einer Zelle deutlich unterhalb der anderen Werte (z. B. 5 Zellen zeigen 1,26 g/ml und 1 Zelle 1,18 g/ml), so ist die Batterie defekt und sollte erneuert werden.
- ■ Batterie ca. 20 Minuten ausgasen lassen, dann Verschlußstopfen aufschrauben.

Achtung: Der Motor (mit Drehstromgenerator) darf nicht bei abgeklemmter Batterie laufen, da sonst die elektrische Anlage beschädigt wird.

Batterie prüfen

Der Batterie-Zustand wird durch Messen der Spannung mit einem Voltmeter zwischen den Batteriepolen überprüft.

- Abdeckung –A– hochklappen, siehe Abbildung R-5429 auf Seite 209.
- Batterie äußerlich säubern.

Prüfvoraussetzung: Zündung ausgeschaltet.

- Scheinwerfer ca. 4 Minuten einschalten.
- Nach dem Ausschalten der Scheinwerfer ca. 10 Minuten warten.
- Plus- und Minuskabel von den Batteriepolen abklemmen.

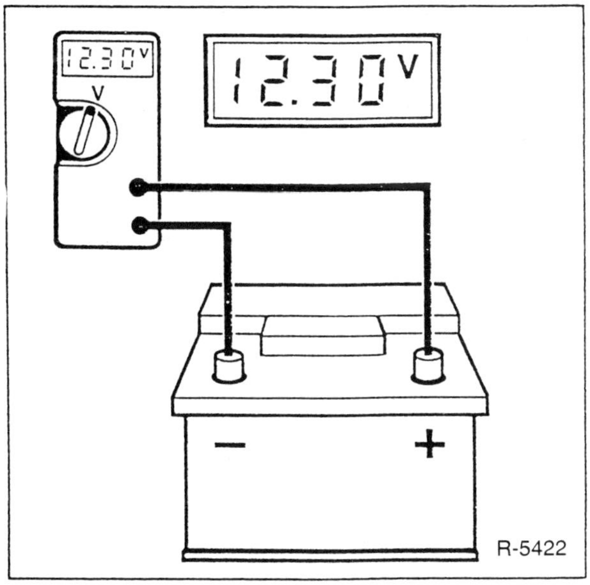

- Voltmeter zwischen die Batteriepole anschließen und Batteriespannung prüfen. Zeigt das Meßgerät mehr als 12,30 Volt an, ist die Batterie in Ordnung. Liegt die Spannung unter 12,30 Volt, Batterie laden.
- Falls die Batterie geladen werden muß, anschließend Prüfung wiederholen. Das Voltmeter muß jetzt mehr als 12,50 Volt anzeigen, andernfalls ist die Batterie defekt.
- Batteriekabel anklemmen.

Batterie unter Belastung prüfen

- Voltmeter an den Polen der Batterie anschließen.
- Motor starten und Spannung ablesen.
- Während des Startvorganges darf bei einer vollen Batterie die Spannung nicht unter 10 Volt (bei einer Säuretemperatur von ca. +20° C) abfallen.
- Bricht die Spannung sofort zusammen und wurde in den Zellen eine unterschiedliche Säuredichte festgestellt, so ist auf eine defekte Batterie zu schließen.

Säuredichte prüfen

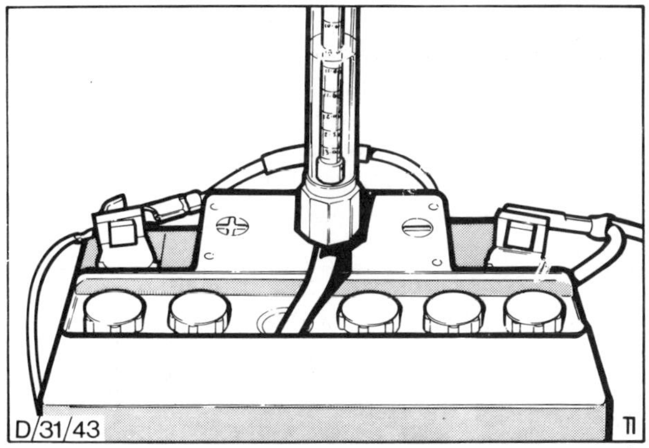

- Die Säuredichte ergibt in Verbindung mit der Spannungsmessung genauen Aufschluß über den Ladezustand der Batterie. Zur Prüfung dient ein Säureheber, der recht preiswert in Fachgeschäften angeboten wird. Je größer das spezifische Gewicht (Säuredichte) der angesaugten Batteriesäure ist, desto mehr taucht der Schwimmer auf. An der Skala kann man die Säuredichte in spezifischem Gewicht (g/ml) oder Baumégrad (+°Bé) ablesen. Folgende Werte müssen erreicht werden:

Ladezustand	norm. Klimazonen		Tropen	
	+°Bé	g/ml	+ °Bé	g/ml
entladen	16	1,12	11	1,08
halb entladen	24	1,20	18	1,16
gut geladen	32	1,28	27	1,23

Batterie entlädt sich selbständig

Je nach Fahrzeugausstattung addiert sich zur natürlichen Selbstentladung der Batterie auch die Stromaufnahme der verschiedenen Steuergeräte im Ruhezustand. Daher sollte ein stehendes Fahrzeug spätestens alle 6 Wochen nachgeladen werden. Wenn der Verdacht auf Kriechströme besteht, Bordnetz nach folgender Anleitung prüfen:

- Zur Prüfung geladene Batterie verwenden.

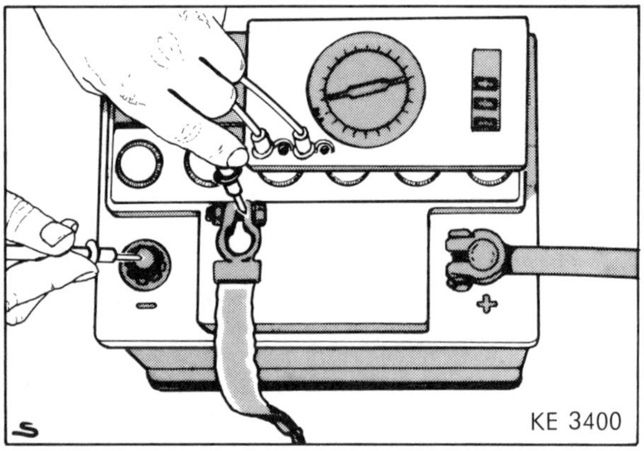

KE 3400

- Am Ampèremeter (Meßbereich von 0–5 mA und 0–5 A) den höchsten Meßbereich einstellen. Massekabel (–) von der Batterie abklemmen. Ampèremeter zwischen Batterie-Minuspol und Massekabel (–) schalten. Ampèremeter-Plus-Anschluß an Massekabel (–) und Ampèremeter-Minus-Anschluß an Batterie-Minuspol.

Achtung: Die Prüfung kann auch mit einer Prüflampe durchgeführt werden. Leuchtet die Lampe zwischen Masseband und Minuspol der Batterie jedoch nicht auf, ist auf jeden Fall ein Ampèremeter zu verwenden.

- Alle Verbraucher ausschalten, vorhandene Zeituhr (und andere Dauerverbraucher) abklemmen, Türen schließen.
- Vom Ampèrebereich solange auf den Milliampèrebereich zurückschalten, bis eine ablesbare Anzeige erfolgt (1–3 mA sind zulässig).
- Durch Herausnehmen der Sicherungen nacheinander die verschiedenen Stromkreise unterbrechen. Wenn bei einem der unterbrochenen Stromkreise die Anzeige auf Null zurückgeht, ist hier die Fehlerquelle zu suchen. Fehler können sein: korrodierte und verschmutzte Kontakte, durchgescheuerte Leitungen, interner Schluß in Aggregaten.
- Wird in den abgesicherten Stromkreisen kein Fehler gefunden, so sind die Leitungen an den nicht abgesicherten Aggregaten abzuziehen. Dieses sind: Generator, Anlasser, Zündanlage.
- Geht beim Abklemmen von einem der ungesicherten Aggregate die Anzeige auf Null zurück, betreffendes Bauteil überholen oder austauschen. Bei Stromverlust in Anlasser- oder Zündanlage immer auch den Zünd-Anlaßschalter nach Stromlaufplan prüfen.
- Masseband an Batterie anklemmen.

Störungsdiagnose Batterie

Störung	Ursache	Abhilfe
1) Säurestand zu niedrig	Überladung, Verdunstung (besonders im Sommer)	■ Destilliertes Wasser bis zur vorgeschriebenen Höhe nachfüllen (bei geladener Batterie)
2) Säure tritt aus den Verschlußstopfen aus	Ladespannung zu hoch	■ Spannungsregler prüfen, ggf. austauschen
	Säurestand zu hoch	■ Überschüssige Säure mit Säureheber absaugen
3) Säuredichte zu niedrig	Säuredichte in einer Zelle deutlich niedriger als in den übrigen Zellen	■ Kurzschluß in einer Zelle. Batterie erneuern
	Säuredichte in zwei benachbarten Zellen deutlich niedriger als in den übrigen Zellen	■ Trennwand undicht, dadurch enteht eine leitende Verbindung zwischen den Zellen, wodurch die Zellen entladen werden. Batterie erneuern
	Batterie entladen	■ Batterie laden
	Generator nicht in Ordnung	■ Generator prüfen, ggf. reparieren oder austauschen
	Kurzschluß im Leitungsnetz	■ Elektrische Anlage überprüfen
	Säure infolge Wartungsfehler verwässert	■ Säureausgleich durchführen
4) Säuredichte zu hoch	Säure wurde nachgefüllt	■ Säureausgleich durchführen
5) Abgebende Leistung ist zu gering, Spannung fällt stark ab	Batterie entladen	■ Batterie nachladen
	Ladespannung zu niedrig	■ Spannungsregler prüfen, ggf. austauschen
	Anschlußklemmen lose oder oxydiert	■ Anschlußklemmen reinigen und besonders Unterseite mit Säureschutzfett leicht einfetten, Befestigungsschrauben anziehen
	Masseverbindung Batterie-Motor-Karosserie ist schlecht	■ Masseverbindung überprüfen, ggf. metallische Verbindungen herstellen oder Schraubverbindungen festziehen
	Zu große Selbstentladung der Batterie durch Verunreinigung der Batteriesäure	■ Batterie austauschen
	Evtl. Batterie sulfatiert (grauweißer Belag auf den Plus- und Minusplatten)	■ Batterie mit kleinem Strom laden, damit sich der Belag langsam zurückbildet. Falls nach wiederholter Ladung und Entladung die abgegebene Leistung immer noch zu gering ist, Batterie austauschen
	Batterie verbraucht, aktive Masse der Platten ausgefallen	■ Batterie austauschen
6) Nicht ausreichende Ladung der Batterie	Fehler an Generator, Spannungsregler oder Leitungsanschlüssen	■ Generator und Spannungsregler überprüfen, instand setzen bzw. austauschen; Leitungen einwandfrei befestigen
	Keilriemen locker	■ Keilriemen spannen oder austauschen
	Zu viele Verbraucher angeschlossen	■ Größere Batterie einbauen; evtl. auch größeren Generator verwenden
7) Dauernde Überladung	Fehler am Spannungsregler, evtl. auch am Generator	■ Spannungsregler austauschen bzw. Generator überprüfen
8) Vollgeladene Batterie verliert Spannung bei Startversuch	Defekt in der Batterie	■ Batterie austauschen

Hinweis: Die ersten vier Hinweise gelten nicht für die wartungsfreie Batterie.

Sicherungen auswechseln

Um Kurzschluß- und Überlastungsschäden an den Leitungen und Verbrauchern der elektrischen Anlage zu verhindern, sind die einzelnen Stromkreise durch Schmelzsicherungen geschützt. Es werden Sicherungen verwendet, die neuesten technischen Erkenntnissen entsprechen. Sie sind mit Messerkontakten ausgestattet, so daß herkömmliche Sicherungen nicht mehr verwendet werden können.

Die Sicherungen befinden sich im Sicherungskasten unter dem Handschuhfach. Zum Öffnen die beiden Schrauben herausdrehen und Sicherungskasten nach unten klappen lassen.

- Vor dem Auswechseln einer Sicherung immer zuerst den betroffenen Verbraucher ausschalten beziehungsweise das Batterie-Massekabel (−) abklemmen.

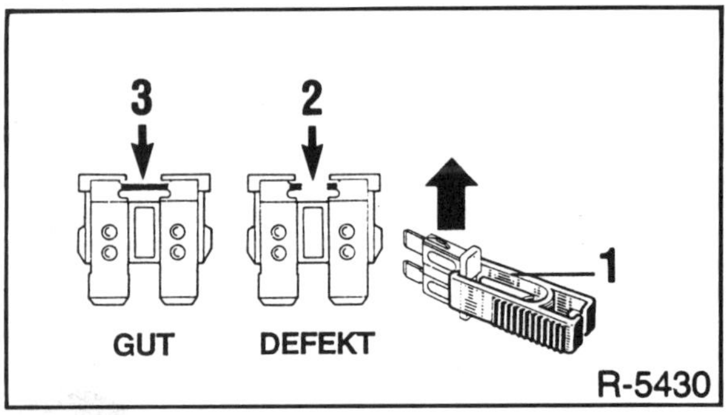

- Eine durchgebrannte Sicherung erkennt man am durchgeschmolzenen Metallstreifen −2−. Bei der Sicherung −3− ist der Metallstreifen intakt.
- Defekte Sicherung mit der Kunststoffzange −1− herausziehen und anschließend seitlich −Pfeilrichtung− aus der Zange herausziehen. Die Kunststoffzange ist seitlich im Sicherungskasten eingeclipst.
- Neue Sicherung **gleicher Sicherungsstärke** einsetzen.
- Brennt eine neu eingesetzte Sicherung nach kurzer Zeit wieder durch, muß der entsprechende Stromkreis überprüft werden.
- Auf keinen Fall Sicherung durch Draht oder ähnliche Hilfsmittel ersetzen, weil dadurch ernste Schäden an der elektrischen Anlage auftreten können.
- Es ist empfehlenswert, stets einige Ersatz-Sicherungen im Wagen mitzuführen.

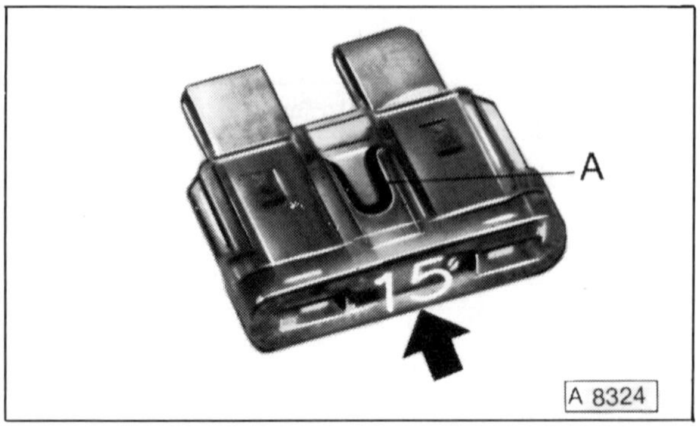

- Die Nennstromstärke der Sicherung ist auf der Rückseite des Griffes aufgedruckt. Außerdem hat der Griff eine Kennfarbe, an der ebenfalls die Nennstromstärke zu erkennen ist. A = Schmelzfaden.

Nennstromstärke Ampère	Kennfarbe
5	beige
10	rot
15	blau
20	gelb
30	grün

- Sicherungskasten zurückklappen und anschrauben.
- Falls erforderlich, Batterie-Massekabel (−) anklemmen.

Sicherungsbelegung

Die Sicherungsbelegung ist abhängig von der Ausstattung des Fahrzeuges. Die aktuelle Belegung der Sicherungen befindet sich in der Betriebsanleitung und, durch Symbole dargestellt, auf der Innenseite des Verschlußdeckels für den Sicherungskasten.

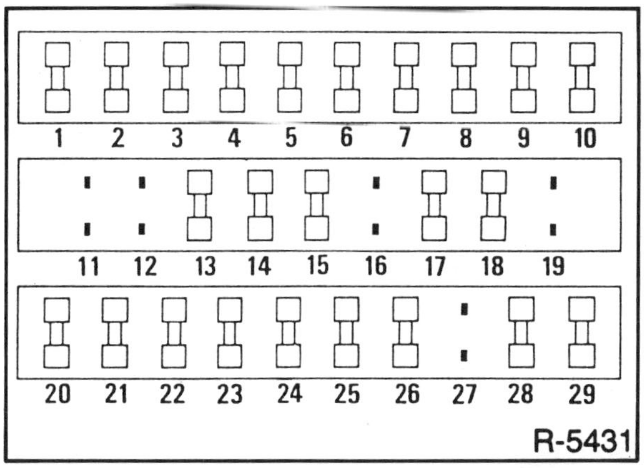

Nr.	Amp.	Verbraucher
1	30	Fensterheber links
2	30	Fensterheber rechts
3	10	Begrenzungsleuchte vorne und Schlußleuchte links/Warnsummer
4	10	Begrenzungsleuchte vorne und Schlußleuchte rechts/Schalterbeleuchtung
5	10	Nebelschlußleuchte
6	10	Blinkrelais
7	30	Klimaanlage
8	20	Motorkühlung
9	30	Klimaanlage
10	10	Rückfahrscheinwerfer
11	–	Frei
12	–	Frei
13	15	ABS
14	20	Schiebedach/Bord-Rechner
15	5	Diebstahl-Warnanlage
16	–	Frei
17	10	Uhr/Radio/Bord-Rechner
18	20	Heizung
19	–	Frei
20	10	Frontscheibenwischer
21	30	Zentralverriegelung
22	40	Heckscheibenheizung
23	15	Radio/Innenbeleuchtung/ Gepäckraumbeleuchtung
24	30	(Batteriestrom-Unterbrecher)
25	10	Uhr/Bord-Rechner/Diebstahl-Warnanlage Elektrischer Außenspiegel
26	15	Frontscheibenwischer/ Frontscheiben-Waschanlage
27	–	Frei
28	15	Heckscheibenwischer/Zigarrenanzünder
29	10	Bremsleuchten

Relais prüfen

Am einfachsten läßt sich die Funktionsfähigkeit eines Relais prüfen, wenn man es gegen ein intaktes auswechselt. So wird es in der Regel in der Werkstatt gemacht. Da dem Heimwerker jedoch in den seltensten Fällen ein neues Relais sofort zur Verfügung steht, empfiehlt sich folgender Arbeitsschritt bei den sogenannten Arbeitsrelais, wie sie unter anderem zum Schalten von Nebel- und Hauptscheinwerfern verwendet werden.

Die Relais befinden sich zum Teil im Relaishalter im Innenraum unterhalb des Handschuhfaches. Einige Relais sind in einem Relaiskasten vorn links im Motorraum untergebracht.

- Relais aus der Halterung herausziehen.
- Zuerst mit Spannungsprüfer feststellen, ob an Klemme 30 im Relaishalter Spannung anliegt. Dazu Spannungsprüfer an Masse anschließen und die andere Kontaktspitze in Klemme 30 einführen. Wenn die Leuchtdiode des Spannungsprüfers aufleuchtet, ist Spannung vorhanden. Zeigt der Spannungsprüfer keine Spannung an, Unterbrechung vom Batterie-Pluspol zu Klemme 30 anhand des Schaltplanes aufspüren.
- Leitungsbrücke aus einem Stück isoliertem Draht herstellen, die Enden müssen blank sein.
- Mit dieser Brücke im Relaishalter die Klemme 30 (Batterie +, führt immer Spannung) mit dem Ausgang des Relais-Schließers verbinden. Wo sich die Klemmen im Relaishalter befinden, ist auf dem Relais beziehungsweise am Steckkontakt aufgeführt.
- Wenn bei eingesetzter Brücke zum Beispiel das Fernlicht aufleuchtet, kann man davon ausgehen, daß das Relais defekt ist.
- Wenn das Fernlicht nicht aufleuchtet, Unterbrechung in der Leitungsführung von Klemme des Relais-Schließers zum Hauptscheinwerfer anhand des Schaltplanes aufspüren und beheben.
- Falls erforderlich, neues Relais einsetzen.

Achtung: Die Steckverbindungen für die Relais, die sich im Motorraum befinden, neigen ebenso zur Korrosion wie die übrigen Steckverbindungen im Motorraum. Daher ein defektes Relais immer daraufhin überprüfen, ob die Beschädigung durch Wassereintritt entstanden ist. In diesem Fall folgendermaßen vorgehen:

- Steckanschlüsse am Relais mit Spezialfett, zum Beispiel Molykote 33 Medium, bestreichen.
- Steckverbindung aus der Schutzkappe herausnehmen, Kontakte mit Drahtbürste reinigen und mit Spezialfett versehen.
- Relais einsetzen, Schutzkappe aufsetzen und Schutzkappe zum Kabelstrang und zum Relais mit geeignetem, wasserfesten Klebeband abdichten.
- Sitz von Relais und Kabelstrang überprüfen. Der Kabelstrang muß immer senkrecht nach unten führen.
- Ein- und Mehrfachsteckverbindungen auf dieselbe Weise gegen Korrosion schützen.

Achtung: Es empfiehlt sich, diese Arbeiten schon vorbeugend durchzuführen, um Funktionsstörungen zu vermeiden.

Relaiszuordnung

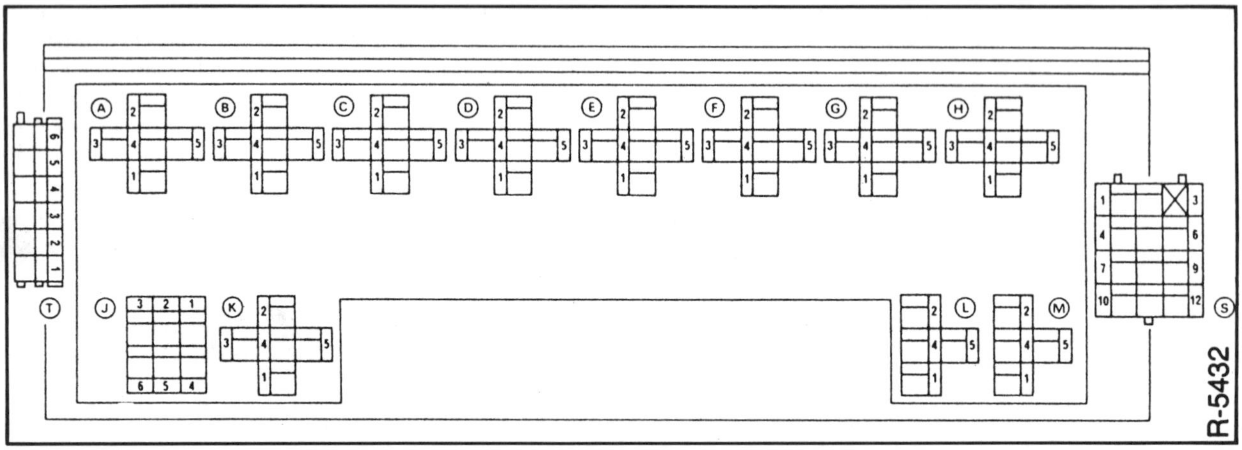

Relais	Funktionszuordnung
A	Überbrückung Nebelscheinwerfer
B	Überbrückung Nebelscheinwerfer
C	Relais Nebelscheinwerfer
F	Relais Reostat Beleuchtung Bordcomputer
H	Relais beheizbare Heckscheibe
J	Verzögerungsrelais Türverriegelung
L	Blinkrelais
M	Warnsignal für nicht ausgeschaltete Fahrzeugbeleuchtung
S	Anschluß Diagnosestecker
T	Intervallrelais Scheibenwischer vorn

Der Generator

Der RENAULT 19 ist mit einem Drehstromgenerator ausgerüstet. Je nach Modell und Ausstattung kann ein Generator mit einer Leistung von 60 A bis 90 A eingebaut sein. Zum Einsatz kommen die Fabrikate Ducellier und Paris-Rhône.

Der Generator wird von der Kurbelwelle über den Keilriemen angetrieben. Dabei dreht sich der Läufer mit der Erregerwicklung innerhalb der feststehenden Ständerwicklung mit ca. doppelter Motordrehzahl.

Über Kohlebürsten und Schleifringe fließt der Erregerstrom durch die Erregerwicklung. Dabei bildet sich ein Magnetfeld. Die Lage des magnetischen Feldes zur Ständerwicklung ändert sich ständig, entsprechend der Umdrehung des Läufers. Dadurch wird in der Ständerwicklung ein Drehstrom erzeugt.

Da die Batterie aber nur mit Gleichstrom geladen werden kann, wird der Drehstrom durch Gleichrichter in der Diodenplatte in Gleichstrom umgewandelt. Der Spannungsregler verändert den Ladestrom durch Ein- und Ausschalten des Erregerstromes, entsprechend dem Ladezustand der Batterie. Gleichzeitig hält der Regler die Betriebsspannung konstant bei ca. 14 Volt, unabhängig von der Drehzahl.

Achtung: Im Gegensatz zum Gleichstromgenerator darf der Drehstromgenerator niemals ohne Batterie betrieben werden. Motor also nicht ohne Batterie laufen lassen.

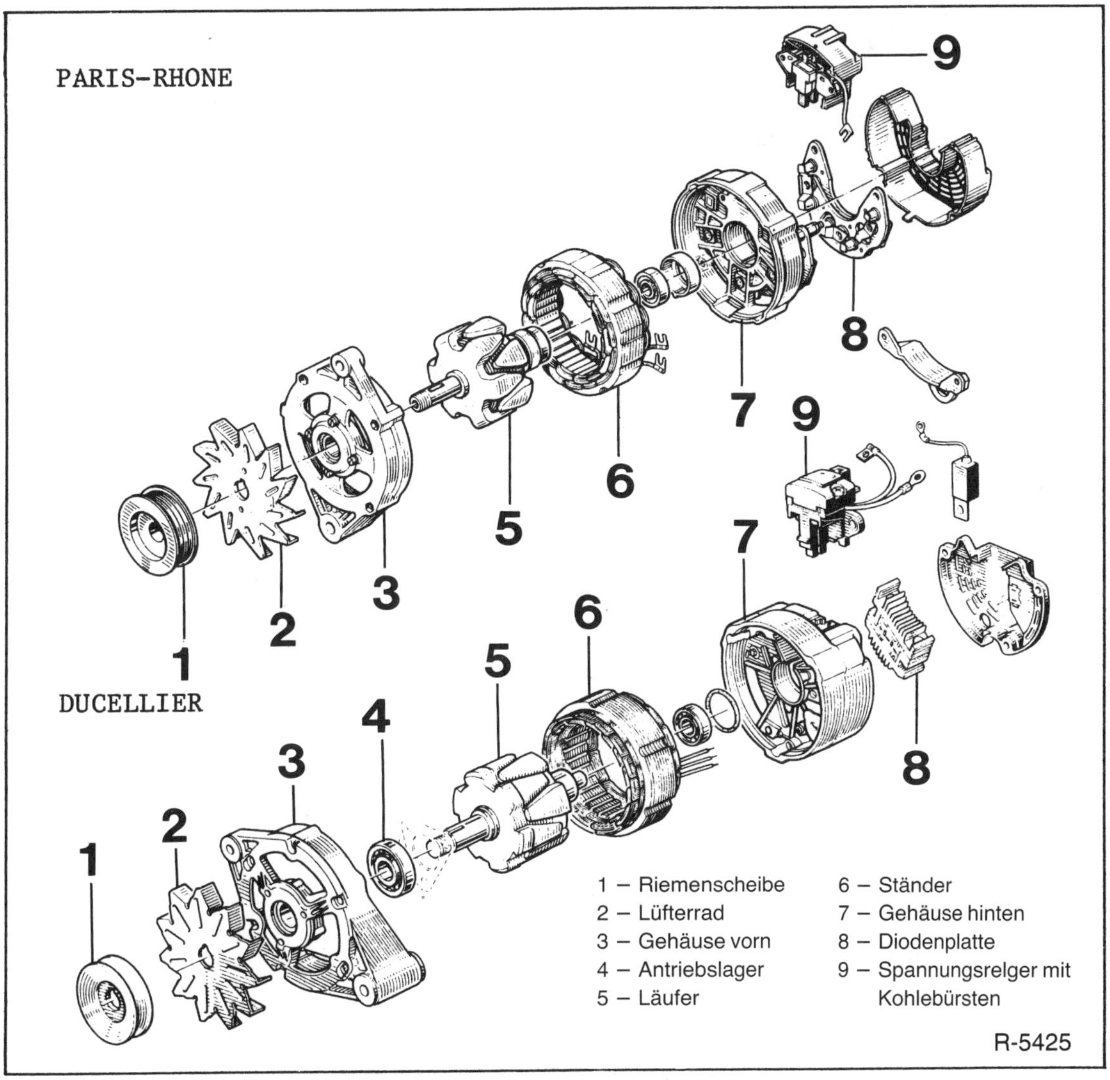

1 – Riemenscheibe
2 – Lüfterrad
3 – Gehäuse vorn
4 – Antriebslager
5 – Läufer
6 – Ständer
7 – Gehäuse hinten
8 – Diodenplatte
9 – Spannungsrelger mit Kohlebürsten

R-5425

Sicherheitshinweise für den Drehstromgenerator

- Bei Arbeiten an der elektrischen Anlage im Motorraum grundsätzlich das Batterie-Massekabel (–) abklemmen.
- Kabel an Spannungsregler und Generator **nicht** vertauschen. Kabel vor dem Abklemmen mit Tesaband kennzeichnen.
- Batterie oder Spannungsregler **nicht** bei laufendem Motor abklemmen.
- Generator **nicht** bei angeschlossener Batterie ausbauen.
- Beim Schnelladen Batterie grundsätzlich vom Bordnetz trennen.
- Beim Elektroschweißen grundsätzlich Batterie und Generator abklemmen.

Generator prüfen

Prüfen

- Voltmeter an die Klemmen der Batterie anschließen.
- Sämtliche Stromverbraucher ausschalten.
- Motor starten. Drehzahl erhöhen bis sich die Spannungsanzeige stabilisiert. Sollwert: 13,5 bis 14,8 Volt.
- Zusätzliche Stromverbraucher wie Scheinwerfer, Heizgebläse, heizbare Heckscheibe und Scheibenwischer einschalten. Das Voltmeter muß weiterhin 13,5 bis 14,8 Volt anzeigen.
- Werden die Sollwerte erreicht, obwohl die Batterie nicht ausreichend geladen wird, ist in der Regel die Batterie defekt.
- Falls die Spannung bei Erhöhung der Drehzahl nicht ansteigt oder unter 13,5 V bleibt, liegt ein Fehler im Ladestromkreis vor.
- Voltmeter zwischen Masse- und Plusanschluß des Drehstromgenerators anschließen und Prüfung nochmals durchführen. Werden die Sollwerte jetzt erreicht, Kabel und Anschlüsse auf ausreichenden Durchgang prüfen, gegebenenfalls ersetzen.
- Außerdem kann der Fehler durch eine beschädigte Diode oder unterbrochene Phase im Generator verursacht sein.

Generator aus- und einbauen

Ausbau

- Batterie-Massekabel (–) abklemmen.
- Elektrische Leitungen an der Rückseite des Generators abziehen beziehungsweise abschrauben.

1,7-/1,8-l-Benzin- sowie Dieselmotor

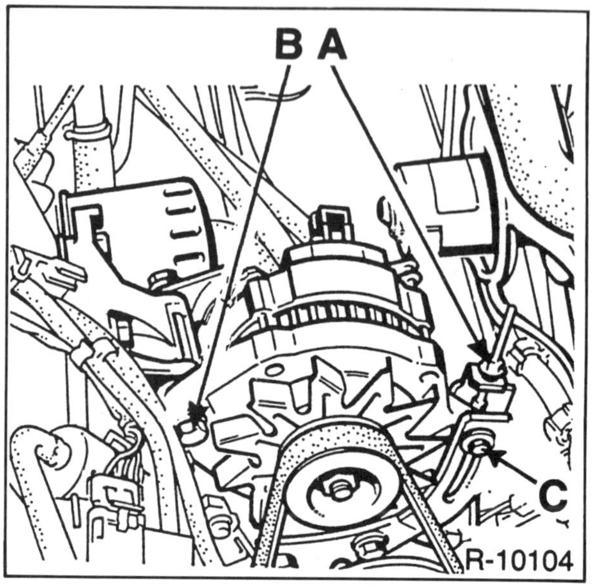

- Schrauben –A–, –B–, –C– lösen, Keilriemen entspannen und abnehmen.
- Lager- und Klemmschraube –B– und –C– herausdrehen und Generator herausnehmen.

1,4-l-Vergasermotor

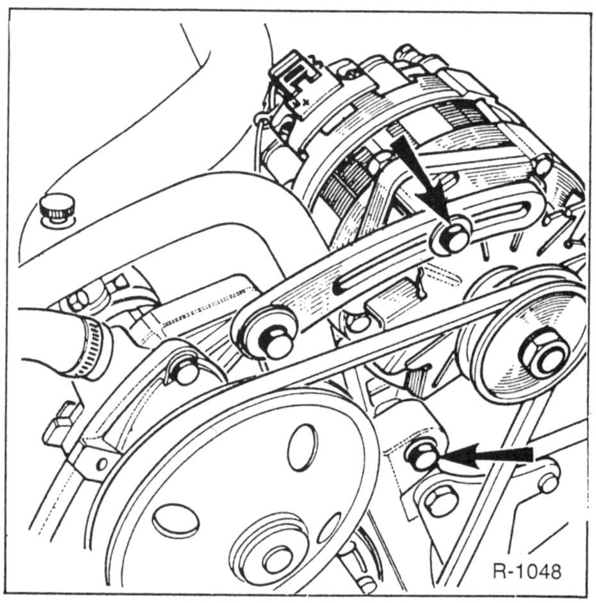

- Lager- und Klemmschraube –Pfeile– lösen.
- Generator zum Motor schwenken, dadurch Keilriemen entspannen und abnehmen.
- Schrauben herausdrehen und Generator herausnehmen.

Einbau

- Generator einsetzen und mit Schrauben befestigen.
- Keilriemen auflegen und spannen.
- Elektrische Leitungen am Generator anschließen.
- Massekabel (–) an Batterie anschließen.

Ausbau 1,4-l-Einspritzmotor

- Batterie-Massekabel (–) abklemmen.
- Keilriemen ausbauen, siehe Seite 38.
- Kunststoffabdeckung für Generator ausbauen.
- Elektrische Leitungen hinten am Generator abklemmen.
- Radschrauben für rechtes Vorderrad lösen.
- Fahrzeug vorn aufbocken, siehe Seite 110.
- Rechtes Vorderrad abschrauben und abnehmen.
- Spurstangengelenk am rechten Lenkhebel abdrücken, siehe Seite 147.
- Spannstift für Antriebswelle ausbauen.
- Stoßdämpfer unten abschrauben, Achshälfte nach außen schwenken.
- Untere Mutter vom Motor-Gummilager abschrauben.
- Vorderen Teil des Motors etwas anheben.
- 3 Befestigungsschrauben des Motorlagers ausbauen.
- Gummilager abnehmen.
- Geeigneten Gummikeil zwischen Tragrahmen und Kante der Ölwanne (unterhalb des Ölfilters) einsetzen.
- Generator abschrauben und herausnehmen.

Einbau

- Generator einsetzen und anschrauben.
- Motorlager einbauen.
- Stoßdämpfer unten mit **110 Nm** anschrauben.
- Spannstift für Antriebswelle einsetzen.
- Spurstangengelenk einbauen, siehe Seite 147.
- Vorderrad einbauen, Fahrzeug ablassen, Radschrauben mit **80 Nm** über Kreuz festziehen.
- Elektrische Leitungen für Generator aufstecken.
- Kunststoffabdeckung am Generator anbauen.
- Keilriemen einbauen und spannen, siehe Seite 38.
- Batterie-Massekabel (–) anklemmen.

Spannungsregler / Kohlebürsten aus- und einbauen

Die Kohlebürsten können bei eingebautem Generator ausgetauscht werden.

Ausbau

- 2 Befestigungsschrauben herausdrehen und Spannungsregler –9– (Abbildung R-5425) abnehmen.

Einbau

- Spannungsregler mit neuen Kohlebürsten einsetzen und festschrauben.

Störungsdiagnose Generator

Störung	Ursache	Abhilfe
Ladekontrollampe brennt nicht bei eingeschalteter Zündung	Lampe durchgebrannt	■ Lampe prüfen, dazu 6,3 mm Flachstecker an Masse legen, Lampe muß aufleuchten. Andernfalls Leitungen überprüfen bzw. Lampe ersetzen
	Steckverbindung am Spannungsregler unterbrochen	■ Stecker auf festen Sitz und guten Kontakt sowie Kabel auf einwandreien Zustand prüfen
	Massekabel (–) an Generator locker oder korrodiert	■ Massekabel (–) auf einwandfreien Kontakt prüfen, Schraube festziehen
	Batterie leer	■ Laden
	Unterbrechung in der Leitungsführung zwischen Generator, Zündschloß und Kontrollampe	■ Mit Voltmeter nach Schaltplan untersuchen
	Schleifkohlen liegen nicht auf dem Schleifring auf	■ Freigängigkeit der Schleifkohlen und Mindestlänge (5 mm) prüfen
	Erregerwicklung im Generator durchgebrannt	■ Läufer austauschen
Ladekontrollampe verlöscht nicht bei Drehzahlsteigerung	Keilriemen locker oder gerissen	■ Keilriemen spannen oder ersetzen
	Regler defekt	■ Regler prüfen, gegebenenfalls austauschen
	Ladestromkabel locker oder unterbrochen	■ Kabel befestigen, Kontakte reinigen ggf. Kabel ersetzen
	Generator defekt	■ Generator ersetzen
Ladekontrollampe brennt bei ausgeschalteter Zündung	Plusdiode hat Kurzschluß	■ Dioden prüfen, gegebenenfalls Diodenplatte austauschen
	Spannungsregler defekt	■ Regler prüfen, ggf. ersetzen

Der Anlasser

Im RENAULT 19 können Anlasser der Firmen Bosch oder Paris-Rhône eingebaut sein.

Zum Starten des Verbrennungsmotors ist ein kleiner elektrischer Motor, der Anlasser, erforderlich. Damit der Motor überhaupt anspringen kann, muß der Anlasser den Verbrennungsmotor auf eine Drehzahl von mindestens 300 Umdrehungen in der Minute beschleunigen. Das funktioniert aber nur, wenn der Anlasser einwandfrei arbeitet und die Batterie hinreichend geladen ist.

Der Anlasser besteht aus einem Antriebs-, Pol- und Kollektorgehäuse. In dem Pol- und Kollektorgehäuse sind der Anker und der Kollektor gelagert sowie der Bürstenhalter. Im Bürstenhalter befinden sich Kohlebürsten, die ein Verschleißteil darstellen und sich zwar langsam, aber stetig abnutzen. Bei starker Abnutzung der Kohlebürsten kann der Anlasser nicht mehr einwandfrei arbeiten.

In dem vorderen Antriebsgehäuse ist der Ritzelantrieb untergebracht. Wenn über den Zündanlaßschalter der Anlasser Spannung erhält, wird über den Magnetschalter, der auf dem Anlassergehäuse sitzt, das Ritzel auf einem Steilgewinde gegen den Zahnkranz des Schwungrades geschoben. Sobald das Ritzel bis zum Anschlag auf der Spindel vorgelaufen ist, ist es kraftschlüssig mit dem Schwungrad verbunden. Nun kann der Anlasser den Motor auf die erforderliche Anlaßdrehzahl bringen. Wenn der Verbrennungsmotor angelaufen ist, wird das Ritzel vom Motor her beschleunigt, es läuft also kurzzeitig schneller als der Motor und spurt aus, wodurch die Verbindung zum Verbrennungsmotor aufgehoben ist.

Da zum Starten des Verbrennungsmotors eine hohe Stromaufnahme erforderlich ist, ist im Rahmen der Wartung auf eine einwandfreie Kabelverbindung zu achten. Korrodierte Anschlüsse säubern und mit Polschutzfett einstreichen.

Bosch-Anlasser

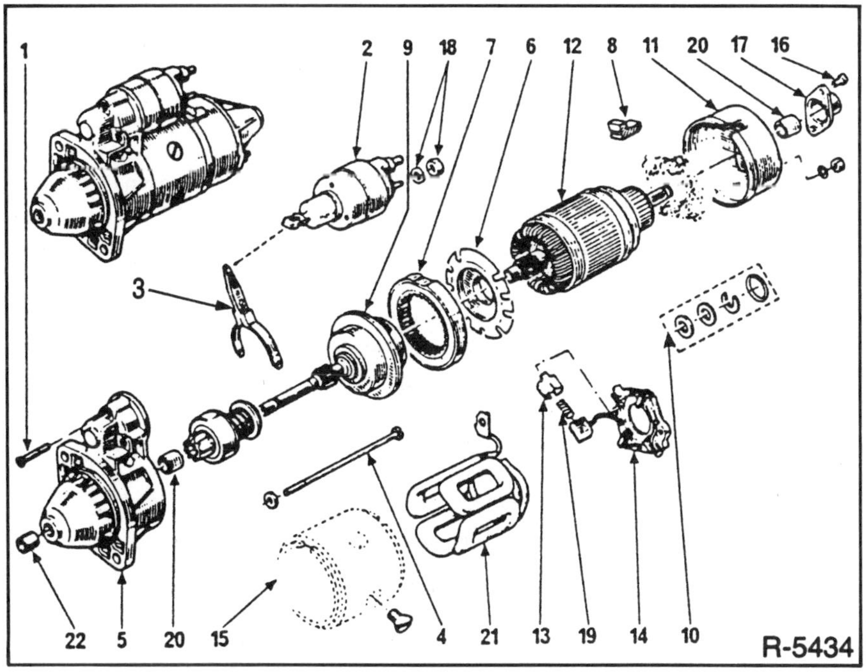

1 – Befestigungsschrauben
2 – Magnetschalter
3 – Gabelhebel
4 – Verbindungsschrauben
5 – Flanschgehäuse
6 – Abdeckblech
7 – Innenverzahnung
8 – Gummidichtung
9 – Freilauf
10 – Ausgleichscheiben Ankerwelle
11 – Kollektorgehäuse
12 – Anker
13 – Kohlebürsten
14 – Halter
15 – Polgehäuse
16 – Schraube
17 – Verschlußkappe
18 – Befestigung Elektroanschluß
19 – Druckfeder
20 – Sinterbuchse
21 – Erregerwicklung
22 – Nadellager

Anlasser aus- und einbauen

Ausbau

- Zuerst das Batterie-Massekabel (–), dann das Batterie-Pluskabel (+) von der Batterie abklemmen.
- Fahrzeug aufbocken, siehe Seite 110.
- Falls vorhanden, Hitzeschild für Anlasser abschrauben.
- **Motoren ab 1,7 l Hubraum:** Luftfilter ausbauen, siehe Seite 88.
- Sämtliche Kabel am Anlasser mit Tesaband markieren und abklemmen.
- 3 Befestigungsschrauben für Anlasser am Getriebe herausdrehen.
- Falls vorhanden, hintere Befestigung des Anlassers herausdrehen.
- Anlasser herausnehmen.
- **Motoren ab 1,7 l Hubraum:** Anlasser durch den Freiraum am hinteren Teil des rechten Vorderrades herausziehen.

Einbau

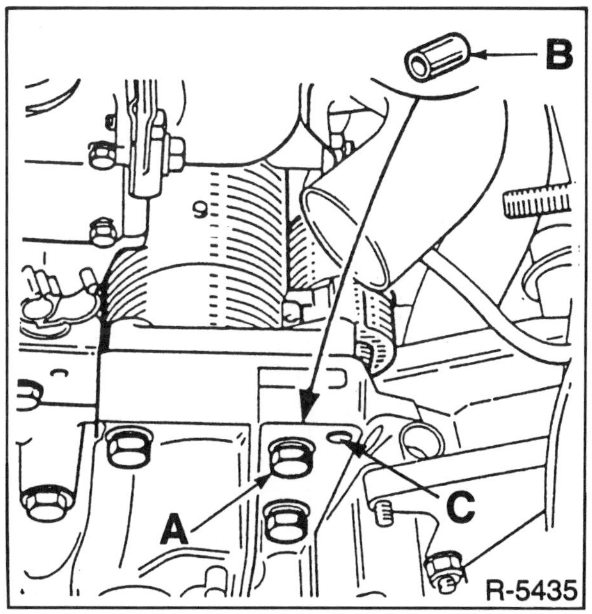

- Prüfen, ob die Zentrierhülse –B– in der Bohrung für die Schraube –A– oder –C– vorhanden ist, gegebenenfalls Zentrierhülse einsetzen. Beim 1,4-l-Vergasermotor sitzt die Hülse in Bohrung –A–, bei den übrigen Motoren in Bohrung –C–.
- Anlasser einsetzen und mit 3 Schrauben anschrauben. Gegebenenfalls hintere Befestigung anschrauben.

- Elektrische Leitungen am Anlasser entsprechend den beim Ausbau angebrachten Markierungen anklemmen.
- Hitzeschild anschrauben.
- Fahrzeug ablassen, siehe Seite 110.
- Luftfilter einbauen, siehe Seite 88.
- Batterie-Pluskabel (+), dann Massekabel (−) anklemmen.

Magnetschalter prüfen/ aus- und einbauen

Bei einem Defekt des Magnetschalters wird das Ritzel im Anlasser nicht gegen den Zahnkranz des Schwungrades gezogen. Dadurch kann der Anlasser den Motor nicht durchdrehen. Dieser Defekt tritt häufiger auf als daß der Anlassermotor selbst schadhaft ist.

Prüfen in eingebautem Zustand

- Schalthebel in Leerlaufstellung, Handbremse anziehen.
- Mit Hilfskabel Klemme 30 (=dickes Pluskabel) und 50 (dünnes Kabel, zum Zündschloß) am Anlasser kurz überbrükken, das Anlasserritzel muß nach vorne schnellen (klicken) und der Anlasser anlaufen. Wenn nicht, Anlasser abschrauben und Prüfung wiederholen.

Prüfen in ausgebautem Zustand

- Prüfung bei ausgebautem Anlasser mit einer Autobatterie wiederholen. Als Zuleitung zu Klemme 50 des Anlassers eignet sich ein Starthilfekabel. Schnellt das Ritzel nach vorne, ohne daß der Anlasser anläuft, Anlassermotor von einer Werkstatt überholen lassen.
- Schnellt das Ritzel nicht nach vorn, Magnetschalter abschrauben und ersetzen.

Einbau

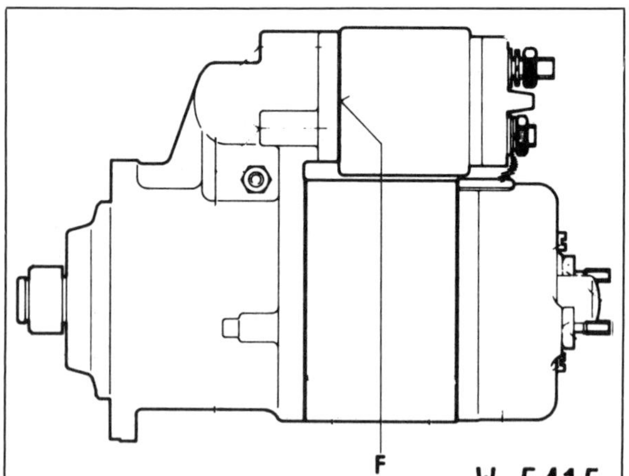

W-5415

- Trennfuge −F− zum Anlasser mit geeignetem Dichtmittel abdichten.
- Magnetschalter an Gabelhebel im Anlasser einhängen, dann anschrauben.
- Anlasser erneut prüfen, wie oben beschrieben.

Kohlebürsten aus- und einbauen

Achtung: Die Bezeichnungen im Text beziehen sich auf Abbildung R-5434.

Ausbau

- Kollektorgehäuse −11− ausbauen.
- Kohlebürsten −13− vom Halter −14− lösen und zusammen mit den Druckfedern −19− herausnehmen.

Achtung: Erregerwicklung −21− **nicht** vom Kohlebürstenhalter −14− abklemmen.

- Länge der Kohlebürsten prüfen, gegebenenfalls ersetzen. Mindestlänge: 7 mm.
- Litze der verschlissenen Kohlebürsten durchkneifen, anschließend Litzereste mit einer Feile abschleifen.

Einbau

- Sinterbuchse −20− grundsätzlich ersetzen.
- Nadellager −22− auf leichten Lauf prüfen.
- Anlasser mit Druckluft < 4 bar ausblasen. **Achtung:** Keine flüssigen Reinigungsmittel benutzen.
- Kollektor prüfen, gegebenenfalls reinigen beziehungsweise abdrehen lassen. Durchmesser des Kollektors prüfen: Neu = 30 mm; Verschleißgrenze = 28,9 mm.
- Lager und Lagerböcke mit Silikonöl schmieren.
- Montagerichtung der Kohlebürsten markieren.
- Neue Kohlebürsten am Halter ansetzen, die Halteklammern mit einer Zange umbiegen und die Litzen anlöten.

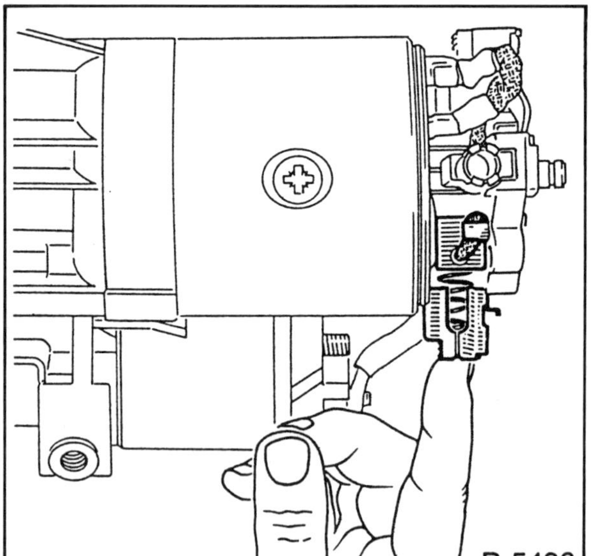
R-5436

- Kohlebürsten mit Druckfedern in den Halter einsetzen.
- Kollektorgehäuse einbauen.

Störungsdiagnose Anlasser

Wenn ein Anlasser nicht durchdreht, ist zunächst zu prüfen, ob an der Klemme 50 des Magnetschalters die zum Einziehen benötigte Spannung von mindestens 8 Volt vorhanden ist. Liegt die Spannung unter dem genannten Wert, dann müssen die Leitungen, die zum Anlasserstromkreis gehören, nach dem Stromlaufplan überprüft werden. Ob der Anlasser bei voller Batteriespannung einzieht, kann folgendermaßen geprüft werden.

- Keinen Gang einlegen, Zündung eingeschaltet.
- Mit einer Leitung (Querschnitt mindestens 4 mm^2) die Klemmen 30 und 50 am Anlasser überbrücken, siehe auch Stromlaufplan.

Spurt der Anlasser dabei einwandfrei ein, so liegt der Fehler in der Leitungsführung zum Anlasser. Wenn der Anlasser nicht einspurt, muß er im ausgebauten Zustand überprüft werden.

Prüfvoraussetzung: Leitungsanschlüsse müssen festsitzen und dürfen nicht oxydiert sein.

Störung	Ursache	Abhilfe
Anlasser dreht sich nicht beim Betätigen des Zündanlaßschalters	Batterie entladen	■ Batterie laden
	Klemmen 30 und 50 am Anlasser überbrücken: Anlasser läuft an. Leitung 50 zum Zündanlaßschalter unterbrochen, Anlaßschalter defekt	■ Unterbrechung beseitigen, defekte Teile ersetzen
	Kabel oder Masseanschluß ist unterbrochen. Batterie entladen	■ Batteriekabel und Anschlüsse prüfen. Spannung der Batterie messen, nötigenfalls laden
	Ungenügender Stromdurchgang infolge lockerer oder oxydierter Anschlüsse	■ Batteriepole und -klemmen reinigen. Stromsichere Verbindungen zwischen Batterie, Anlasser und Masse herstellen
	Keine Spannung an Klemme 50 (Magnetschalter)	■ Leitung unterbrochen Zündanlaßschalter defekt
Anlasser dreht sich zu langsam und zieht den Motor nicht durch	Batterie entladen	■ Batterie laden
	Kein Winteröl bzw. Mehrbereichsöl im Motor	■ Mehrbereichsöl einfüllen
	Ungenügender Stromdurchgang infolge lockerer oder oxydierter Anschlüsse	■ Batteriepole und -klemmen und Anschlüsse am Anlasser reinigen, Anschlüsse festziehen
	Kohlebürsten liegen nicht auf dem Kollektor auf, klemmen in ihren Führungen, sind abgenutzt, gebrochen, verölt oder verschmutzt	■ Kohlebürsten überprüfen, reinigen bzw. auswechseln. Führungen prüfen
	Ungenügender Abstand zwischen Kohlebürsten und Kollektor	■ Kohlebürsten ersetzen und Führungen für Kohlebürsten reinigen
	Kollektor riefig oder verbrannt und verschmutzt	■ Kollektor abdrehen oder Anker ersetzen
	Spannung an Klemme 50 fehlt (mind. 8 Volt)	■ Zündanlaßschalter oder Magnetschalter überprüfen
	Lager ausgeschlagen	■ Lager prüfen, ggf. auswechseln
	Magnetschalter defekt	■ Schalter auswechseln
Anlasser spurt ein und zieht an, Motor dreht nicht oder nur ruckweise	Ritzelgetriebe defekt	■ Ritzelgetriebe ersetzen
	Ritzel verschmutzt	■ Ritzel reinigen
	Zahnkranz am Schwungrad defekt	■ Zahnkranz nacharbeiten, falls erforderlich, Schwungrad erneuern
Ritzelgetriebe spurt nicht aus	Ritzelgetriebe oder Steilgewinde verschmutzt bzw. beschädigt	■ Ritzelgetriebe reinigen, ggf. ersetzen
	Magnetschalter defekt	■ Magnetschalter ersetzen
	Rückzugfeder schwach oder gebrochen	■ Rückzugfeder erneuern
Anlasser läuft weiter, nachdem der Zündschlüssel losgelassen wurde	Magnetschalter hängt, schaltet nicht ab	■ Zündung sofort ausschalten, Magnetschalter ersetzen
	Zündschloß schaltet nicht ab	■ Sofort Batterie abklemmen, Zündschloß ersetzen

Die Beleuchtungsanlage

Zur Beleuchtungsanlage zählen: Hauptscheinwerfer, Heckleuchten, Bremsleuchten, Rückfahrscheinwerfer, Blinkleuchten, Nebelscheinwerfer und Nebelschlußleuchten, Kennzeichenleuchten und Innenleuchten. Die Instrumentenbeleuchtung wird im Kapitel »Armaturen« behandelt.

Vor dem Auswechseln einer Glühlampe Schalter des betreffenden Verbrauchers ausschalten. **Achtung: Glaskolben nicht mit bloßen Fingern anfassen.** Der Fingerabdruck würde verdunsten und sich – aufgrund der Wärme – auf dem Reflektor niederschlagen und diesen erblinden lassen. Grundsätzlich Glühlampe nur durch eine gleiche Ausführung ersetzen. Versehentlich entstandene Berührungsflecken mit sauberem, nicht faserndem Tuch und Alkohol oder Spiritus entfernen.

Glühlampen auswechseln

- Schalter der betreffenden Lampe ausschalten, beziehungsweise Massekabel (–) von Batterie abklemmen.

Scheinwerfer

- Motorhaube öffnen.

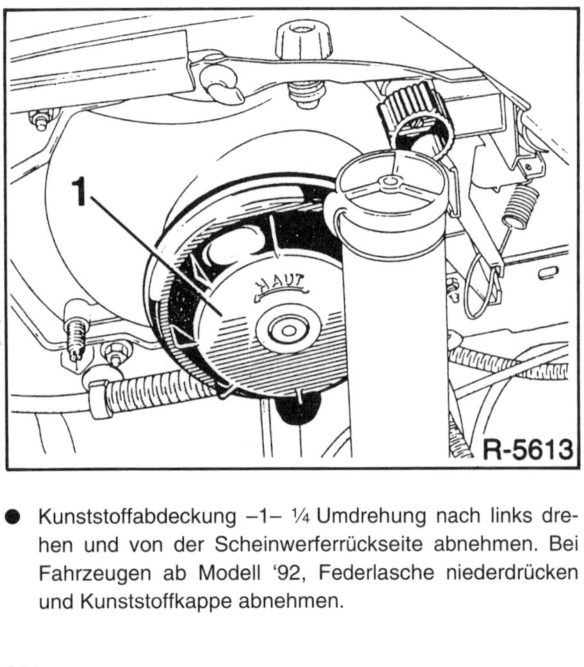

- Kunststoffabdeckung –1– ¼ Umdrehung nach links drehen und von der Scheinwerferrückseite abnehmen. Bei Fahrzeugen ab Modell '92, Federlasche niederdrücken und Kunststoffkappe abnehmen.

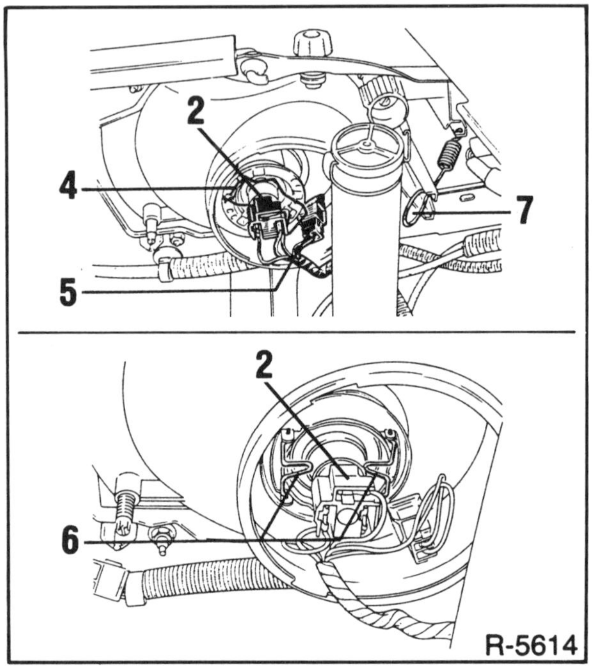

- Stecker –2– abziehen.
- **H4-Lampe:** Klemmbügel –4– aushängen und defekte Lampe herausnehmen.
- **Bilux-Lampe:** 2 Federklammern –6– abdrücken und defekte Lampe herausnehmen.
- Glühlampe so einsetzen, daß die Nasen in die entsprechenden Aussparungen am Gehäuse passen. Klemmbügel einrasten beziehungsweise Federklammern umklappen.
- Stecker auf die Fassung aufdrücken.
- Kunststoffverkleidung an der Scheinwerferrückseite aufsetzen, nach rechts drehen und einrasten lassen.

Standlicht vorn

- Halterung –5– herausziehen.
- Glühlampe herausnehmen und durch eine neue 3 Watt Lampe ersetzen.
- Standlicht-Glühlampe mit Halter in den Reflektor stecken.

Blinkleuchte

- Feder –7– aushängen.

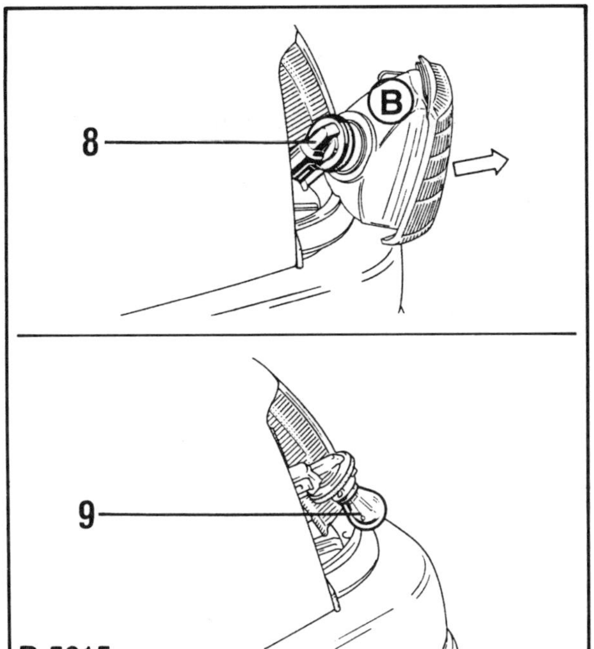

R-5615

- Komplette Blinkleuchte –B– nach vorn abziehen.
- Lampenhalter –8– um 90° (1/4 Umdrehung) nach links drehen und Lampe –9– herausnehmen.
- Lampe einsetzen, Halter in die Blinkleuchte einrasten.
- Blinkleuchte in die Öffnung einsetzen, dabei Laschen am Scheinwerfereinsatz ausrichten. Leuchte eindrücken und mit Feder sichern.

Nebelscheinwerfer

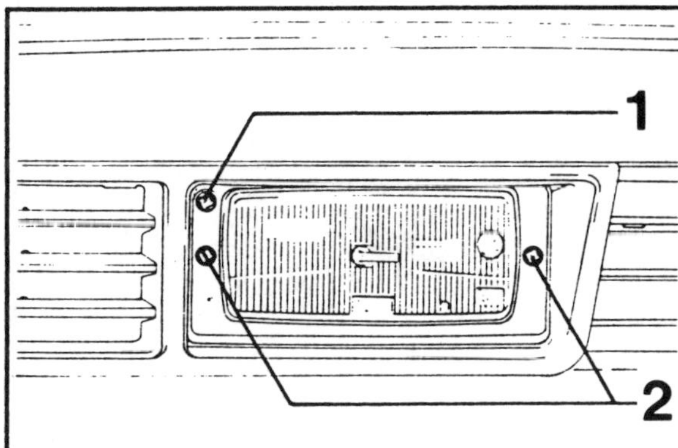

R-5611

- Schrauben –2– herausdrehen.
- Scheinwerfereinsatz nach vorn herausnehmen.

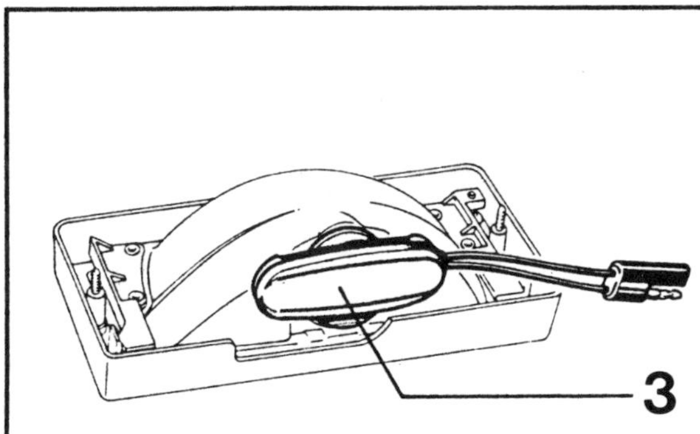

R-5612

- Lampenträger –3– um 1/4 Umdrehung drehen und herausnehmen.
- Defekte Lampe herausnehmen.
- Neue Lampe **mit einem sauberen Lappen** am Glaskolben fassen und in den Träger einsetzen.
- Lampenträger einsetzen und einrasten.
- Scheinwerfer einsetzen und mit 2 Schrauben befestigen.

Heckleuchten

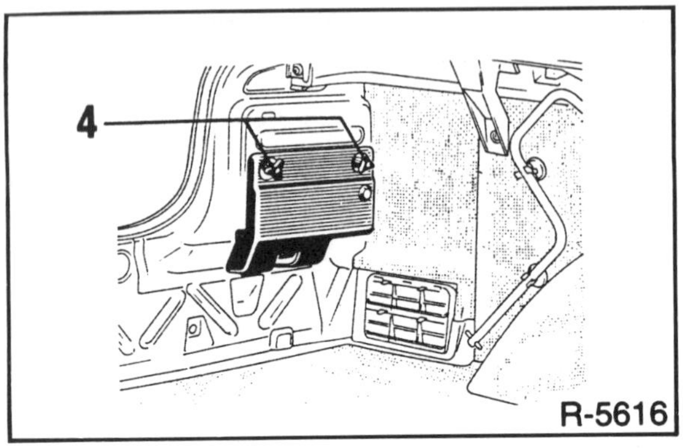

- Vom Kofferraum her die Kunststoffmuttern –4– abschrauben.

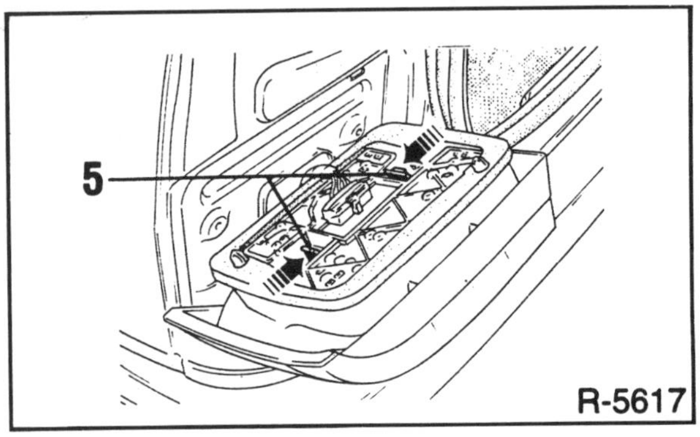

- Lampenträger an den Laschen –5– herausziehen, dazu die beiden Laschen etwas nach innen drücken.

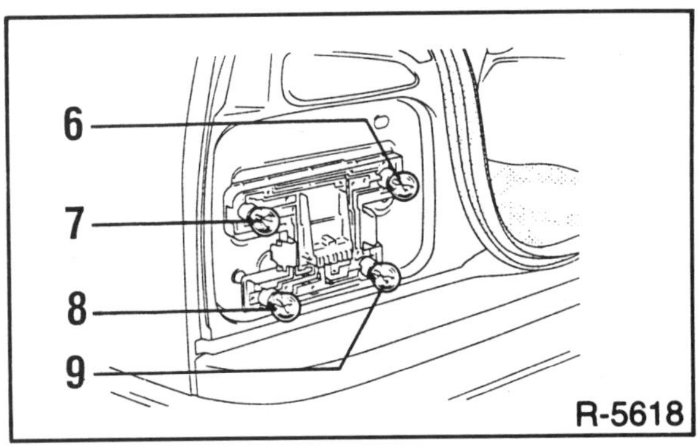

- Defekte Lampe eindrücken, um 45° nach links drehen und herausnehmen.
- Neue Glühlampe in Fassung eindrücken, nach rechts drehen und einrasten.
- Lampenbelegung:
  6 – Nebelschlußleuchte 21 Watt
  7 – Schluß- und Bremsleuchte 5/21 Watt
  8 – Blinkleuchte 21 Watt
  9 – Rückfahrscheinwerfer 21 Watt
- Lampenträger in das Gehäuse einrasten.
- Abdeckung anschrauben.

Kennzeichenleuchte

- Leuchtenglas mit breitem Schraubendreher vorsichtig heraushebeln.
- Lampenträger abziehen.
- Soffittenlampe herausnehmen und ersetzen.
- Lampenträger einrasten.
- Leuchtenglas einsetzen, zuerst auf der Seite des Anschlußsteckers, und einrasten.

- Falls abgenommen, Batterie-Massekabel (–) anschließen, Lampe einschalten und Funktion überprüfen.

Scheinwerfer aus- und einbauen

Ausbau

- Batterie-Massekabel (–) abklemmen.
- Hintere Abdeckung des Scheinwerfers drehen und abnehmen.
- Scheinwerferlampe ausbauen.
- Blinkleuchte ausbauen.

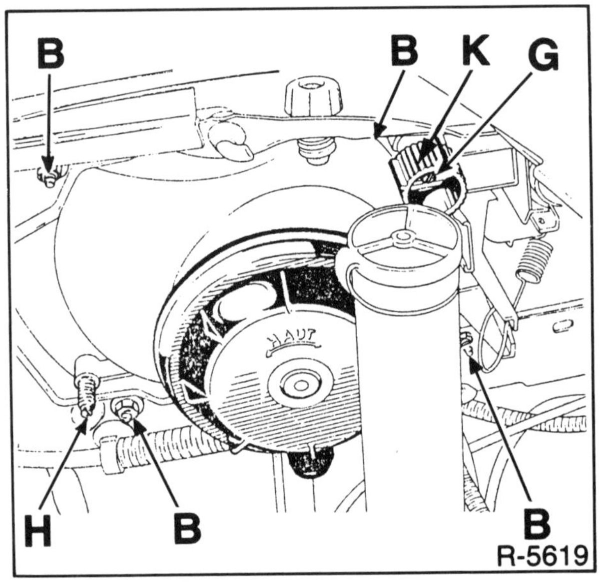

- 4 Muttern –B– abschrauben.

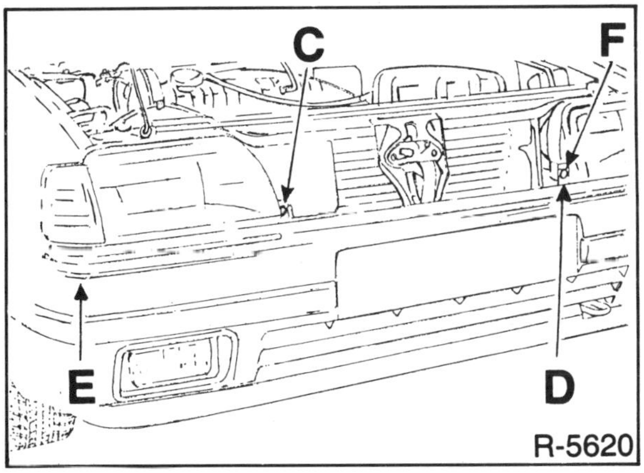

- Die beiden Schrauben –C– und –F– herausdrehen.
- Lasche –C– des Frontgrillhalters abnehmen.
- Schraube –E– herausdrehen und Scheinwerfer nach vorn herausnehmen.

Einbau

- Scheinwerfer einsetzen und mit den Schrauben –C– und –E– anschrauben; Schrauben nicht festziehen.
- Blinkleuchte einsetzen und komplette Einheit im Verhältnis zum Kotflügel ausrichten.
- Schraube –C– anziehen.
- Einheit wieder herausnehmen, Schraube –E– anziehen.
- Einheit wieder einsetzen und die 4 Muttern –B– und die Schraube –F– anziehen.
- Stecker aufschieben und sichern.
- Hintere Abdeckung einsetzen.
- Batterie-Massekabel (–) anklemmen.
- Scheinwerfer einstellen lassen.

Scheinwerfer einstellen

Für die Verkehrssicherheit ist die richtige Einstellung der Scheinwerfer von großer Bedeutung. Die exakte Einstellung der Scheinwerfer ist nur mit einem Spezialeinstellgerät möglich. Es wird deshalb nur gezeigt, wo die Scheinwerfer eingestellt werden können und welche Bedingungen zum richtigen Einstellen der Scheinwerfer erfüllt sein müssen.

- Reifen müssen den vorgeschriebenen Reifenfülldruck haben.
- Das unbeladene Fahrzeug muß mit 75 kg (eine Person) auf dem Fahrersitz belastet sein.
- Kraftstofftank füllen.
- Fahrzeug auf ebene Fläche stellen.
- Vorderwagen mehrmals kräftig nach unten drücken, damit die Federung der Vorderradaufhängung sich setzt.
- Die Scheinwerfer dürfen nur bei Abblendlicht eingestellt werden. Das Neigungsmaß beträgt für Normalscheinwerfer X = 10 cm auf 10 m Entfernung. Nebelscheinwerfer X = 20 cm auf 10 m Entfernung.

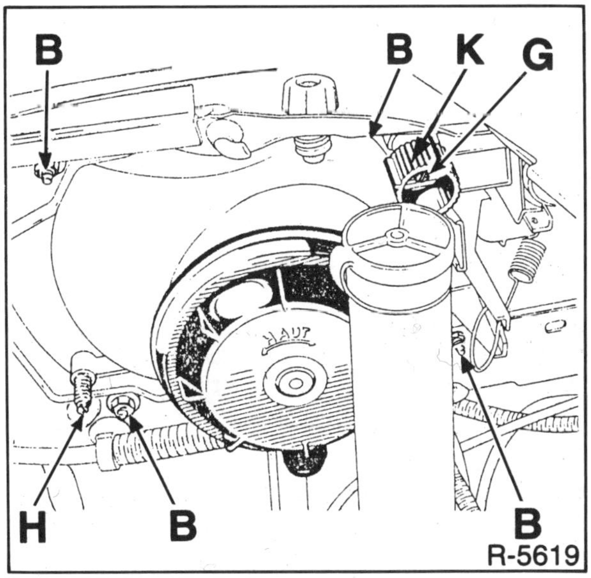

- Regulierknopf –K– für Leuchtweitenregulierung auf »leer« stellen.
- Die Einstellschrauben sind: G – Höhenverstellung, H – Seitenverstellung. Bei Fahrzeugen ab Modell '92 ist die Schraube zur Seitenverstellung von oben durch eine Bohrung im vorderen Querträger zu erreichen.

Einstellung Nebelscheinwerfer

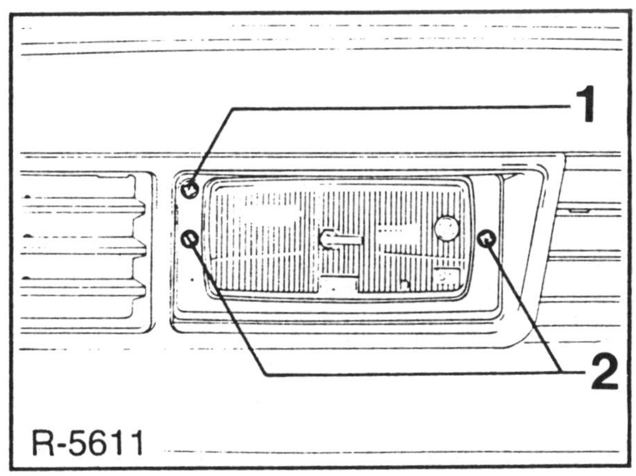

- An den Nebelscheinwerfern ist nur die Höheneinstellung möglich. Dazu Schraube –1– verdrehen.

Die Armaturen

Die Instrumente sind in einem Schalttafeleinsatz zusammengefaßt. Nach Ausbau des Schalttafeleinsatzes können die Instrumente beziehungsweise Glühlampen für die Instrumentenbeleuchtung ausgebaut werden.

Schalttafeleinsatz aus- und einbauen

Ausbau

- Batterie-Massekabel (–) abklemmen.
- Lenkrad ausbauen, siehe Seite 146.
- Lenksäulenverkleidungen ausbauen.
- Untere Abdeckung ausbauen.

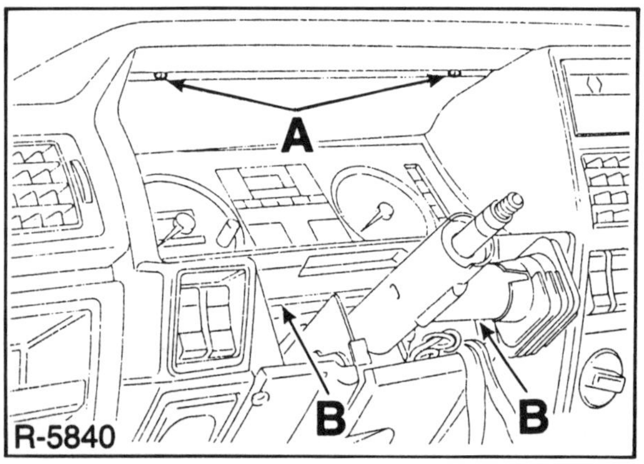

- 2 Schrauben –A– an der Unterseite der Blende herausdrehen und Blende abnehmen
- Lenkstockhebel ausbauen.
- 2 Schrauben –B– an der Instrumententafel herausschrauben.
- Tachowelle hinten am Instrumenteneinsatz abziehen.
- Schalttafeleinsatz herausziehen, bis zu 6 Stecker (je nach Ausstattung) abziehen.

Einbau

- Alle Stecker auf Schalttafeleinsatz aufschieben.
- Schalttafeleinsatz einsetzen.
- Tachowelle anklemmen.
- Schalttafeleinsatz mit 2 Schrauben befestigen.
- Lenkstockhebel einbauen.
- Blende anschrauben.
- Untere Abdeckung einbauen.
- Lenkradabdeckungen einbauen.
- Lenkrad einbauen, siehe Seite 146.
- Lenkstockhebel mit einem Torx-Schraubendreher durch die Bohrung im Lenkrad im Verhältnis zu den beiden Gehäusehälften zentrieren.
- Batterie-Massekabel (–) anklemmen.
- Alle elektrische Funktionen für Schalttafeleinsatz überprüfen.

Instrumente aus- und einbauen

Ausbau

- Schalttafeleinsatz ausbauen.

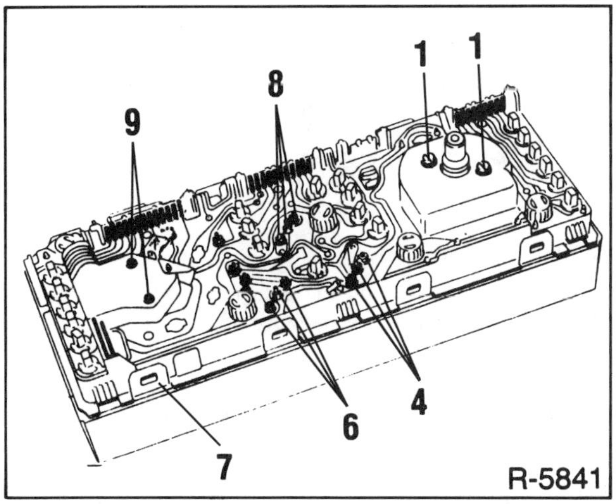

R-5841

- 8 Haken –7– aushängen und Schalttafeleinsatz aus dem Gehäuse herausnehmen. Die beiden Hälften können auch mit 8 Kreuzschlitzschrauben zusammengeschraubt sein
- Die einzelnen Instrumente sind mit folgenden Schrauben und Muttern befestigt:

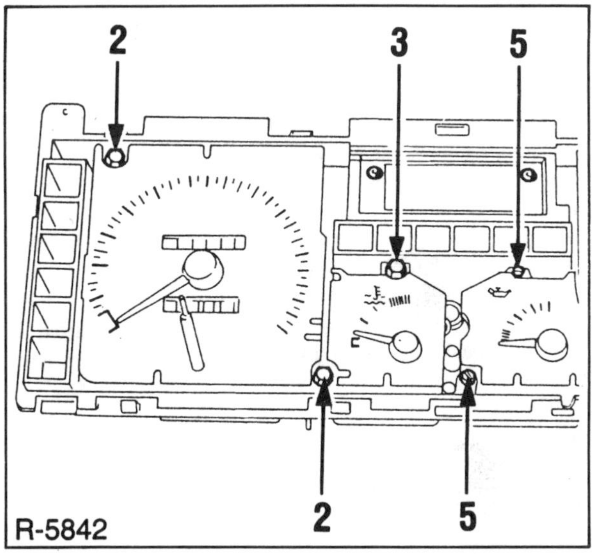

R-5842

- Tachometer: –1–, –2–.
- Drehzahlmesser –9–.
- Temperaturanzeiger: –2–, –3–, –4–.
- Ölstandanzeiger: –5–, –6–.
- Tankanzeige: –8–.

Achtung: Je nach Modell können die Befestigungsschrauben etwas anders angeordnet sein. Teilweise sind die Instrumente vorn am Gehäuse leicht festgeklebt und nur mit den Schrauben von der Gehäuse-Rückseite (Abbildung R-5842) her angeschraubt. Um die kleineren Instrumente auszubauen, müssen immer erst die angrenzenden größeren Instrumente, wie Tacho und Drehzahlmesser, ausgebaut werden. Statt 6-kant-Muttern werden auch Torxschrauben T8 verwendet.

Einbau

- Instrument einsetzen und anschrauben.
- Gehäuse einclipsen.
- Schalttafeleinsatz einbauen.

Anschlußbelegungen für Schalttafeleinsatz

Basismodell

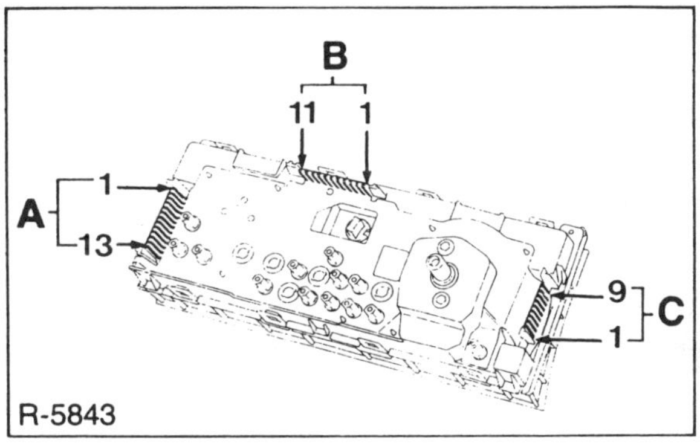

R-5843

Mehrfachsteckverbindung A

1 – Ladestromkontrollampe
2 – Warnlampe Bremsflüssigkeit
Kontrollampe für Handbremse
3 – Kontrollampe für Vorglühanlage
4 – Kontrollampe für Warnblinkanlage
5 – Kontrollampe für Fernlicht
6 – frei
7 – frei
8 – Warnlampe Kraftstoff-Reserve
9 – frei
10 – Kontrollampe für eingeschaltete Zündung
11 – frei
12 – frei
13 – Kontrollampe für Abblendlicht

Mehrfachsteckverbindung B

1 – frei
2 – Kraftstoffvorratsanzeiger
3 – Kontrollampe für heizbare Heckscheibe
4 – frei
5 – frei
6 – frei
7 – Blinkerkontrollampe
8 – frei
9 – frei
10 – frei
11 – frei

Mehrfachsteckverbindung C

1 – Instrumentenbeleuchtung
2 – Masse
3 – Kontrollampe für Nebelschlußleuchte
4 – Kontrollampe für Bremsbelagverschleiß
5 – Kontrollampe für Starterzug
6 – frei
7 – frei
8 – Kontrollampe für Öldruck
9 – Kontrollampe für Kühlflüssigkeitstemperatur

Modelle mit zusätzlicher Ausstattung und Bordcomputer

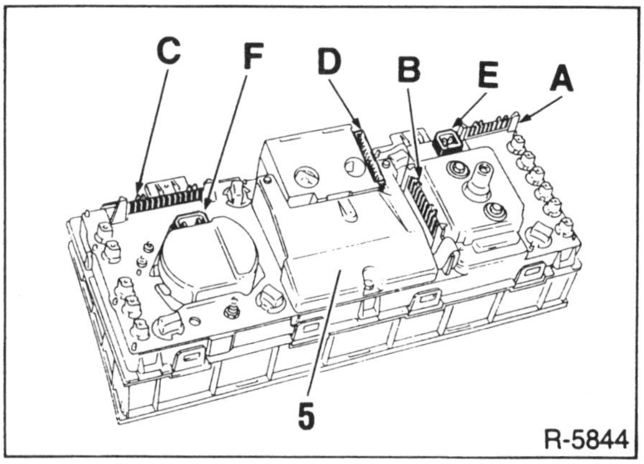

Mehrfachsteckverbindung A

1 – Kühlflüssigkeits-Temperaturanzeiger
2 – Instrumentenbeleuchtung
3 – Kontrollampe für Fernlicht
4 – Kontrollampe für Abblendlicht
5 – Kontrollampe für Standlicht
6 – Kontrollampe für Nebelscheinwerfer
7 – Kontrollampe für Nebelschlußleuchte
8 – Kontrollampe für heizbare Heckscheibe
9 – Masse

Mehrfachsteckverbindung B

1 – Warnlampe Kraftstoff-Reserve
2 – Kontrollampe Öldruck
3 – Klemme 15, bei eingeschalteter Zündung liegt Plus an
4 – frei
5 – Kontrollampe für Blinker links
6 – frei
7 – Kontrollampe für Blinker rechts
8 – Warnlampe Kühlmitteltemperatur
9 – Warnlampe Bremsflüssigkeit
Kontrollampe für Handbremse
10 – frei
11 – Ladestromkontrollampe

Mehrfachsteckverbindung C

1 – Kontrollampe für Warnblinkanlage
2 – Kontrollampe für Bremsbelagverschleiß
3 – frei
4 – Kontrollampe für ABS
5 – Kontrollampe für Starterklappenbetätigung
6 – Störungslampe Einspritzanlage
7 – frei
8 – Drehzahlmesser
9 – Öldruckmanometer
10 – frei
11 – frei
12 – frei
13 – frei

Mehrfachsteckverbindung D

1 – Masse Bordcomputer
2 – Klemme 30
3 – Klemme 15
4 – Information Fahrgeschwindigkeit Bordcomputer
5 – Information Durchflußmengenmesser
6 – Information Kraftstoffvorratsgeber
7 – Information Außentemperatur
8 – Rheostat
9 – Beleuchtung Bordcomputer
10 – Masse Elektronik Außentemperaturgeber
11 – Masse Elektronik Kraftstoffvorratgeber
12 – Warnlampe Kraftstoffvorrat
13 – Nullstellung Bordcomputer
14 – Anzeigenwahl Bordcomputer
15 – frei

2-fach-Stecker E

1 – Nullstellung Bordcomputer
2 – Masse

3-fach-Stecker F

Ölstandsonde

Lenkstockschalter aus- und einbauen

Die Schalter für Licht, Blinker, Hupe und Scheibenwischer sind sogenannte Lenkstockschalter.

Ausbau

- Batterie-Massekabel (–) abklemmen.
- Lenkrad ausbauen, siehe Seite 146.
- 2 Gehäusehälften für Lenksäulenverkleidung abschrauben.

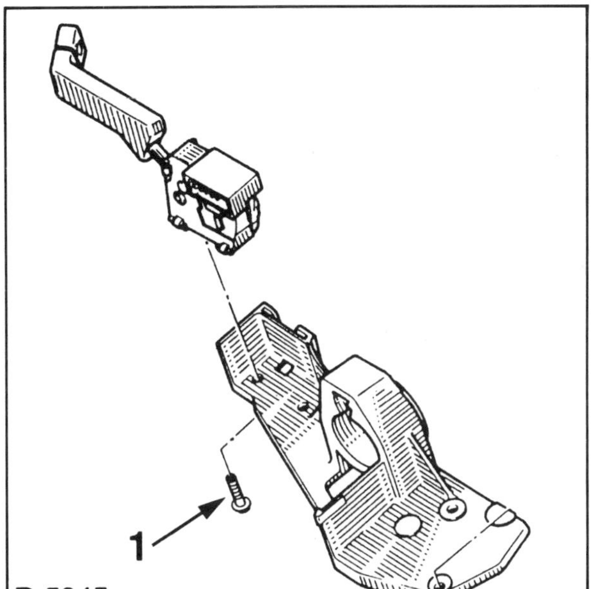

R-5845

- 2 Schrauben –1– für Scheibenwischerschalter herausdrehen.
- Mehrfachstecker vom Schalter abziehen.
- 2 Schrauben für Scheinwerferschalter herausdrehen.
- Mehrfachstecker vom Schalter abziehen.
- Lenkstockschalter abnehmen.

Einbau

- Elektrische Anschlüsse am Lenkstockschalter aufstecken.
- Lenkstockschalter einsetzen und anschrauben.
- Batterie-Massekabel (–) anklemmen.
- Funktionen der Lenkstockhebel prüfen.

Steckerbelegung Lenkstockschalter

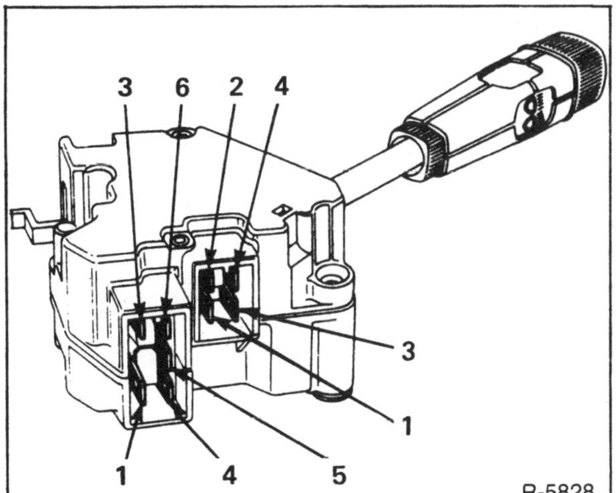

R-5828

Schalter für Fahrzeugbeleuchtung

1 – Fernlicht
2 – Abblendlicht
3 – Plus bei eingeschalteter Zündung (Klemme 15)
4 – Standlicht

Schalter für Blinker und Hupe

1 – Hupe
2 – Ausgang Nebelschlußleuchte
3 – Plus bei eingeschalteter Zündung (Klemme 15)
4 – Blinker rechts
5 – Blinkrelais
6 – Blinker links

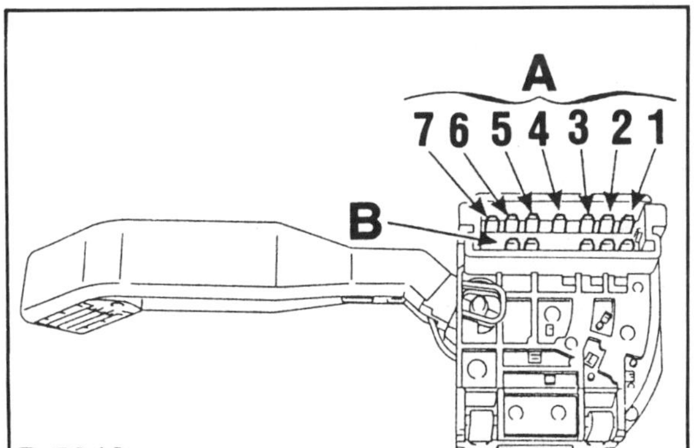

R-5846

Schalter für Scheibenwischer

A1 – Plus für Heckscheibenwischer
A2 – Masse
A3 – Plus bei eingeschalteter Zündung (Klemme 15)
A4 – Plus für Scheibenwascherpumpe vorn
A5 – Plus für Scheibenwascherpumpe hinten
A6 – Masse
A7 – Anzeige Bordcomputer
B1 – Plus bei eingeschalteter Zündung (Klemme 15)
B2 – Schnelle Wischgeschwindigkeit vorn
B3 – Langsame Wischgeschwindigkeit vorn
B5 – Wischerendstellung vorn
B6 – Langsame Intervallwischung

Radio aus- und einbauen

Die vom Werk eingebauten Radiogeräte sind mit einer Einschubhalterung ausgestattet, die den schnellen Ein- und Ausbau des Radios ermöglicht. Allerdings gelingt das nur mit einem Spezialwerkzeug, welches beim Kauf des Radios beigelegt oder im Fachhandel erhältlich ist. Ob ein Radio mit Einschubhalterung eingebaut ist, erkennt man in der Regel an den 4 Bohrungen in der Frontplatte, die meist durch 2 Blenden verdeckt sind.

Ausbau

- Batterie-Massekabel abklemmen.

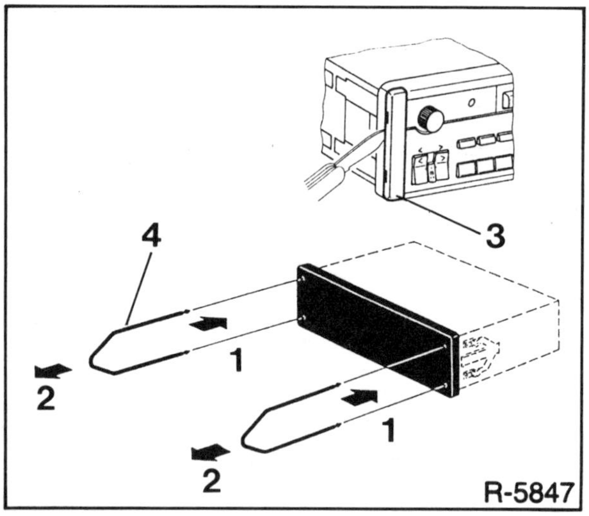

- Abdeckstücke –3– links und rechts abziehen.
- Beide Auszieher –4– links und rechts in die Öffnungen der Frontplatte einführen, bis die Haltefedern mit deutlichem Knacken ausrasten.
- Auszieher und damit auch Radio gleichmäßig herausziehen. Radio beim Herausziehen nicht verkanten. **Achtung:** Die Auszieher können erst nach dem Herausziehen wieder entfernt werden.
- Steckverbindungen für Lautsprecher mit Tesaband kennzeichnen (links/rechts) und abziehen. Stecker für Antennenleitung herausziehen. Steckverbindung für B+ und Masse abziehen.

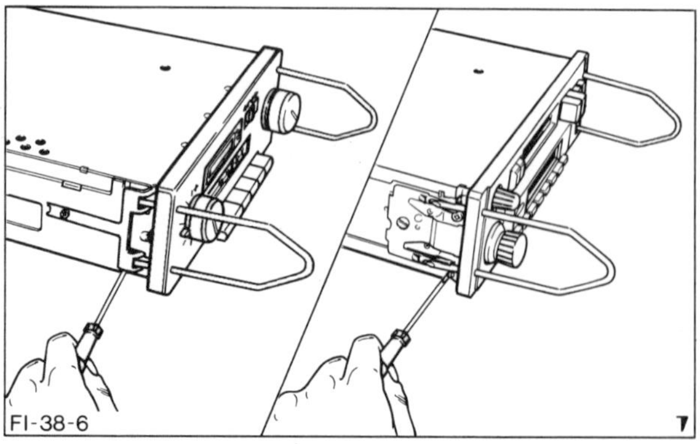

- Auszieher abnehmen. Dazu Halteclipse mit kleinem Schraubendreher zusammendrücken.

Einbau

- Elektrische Anschlüsse und Antenne an der Rückseite des Radiogerätes anbringen, siehe unter »Ausbau«.
- Radio so weit in die Armaturentafel eindrücken, bis die Haltefedern einrasten.
- Batterie-Massekabel anklemmen.
- Radio einschalten und Funktion überprüfen. Gegebenenfalls Code neu programmieren, Sender neu speichern.

Achtung: Wurde das Radio nachträglich eingebaut, Radio auf Antenne abstimmen. Dazu schwachen Mittelwellensender einstellen und an der Antennenabgleichschraube (vorn rechts in der Blende des Radios) mit kleinem Schraubendreher auf besten Empfang einregulieren.

- Abdeckblenden aufdrücken.

Radio nachträglich einbauen

Einbau

- Batterie-Massekabel abklemmen.
- Abdeckung für Radiofach abziehen.

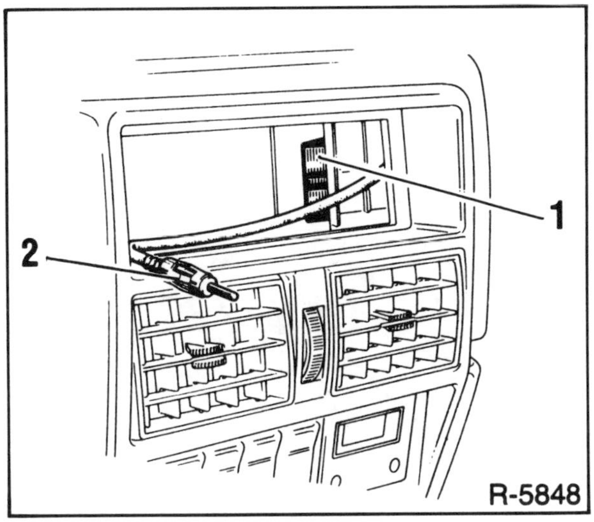

R-5848

- Das Fahrzeug ist bereits mit einer Stromversorgung für den nachträglichen Einbau eines Radios ausgerüstet. Dazu befindet sich in der Öffnung auf der rechten Seite ein roter Mehrfachstecker –1–. An diesem Stecker befinden sich Plus-, Masse- und Lautsprecheranschlüsse. Hier wird der Kabelstrang »Autoradio« so angeschlossen, daß die Kabelfarben übereinstimmen.
- Je nach Fahrzeugausstattung kann die Antenne mit Antennenkabel bereits eingebaut sein. In diesem Fall befindet sich das Antennenkabel –2– ebenfalls hinter der Konsole.
- Halter für Radio in die Konsole einsetzen.

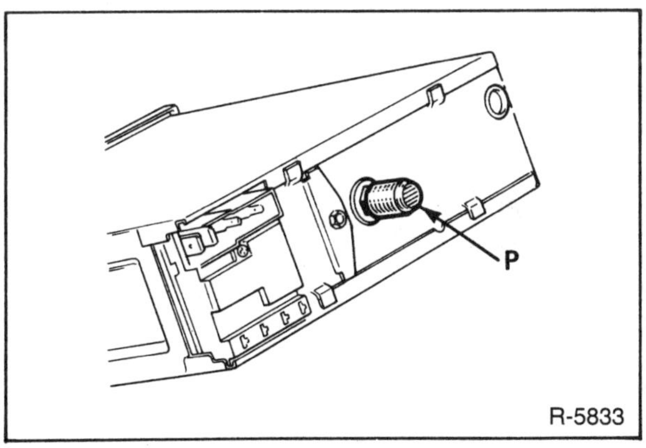

R-5833

- Distanzstück –P– hinten am Radio aufsetzen. Das Distanzstück hat einen Durchmesser von 12,3 mm.

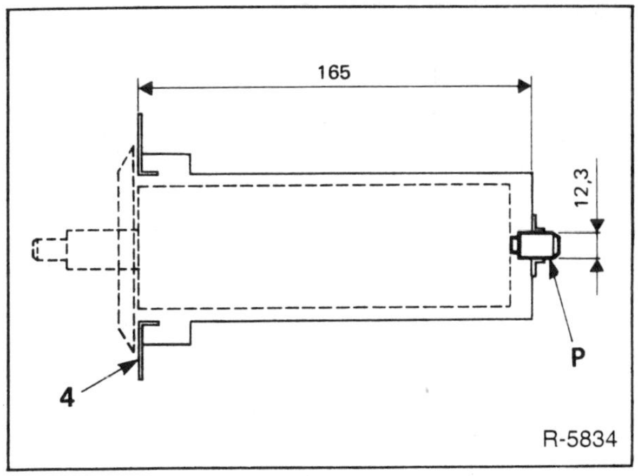

R-5834

- Der Abstand zwischen Distanzstück –P– und Auflagefläche –4– muß 165 mm betragen. Gegebenenfalls Unterlegscheibe einsetzen oder abnehmen.
- Kabelstrang »Autoradio« so anschließen, daß die Kabelfarben übereinstimmen. Falls der Kabelschuh, 3 mm, für Dauerstrom nicht benötigt wird (keine Senderspeicherung), sollte er isoliert abgelegt werden.

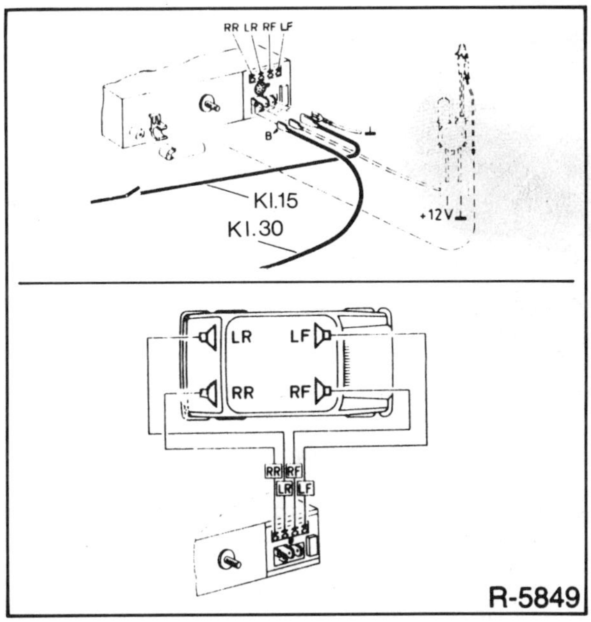

R-5849

- Sämtliche Stecker anschließen, Radio einschieben und einrasten.
- Batterie-Massekabel anklemmen.
- Radio einschalten und auf Funktion prüfen.
- Radio auf Antenne abstimmen. Dazu schwachen Mittelwellensender einstellen und an der Antennenabgleichschraube (meist vorn rechts in der Blende des Radios) mit kleinem Schraubendreher auf besten Empfang einregulieren.

Lautsprecher aus- und einbauen

Lautsprecher vorn im Armaturenbrett

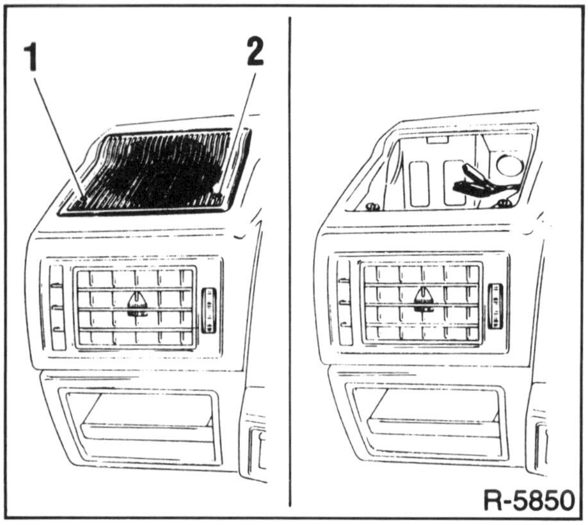

- 2 Schrauben –1– und –2– mit Torx-Schraubendreher T8 herausdrehen.
- Abdeckgitter hinten hochklappen, vorn aushängen und mit Lautsprecher abheben. Lautsprecherkabel abziehen.
- Lautsprecher (100 mm ∅) mit 3 Blechschrauben von der Abdeckung abschrauben.
- Lautsprecher an der Abdeckung anschrauben. Als vierter Befestigungspunkt für den Lautsprecher dient die Schraube –2– der Abdeckung.
- Lautsprecherkabel anschließen.
- Lautsprecher-Abdeckung vorn einhängen und hinten mit 2 Torxschrauben anschrauben.

Lautsprecher vorn in der Türverkleidung

Aus- und Einbau der Türlautsprecher (165 mm∅) ist im Kapitel »Türverkleidung aus- und einbauen« beschrieben.

Lautsprecher hinten in die Ablage einbauen

- Hinteres Ablagebrett ausbauen.
- Feste Teile der hinteren Ablage mit 5 Torxschrauben abschrauben.
- 4 Befestigungsbohrungen des Lautsprechers freilegen, dazu Pappabdeckung abhebeln.
- Lautsprecher mit 4 Schrauben anschrauben.
- Lautsprecher anschließen.
- Außenteile der hinteren Abdeckung anschrauben.
- Hintere Abdeckung einhängen.

Antenne aus- und einbauen

Verlegung Antennenkabel

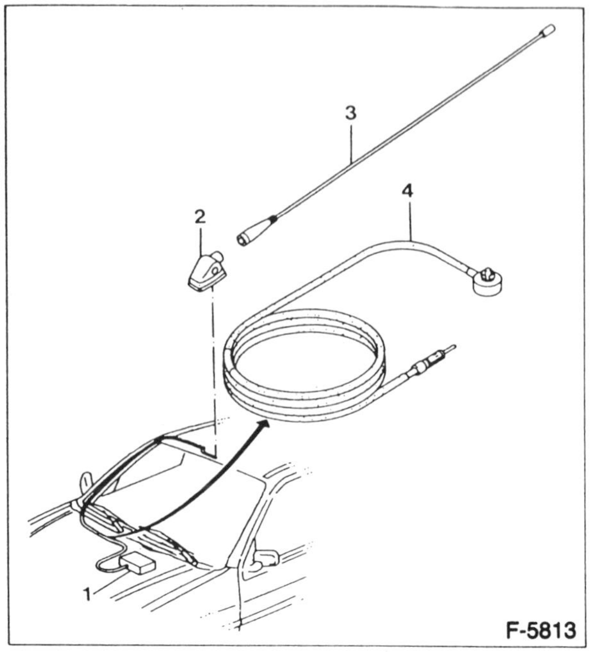

1 – Radio
2 – Antennenfuß
3 – Antennenteleskop
4 – Antennenkabel

Ausbau

- Innenraumleuchte ausbauen.
- Durch die Öffnung für die Innenraumleuchte Antennenfuß abschrauben.
- Antenne mit Antennenfuß abnehmen.

Einbau

- Antenne auf dem Dach ansetzen und Antennenfuß von unten festschrauben.
- Antenne auf Funktion prüfen.
- Innenraumleuchte einbauen.

Die Scheibenwischanlage

Scheibenwischergummi ersetzen

Ausbau

- Wischerarm hochklappen und einrasten.
- Wischerblatt um 90° schwenken und nach außen aus dem Halter am Wischerarm ziehen.

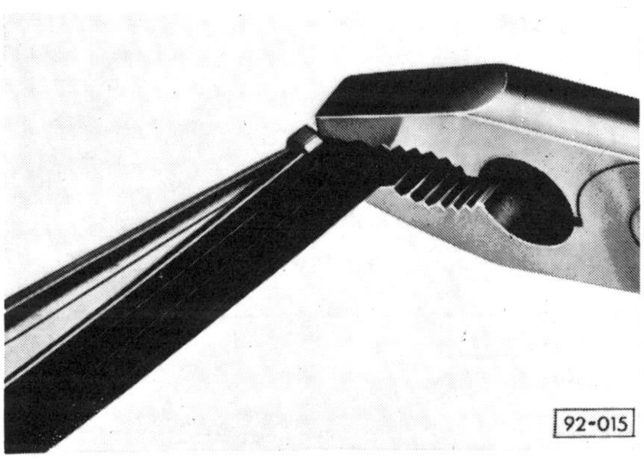

- An der geschlossenen Seite des Wischgummis beide Stahlschienen mit Kombizange zusammendrücken, seitlich aus der oberen Klammer herausnehmen und Gummi komplett mit Schienen aus den restlichen Klammern des Wischerblattes herausziehen.

Einbau

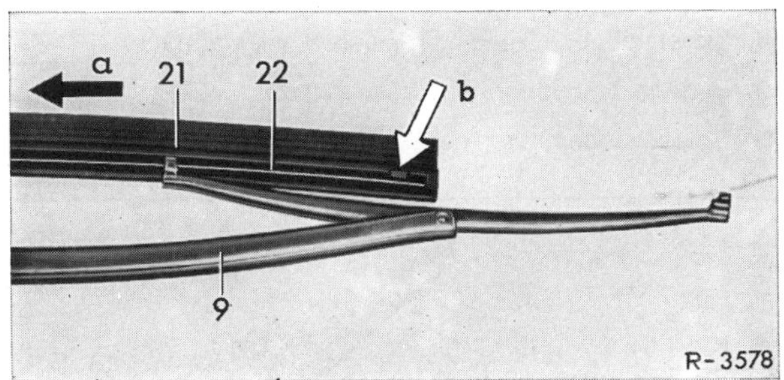

- Neues Wischgummi –21– ohne Halteschienen in die eine Klammer des Wischerblattes lose einlegen.
- Beide Schienen –22– so in den Wischgummi einführen, daß die Aussparungen der Schienen zum Gummi zeigen und in die Gumminasen der Rille einrasten.
- Beide Stahlschienen und Gummi mit Kombizange zusammendrücken und so in die andere Klammer einsetzen, daß die Klammernasen beidseitig in die Haltenuten des Wischgummis einrasten –Pfeil b–.
- Wischerblatt am Wischerarm ansetzen und Federklammer am Wischerarm in das Wischerblatt einclipsen.
- Wischerarm zurückklappen. Darauf achten, daß das Wischgummi überall an der Scheibe anliegt.

Scheibenwaschdüse einstellen

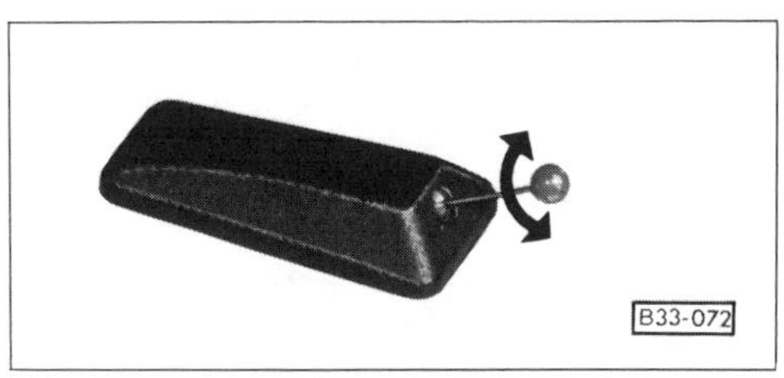

- Die Düse kann mit Preßluft gereinigt und mit einer Nadel eingestellt werden.

Wischermotor vorn aus- und einbauen

Ausbau

- Zündung einschalten.
- Scheibenwischer ca. 2 Minuten laufen lassen und mit dem Scheibenwischerschalter abschalten. Dadurch läuft der Wischer in die Endstellung.
- Ruhestellung der Wischerblätter auf der Windschutzscheibe mit Klebeband markieren.
- Zündung ausschalten, Batterie-Massekabel (–) abklemmen.
- Sechskantmutter vom Wischerlager abschrauben.
- Wischerarm abziehen. **Achtung:** Falls der Wischerarm schwer von der Achse abzuziehen ist, mit 19er Gabelschlüssel oder großem Schraubendreher unter den Wischerarm greifen und Wischerarm vorsichtig abhebeln.
- Zweiten Wischerarm auf die gleiche Weise abbauen.
- Kunststoffabdeckung vom Wasserkasten abbauen.
- Batterie ausbauen, siehe Seite 209.
- Befestigungsmuttern der Wischerachsen abschrauben.

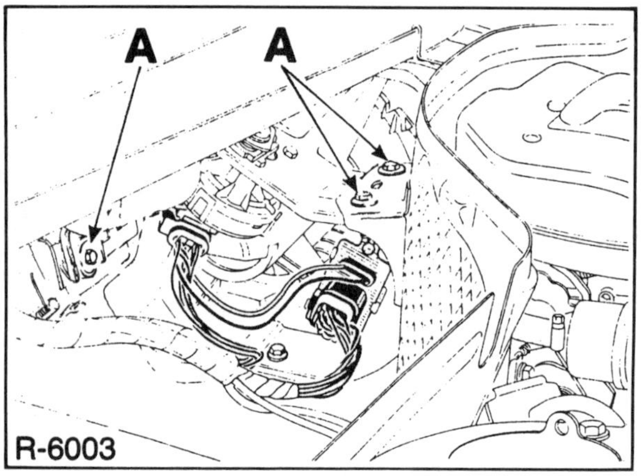

R-6003

- Schrauben –A– herausdrehen.
- Mehrfachstecker für Wischermotor abziehen. Elektrische Leitung ausclipsen, falls erforderlich.
- Wischermotor herausnehmen.

Einbau

- Wischermotor einsetzen und anschrauben.
- Mehrfachstecker aufschieben, gegebenenfalls Kabel mit Clipsen fixieren.
- Befestigungsmuttern für Wischerachsen anschrauben.
- Batterie einbauen und anklemmen.
- Prüfen, ob sich der Wischermotor in Parkstellung befindet. Diese Prüfung unbedingt vor Einbau der Wischerblätter durchführen. Dazu Motor kurze Zeit laufen lassen und anschließend mit Wischerschalter ausschalten. Der Motor läuft jetzt in Endstellung.
- Batterie-Massekabel (–) abklemmen.
- Wischerarme entsprechend den vor dem Ausbau angebrachten Markierungen auf die Wischerlager schieben und festschrauben.
- Batterie-Massekabel (–) anklemmen.
- Scheibenwischer einschalten und Wischbereich auf der Windschutzscheibe kontrollieren, gegebenenfalls Wischerarm versetzen.
- Kunststoffabdeckung am Wasserkasten einbauen.

Wischermotor hinten aus- und einbauen

Ausbau

- Batterie-Massekabel (–) abklemmen.
- Wischerarm ausbauen, siehe »Wischermotor vorn«.
- Befestigungsmutter von der Wischerachse abschrauben.

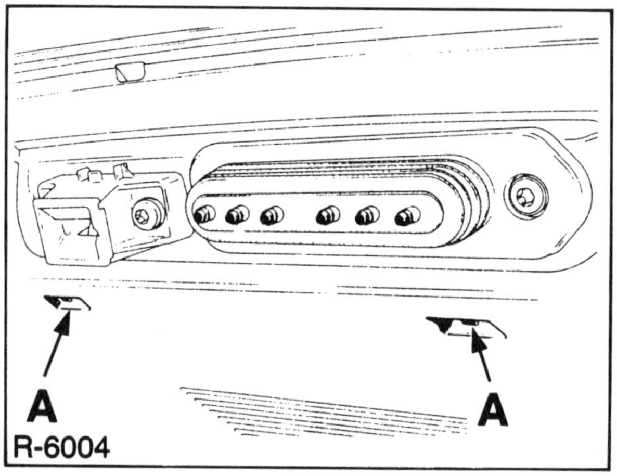

R-6004

- Heckklappe öffnen.
- Die beiden Schrauben herausdrehen.
- 2 Haltenasen –A– eindrücken und die Abdeckung abziehen.

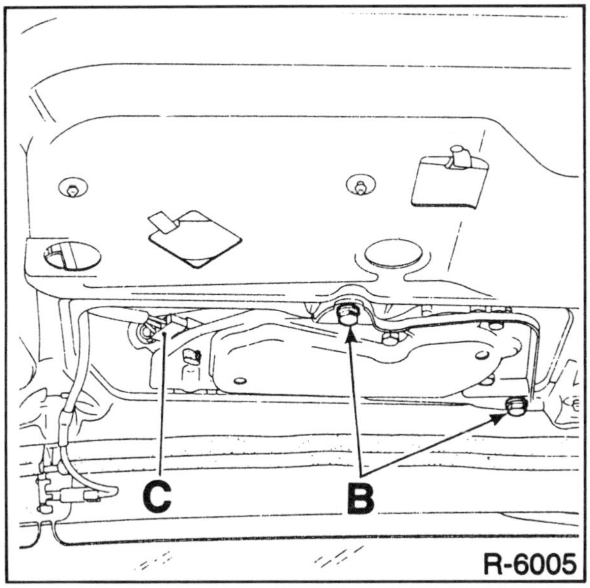

- 2 Schrauben –B– herausdrehen.
- Mehrfachstecker –C– abziehen und Wischermotor herausnehmen.

Einbau

- Wischermotor einsetzen und anschrauben.
- Mehrfachstecker aufschieben.
- Batterie-Massekabel (–) anklemmen.
- Prüfen, ob sich der Wischermotor in Parkstellung befindet. Diese Prüfung unbedingt vor Einbau des Wischerblattes durchführen. Dazu Motor kurze Zeit laufen lassen und anschließend mit Wischerschalter ausschalten. Der Motor läuft jetzt in Endstellung. **Achtung:** Der Wischermotor läuft nur bei geschlossener Heckklappe.
- Batterie-Massekabel (–) abklemmen.
- Wischerarm entsprechend der vor dem Ausbau angebrachten Markierung auf das Wischerlager schieben und festschrauben. Kappe herunterklappen.
- Batterie-Massekabel (–) anklemmen.
- Scheibenwischer einschalten und Wischbereich auf der Heckscheibe kontrollieren, gegebenenfalls Wischerarm versetzen.
- Verkleidung einrasten und anschrauben.

Störungsdiagnose Scheibenwischergummi

Wischbild	Ursache	Abhilfe
Schlieren	Wischgummi verschmutzt	■ Wischgummi mit harter Nylonbürste und einer Waschmittellösung oder Spiritus reinigen
	Ausgefranste Wischlippe, Gummi ausgerissen oder abgenutzt	■ Wischgummi erneuern
	Wischgummi gealtert, rissige Oberfläche	■ Wischgummi erneuern
Im Wischfeld verbleibende Wasserreste ziehen sich sofort zu Perlen zusammen	Windschutzscheibe durch Lackpolitur oder Öl verschmutzt	■ Windschutzscheibe mit sauberem Putzlappen und einem Fett-Öl-Silikonentferner reinigen
Wischerblatt wischt einseitig gut - einseitig schlecht, rattert	Wischgummi einseitig verformt, „kippt nicht mehr"	■ Neues Wischgummi einbauen
	Wischerarm verdreht, Blatt steht schief auf der Scheibe	■ Wischerarm vorsichtig verdrehen, bis richtige, senkrechte Stellung erreicht ist
Nicht gewischte Flächen	Wischgummi aus der Fassung herausgerissen	■ Wischgummi vorsichtig in die Fassung einsetzen
	Wischerblatt liegt nicht mehr gleichmäßig an der Scheibe an, da Federschienen oder Bleche verbogen	■ Wischerblatt ersetzen. Dieser Fehler tritt vor allem bei unsachgemäßem Montieren eines Ersatzblattes auf
	Anpreßdruck durch Wischerarm zu gering	■ Wischerarmgelenke und Feder leicht einölen oder neuen Arm einbauen

Die Wagenpflege

Fahrzeug waschen

- Verschmutzten Wagen möglichst umgehend waschen.
- Tote Insekten **vor** der Wagenwäsche einweichen und abwaschen.
- Reichlich Wasser verwenden.
- Weichen Schwamm oder sehr weiche Waschbürste mit Schlauchanschluß benutzen.
- Lackierung nicht scharf abspritzen, sondern nur abbrausen und Schmutz aufweichen lassen.
- Aufgeweichten Schmutz von oben nach unten mit reichlich Wasser abwaschen.
- Schwamm oft ausspülen.
- Zum Abtrocknen sauberes Leder verwenden.
- Nur gute, rückfettende Markenwaschmittel verwenden (falls überhaupt). Mit klarem Wasser gründlich nachspülen, um die Reste des Waschmittels zu entfernen.
- Zum Schutz der Lackierung kann dem Waschwasser ein Waschkonservierer beigegeben werden.
- Bei regelmäßiger Benutzung von Waschmitteln muß öfter konserviert werden.
- Wagen niemals in der Sonne waschen oder trocknen. Wasserflecken auf der Lackierung sind sonst unvermeidlich.
- Durch Streusalze besonders gefährdet sind alle innenliegenden Falze, Flansche und Fugen an Türen und Hauben. Diese Stellen müssen deshalb bei jedem Wagenwaschen – auch nach der Wäsche in automatischen Waschstraßen – mit einem Schwamm gründlich gereinigt und anschließend abgespült und abgeledert werden.

Achtung: Nach der Wagenwäsche ergibt sich eine verringerte Bremswirkung durch Nässe. Deshalb Bremsscheiben kurz trockenbremsen.

Durch Waschen allein lassen sich Teerspritzer, Ölspuren, Insekten und andere Verschmutzungen nicht immer entfernen. Grundsätzlich sollten derartige Verunreinigungen so bald wie möglich beseitigt werden, da sie sonst bleibende Lackschäden verursachen können. Anschließend sollte der Lack an diesen Stellen konserviert werden.

Lackierung pflegen

Konservieren: So oft wie möglich, soll die sauber gewaschene und getrocknete Lackierung mit einem Konservierungsmittel behandelt werden, um die Oberfläche durch eine porenschließende und wasserabweisende Wachsschicht gegen Witterungseinflüsse zu schützen.

Übergelaufenen Kraftstoff, übergelaufenes Öl oder Fett beziehungsweise übergelaufene Bremsflüssigkeit **sofort entfernen,** sonst kommt es zu Lackverfärbungen.

Das Konservieren muß wiederholt werden, wenn Wasser nicht mehr vom Lack abperlt, sondern großflächig verläuft. Regelmäßiges Konservieren bewirkt, daß der ursprüngliche Glanz der Lackierung sehr lange erhalten bleibt.

Eine weitere Möglichkeit, den Lack zu konservieren, bieten Wasch-Konservierer. Wasch-Konservierer schützen die Lakkierung jedoch nur ausreichend, wenn sie bei **jeder** Wagenwäsche verwendet werden und der zeitliche Abstand zwischen 2 Wäschen nicht mehr als 2 bis 3 Wochen beträgt. Nur Lackkonservierer verwenden, die Carnauba- oder synthetische Wachse enthalten.

Nach dem Anwenden von Waschmitteln (Schaumwäsche) ist eine Nachbehandlung mit einem Konservierungsmittel besonders zu empfehlen (Gebrauchsanweisung beachten).

Das Konservieren darf nicht in der prallen Sonne erfolgen.

Polieren: Das Polieren der Lackierung ist nur dann erforderlich, wenn der Lack infolge mangelhafter Pflege unter der Einwirkung von Straßenstaub, industriellen Abgasen, Sonne und Regen unansehnlich geworden ist und sich durch eine Behandlung mit Konservierungsmitteln kein Glanz mehr erzielen läßt. Zu warnen ist vor stark schleifenden oder chemisch stark angreifenden Poliermitteln, auch wenn der erste Versuch damit noch so sehr zu überzeugen scheint.

Vor jedem Polieren muß der Wagen sauber gewaschen und sorgfältig abgetrocknet werden. Im übrigen ist nach der Gebrauchsanweisung für das Poliermittel zu verfahren.

Die Bearbeitung soll in nicht zu großen Flächen erfolgen, um ein vorzeitiges Eintrocknen der Politur zu vermeiden. Bei manchen Poliermitteln muß anschließend noch konserviert werden. Nicht in der prallen Sonne polieren! Matt lackierte Teile dürfen nicht mit Konservierungs- oder Poliermitteln behandelt werden.

Leichtmetallteile an der Karosserie brauchen nicht besonders gepflegt zu werden.

Teerflecke entfernen: Teerflecke fressen sich innerhalb kurzer Zeit in den Lack ein und können dann nicht mehr vollkommen entfernt werden. Frische Teerflecke können mit einem in Waschbenzin getränkten weichen Lappen entfernt werden. Notfalls kann auch Tankstellenbenzin, Petroleum oder Terpentinöl verwendet werden. Sehr gut gegen Teerflecke eignet sich auch ein Lackkonservierer. Bei Verwendung dieses Mittels kann auf ein Nachwaschen verzichtet werden.

Insekten entfernen: Die Reste von Insektenleichen tragen Stoffe in sich, die den Lackfilm beschädigen können, wenn sie nicht innerhalb kurzer Zeit entfernt werden. Einmal festgeklebt, lassen sie sich durch Wasser und Schwamm allein nicht entfernen, sondern müssen mit schwacher, lauwarmer Seifen- oder Waschmittel-Lösung abgewaschen werden. Es gibt auch spezielle Insekten-Entferner.

Baumaterial-Spritzer entfernen: Spritzer jeglichen Baumaterials mit einer lauwarmen Lösung neutraler Waschmittel abwaschen. Nur leicht reiben, da sonst die Lackierung zerkratzt werden kann. Nach dem Waschen sorgfältig mit klarem Wasser nachspülen.

Kunststoffteile pflegen: Kunststoffteile, Kunstledersitze, Himmel, Leuchtengläser sowie mattschwarz gespritzte Teile mit Wasser und eventuell einem Shampoo-Zusatz säubern, Himmel nicht durchfeuchten. Kunststoffteile gegebenenfalls mit Kunststoffreiniger behandeln. Keinesfalls Lösungsmittel wie Nitroverdünner, Kaltreiniger oder Kraftstoff verwenden.

Scheiben reinigen: Fensterscheiben innen und außen mit sauberem, weichem Lappen abreiben. Bei starker Verschmutzung helfen Spiritus oder Salmiakgeist und lauwarmes Wasser, oder auch ein spezieller Scheibenreiniger. Beim Reinigen der Windschutzscheibe Scheibenwischerarm nach vorn klappen.

Bei der Reinigung der Windschutzscheibe sind auch die Wischerblätter zu säubern.

Achtung: Bei Verwendung silikonhaltiger Mittel dürfen die zur Reinigung der Lackierung verwendeten Waschbürsten, Schwämme, Lederlappen und Tücher nicht für die Scheiben verwendet werden. Beim Einsprühen der Lackierung mit silikonhaltigen Pflegemitteln sollten die Scheiben mit Pappe oder anderem Material abgedeckt werden.

Gummidichtungen pflegen: Von Zeit zu Zeit Gummidichtungen durch Einpudern der Dicht- und Gleitflächen mit Talkum oder Besprühen mit Silikonspray geschmeidig halten. So werden auch quietschende oder knarrende Geräusche beim Türenschließen vermieden. Auch das Einreiben der betreffenden Flächen mit Schmierseife beseitigt die Geräusche.

Leichtmetall-Scheibenräder mit Felgenreiniger besonders während der kalten Jahreszeit pflegen, jedoch keine aggressiven, säurehaltigen, stark alkalischen und rauhen Reinigungsmittel oder Dampfstrahler über 60° C verwenden.

Sicherheitsgurte nur mit milder Seifenlauge in eingebautem Zustand säubern, nicht chemisch reinigen, da dadurch das Gewebe zerstört werden kann. Automatikgurte nur in trockenem Zustand aufrollen und gegebenenfalls mit Gleitspray einsprühen, um das Zurücklaufen besonders am Umlenkbügel zu erleichtern. Gurtband nicht bei einer Temperatur von über 80° C oder direkter Sonneneinstrahlung trocknen.

Unterbodenschutz/ Hohlraumkonservierung

Die gesamte Bodenanlage einschließlich der hinteren Radkästen ist mit PVC-Unterbodenschutz beschichtet. Die besonders stark gefährdeten Bereiche in den vorderen Radläufen sind mit Kunststoffschalen gegen Steinschlag geschützt. Sämtliche Hohlräume sind mit Spezialwachs besprüht. Darüber hinaus sind einige Karosserieteile aus verzinktem Blech hergestellt. Vor der kalten Jahreszeit und nach einer Unterbodenwäsche sollte der Unterbodenschutz kontrolliert und mit einem Unterbodenschutzwachs nachkonserviert werden.

Im Schleuderbereich des Unterbaues können sich Staub, Lehm und Sand ablagern. Das Entfernen des angesammelten Schmutzes, der während der Winterzeit auch noch mit Salz angereichert sein kann, ist besonders wichtig. Wird der angesammelte Schmutz nicht restlos beseitigt, so besteht die Gefahr, daß diese Stellen ebenfalls nicht austrocknen. In allen Fällen kann dies zu einer von innen nach außen vordringenden Rostbildung führen, die auf die Dauer durch den aufgebrachten Korrosionsschutz nicht ganz verhindert werden kann.

Motorraum konservieren: Zur Verhinderung von Korrosion am Vorderwagen (z. B. Seitenteile, Längsträger oder Abschlußblech) und des Antriebaggregates muß der Motorraum einschließlich der im Motorraum befindlichen Teile der Bremsanlage sowie der Vorderachselemente und der Lenkung mit einem hochwertigen Konservierungswachs eingesprüht werden. Vor allen Dingen natürlich nach einer Motorwäsche.
Achtung: Vor der Motorwäsche Generator und Bremsflüssigkeitsbehälter mit Plastikhüllen abdecken. Die Lager des Generators sind zwar wassergeschützt, jedoch besteht bei einer Reinigung, zum Beispiel mit einem Dampfstrahlgerät, die Gefahr, daß die Lager durch fettlösende Zusätze ausgelaugt werden. Negative Erscheinungen, wie zum Beispiel Lagerlaufgeräusche oder sogar Ausfälle durch defekte Lager könnten die Folge sein.

Nach der Inbetriebnahme des Fahrzeugs kann es kurzzeitig zur Geruchsbelästigung kommen, da das Wachs an thermisch stark belasteten Teilen verbrennt. Nach dem Wachsauftrag alle Gelenke und Scharniere reinigen und mit einer MoS_2-Paste schmieren.

Polsterbezüge pflegen

Textilbezüge: Polsterbezüge mit Staubsauger absaugen oder mit einer nicht zu weichen Bürste ausbürsten. Bei starker Verschmutzung Textilbezüge mit Trockenschaum reinigen.

Fett- und Ölflecke mit Reinigungsbenzin oder Fleckenwasser behandeln. Das Reinigungsmittel darf aber nicht unmittelbar auf den Stoff gegossen werden, da sich sonst unweigerlich Ränder bilden. Fleck durch kreisförmiges Reiben von außen nach innen bearbeiten. Andere Verschmutzungen lassen sich meistens mit lauwarmem Seifenwasser entfernen.

Das Werkzeug

Das Spezialwerkzeug

Der Aufwand an Werkzeug richtet sich ganz nach dem Umfang der Arbeiten, die am RENAULT 19 ausgeführt werden sollen. Neben einer Grundausstattung ist in jedem Fall ein Drehmomentschlüssel empfehlenswert.

Gutes und stabiles Werkzeug wird von der Firma HAZET (42804 Remscheid, Postfach 100461) angeboten. In den Tabellen sind die Spezialwerkzeuge mit der HAZET-Bestellnummer aufgeführt. Vertrieben wird das Werkzeug über den Fachhandel.

Hinweis: Verschiedene Werkzeuge, wie zum Beispiel der Federspanner zur Demontage der Federbeine, sind nicht im HAZET-Programm. Die dazu benötigten Werkzeuge werden von den Werkzeugfirmen HENI (Walter-Freitag-Straße 9a) oder MABECO (Hammerstraße 19), beide in Remscheid, angeboten.

Bauteil	**Werkzeug**	**Hazet-Nr.**
Schrauben mit vorgeschriebenem Drehmoment	Drehmomentschlüssel 20–200 Nm	6122-1CT
Bremssattel Bremssattel	Drahtbürste Spezialfeile	1968 1968-1
Haltegummi Abgasanlage	Hakenschlüssel	2184-1
Zündkerzenstecker (Benzinmotor)	Zange zum Abziehen	1849
Motoröl-Ablaßschraube	Öldienstschlüssel 8 mm Vierkant-Schraubendrehereinsatz 8 mm	3701 3702
Lautsprecherabdeckung vorn	Torx-Schraubendreher	837-T8
Innenverkleidung für Außenspiegel Türablagefach Stoßfängerverkleidung Seitenverkleidung Kofferraum Türinnengriffschale	Torx-Schraubendreher Torx-Schraubendreher Torx-Schraubendreher Torx-Schraubendreher Torx-Schraubendreher	837-T20
Türschloß Heckklappenschloß Kontakte Heckklappe Schließhaken Heckklappe	Torx-Schraubendreher Torx-Schraubendreher Torx-Schraubendreher Torx-Schraubendreher	837-T30
Türbremse Türschließbolzen	Torx-Schraubendreher Torx-Schraubendreher	837-T40

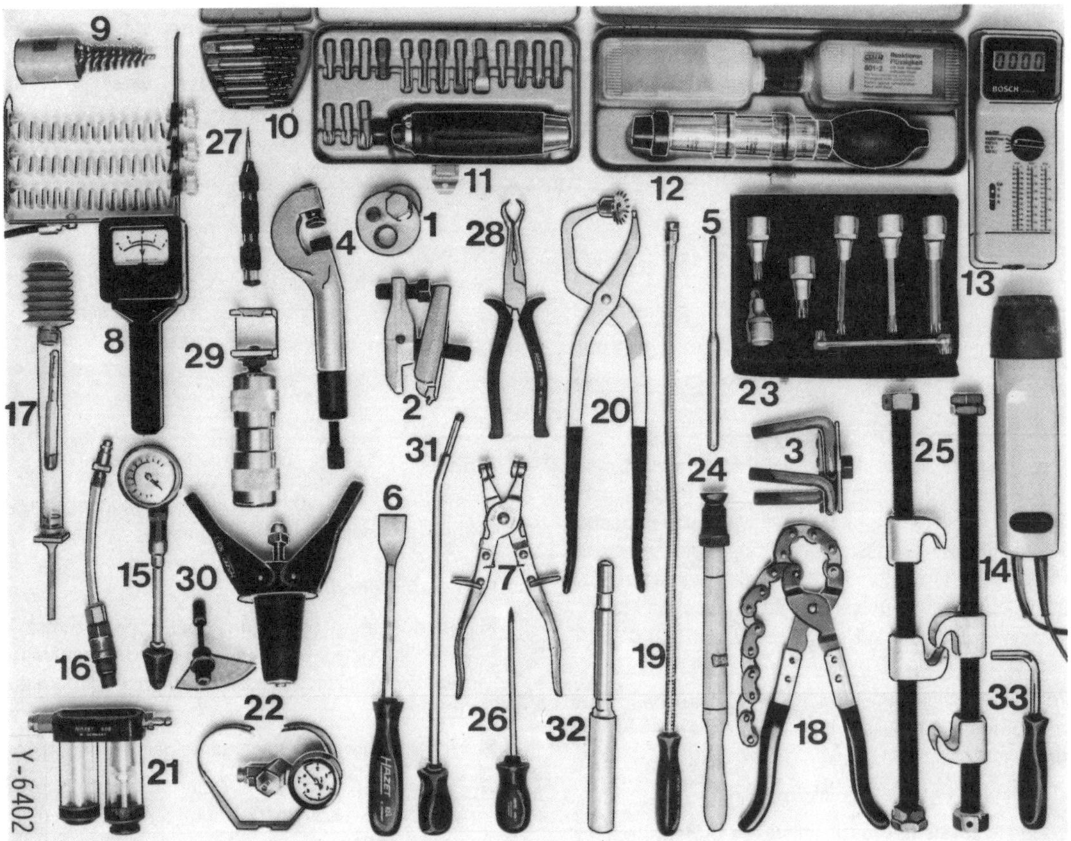

Abb.	Werkzeug	Hazet-Nr.
1	Stehbolzenausdreher	845
2	Ausdrücker für Spurstangenköpfe	779
3	Ölfilterschlüssel	2172
4	Hydraulischer Muttersprenger	846-22
5	Splinttreiber für Sicherungsstifte	748Lgb-4
6	Flachschaber zur Beseitigung von Dichtungsrückständen an Zylinderkopf sowie Vergaserdichtungen	824
7	Spezialzange für Federbandschellen	798
8	Batterietester	802-53
9	Pol- und Klemmenreinigungsbürste	802-4
10	Schraubenausdreher für verschiedene Schrauben	840/8
11	Schlag-Schraubendreher	2272
12	Zylinderkopf-Dichtigkeitsprüfgerät	801/3
13	Pocket-Motortester[1)]	BOSCH
14	Zündzeitpunkt-Stroboskop[1)]	BOSCH
15	Kompressionsdruckprüfer	–
16	Druckluftadapter zum Ersetzen der Ventilschaftabdichtungen[1)]	3428
17	Batteriesäureprüfer	802-1
18	Ketten-Abgasrohrschneider	2182
19	Magnet-Sucher	1976
20	Bremsfederzange	797
21	Prüfgerät zum Erkennen von Lecks zwischen Verbrennungsraum und Kühlsystem	809[2)]
22	Gerät zum Überprüfen des Kühlsystems	808[2)]
23	Schraubendrehereinsätze für Innenvielzahnschrauben (nicht R19)	3090
24	Ventileinschleifer	795
25	Federspanner[2)]	–
26	Ausdreher für Sicherungskappen am Vergaser[1)]	4518
27	Selbstschlagender Körner	747
28	Zündkerzensteckerzange[1)]	1849
29	Schlag-Ausziehgerät für Scheibenwischerarme	1966-5
30	Winkelmeßgerät für Drosselklappeneinstellung bei K-Jetronic (nicht R19)	4502
31	Einschlagdorn für Eingriffsicherungen am Vergaser[1)]	4519-1
32	Kupplungsdorn	–
33	Inbusschlüssel, 7 mm	2110-7

[1)] Nur für Benzinmotor
[2)] Nicht mehr im HAZET-Werkzeugprogramm

W Wartungsplan RENAULT 19

Die Wartung ist beim **Dieselmotor alle 7500 km** und beim **Benzinmotor alle 10000 km,** beziehungsweise mindestens **einmal jährlich** durchzuführen. Bei erschwerten Betriebsbedingungen, wie überwiegend Stadt- und Kurzstreckenverkehr, häufigen Gebirgsfahrten, Anhängerbetrieb und staubigen Straßenverhältnissen, Wartung entsprechend öfter durchführen.

Motor

- Motoröl: Wechseln, Hauptstromölfilter ersetzen; beim Benzinmotor braucht der Ölfilter nur alle 20000 km ersetzt zu werden.
- Motor: Sichtprüfung auf Ölundichtigkeiten.
- Kühl- und Heizsystem: Flüssigkeitsstand prüfen, Konzentration des Frostschutzmittels prüfen. Sichtprüfung auf Undichtigkeiten und äußere Verschmutzung des Kühlers.
- Keilriemen: Spannung und Zustand von allen Riemen prüfen.
- Abgasanlage: Auf Beschädigungen prüfen.
- Benzinmotor: Leerlauf- und CO-Gehalt bei betriebswarmem Motor prüfen, bei Vergasermotoren auf Sollwert einregulieren.
- Benzinmotor: Zündkerzen prüfen, ggf. ersetzen.
- Dieselmotor: Kraftstoffilter entwässern.

Getriebe, Achsantrieb

- Schalt-/Automatik-Getriebe/Achsantrieb: Ölstand prüfen, gegebenenfalls auffüllen.
- Gelenkschutzhüllen: Auf Undichtigkeiten und Beschädigungen prüfen.
- Kupplung: Funktion prüfen.

Vorderachse und Lenkung

- Befestigungsschrauben nachziehen.
- Spurstangenköpfe: Spiel und Befestigung prüfen, Staubkappen prüfen.
- Lenkung: Faltenbälge auf Undichtigkeiten und Beschädigungen prüfen.
- Servolenkung: Flüssigkeitsstand prüfen, gegebenenfalls Hydrauliköl auffüllen.

Aufbau

- Unterbodenschutz und Hohlraumkonservierung: Prüfen und gegebenenfalls ausbessern.

Bremsen, Reifen, Räder

- Bremsanlage: Leitungen, Schläuche, Bremszylinder und Anschlüsse auf Undichtigkeiten und Beschädigungen prüfen. Bremsflüssigkeitsstand prüfen, gegebenenfalls auffüllen.
- Scheibenbremse: Belagstärke der Bremsbeläge prüfen.
- Bereifung: Profiltiefe und Reifenfülldruck prüfen; Reifen auf Verschleiß und Beschädigungen (einschließlich Reserverad) prüfen.
- Radmuttern nachziehen.

Elektrische Anlage

- Alle Stromverbraucher: Funktion prüfen.
- Beleuchtungsanlage: Prüfen, gegebenenfalls Scheinwerfer einstellen.
- Signalhorn: Prüfen.
- Scheibenwischer: Wischergummis auf Verschleiß prüfen.
- Scheibenwaschanlage: Funktion prüfen, Düsenstellung kontrollieren, Flüssigkeit nachfüllen.
- Batterie: Spannung und Säurestand prüfen.

Folgende Arbeiten zusätzlich durchführen:

Dieselmotor alle 15000 km.

- Kraftstoffilter: Erneuern. Bei Fahrzeugen mit 2 Filtern, nur Vorfilter ersetzen.

Benzinmotor alle 20 000 km

- Trockenluftfilter: Filtereinsatz erneuern.
- Hauptstomölfilter: Erneuern.
- Kraftstoffilter: Auswechseln.

Dieselmotor alle 30000 km

- Trockenluftfilter: Filtereinsatz erneuern.

Dieselmotor alle 45000 km

- Kraftstoff-Hauptfilter: Erneuern (nur bei Fahrzeugen mit 2 Filtern).

Alle 3 Jahre oder alle 50000 km (Benzinmotor) beziehungsweise **alle 60000 km** (Dieselmotor)

- Kraftstoffilter: Erneuern.
- Kühlmittel: Erneuern.
- Bremsflüssigkeit: Wechseln.
- Trommelbremsen: Bremstrommel abnehmen, Belagstärke prüfen.
- Feststellbremse: Prüfen.
- Vorderachse: Vorderradspur überprüfen.
- Automatik-Getriebe: Ölwechsel, Ölsieb im Getriebe erneuern.

Alle 120000 km

- Zahnriemen erneuern.

Die Wartungsarbeiten

Hier werden nach den verschiedenen Baugruppen des Fahrzeugs aufgeteilt alle Wartungsarbeiten beschrieben, die gemäß dem Wartungsplan durchgeführt werden müssen. Auf die erforderlichen Verschleißteile sowie das möglicherweise notwendige Sonderwerkzeug wird jeweils hingewiesen.
Es empfiehlt sich, Reifendruck, Motorölstand und Flüssigkeitsstände für Kühlung, Wisch-/Wasch-Anlage etc. alle 4 bis 6 Wochen zu prüfen und ergänzen.

Achtung: Beim **Einkauf von Ersatzteilen** ist immer der **KFZ-Schein** mitzunehmen, da zur einwandfreien Fahrzeugidentifizierung oftmals die genaue Angabe der Fahrgestellnummer oder des Baujahres erforderlich ist.

Motor und Abgasanlage

Folgende Wartungspunkte müssen nach dem Wartungsplan durchgeführt werden:

- Motor: Ölstand prüfen.
- Motor: Ölwechsel, Sichtprüfung auf Ölundichtigkeiten.
- Motor: Hauptstrom-Ölfilterwechsel, Sichtprüfung auf Ölundichtigkeiten.
- Kühl- und Heizsystem: Flüssigkeitsstand prüfen. Konzentration des Frostschutzmittels prüfen. Sichtprüfung auf Undichtigkeiten und äußere Verschmutzung des Kühlers.
- Kühlsystem: Kühlmittel wechseln.
- Keilriemen: Spannung und Zustand prüfen.
- Dieselmotor: Kraftstoffilter entwässern beziehungsweise Einsatz erneuern.
- Abgasanlage: Auf Beschädigungen prüfen.
- Benzinmotor: Leerlauf und CO-Gehalt prüfen.
- Benzinmotor: Kraftstoffilter erneuern.
- Benzinmotor: Zündkerzen prüfen, gegebenenfalls erneuern.
- Trockenluftfilter: Filtereinsatz erneuern.
- Zahnriemen ersetzen.

Motorölwechsel

Zum Motorölwechsel ist folgendes Werkzeug erforderlich:

- Eine Grube oder ein hydraulischer Wagenheber mit Unterstellböcken.
- Ein Spezialwerkzeug zum Lösen des Ölfilters (Ölfilterzange, Spannbandschlüssel oder HAZET-Werkzeug 2172).
- Stecknuß-Satz zum Lösen der Ölablaßschraube sowie eine Ölauffangschale (wenn Öl nicht abgesaugt wird), die mindestens 6 Liter Öl faßt.

Folgende Verschleißteile werden benötigt:

- Nur wenn Öl nicht abgesaugt wird: Aluminium- oder Kupfer-Dichtring für die Ölablaßschraube (wird manchmal mit dem Ölfilter mitgeliefert).
- Öl-Filterpatrone.
- Je nach Motor 3 bis 5,5 Liter Motoröl. Nur von RENAULT freigegebenes Motoröl verwenden, siehe Seite 56.

Ölwechselmenge mit Filterwechsel:

Motor	Wechselmenge
1,4 l Vergaser	3,5 l
1,4 l/58 PS	3,5 l
1,4 l/75 PS	3,5 l
1,7 l/ 73/75/90/94 PS	5,2 l
1,8 l/ 88/90/107/109 PS	5,5 l
1,8 l/16V 135 PS	4,3 l
Diesel: 64/90 PS	5,5 l

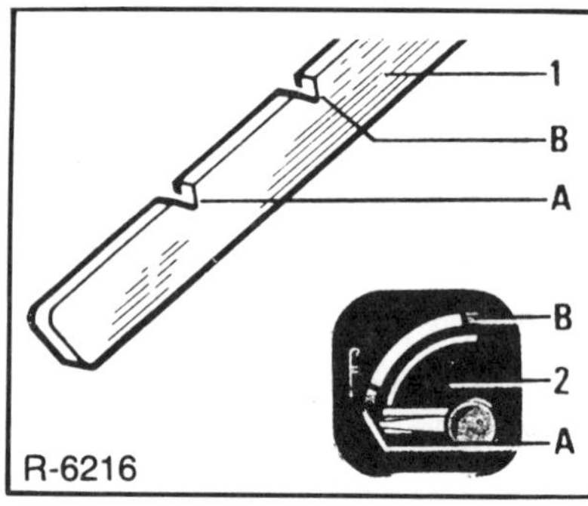

R-6216

- Die Mengendifferenz zwischen der »Mini«- und »Maxi«-Markierung –A/B– am Ölpeilstab –1– beträgt: **1 Liter.** Der Ölstand sollte zwischen diesen Markierungen sein. Bei Fahrzeugen mit Ölstandanzeige –2– wird der Ölstand durch ein Meßinstrument angezeigt.

Der Ölwechsel ist alle 10000 km, beim Dieselmotor alle 7500 km durchzuführen. Falls sehr wenig gefahren wird, Ölwechsel einmal im Jahr vornehmen. Dabei wird gleichzeitig die Filterpatrone gewechselt.

Bei erschwerten Einsatzbedingungen wie Kurzstreckenverkehr, häufiger Kaltstart und sehr staubigen Straßenverhältnissen, sollten Motoröl und Ölfilter in kürzeren Abständen gewechselt werden.

Das Motoröl darf auch mittels einer Sonde (an der Tankstelle) über das Ölmeßrohr abgesaugt werden. Allerdings muß das neue Öl dann meistens bei der betreffenden Tankstelle gekauft werden.

Achtung: Altöl muß auf jeden Fall bei den Altöl-Sammelstellen abgegeben werden. Die Öl-Verkaufsstellen nehmen die entsprechende Menge Altöl kostenlos entgegen, daher beim Ölkauf Quittung und Ölkanister für spätere Altölrückgabe aufbewahren! Außerdem informieren Gemeinde- und Stadtverwaltungen darüber, wo sich die nächste Altöl-Sammelstelle befindet. **Keinesfalls darf Altöl einfach weggeschüttet oder dem Hausmüll mitgegeben werden.** Größere Umweltschäden wie beispielsweise Grundwasserverseuchung wären sonst unvermeidbar.

Motoröl ablassen

- Motor auf Betriebstemperatur bringen (+60° C Öltemperatur).
- Batterie-Massekabel (–) abklemmen.

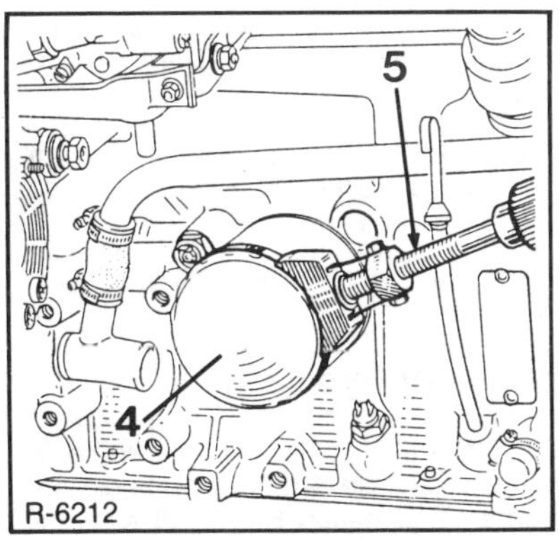

- Ölfilter –4– abschrauben. Der Ölfilter sitzt, in Fahrtrichtung gesehen, vorn am Motorblock. Zum Abschrauben des Ölfilters gibt es spezielle Werkzeuge –5–, zum Beispiel HAZET 2169. Man kann auch einen spitzen Schraubendreher seitlich in den Ölfilter eintreiben. Es läuft dann allerdings Öl aus – Gefäß unterstellen. Die Abbildung zeigt den Dieselmotor.

Achtung: Das Motoröl darf beim Benzinmotor auch mittels einer Sonde abgesaugt werden.

- Fahrzeug waagerecht aufbocken, siehe Seite 110.
- Gefäß zum Auffangen des Altöls unter die Ölwanne stellen.

Benzinmotor

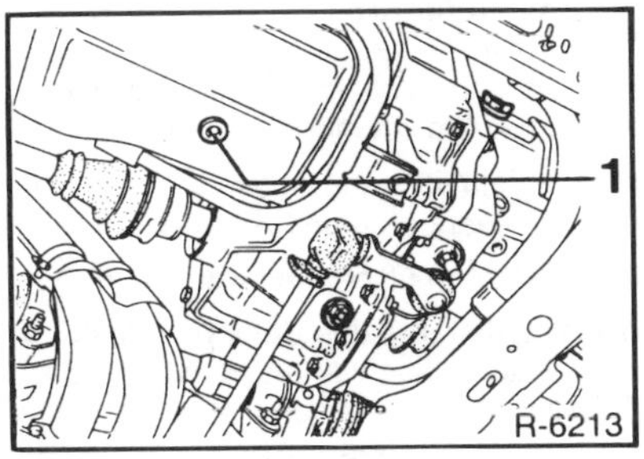

Dieselmotor

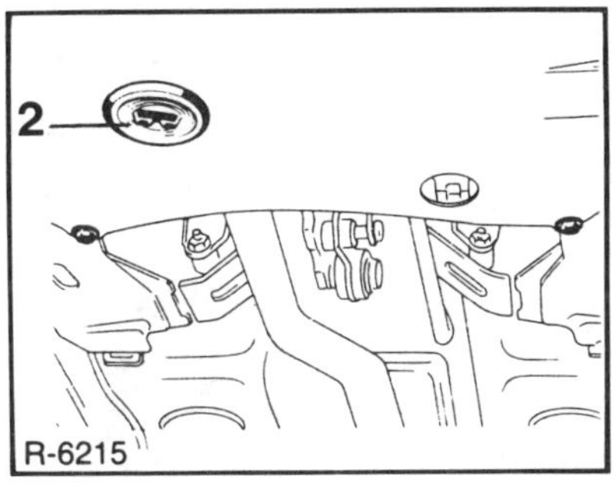

- Ölablaßschraube –1– unten an der Ölwanne herausdrehen und Altöl ganz ablassen. Für die Ölablaßschraube ist ein Innenvierkantschlüssel, Schlüsselweite 8 mm, erforderlich. Beim Dieselmotor muß vorher die Abdeckung –2– aus dem Schutzblech herausgenommen werden.

Achtung: Werden im Motoröl Metallspäne und Abrieb in größeren Mengen festgestellt, deutet dies auf Freßschäden hin, zum Beispiel Kurbelwellen- oder Pleuellagerschäden. Um Folgeschäden zu vermeiden, müssen nach der Motorreparatur die Ölkanäle sorgfältig gereinigt werden.

Auffüllen

- Ölablaßschraube mit neuem Dichtring einschrauben und fest, aber nicht mit zu großer Gewalt anziehen. Anzugsdrehmoment 20 Nm.
- Ölfilterflansch am Motorblock mit Kraftstoff reinigen. Eventuell dort verbliebene Filterdichtung abnehmen.

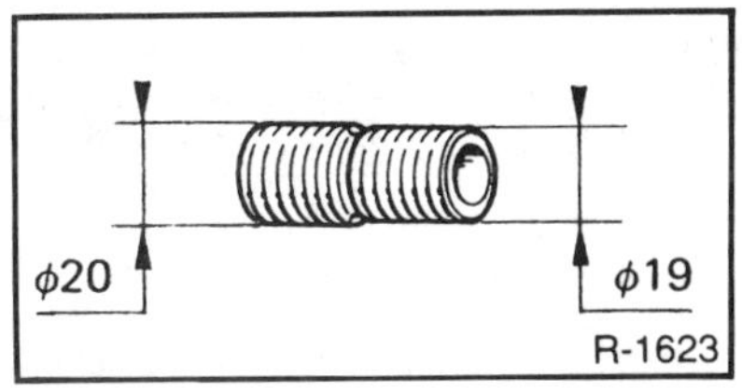

- Prüfen, ob der Gewindestutzen bis zum Anschlag eingeschraubt ist. **Achtung:** Falls sich der Gewindestutzen gelöst hat, Gewinde reinigen und mit Loctite-Frenetanch-Sicherungsmittel einsetzen.
- Gummidichtring am Ölfilter leicht mit Motoröl bestreichen.
- Neuen Ölfilter nur mit der Hand festschrauben. Wenn die Filterdichtung am Motorblock anliegt, Filter noch um ½ Umdrehung weiterdrehen. Hinweise auf dem Ölfilter beachten.

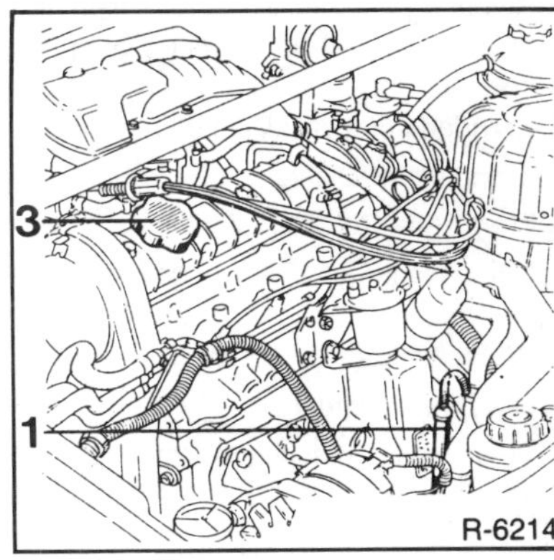

- Neues Öl am Einfüllstutzen –3– des Zylinderkopfdeckels einfüllen. Anschließend Ölstand mit Meßstab –1– kontrollieren.

Achtung: Grundsätzlich empfiehlt es sich zunächst ½ Liter Motoröl weniger einzufüllen, den Motor warmlaufen zu lassen und nach einigen Minuten den Ölstand mit dem Meßstab zu kontrollieren und gegebenenfalls zu ergänzen. Zuviel eingefülltes Motoröl muß wieder abgesaugt werden, da sonst die Motordichtungen beschädigt werden können.

- Nach Probefahrt Dichtigkeit der Ablaßschraube und des Ölfilters überprüfen, gegebenenfalls vorsichtig nachziehen.
- Betriebswarmen Motor abstellen und Ölstand nach ca. 2 Minuten nochmals prüfen, gegebenenfalls korrigieren.
- Um die Betriebsverhältnisse des Motors besser überwachen zu können, soll beim Ölwechsel immer ein Öl gleichen Typs und möglichst auch gleicher Marke verwendet werden. Daher ist es zweckmäßig, bei jedem Ölwechsel ein Hinweisschild am Motor zu befestigen, auf dem Marke und Viskosität des Öles vermerkt sind.

● Wahllos abwechselnder Gebrauch verschiedener Öltypen ist ungünstig. Motorenöle gleichen Typs, aber verschiedener Marken sollen möglichst nicht gemischt werden. Motorenöle gleichen Typs und gleicher Marke, aber verschiedener Viskosität können im Bedarfsfall während jahreszeitlicher Überschneidung ohne weiteres nachgefüllt werden.

Sichtprüfung auf Ölverlust

Bei ölverschmiertem Motor und hohem Ölverbrauch überprüfen, wo das Öl austritt. Dazu folgende Stellen überprüfen:

■ Öleinfülldeckel öffnen und Dichtung auf Porosität oder Beschädigung prüfen.

■ Belüftungsschläuche vom Öleinfülldeckel zum Luftfilter auf festen Sitz prüfen.

■ Zylinderkopfdeckel-Dichtung.

■ Zylinderkopf-Dichtung.

■ Trennstelle Zündverteilerflansch.

■ Ölfilterdichtung: Ölfilter am Ölfilterflansch.

■ Ölablaßschraube (Dichtring).

■ Ölwannendichtung.

■ Trennstelle zwischen Motor und Getriebe (Dichtung an Schwungrad oder Getriebewelle).

Da sich bei Undichtigkeiten das Öl meistens über eine größere Motorfläche verteilt, ist der Austritt des Öls nicht auf den ersten Blick zu erkennen. Bei der Suche geht man zweckmäßigerweise wie folgt vor:

● Motorwäsche durchführen. Motor mit handelsüblichem Kaltreiniger einsprühen und nach einer kurzen Einwirkungszeit mit Wasser abspritzen. Vorher Zündverteiler und Generator mit Plastiktüte abdecken.

● Trennstellen und Dichtungen am Motor von außen mit Kalk oder Talkumpuder bestäuben.

● Ölstand kontrollieren, gegebenenfalls auffüllen.

● Probefahrt durchführen. Da das Öl bei heißem Motor dünnflüssig wird und dadurch schneller an den Leckstellen austreten kann, sollte die Probefahrt über eine Strecke von ca. 30 km auf einer Schnellstraße durchgeführt werden.

● Anschließend Motor mit Lampe absuchen, undichte Stelle lokalisieren und Fehler beheben.

Motorölstand prüfen

Etwa alle 1000 km sollte der Ölstand überprüft, gegebenenfalls ergänzt werden. Auf 1000 Kilometer soll der Motor nicht mehr als 1,0 Liter Öl verbrauchen, sonst defeke Ventildichtungen, Kolbenringe oder Öldichtungen ersetzen.

● Das Fahrzeug muß beim Messen auf einer waagerechten Fläche stehen.

● Der Motor muß betriebswarm sein.

● Nach Abstellen des Motors mindestens 3 Minuten lang warten, damit sich das Öl in der Ölwanne sammelt.

● Ölpeilstab am Motor herausziehen und mit sauberem Lappen abwischen.

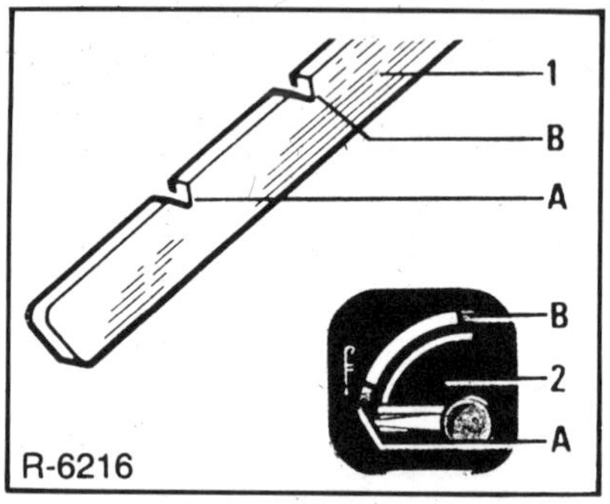

R-6216

● Anschließend Meßstab bis zum Anschlag einführen und wieder herausziehen. Der Ölstand muß zwischen den beiden Markierungen liegen.

● Neues Öl erst einfüllen, wenn sich der Ölstand der unteren Marke nähert. Die Ölmenge von der MINI- bis zur MAXI-Markierung beträgt bei den 1,4-l-Motoren **1,5 l**, bei 1,7-/1,9-l-Motoren **2 l** und beim 16V-Motor **0,6 l**.

● Nachgefüllt wird am Verschluß des Zylinderkopfdeckels. Beim Nachfüllen richtige Ölsorte verwenden, keine Ölzusätze verwenden.

Kühlmittelstand prüfen

Der Kühlmittelstand sollte in regelmäßigen Abständen – etwa alle vier Wochen – geprüft werden, zumindest aber vor jeder größeren Fahrt.

Zum Nachfüllen – auch in der warmen Jahreszeit – nur eine Mischung aus Kühlerfrostschutzmittel und kalkarmem, sauberem Wasser verwenden.

Achtung: Um die Weiterfahrt zu ermöglichen, kann auch, insbesondere im Sommer, reines Wasser nachgefüllt werden. Der Kühlerfrostschutz muß dann jedoch baldmöglichst korrigiert werden.

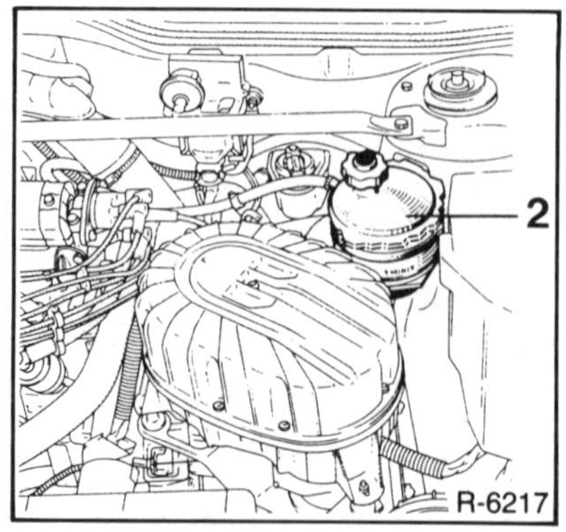

R-6217

● Der Kühlmittelstand soll bei kaltem Motor (Kühlmitteltemperatur ca. +20° C) an der MAXI-Markierung am Ausgleichbehälter –2– liegen.

● Bevor der Kühlmittelstand bei kaltem Motor die MINI-Markierung erreicht, Kühlmittel nachfüllen.

● **Kaltes** Kühlmittel nur bei **kaltem Motor** nachfüllen, um Motorschäden zu vermeiden.

Achtung: Verschlußdeckel bei heißem Motor vorsichtig öffnen. Verbrühungsgefahr! Beim Öffnen Lappen über den Verschlußdeckel legen. Verschlußdeckel möglichst bei einer Kühlmittel-Temperatur unter +90° C öffnen.

● Verschlußdeckel beim Öffnen zuerst etwas aufdrehen und Überdruck entweichen lassen. Danach Deckel weiterdrehen und abnehmen.

● Sichtprüfung auf Dichtheit durchführen, wenn der Kühlmittelstand in kurzer Zeit absinkt.

Kühlmittel-Füllmenge, siehe Motortabelle auf Seite 11.

Kühlmittel ersetzen

Das Kühlmittel sollte alle 3 Jahre beziehungsweise alle 50000 km abgelassen werden und neues Kühlmittel eingefüllt werden. Arbeitsbeschreibung, siehe Seite 68.

Kältemittelstand prüfen

Der Kältemittelstand der Klimaanlage wird durch ein Sichtfenster oben am Abscheider geprüft. Falls Luftblasen zu sehen sind, ist der Kältemittelspiegel abgesunken. Der Abscheider befindet sich an der linken Seitenwand im Motorraum vorn.

Achtung: System der Klimaanlage **nicht** öffnen. Das Kältemittel (Freon) kann bei Berührung mit der Haut Erfrierungen und durch die entstehenden Dämpfe Augenreizungen hervorrufen. Daher das Auffüllen des Kältemittelkreislaufes in der Werkstatt durchführen lassen.

Kühlsystem-Sichtprüfung auf Dichtheit

- Kühlmittelschläuche durch Zusammendrücken und Verbiegen auf poröse Stellen untersuchen, hartgewordene Schläuche ersetzen.
- Die Schläuche dürfen nicht zu kurz auf den Anschlußstutzen sitzen.
- Festen Sitz der Schlauchschellen kontrollieren. Gegebenenfalls neue Schraubschellen anstelle der bisherigen Klemmschellen einbauen.

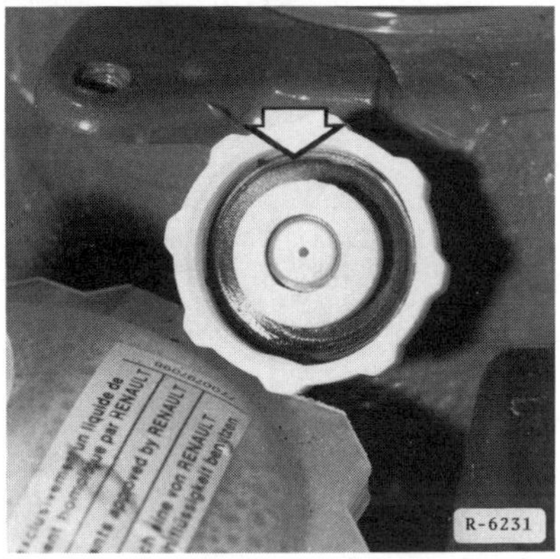

- Dichtung des Verschlußdeckels für den Ausgleichbehälter auf Beschädigungen überprüfen.

Achtung: Ein zu niedriger Kühlmittelstand kann auch von einem nicht richtig aufgeschraubten Verschlußdeckel herrühren.

- Wenn der Kühlmittelstand häufig absinkt, ohne daß eine undichte Stelle lokalisiert werden kann, Kühlsystem bei warmem Motor prüfen. Dazu Motor warmfahren und im Leerlauf so lange drehen lassen, bis der Lüfter einschaltet. Darauf achten, ob Kühlflüssigkeit im Bereich der Kühlmittelpumpe austritt.
- Deutlicher Kühlmittelverlust und/oder Öl in der Kühlflüssigkeit sowie weiße Abgaswolken bei warmem Motor deuten auf eine defekte Zylinderkopfdichtung hin.

Achtung: Mitunter ist es schwierig, die Leckstelle ausfindig zu machen. Dann empfiehlt sich eine Druckprüfung durch die Werkstatt (Spezialgerät erforderlich). Hierbei kann ebenfalls das Überdruckventil des Verschlußdeckels geprüft werden.

Frostschutz prüfen

Folgendes Prüfwerkzeug wird benötigt:

- Eine Prüfspindel, die es preiswert im Zubehörhandel gibt und auch oft an Tankstellen zur Benutzung vorliegt.

Regelmäßig vor Winterbeginn sollte sicherheitshalber die Konzentration des Frostschutzmittels geprüft werden, insbesondere wenn zwischendurch reines Wasser nachgefüllt wurde.

- Motor warmfahren, bis der obere Kühlmittelschlauch zum Kühler ca. handwarm ist.
- Verschlußdeckel am Ausgleichbehälter vorsichtig öffnen. **Achtung:** Nicht bei heißem Motor öffnen, siehe unter »Kühlmittelstand prüfen«.
- Mit Meßspindel Kühlflüssigkeit ansaugen und am Schwimmer Kühlmitteldichte ablesen. Der Frostschutz soll in unseren Breiten bis –23° C reichen, bei extrem kaltem Klima bis –40° C.

RENAULT-Kühlkonzentrat ergänzen

Beispiel: Die Frostschutz-Messung mit der Spindel ergibt beim Dieselmotor einen Frostschutz bis – 10° C. In diesem Fall aus dem Kühlsystem 1,5 l Kühlflüssigkeit ablassen und dafür 1,5 l reines Frostschutzkonzentrat auffüllen. **Achtung:** Nur von RENAULT freigegebenes Frostschutzmittel nachfüllen.

Gemess. Wert in°C	0	–5	–10	–15
Motor	Differenzmenge in l			
1,4-l	2,0	1,6	1,1	0,7
1,7/1,8/1,9-l	2,5	2,0	1,5	1,0

- Verschlußdeckel am Kühler verschließen und nach Probefahrt Frostschutz erneut überprüfen.

Zündkerzen ersetzen/ elektrische Anschlüsse prüfen

Als Spezialwerkzeug wird benötigt:

- Ein Zündkerzenschlüssel, der preiswert im Zubehörhandel zu kaufen ist.
- Zusätzlich empfiehlt sich der Kauf einer speziellen Zange, zum Beispiel HAZET 1849, die das Abziehen der Kerzenstecker erleichtert.

Folgende Verschleißteile müssen gekauft werden:

- 4 Zündkerzen. Die richtige Zündkerze, siehe Seite 53.

Ausbau

- Sämtliche Kerzenstecker abziehen, dabei nur an den Steckern und nicht an den Kabeln ziehen. Die erwähnte Zange erleichtert das Abziehen.
- Zündkerzen-Nischen, wenn möglich, mit Preßluft ausblasen, damit bei ausgebauten Kerzen kein Schmutz in die Gewindebohrung fällt.
- Zündkerzen mit Zündkerzenschlüssel herausschrauben und den Zustand der Kerze (sogenanntes »Kerzengesicht«) prüfen. Mit einiger Erfahrung lassen sich daraus Rückschlüsse auf den Betriebszustand des Motors ziehen. Es gelten folgende Regeln:

Elektroden und Isolierkörper

- Mittelgrau = Richtiges Arbeiten der Zündkerze und richtiges Gemisch
- Schwarz = Gemisch zu fett
- Hellgrau = Gemisch zu mager
- Verölt = Aussetzen der betreffenden Zündkerze oder schlecht abdichtende Kolbenringe (Kompression prüfen).

- Isolatoren der Zündkerzen auf Kriechströme untersuchen. Kriechströme zeigen sich als dünne, unregelmäßige Spuren auf der Oberfläche. Falls Kriechstromspuren vorhanden sind, prüfen ob der Zündkerzenstecker undicht ist, gegebenenfalls austauschen.

Einbau

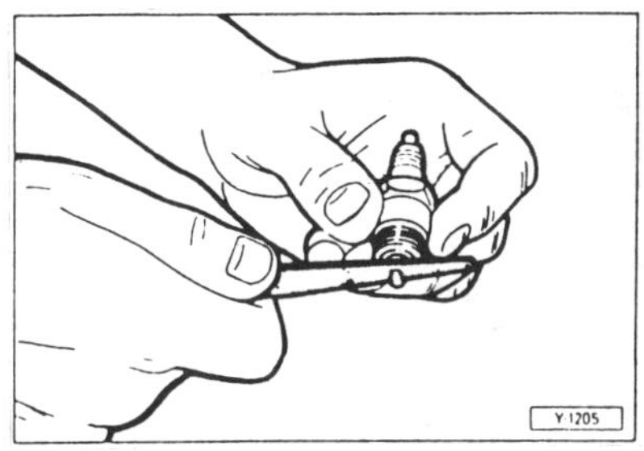

- Elektrodenabstand mit Fühlerblattlehre prüfen. Sollwert: **0,75–0,85 mm.** Bei neuen Zündkerzen ist der Elektrodenabstand in der Regel richtig eingestellt, siehe Seite 53.
- Zum Einstellen des Kontaktabstandes Masse-Elektrode nachbiegen. Dafür gibt es ein einfaches, praktisches Werkzeug, andernfalls seitlich gegen die Masse-Elektrode klopfen. Beim Aufbiegen kleinen Schraubendreher am Gewinderand der Kerze abstützen, keinesfalls jedoch an der Mittel-Elektrode, da diese sonst beschädigt wird.
- Gewinde an den Kerzen mit sauberem Lappen reinigen.

- Zündkerzen von Hand bis zur Anlage am Zylinderkopf einschrauben. **Achtung:** Dabei Kerzen nicht verkantet ansetzen.
- Zündkerzen mit **25 Nm** festziehen. **Achtung:** Steht kein Drehmomentschlüssel zur Verfügung, neue Zündkerzen mit Kerzenschlüssel um ca. 90° (¼ Umdrehung) anziehen. Gebrauchte Zündkerzen nur ca. 15° anziehen. Zu fest angezogene Zündkerzen können beim Herausschrauben abreißen oder das Gewinde im Zylinderkopf beschädigen. In diesem Fall Kerzengewinde mit UTC- oder Heli-Coil-Einsätzen reparieren.

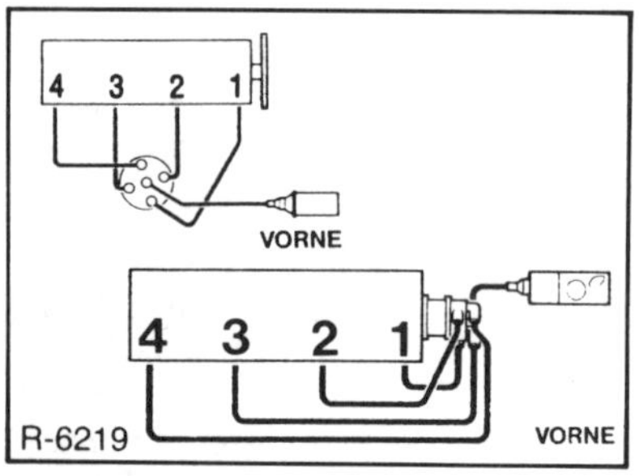

R-6219

- Kerzenstecker entsprechend der Zündfolge 1–3–4–2 aufstecken. Dabei unbedingt das abgebildete Anschlußschema beachten.
- Durch Hin- und Herbewegen festen Sitz der Kerzenstecker und Zündkabel prüfen.

Elektrische Anschlüsse prüfen

- Sämtliche elektrischen Anschlüsse an der Zündspule sowie am Zündverteiler auf festen Sitz prüfen.
- Angerissene Klemmen ersetzen.
- Korrodierte Anschlüsse mit einer Drahtbürste oder Schmirgelleinen reinigen, gegebenenfalls mit Kontaktspray einsprühen.
- Die Kontakte dürfen nicht feucht sein, andernfalls Kontakte reinigen und mit Kontaktspray einsprühen.
- Zündkabel auf engen Radius biegen und auf Risse prüfen. Gegebenenfalls alle Zündkabel ersetzen.

Luftfiltereinsatz wechseln

Es wird kein Sonderwerkzeug benötigt.

Folgendes Verschleißteil muß gekauft werden:

- Luftfiltereinsatz. Beim Ersatzteilkauf beachten, daß ein Luftfiltereinsatz entsprechend der Motorleistung benötigt wird.

Ausbau

1,7-/1,8-/1,9-l-Motor

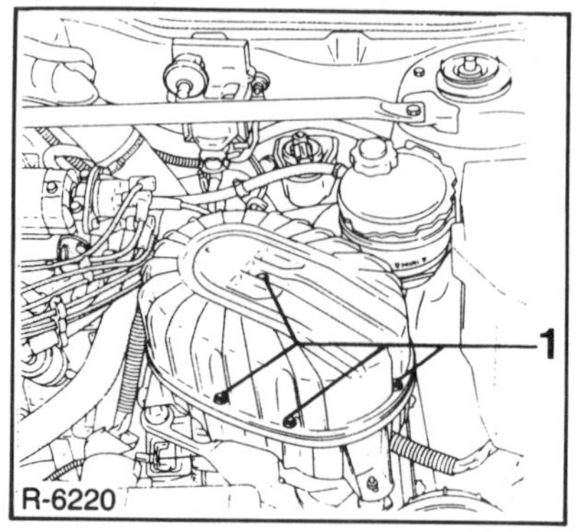

R-6220

- 9 Schrauben –1– für Luftfilterdeckel herausdrehen, Deckel abnehmen und Luftfiltereinsatz herausnehmen. Je nach Ausführung sind anstelle der Schrauben auch Klammern zu lösen. Beim 90-PS-Turbodieselmotor ist ein Luftfilter ähnlich dem 1,4-l/58-PS-Motor eingebaut.

1,4-l/60- und 75-PS-Motor

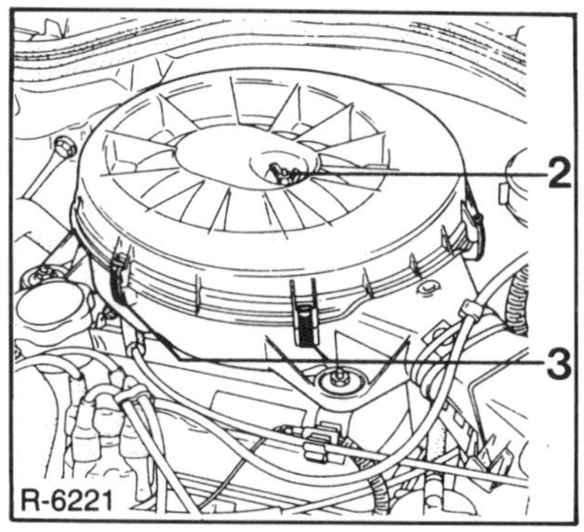

R-6221

- Flügelmutter –2– (beim 75-PS-Motor an dieser Stelle mehrere Schrauben) abschrauben, die Klammern –3– lösen, Deckel abnehmen und Luftfiltereinsatz herausnehmen.

1,4-l/58-PS-Motor

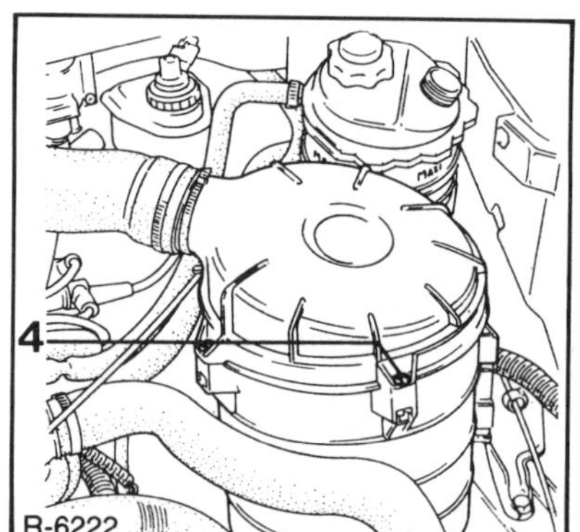

R-6222

- Luftfilterdeckel mit 4 Schrauben –4– abschrauben.
- Deckel abnehmen und Luftfiltereinsatz herausnehmen.
- Filtergehäuse mit einem Lappen auswischen.

Einbau

- Neuen Filtereinsatz in das Luftfiltergehäuse einlegen.
- Deckel von oben ansetzen und anschrauben. Gegebenenfalls Schnellverschlüsse zuschnappen lassen.

Kraftstoffilter entwässern / ersetzen

Es wird kein Sonderwerkzeug benötigt.

Folgendes Verschleißteil muß gekauft werden:

- Kraftstoffilter für den jeweiligen Motor.

Kraftstoffilter Dieselmotor entwässern/ersetzen

Zum Auffangen des Wassersatzes ist ein geeignetes Auffanggefäß erforderlich. **Achtung:** Auslaufender Dieselkraftstoff muß besonders von Gummiteilen (Kühlmittelschläuche) sofort abgewischt werden, sonst werden die Gummiteile im Lauf der Zeit zerstört.

Entwässern

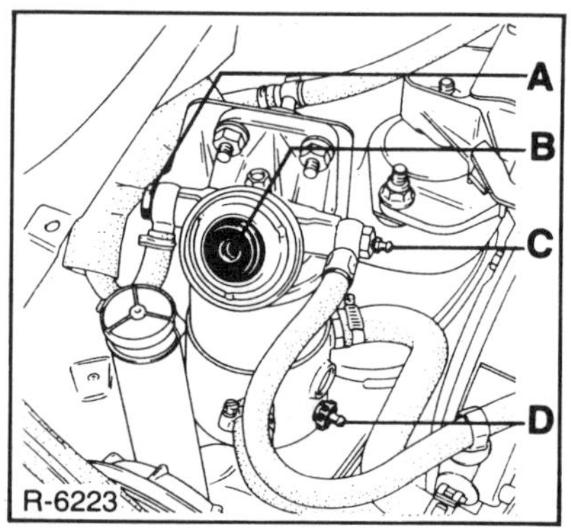

R-6223

- Geeignete Auffangwanne unter den Ablaßstutzen –D– stellen.
- Anschluß –C– am Filtereingang lösen.
- Entwässerungsventil –D– unten am Filter öffnen und gesamte Flüssigkeit aus dem Filter in Auffanggefäß ablaufen lassen.
- Entwässerungsventil und Anschluß –C– festziehen.
- Kraftstoffanlage entlüften

Kraftstoffanlage entlüften

- Falls vorhanden, Entlüfterschraube oben am Filter lösen. Falls keine Entlüfterschraube vorhanden ist, Anschlußstück –A– am Pumpenausgang lösen.
- Handpumpe –B– betätigen, bis der Kraftstoff blasenfrei austritt. Kraftstoff in Auffanggefäß auffangen.
- Anschlußstück –A– beziehungsweise Entlüfterschraube festziehen.
- Zündung einschalten.
- Handpumpe weiter betätigen, bis ein Widerstand deutlich spürbar wird. Anschließend noch einige Pumpbewegungen ausführen.
- Gaspedal vollständig niedertreten und Anlasser – ohne Vorzuglühen – ca. 15 Sekunden betätigen.
- Springt der Motor nicht an, einige Sekunden warten, dann Motor normal vorglühen und anschließend starten.
- Kraftstoffanlage auf Dichtheit sichtprüfen insbesondere an den Anschlüssen des Kraftstoffilters.

Filterwechsel

- Gesamte Flüssigkeit wie beim »Entwässern« aus dem Kraftstoffilter ablaufen lassen.
- Kraftstoffilter vom Halter abschrauben und herausnehmen.
- Neuen Filter randvoll mit Diesel füllen und anschrauben, vorher Dichtung mit Dieselkraftstoff benetzen.
- Kraftstoffanlage entlüften.
- Nach Probefahrt Dichtigkeit der Kraftstoffanlage überprüfen.

Benzinmotoren

Der Kraftstoffilter sitzt am Fahrzeugunterboden vor dem Kraftstofftank am Querträger. Es sind daher ein Wagenheber sowie Unterstellböcke erforderlich. Außerdem sind 2 Schlauchklemmen zum Abklemmen der Zu- und Ablaufleitung nötig. Es können auch stattdessen Schraubzwingen verwendet werden.

Ausbau

Achtung: Kein offenes Feuer, Brandgefahr!

- Batterie-Massekabel (–) abklemmen.
- Fahrzeug aufbocken, siehe Seite 110.

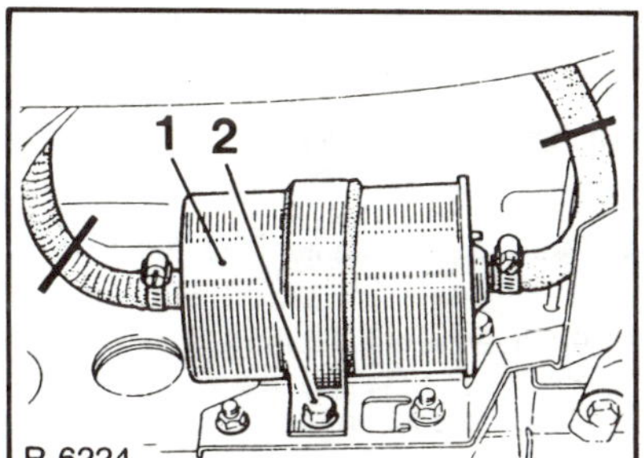

R-6224

- Geeigneten Auffangbehälter unter den Kraftstoffilter halten.
- Zufluß- und Ablaufleitung mit Tesaband kennzeichenen. Die Zuordnung der Leitungen ist an der Pfeilrichtung auf dem Filter zu erkennen, die Pfeile zeigen in Durchflußrichtung.
- Schlauchklemmen ansetzen und Kraftstoffschläuche abklemmen.
- Anschluß der Zufluß- oder Ablaufleitung vorsichtig lösen, damit der Druck in der Leitung langsam abgebaut wird. Gegebenenfalls Lappen um die Anschlüsse legen.
- Anschließend beide Leitungen abziehen.
- Klemmschraube –2– lösen und Filter –1– aus der Halterung herausziehen.

Achtung: Der Kraftstoffilter ist auch nach dem Lösen der Leitungen mit Benzin gefüllt.

Einbau

Achtung: Kraftstoffilter so einbauen, daß die Pfeile auf dem Gehäuse in Durchflußrichtung zeigen, also vom Tank zur Einspritzpumpe.

- Kraftstoffilter in den Halter einsetzen und Klemmschraube festziehen.
- Kraftstoffleitungen am Filter aufschieben, Schraubschellen festziehen.
- Schlauchklemmen abnehmen.
- Fahrzeug ablassen.
- Batterie-Massekabel (–) anklemmen.
- Nach Probelauf des Motors Dichtheit der Kraftstoffanschlüsse kontrollieren.

Keilriemen prüfen / Zahnriemen spannen / ersetzen

Keilriemen prüfen

Benötigte Sonderwerkzeuge:

- Die RENAULT-Werkstatt prüft die Keilriemenspannung mit einem Spezialgerät. Steht das Prüfgerät nicht zur Verfügung, »Daumenprobe« durchführen.

Benötigte Verschleißteile:

- 1 Keilriemen. Die Länge ist vom Motortyp abhängig. Beim Kauf beachten.

Zu niedrige Keilriemenspannung führt zum erhöhten Verschleiß oder Ausfall des Keilriemens. Bei zu hoher Spannung können Lagerschäden an den betreffenden Aggregaten auftreten.

- ■ Ein Keilriemen muß ersetzt werden bei: Übermäßiger Abnutzung, Ausgefransten Flanken, Ölspuren, Porosität, Querschnittbrüchen.

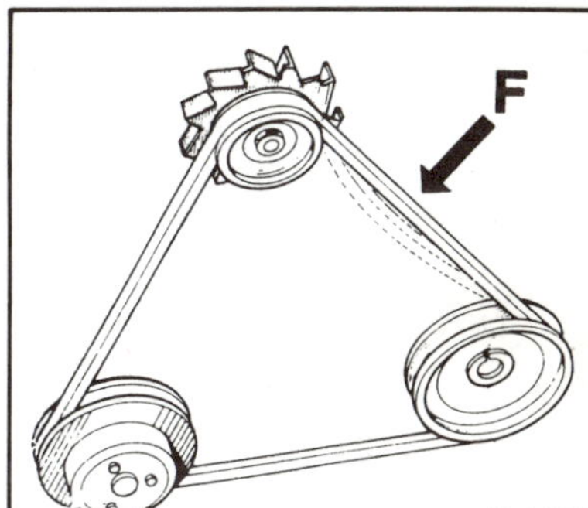

R-1049

- Spannung des Keilriemens prüfen, und zwar durch kräftigen Daumendruck in der Mitte zwischen den beiden Riemenscheiben, die den größten Abstand voneinander haben. Der Keilriemen darf sich um ca. 4 mm durchdrükken lassen.
- **Keilriemen für Generator** ersetzen beziehungsweise spannen, siehe Seite 38.

Achtung: Bei einem neuen Keilriemen Spannung erst nach ca. 10 Minuten Laufzeit prüfen.

Spannung mit Spezialwerkzeug prüfen

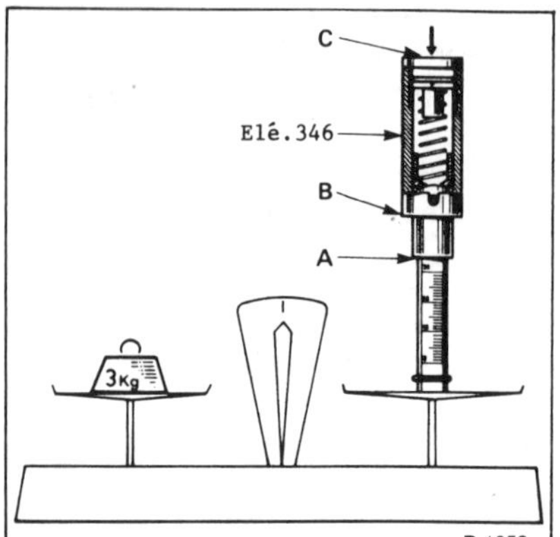

R-1053

- Werkzeug Elé.346 folgendermaßen eichen: Auf den Druckstößel eine Kraft von 30 N (≙ 3 kg) ausüben. Daraufhin muß der Bund –A– des Stößels mit der Hülse –B– fluchten, andernfalls mit der Schraube –C– den Federdruck entsprechend erhöhen oder erniedrigen.

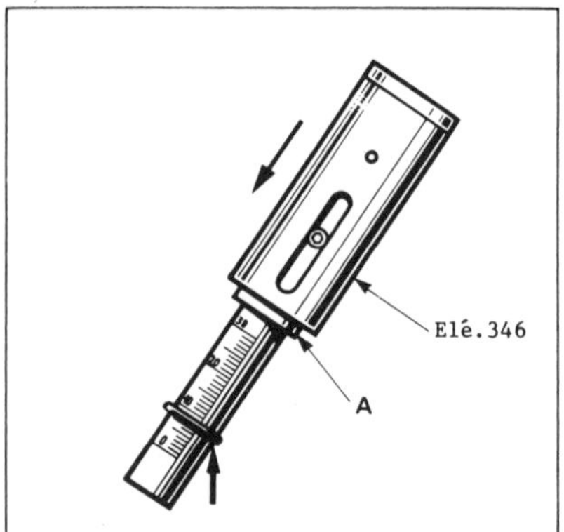

R-1054

- Gummiring –unterer Pfeil– so verschieben, daß die untere Partie mit der Null der Stößelskala übereinstimmt.
- Meßschiene auf den Keilriemen auflegen, und zwar so, daß der Stößel von beiden Riemenscheiben gleich weit entfernt ist, –F– in Abbildung R-1049.
- Druckstößel so weit herunterdrücken, bis der Bund –A– mit dem Bund der Hülse übereinstimmt.
- Druckstößel abnehmen und am unteren Rand des Gummiringes ablesen, um welches Maß der Keilriemen nachgegeben hat.

Zahnriemen ersetzen

Da die Arbeit, falsch ausgeführt, zu erheblichen Motorschäden führen kann, ist auf eine exakte Arbeitsweise zu achten. Der Zahnriemenwechsel wird im Kapitel »Motor« beschrieben.

Sichtprüfung der Abgasanlage

- Fahrzeug aufbocken.
- Befestigungsschellen auf festen Sitz prüfen.
- Abgasanlage mit Lampe auf Löcher, durchgerostete Teile sowie Scheuerstellen absuchen.
- Stark gequetschte Abgasrohre ersetzen.
- Gummihalterungen durch Drehen und Dehnen auf Porosität überprüfen und gegebenenfalls austauschen.
- Fahrzeug ablassen, siehe Seite 110.

Getriebe/Achsantrieb

- ■ Schaltgetriebe: Sichtprüfung auf Dichtheit.
- ■ Schaltgetriebe: Ölstand prüfen, gegebenenfalls auffüllen.
- ■ Achswellen: Gelenkschutzhüllen auf Undichtigkeiten und Beschädigungen prüfen.
- ■ Automatik-Getriebe: Ölstand prüfen.
- ■ Automatik-Getriebe: Öl wechseln.

Achtung: Altöl muß auf jeden Fall bei den Altöl-Sammelstellen abgegeben werden. Die Verkaufsstellen für neues Getriebeöl müssen das Altöl kostenlos entgegen nehmen. Außerdem informieren Gemeinde- und Stadtverwaltungen darüber, wo sich die nächste Altöl-Sammelstelle befindet. **Keinesfalls darf Altöl einfach weggeschüttet oder dem Hausmüll mitgegeben werden.** Größere Umweltschäden wie beispielsweise Grundwasserverseuchung wären sonst unvermeidbar.

Sichtprüfung auf Dichtheit

Folgende Leckstellen sind möglich:

- ■ Trennstelle zwischen Motorblock und Getriebe (Schwungraddichtung/Wellendichtung-Getriebe).
- ■ Öleinfüllschraube/Ölablaßschraube.
- ■ Gelenkwelle an Getriebe.

Bei der Suche nach der Leckstelle folgendermaßen vorgehen:

- Getriebegehäuse mit Kaltreiniger reinigen.
- Ölstand kontrollieren, ggf. auffüllen.
- Mögliche Leckstellen mit Kalk oder Talkumpuder bestäuben.
- Probefahrt durchführen. Damit das Öl besonders dünnflüssig wird, sollte die Probefahrt auf einer Schnellstraße über eine Entfernung von ca. 30 km durchgeführt werden.
- Anschließend Fahrzeug aufbocken und Getriebe mit einer Lampe nach der Leckstelle absuchen.
- Leckstellen umgehend beseitigen.

Schaltgetriebe: Ölstand prüfen

Verschleißteile:

- Getriebeöl **Tranself TRX 80 W.**

Prüfen

- Fahrzeug waagerecht aufbocken.
- Falls vorhanden, Motor- und Getriebeabdeckung abnehmen.
- Getriebe auf Undichtigkeiten sichtprüfen.

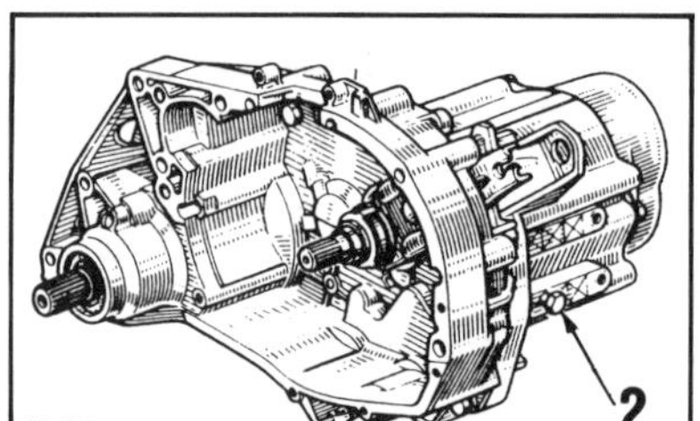

R-3011

- Öleinfüllschraube –2– auf der linken Seite des Getriebegehäuses herausdrehen.

Achtung: Es können 2 verschiedene Verschlußstopfen eingebaut sein.

Verschlußstopfen –A–

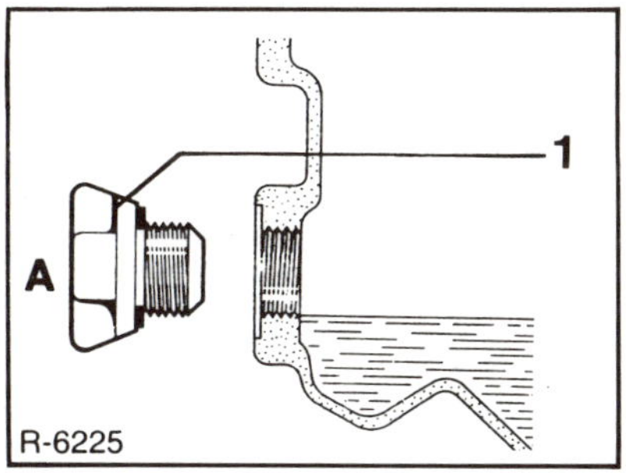

R-6225

- Verschlußstopfen –1– herausdrehen und mit dem Finger Ölstand prüfen.
- Der Ölstand soll in Höhe der Einfüllbohrung liegen. Gegebenenfalls Getriebeöl nachfüllen.

Verschlußstopfen –B–

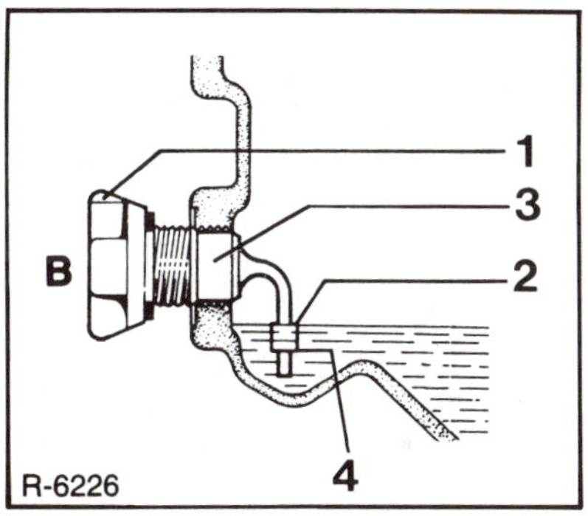

R-6226

- Verschlußstopfen –1– herausdrehen und abwischen. Dazu einen nicht flusenden Lappen verwenden.
- Stopfen mit dem Fühler nach unten in die Bohrung einsetzen, nicht einschrauben. Die Führung des Stopfens wird durch den Bund –3– sichergestellt.
- Stopfen herausziehen, der Ölstand soll an der Maximum-Marke –1– liegen. 4 – Mindest-Getriebeölstand. Gegebenenfalls Getriebeöl nachfüllen.

Achtung: Zum Nachfüllen wird eine Ölspritzkanne benötigt. Beim Nachfüllen Gefäß unterstellen und überschüssiges Öl ablaufen lassen. Nicht zuviel Öl auf einmal nachfüllen. Getriebeöl ist ziemlich zähflüssig, daher dauert es einige Zeit, bis es nach unten fließt und sich sammelt.

Gesamtfüllmenge

Getriebe	Stopfen –A–	Stopfen –B–
4-Gang	3,25 l	2,75 l
5-Gang	3,40 l	2,90 l

- Falls vorhanden, Motor- und Getriebeabdeckung einbauen.
- Fahrzeug ablassen, siehe Seite 110.

Automatik-Getriebe: Ölstand prüfen

Hinweis: Folgende Anweisungen gelten nur für das 3stufige Automatikgetriebe (Wählhebelstellungen 1-2-D-N-R-P). Ölstandprüfung/Ölwechsel beim neueren, 4stufigen Getriebe (Wählhebelstellungen 1-2-3-D-N-R-P) sollten von der RENAULT-Werkstatt durchgeführt werden, da kein Peilstab vorhanden ist und eine genaue Getriebeöltemperatur beachtet werden muß.

Verschleißteile (alle Automatikgetriebe):

- Getriebeöl **Elf Renaultmatic D2** bzw. Mobil ATF 220D.
- Nur 4stufiges Getriebe: Die separate Ölfüllung im Achsantrieb wird nicht gewechselt, nach Reparaturen oder bei geringfügigen Undichtigkeiten Hochtemperaturöl SAE80W API GL5, zum Beispiel TRANSELF TRX 80 W 140, nachfüllen.

Prüfen

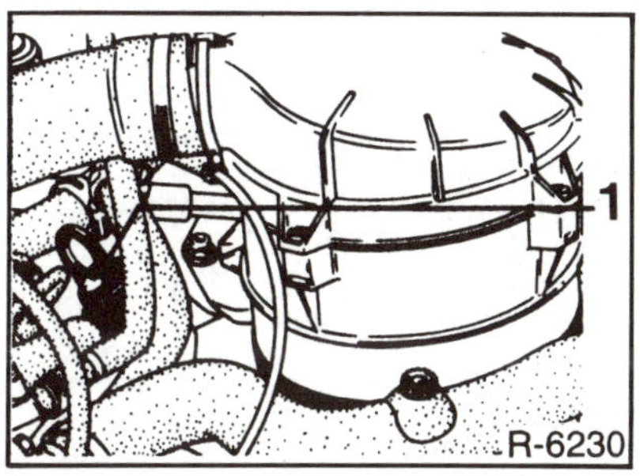

R-6230

- Fahrzeug auf eine ebene Fläche stellen.
- Motor im Leerlauf drehen lassen.
- Wählhebel in Stellung P bringen. **Achtung:** War der Motor längere Zeit abgestellt, Motor vor der Kontrolle etwas laufen lassen.
- Ölmeßstab –1– herausziehen und mit fusselfreiem Lappen abwischen.

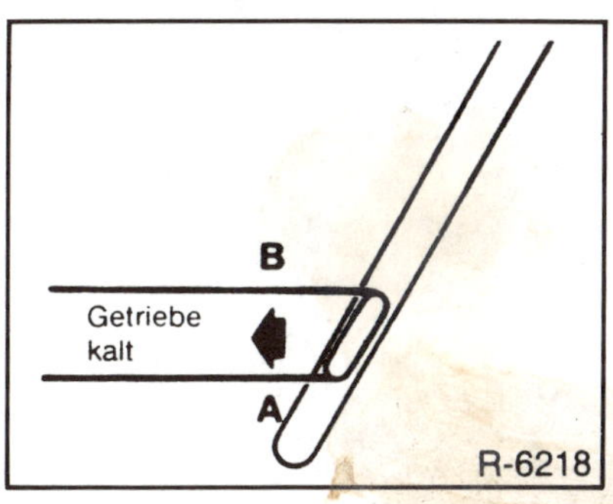

R-6218

- Meßstab wieder ganz einschieben und herausziehen.
- Der Ölstand muß bei kaltem Getriebe zwischen den Markierungen –A– und –B– liegen. Gegebenenfalls Öl nachfüllen.

Automatik-Getriebe: Öl wechseln

Hinweis: Folgende Anweisungen gelten nur für das 3stufige Automatikgetriebe (Wählhebelstellungen 1-2-D-N-R-P). Ölstandprüfung/Ölwechsel beim neueren, 4stufigen Getriebe (Wählhebelstellungen 1-2-3-D-N-R-P) sollten von der RENAULT-Werkstatt durchgeführt werden, da kein Peilstab vorhanden ist und eine genaue Getriebeöltemperatur beachtet werden muß. Zudem soll das Ölsieb erneuert werden, dazu muß die Getriebeölwanne ausgebaut werden.

Verschleißteile:

- Getriebeöl **Elf Renaultmatic D2** bzw. Mobil ATF 220D.

Prüfen

- Motor warmfahren. Der Ölwechsel muß bei warmem Getriebe vorgenommen werden.
- Fahrzeug waagerecht aufbocken.
- Falls vorhanden, Motor- und Getriebeabdeckung abnehmen.
- Getriebe auf Undichtigkeiten sichtprüfen.

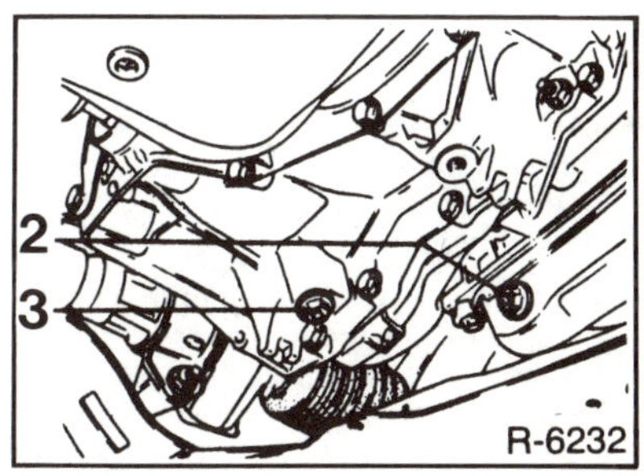

R-6232

- Stopfen –2– und –3– herausdrehen und Öl ablaufen lassen. Dabei das Öl so lange wie möglich herauslaufen lassen, dann die Stopfen wieder einschrauben.
- Am Führungsrohr des Ölmeßstabes einen Trichter mit Sieb ansetzen. Das Sieb ist wichtig, damit keine Verunreinigungen ins Getriebe kommen.
- Ca. 2 l Automatik-Getriebeöl auffüllen und mit Ölmeßstab kontrollieren.

Achtung: Die Gesamtfüllmenge beträgt zwar ca. 4,5 l, beim Ölwechsel werden aber nur ca. 2 l benötigt, da die restliche Ölmenge im Drehmomentwandler verbleibt.

- Ölstand bei laufendem Motor kontrollieren und, falls erforderlich, korrigieren. **Achtung:** Der Ölstand darf nicht unterhalb der Markierung –A– liegen, sonst kann es zu Getriebeschäden kommen. Liegt der Ölstand über der Markierung –B– kann das Getriebe überhitzt werden und es kommt zu Undichtigkeiten. Falls der Ölstand zu hoch ist, Getriebeöl absaugen.

Gummimanschetten der Gelenkwellen prüfen

- Fahrzeug aufbocken.

- Auf sichtbare Fettspuren an den Manschetten und in deren Umgebung achten.
- Festen Sitz der Klemmschellen prüfen.
- Gummi der Manschette mit Lampe auf Porosität und Risse untersuchen. Eingerissene Gelenkschutzhüllen umgehend erneuern.
- Sollte die Manschette durch Unterdruck im Gelenk nach innen gezogen oder defekt sein, so ist sie umgehend auszutauschen.

Bremsen/Reifen/Räder

- Bremsanlage: Leitungen, Schläuche, Bremszylinder und Anschlüsse auf Undichtigkeiten und Beschädigungen prüfen.
- Bremsanlage: Bremsflüssigkeitsstand und Dicke der Bremsbeläge prüfen.
- Bremstrommel ausbauen und sichtprüfen, riefige Bremstrommeln ausdrehen lassen oder erneuern. Dieser Wartungspunkt ist im Kapitel »Bremsanlage« beschrieben.
- Alle 50 000 km Bremsflüssigkeit wechseln.
- Alle 50 000 km Feststellbremse prüfen.
- Bereifung: Profiltiefe und Reifenfülldruck prüfen; Reifen auf Verschleiß und Beschädigungen (einschließlich Reserverad) prüfen.
- Radschrauben: Mit **80 Nm** über Kreuz nachziehen.

Bremsflüssigkeitsstand / Warnleuchte prüfen

Der Vorratsbehälter für die Bremsflüssigkeit befindet sich im Motorraum. Er hat zwei Kammern, je eine für jeden Bremskreis. Der Schraubverschluß hat eine Belüftungsbohrung, die nicht verstopft sein darf.

Der Vorratsbehälter ist durchscheinend, so daß der Bremsflüssigkeitsstand jederzeit von außen überwacht werden kann. Es ist ratsam, regelmäßig einen Blick auf den Vorratsbehälter zu werfen.

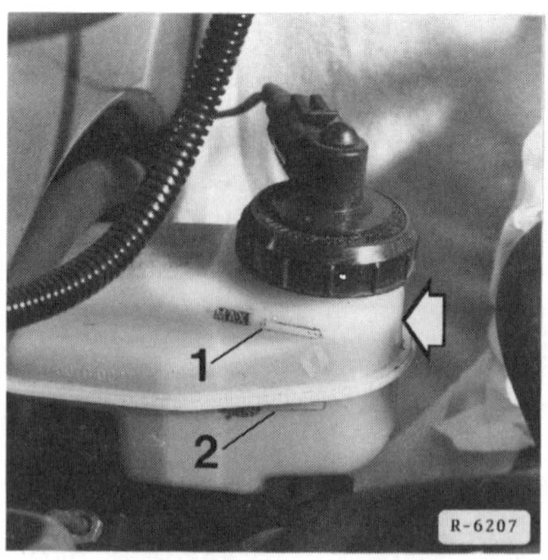

- Der Flüssigkeitsstand soll, bei geschlossenem Deckel, nicht höher als die MAXI-Markierung –1– und nicht unterhalb der MINI-Marke –2– liegen.
- Nur Bremsflüssigkeit der Spezifikation SAE J 1703, DOT 3 oder DOT 4 einfüllen.
- Durch Abnutzung der Scheibenbremsen entsteht ein geringfügiges Absinken der Bremsflüssigkeit. Das ist normal.
- Sinkt die Bremsflüssigkeit jedoch innerhalb kurzer Zeit stark ab, ist das ein Zeichen für Bremsflüssigkeitsverlust.
- Die Leckstelle muß dann sofort ausfindig gemacht werden. In der Regel liegt es an verschlissenen Manschetten in den Radbremszylindern. Sicherheitshalber sollte die Überprüfung der Anlage von einer Fachwerkstatt durchgeführt werden.

Warnleuchte prüfen

- Zündung einschalten, Feststellbremse lösen.

- Kontakt im Verschlußdeckel mit dem Daumen nach unten drücken.
- Ein Helfer kontrolliert, ob die Warnleuchte jeweils aufleuchtet. Falls nicht, elektrische Zuleitung gemäß Schaltplan prüfen.

Fahrzeuge mit ABS:

Schalter im Bremsflüssigkeitsbehälter prüfen

Bei Fahrzeugen mit ABS befinden sich im Bremsflüssigkeitsbehälter 2 Schalter. Ist ein Schalter defekt, muß der komplette Behälter ausgetauscht werden.

- Handbremse lösen.
- Zündung einschalten.

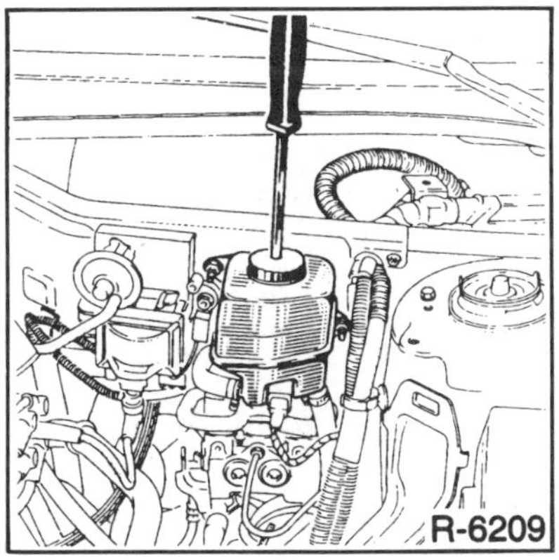

- Stößel im Deckel des Ausgleichbehälters mit einem Schraubendreher nach unten drücken und prüfen, ob die Warnlampe im Schalttafeleinsatz aufleuchtet.
- Zündung ausschalten.
- Bremspedal ca. 20 mal durchtreten, damit der Druck im Druckspeicher abfällt.
- Zündung einschalten; die Elektropumpe springt an und füllt den Druckspeicher.
- Stößel voll nach unten drücken; die Elektropumpe muß sich abschalten und beim Loslassen des Stößels wieder anspringen.
- Falls die Warnlampe nicht aufleuchtet oder die Pumpe sich nicht ausschaltet, Kabelstrang überprüfen. Wird kein Fehler gefunden Vorratsbehälter ersetzen.

Bremsbelagdicke prüfen

- Scheibenrad zur Radfelge mit Farbe kennzeichnen, damit das ausgewuchtete Rad wieder an gleicher Stelle montiert werden kann. Radschrauben lösen.
- Fahrzeug aufbocken, Räder abnehmen.

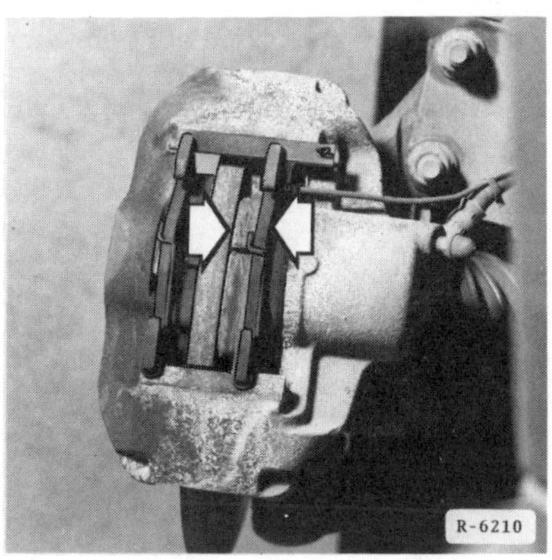

- Belagdicke – mit metallner Rückenplatte – von vorn durch den Bremsträger sichtprüfen. Im Zweifelsfall Bremsbeläge ausbauen und Belagdicke mit Schieblehre messen.
- Die Verschleißgrenze der **Scheibenbremsbeläge** ist erreicht, wenn der Belag nur noch eine Dicke von **6 mm** (mit Trägerplatte) aufweist.
- An den hinteren Bremsträgern Gummikappe vom Schauloch abnehmen und mit Taschenlampe durch die Öffnung leuchten. Die Verschleißgrenze ist erreicht, wenn der Belag eine Stärke von **2,5 mm** (mit Trägerbacke) hat. Im Zweifelsfall Bremstrommel ausbauen und Belagstärke messen.
- Ist die Verschleißgrenze erreicht, Bremsbeläge auswechseln. Grundsätzlich alle Beläge einer Achse erneuern.

Hinweis: Nach einer Faustregel entspricht 1 mm Bremsbelag einer Fahrleistung von mindestens 1000 km. Diese Faustregel gilt unter ungünstigen Bedingungen. Im Normalfall halten die Beläge viel länger. Bei einer Belagdicke der Scheibenbremsbeläge von 9,0 mm (mit Rückenplatte) beträgt die Restnutzbarkeit der Bremsbeläge also noch mindestens 3000 km.

Sichtprüfung der Bremsleitungen

- Fahrzeug aufbocken, siehe Seite 110.
- Bremsleitungen mit Kaltreiniger reinigen.

Achtung: Die Bremsleitungen sind zum Schutz gegen Korrosion mit einer Kunststoffschicht überzogen. Wird diese Schutzschicht beschädigt, kann es zur Korrosion der Leitungen kommen. Aus diesem Grund dürfen Bremsleitungen nicht mit Drahtbürste, Schmirgelleinen oder Schraubendreher gereinigt werden.

- Bremsleitungen vom Hauptbremszylinder zu den einzelnen Radbremszylindern mit Lampe überprüfen. Der Hauptbremszylinder sitzt im Motorraum unter dem Vorratsbehälter für Bremsflüssigkeit.
- Bremsleitungen dürfen weder geknickt noch gequetscht sein. Auch dürfen sie keine Rostnarben oder Scheuerstellen aufweisen. Andernfalls Leitung bis zur nächsten Trennstelle ersetzen.
- Bremsschläuche verbinden die Bremsleitungen mit den Radbremszylindern an den beweglichen Teilen des Fahrzeugs. Sie bestehen aus hochdruckfestem Material, können aber mit der Zeit porös werden, aufquellen oder durch scharfe Gegenstände angeschnitten werden. In einem solchen Fall sind sie sofort zu ersetzen.

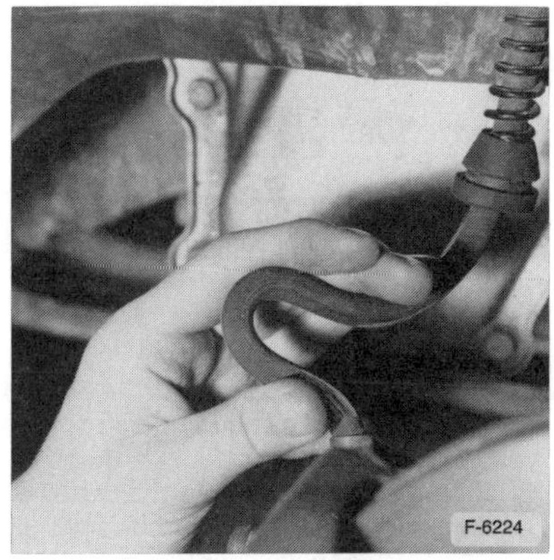

- Bremsschläuche mit der Hand hin- und herbiegen, um Beschädigungen festzustellen. Schläuche dürfen nicht verdreht sein, farbige Kennlinie beachten, falls vorhanden!
- Lenkrad nach links und rechts bis zum Anschlag drehen. Die Bremsschläuche dürfen dabei in keiner Stellung Fahrzeugteile berühren.
- Anschlußstellen von Bremsleitungen und -schläuchen dürfen nicht durch ausgetretene Flüssigkeit feucht sein.

Achtung: Wenn der Vorratsbehälter und die Dichtungen durch ausgetretene Bremsflüssigkeit feucht sind, so ist das nicht unbedingt ein Hinweis auf einen defekten Hauptbremszylinder. Vielmehr dürfte die Bremsflüssigkeit durch die Belüftungsbohrung im Deckel oder durch die Deckeldichtung ausgetreten sein.

- Fahrzeug ablassen, siehe Seite 110.

Feststellbremse prüfen

Die Feststellbremse wirkt auf die Hinterradbremsen.

- Fahrzeug hinten aufbocken.

Fahrzeuge mit Trommelbremse:

- Handbremse 9 Rasten anziehen, die Räder müssen jetzt blockieren, der Hebel darf sich nur noch schwer weiter anziehen lassen.

Fahrzeuge mit Scheibenbremse hinten:

- Handbremse 12 Rasten anziehen, die Räder müssen jetzt blockieren, der Hebel darf sich nur noch schwer weiter anziehen lassen.
- Andernfalls Feststellbremse einstellen.
- Fahrzeug ablassen.

Bremsflüssigkeit wechseln

Benötigtes Sonderwerkzeug:

- Ringschlüssel für Entlüfterschrauben.

Benötigte Verschleißteile:

- Bremsflüssigkeit der Spezifikation **SAE J 1703** oder **DOT 4**.

Die Bremsflüssigkeit nimmt durch die Poren der Bremsschläuche sowie durch die Entlüftungsöffnung des Vorratsbehälters Luftfeuchtigkeit auf. Dadurch sinkt im Laufe der Betriebszeit der Siedepunkt der Bremsflüssigkeit. Bei starker Beanspruchung der Bremse kann es deshalb zu Dampfblasenbildung in den Bremsleitungen kommen, wodurch die Funktion der Bremsanlage stark beeinträchtigt wird.

Die Bremsflüssigkeit soll alle 50000/60000 km, möglichst im Frühjahr, erneuert werden. Bei vielen Gebirgsfahrten, Bremsflüssigkeit in kürzeren Abständen wechseln.

- Vorsichtsmaßregeln beim Umgang mit Bremsflüssigkeit beachten, siehe Seite 164.
- Mit einer Absaugflasche aus dem Bremsflüssigkeitsbehälter Bremsflüssigkeit bis zu einem Stand von ca. 10 mm absaugen.

Achtung: Vorratsbehälter nicht ganz entleeren, damit keine Luft in das Bremssystem gelangt.

- Vorratsbehälter bis zur „Maximum"-Marke mit **neuer** Bremsflüssigkeit füllen.
- Am rechten hinteren Bremssattel sauberen Schlauch auf Entlüfterventil aufschieben, geeignetes Gefäß unterstellen.
- Mit dem Bremspedal mehrmals »pumpen«, Bremspedal runtertreten, Entlüfterventil öffnen. Fuß auf dem Bremspedal halten, Entlüfterschraube schließen. Fuß vom Bremspedal nehmen. Diesen Vorgang circa 10mal wiederholen und alte Bremsflüssigkeit so herauspumpen.
- Entlüfterventil schließen, Vorratsbehälter mit **neuer** Bremsflüssigkeit auffüllen.
- Auf die gleiche Weise alte Bremsflüssigkeit aus den anderen Bremssätteln herauspumpen.

Achtung: Die abfließende Bremsflüssigkeit muß in jedem Fall klar und blasenfrei sein.

- Alte Bremsflüssigkeit bei der örtlichen Deponie für Sondermüll abgeben.

Reifenfülldruck prüfen

- Reifenfülldruck nur am kalten Reifen prüfen.
- Reifenfülldruck einmal im Monat sowie im Rahmen der Wartung prüfen. Fülldrucktabelle, siehe Seite 173.
- Zusätzlich sollte der Fülldruck vor längeren Autobahnfahrten kontrolliert werden, da hierbei die Temperaturbelastung für den Reifen am größten ist.

Reifenprofil prüfen

Die Reifen ausgewuchteter Räder nutzen sich bei gewissenhaftem Einhalten des vorgeschriebenen Fülldrucks und bei fehlerfreier Radeinstellung und Stoßdämpferfunktion auf der gesamten Lauffläche annähernd gleichmäßig ab. Bei ungleichmäßiger Abnutzung, siehe Störungsdiagnose im Kapitel »Reifen«. Im übrigen läßt sich keine generelle Aussage über die Lebensdauer bestimmter Reifenfabrikate machen, denn die Lebensdauer hängt von unterschiedlichen Faktoren ab:

- Fahrbahnoberfläche
- Reifenfülldruck
- Fahrweise
- Witterung

Vor allem sportliche Fahrweise, scharfes Anfahren und starkes Bremsen fördern den schnellen Reifenverschleiß.

Achtung: Die Rechtsprechung verlangt, daß Reifen lediglich bis zu einer Profiltiefe von 1,6 mm abgefahren werden dürfen, und zwar müssen die Profilrillen auf der gesamten Lauffläche noch mindestens 1,6 mm Tiefe aufweisen. Es empfiehlt sich jedoch, sicherheitshalber die Reifen bereits bei einer Mindestprofiltiefe von 2 mm auszutauschen.

X-4602

Nähert sich die Profiltiefe der gesetzlich zulässigen Mindestprofiltiefe, das heißt, weist der mehrmals am Reifenumfang angeordnete 1,6 mm hohe Verschleißanzeiger an diesen Stellen kein Profil mehr auf, müssen die Reifen bald gewechselt werden.

Achtung: M + S-Reifen haben auf Matsch und Schnee nur ausreichende Wirkung, wenn ihr Profil noch mindestens 4 mm tief ist.

Achtung: Reifen auf Schnittstellen untersuchen und mit kleinem Schraubendreher Tiefe der Schnitte feststellen. Wenn die Schnitte bis zur Karkasse reichen, korrodiert durch eindringendes Wasser der Stahlgürtel. Dadurch löst sich unter Umständen die Lauffläche von der Karkasse, der Reifen platzt. Deshalb: Bei tiefen Einschnitten im Profil aus Sicherheitsgründen Reifen austauschen.

Reifenventil prüfen

- Staubschutzkappe vom Ventil abschrauben.
- Etwas Seifenwasser auf das Ventil geben. Wenn sich eine Blase bildet, Ventil mit umgedrehter Schutzkappe festdrehen.

Achtung: Zum Anziehen des Ventils kann nur eine Metallschutzkappe verwendet werden. Metallschutzkappen sind an der Tankstelle erhältlich.

- Ventil erneut prüfen. Falls sich wieder Blasen bilden oder sich das Ventil nicht weiter anziehen läßt, Ventil erneuern.
- Grundsätzlich Schutzkappe wieder befestigen.

Lenkung/Vorderachse

- Spurstangenköpfe: Spiel und Befestigung prüfen, Staubkappen prüfen.
- Achsgelenke: Staubkappen prüfen.
- Lenkung: Faltenbälge auf Undichtigkeiten und Beschädigungen prüfen.
- Servolenkung: Flüssigkeitsstand prüfen, gegebenenfalls Hydrauliköl auffüllen.
- Befestigungsschrauben nachziehen.
- Vorderradspur überprüfen lassen.

Staubkappen für Spurstangen-/ Achsgelenke prüfen

- Fahrzeug vorn aufbocken.

R-6228

- Staubkappen links und rechts mit Lampe anstrahlen und auf Beschädigungen überprüfen, dabei auf Fettspuren an den Manschetten und in deren Umgebung achten.
- Bei beschädigter Staubkappe, sicherheitshalber entsprechendes Gelenk mit Schutzkappe auswechseln. Eingedrungener Schmutz zerstört mit Sicherheit das Gelenk.
- Befestigungsmutter für die Gelenke sowie Sicherungssplint auf festen Sitz prüfen, dabei Mutter jedoch nicht verdrehen.

Ölstand für Servolenkung prüfen

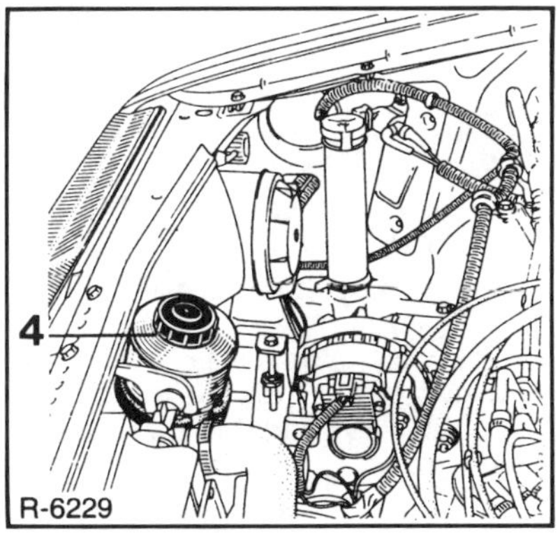

R-6229

- Der Ölstand für die Lenkhilfe im Vorratsbehälter –4– bei abgestelltem Motor prüfen.
- Der Ölstand muß zwischen den Marken »MINI« und »MAXI« stehen.
- Andernfalls Hydrauliköl nachfüllen. Dabei nur ein von RENAULT freigegebenes Öl verwenden, zum Beispiel: ELF Renaultmatic D2, Mobil ATF 220, Total Dexron II ATF 351.
- Grundsätzlich nur **neues Öl** nachfüllen, da selbst kleinste Verunreinigungen zu Störungen an der hydraulischen Anlage führen können.
- Nach dem Auffüllen bei laufendem Motor das Lenkrad mehrmals von Anschlag zu Anschlag bewegen, dadurch entlüftet sich die Anlage.
- Falls Öl nachgefüllt wurde, Lenksystem auf Dichtheit prüfen.

Elektrische Anlage

Verschleißteil: Wischergummi

- Beleuchtungsanlage: Sämtliche Scheinwerfer, Schlußleuchten und Blinklampen prüfen, gegebenenfalls Scheinwerfer einstellen.
- Alle Stromverbraucher auf Funktion prüfen.
- Signalhorn: Prüfen.
- Scheibenwischer: Wischergummis auf Verschleiß prüfen.
- Scheiben- und Scheinwerferwaschanlage: Funktion prüfen, Düsenstellung kontrollieren, Flüssigkeit nachfüllen, Scheinwerfer-Waschanlage prüfen.
- Batterie: Spannung und Säurestand prüfen.

Batterie prüfen

Benötigtes Sonderwerkzeug:

- Säureschutzfett, zum Beispiel BOSCH-Polfett.
- Stahldrahtbürste (Pol- und Klemmenreinigungsbürste).
- Säureprüfer.

Benötigte Verschleißteile:

- Destilliertes Wasser.

Batterie-Pole reinigen

Batterie-Pole und Anschlußklemmen reinigen und mit Säureschutzfett einzureiben.

Säurestand prüfen

Bei der wartungsarmen Batterie reicht die einmal eingefüllte Säuremenge normalerweise für die gesamte Lebensdauer der Batterie. Dennoch sollte der Säurestand regelmäßig kontrolliert werden.

Achtung: Nicht mit offener Flamme in die Batterie leuchten. Explosionsgefahr!

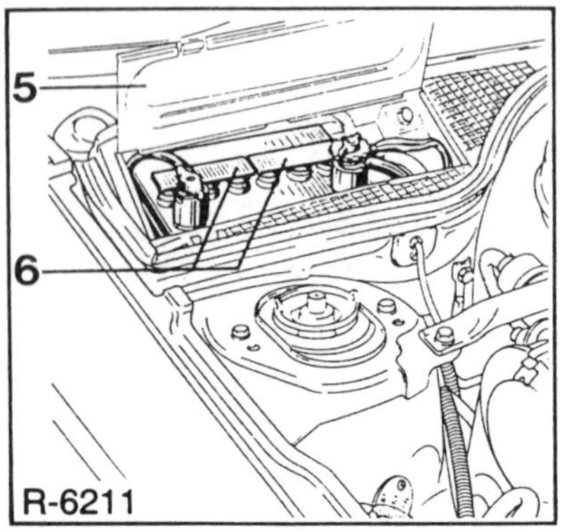

- Abdeckung –5– hochklappen.
- Verschlußkappen –6– abziehen.
- Der Flüssigkeitsspiegel soll ca. 15 mm über den Bleiplatten stehen. Bei niedrigerem Stand bis zur Sollhöhe auffüllen. **Achtung:** Zum Nachfüllen nur destilliertes Wasser verwenden.

Karosserie/Innenausstattung

- Türscharniere, Türschlösser: Ölen.
- Deckelschloßober- und -unterteil: Mit Mehrzweckfett fetten.
- Unterbodenschutz und Hohlraumkonservierung: Prüfen.
- Sicherheitsgurte: Auf Beschädigungen prüfen.

Sichtkontrolle Unterboden/Karosserie

Bei der regelmäßigen Pflege Augenmerk auf Lackbeschädigungen legen und auch Unterboden öfters reinigen, siehe Seite 238.

Schlösser schmieren

- Schließeinrichtungen für Türen, Front- und Gepäckraumklappe ölen beziehungsweise fetten.
- Türschlösser an den Schließzapfen, Schließösen und Anlageflächen der Drehfallen fetten.

Sichtprüfung aller Sicherheitsgurte

Achtung: Geräusche, die beim Aufrollen des Gurtbandes entstehen, sind funktionsbedingt. Bei störenden Geräuschen kann nur der Sicherheitsgurt ausgetauscht werden. Auf keinen Fall darf zur Behebung von Geräuschen Öl oder Fett verwendet werden. Der Aufrollautomat darf nicht zerlegt werden, da hierbei die vorgespannte Feder herausspringen kann. Unfallgefahr!

- Sicherheitsgurt ganz herausziehen und Gurtband auf durchtrennte Fasern prüfen. Beschädigungen können zum Beispiel durch Einklemmen des Gurtes oder durch brennende Zigaretten entstehen. In diesem Fall Gurt austauschen.
- Sind Scheuerstellen vorhanden, ohne daß Fasern durchtrennt sind, braucht der Gurt nicht ausgewechselt zu werden.
- Schwergängigen Gurt auf Verdrehungen prüfen, gegebenenfalls Verkleidung an der Mittelsäule ausbauen.
- Wenn die Aufrollautomatik nicht mehr funktioniert, Gurt auswechseln.
- Gurtbänder nur mit Seife und Wasser reinigen, keinesfalls Lösungsmittel oder chemische Reinigungsmittel verwenden.

Schaltpläne

Der Umgang mit dem Schaltplan

In einem Personenwagen werden je nach Ausstattung bis zu 1000 Meter Leitungen verlegt, um alle elektrischen Verbraucher (Scheinwerfer, Radio usw.) mit Strom zu versorgen.

Will man einen Fehler in der elektrischen Anlage aufspüren oder nachträglich ein elektrisches Zubehör montieren, kommt man nicht ohne Schaltplan aus; anhand dessen der Stromverlauf und damit die Kabelverbindungen aufgezeigt werden. Grundsätzlich muß der betreffende Stromkreis geschlossen sein, sonst kann der elektrische Strom nicht fließen. Es reicht beispielsweise nicht aus, wenn an der Plusklemme eines Scheinwerfers Spannung anliegt, wenn nicht gleichzeitig über den Masseanschluß der Stromkreis geschlossen ist.

Deshalb ist auch das Massekabel (–) von der Batterie mit der Karosserie verbunden. Mitunter reicht diese Masseverbindung jedoch nicht aus, und der betreffende Verbraucher bekommt eine direkte Masseleitung, deren Isolierung in der Regel schwarz eingefärbt ist. In den einzelnen Stromkreisen können Schalter, Relais, Sicherungen, Meßgeräte, elektrische Motoren oder andere elektrische Bauteile integriert sein. Damit diese Bauteile richtig angeschlossen werden können, haben die einzelnen Kabel entsprechende Nummern. Elektrische Bauteile werden in den Schaltplänen als **Organe** bezeichnet.

Die wichtigsten Kabelfarben sind:

Gelbe Leitungen führen nur bei eingeschalteter Zündung Strom.

Rote Leitungen führen immer Strom, sobald die Batterie ordnungsgemäß angeschlossen ist.

Blaue Leitungen dienen zum Anschluß von Standlicht- und Nummernschildbeleuchtung.

Schwarze Leitungen sind mit Karosserie-Masse verbunden.

Im Schaltplan sind die einzelnen Leitungen mit Zahlen-Buchstabenkombinationen versehen.

Beispiel: 133 OR/NO

133 = Kabelnummer (intern)
OR = Kabel-Grundfarbe (hier: orange)
NO = Kabel-Zusatzfarbe (hier: schwarz)

Schlüssel für Leitungsfarben

BA = weiß	JA = gelb	RG = rot
BE = blau	MA = braun	SA = rosa
BJ = beige	NO = schwarz	VE = grün
CY = farblos	OR = orange	VI = violett
GR = grau		

Hinweis: Die Kennbuchstaben für die Kabelfarben beziehen sich auf die französischen Farbbezeichnungen.

Schaltpläne

Modelljahr 1993

Aus Platzgründen kann nicht jeder Schaltplan für die einzelnen Motor- und Modellvarianten sowie aus jedem Modelljahr berücksichtigt werden. Bei einer Neuauflage wird jeweils der aktuelle Schaltplan veröffentlicht, an dem sich auch Fahrzeugbesitzer älterer Modelle orientieren können.

- Legende für alle Schaltpläne, siehe letzte Seite.
- Sicherungen/Relaisbelegung, siehe Seite 215/216.

Aufbau der Schaltpläne

Heizbare Heckscheibe

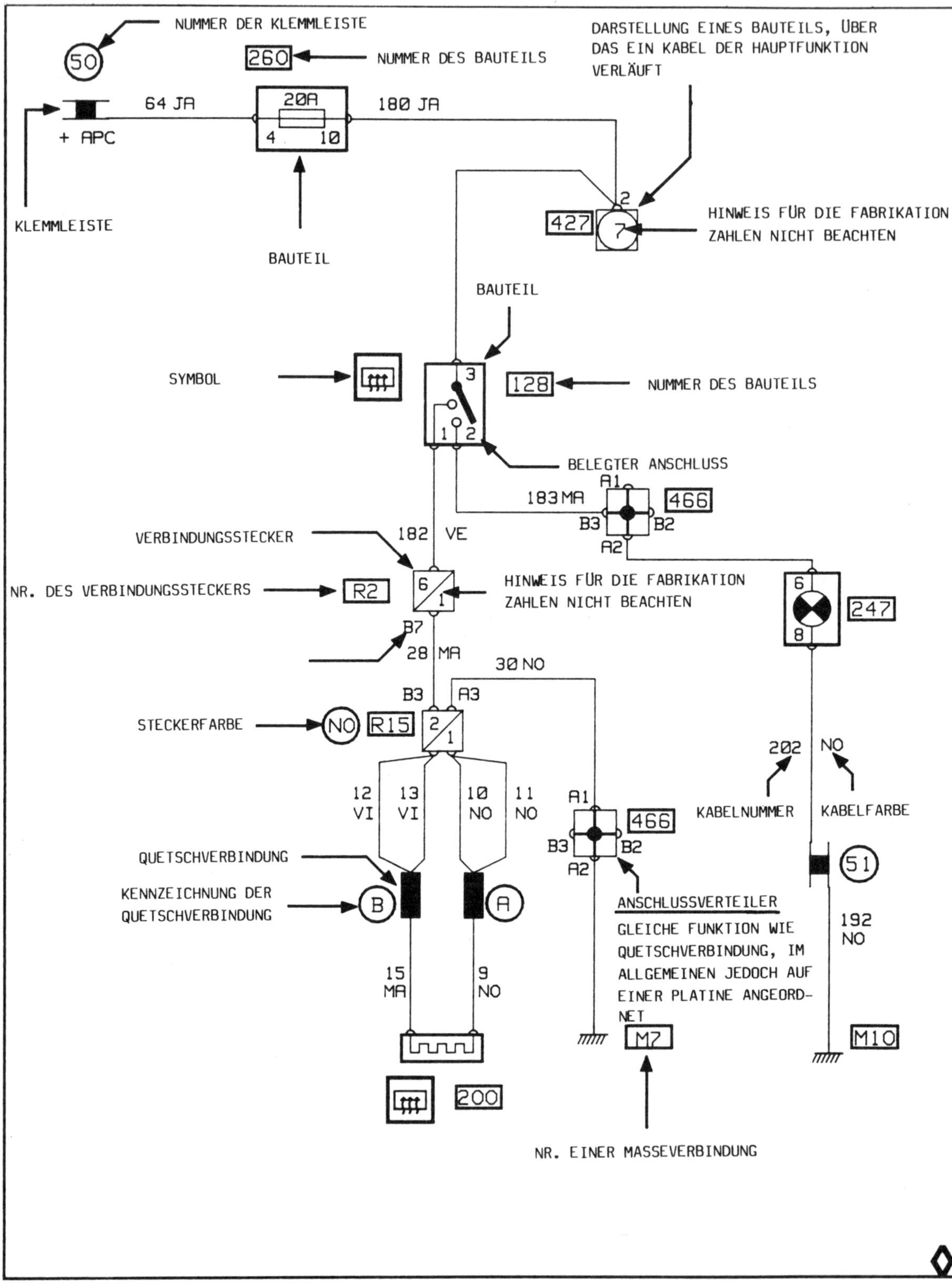

Abkürzungen der Bauteile

+APC = Plus bei eingeschalteter Zündung
RACC = Kabelverbindung
PDB = Armaturenbrett

ARG = hinten links
F.ARG = Schlußleuchte links
P.AVG = Tür/Türsäule vorn links

Anordnung der Masseanschlüsse und Kabelstränge

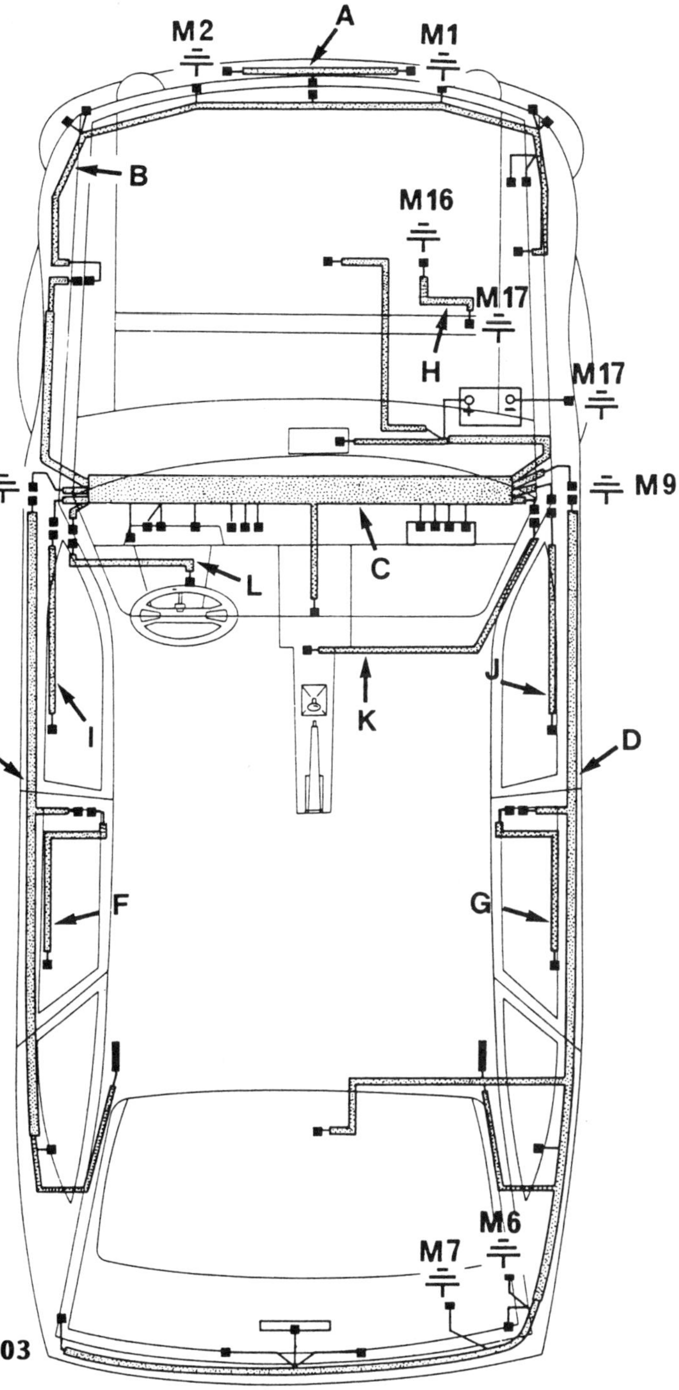

R-7003

Masseanschlüsse

M1 – Masse vorne rechts
M2 – vorne links
M6 – Schlußleuchte rechts
M7 – Schlußleuchte links
M9 – Türsäule vorne rechts
M10 – Türsäule vorne links
M16 – Motor/Karosserie
M17 – Karosserie/Motor

Kabelstränge

A – Nebelscheinwerfer
B – vorne
C – Armaturenbrett
D – hinten rechts
E – hinten links
F – Tür hinten rechts
G – Tür hinten links
H – Masse Motor
I – Fahrertür
J – Beifahrertür
K – Innenbeleuchtung
L – Pedalwerk

Hauptmasseverbindungen

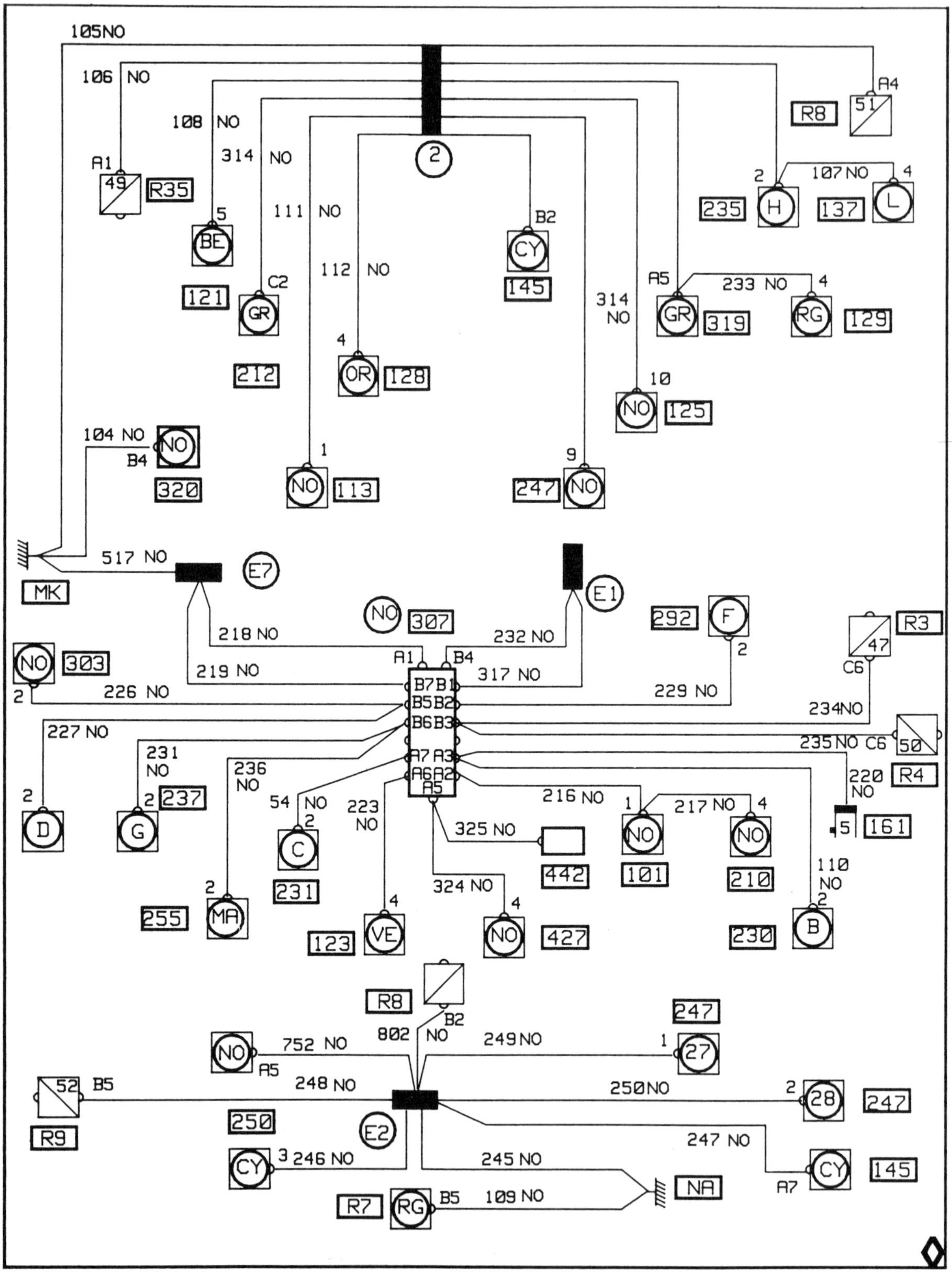

Allgemeine Stromversorgung

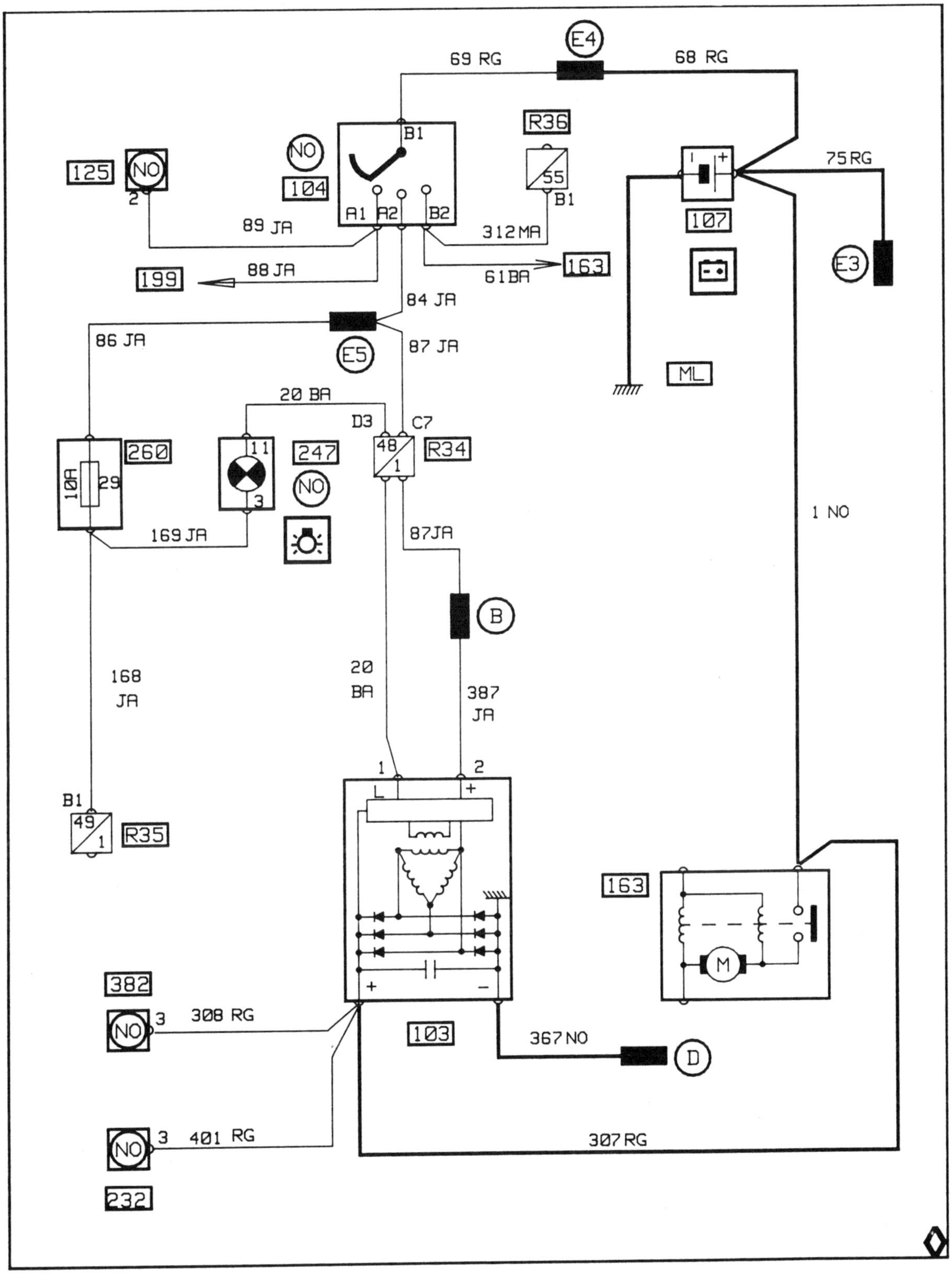

Allgemeine Stromversorgung (Dauerstrom)

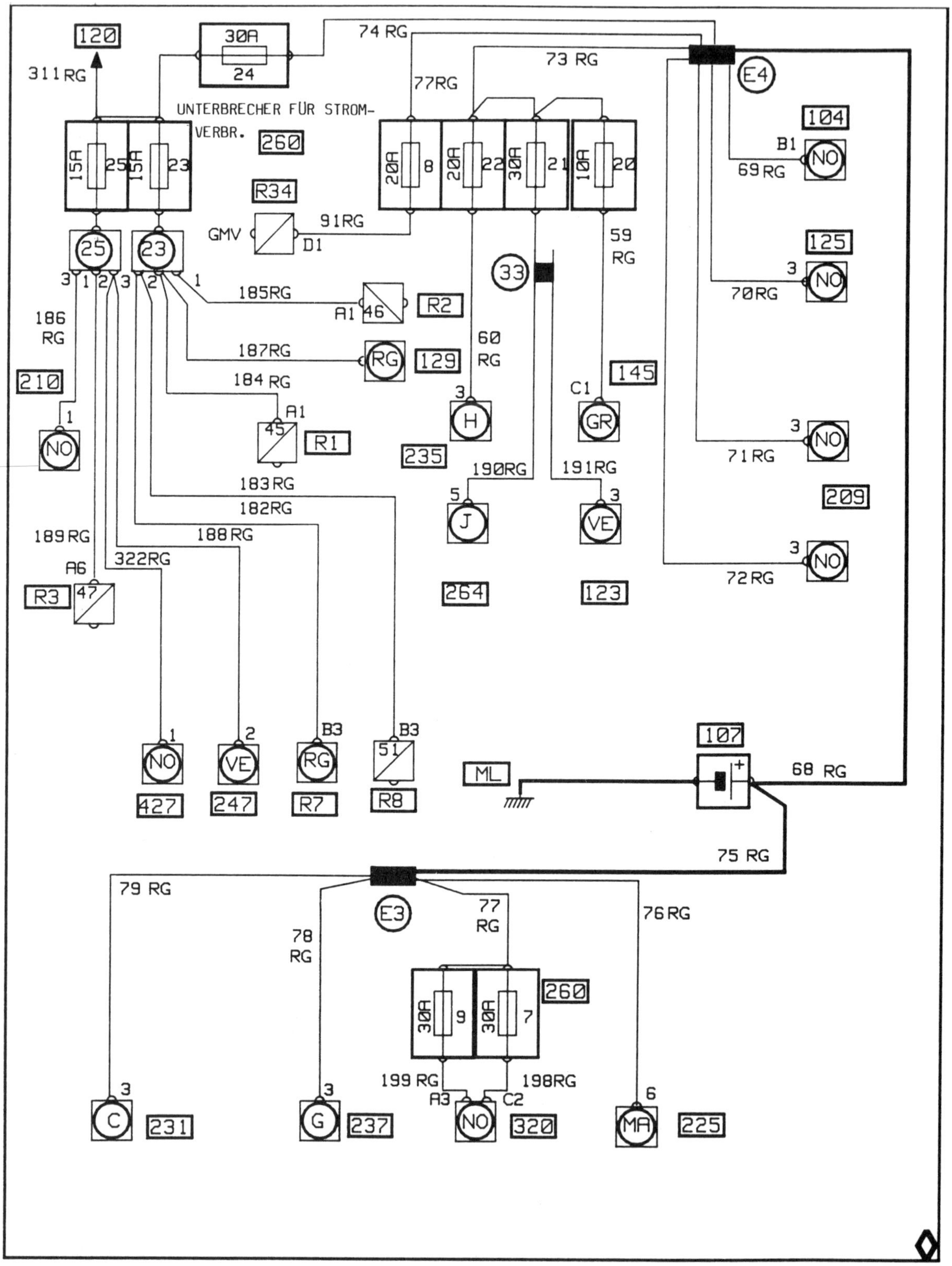

Allgemeine Stromversorgung (Geschalteter Plusstrom)

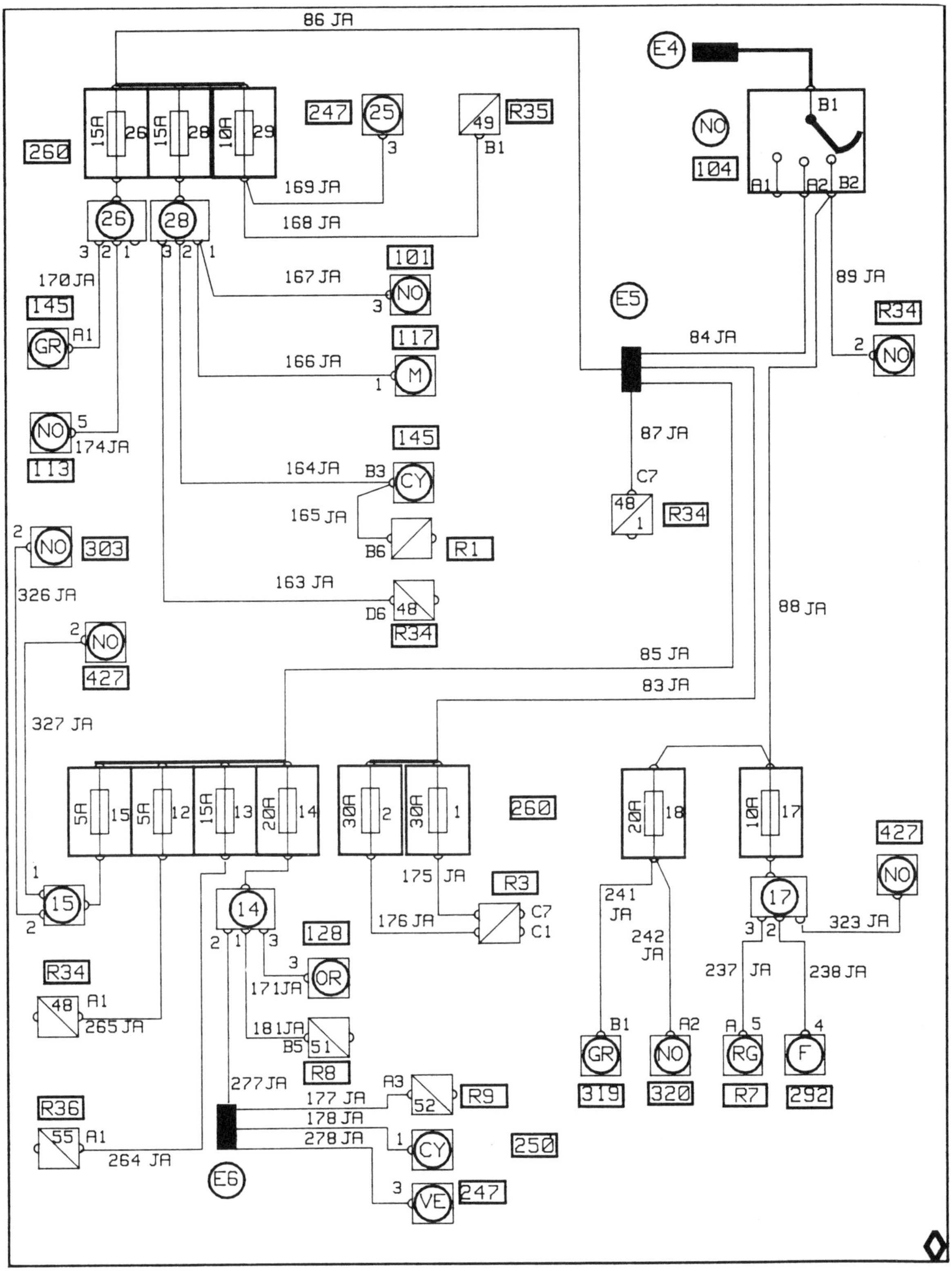

Elektronische Zündanlage

1,7-l-Motoren

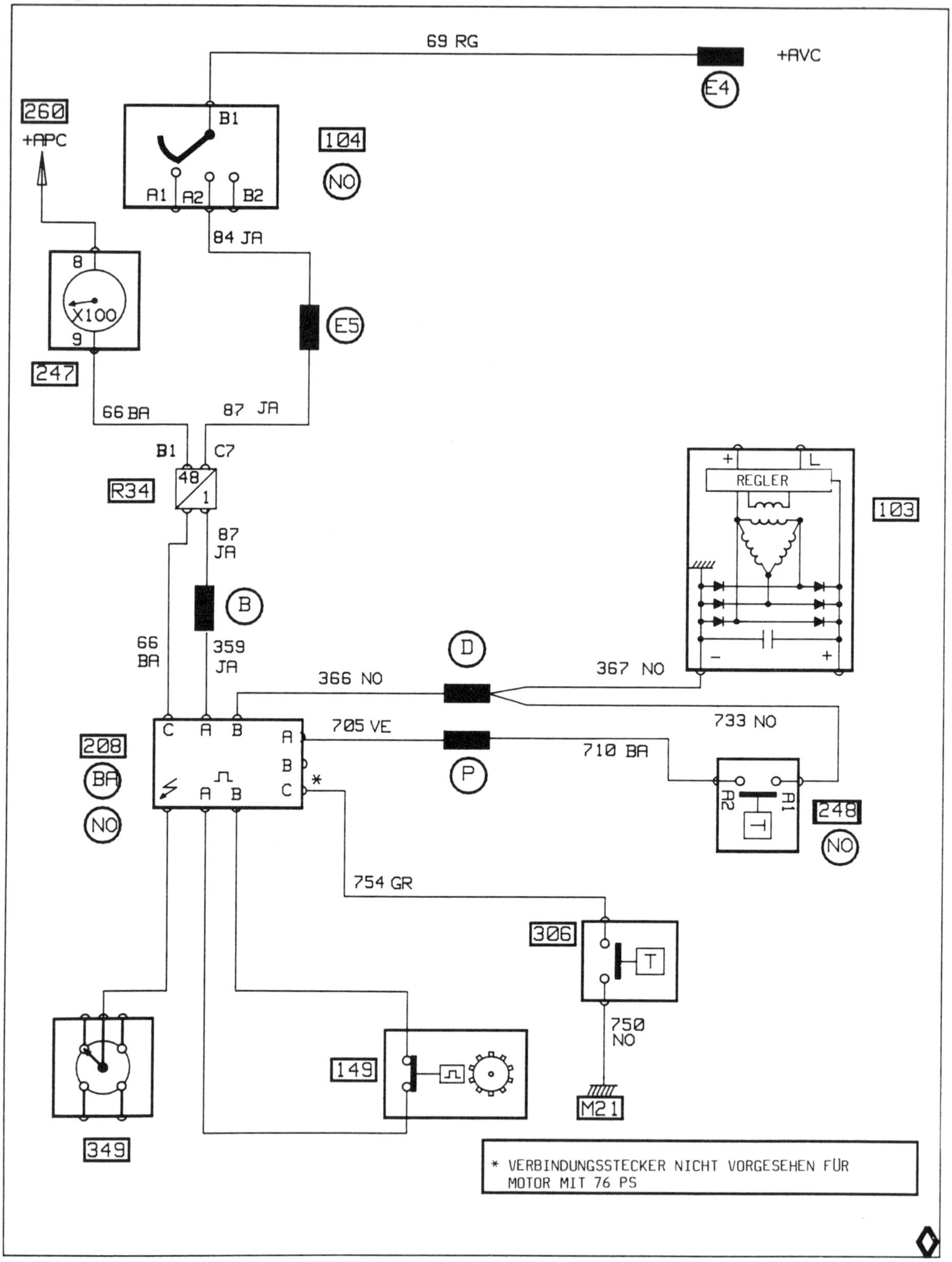

Elektronische Zündanlage

1,4-/1,8-l-Motoren mit Schaltgetriebe

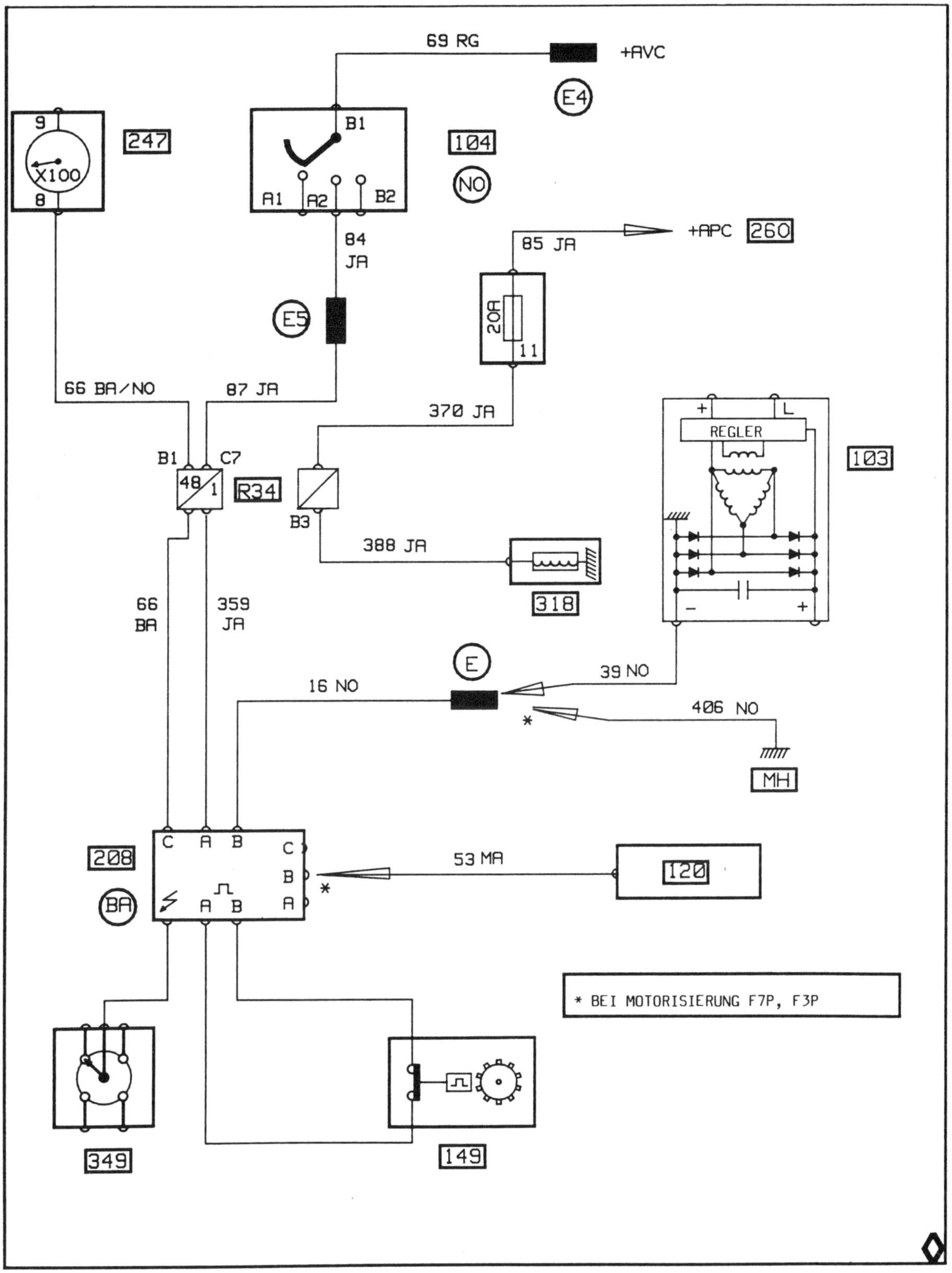

Zigarettenanzünder

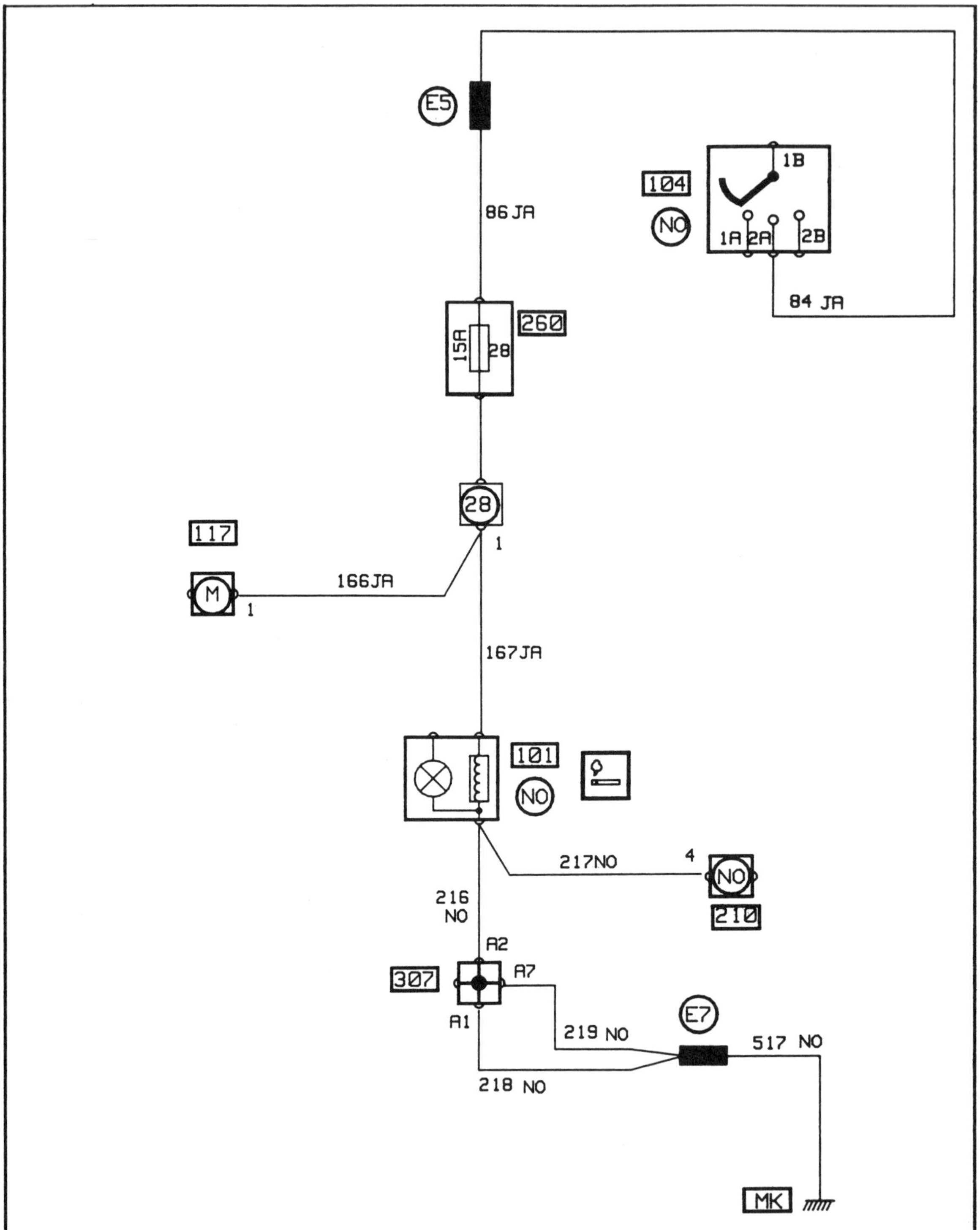

Heizung

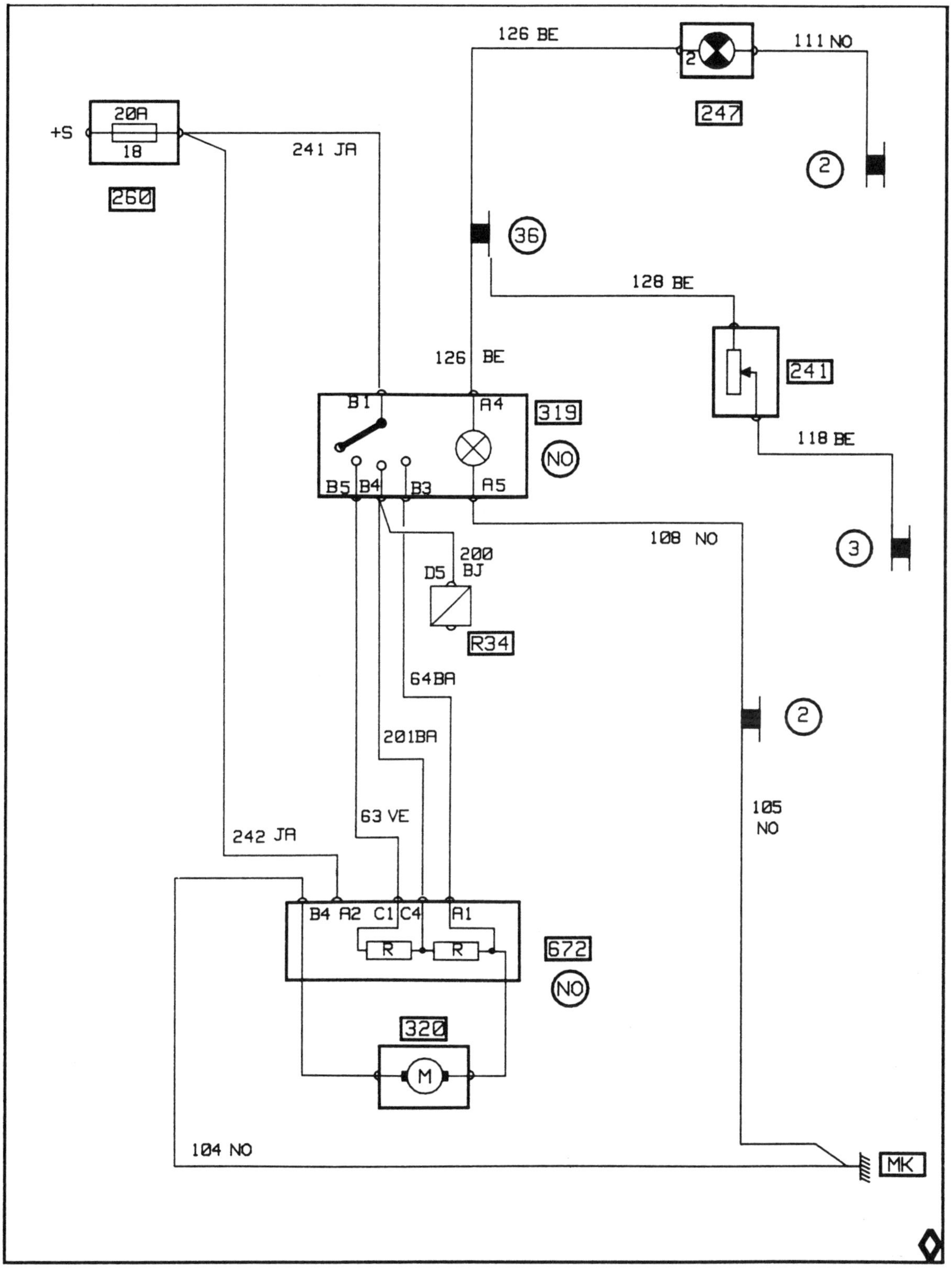
126 BE
111 NO
2
247
20A
+S
18
241 JA
260
2
36
128 BE
126 BE
241
B1
A4
319
NO
B5
B4
B3
A5
118 BE
108 NO
3
200
BJ
D5
R34
64BA
2
201BA
105
NO
63 VE
242 JA
B4
A2
C1
C4
A1
R
R
672
NO
320
M
104 NO
MK

Drehzahlmesser

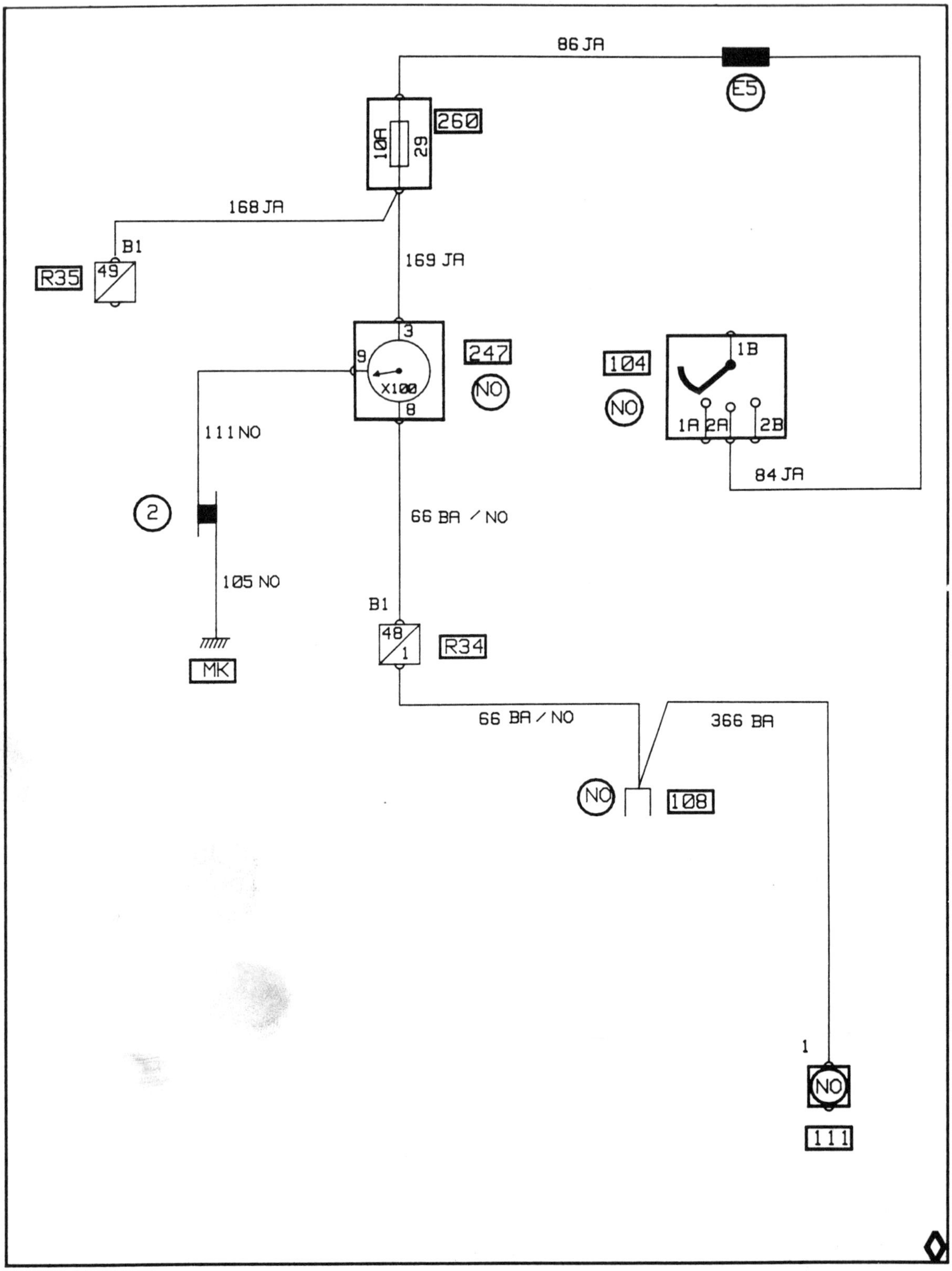

Zentralverriegelung, Teil 1 (Stromversorgung)

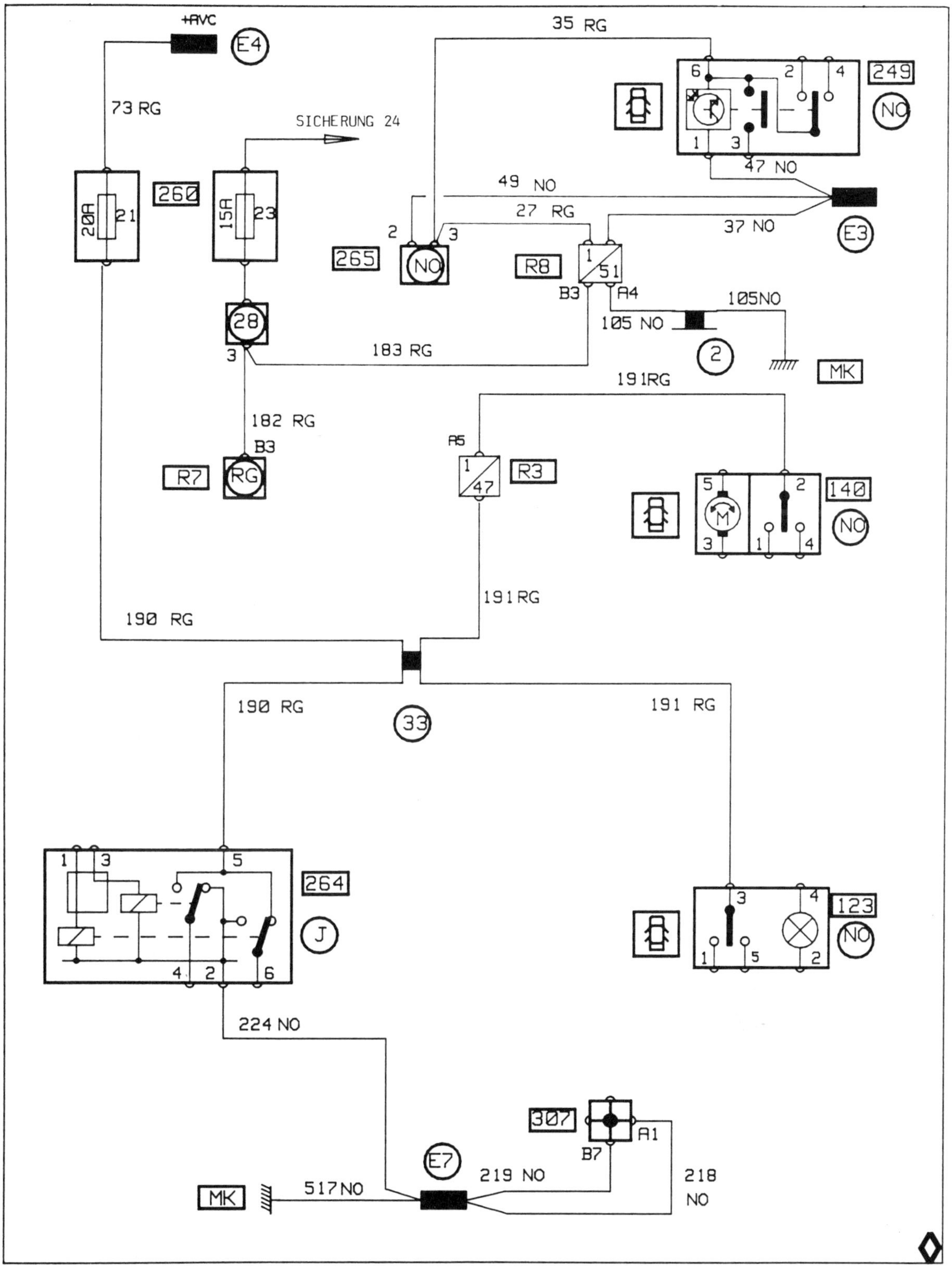

Zentralverriegelung, Teil 2 (Steuerung)

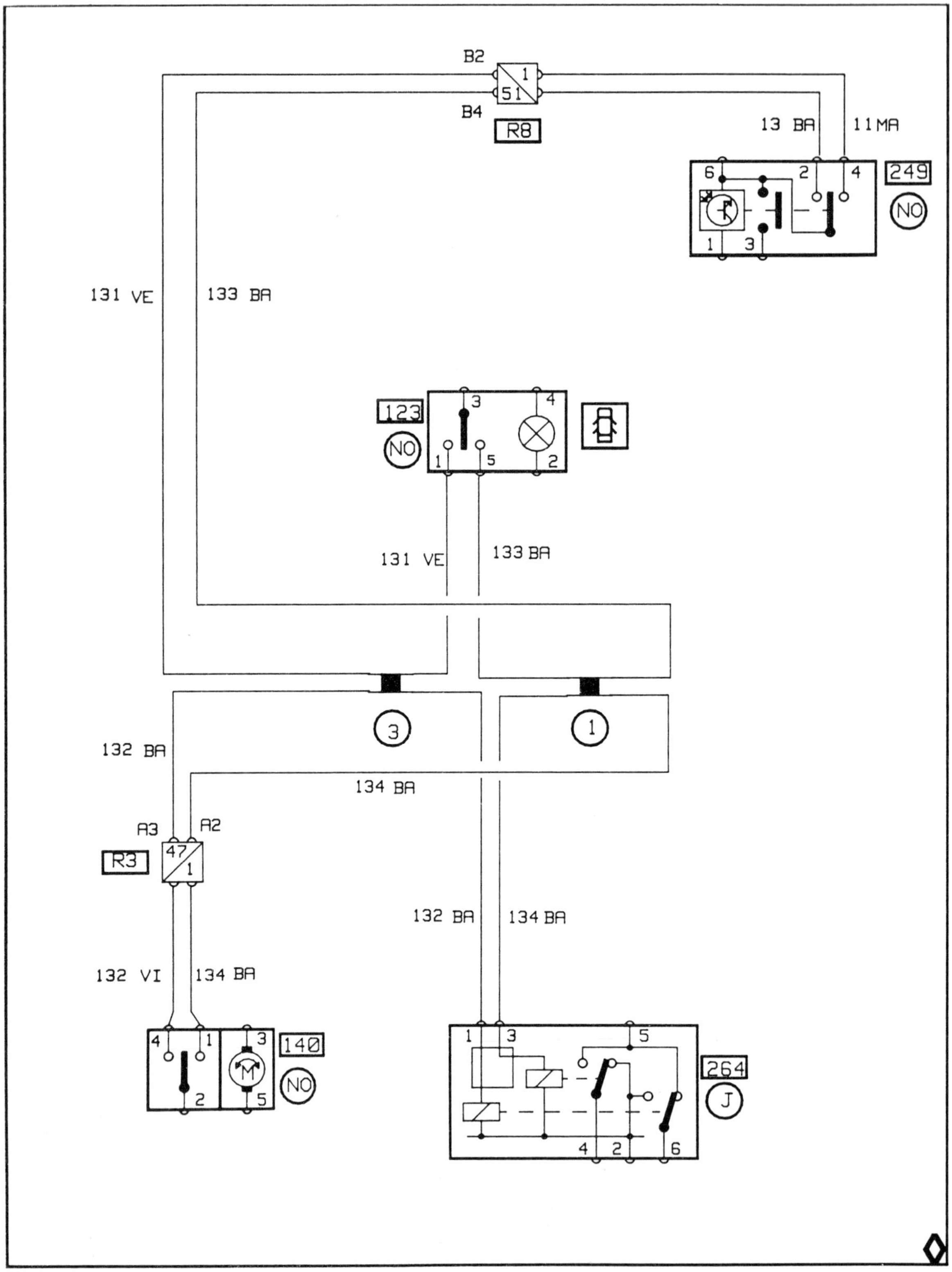

Zentralverriegelung, Teil 3 (Entriegeln und Verriegeln)

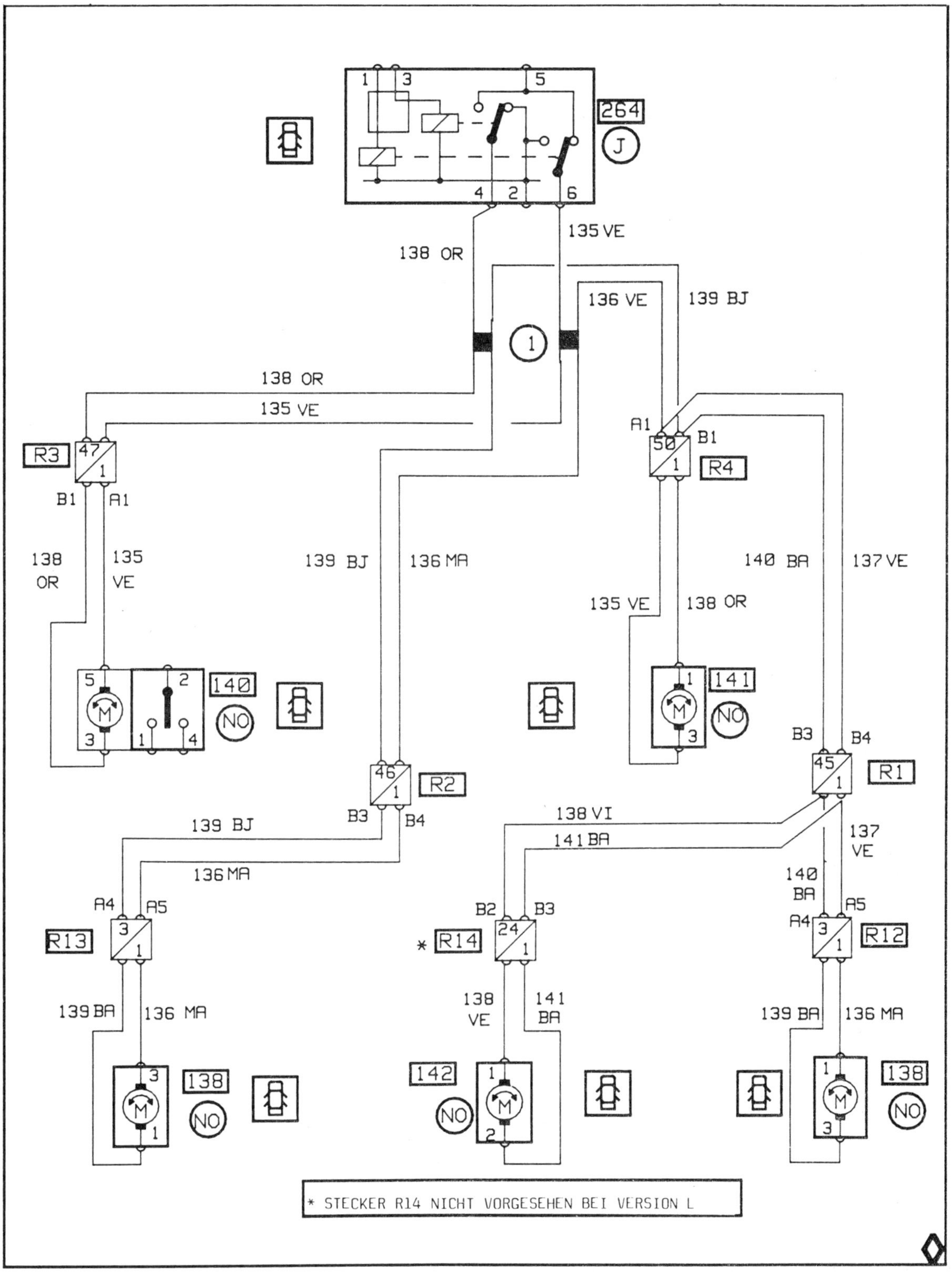

Anlasser

1,7-l-Motor

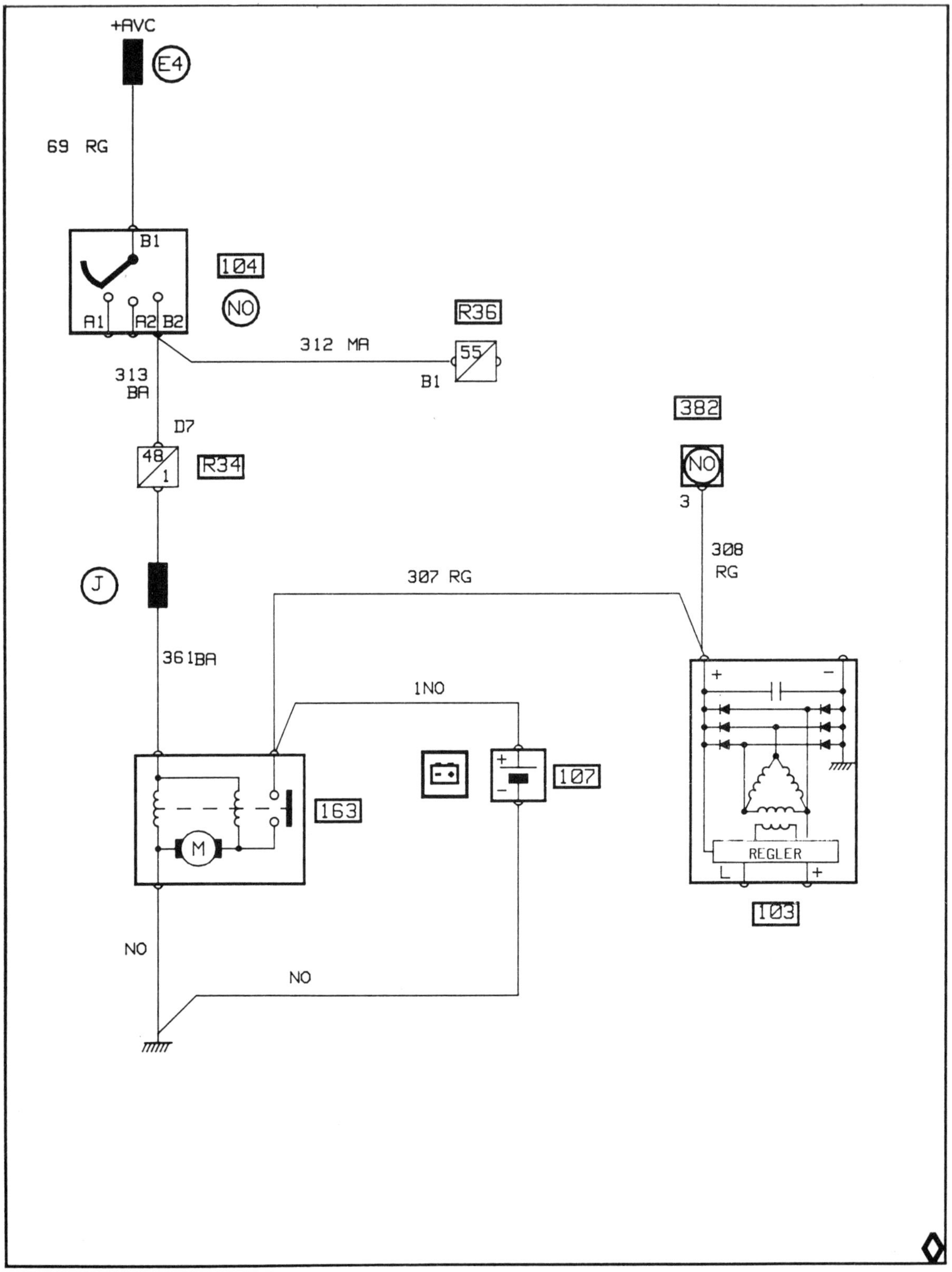

Servolenkung

Dieselmotor, 16-Ventil-Motor

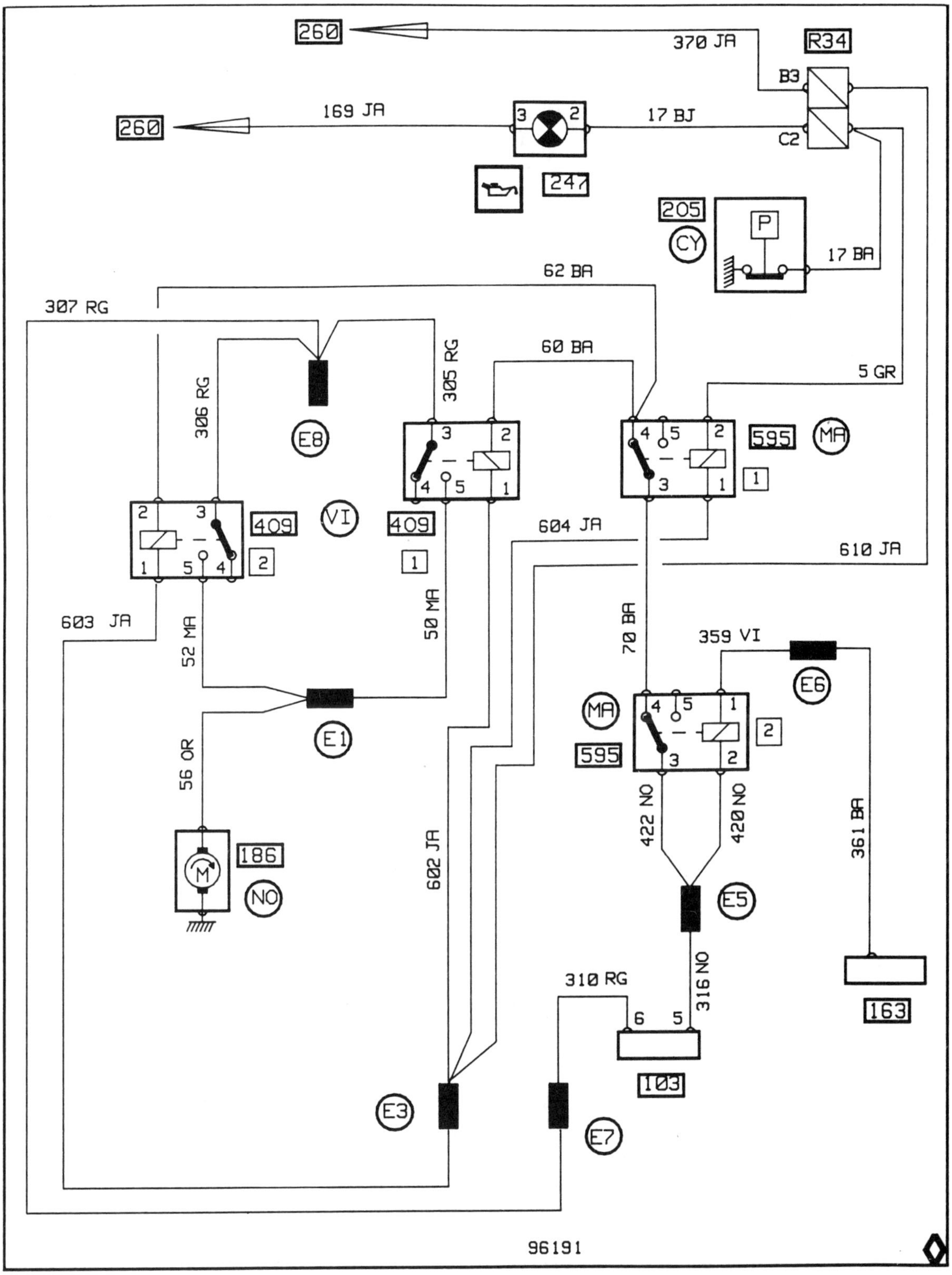

Instrumentenbeleuchtung

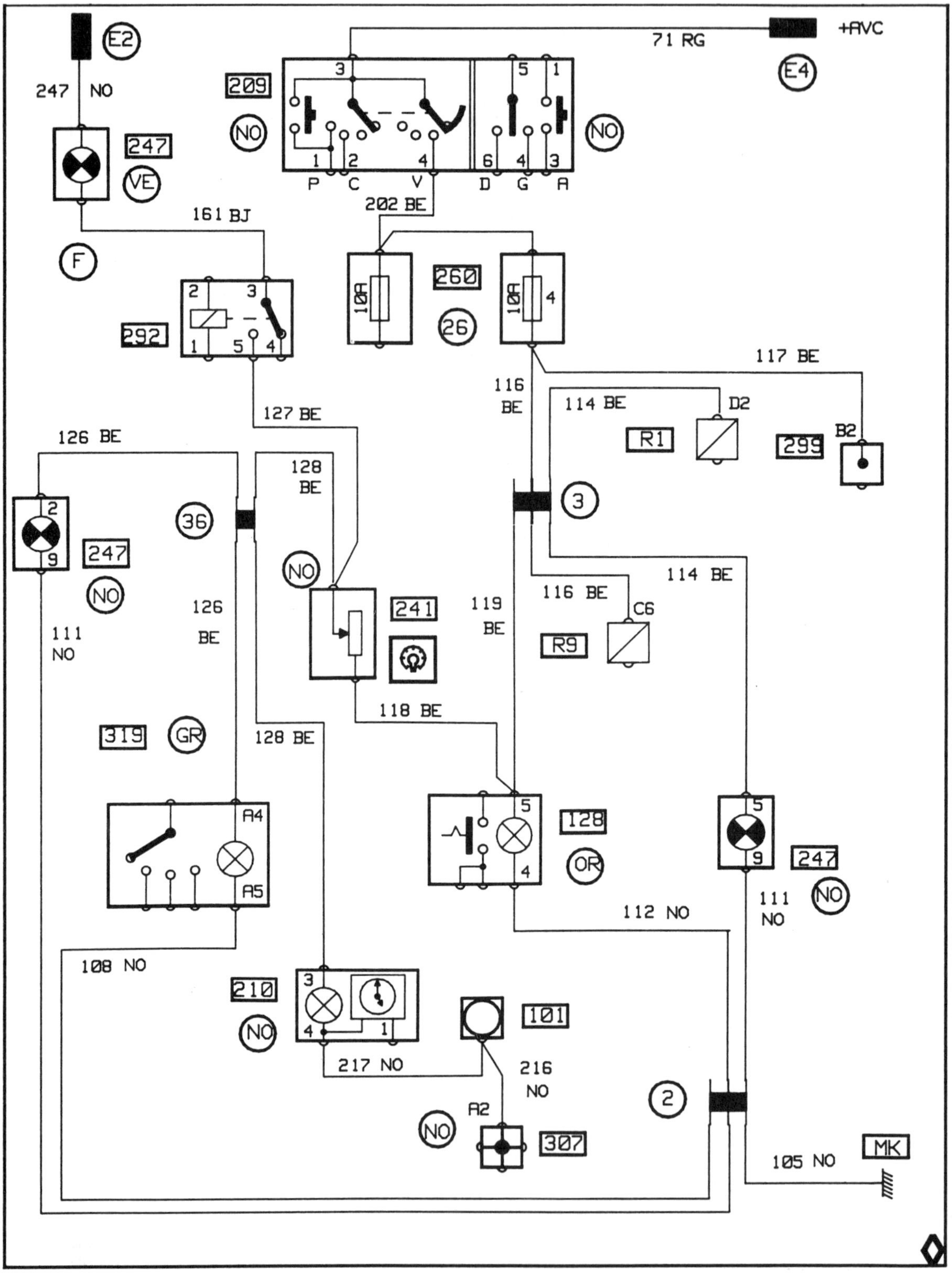

Gepäckraumbeleuchtung

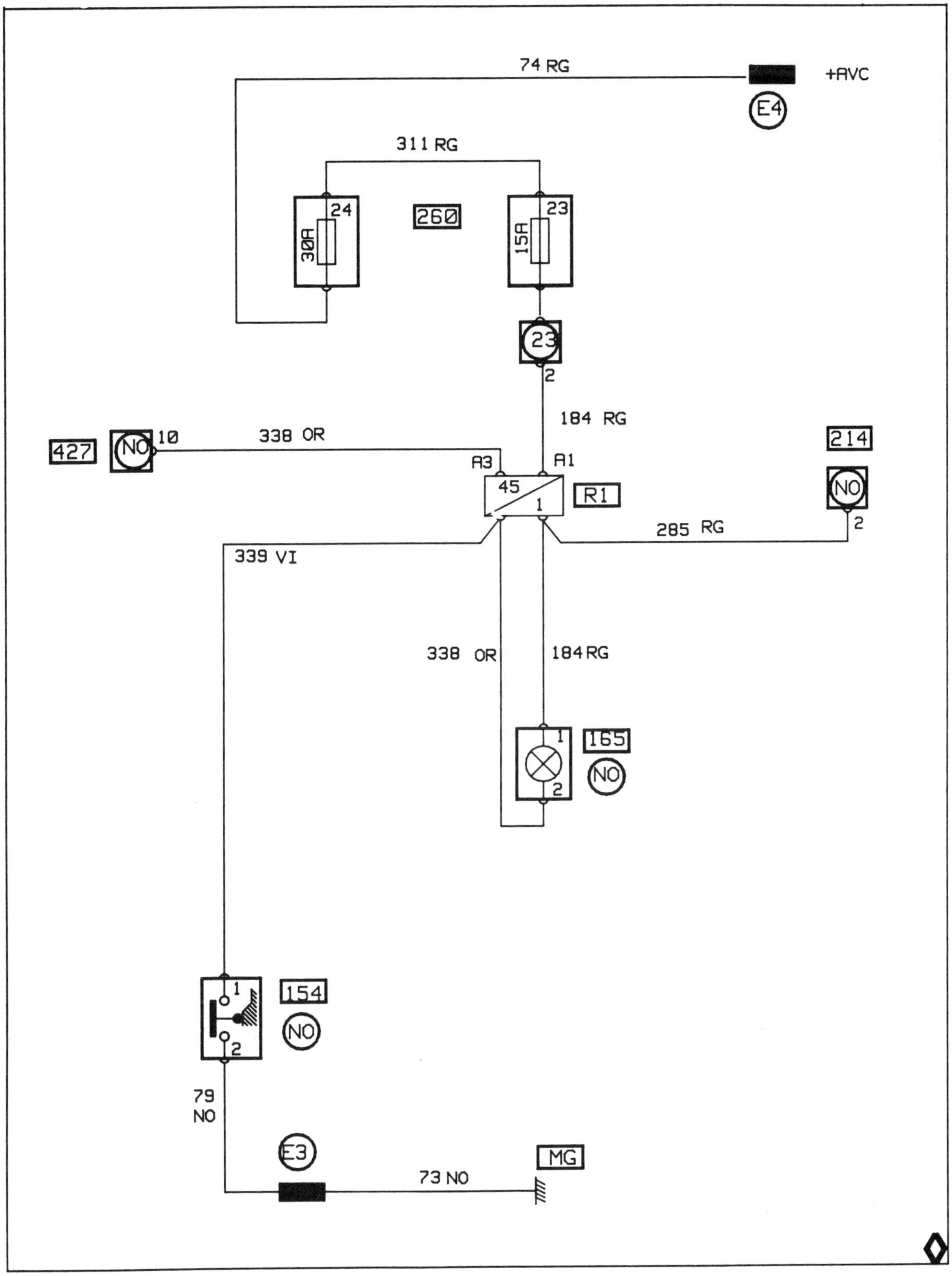

Frontscheiben-Wisch-Waschanlage

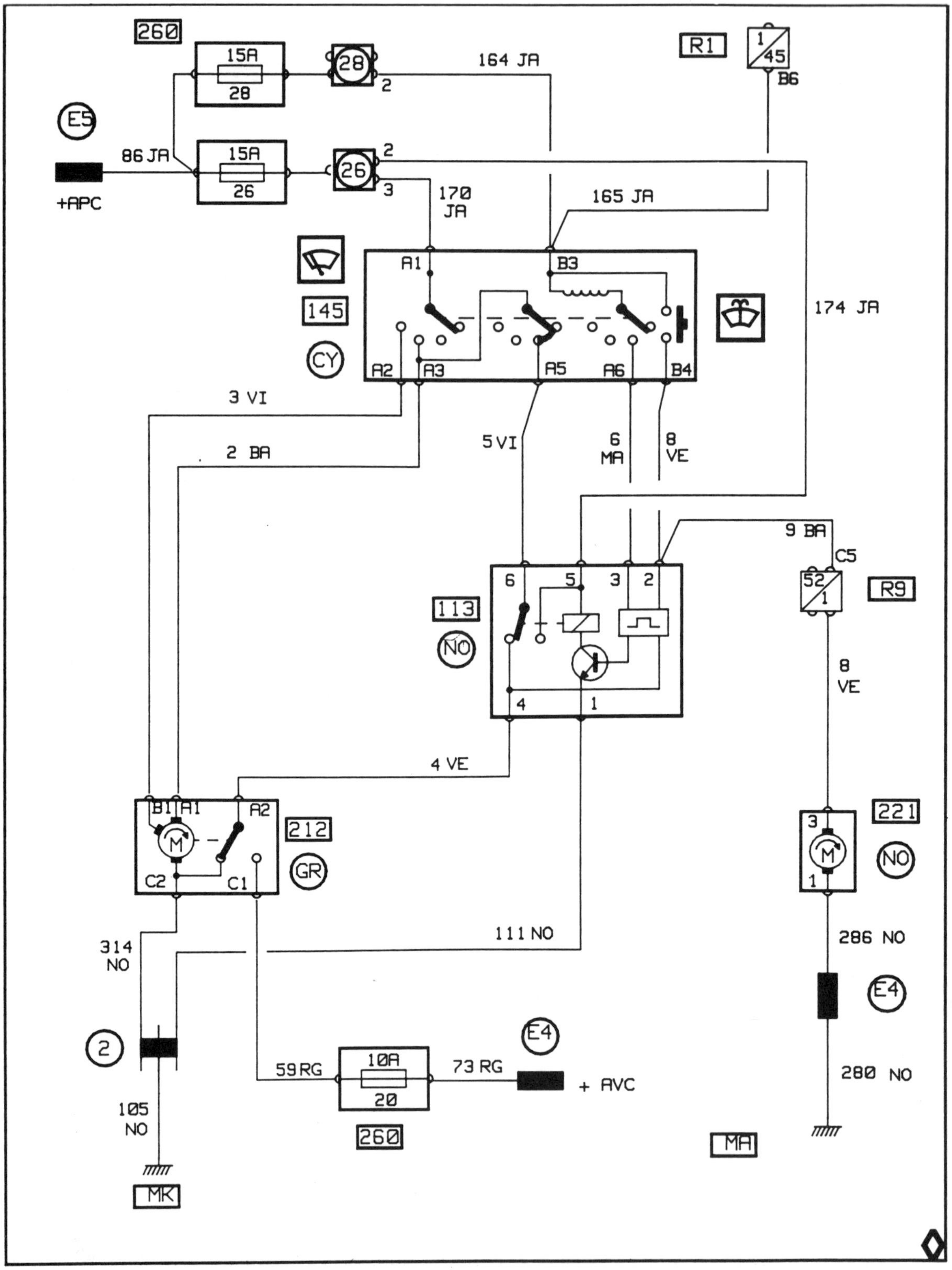

Signalhorn

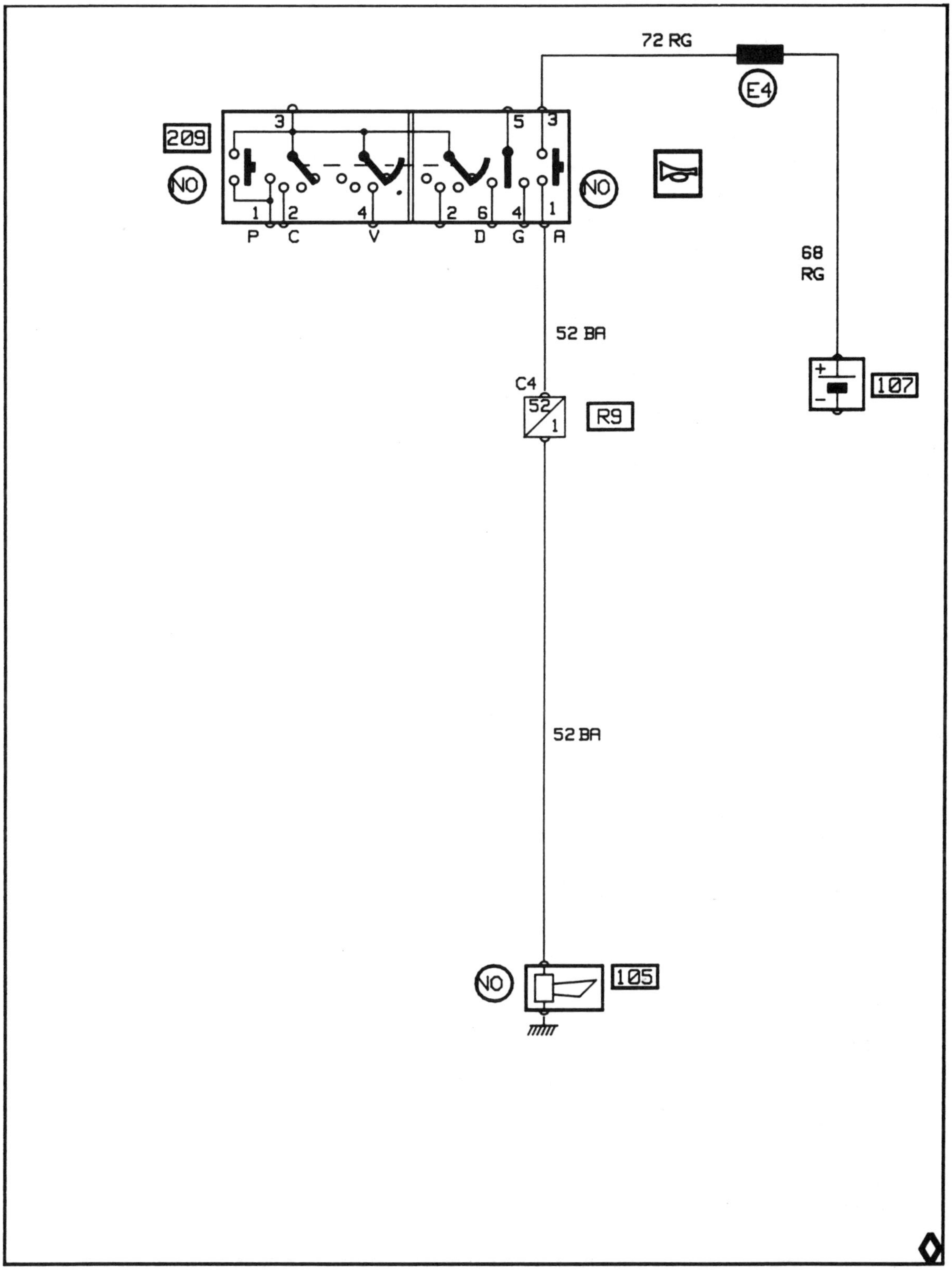

72 RG
E4
209
NO
3
1
2
4
P
C
V
5
3
2
6
4
1
D
G
A
NO
68
RG
52 BA
C4
52
1
R9
+
–
107
52 BA
NO
105

Heckscheiben-Wisch-Waschanlage

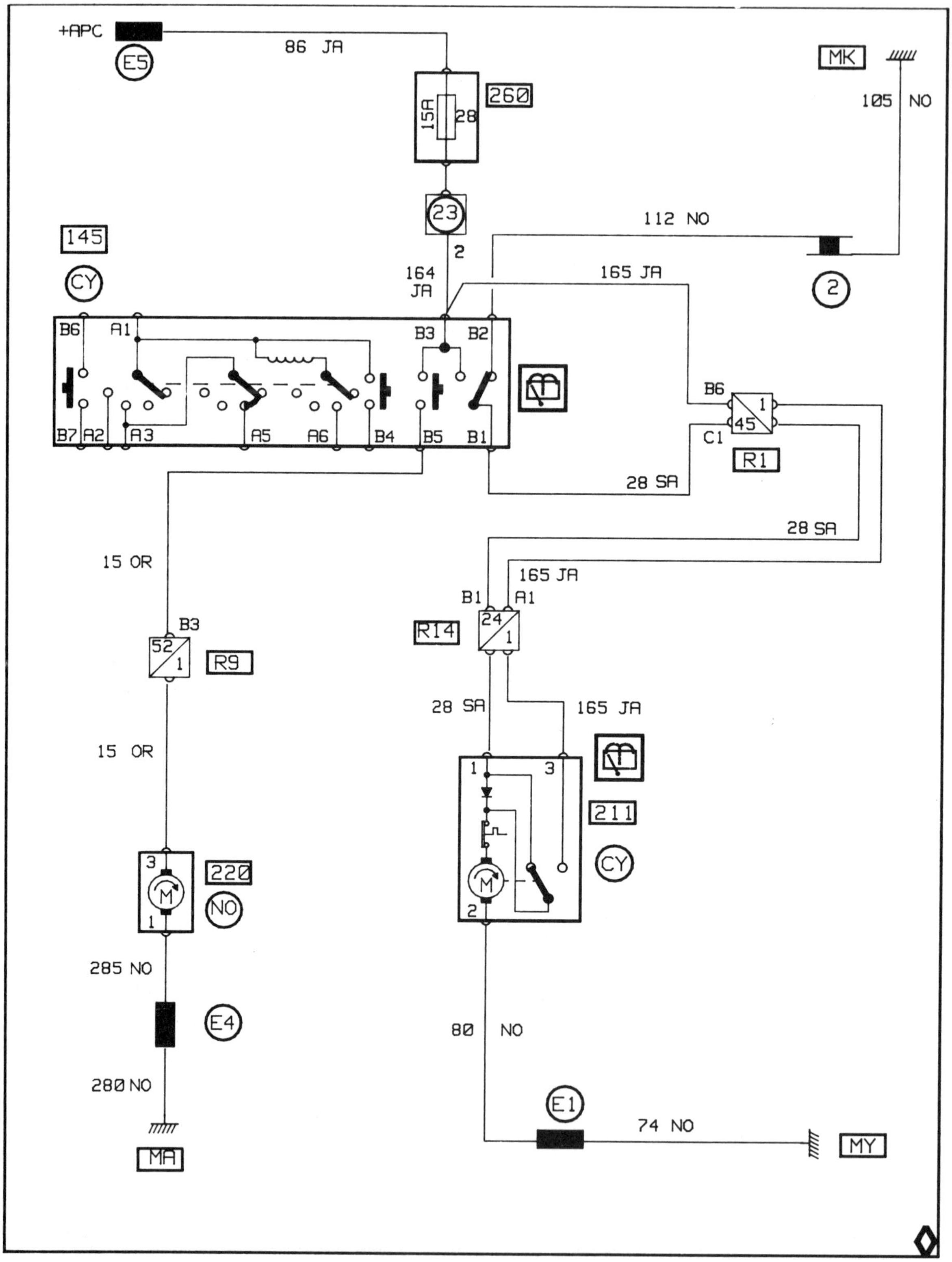

Nebelschlußlicht

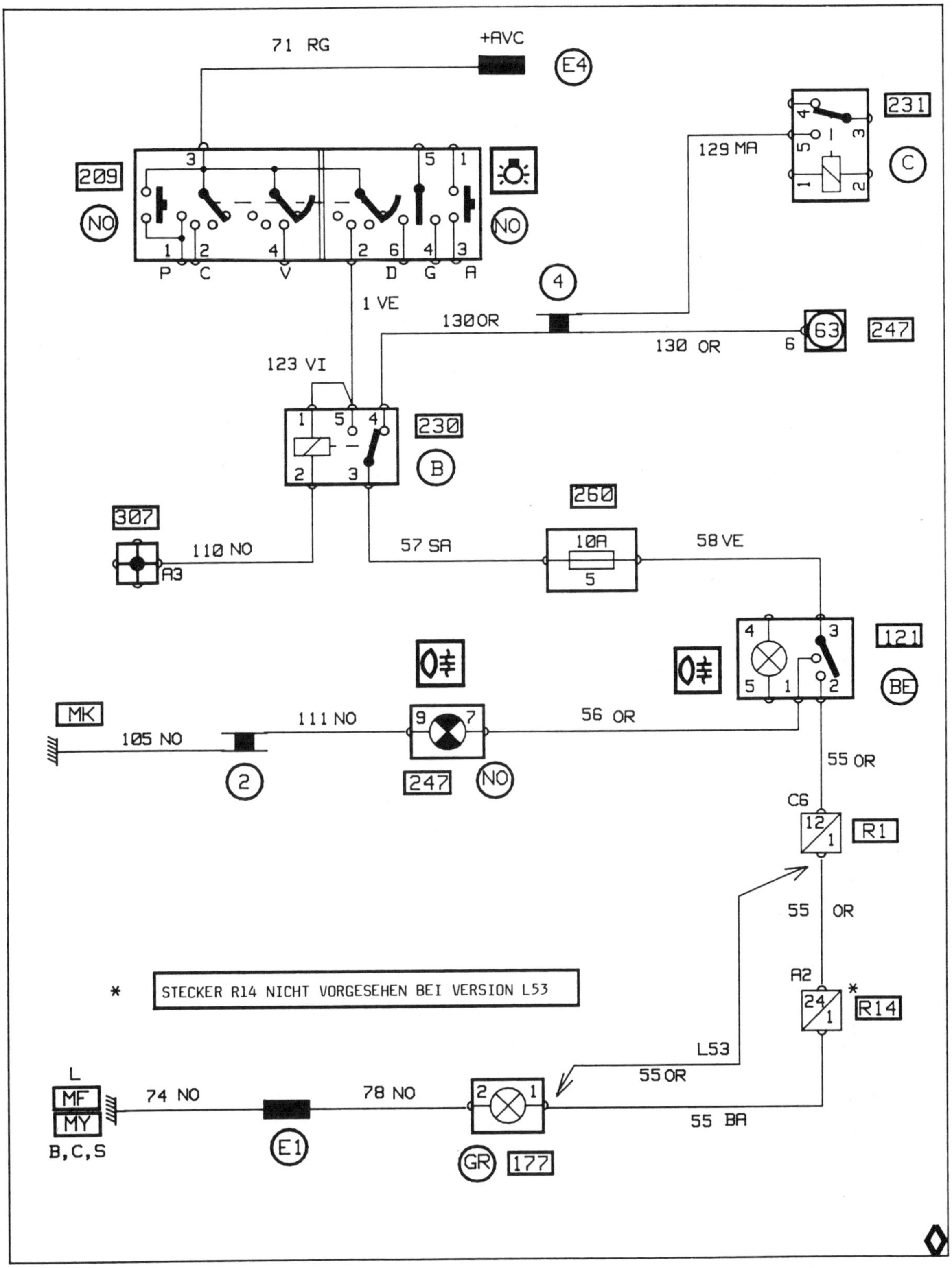

Nebelscheinwerfer

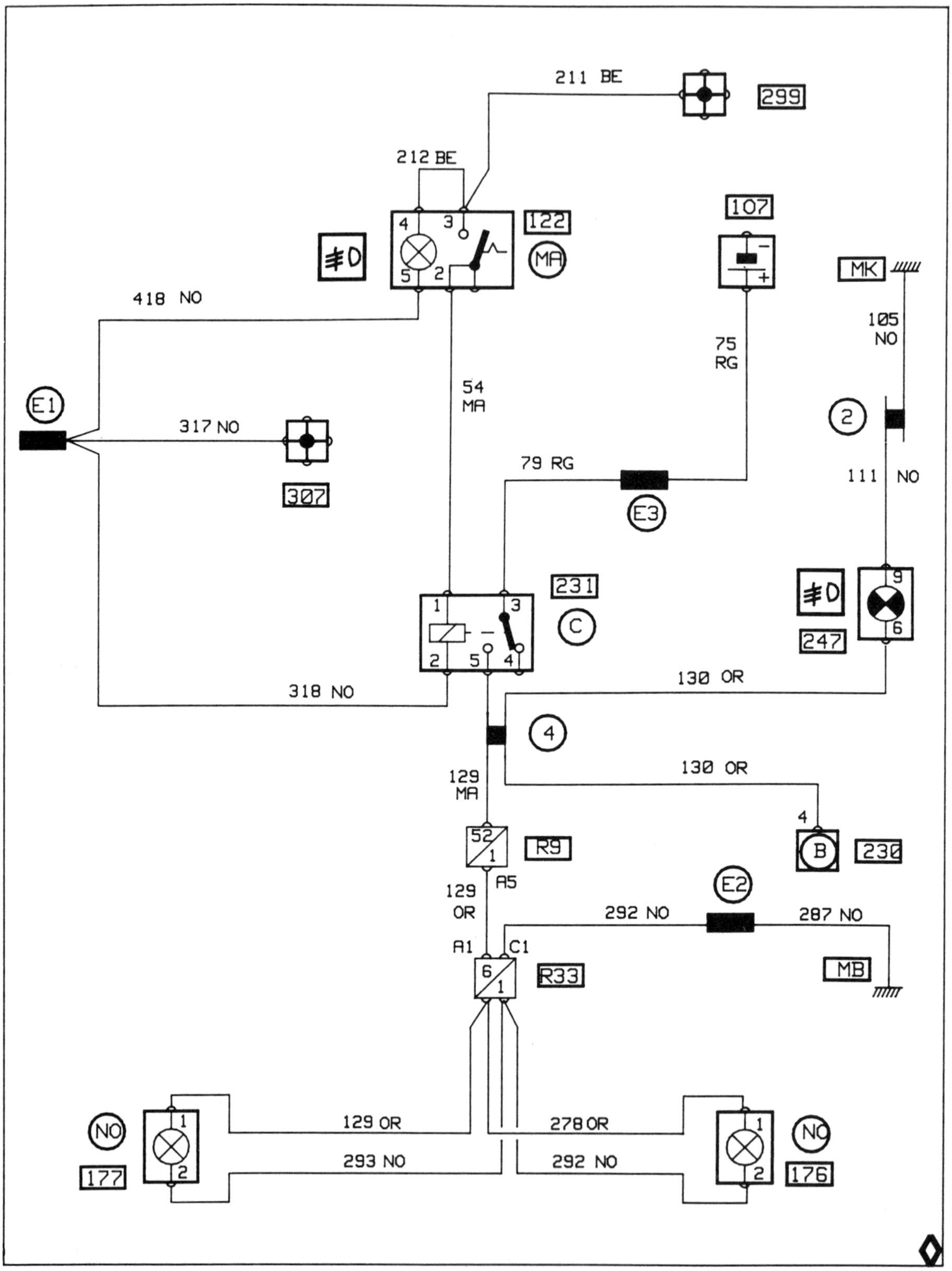

Abblendlicht

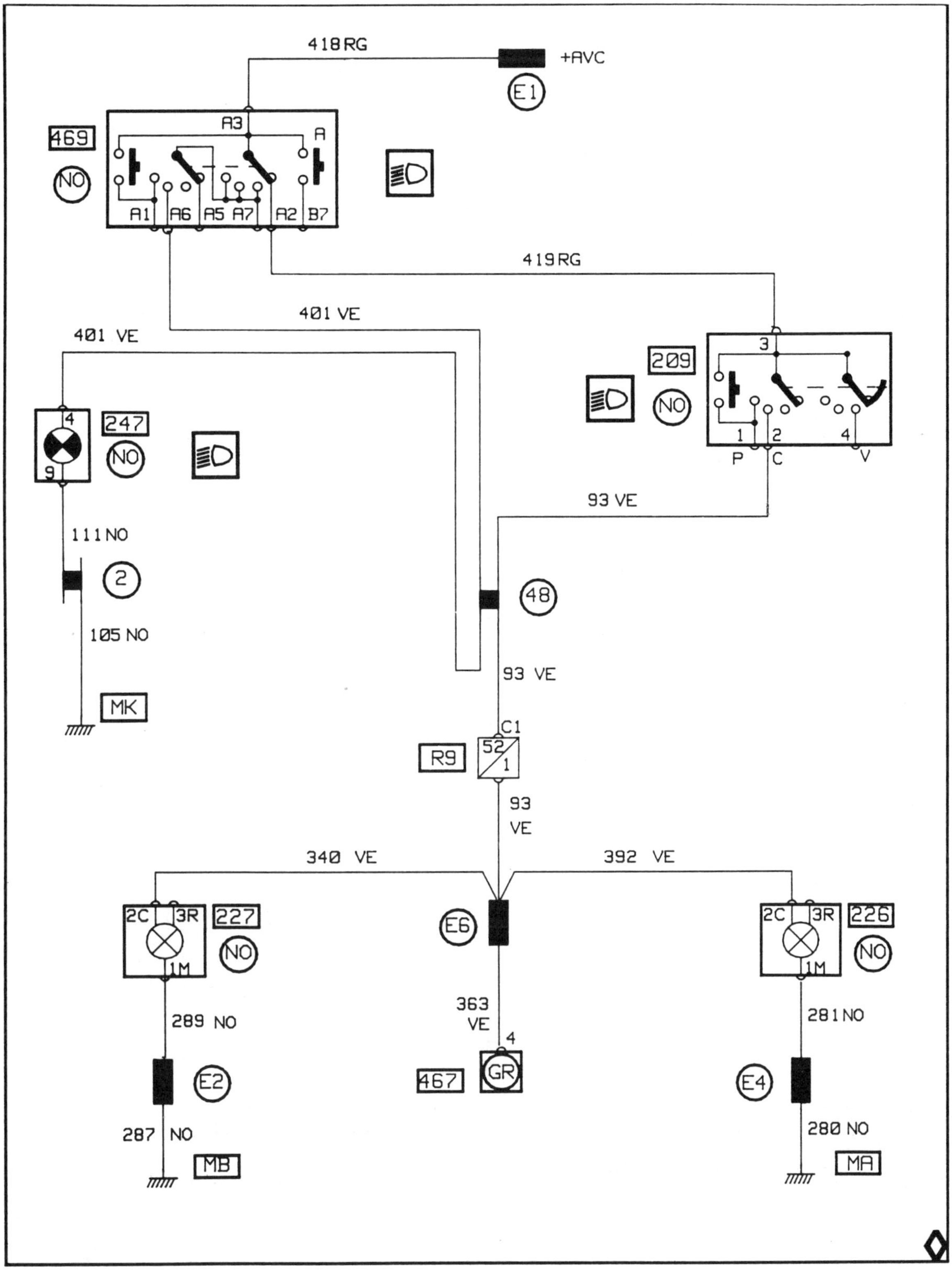

Blinklicht/Warnblinkanlage

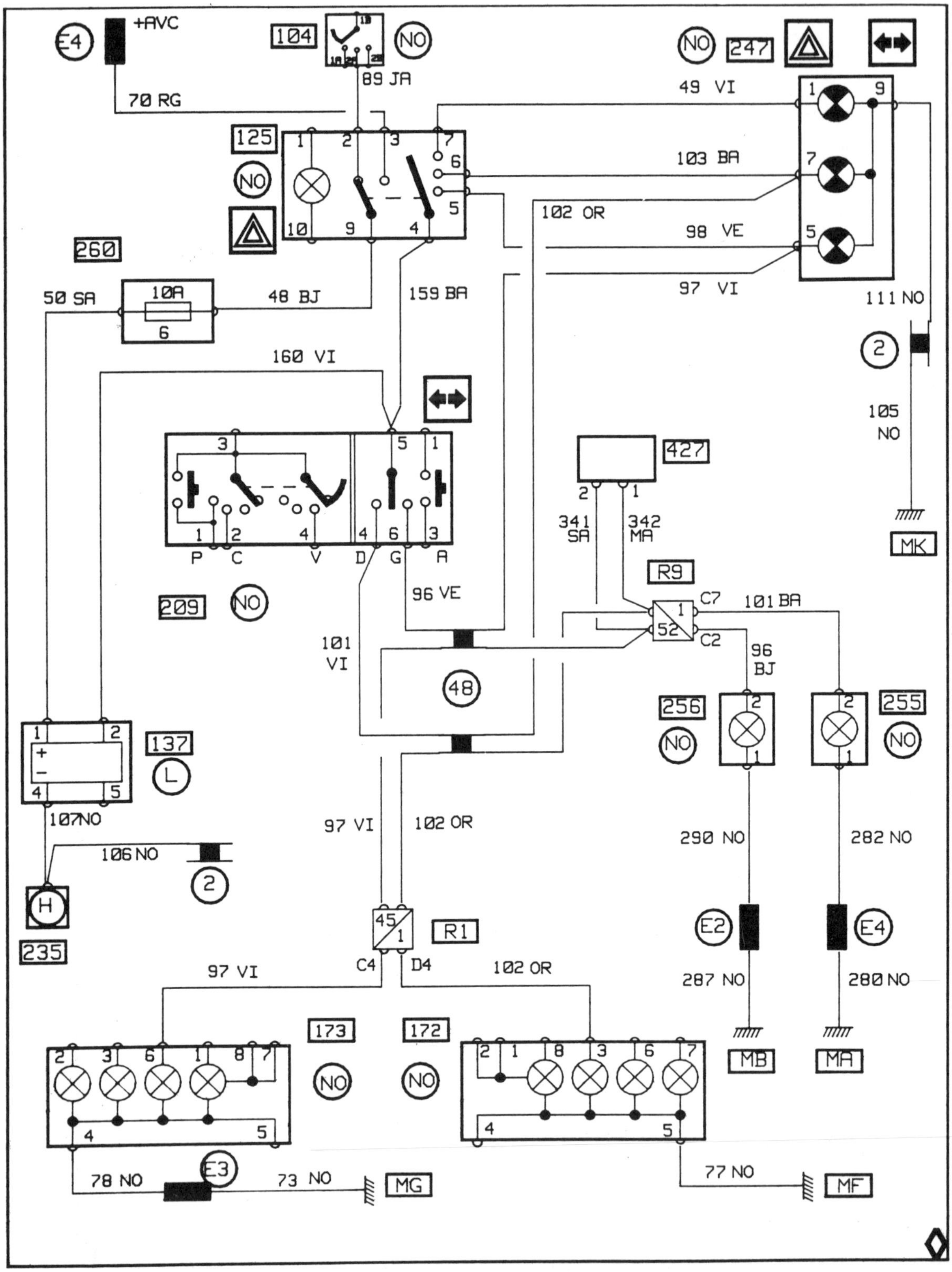

Rückfahrscheinwerfer

Schaltgetriebe

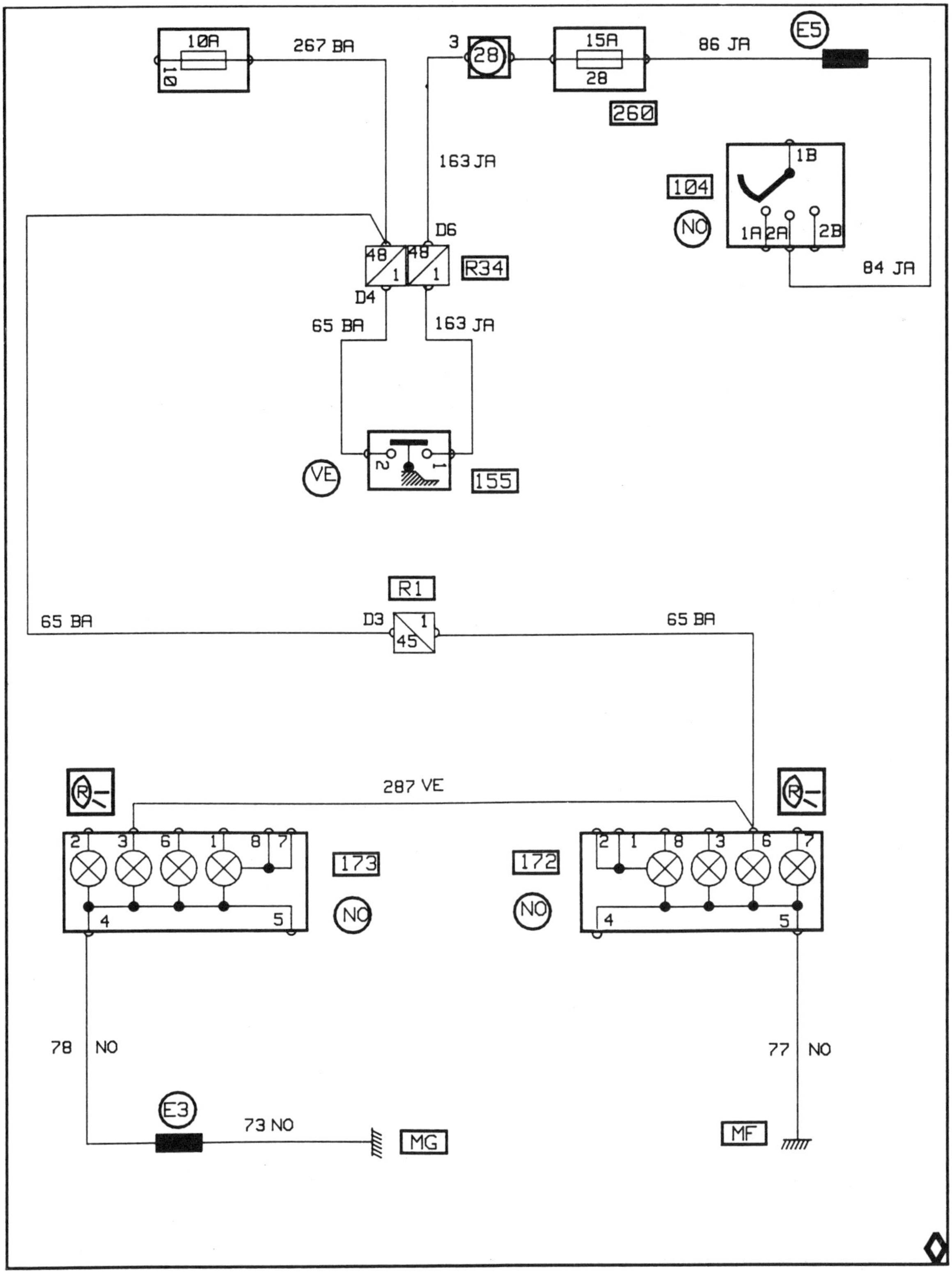

Fernlicht

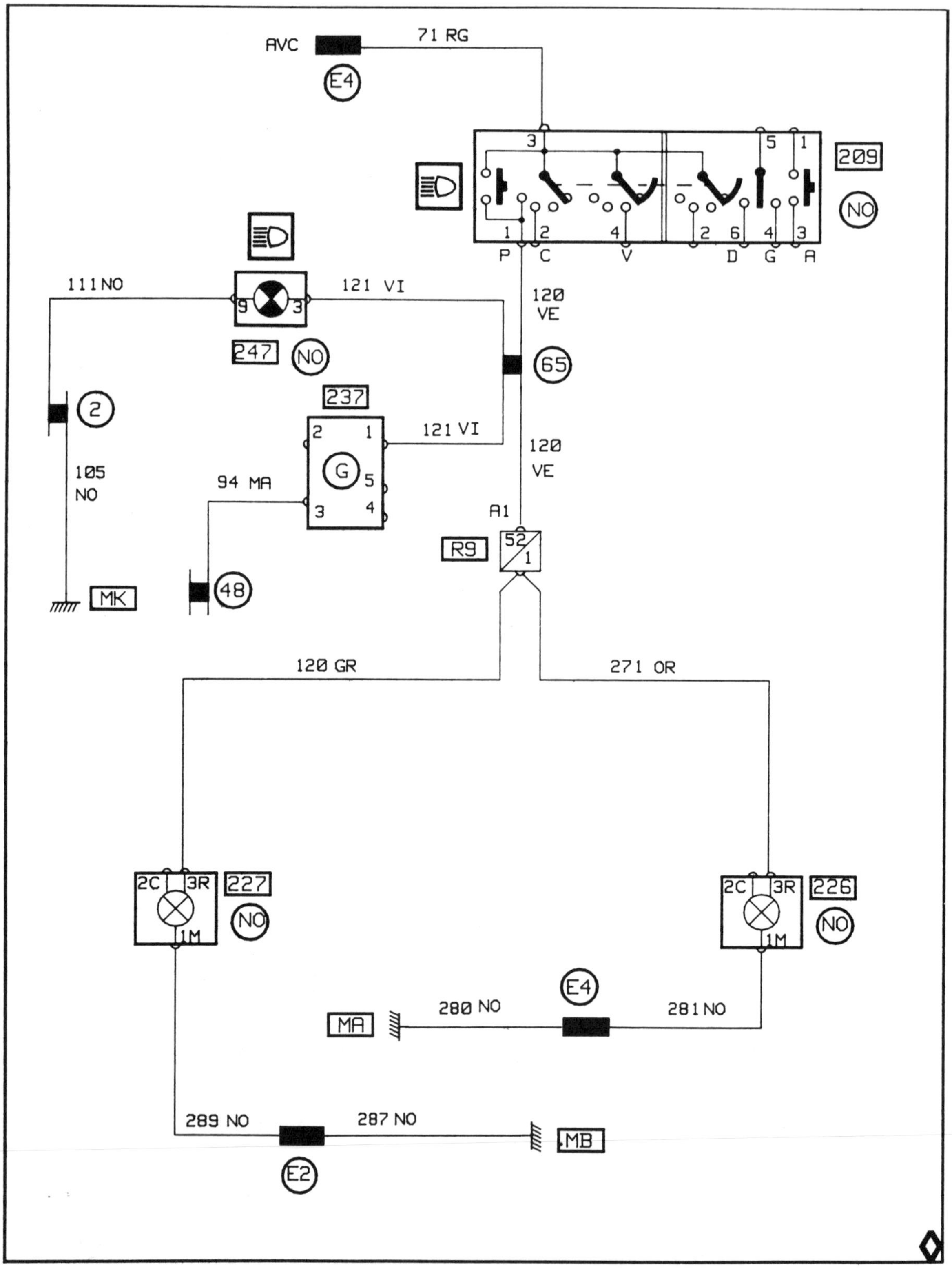

AVC
71 RG
E4
3
5
1
209
NO
1
2
4
2
6
4
3
P
C
V
D
G
A
111 NO
121 VI
120
VE
9
3
247
NO
65
2
237
2
1
121 VI
120
VE
105
NO
94 MA
G
5
3
4
A1
R9
52
1
MK
48
120 GR
271 OR
2C
3R
227
NO
1M
2C
3R
226
NO
1M
E4
280 NO
281 NO
MA
289 NO
287 NO
MB
E2

Bremslicht

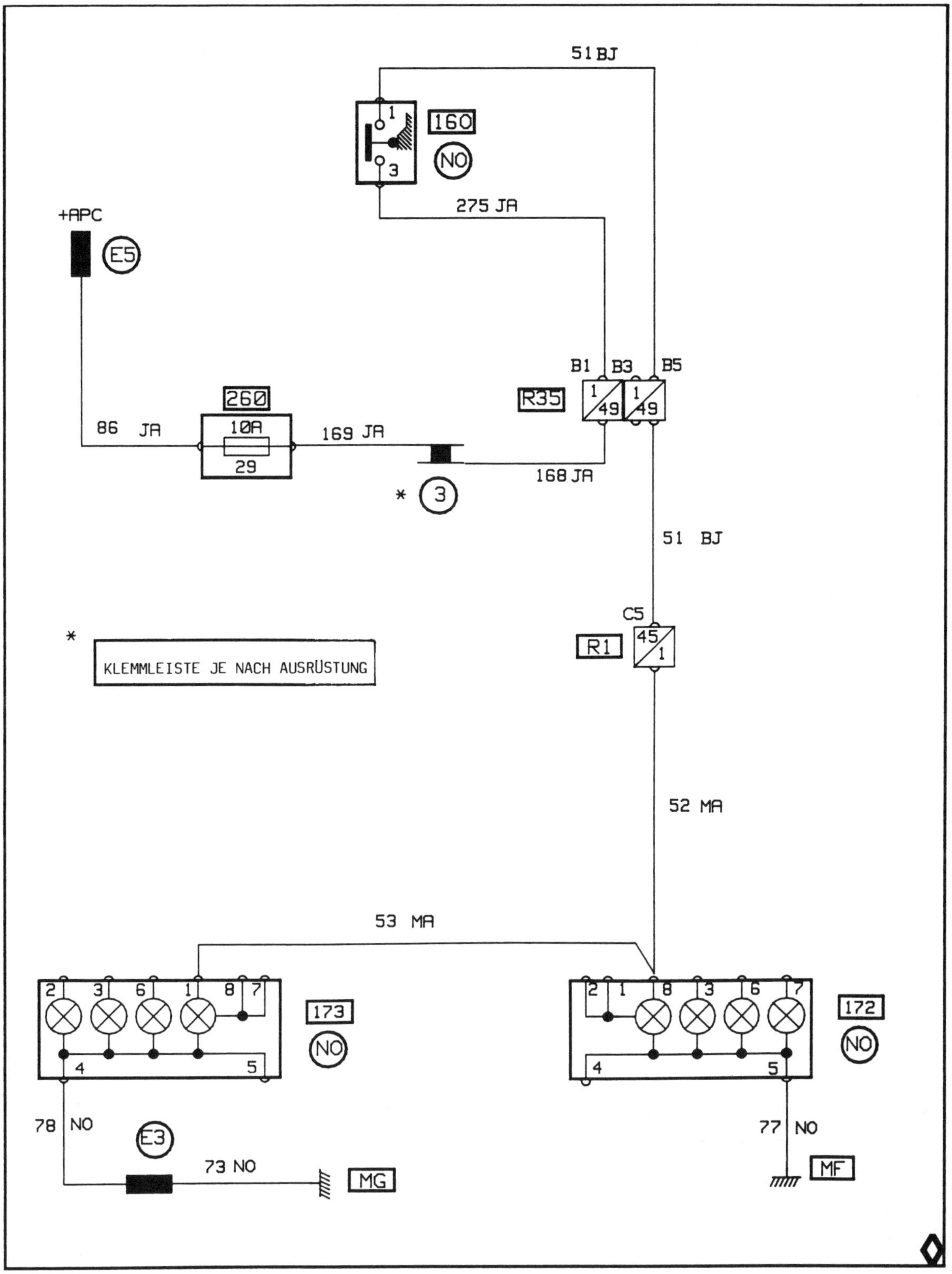

51 BJ
160
NO
1
3
275 JA
+APC
E5
B1
B3
B5
R35
1
49
1
49
260
86 JA
10A
29
169 JA
168 JA
* 3
51 BJ
C5
R1
45
1
*
KLEMMLEISTE JE NACH AUSRÜSTUNG
52 MA
53 MA
2
3
6
1
8
7
4
5
173
NO
2
1
8
3
6
7
4
5
172
NO
78 NO
E3
73 NO
MG
77 NO
MF

Kühlerventilator

1,4-l-Motor ohne Servolenkung

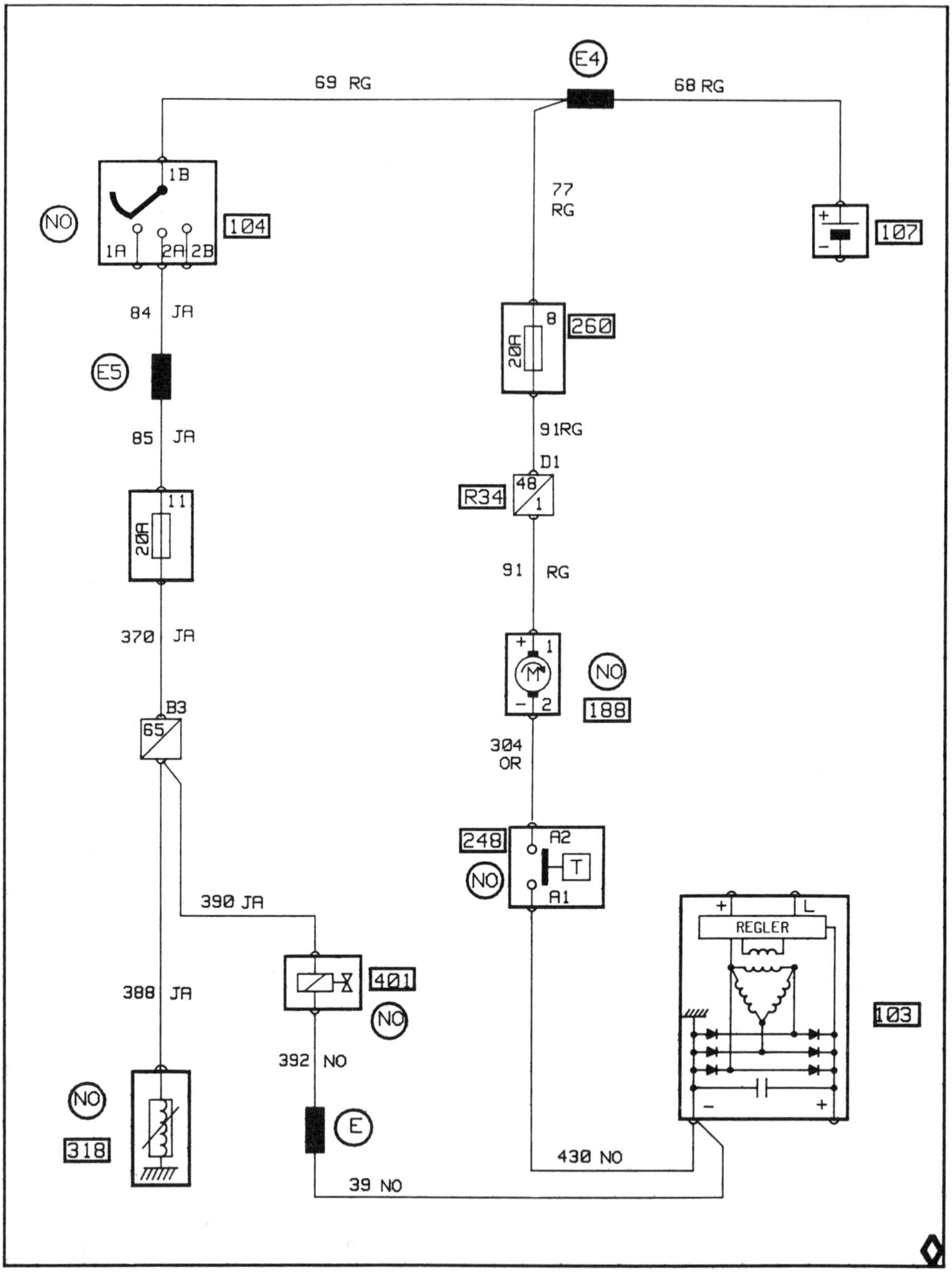

Kraftstoffvorratgeber (Tankgeber)

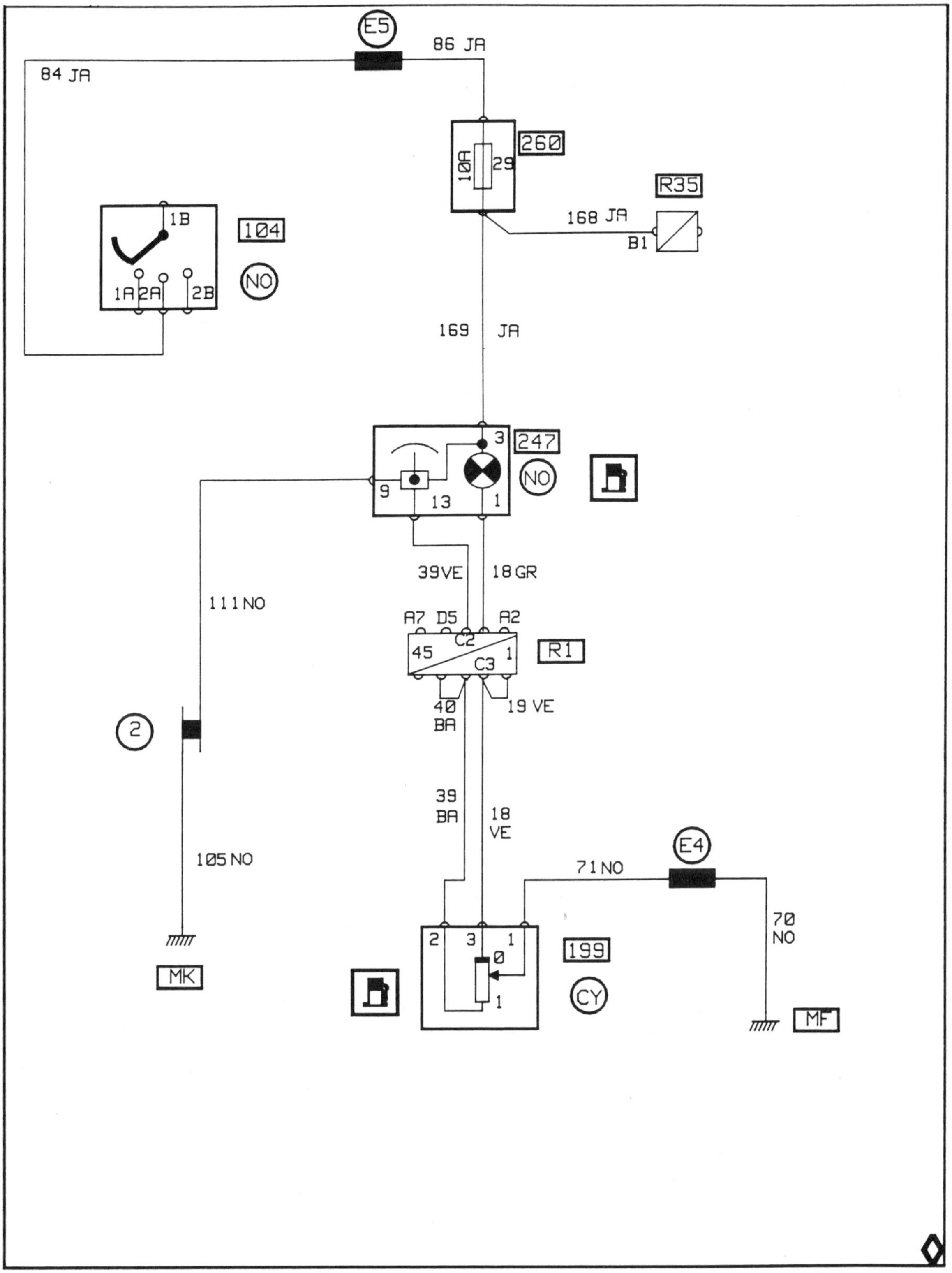

Fensterheber

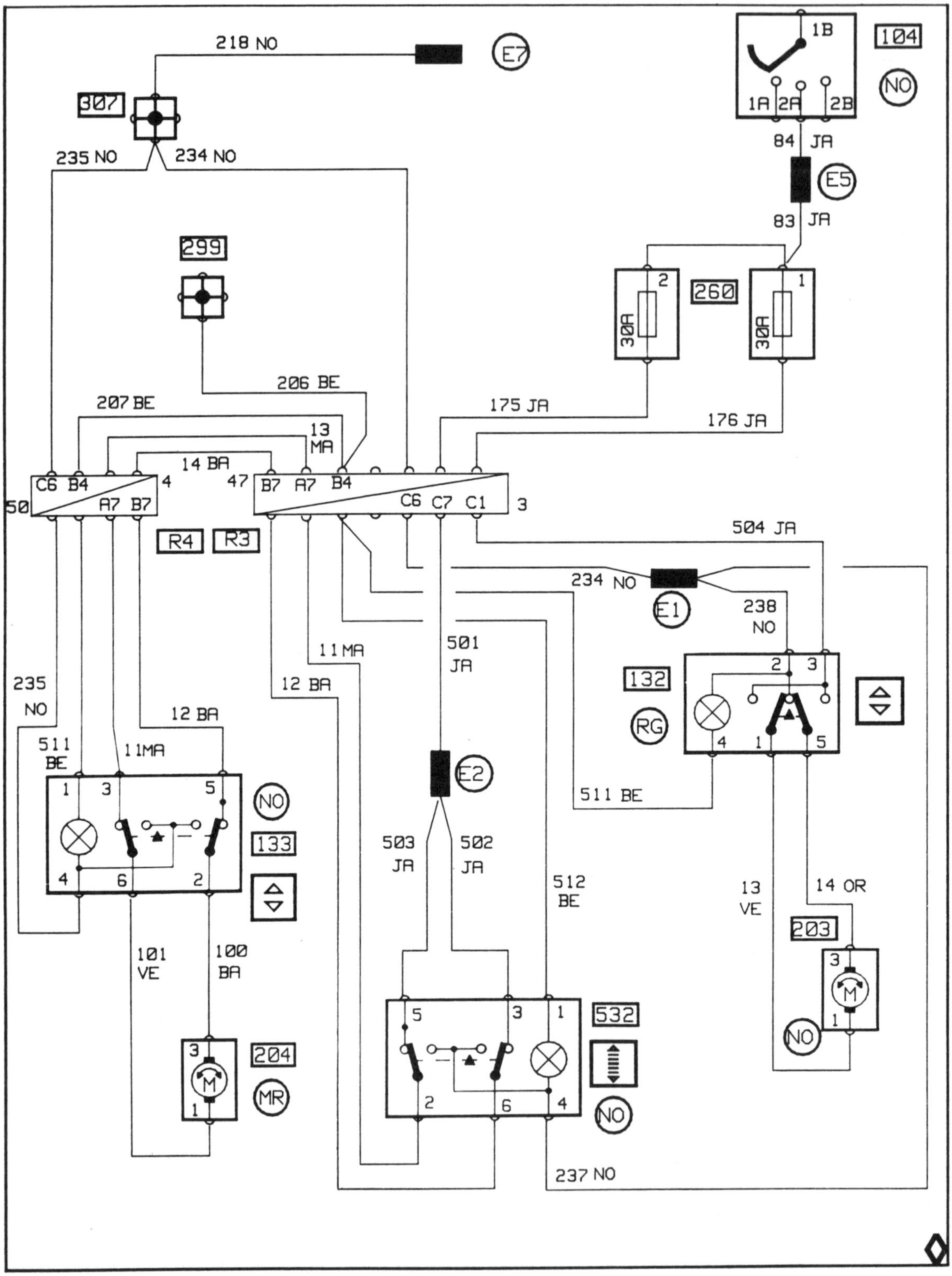

Innenleuchten

Modelle mit Zentralverriegelung, Diebstahlwarnanlage, Schiebedach

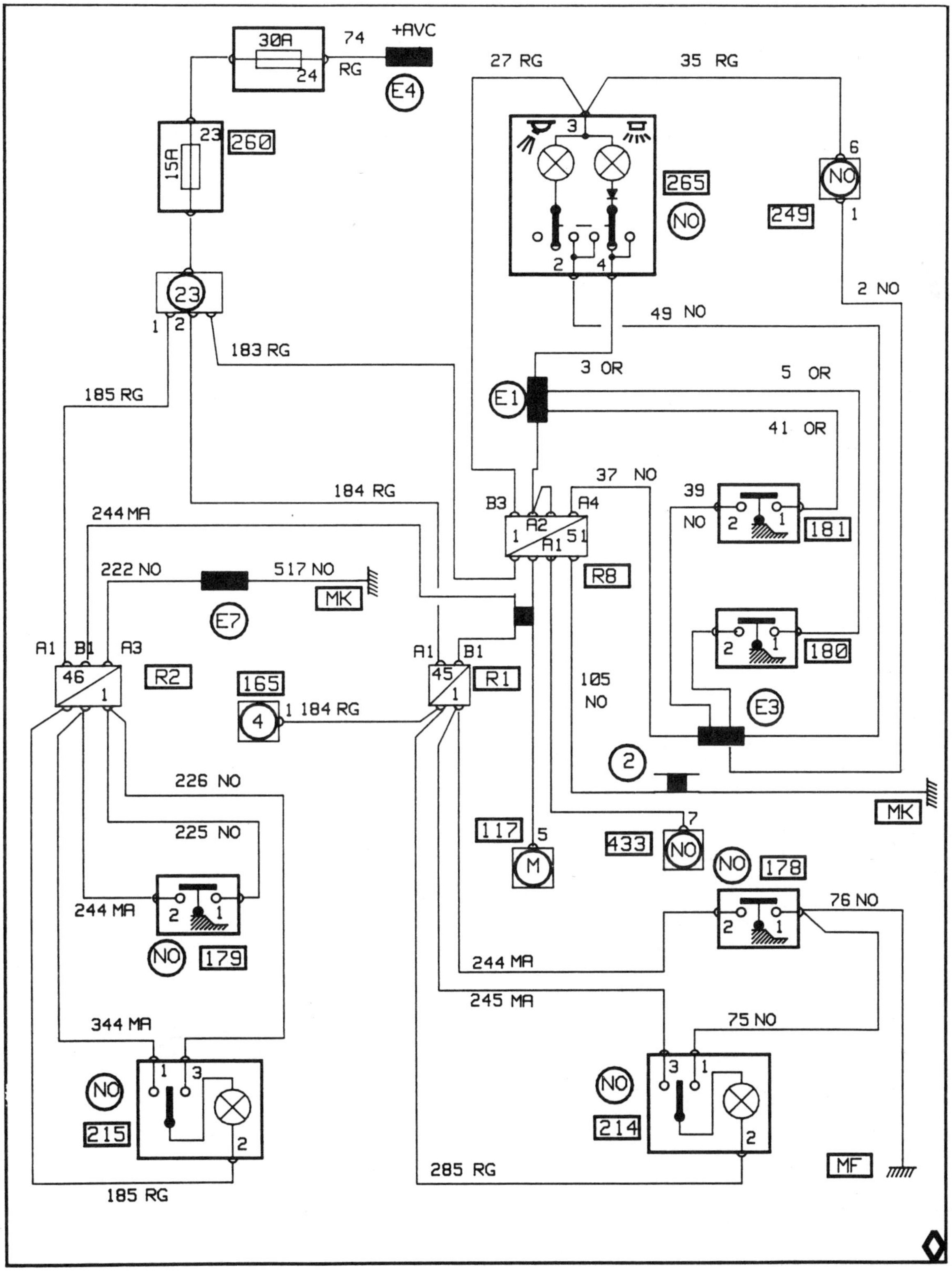

Vorglühanlage

Dieselmotor, ohne Klimaanlage/Servolenkung

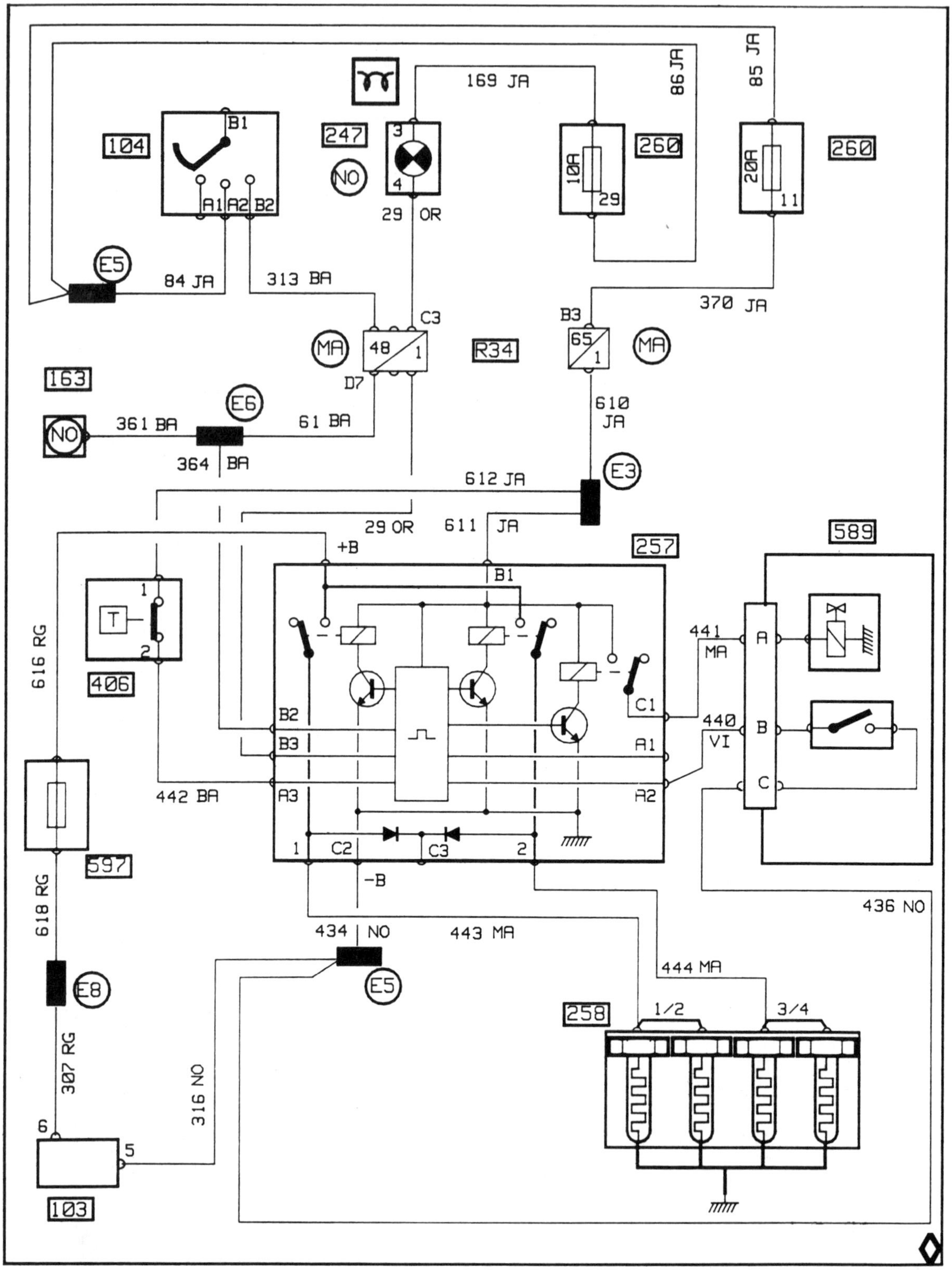

Radio

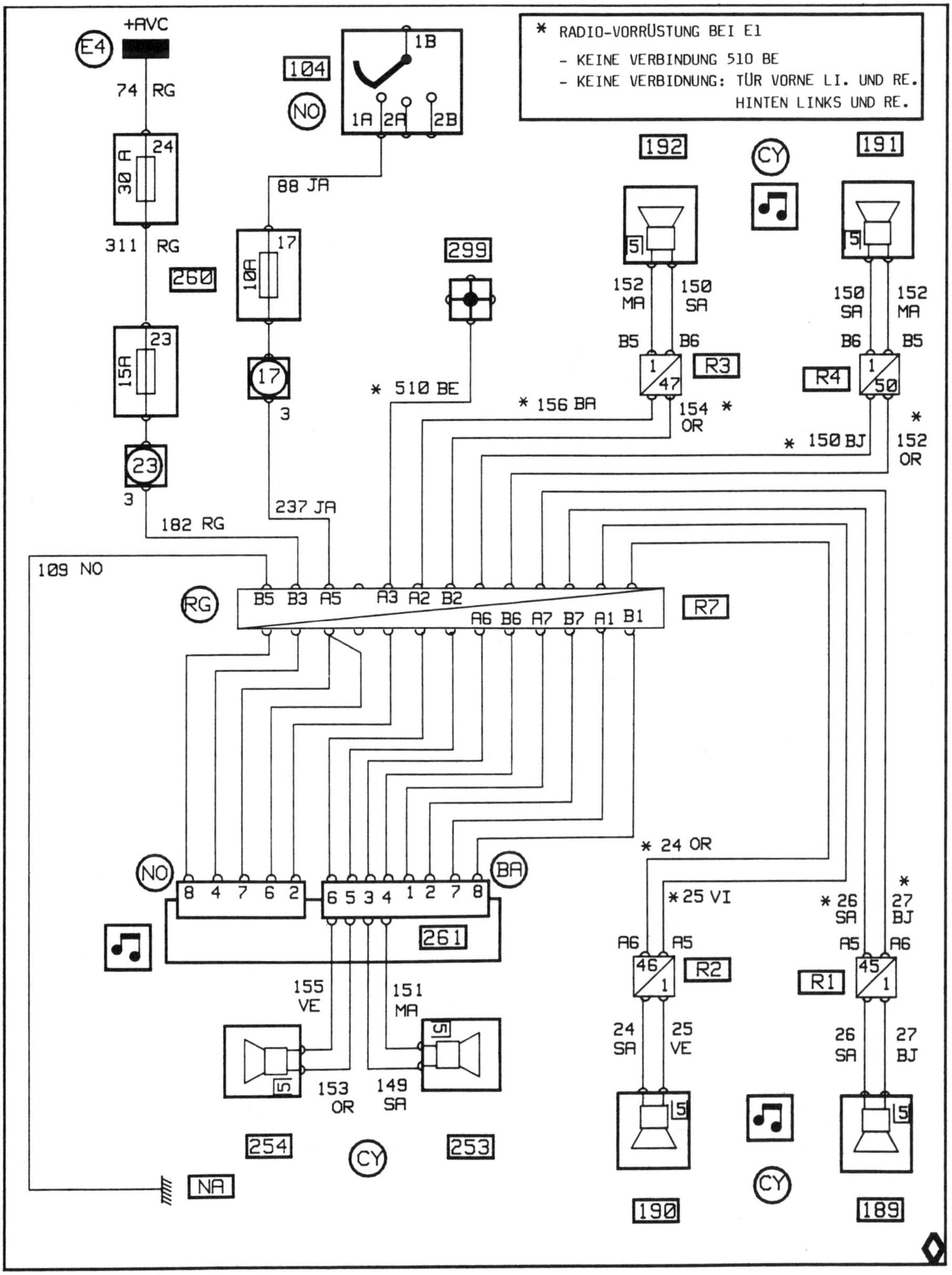
* RADIO-VORRÜSTUNG BEI E1
- KEINE VERBINDUNG 510 BE
- KEINE VERBIDNUNG: TÜR VORNE LI. UND RE. HINTEN LINKS UND RE.
+AVC
E4
74 RG
30 A
24
311 RG
260
15A
23
182 RG
109 NO
104
NO
1B
1A 2A 2B
88 JA
10A
17
237 JA
299
* 510 BE
* 156 BA
154 * OR
* 150 BJ
* 152 OR
192
191
CY
152 MA
150 SA
B5 B6
R3
R4
RG
B5 B3 A5 A3 A2 B2
A6 B6 A7 B7 A1 B1
R7
NO
BA
8 4 7 6 2
6 5 3 4 1 2 7 8
261
155 VE
151 MA
153 OR
149 SA
254
253
NA
* 24 OR
* 25 VI
* 26 SA
* 27 BJ
A6 A5
R2
R1
24 SA
25 VE
26 SA
27 BJ
190
189

Batterie-Ladestromkontrolle

Alle außer Diesel, 88-/90-PS-Motor

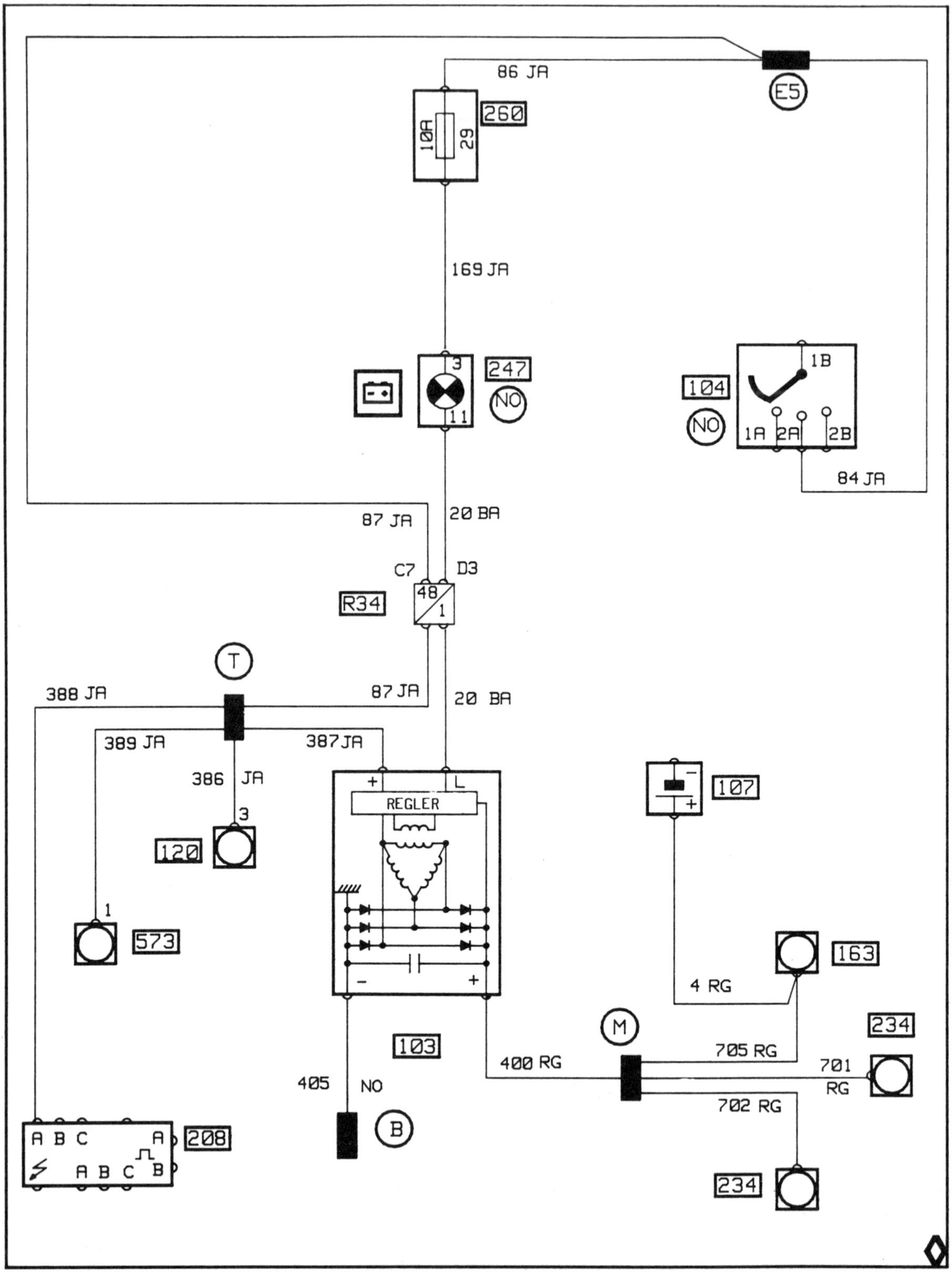

Öldruckkontrolle

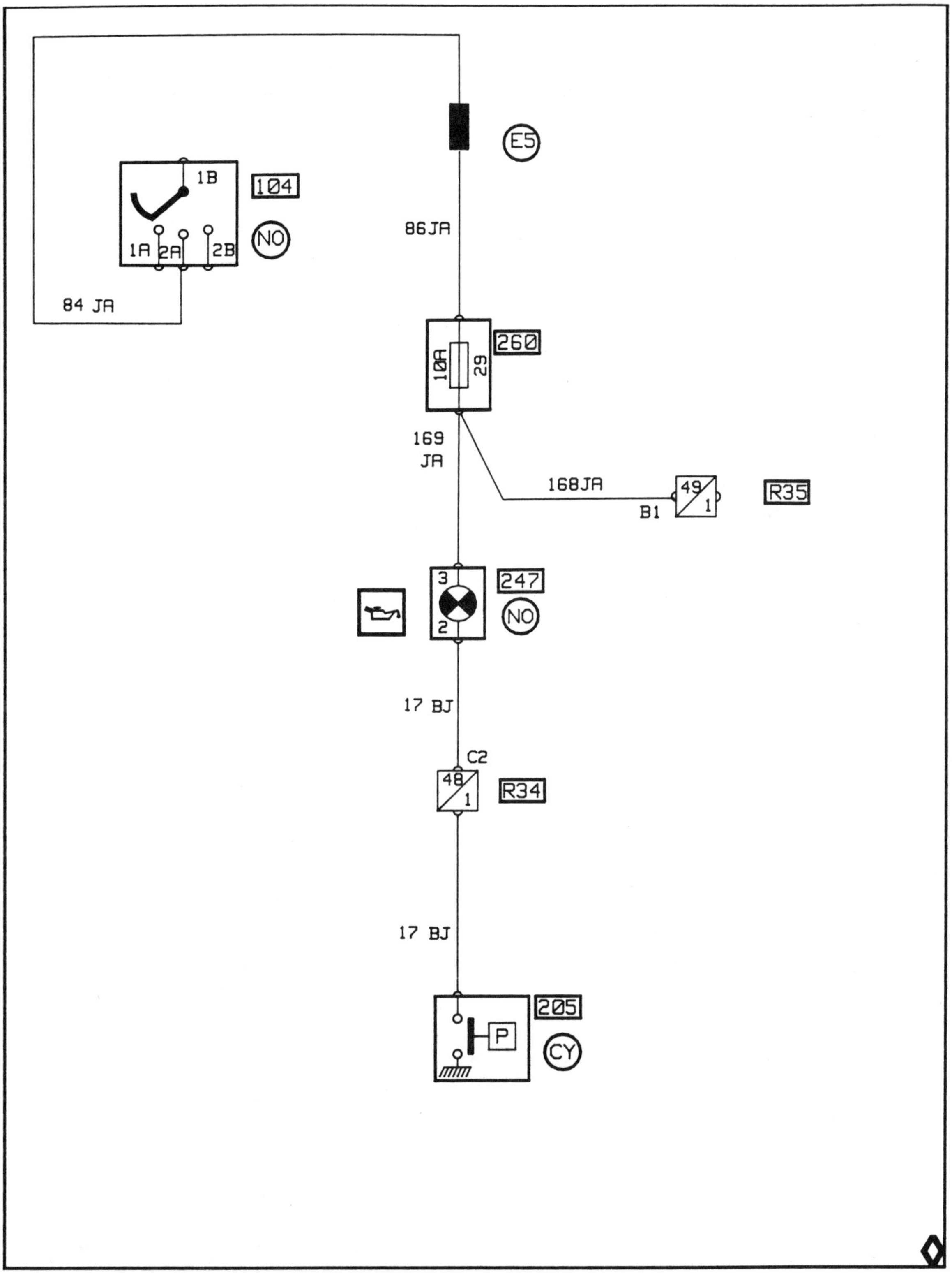

Kühlmittel-Temperaturkontrolle

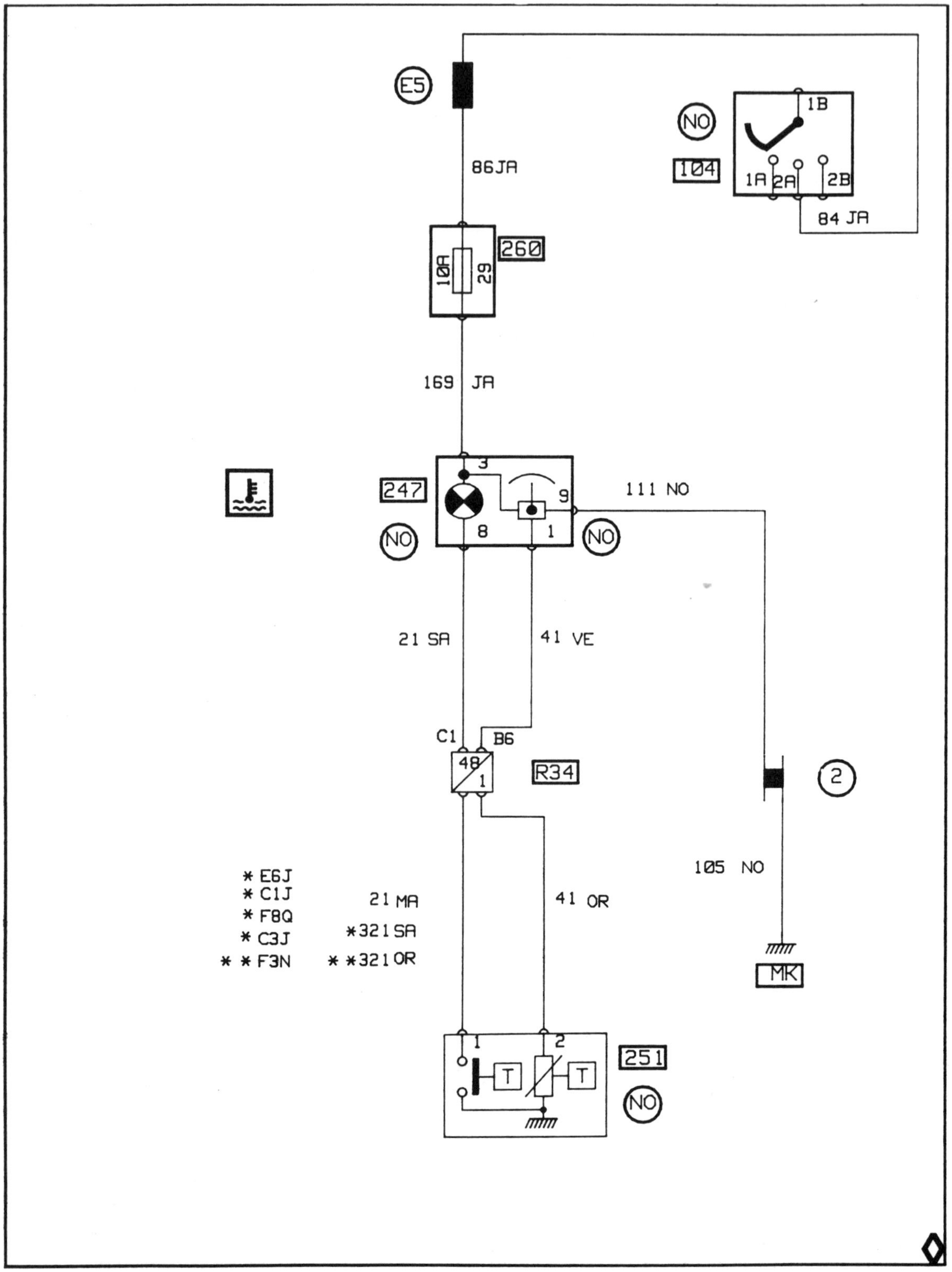

Elektrische Scheinwerfereinstellung

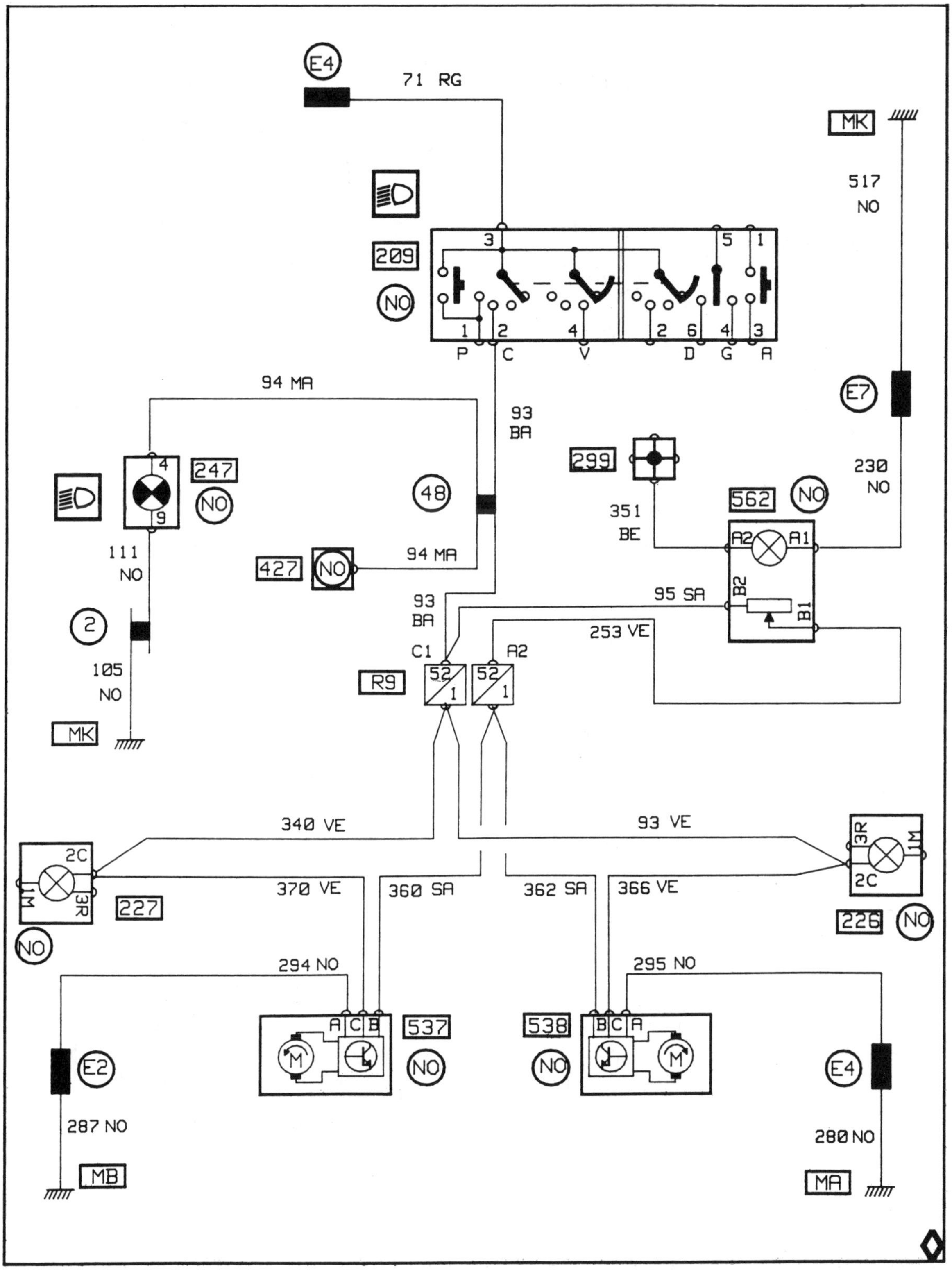

Elektrisch verstellbare Außenspiegel

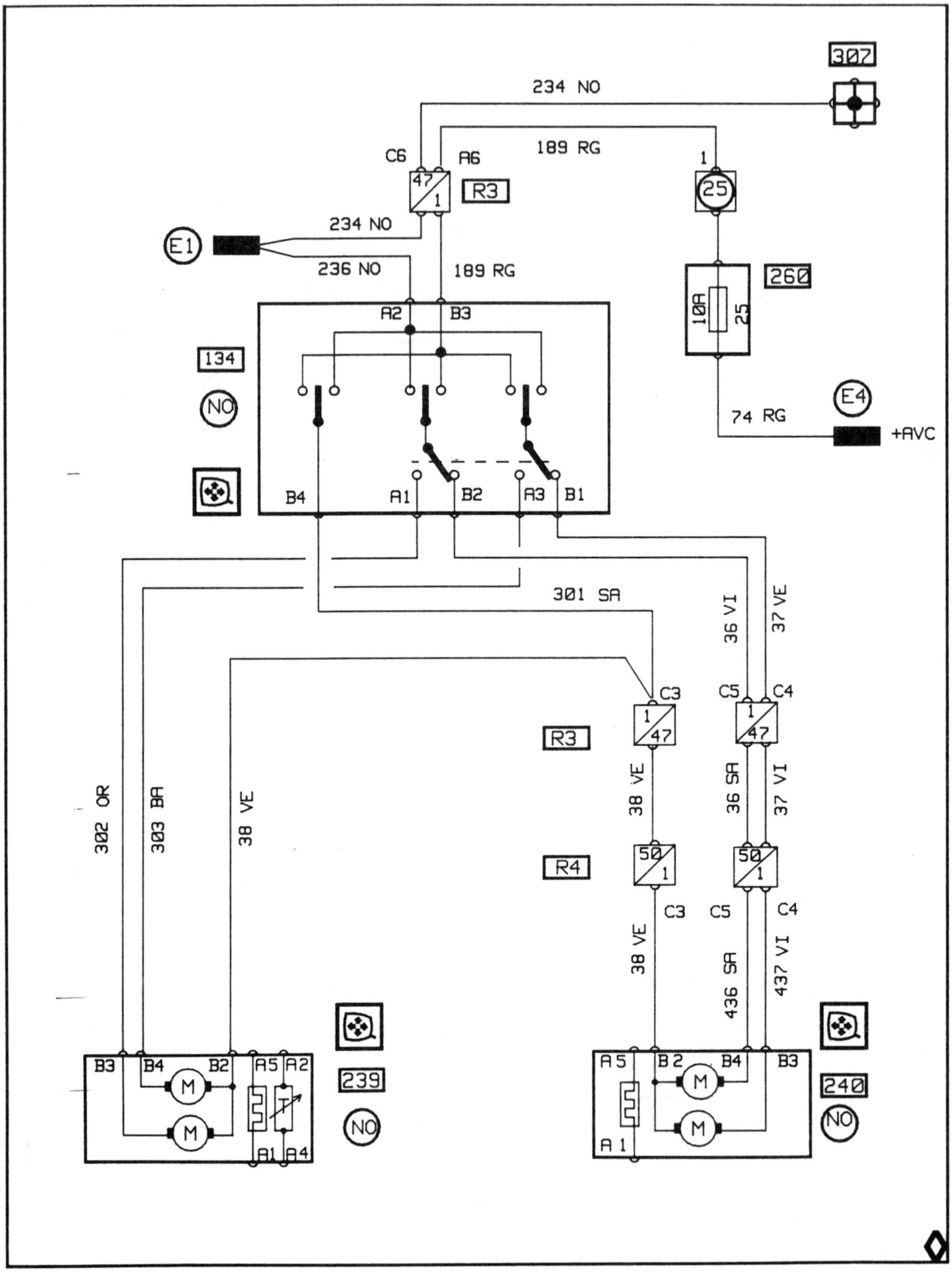